新工科建设

数据科学与大数据技术系列

Python 机器学习

数据建模与分析 （第2版）

薛　薇◎编著

電子工業出版社·

Publishing House of Electronics Industry

北京·BEIJING

内 容 简 介

　　本书将引领读者进入 Python 机器学习领域。机器学习是一套先进、深刻且内容丰富的算法集合，已成为数据科学中数据建模与分析的重要方法。Python 是一款简明、高效且功能强大的开源工具，也是数据科学实践中最常用的计算机语言。学好机器学习的理论方法，掌握 Python 这个实用工具，是成长为数据科学人才所必需的。

　　本书采用理论与实践相结合的方式，理论上突出可读性并兼具知识深度和广度，实践上强调可操作性并兼具应用广泛性，对机器学习的原理部分进行了深入透彻的讲解，对机器学习的算法部分给出了 Python 代码，并且在各章中设置了 Python 编程示例。全彩呈现机器学习的数据建模可视化图例(80 多幅彩图)，扫描书中相应二维码即可查看。提供配套数据集、源代码、教学 PPT 等学习资源，登录华信教育资源网(www.hxedu.com.cn)即可免费下载。

　　本书可作为高等院校机器学习、数据分析等专业课程的教材，也可作为数据科学应用研究者及对 Python 机器学习感兴趣的数据建模与分析从业者的参考书。

图书在版编目(CIP)数据

Python 机器学习：数据建模与分析 / 薛薇编著. —2 版. —北京：电子工业出版社，2023.7
ISBN 978-7-121-45935-1

Ⅰ. ①P… Ⅱ. ①薛… Ⅲ. ①软件工具－程序设计－高等学校－教材②机器学习－高等学校－教材
Ⅳ. ①TP311.561②TP181

中国国家版本馆 CIP 数据核字(2023)第 123916 号

责任编辑：秦淑灵
印　　刷：三河市良远印务有限公司
装　　订：三河市良远印务有限公司
出版发行：电子工业出版社
　　　　　北京市海淀区万寿路 173 信箱　　邮编：100036
开　　本：787×1 092　1/16　　印张：24.5　　字数：647 千字
版　　次：2021 年 4 月第 1 版
　　　　　2023 年 7 月第 2 版
印　　次：2023 年 7 月第 1 次印刷
定　　价：99.00 元

凡所购买电子工业出版社图书有缺损问题，请向购买书店调换。若书店售缺，请与本社发行部联系，联系及邮购电话：(010)88254888，88258888。

质量投诉请发邮件至 zlts@phei.com.cn，盗版侵权举报请发邮件至 dbqq@phei.com.cn。

本书咨询联系方式：qinshl@phei.com.cn。

前　　言

机器学习是数据科学中数据建模与分析的重要方法，既是当前大数据分析的基础和主流工具，也是迈向深度学习和通往人工智能的必经之路。Python 是数据科学实践中最常用的计算机语言，是当前最流行的机器学习实现工具，并且因在理论和应用中的不断发展完善而拥有长期竞争优势。因此，学好机器学习的理论方法，掌握 Python 这个实用工具，是成长为数据科学人才所必需的。

"实施科教兴国战略，强化现代化建设人才支撑"的论述中强调，教育、科技、人才是全面建设社会主义现代化国家的基础性、战略性支撑。必须坚持科技是第一生产力、人才是第一资源、创新是第一动力，深入实施科教兴国战略、人才强国战略、创新驱动发展战略，开辟发展新领域新赛道，不断塑造发展新动能新优势。近年来，人工智能及机器学习已经成为推动全球科技发展的强大引擎之一，因此相关人才培养和配套教材体系建设显得尤为重要。

作者将多年来在机器学习、数据挖掘、统计学、计算机语言和统计应用软件等课程中的教学经验与科研实践经验进行归纳总结，精心编写了这本实用的优质图书，希望将经验和心得分享给广大从事数据科学领域工作的同人，以及从事 Python 机器学习教与学的高校师生们。

本书的特点如下。

1. 对原理部分进行清晰的讲解

机器学习是一门交叉性很强的学科，涉及统计学、数据科学、计算机科学等多个领域的知识。作者认为，读者要掌握每个模型或算法的精髓和实践，需要由浅入深地关注其直观含义、方法原理、公式推导、算法实现和适用场景等多个递进层面。本书正是基于这样的层面展开论述的。

2. 对实践部分进行全面的实现

机器学习又是一门实操性很强的学科。作者认为，读者需要边学边做才能获得更加深刻的认知。正因如此，本书在各章中设置了 Python 编程示例。一方面，通过 Python 代码和可再现的各种图形，帮助读者理解抽象理论背后的直观含义和方法原理。另一方面，通过 Python 代码，帮助读者掌握和拓展机器学习的算法实现与应用实践。全书所有模型和算法都有相应的 Python 代码，每章结尾还给出了本章总结、本章相关函数列表及本章习题。

3. 本书适合作为机器学习或相关课程的教学及自学用书

本书将引领读者进入 Python 机器学习领域，理论上突出可读性并兼具知识深度和广度，实践上强调可操作性并兼具应用广泛性。本书采用一种有效而独特的方式讲解机器学习：首先，以数据建模与分析中的问题为导向，依知识点的难度由浅入深地讨论众多主流机器学习算法的核心原理；其次，通过 Python 编程和可视化图形，直观展示抽象理论背后的精髓和朴素道理；最后，通过应用实践示例强化算法的应用实践。

在章节安排上，本书共分为 13 章。在第 1 章以机器学习概述开篇和第 2 章对 Python 机器学习基础知识进行必要的提炼与总结后，第 3 章集中对数据预测与预测建模的各个方面进行了总览性论述，旨在帮助读者把握机器学习的整体知识框架。第 4～9 章按照由易到难的内在逻辑，顺序展开数据预测建模方法的讨论，涉及贝叶斯分类器、近邻分析、决策树、集成学习、人工神经网络、支持向量机等经典机器学习算法。第 10、11 章聚焦数据建模中不可或缺的重要环节，即特征工程，分别论述了特征选择和特征提取。第 12、13 章关注机器学习中的聚类算法。

在内容设计上，各章均由基本原理、Python 模拟和启示、Python 应用实践、本章总结、本章相关函数列表及本章习题等部分组成。基本原理部分，详细论述机器学习算法，旨在使读者能够知其然更知其所以然；Python 模拟和启示部分，通过数据模拟直观展示抽象理论背后的精髓和朴素道理，从而帮助读者进一步加深对理论精髓的理解；Python 应用实践部分，展现机器学习在环境污染、法律裁决、大众娱乐、医药健康、人工智能和商业分析等众多领域的应用价值，旨在提升读者的算法实践水平；本章总结、本章相关函数列表及本章习题部分，简要重述本章理论，归纳本章所涉及的 Python 函数，并通过习题强化知识要点和丰富 Python 应用实践内容。

本书第 1 版自问世以来受到了广大读者的欢迎和喜爱。在广泛听取高校老师和学生，以及其他读者的意见和建议的基础上，我们修订出版了第 2 版，修订说明如下。

1. 对第 1 版的章节顺序进行了较大调整

为更好地借助 Python 编程加深读者对机器学习理论的直观理解，我们将第 1 版集中编排的 Python 编程章节进行了拆解，分别将其调整到相应理论讲解的后面，以便于读者阅读和理解。同时，调整了部分章节理论讲解的逻辑顺序，使得理论论述更加有层次、更加清晰。

2. 每章分别设置了 Python 模拟和启示、Python 应用实践等部分

设置 Python 模拟和启示部分的目的是通过对较为理想的模拟数据的建模分析，更好地突显数据建模方法的理论精髓和特色，以便于读者理解。设置 Python 应用实践部分的目的是展示理论方法的实际应用价值，以便于读者举一反三地应用。为此，我们将第 1 版集中编排的 Python 代码分门别类地分章节重新编排。

3. 对关键 Python 代码进行了解释说明

增加对关键 Python 代码的解释说明，一方面便于读者了解 Python 函数中核心参数的含义，另一方面可帮助读者厘清编程思路，以便更好地了解相关理论的深层内涵。为此，我们以注释的形式对第 1 版中的 Python 代码增加了说明。同时为节约篇幅，第 2 版中略去了部分重复出现的代码，完整 Python 代码参见本书的配套电子资源，读者可登录华信教育资源网(www.hxedu.com.cn)免费下载。

4. 设置了选讲章节

我们希望以每周 3 或 4 课时共计约 17 周的课时数安排本书体量，但第 1 版的体量偏大。为此，我们在第 2 版中设置了选讲章节(目录中带星号的为选讲章节)，以便于任课教师依不同专业学生的先修课内容或知识点难度，有参考地删减课程内容。

5. 优化了部分 Python 代码

第 2 版对 Python 代码进行了重新梳理，从全书角度统一了 Python 代码的书写风格，优化了部分 Python 代码的写法，并对第 1 版中的 Python 代码进行了适当删减和压缩。

总之，本书无论从内容设计上还是从体量安排上，都更贴近数据科学与大数据技术的专业课程设置，也可满足人工智能、统计学及计算机应用等相关专业课程的要求。此外，本书也可作为 Python 机器学习研究应用人员的参考用书。

在本书编写过程中，陈欢歌老师参与了部分章节的编写和文献资料与数据的整理，电子工业出版社高等教育分社的秦淑灵老师从选题策划到章节安排都提出了宝贵建议，在此一并表示感谢。

在以大数据与人工智能技术为代表的新一轮科技浪潮的推动下，Python 编程与机器学习也迅猛发展并快速迭代，形成了方法丰富、分支多样、应用广泛的整体态势。因此，想要全面而深入地掌握其全貌，需要不断学习与完善、不断跟进与提高。希望各位读者不吝赐教，对本书中的疏漏之处提出宝贵意见。

作者
中国人民大学应用统计研究中心
中国人民大学统计学院

目　　录

第 1 章
机器学习概述

移动互联技术、物联网技术和云计算技术的蓬勃发展，不但将人类社会与物理世界有效连接起来，还创造性地建立了一个数字化的网络体系。运行其上的搜索引擎、大型电子商务平台、互联网金融平台、社交网络平台和各类应用程序（App）等不断改变着社会生产方式、企业管理服务方式及人类生活方式，伴随着巨大比特流的随时随地的海量释放，一个数据收集、存储、处理能力空前的大数据时代已经到来。

大数据分析是围绕具有典型 5V（Volume，海量数据规模；Velocity，快速流转且动态激增的数据体系；Variety，多样异构的数据类型；Value，潜力大但密度低的数据价值；Veracity，有噪声影响的数据质量）特征的大数据集展开的。大数据广义上包括大数据理论、大数据技术、大数据应用和大数据生态等方面的组合架构。其中，大数据理论从计算机科学、统计学、数学及实践等方面汲取营养，旨在探索独立且关联于自然世界和人类社会的新的数据空间，构筑数据科学的理论基础和认知体系，具有鲜明的跨学科色彩；大数据技术是推动大数据发展最活跃的因素，包括大数据采集和传输、大数据集成和存储、云计算与大数据分析、大数据平台构建和大数据隐私与安全等众多技术方面；多领域大数据应用场景的有效开发成为带动大数据发展的重要引擎，涉及个人、企业与行业、政府及时空综合应用等若干方面；大数据生态通常是指大数据与其相关环境所形成的相互作用、相互影响的系统，如大数据市场需求、政策法规、人才培养、产业配套与行业协调、区域协同与国际合作等共生系统。

本书将聚焦大数据分析中的经典方法和主流实现技术：机器学习的基本原理，以及基于 Python 编程和机器学习的数据建模与分析。

1.1 机器学习的发展：人工智能中的机器学习

大数据深层次量化分析的实际需求、大数据存储力和计算力的空前卓越，使得作为人工智能重要组成部分和人工智能研究发展重要阶段的机器学习的理论及应用在当今社会得到了前所未有的发展并大放异彩。

诞生于 20 世纪 50 年代的人工智能（Artificial Intelligence，AI），因旨在实现人脑部分思维的计算机模拟，以及人类智力任务的自动化完成，所以从研究伊始就具有浓厚的神秘色彩。人工智能研究经历了从符号主义人工智能（Symbolic AI），到机器学习（Machine Learning），再到深度学习（Deep Learning）的发展阶段。

1.1.1　符号主义人工智能

20 世纪 50 年代到 80 年代末，人工智能的主流实现范式是符号主义人工智能，即基于"一切都可规则化编码"的基本信念，通过让计算机执行事先编写好的程序，也称硬编码，依指定规则自动完成相应的处理任务，实现与人类水平相当的人工智能。

该实现范式的顶峰成果是 20 世纪 80 年代盛行的专家系统(Expert System)及不断涌现的各类计算机博弈系统。事实上，符号主义人工智能适合解决规则能够明确定义的逻辑问题，但尚有许多无法解决的研究难题。

例如，专家系统在某种意义上能够代替专家给病人看病，帮助人们甄别矿藏，但系统建立过程中的知识获取和知识表示问题一直没能得到很好的解决。知识获取的难点在于，如何全面系统地获取专家的领域知识，如何有效克服知识传递过程中的思维跳跃性和随意性。知识表示问题则更为复杂。传统"如果……则……"的简单因果式的计算机知识表示方式，显然无法表达形式多样的领域知识。更糟糕的是，专家系统几乎不存储常识性知识。爱德华·阿尔伯特·费根鲍姆(Edward Albert Feigenbaum)[①]曾估计，一般人拥有的常识存入计算机大约有 100 万条事实和抽象经验。将数量如此庞大的事实和抽象经验整理、表示并存储在计算机中，难度是极大的，而没有常识的专家系统的智能水平是令人担忧的。

又如，作为符号主义人工智能另一重大应用研究成果的计算机博弈系统，自 20 世纪 70 年代开始，主要体现在国际象棋、中国象棋、五子棋、围棋等棋类应用上。其顶峰成果是 IBM 研制的"深蓝"(Deep Blue)超级计算机。1997 年 5 月，"深蓝"与国际象棋大师加里·卡斯帕罗夫(Garry Kasparov)进行了 6 局制比赛，结果"深蓝"以两胜三平一负的成绩获胜。"深蓝"出神入化的棋艺依赖于能快速评估每种可能走法的利弊的评估系统。该系统背后除了有高性能计算机硬件系统的支撑，还有基于数千种经典对局和残局数据库的一般规则，以及国际象棋大师乔约尔·本杰明等人组成的人类棋手参谋团队针对卡斯帕罗夫的套路而专门设置的应对策略。计算机博弈系统的最大"死穴"是人类"不按套路出牌"。在这一点上人类的智能水平是计算机远不能及的。

由于符号主义人工智能很难解决语言翻译、语音识别、图像分类等更加复杂和模糊的、没有明确规则定义的逻辑问题，因此需要一种更迭符号主义人工智能的新策略，这就是机器学习。

事实上，机器学习对计算机博弈系统同样有着革命性的卓越贡献[②]。因使用特定算法和编程方法实现人工智能，基于机器学习的计算机博弈系统不仅能够极大地压缩原先数百万行的代码(包括所有的棋盘边缘情况，对手棋子的所有可能的移动等)，而且能够从以前的游戏中学习策略并提高其未来的性能。

1.1.2　基于机器学习的人工智能

如何将大型数据库、机器学习算法和分布式计算整合在一个体系架构下，创造比人类

[①] 爱德华·阿尔伯特·费根鲍姆：计算机人工智能领域的科学家，被誉为"专家系统之父"，1994 年获得计算机科学领域最负盛名的奖项——图灵奖。

[②] 1952 年，亚瑟·塞缪尔(Arthur Samuel)创建了第一个真正的基于机器学习的棋盘游戏；1963 年，唐纳·米基(Donald Michie)提出了基于强化学习的井字游戏(Tic-Tac-Toe)。

更好的、能够完成判断与认知推理等更为复杂和模糊的任务(如自然语言理解、图像识别和分类等)的机器,成为人工智能探索的新热点。其中的机器学习是关键。

机器学习概念的提出源于"人工智能之父"阿兰·图灵(Alan Turing)于 1950 年进行的图灵测试[①]。该测试令人信服地表明"会思考的机器"是可能存在的,计算机能够具有学习与创新能力。与符号主义人工智能策略截然不同的是,机器学习的出发点是,与其明确地编写程序让计算机按规则完成智能任务,不如教计算机借助某些算法完成任务。

从计算机程序设计角度看,符号主义人工智能体现的是给计算机输入"规则"和"数据",计算机处理数据,并依据以程序形式明确表达的"规则"自动输出"答案";机器学习体现的是给计算机输入"数据"和从数据中预期得到的"答案",计算机找到并输出"规则",并依据"规则"给出对应新数据的"答案",从而完成各种智能任务。相对于经典的编程范式,人们将机器学习视为一种新的编程范式。图 1.1 展示了谷歌(Google)人工智能研究员、深度学习工具 Keras 之父弗朗索瓦·肖莱(Francois Chollet)对两种编程范式的基本描述。

图 1.1　两种编程范式

在图 1.1 中,机器学习中的"规则",是计算机基于大数据集,借助算法解析"数据"和"答案"关联性的结果,通常不会甚至根本无法通过人工程序事先明确编写出来。从某种意义上看,机器学习能够比人类做得更好。

基于速度更快的硬件与更大数据集的训练,机器学习在 20 世纪 90 年代开始蓬勃发展,并迅速成为人工智能最受欢迎且应用最成功的分支领域。其在自然语言理解领域的最高成就之一是 IBM 制造的、以公司创始人托马斯·约翰·沃森(Thomas J. Watson)的名字命名的智能计算机:沃森(Watson)。2011 年 4 月 1 日,美国著名的问答节目《危险边缘》拉开了沃森与人类的情人节人机大战的序幕。《危险边缘》是一个综合性智力竞猜电视节目,题目涵盖时事、历史、艺术、流行文化、哲学、体育、科学、生活常识等方面几乎所有人类已知的知识。与沃森同场竞技肯·詹宁斯(Ken Jennings)和布拉德·鲁特(Brad Rutter)是该节目有史以来成绩最好的两位人类参赛者。但是,基于数百万份图书、新闻、电影剧本、辞海、文选资料,借助深度快速问答(DeepQA)技术中的 100 多套算法,以及 3s 内的问题解析和候选答案搜索能力,沃森最终以近 8 万的得分,将两位得分均在 2 万左右的人类选手远远甩在了后面,成为《危险边缘》节目的新王者。

尽管如此,智能计算机面临的自然语言理解挑战仍是严峻的。事实上,与其他计算机一样,沃森完成的是文字符号的处理,无法真正理解其含义。例如,问答题"这个被信赖的朋友是一种非奶制的奶末",标准答案应是咖啡伴侣。因为咖啡伴侣多是植物制的奶精而非奶制品,并且人类做这道题时会很快想到"朋友"对应"伴侣"。但计算机却只能在数据库里寻找"朋友""非奶制""奶末"这些词的关联词,结果关联最多的是牛奶。此外,如

何领悟双关、反讽之类的语言修辞，以及分析比语言理解本身更复杂的情感问题等，都是智能计算机面临的巨大挑战。

机器学习的最大突破是 2006 年提出的深度学习。深度学习是机器学习的重要分支领域，旨在从数据中学习数据表示的新方法。它强调基于训练数据，通过众多连续的神经网络层(Layer)，过滤和提取数据中服务于预测的重要特征。相对于拥有众多层的深度学习，某些经典的机器学习算法有时也被称为浅层学习(Shallow Learning)算法。

目前，包括强化学习(Reinforcement Learning，RL)策略在内的深度学习，已被广泛应用于自然语言理解和语音解析，不仅能够应对自然语言理解的挑战，还能够解决以图像识别和分类等为核心任务的众多感知问题。例如，在计算机博弈系统上的成功案例是谷歌旗下的 DeepMind 公司开发的人工智能围棋软件阿尔法围棋(AlphaGo)。2015 年 10 月，阿尔法围棋以 5：0 完胜欧洲围棋冠军、职业二段选手樊麾；2016 年 3 月，阿尔法围棋对战世界围棋冠军、职业九段选手李世石，并以 4：1 的总比分获胜。

目前，以机器学习和深度学习为核心分析技术的人工智能，已经具备接近人类水平的图像识别和分类能力、手写文字转录能力、语音识别和对自然语言提问的回答能力，以及多国语言的翻译能力等。正因如此，人工智能技术得以广泛应用。例如，智能家电等物联网(Internet of Things，IoT)设备比以往任何时候都更加聪明和智能；Slack 等聊天机器人正在提供比人类更快、更高效的虚拟客户服务；自动驾驶汽车能够识别和解析交通标志，自动实现导航和维护；等等。人工智能正改变着今天人们的日常生活方式，未来人工智能还将继续探索机器感知和自然语言理解之外的各种应用问题，协助人类开展科学研究，自动进行软件开发等。

1.2 机器学习的核心：数据和数据建模

1.1.2 节谈到，从计算机程序设计角度看，机器学习是一种新的编程范式。实现这种范式的核心任务是发现隐藏在"数据"和"答案"中的"规则"。其理论可行性最早可追溯到 1783 年托马斯·贝叶斯(Thomas Bayes)提出的贝叶斯定理，其证明了存在一种能够从历史经验，即数据集中的"数据"和"答案"中，学习两者之间关联性"规则"的数学方法。

若将"数据"和"答案"视为一种广义数据，则借助数学方法学习"规则"的本质便可看作一种基于数据的建模。从这个角度看，机器学习是一种基于大数据集，以发现其中隐藏的、有效的、可理解的规则为核心目标的数据建模过程，旨在辅助解决各行业领域的实际应用问题。

本书将聚焦机器学习解决实际应用问题的主流算法和 Python 应用实践。以下将首先围绕大众熟知的空气质量监测数据分析问题，讨论机器学习的对象：数据集，以及与数据集相关的基本概念。然后论述机器学习基于数据集的具体任务。

1.2.1 机器学习的对象：数据集

机器学习的对象是数据集合，简称数据集(也称样本集)。常规的数据集一般以二维表(也称扁平表)形式组织，由多个行和列组成。表 1.1 所示为北京市空气质量监测数据集。

表 1.1 北京市空气质量监测数据集[①]

日期	AQI	空气质量等级	污染物浓度					
			PM2.5/(μg/m³)	PM10/(μg/m³)	SO₂/(μg/m³)	CO/(mg/m³)	NO₂/(μg/m³)	O₃/(μg/m³)
2019/1/1	45	优	28	45	8	0.7	34	47
2019/1/2	78	良	57	75	12	1	56	28
2019/1/3	162	中度污染	123	136	21	1.9	85	12
2019/1/4	40	优	18	40	5	0.5	26	61
2019/1/5	47	优	17	34	7	0.5	37	49
2019/1/6	88	良	64	95	12	1.4	70	13
2019/1/7	55	良	34	54	9	0.9	44	52
2019/1/8	35	良	10	59	4	0.5	28	62
2019/1/9	74	优	41	66	12	0.9	59	26
2019/1/10	100	良	75	113	14	1.5	79	17
2019/1/11	135	轻度污染	103	130	15	1.7	80	21
2019/1/12	267	重度污染	217	212	14	2.7	101	14
2019/1/13	169	中度污染	128	183	6	1.7	64	58
2019/1/14	137	轻度污染	104	143	8	1.7	72	46
2019/1/15	54	良	9	57	4	0.3	18	61
2019/1/16	73	良	38	74	10	0.9	58	37
2019/1/17	78	良	45	77	13	1.2	62	34
2019/1/18	94	良	64	105	15	1.4	75	18
2019/1/19	33	优	11	33	5	0.5	24	59
2019/1/20	33	优	9	29	3	0.3	19	66
2019/1/21	57	良	24	63	6	0.6	44	62
2019/1/22	64	良	28	70	7	0.9	51	54
2019/1/23	60	良	23	53	6	0.7	48	56
2019/1/24	79	良	58	75	12	1.2	53	41
2019/1/25	32	优	10	32	4	0.5	21	61
2019/1/26	44	优	25	40	5	0.6	35	50
2019/1/27	76	良	49	102	9	1	45	67
2019/1/28	56	良	35	61	6	0.6	33	59
2019/1/29	139	轻度污染	106	140	17	1.5	76	24
2019/1/30	63	良	28	75	5	0.6	22	61
2019/1/31	30	优	13	27	5	0.5	20	59
20191/2/1	68	良	42	85	7	0.9	49	54
20191/2/2	142	轻度污染	108	137	8	1.4	55	29

　　数据集中的一行通常称为一个样本观测。例如，表 1.1 中第一行是 2019 年 1 月 1 日的北京市空气质量监测数据，这就是一个样本观测。若数据集由 N 个样本观测组成，则称该数据集的样本容量或样本量为 N。当利用机器学习解决复杂问题时一般要求具有样本量较大的数据集(也称大数据集，是相对小数据集而言的)。

---

① 数据来源：中国空气质量在线监测分析平台。

数据集中的一列通常称为一个变量(也称特征)，用于描述数据的某种属性或状态。例如，表 1.1 中包括日期，AQI(Air Quality Index，空气质量指数)，空气质量等级，PM2.5、PM10、SO_2、CO、NO_2、O_3 浓度共 9 个变量。其中，AQI 作为空气质量状况的无量纲指数，值越大表明空气中污染物浓度越高，空气质量越差。影响 AQI 的主要污染物包括 PM2.5、PM10、SO_2、CO、NO_2、O_3。空气质量等级是 AQI 的分组结果。一般 AQI 在 0～50、51～100、101～150、151～200、201～300、大于 300 时，空气质量等级依次为一级优、二级良、三级轻度污染、四级中度污染、五级重度污染、六级严重污染。

进一步，依各变量的取值类型可将变量细分为数值型、顺序型和类别型三类，后两类统称为分类型。数值型变量是连续或非连续的数值(在计算机中以整型或浮点型等存储类型存储)，可以进行算术运算，如表 1.1 中 AQI、PM2.5、PM10、SO_2、CO、NO_2、O_3 列的数值。分类型变量一般以数字(如 1, 2, 3 等)或字符(如 A, B, C 等)标签(在计算机中以字符串型或布尔值等存储类型存储)表示，进行算术运算没有意义。顺序型变量的标签存在高低、大小、强弱等顺序关系，如表 1.1 中的空气质量等级。此外，诸如学历、年龄段等变量也属于顺序型变量。类别型变量的标签没有顺序关系，如表 1.1 中的日期(可视为一个样本观测的标签)。此外，诸如性别、籍贯等变量也属于类别型变量。

机器学习以变量为基本数据单元，旨在发现不同变量取值之间的数量关系。不同机器学习算法适用于不同类型的变量，因此明确变量类型是极为重要的。

表 1.1 中的数据是结构化数据的一种具体体现。结构化数据是计算机关系数据库的专业术语，还包括实体和属性等概念。其中，实体对应这里的样本观测，属性对应这里的变量。结构化数据通常有以下两个方面的特征：第一，属性(变量)值通常是可定长的，如可定长的数值型变量、可定长的数字或字符标签；第二，各实体都具有共同的、确定性的属性，如每天的空气质量实体都通过 AQI、PM2.5 浓度等共同的属性度量。当然日期不同，AQI、PM2.5 浓度的具体值不尽相同。对此采用二维表形式组织数据不仅直观而且存储效率高。

机器学习的数据对象并不局限于结构化数据，还可以是半结构化数据和非结构化数据。半结构化数据的重要特点是包含可定长的属性和部分非定长的属性，且无法确保每个实体都具有共同的、确定性的属性。例如，员工简历数据就是典型的半结构化数据，其中可定长的属性包括性别、年龄、学历等，非定长的属性包括工作履历(如职场小白的工作履历是空白的，职场精英会有曾在多家公司任职的经历)等。此外，未婚员工配偶信息空缺，已婚员工的子女信息多样化等，不同实体并非均具有共同的、确定性的属性。对此需要经过一定的格式转换方可将其组织成二维表形式，且表格中会存在一些冗余数据，存储效率不高。半结构化数据往往可采用 JSON 文档格式组织。

非结构化数据一般不方便直接采用二维表形式组织。常见的非结构化数据主要有文本、图像、音频和视频数据等。这些数据往往是非定长的，且很难直接确定属性，需要进行必要的数据转换处理。

1.2.2 机器学习的任务：数据建模

基于数据集，机器学习通过数据建模主要完成以下两大任务：第一，数据预测；第二，数据聚类。

1. 数据预测

以下将基于两个实际应用场景，讨论数据预测的内涵。

【场景 1】基于空气质量监测数据集，我们希望得到以下两个问题的答案：

- SO_2、CO、NO_2、O_3 浓度中哪些是影响 PM2.5 浓度的重要因素，可否用于对 PM2.5 浓度的预测？
- PM2.5、PM10、SO_2、CO、NO_2、O_3 浓度对空气质量等级大小的贡献不尽相同，哪些污染物浓度的降低将有效降低空气质量等级，可否用于对空气质量等级进行预测？

上述两个问题就是典型的数据预测问题。

PM2.5 的主要来源是 PM2.5 的直接排放，以及某些气体污染物在空气中的转化。PM2.5 的直接排放主要源自石化燃料(煤、汽油、柴油)的燃烧、生物质(秸秆、木柴)的燃烧、垃圾焚烧等。可在空气中转化成 PM2.5 的气体污染物主要有 SO_2、氮氧化物、NH_3、挥发性有机物等。基于各种污染物浓度监测数据，如果能从量化角度准确发现 PM2.5 的主要来源和影响因素，度量各污染物浓度对 PM2.5 浓度的数量影响，则一方面有助于制定有针对性的控制策略，通过控制 SO_2 等污染物的排放降低 PM2.5 浓度；另一方面可基于其他污染物浓度对 PM2.5 浓度进行预测。该问题就是一个数据预测问题。

空气质量好坏的测度，即 AQI 计算或空气质量等级评定也是一个复杂的问题。空气污染是一个复杂的现象，在特定时间和地点，污染物浓度会受许多因素的影响，均会影响空气质量。例如，车辆、船舶、飞机的尾气，工业企业生产排放，居民生活和取暖，垃圾焚烧等，均会影响空气质量。此外，城市发展密度、地形地貌和气象等也是影响空气质量的重要因素。目前，参与空气质量等级评定的主要污染物包括 PM2.5、PM10、SO_2、CO、NO_2、O_3。基于各种污染物浓度监测数据和空气质量等级数据，如果能从量化角度准确找到导致空气质量等级敏感变化的污染物，则不仅能通过对其进行控制有效降低空气质量等级，还可基于污染物浓度对空气质量等级进行预测。该问题同样是一个数据预测问题。

简而言之，数据预测就是基于已有数据集，归纳出输入变量和输出变量之间的数量关系的过程。基于这种数量关系，一方面，可发现对输出变量产生重要影响的输入变量；另一方面，在数量关系具有普适性和未来不变的假设下，可对新数据输出变量取值进行预测。

进一步，数据预测可细分为回归预测和分类预测。对数值型输出变量的预测(对数值的预测)统称为回归预测。对分类型输出变量的预测(对类别的预测)统称为分类预测，如果输出变量仅有两个类别，则称其为二分类预测；如果输出变量有两个以上的类别，则称其为多分类预测。

参照 1.1.2 节中机器学习编程范式，这里的输入变量对应其中的"数据"，输出变量对应"答案"。数据集中输入变量和输出变量的取值均是已知的，可为数值型变量、顺序型变量或类别型变量。第一个问题中的 SO_2、CO、NO_2、O_3 浓度是数值型输入变量，PM2.5 浓度是数值型输出变量，该问题属于回归预测问题；第二个问题中的各种污染物浓度为数值型输入变量，空气质量等级为分类型输出变量，该问题属于多分类预测问题。

参照 1.1.2 节中机器学习编程范式，发现"规则"就是寻找输入变量和输出变量取值规律及应用规律的过程。这些规律不是显性的，而是隐藏在数据集中的，寻找这些规律需要基于对数据集的归纳学习。回归和分类正是这样旨在发现规律的归纳学习策略。

【场景 2】有关于顾客特征和其近 24 个月的消费记录数据集，其中包含顾客的性别、年龄、职业、年收入等属性特征，以及顾客购买的商品、消费金额等消费记录数据。基于这些数据，我们希望得到以下两个问题的答案：

- 具有哪些特征(如年龄和年收入等)的新顾客会购买某种商品？
- 具有某些特征(如年龄等)和消费行为(购买或不购买)的顾客，其平均年收入是多少？

上述两个问题均属数据预测的范畴。

第一个问题的答案无非是买或者不买，显然属于分类预测问题。其中，输入变量为性别、年龄、职业、年收入等，输出变量为是否购买。通过数据建模，找到顾客特征(输入变量)与其消费行为(输出变量)之间的规律。进一步，依据该规律对具有某些特征的新顾客的消费行为(购买或不购买)进行预测。

第二个问题要求对顾客的平均年收入进行预测，属于回归预测问题。其中，输入变量为性别、年龄、职业、是否购买等，输出变量为平均年收入。通过数据建模，找到顾客特征(输入变量)与其平均年收入(输出变量)之间的规律。进一步，依据该规律对具有某些特征和消费行为的新顾客的平均年收入进行预测。

2. 数据聚类

数据集中蕴含着非常多的信息，其中较为典型的是，数据集可能由若干个小的数据子集组成。例如，对于【场景 2】中的顾客特征和消费记录数据集，依据经验来看，通常具有相同特征(如相同性别、年龄、年收入等)的顾客群消费偏好较为相似，具有不同特征(如男性和女性、教师和 IT 人员等)的顾客群消费偏好可能差异明显。客观上存在着特征和消费偏好等差异较大的若干个顾客群。发现不同顾客群是实施精细化营销的前提。

各个顾客群将对应到数据集的各个数据子集上。机器学习称这些数据子集为子类或小类或簇等。数据聚类的目的是发现数据中可能存在的小类，并通过小类刻画和揭示数据的内在组织结构。数据聚类的最终结果是，给每个样本观测指派一个属于哪个小类的标签，称为聚类解。聚类解将保存在一个新生成的分类型变量中。

数据聚类和数据预测中的分类预测有联系也有区别。联系在于，数据聚类是给每个样本观测一个小类标签，分类预测是给输出变量一个分类值，本质上也是给每个样本观测一个标签。区别在于，分类预测中变量有输入变量和输出变量之分，且分类标签(保存在输出变量中，如空气质量等级、购买或不购买等)的真实值是已知的，但数据聚类中变量没有输入变量和输出变量之分，所有变量都将被视为聚类变量参与数据分析，且小类标签(保存在聚类解变量中)的真实值是未知的。正因如此，数据聚类有不同于分类预测的算法策略。

3. 其他方面的应用

除数据预测和数据聚类之外，机器学习还可解决其他应用场景下各种类型的问题，如关联分析和模式诊断。

1)关联分析

世间万物都是有联系的，这种联系让这个世界变得丰富多彩而又生动有趣。关联分析的目的就是寻找事物之间的联系规律，发现它们之间的关联性。

【场景 3】有一段时间内某超市会员的购物小票数据集，其中每张购物小票均记录了哪个会员在哪个时间购买了哪些商品及购买的数量等。基于该数据集，我们希望得到以下两个问题的答案：

- 购买面包的会员中同时购买牛奶的可能性大，还是同时购买香肠的可能性大？
- 购买电水壶的会员未来一个月内购买除垢剂的可能性有多大？

显而易见，找到上述问题的答案对超市的货架布置、进货计划制订、有针对性地营销等有重要帮助。发现关联性的目的就是找出这些问题的答案。

发现关联性的关键是找到变量取值的内在规律。这里可将会员的购买行为视为一个变量，则该变量的所有可能取值为该超市销售的所有商品的名称。发现关联性就是要找到变量(购买行为)的不同取值(该超市销售的所有商品的名称)之间是否存在某些一般性的规律。

从发现关联性角度解决第一个问题的思路是，依据大量的购物篮数据(一张购物小票对应一个购物篮)，计算不同商品被同时购买的概率，如购买面包的同时购买牛奶概率等。这里的概率计算较为简单，如只需清点所有购买面包的购物小票中有多少张同时购买了牛奶，并计算百分比即可。这些概率可揭示商品购买间的简单关联关系，是商品推荐的基础。

为回答第二个问题，需要依时间连续跟踪每个会员的购物行为，即清点在指定时间段内购买电水壶的会员中有多少人在一个月内又购买了除垢剂，并计算百分比。该问题涉及时间因素，可揭示商品购买间的时序关联关系。

进一步，若将商品间的关联性和关联性强弱绘制成图，则可得到如图 1.2 所示的网状图。

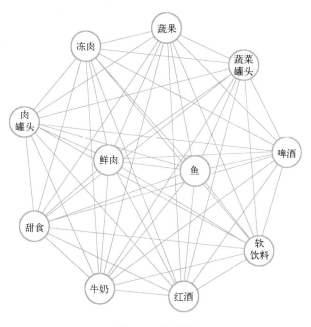

图 1.2　网状图

图 1.2 中的圆圈通常被称为网状图的节点，这里代表各个商品；节点之间的连线被称为节点连接，其粗细表示连接权重，这里表示商品间关联性强弱。事实上，关联性的研究可推广到许多应用中。例如，若网状图中的节点代表微信好友，则节点连接及连接权重可表示好友间的私聊频率，如果两个好友从未私聊过，则相应节点间可以没有连接；若网状图中的

节点代表各个国家，则节点连接及连接权重可以表示各个国家间的贸易状况；若网状图中的节点代表股票，则节点连接及连接权重可表示各只股票价格的相互影响关系；若网状图中的节点代表学术论文，则节点连接及连接权重可表示学术论文间的相互引用关系；若网络图中的节点代表立交桥，则节点连接及连接权重可表示立交桥间的车流量；等等。

2) 模式诊断

模式(Pattern)是一个数据集合，由分散在数据集中的零星数据组成。模式通常具有其他众多数据所没有的某种局部的、非随机的、非常规的特殊结构或相关性。模式诊断就是指从不同角度采用不同方法发现数据中可能存在的模式。

例如，在工业生产过程中，数据采集系统或集散控制系统通过在线方式收集大量的可反映生产过程中设备运行状况的数据，如电压、电流、气压、温度、流量、电机转速等。在常规生产条件下，若设备运行正常，则这些数据的取值变化很小，基本维持在一个稳定水平上。若一小段时间内数据忽然剧烈变化，但很快又回归原有水平，且类似情况多次重复出现，即显现出局部的、非随机的、超出正常范围的变化，则意味着生产设备可能发生了间歇性异常。这里少量的变动数据所组成的集合就是模式，如图 1.3(a) 中椭圆内的数据。

模式具有局部性、非随机性和非常规性的特点，很可能是某些重要因素所导致的必然结果，所以模式诊断[①]是极为必要的。例如，图 1.3(b) 中椭圆内的会员构成了模式，表现出不同于绝大多数会员的特征，找到它们并探究其原因是有意义的。

图 1.3　模式的示意图

模式诊断不仅可用于设备故障诊断，还可广泛用于众多主观故意行为的发现，如计算机网络入侵行为(网络流量或访问次数出现非随机性突变等)、恶意欺诈行为(信用卡刷卡金额、手机通话量出现非常规增加等)、虚报瞒报行为(商品销售额的非常规变化等)。进行模式诊断并探究模式的成因，能为技术更新、流程优化、防范升级等方案的制订提供重要依据。

需要注意的是，这里的模式与统计学中从概率角度界定的离群点有一定差别。例如，统计学中经典的 3σ 准则认为，若某随机变量服从正态分布，则绝对值大于 3σ 的变量值因出现的概率很小(小于或等于 0.3%)而被界定为离群点。尽管这些离群点与模式的数量都较少，且均表现出严重偏离数据全体的特征，但离群点通常由随机因素所致，模式则不然，它具有非随机性和潜在的形成机制。找到离群点的目的是剔除它们以消除对数据分析的影响，但模式很多时候就是人们关注的焦点，是不能剔除的。

尽管模式并非以统计学中的概率标准来界定，但从概率角度诊断模式仍是有意义的。

---

① 这里的模式诊断的含义与模式识别不尽相同。模式识别一般是指识别图像等数据阵中的某些形状等。

应注意的是，小概率既可能是模式的表现，也可能是随机性离群点的表现。因此，究竟是否为"真正"的模式，需要行业专家定夺。如果能够找到相应的常识、合理的行业逻辑或有说服力的解释，则可认定为"真正"的模式。否则，可能是数据记录错误而导致的"虚假"的模式或没有意义的随机性结果。从统计角度诊断模式需要已知或假定概率分布。当概率分布未知或无法做出假定时就需要从其他角度分析。对此，机器学习多采用数据聚类的方式实现模式诊断。

综上，作为人工智能的重要组成部分，机器学习的核心任务是数据预测和数据聚类，同时也正朝着智能数据分析的方向发展。随着大数据时代数据产生速度持续加快，数据体量空前增长，各种半结构化和非结构化的数据不断涌现，机器学习及深度学习在文本分类、文本摘要提取、文本情感分析，以及图像识别和图像分类等智能化应用中发挥着越来越重要的作用。

1.3　机器学习的典型应用

目前机器学习在电子商务、金融、电信等行业得到了极为广泛的应用。

1.3.1　机器学习的典型行业应用

机器学习的应用极为广泛。从应用成熟度和市场吸引力两个维度看，当前机器学习有如下几个典型行业应用，其应用成熟度和市场吸引力分布图[①]如图 1.4 所示。

图 1.4　机器学习的典型行业应用的应用成熟度和市场吸引力分布图

图 1.4 表明，机器学习在电子商务行业中的应用是最成熟和最具市场吸引力的，金融和电信行业紧随其后。机器学习在政府公共服务行业中有较大的发展潜力，其未来的应用成熟度有巨大的提升空间。

机器学习在电子商务行业中的应用价值主要体现在市场营销和个性化推荐等方面，目的是有效实现用户消费行为规律的分析，制订有针对性的商品推荐方案，根据用户特征研究广告投放策略并进行广告效果的跟踪和优化；在金融行业中，机器学习主要应用于客户金融行为分析及金融信用风险评估等方面；机器学习在电信行业中的应用主要集中在客户消费感受分析等方面，目的是通过洞察客户需求，有针对性地提升电信服务的质量和安全；

---

① 资料来源：易观智库。

在政府公共服务行业中，机器学习可在智慧交通和智慧安防等方面发挥重要作用，实现以数据驱动的政府公共服务；机器学习在医疗行业中的应用价值集中在药品研发、公共卫生管理、居民健康管理及健康危险因素分析等方面。

尽管上述机器学习的典型行业应用所解决的问题不同，但其研究思路具有一定的共性。本节仅对机器学习在金融、电子商务、电信行业中的典型商业应用的共性问题进行梳理并进行详尽讨论，主要包括客户细分、客户流失分析、营销响应分析、交叉销售、欺诈甄别等方面，如图 1.5 所示。

图 1.5　典型商业应用问题

1.3.2　机器学习在客户细分中的应用

客户细分(Customer Segmentation)的概念是 20 世纪 50 年代中期美国著名营销学家温德尔·史密斯(Wended R. Smith)提出的。客户细分是指经营者在明确其发展战略、业务模式和市场条件的情况下，依据客户价值、需求和偏好等诸多因素，将现有客户划分为不同的客户群，属于同一客户群的客户具有较强的相似性，不同细分客户群间存在明显的差异性。

在经营者缺乏足够的资源应对客户整体时，由于客户群的价值及需求存在异质性，因此进行有效的客户细分能够辅助经营者准确认识不同客户群的价值及需求，从而制定针对不同客户群的差异化经营策略，以资源效益最大化、客户收益最大化为目标，合理分配资源，实现持续发展新客户、保持老客户、不断提高客户忠诚度的总体目标。

客户细分的核心是选择恰当的细分变量，以及细分方法、细分结果的评价和应用。

1) 选择恰当的细分变量

客户细分的核心之一是选择恰当的细分变量。根据不同的细分变量可能得到完全不同的客户细分结果。传统的客户细分是基于年龄、性别、婚姻状况、年收入、职业、地理位置等客户基本属性的。此外，还有基于各种主题，如客户价值、需求、偏好、消费行为等的客户细分。

不同行业的业务内容不同，其客户价值、需求、偏好及消费行为的具体定义也不同，需要选择有利于达成其分析目标的细分变量。例如，电信行业客户细分主要细分变量包括手机卡的使用月数、套餐金额、额外通话时长、额外流量、是否改变过套餐、是否签订过服务合约、是否办理过固定电话和宽带业务等。又如，商业银行为研发针对不同客户的金融产品和服务，对个人金融客户主要关注年龄、家庭规模、受教育程度、居住条件、收入来源、融资记录等，对企业金融客户主要关注行业、企业组织形式、企业经营年限、雇员人数、总资产规模、月销售额、月利润等。同时，关注的贷款特征包括贷款期限、贷款用途、抵押物、保证人等。再如，电子商务行业的客户细分，除需要关注客户的收入、职业特点、行业地位、关系背景等基本属性之外，还需要关注客户的喜好风格、价格敏感、品牌倾向、消费方式等主观特征，以及交易记录、积分等级、退换货、投诉、好评传播等交易行为特征等。

能否选择恰当的细分变量取决于对于业务需求的认知程度。在不同行业的客户细分问题中，客户的"好坏"标准可能不同。随着业务的推进及外部环境的动态变化，这个标准也可能发生变化。因此，选择细分变量应建立在明确当前业务需求的基础之上。细分变量的个数应适中，以能否覆盖业务需求为准，同时各细分变量之间不应有较强的关联性。

2）细分方法、细分结果的评价和应用

机器学习实现客户细分的主要方法是聚类分析。有关聚类分析的原理和特点等将在第12、13 章详细讨论。

客户细分的结果是多个客户群。只有在合理的客户群基础上制定有针对性的营销策略，才可能获得资源效益的最大化及客户收益的最大化。客户群划分是否合理，一方面依赖于细分变量的选择，另一方面依赖于所运用的细分方法。细分方法的核心是数据建模，而数据建模通常带有"纯粹和机械"的色彩。尽管它给出的客户群划分具有数理上的合理性，但并不一定都是符合业务需求的，所以还要从业务角度评价细分结果的实际适用性。例如，各个客户群的主要特征是否具有业务上的可理解性；客户群所包含的人数是否足够多，能否收回相应的营销成本；客户群的营销方案是否具有实施上的便利性；等等。

1.3.3　机器学习在客户流失分析中的应用

客户流失是指客户终止与经营者的服务合同或选择其他经营者提供的服务。通常客户流失有如下三种类型。

第一，企业内部的客户转移，即客户转移到本公司的其他业务上。例如，银行增加新业务或调整费率等引发客户的业务转移，如客户储蓄账户从活期存款转移至整存整取，客户理财账户从单一类信托产品转移至组合类信托产品等。企业内部的客户转移，就某个业务来看存在客户流失，可能对企业收入产生一定影响，但就企业整体而言客户并没有流失。

第二，客户被动流失，即经营者主动与客户终止服务关系。例如，金融服务商由于客户欺诈等行为而主动终止与客户的服务关系。

第三，客户主动流失，包括两种情况：一种情况是客户因各种原因不再接受相关服务；另一种情况是客户终止当前服务合同而选择其他经营者提供的服务，如手机用户从中国联通转到中国移动。通常客户主动流失的主要原因是，客户认为当前经营者无法提供其所期望的服务，或客户希望尝试其他经营者提供的新服务。

机器学习应用于客户流失分析主要针对上述第三种类型，以客户基本属性和历史消费行为数据为基础，重点围绕客户流失原因分析及客户流失预测两个目标进行数据建模。

1）客户流失原因分析

客户流失原因分析是指找到与客户流失高度相关的因素，如哪些因素是导致客户流失的主要因素，具有哪些属性值或消费行为的客户容易流失等。例如，抵押贷款公司需要了解具有哪些特征的客户会因为竞争对手采用低息和较宽松条款而流失；保险公司需要了解取消保单的客户通常有怎样的特征或行为。只有找到客户流失原因，才可能依此评估流失客户对经营者的价值，分析哪类客户流失会给企业收入造成严重影响，哪类客户流失会影响企业的业务拓展，哪类客户流失会给企业带来人际关系上的损失，等等。客户流失原因分析的核心目的是为制订客户保留方案提供依据。

机器学习中的分类预测可应用于客户流失原因分析。分类预测的原理和特点等将在后续章节详细讨论。

2) 客户流失预测

客户流失预测主要有以下两个方面。

第一，预测现有客户中哪些客户流失的可能性较高，给出一个流失概率由高到低排序的列表。对所有客户实施保留措施的成本很高，只对高流失概率的客户开展维系，将大大降低维系成本。对于流失概率较高的客户，还需要进一步关注其财务特征，分析可能导致其流失的主要原因是财务的还是非财务的。通常非财务原因流失的客户是高价值客户，这类人群一般会正常支付服务费用并对市场活动做出响应，是经营者真正需要保留的客户。给出流失概率列表的核心目的是为测算避免客户流失所付出的维系成本提供依据。

客户流失概率的研究也可通过机器学习中的数据预测建模实现。这些方法的原理和特点等将在后续章节详细讨论。

第二，预测客户可能在多长时间内流失。如果说上述第一方面的分析是为了预测客户在怎样的情况下将会流失，那么第二方面的分析是为了预测客户在什么时候将会流失。

统计学中的生存分析可有效解决上述问题。生存分析以客户流失时间为响应变量建模，以客户的人口统计学特征和行为特征为解释变量，计算每个客户的初始生存率。客户生存率会随时间和客户行为的变化而变化，当生存率达到一定的阈值后，客户就可能流失。

1.3.4　机器学习在营销响应分析中的应用

为发展新客户和推广新产品，企业经营者通常需要针对潜在客户开展有效的营销活动。在有效控制营销成本的前提下，了解哪些客户会对某种产品或服务宣传做出响应等，是提高营销活动投资回报率的关键，也是营销响应分析的核心内容。

营销响应分析的首要目标是确定目标客户，即营销对象。对正确的目标客户进行营销，是获得较高客户响应概率的前提。因为营销通常涉及发展新客户和推广新产品两个方面，所以营销响应分析中的关注点也略有差异。

1) 发展新客户

在发展新客户的过程中，可以根据现有客户的数据分析其属性特征。通常具有相同或类似属性特征的客户很可能是企业的潜在客户，应将其视为本次营销的目标客户。

2) 推广新产品

在推广新产品的过程中，若新产品是老产品的更新换代产品，或者与老产品较为相似，则可通过分析购买老产品的客户数据发现其属性特征。通常可视这些现有客户为本次营销的目标客户，同时具有相同或类似属性特征的潜在客户也可视为本次营销的目标客户，因为他们很可能对新产品感兴趣。

若新产品是全新的，尚无可供参考的市场和营销数据，则可先依据经验和主观判断确定目标客户的范围，并随机对其进行小规模的试验性营销，然后依据所获得的营销数据找到对营销做出响应的客户的属性特征。具有相同或类似属性特征的现有客户和潜在客户，通常可视为本次营销的目标客户。

确定目标客户之后还需要进一步确定恰当的营销活动。所谓恰当的营销活动，主要是指恰当的营销时间、营销渠道、营销频率，它们与目标客户共同构成营销活动的四要素。对于具有不同特征的目标客户，优化营销渠道和事件触发点，实施有针对性的个性化营销，实现获得客户和营销成本的最优结合，可进一步提高客户响应概率，取得更理想的营销活动投资回报率。

机器学习中的数据预测是营销响应分析的有效工具。这些方法的原理和特点等将在后续章节详细讨论。

1.3.5 机器学习在交叉销售中的应用

交叉销售是在分析客户属性特征及历史消费行为的基础上，发现现有客户的多种需求，向客户销售多种相关产品或服务的营销方式。

例如，保险公司在了解投保人需求的基础上，尽可能为现有客户提供其本人及家庭所需要的其他保险产品，其在为客户介绍某款意外险产品的同时，可以了解客户的其他保险需求并进行推荐，如了解客户的房产状况，为其介绍适合的家庭财险产品；了解客户的家庭成员情况，为其推荐少儿保险；了解客户的支付能力，为其推荐寿险产品；等等。在传统管理和营销模式下，这样的交叉销售被视为一种销售渠道的拓展方式。例如，寿险公司以寿险业务发展成熟为前提条件，通过寿险渠道代理财险业务等。但这种认识正在被慢慢弱化。

交叉销售的深层意义在于主动创造更多客户接触企业的机会，一方面使企业有更多机会深入理解客户需求，提供更适时的个性化服务；另一方面加深客户对企业的信任和依赖程度，从而形成一种基于互动的、双赢的良性循环。交叉销售是提高客户忠诚度，以及提高客户生命周期价值的重要手段，也是一种通过低成本运作（如研究表明交叉销售的成本远低于发展新客户的成本）提高企业利润的有效途径。

交叉销售一般包括产品交叉销售、客户细分交叉销售等主要方面。

1）产品交叉销售

产品交叉销售是指通过分析客户消费行为的共同规律，从产品关联性和消费连带性角度观察，找出最有可能捆绑在一起销售的产品或服务，通过迎合客户需求的产品或服务的组合销售方式提高客户生命周期价值。产品交叉销售并不局限于对同次消费的产品绑定，还包括基于产品使用周期的客户未来时间段消费的预判，并由此在恰当的时间点向客户提供相关产品或服务等。

2）客户细分交叉销售

客户细分交叉销售是对产品交叉销售的拓展。不同特征客户群的消费规律很可能是不同的。客户细分交叉销售强调在客户细分的基础上，依据客户自身的属性特征找到其所属客户群的消费规律，并依此确定交叉销售产品或服务。这种交叉销售关注客户偏好，更有助于提高交叉销售的精准性和个性化程度。

日前产品交叉销售和客户细分交叉销售较常见于电子商务领域的个性化推荐系统中。个性化推荐系统是一个高级商务智能平台，它根据客户的性别、年龄、所在城市等属性特征和相应的消费规律，最热卖的商品，以及高概率的连带销售商品等数据，适时地向不同客户推荐其最可能感兴趣的商品。个性化推荐系统不仅有效缩短了客户浏览和挑选商品花费的时间，而且通过个性化服务创造了更多客户与企业接触的机会。

交叉销售的核心是发现关联性。

1.3.6　机器学习在欺诈甄别中的应用

新技术发展对各行业的欺诈防御带来了新的挑战。高性能的欺诈诊断程序不间断地执行，在欺诈防御失效的第一时间准确甄别出欺诈行为，是有效应对信用卡欺诈、电信欺诈、计算机入侵、洗钱、医药和科学欺诈等的重要手段。

欺诈甄别依据海量历史数据进行分析，涉及两种情况：第一，甄别历史上曾经出现过的欺诈行为；第二，甄别历史上尚未出现过的欺诈行为。

1)甄别历史上曾经出现过的欺诈行为

历史上曾经出现过的欺诈行为在数据上表现为带有明确的是否为欺诈的标签。例如，对已知的银行信用卡恶意透支行为，各账户上均有明确的变量取值，如 1 表示欺诈，0 表示正常。可借助机器学习中的分类预测发现欺诈行为与账户特征之间的一般性规律，并为甄别某个账户是否存在较高的欺诈风险提供依据。

由于欺诈行为的账户特征通常会因防范措施的不断改进而变化，所以欺诈甄别的模型分析结论一般只能作为参考，是否确为欺诈还需要人工判断。为此，欺诈甄别的分类预测不仅要给出判断结果，还要给出一个欺诈风险评分。评分越高，欺诈的可能性越大。按欺诈风险评分从高到低的顺序给出最有可能出现欺诈行为的账户列表供行业专家判断。

2)甄别历史上尚未出现过的欺诈行为

历史上尚未出现过的欺诈行为在数据上表现为没有明确的是否为欺诈的标签。在这种情况下，欺诈可定义为前文提及的模式，其通常具有其他众多数据所没有的某种局部的、非随机的、非常规的特殊结构或相关性。对此，通过数据聚类实现模式诊断是甄别欺诈的主要方法，并且还需要给出相关的欺诈风险评分或概率。

依据按欺诈风险评分排序的账户列表进行人工再甄别的成本通常是较高的。模型的错判损失(包括原本欺诈错判为正常的损失和原本正常错判为欺诈的损失，如因质疑清白账户对客户关系带来的负面影响等)会因行业不同而有高有低。因此，对于上述两种情况，实际欺诈甄别均需要依据行业特点，核算欺诈甄别成本和成功甄别所能挽回的损失，找到两者的平衡点，并最终确定一个欺诈风险评分的最低分数线。高于该分数线的账户需要进行人工再甄别。

本 章 总 结

本章回顾了人工智能的发展历程，指出机器学习是人工智能不断发展的必然产物。从不同视角看，机器学习既是一种新的编程范式，也是一套完整的数据建模方法论。机器学习通过数据建模实现数据预测和数据聚类，有着极高的实际应用价值。本章最后列举了机器学习的典型应用。

本 章 习 题

1. 请举例说明什么是数据集中的变量，并指出变量有哪些类型。
2. 请举例说明什么是机器学习中的数据预测，并指出其中的输入变量和输出变量。
3. 请举例说明机器学习中数据聚类的目的是什么，并指出它与数据预测中的分类预测有怎样的联系和不同。

第 2 章
Python 机器学习基础

Python 是机器学习应用实践中的首选工具。

若读者已对 Python 有初步了解，则可略过本章。对没有 Python 编程经验的读者，建议仔细阅读本章。Python 内容丰富，对初学者来说需要经历一个循序渐进的学习过程。从加深机器学习的理论理解和探索其应用实践的角度出发，有针对性地学习 Python，无疑是见效最快的。因此，本章并没有采用常见的函数罗列的方式介绍 Python，而以数据建模与分析过程为线索，通过专题性的代码示例和综合应用的形式，对机器学习应用实践中必须具备的 Python 基础知识进行讨论、提炼与总结。在帮助读者快速入门 Python 的同时，更希望读者能够更多地了解 Python 在机器学习中的应用。

2.1 Python：机器学习的首选工具

Python 是一款面向对象[①]的解释型计算机语言。开源、代码可读性强、可实现高效开发等是 Python 的重要特征。

计算机语言是通过编程方式开发各种计算机应用的系统软件工具。自 1991 年吉多·范罗苏姆 (Guido van Rossum) 开发的 Python 第一版问世以来，随着功能的不断完善，性能的不断提高，Python 2、Python 3 系列版本的不断推陈出新，Python 已发展成为当今社会主流的计算机语言之一。尤其在机器学习领域独占鳌头，成为机器学习应用实践中的首选工具。

Python 的官方下载地址为 https://www.python.org/。截至本书成稿，Windows 环境的最新版本为 Python 3.11.0。可在官网相应版本的选项链接页面中选择 "Windows installer (64-bit)" 选项，下载安装程序 "python-3.11.0-amd64.exe"。执行该程序便可完成 Python 基本环境的搭建。

Python 是一款面向对象、跨平台且开源的计算机语言，其在机器学习领域获得广泛应用的原因主要表现在以下几个方面。

[①] 简单来讲，面向对象的程序设计 (Object Oriented Programming，OOP) 是相对面向过程的程序设计而言的。为提高程序开发效率，提高代码的重用性，加强程序调试的便利性和整个程序系统的稳定性，OOP 不再像面向过程的程序设计那样，将各处理过程以主程序或函数的形式 "平铺" 在一起，而采用 "封装" 的思想，将具有一定独立性和通用性的处理过程与变量 (数据) 封装在对象中。其中，变量称为对象的属性，变量值对应属性值 (有具体变量值的对象称为对象实例)；处理过程称为对象的方法。多个具有内在联系的对象封装在 "类" 中。

第一，简明易用，严谨专业。

Python 简明易用，严谨专业，同时其说明文档规范，代码范例丰富，从而更加便于广大机器学习基础应用人员学习使用。

长期以来，Python 开发团队始终坚持程序开发效率优先于代码运行效率，程序应用的横向扩展优先于代码运行的纵向挖潜，程序简明一致性优先于特别技巧的使用等开发理念，并打通与相关语言的接口，形成了 Python 的独特优势。

进一步，丰富的数据组织形式(如元组、集合、序列、列表、字典、数据框等)和强大的数据处理函数库，使得机器学习人员可以将主要精力用于考虑解决问题的方法，而不必过多地考虑程序实现的细枝末节。

第二，良好的开发社区生态。

研究并完成一个机器学习任务一般需要领域应用人员、算法模型人员、统计分析人员、程序开发人员和数据管理人员等的合作。Python 开发社区通过网络将这些人员及其项目、程序、数据集、工具、文档和成果等资源有效地整合起来，从而将 Python 机器学习打造成一个全球化的生态系统，集思广益，实现了更广泛的交流、讨论、评估和共享，从而极大地提高了 Python 的开发水平、开发效率和普及程度。

第三，丰富的第三方包。

Python 拥有庞大而活跃的第三方包，尤其是 NumPy、Pandas、SciPy、Matplotlib、Scikit-learn 等第三方包在数据组织、科学计算、可视化、机器学习等方面有着极为成熟、丰富和卓越的表现。需要特别指出的是，在 NumPy 和 SciPy 的基础上开发的 Scikit-learn，是专门面向机器学习的 Python 第三方包，支持数据预处理、数据降维、数据分类和回归建模、数据聚类、模型评价和选择等各种机器学习建模应用。其中的算法均得到了广泛应用和验证，具有极高的权威性。依托和引用这些第三方包，用户能够方便、快速地完成绝大多数机器学习任务。

2.2 Python 的集成开发环境：Anaconda

第三方包的管理是 Python 应用实践中重要而烦琐的任务。拥有一个方便包管理，同时集程序编辑器、编译器、调试器及图形化用户界面等工具于一体的集成开发环境(Integrated Development Environment，IDE)是极为必要的。Anaconda 就是其中被广泛应用的一款集成开发环境。

本节将围绕 Anaconda，就如下三个方面进行讨论。

第一，了解 Anaconda 的各组件及其与 Python 的关系。目的是在了解 Python 传统环境的基础上，掌握基于 Anaconda 的 Jupyter Notebook，为后续的 Python 编程和应用实践奠定基础。

第二，掌握 Python 第三方包的基本引用方法。掌握 Python 第三方包的使用方法，将为机器学习应用实践铺平道路。

第三，了解并掌握 NumPy、Pandas 和 Matplotlib 的基本使用方法。本章将通过示例代码和综合应用的形式，展现 NumPy、Pandas 和 Matplotlib 在数据建模与分析中的基本功能。

2.2.1 Anaconda 的简介

在众多集成开发环境中，Anaconda 是一款兼容 Linux、Windows 和 macOS，支持 Python 2 系列和 Python 3 系列，并且可方便、快捷地完成机器学习和数据科学任务的开源集成开发环境。通常将 Anaconda 视为 Python 的发行版 Anaconda®。

Anaconda 通过内置的 conda（包管理工具，一个可执行命令）实现包和环境的管理。Anaconda 内嵌了 1500 多个第三方机器学习和数据科学程序包，支持绝大部分的机器学习任务，同时还可借助 TensorFlow、Pytorch 和 Keras 实现深度学习。目前作为业界公认的工业化标准，Anaconda 已拥有全球超过 1500 万的用户规模，成为 Python 机器学习的标准集成开发环境和最受欢迎的 Python 数据科学研究平台。

Anaconda 的官方下载地址为 https://www.anaconda.com/，其官方下载主页面如图 2.1 所示。本书配套的是支持 Python 3.9 的 Anaconda 2022.10 for Windows 版本，下载文件名为 Anaconda3- 2022.10-Windows-x86_64.exe，用户可自行按常规方式安装。

按默认选项成功安装 Anaconda 之后，在 Windows 的"开始"菜单中可看到如图 2.2 所示的选项。

图 2.1 Anaconda 的官方下载主页面

图 2.2 Anaconda 成功安装

Anaconda 主要包括 Anaconda Prompt、Anaconda Navigator、Spyder 和 Jupyter Notebook 等组成部分，分别服务于 Python 集成开发环境的配置和管理，以及 Python 程序的编写、调试和运行等。

2.2.2 Anaconda Prompt 的使用

双击图 2.2 中的 Anaconda Prompt（Anaconda3），将出现 Windows 命令行窗口。

1. 进入 Python

在命令行提示符>后输入"python"即可启动 Python。>>>是 Python 成功启动的标志，也称为 Python 提示符。所有 Python 语句均需要在>>>后面输入。

例如，在>>>后面输入"print("Hello Python!")"，结果如图 2.3 所示。

按 Ctrl+Z 组合键或在>>>后面输入"exit()"即可退出 Python。

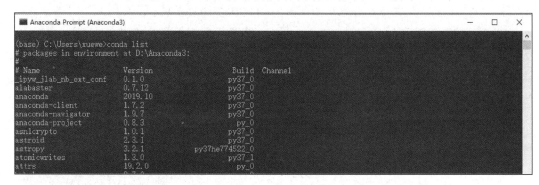

图 2.3　Python 集成开发环境示意图

2. 配置环境

在命令行提示符>后面简单输入若干命令，就可完成对 Python 第三方包和环境的配置管理。

- >conda list，可查看 Anaconda 自带的所有内容，如图 2.4 所示。

图 2.4　查看 Anaconda 自带的所有内容

- >conda --version，可查看 conda 的版本。
- >conda info -e，可查看已安装的环境及当前被激活的环境(Anaconda 安装成功后的环境是 base 环境)。

3. 配置环境的图形化界面

Anaconda Navigator 是 Anaconda Prompt 的图形化用户界面，可方便用户进行包的安装、查看、更新、删除等操作，并可实现创建和激活指定名称的 Python 或 R 环境等。Anaconda Navigator 窗口如图 2.5 所示。

用户可通过图形化的显示和鼠标操作，启动应用程序并轻松管理包和环境等。Anaconda Navigator 可在 Anaconda Cloud 或本地的 Anaconda 中搜索包。

2.2.3　Spyder 的使用

Spyder 是 Anaconda 内置的 Python 程序集成开发环境。Spyder 界面示意图如图 2.6 所示。

Spyder 界面由多个窗口构成，用户可以根据自己的喜好调整它们的位置和大小。例如，图 2.6 中左侧为编写程序(Python 程序的扩展名为 .py)的窗口，提供了语法着色，语法检查，Tab 键代码自动补全(如输入某对象名称和英文圆点并按 Tab 键，会自动列出该对象的所有方法和属性供选择以补全后续代码，输入对象和函数的前若干字符并按 Tab 键，会自动列出与所输入字符相匹配的对象和函数等)，运行调试，智能感知(按 Ctrl 键后呈现超链接，利用鼠标选择后给出全部相关内容)等便利功能。右上侧为显示数据对象和帮助文档的窗口。右下侧为 IPython console 窗口(IPython 控制台)。IPython 控制台不仅可用于显示左侧程序的运行结果,也可作为一个 IPython 的命令行窗口,可直接在其中输入代码并按 Enter键得到运行结果。

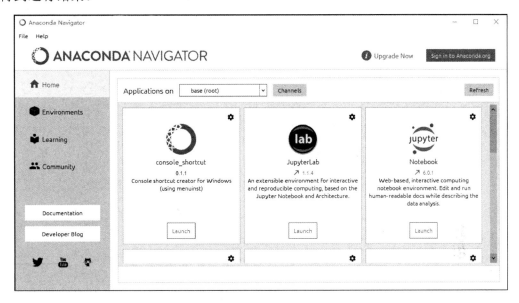

图 2.5　Anaconda Navigator 窗口

图 2.6　Spyder 界面示意图

IPython 是一个 Python 的交互式环境,在 Python 的基础上内置了许多很有用的功能和函数。例如,能对命令行提示符的每一行进行编号;具有 Tab 键代码自动补全功能;提供对象内省功能(在对象前或后加上问号"?"可显示有关该对象的相关信息,在函数后加上双问号"??"可显示该函数的源代码);提供各种宏命令(宏命令以%开头,如%timeit 显示运行指定函数的时间,%hist 显示已输入的历史代码等,IPython 中所有文档都可通过%run 命令当作Python 程序运行)。此外,Histroy log 窗口中也会显示 IPython 控制台中的历史代码。

2.2.4　Jupyter Notebook 的使用

Jupyter Notebook 是一个基于网页的交互式文本编辑器，是唐纳德·克努特(Donald Knuth)于 1984 年提出的文字表达化编程形式的具体体现，其用户界面如图 2.7 所示。

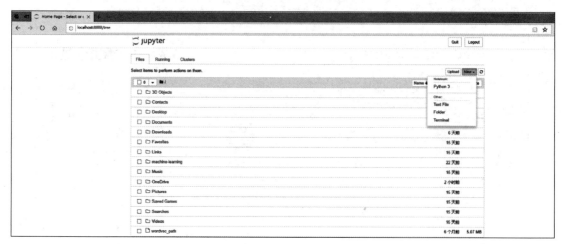

图 2.7　Jupyter Notebook 用户界面

Jupyter Notebook 的前身是 IPython Notebook，其主要特点是支持在程序中直接添加代码说明文档，而不必另外单独撰写。Jupyter Notebook 本质上是一个 Web 应用程序，可实现程序开发(编程时具有语法着色、缩进、Tab 键代码自动补全功能)和代码运行(支持 Python 等多种编程语言，Python 程序文件为扩展名为.ipynb 的 JSON 格式文件[1])，运行结果和可视化图形显示(直接显示在代码块下方)，文字和丰富格式文本(包括 LaTeX 格式的数学公式、Markdown[2]格式的文本、超链接等)的编辑、输出等，有助于呈现和共享可再现的研究过程及成果。

图 2.7 显示的是默认目录(C 盘"用户"下的目录)下的文件夹和文件列表。

Jupyter Notebook 一般从默认端口启动并通过浏览器链入。浏览器地址栏的默认地址为 http://localhost:8888。其中，localhost 为域名，指代本机(IP 地址为 127.0.0.1)，8888 是端口号。同时在弹出的黑色命令行窗口中会实时显示本地的服务请求和工作日志等信息，在使用 Jupyter Notebook 的过程中不要关闭该窗口。

Jupyter Notebook 的使用方法简单，这里仅给出用其编写一个 Python 程序的操作示例。

首先，单击图 2.7 右上方的菜单按钮 New，在下拉菜单中选择 Python 3 选项，新建默认文件名为 Untitle1.ipynb 的 Python 程序。如图 2.8 所示，在第一行单元格(默认类型为"代码")中输入代码并运行该单元格；在第二行单元格中输入代码说明文档(该单元格的类型应指定为"标记")。

为便于阅读，后续本书将采用 Jupyter Notebook 编写、执行 Python 3 程序。

---

① JSON(JavaScript Object Notation)格式是一种独立于编程语言的文本格式。简洁、清晰的层次结构使得 JSON 成为目前理想的通用数据交换格式。

② Markdown 是一种纯文本格式的标记语言，通过简单的标记语法，可以使普通文本内容具有一定的格式。

图 2.8　Jupyter Notebook 使用示例

2.3　Python 第三方包的引用

Python 在机器学习领域得到广泛应用的重要原因之一是 Python 拥有庞大而活跃的第三方包。依托和引用这些包，用户能够方便、快速地完成绝大多数机器学习任务。

包（Package）由一个或多个相关模块组成。模块（Module）是包含程序语句的文件，文件扩展名为.py。模块中包括很多函数、类等。模块可以是系统内嵌的，也可以是第三方专业人员开发的，用以处理常见的通用问题或解决某个专业领域的特定问题。导入和引用模块可以极大地提高程序开发效率。

引用第三方包或包中模块的基本函数是 import 函数。之后可在自己编写的 Python 程序中直接调用已引用的包和模块中的函数，通过代码重用（重复使用）的方式快速实现某种特定功能。

模块导入的一般语法格式如下。

- import 包名或模块名：导入指定包或模块。
- import 包名.模块名：导入指定包中的指定模块。
- from 模块名 import 函数名：导入指定模块中的指定函数。
- from 模块名 import 函数名 1，函数名 2，…：导入指定模块中的若干指定函数。
- from 模块名 import *：导入指定模块中的所有函数。

以上语句的最后可增加 as 别名。例如，import numpy as np，表示导入 NumPy 并指定别名为 np。指定别名可以有效避免不同模块有相同函数名的问题。

NumPy、Pandas、SciPy、Matplotlib、Scikit-learn 等第三方包在数据组织、科学计算、可视化、机器学习等方面有着极为成熟、丰富和卓越的表现。本章后续以示例代码和综合应用的形式，对 Python 机器学习中常用的 NumPy、Pandas、Matplotlib 进行必要的介绍。

2.4　NumPy 使用示例

NumPy 是 Numerical Python 的英文缩写，是最常用的 Python 第三方包之一，其主要特点如下。

第一，NumPy 以 N 维（ $N=1$ 或 2 是比较常见的）数组对象（ndarray）形式组织数据集，要求数据集中各变量的类型相同。NumPy 的 1 维数组对应向量，2 维数组对应矩阵。数组访问简单灵活，仅需通过指定位置编号（也称索引，从 0 开始编号）就可访问相应行、列位置上的元素。

第二，NumPy 拥有丰富的数学运算和统计函数，能够方便地进行基本统计分析和各种矩阵运算等。

以下将通过示例代码（文件名为 chapter2-1.ipynb）对 NumPy 的使用进行介绍。为便于阅读，我们将代码运行结果直接放置在相应代码行下方。

2.4.1 NumPy 数组的创建和访问

NumPy 以 N 维（ $N=1$ 或 2 是比较常见的）数组对象形式组织数据集。一般可采用将 Python 列表转换为 NumPy 数组的方式创建 NumPy 数组。以下先给出 NumPy 数组的创建和访问示例，然后对 Python 列表进行必要的说明。

1. 创建和访问 NumPy 的 1 维数组和 2 维数组

应重点关注：如何利用 Python 列表创建 NumPy 数组；如何使用 NumPy 数组下标访问数组元素。

行号		代码和说明
1	import numpy as np	#导入 NumPy 并指定别名为 np
2	data = np.array([1, 2, 3, 4, 5, 6, 7, 8, 9])	#创建 NumPy 的 1 维数组
3	print('Numpy 的 1 维数组:\n{0}'.format(data))	#显示数组内容
	Numpy的1维数组: [1 2 3 4 5 6 7 8 9]	
4	print('数据类型:%s'%data.dtype)	#显示数组的数据类型
	数据类型:int32	
5	print('1 维数组中各元素扩大 10 倍:\n{0}'.format(data*10))	#将每个数组元素扩大 10 倍
	1维数组中各元素扩大10倍: [10 20 30 40 50 60 70 80 90]	
6	print('访问第 2 个元素：{0}'.format(data[1]))	#访问相应位置上的数组元素
	访问第2个元素：2	
7	data = np.array([[1, 3, 5, 7, 9], [2, 4, 6, 8, 10]])	#创建 NumPy 的 2 维数组
8	print('Numpy 的 2 维数组:\n{0}'.format(data))	
	Numpy的2维数组: [[1 3 5 7 9] [2 4 6 8 10]]	
9	print('访问 2 维数组中第 1 行第 2 列元素：{0}'.format(data[0, 1]))	
	访问2维数组中第1行第2列元素：3	
10	print('访问 2 维数组中第 1 行第 2 至 4 列元素：{0}'.format(data[0, 1:4]))	
	访问2维数组中第1行第2至4列元素：[3 5 7]	
11	print('访问 2 维数组中第 1 行上的所有元素：{0}'.format(data[0, :]))	
	访问2维数组中第1行上的所有元素：[1 3 5 7 9]	

代码说明

（1）以#开头的部分为代码的说明信息，对代码运行结果没有影响。

(2) 第 2 行：基于 Python 列表 (list) 创建一个名为 data 的 NumPy 的 1 维数组，即数组中的数据元素来自 Python 列表。Python 列表通过方括号和逗号将各数据元素组织在一起，这是 Python 组织数据最常见的方式。np.array 可将 Python 列表转换为 NumPy 的 N 维数组。

(3) 第 4 行：显示数组的数据类型。.dtype 是 NumPy 数组的属性之一，存储了数组的数据类型。其中，int32 是 Python 的数据类型之一，表示包含符号位在内的 32 位整型数。此外，还有 int64、float32、float64 等，分别表示 64 位整型数、标准 32 位单精度浮点数、标准 64 位双精度浮点数等。

(4) 第 5 行：将每个数组元素扩大 10 倍。NumPy 的数据计算非常方便，只需通过+、−、*、/ 等算术运算符就可完成对数组元素的统一批量计算，也可实现两个数组中相同位置上元素的算术运算。

(5) 第 6 行：通过指定索引访问相应位置上的数组元素。索引需要放置在数组名后的方括号内。注意：索引从 0 开始编号。索引 0 对应第 1 个位置，以此类推。

(6) 第 7 行：创建名为 data 的 NumPy 的 2 维数组，该 2 维数组由 2 行 5 列元素组成，也称数组形状为 2 行 5 列。数组元素同样来自 Python 列表。

访问 2 维数组元素时需要给出 2 个索引，以逗号分隔并放置在方括号内。第 1 个索引指定行，第 2 个索引指定列。可通过冒号指定索引范围。

2. NumPy 数组的数据来源：Python 列表

列表是 Python 非常重要的数据组织形式，也是 NumPy 数组的重要数据来源。以下代码可创建 Python 列表并将其转换为 NumPy 数组。这里应重点关注 Python 列表和 NumPy 数组的异同：Python 列表中元素的数据类型可以不同，但 NumPy 数组中的元素应有相同的数据类型。

行号	代码和说明
1	data = [[1, 2, 3, 4, 5, 6, 7, 8, 9], ['A', 'B', 'C', 'D', 'E', 'F', 'G', 'H', 'I']]　#创建名为 data 的 Python 列表
2	print('data 是 Python 的列表 (list) :\n{0}'.format(data))
	data是Python的列表(list)： [[1, 2, 3, 4, 5, 6, 7, 8, 9], ['A', 'B', 'C', 'D', 'E', 'F', 'G', 'H', 'I']]
3	MyArray1 = np.array(data)　#将列表 data 转换为 NumPy 的 2 维数组
4	print('MyArray1 是 Numpy 的 N 维数组:\n%s\nMyarray1 的形状:%s'%(MyArray1, MyArray1.shape))
	MyArray1是Numpy的N维数组： [['1' '2' '3' '4' '5' '6' '7' '8' '9'] 　['A' 'B' 'C' 'D' 'E' 'F' 'G' 'H' 'I']] Myarray1的形状:(2, 9)

代码说明

(1) 这里的 Python 列表为 2 维列表，列表中各元素的数据类型可以不同。例如，本示例中既有 1, 2, 3 等数值型数据，也有'A', 'B', 'C'等字符型数据。此外，元素个数也可以不同。

(2) 第 3 行：将列表 data 转换为 2 行 9 列的 NumPy 数组。在通过 np.array 将列表转换为数组时，因数组要求各元素的数据类型相同，所以这里自动将 1, 2, 3 等数值型数据转换为'1', '2', '3'等字符型数据。

(3) 第 4 行：显示数组内容和数组形状。.shape 是 NumPy 数组对象的属性，存储着数组的行数和列数。

2.4.2　NumPy 的计算功能

从数据建模与分析角度看，NumPy 数组创建好后的重要工作是对数据进行必要的整理和加工计算，包括计算基本描述统计量、加工生成新变量等。此外，还涉及矩阵运算等方面的内容。

1. NumPy 数组的计算

这里将介绍如何对 NumPy 数组中的数据计算基本描述统计量，以及如何在现有数据基础上加工生成新变量等。

行号	代码和说明
1	MyArray2 = np.arange(10)　　　　　　　　　　　#创建数组元素是 0 至 9 的 1 维数组，共包含 10 个元素
2	print('MyArray2:\n{0}'.format(MyArray2))
| | ```
MyArray2:
[0 1 2 3 4 5 6 7 8 9]
``` |
| 3 | print('MyArray2 的基本描述统计量:\n 均值: %f, 标准差: %f, 总和: %f, 最大值: %f'%(MyArray2.mean(), MyArray2. std(), MyArray2.sum(), MyArray2.max())) |
| | ```
MyArray2的基本描述统计量:
均值: 4.500000, 标准差: 2.872281, 总和: 45.000000, 最大值: 9.000000
``` |
| 4 | print('MyArray2 的累计和: {0}'.format(MyArray2.cumsum()))　　　　　#计算当前累计和 |
| | ```
MyArray2的累计和: [ 0  1  3  6 10 15 21 28 36 45]
``` |
| 5 | print('MyArray2 开平方:{0}'.format(np.sqrt(MyArray2)))　　　　　#对数组元素开平方 |
| | ```
MyArray2开平方:[0.         1.         1.41421356 1.73205081 2.         2.23606798
 2.44948974 2.64575131 2.82842712 3.        ]
``` |
6	np.random.seed(123)　　　　　　　　　　　　#指定随机数种子
7	MyArray3 = np.random.randn(10)　　　　　　　　#生成服从标准正态分布的 10 个随机数
8	print('MyArray3:\n{0}'.format(MyArray3))
| | ```
MyArray3:
[-1.0856306   0.99734545  0.2829785  -1.50629471 -0.57860025  1.65143654
 -2.42667924 -0.42891263  1.26593626 -0.8667404 ]
``` |
| 9 | print('MyArray3 排序结果:\n{0}'.format(np.sort(MyArray3)))　　　　#对数组元素按升序排序 |
| | ```
MyArray3排序结果:
[-2.42667924 -1.50629471 -1.0856306  -0.8667404  -0.57860025 -0.42891263
  0.2829785   0.99734545  1.26593626  1.65143654]
``` |
| 10 | print('MyArray3 四舍五入到最近整数:\n{0}'.format(np.rint(MyArray3))) |
| | ```
MyArray3四舍五入到最近整数:
[-1.  1.  0. -2. -1.  2. -2. -0.  1. -1.]
MyArray3各元素的正负号:[-1.  1.  1. -1. -1.  1. -1. -1.  1. -1.]
``` |
| 11 | print('MyArray3 各元素的正负号:{0}'.format(np.sign(MyArray3))) |
| | ```
MyArray3各元素的正负号:[-1.  1.  1. -1. -1.  1. -1. -1.  1. -1.]
``` |
| 12 | print('MyArray3 各元素非负数的显示"正", 负数显示"负":\n{0}'.format(np.where(MyArray3>0, '正', '负'))) |
| | ```
MyArray3各元素非负数的显示"正", 负数显示"负":
['负' '正' '正' '负' '负' '正' '负' '负' '正' '负']
``` |
| 13 | print('MyArray2+MyArray3 的结果:\n{0}'.format(MyArray2+MyArray3))　　#将两个数组相同位置上的元素相加 |
| | ```
MyArray2+MyArray3的结果:
[-1.0856306   1.99734545  2.2829785   1.49370529  3.42139975  6.65143654
  3.57332076  6.51108737  9.26593626  8.1332596 ]
``` |

代码说明

（1）第 1 行：arange 是 NumPy 中最常用的函数之一，用于生成默认从 0 开始的指定个数的整数，也可用于生成指定范围内的整数。例如，np.arange(1, 5)表示生成由 1, 2, 3, 4 组成的 1 维数组。

（2）第 3 行：对数组元素计算基本描述统计量。其中，.mean()、.std()、.sum()、.max()均是数组对象的常用方法，分别表示计算数组元素的均值、标准差、总和、最大值。

（3）第 4、5 行：可利用数组方法.cumsum()及 NumPy 的 sqrt()函数分别计算数组元素的累计和及对数组元素开平方。此外，还可以对数组元素计算对数、指数、三角函数等。

（4）第 6 行：利用 NumPy 的 seed()函数指定随机数种子。指定随机数种子的目的是确保每次运行代码时生成的随机数可以再现。否则，每次运行代码时生成的随机数会不相同。

（5）第 7 行：利用 NumPy 的 random.randn()函数生成服从均值为 0、标准差为 1 的标准正态分布的随机数。

（6）第 9、10 行：可利用 NumPy 的 sort()函数对数组元素排序，rint()函数会对数组元素进行四舍五入处理。注意：排序和处理结果均不覆盖原数组内容。

（7）第 11 行：利用 NumPy 的 sign()函数求数组元素的正负符号。其中，1 表示正号，-1 表示负号。

（8）第 12 行：利用 NumPy 的 where()函数依次对数组元素进行逻辑判断。where()一般需要指定三个参数：判断条件(如 > 0)，满足条件的返回第 2 个参数值(如'正')，否则返回第 3 个参数值(如'负')。若省略第 2 个和第 3 个参数，如 where(MyArray3>0)，则将给出满足条件的元素索引。

2. 创建矩阵和矩阵乘法

创建矩阵和矩阵乘法是机器学习数据建模过程中较为常见的运算。这里给出相关示例代码。

行号	代码和说明	
1	np.random.seed(123)	#指定随机数种子
2	X = np.floor(np.random.normal(5, 1, (2, 5)))	#生成矩阵 X
3	print('X:\n{0}'.format(X))	
| | ```
X:
[[3. 5. 5. 3. 4.]
 [6. 2. 4. 6. 4.]]
``` | |
| 4 | Y = np.eye(5) | #生成一个 5 行 5 列的单位阵 Y |
| 5 | print('Y:\n{0}'.format(Y)) | |
| | ```
Y:
[[1. 0. 0. 0. 0.]
 [0. 1. 0. 0. 0.]
 [0. 0. 1. 0. 0.]
 [0. 0. 0. 1. 0.]
 [0. 0. 0. 0. 1.]]
``` | |
| 6 | print('X 和 Y 的点积：\n{0}'.format(np.dot(X, Y))) | |
| | ```
X和Y的点积：
[[3. 5. 5. 3. 4.]
 [6. 2. 4. 6. 4.]]
``` | |

代码说明

（1）第 2 行：做两件事情，得到一个 2 维数组 X，其本质是一个矩阵。

首先，利用 NumPy 的 random.normal()函数生成 2 行 5 列的 2 维数组，数组元素服从均值为 5、标准差为 1 的正态分布。其次，利用 floor()函数得到距各数组元素最近的最大整数。
```

（2）第 4 行：利用 eye() 函数生成 5 行 5 列的单位阵 Y(对角线上的元素等于 1，其余元素均等于 0)。

（3）第 6 行：利用 dot() 函数计算矩阵 X 和矩阵 Y 的点积，得到 2 行 5 列的矩阵。

3. 矩阵的基本运算

除矩阵乘法之外，机器学习数据建模过程中还有一些较为重要的矩阵运算，如求矩阵的逆、特征值和对应的单位特征向量，以及对矩阵进行奇异值分解等，示例代码如下(因代码运行结果较多，故将其略去)。

行号	代码和说明
1	from numpy.linalg import inv, svd, eig, det #导入 NumPy 的 linalg 模块中有关矩阵运算的函数
2	np.random.seed(123) #指定随机数种子
3	X = np.random.randn(5, 5) #生成 5 行 5 列的 2 维数组，即矩阵 X，数组元素服从标准正态分布
4	mat = X.T.dot(X) #求 X 的转置，并与矩阵 X 相乘得到矩阵 mat
6	print('矩阵 mat 的逆：\n{0}'.format(inv(mat))) #计算矩阵 mat 的逆矩阵
7	print('矩阵 mat 的行列式值：\n{0}'.format(det(mat))) #计算矩阵 mat 的行列式值
8	print('矩阵 mat 的特征值和特征向量：\n{0}'.format(eig(mat))) #计算矩阵 mat 的特征值和对应的单位特征向量
9	print('对矩阵 mat 进行奇异值分解：\n{0}'.format(svd(mat))) #对矩阵 mat 进行奇异值分解

2.5 Pandas 使用示例

Pandas 是 Python data analysis 的英文简写。**Pandas** 提供了快速、便捷地组织和处理结构化数据的数据结构及大量功能丰富的函数，使 Python 拥有强大且高效的数据处理和分析环境。目前，**Pandas** 已广泛应用于统计、金融、经济学、数据分析等众多领域，成为数据科学中重要的 Python 库。**Pandas** 的主要特点如下。

第一，Pandas 是基于 NumPy 构建的。

在数据组织上，**Pandas** 在 NumPy 的 *N* 维数组的基础上增加了用户自定义索引，构建了一套特色鲜明的数据组织方式。其中，序列(Series)对应 1 维数组，数据类型可以是整型、浮点型、字符串、布尔型等；数据框(DataFrame)对应二维表型数据结构，可视为多个序列的集合(因此也称数据框为序列的容器)。其中各列元素的数据类型可以相同也可以不同。

第二，数据框是存储机器学习数据集的常用方式。

数据框的行对应数据集中的样本观测，列对应变量，依实际问题各变量的存储类型可以相同也可以不同。**Pandas** 对数据框的访问方式与 NumPy 类似，但其具备复杂而精细的索引，因此通过索引能够更方便地实现数据子集的选取和访问等。此外，**Pandas** 提供了丰富的函数和方法，能够便捷地完成数据的预处理、加工和基本分析。

以下将通过示例代码(文件名为 chapter2-2.ipynb)对 Pandas 的基础知识及数据加工处理进行介绍。为便于阅读，我们将代码运行结果直接放置在相应代码行下方。

2.5.1 Pandas 的序列和索引

序列是 **Pandas** 组织数据的常见方式，其中索引是访问序列的关键，示例代码如下。

行号	代码和说明	
1	import numpy as np	#导入 NumPy 且指定别名为 np
2	import pandas as pd	#导入 Pandas 且指定别名为 pd
3	from pandas import Series,DataFrame	#导入 Pandas 中的序列和数据框
4	data = Series([1,2,3,4,5,6,7,8,9],index = ['ID1','ID2','ID3','ID4','ID5','ID6','ID7','ID8','ID9'])	#生成名为 data 的序列
5	print('序列中的值:\n{0}'.format(data.values))	#显示序列中的值(保存在 .values 属性中)

```
序列中的值:
[1 2 3 4 5 6 7 8 9]
```

| 6 | print('序列中的索引:\n{0}'.format(data.index)) | #显示序列中的索引(保存在 .index 属性中) |

```
序列中的索引:
Index(['ID1', 'ID2', 'ID3', 'ID4', 'ID5', 'ID6', 'ID7', 'ID8', 'ID9'], dtype='object')
```

| 7 | print('访问序列的第 1 和第 3 个位置上的值:\n{0}'.format(data[[0,2]])) | |

```
访问序列的第1和第3个位置上的值:
ID1    1
ID3    3
dtype: int64
```

| 8 | print('访问序列索引为 ID1 和 ID3 的位置上的值:\n{0}'.format(data[['ID1','ID3']])) | |

```
访问序列索引为ID1和ID3的位置上的值:
ID1    1
ID3    3
dtype: int64
```

| 9 | print('判断 ID1 索引是否存在:%s；判断 ID10 索引是否存在:%s'%('ID1' in data,'ID10' in data)) | |

```
判断ID1索引是否存在:True；判断ID10索引是否存在:False
```

代码说明

（1）第 4 行：利用 Pandas 的 Series()函数生成一个包含 9 个元素(取值为 1 至 9)的序列 data，且指定各元素的索引依次为 ID1, ID2, ID3 等。后续可通过索引访问相应元素。

（2）第 7 行：利用索引(从 0 开始)访问指定元素。应以列表形式(如[0, 2])指定多个索引。

（3）第 8 行：利用索引访问指定元素。索引应用单引号引起来。应以列表形式(如['ID1', 'ID3'])指定多个索引。

（4）第 9 行：利用 Python 运算符 in，判断是否存在某个索引。若存在，则判断结果为 True(真)，否则判断结果为 False(假)。True 和 False 是 Python 的布尔型变量仅有的两个取值。

2.5.2　Pandas 的数据框

数据框是 Pandas 的另一种重要的数据组织方式，尤其适用于组织二维表形式的数据，且在数据访问方面优势明显。以下给出相关示例代码。

行号	代码和说明	
1	import pandas as pd	#导入 Pandas 且指定别名为 pd
2	data = pd.read_excel('北京市空气质量数据.xlsx')	#将 Excel 文件读入数据框 data
3	print('datc 的类型：{0}'.format(typc(data)))	#显示 data 的类型

```
date的类型: <class 'pandas.core.frame.DataFrame'>
```

| 4 | print('数据框的行索引：{0}'.format(data.index)) | #显示数据框 data 的行索引取值范围 |

```
数据框的行索引: RangeIndex(start=0, stop=2155, step=1)
```

| 5 | print('数据框的列名：{0}'.format(data.columns)) | #显示数据框 data 的列名(列索引) |

```
数据框的列名: Index(['日期', 'AQI', '质量等级', 'PM2.5', 'PM10', 'SO2', 'CO', 'NO2', 'O3'], dtype='object')
```

```
6    print('访问 AQI 和 PM2.5 所有值：\n{0}'.format(data[['AQI', 'PM2.5']]))
```

```
访问AQI和PM2.5所有值：
      AQI   PM2.5
0      81      45
1     145     111
2      74      47
3     149     114
4     119      91
...    ...     ...
2150  183     138
2151  175     132
2152   30       7
2153   40      13
2154   73      38

[2155 rows x 2 columns]
```

```
7    print('访问第 2 至 3 行的 AQI 和 PM2.5：\n{0}'.format(data.loc[1:2, ['AQI', 'PM2.5']]))
```

```
访问第2至3行的AQI和PM2.5：
    AQI   PM2.5
1   145     111
2    74      47
```

```
8    print('访问行索引 1 至索引 2 的第 2 和 4 列：\n{0}'.format(data.iloc[1:3, [1, 3]]))
```

```
访问行索引1至索引2的第2和4列：
    AQI   PM2.5
1   145     111
2    74      47
```

```
9    data.info()                                    #显示数据框 data 的行索引、列索引，以及数据类型等信息
     <class 'pandas.core.frame.DataFrame'>
     RangeIndex: 2155 entries, 0 to 2154
     Data columns (total 9 columns):
     日期        2155 non-null datetime64[ns]
     AQI       2155 non-null int64
     空气质量等级     2155 non-null object
     PM2.5     2155 non-null int64
     PM10      2155 non-null int64
     SO2       2155 non-null int64
     CO        2155 non-null float64
     NO2       2155 non-null int64
     O3        2155 non-null int64
     dtypes: datetime64[ns](1), float64(1), int64(6), object(1)
     memory usage: 151.6+ KB
```

代码说明

（1）第 2 行：利用 Pandas 的 read_excel()函数将一个 Excel 文件(这里为北京市空气质量数据.xlsx)读入数据框 data。

（2）第 3 行：利用 Python 的 type()函数浏览对象 data 的类型，结果显示为数据框。

（3）第 4、5 行：数据框的.index 和.columns 属性中存储着数据框的行索引、列索引。行索引取值范围默认为 0 至样本量 $N-1$。列索引默认为数据文件(这里为 Excel 文件)中第一行上的变量名。

（4）第 6 行：利用列索引访问指定变量。多个列索引应以列表形式(如['AQI', 'PM2.5'])放在方括号中。

（5）第 7 行：利用数据框的.loc 属性访问指定行索引和变量名上的元素。

（6）第 8 行：利用数据框的.iloc 属性访问指定行索引和列索引上的元素。由于数据框对应二维表，因此应给出行、列两个索引。注意：这里行索引 1:3 的冒号后的行是不包括在内的。

2.5.3　Pandas 的数据加工处理

Pandas 拥有强大的数据加工处理功能。以下将通过示例代码展示 Pandas 的数据集合

并、缺失值诊断和插补功能。为节约篇幅和便于阅读，这里将代码运行结果一并横排在代码下方。

行号	代码和说明	
1	import numpy as np	#导入 NumPy 且指定别名为 np
2	import pandas as pd	#导入 Pandas 且指定别名为 pd
3	from pandas import Series, DataFrame	#导入 Pandas 的 Series 和 DataFrame
4	df1 = DataFrame({'key':['a', 'd', 'c', 'a', 'b', 'd', 'c'], 'var1':range(7)})	#创建 df1 数据框
5	df2 = DataFrame({'key':['a', 'b', 'c', 'c'], 'var2':[0, 1, 2, 2]})	#创建 df2 数据框
6	df = pd.merge(df1, df2, on = 'key', how = 'outer')	#将 df1 和 df2 依照 key 的取值合并为 df
7	df.iloc[0, 2] = np.NaN	#指定 df 第 1 行第 3 列上的元素为缺失值
8	df.iloc[5, 1] = np.NaN	#指定 df 第 6 行第 2 列上的元素为缺失值
9	print('合并后的数据:\n{0}'.format(df))	
10	df = df.drop_duplicates()	#删除重复行
11	print('删除重复数据行后的数据:\n{0}'.format(df))	
12	print('判断是否为缺失值:\n{0}'.format(df.isnull()))	#判断是否为缺失值
13	print('判断是否不为缺失值:\n{0}'.format(df.notnull()))	#判断是否不为缺失值
14	print('删除缺失值后的数据:\n{0}'.format(df.dropna()))	
15	fill_value = df[['var1', 'var2']].apply(lambda x:x.mean())	#计算各列的均值
16	print('以均值替换缺失值:\n{0}'.format(df.fillna(fill_value)))	

```
合并后的数据:                删除重复数据行后的数据:        判断是否为缺失值:              判断是否不为缺失值:            删除缺失值后的数据:          以均值替换缺失值:
   key  var1  var2            key  var1  var2         key    var1   var2         key    var1   var2         key  var1  var2          key  var1  var2
0   a   0.0   NaN          0   a   0.0   NaN      0  False  False   True      0   True   True  False      1   a   3.0   0.0      0   a   0.0   1.4
1   a   3.0   0.0          1   a   3.0   0.0      1  False  False  False      1   True   True   True      4   c   2.0   2.0      1   a   3.0   0.0
2   d   1.0   NaN          2   d   1.0   NaN      2  False  False   True      2   True   True  False      6   c   6.0   2.0      2   d   1.0   1.4
3   d   5.0   NaN          3   d   5.0   NaN      3  False  False   True      3   True   True  False      8   b   4.0   1.0      3   d   5.0   1.4
4   c   2.0   2.0          4   c   2.0   2.0      4  False  False  False      4   True   True   True                          4   c   2.0   2.0
5   c   NaN   2.0          5   c   NaN   2.0      5  False   True  False      5   True  False   True                          5   c   3.0   2.0
6   c   6.0   2.0          6   c   6.0   2.0      6  False  False  False      6   True   True   True                          6   c   6.0   2.0
7   c   6.0   2.0          8   b   4.0   1.0      8  False  False  False      8   True   True   True                          8   b   4.0   1.0
8   b   4.0   1.0
```

代码说明

（1）第 4、5 行：基于 Python 字典创建数据框。

数据框中的数据不仅可来自 Python 列表，还可来自 Python 字典。字典也是 Python 组织数据的重要方式之一，其优势在于引入了键，并且可通过键更加灵活地访问数据。字典由"键"（key）和"值"（value）两部分组成，"键"和"值"一一对应。在语法上以大括号形式表述。

例如，第 4 行中的大括号即表示字典，包括 key 和 var1 两个键，key 的值取自'a', 'b', 'c', 'd'，var 的值为 0 至 6（Python 的 range(7)函数默认生成 0 至 6 的整数）。从数据集的组织角度看，key 和 var1 两个键对应两个变量，即数据集的两列。两组键值对应数据集两列上的取值。换言之，本示例中数据框 df1 对应的数据集有 7 行（7 个样本观测）2 列（2 个变量），其行索引取值范围为 0 至 6，一一对应每个样本观测。列索引为 key 和 var1，分别对应两个变量。

需要说明的是，字典本身并不要求各个键的取值个数相等（如这里 df1 的 key 和 var1 两个键都包含 7 个值），但当指定数据框的数据来自字典时则要求各个键的取值个数相等。

（2）第 6 行：利用 Pandas 的 merge()函数将两个数据框依指定关键字进行横向合并，生成一个新数据框。

这里将数据框 df1 和 df2 按 key 的取值进行横向"全合并"。合并后的数据框 df 中的变量和样本观测是 df1 和 df2 的并集。若某个样本观测(如 df1 第三行)在某个变量(如 var2)上没有取值，则默认为缺失值，以 NaN 表示。

(3)第 7、8 行：人为指定某样本观测的某变量值为 NumPy 中的 NaN。NaN 在 NumPy 中有特定含义，表示缺失值。一般默认缺失值是不参与数据建模分析的。

(4)第 10 行：利用 Pandas 的 drop_duplicates()函数删除数据框中在全部变量上均重复取值(取相同值)的样本观测。

(5)第 12、13 行：利用数据框的.isnull()和.notnull()方法，对数据框中的每个元素判断其是否为缺失值或不为缺失值，结果为 True 或 False。

(6)第 14 行：利用数据框的.dropna()方法删除取缺失值的样本观测。

(7)第 15 行：利用.apply()方法及匿名函数计算各个变量的均值，并将其存储在名为 fill_value 的序列中。

.apply()方法的本质是实现循环处理，匿名函数告知了循环处理的步骤。例如，df[['var1', 'var2']].apply(lambda x:x.mean())的意思是，循环(依次)对数据框 df 中的变量 var1 和 var2(均为序列)进行匿名函数指定的处理。匿名函数是一种最简单的用户自定义函数[①]。其中 x 为函数所需的参数(参数将依次取值为 var1 和 var2)。处理过程是对 x 计算平均值。

(8)第 16 行：利用数据框的.fillna()方法，将所有缺失值替换为指定值(这里为 fill_value)。

2.6 NumPy 和 Pandas 的综合应用：
空气质量监测数据的预处理和基本分析

本节将以表 1.1 中的北京市空气质量监测数据为例，聚焦利用 Python(文件名为 chapter2-3.ipynb)实现数据建模过程中的数据预处理和基本分析环节，综合展示 NumPy 和 Pandas 的数据读取、数据分组、数据重编码、分类汇总等数据加工处理功能。

2.6.1 空气质量监测数据的预处理

本节利用 NumPy 和 Pandas 实现空气质量监测数据的预处理，实现如下目标。
第一，根据空气质量监测数据的日期，生成对应的季度标志变量。
第二，对 AQI 进行分组，获得对应的空气质量等级。
Python 代码如下。为便于阅读，我们将代码运行结果直接放置在相应代码行下方。

行号	代码和说明
1	import numpy as np
2	import pandas as pd
3	data = pd.read_excel('北京市空气质量数据.xlsx')　　　　　　　　#将 Excel 文件读入数据框 data
4	data = data.replace(0, np.NaN)　　　　#利用 replace()将数据框中的 0(表示无监测结果)替换为缺失值 NaN
5	data['年'] = data['日期'].apply(lambda x:x.year)

[①] 用户自定义函数是相对系统函数而言的。Python 系统内置的函数均为系统函数。用户为完成特定计算而自行编写的函数被称为用户自定义函数。

```
6    month = data['日期'].apply(lambda x:x.month)
7    quarter_month = {1:'一季度', 2:'一季度', 3:'一季度', 4:'二季度', 5:'二季度', 6:'二季度', 7:'三季度', 8:'三季度', 9:'三季
     度', 10:'四季度', 11:'四季度', 12:'四季度'}
8    data['季度'] = month.map(lambda x:quarter_month[x])         #数据的映射(对应)
9    bins = [0, 50, 100, 150, 200, 300, 1000]                   #生成用于指定分组组限的列表
10   data['等级'] = pd.cut(data['AQI'], bins, labels = ['一级优', '二级良', '三级轻度污染', '四级中度污染', '五级重度污染',
     '六级严重污染'])                                            #依据 bins 对 AQI 进行分组
11   data[['日期', 'AQI', '等级', '季度']]                       #显示数据框中的指定变量内容
```

	日期	AQI	等级	季度
0	2014-01-01	81.0	二级良	一季度
1	2014-01-02	145.0	三级轻度污染	一季度
2	2014-01-03	74.0	二级良	一季度
3	2014-01-04	149.0	三级轻度污染	一季度
4	2014-01-05	119.0	三级轻度污染	一季度
...	...	...	...	...
2150	2019-11-22	183.0	四级中度污染	四季度
2151	2019-11-23	175.0	四级中度污染	四季度
2152	2019-11-24	30.0	一级优	四季度
2153	2019-11-25	40.0	一级优	四季度
2154	2019-11-26	73.0	二级良	四季度

2155 rows × 4 columns

代码说明

（1）第 5、6 行：利用.apply()方法及匿名函数，基于数据框 data 中的"日期"变量得到每个样本观测的年份和月份。

数据框 data 中的"日期"为 Python 的 datetime 型数据，专用于存储日期和时间格式变量。Python 有整套处理 datetime 型数据的函数或方法或属性。.year 和.month 两个属性分别存储年份和月份。

（2）第 7 行：创建一个关于月份和季度的字典 quarter_month。

（3）第 8 行：利用 Python 的 map()函数，依据字典 quarter_month，将序列 month 中的 1, 2, 3 等月份映射（对应）到相应的季度标签变量上。

map()函数对一个给定的可迭代的(Iterable)对象（如字符串、列表、序列等都可通过索引独立访问其中的元素，为可迭代的对象，而数值 1,2,3 等为不可迭代的对象），依据指定的函数，对其中的各个元素进行处理。

例如，这里对可迭代的序列 month 中的每个元素进行处理。处理方法由匿名函数指定，即输出字典 quarter_month 中给定键对应的值。

```
1   from collections import Iterable
2   isinstance(month, Iterable)     #判断month是否为可迭代的对象
3
True
```

以上通过导入 collections 中的 Iterable 函数，以及 Python 的 isinstance()函数判断 month 是否为可迭代的对象。结果为 True，表示为可迭代的对象。

（4）第 9 行：生成一个列表 bins，后续用于对 AQI 进行分组。它描述了 AQI 和空气质量等级的数值对应关系。

(5) 第 10 行：利用 Pandas 的 cut()方法对 AQI 进行分组。

cut()方法用于对连续数据进行分组，也称为对连续数据进行离散化处理。这里利用 cut()方法，依分组标准，即列表 bins，对变量 AQI 进行分组并给出分组标签，即 AQI 在 0～50 范围内的为一组，分组标签为"一级优"；AQI 在 50～100 范围内的为一组，分组标签为"二级良"；等等。生成的"等级"变量(与数据集中原有的"质量等级"一致)为分类型(有顺序的)变量。

2.6.2 空气质量监测数据的基本分析

在 2.6.1 节的基础上，利用 Pandas 的数据分类汇总、列联表编制等功能，对空气质量监测数据进行基本分析，实现如下目标。

第一，计算各季度 AQI 和 PM2.5 的平均值等基本描述统计量。

第二，找到空气质量较差的若干天的数据，以及各季度中空气质量较差的若干天的数据。

第三，编制季度和空气质量等级的列联表。

第四，派生空气质量等级的虚拟变量。

第五，数据集的抽样。

1. 基本描述统计

这里利用 Pandas 实现以上前三个目标。为节约篇幅和便于阅读，这里将代码运行结果一并横排在代码下方。

行号	代码和说明
1	print('各季度 AQI 和 PM2.5 的均值:\n{0}'.format(data.loc[:, ['AQI', 'PM2.5']].groupby(data['季度']).mean()))
2	print('各季度 AQI 和 PM2.5 的基本描述统计量:\n', data.groupby(data['季度'])['AQI', 'PM2.5'].apply(lambda x:x.describe()))
3	def top(df, n = 10, column = 'AQI'):
4	return df.sort_values(by = column, ascending = False)[:n]
5	print('空气质量最差的 5 天:\n', top(data, n = 5)[['日期', 'AQI', 'PM2.5', '等级']])
6	print('各季度空气质量最差的 3 天:\n', data.groupby(data['季度']).apply(lambda x:top(x, n = 3))[['日期', 'AQI', 'PM2.5', '等级']])
7	print('各季度空气质量情况:\n', pd.crosstab(data['等级'], data['季度'], margins = True, margins_name = '总计', normalize = False))

代码说明

(1) 第 1 行：利用数据框的 groupby()方法，计算各季度 AQI 和 PM2.5 的平均值。

groupby()方法用于将数据按指定变量(如季度)分组。之后可对各组进行进一步的计算(如计算均值等)。

(2)第 2 行：计算各季度 AQI 和 PM2.5 的基本描述统计量(如均值、标准差、最小值、四分位数、最大值)。

这里将 groupby()、apply()方法及匿名函数集中在一起使用。首先，将数据按季度分组；其次，依次对分组后的 AQI 和 PM2.5 根据匿名函数指定的步骤进行处理(计算基本描述统计量)。

(3)第 3、4 行：定义一个名为 top 的用户自定义函数，目的是对给定的数据框按指定变量列(默认为 AQI 列)值的降序排序，并返回前 n(默认为 10)条数据。

(4)第 5 行：调用用户自定义函数 top，对数据框 data 按 AQI 列值的降序排序并返回前 5 条数据，即空气质量最差的 5 天的日期、AQI、PM2.5、等级。

(5)第 6 行：先将数据按季度分组，再依次对各组调用用户自定义函数 top，得到各季度 AQI 最高的 3 天的数据。

(6)第 7 行：利用 Pandas 的 crosstab()函数将数据按季度和空气质量等级交叉分组，并给出各组的样本量。

例如，在 2014 年 1 月至 2019 年 11 月的 2149 天中，空气质量为严重污染的有 46 天，集中分布在第一和第四季度的冬天供暖季，分别是 21 天和 23 天。

crosstab()函数可方便地编制两个分类型变量的列联表。列联表单元格中的数据既可以是频数也可以是百分比(normalize = False/True)。此外，还可指定是否添加行列合计(margins = True/False)等。

2. 派生虚拟变量

这里利用 Pandas 派生空气质量等级的虚拟变量。

虚拟变量，也称哑变量，是统计学处理分类型数据的一种常用方式。对具有 K 个类别的分类型变量 X，可生成 K 个变量，如 $X_0, X_1, \cdots, X_K$，且每个变量仅有 0 和 1 两个取值。这些变量被称为分类型变量 X 的虚拟变量。其中，1 表示是某个类别，0 表示不是某个类别。

虚拟变量在数据建模中将起到非常重要的作用。利用 Pandas 派生虚拟变量的示例代码如下。

行号	代码和说明
1	pd.get_dummies(data['等级'])　　　　　　　　　　#生成"等级"的虚拟变量
2	data.join(pd.get_dummies(data['等级']))　　　　#将原始数据与"等级"的虚拟变量进行合并

	日期	AQI	质量等级	PM2.5	PM10	SO2	CO	NO2	O3	年	季度	等级	一级优	二级良	三级轻度污染	四级中度污染	五级重度污染	六级严重污染
0	2014-01-01	81.0	良	45.0	111.0	28.0	1.5	62.0	52.0	2014	一季度	二级良	0	1	0	0	0	0
1	2014-01-02	145.0	轻度污染	111.0	168.0	69.0	3.4	93.0	14.0	2014	一季度	三级轻度污染	0	0	1	0	0	0
2	2014-01-03	74.0	良	47.0	98.0	29.0	1.3	52.0	56.0	2014	一季度	二级良	0	1	0	0	0	0
3	2014-01-04	149.0	轻度污染	114.0	147.0	40.0	2.8	75.0	14.0	2014	一季度	三级轻度污染	0	0	1	0	0	0
4	2014-01-05	119.0	轻度污染	91.0	117.0	36.0	2.3	67.0	44.0	2014	一季度	三级轻度污染	0	0	1	0	0	0
...	...	...	...	...	...	...	...	...	...	...	...	...	...	...	...	...	...	...
2150	2019-11-22	183.0	中度污染	138.0	181.0	9.0	2.4	94.0	5.0	2019	四季度	四级中度污染	0	0	0	1	0	0
2151	2019-11-23	175.0	中度污染	132.0	137.0	6.0	1.6	69.0	34.0	2019	四季度	四级中度污染	0	0	0	1	0	0

2152	2019-11-24	30.0	优	7.0	30.0	3.0	0.2	11.0	58.0	2019	四季度	一级优	1	0	0	0	0	0
2153	2019-11-25	40.0	优	13.0	30.0	3.0	0.4	32.0	29.0	2019	四季度	一级优	1	0	0	0	0	0
2154	2019-11-26	73.0	良	38.0	72.0	6.0	0.8	58.0	14.0	2019	四季度	二级良	0	1	0	0	0	0

2155 rows × 18 columns

代码说明

（1）第 1 行：利用 Pandas 的 get_dummies() 函数得到分类型变量"等级"的虚拟变量。

例如，数据中的"等级"为有 6 个类别的分类型变量。相应的 6 个虚拟变量依次表示是否为一级优、是否为二级良等，如 2014 年 1 月 1 日的等级为二级良，是否为二级良的虚拟变量值等于 1，其他虚拟变量值等于 0。

（2）第 2 行：利用数据框的 join() 方法，将原始数据与虚拟变量按行索引进行横向合并。在使用 join() 方法进行数据的横向合并时，应确保两份数据的样本观测在行索引上是一一对应的，否则会出现"张冠李戴"的错误。

3．数据集的抽样

数据集的抽样在数据建模过程中应用极为普遍，因此掌握 NumPy 的抽样实现方式是非常必要的。以下利用 NumPy 对空气质量监测数据进行了两种策略的抽样：第一，简单随机抽样；第二，依条件抽样。

行号	代码和说明	
1	np.random.seed(123)	#指定随机数种子
2	sampler = np.random.randint(0, len(data), 10)	#在指定范围（0 至样本量 N−1）内随机抽取 10 个整数作为索引，其对应的样本观测后续将被抽中
3	print(sampler)	
	[1346 1122 1766 2154 1147 1593 1761 96 47 73]	
4	sampler = np.random.permutation(len(data))[:10]	#将数据随机打乱重排后再获得前 10 个样本观测的索引，其对应的样本观测后续将被抽中
5	print(sampler)	
	[1883 326 43 1627 1750 1440 993 1469 1892 865]	
6	data.take(sampler)	#获得由随机抽取的索引对应的样本观测组成的随机数据子集
7	data.loc[data['质量等级'] == '优', :]	#抽取满足指定条件（这里为"质量等级"是优）行的数据子集

	日期	AQI	质量等级	PM2.5	PM10	SO2	CO	NO2	O3	年	季度	等级
7	2014-01-08	27.0	优	15.0	25.0	13.0	0.5	21.0	53.0	2014	一季度	一级优
8	2014-01-09	46.0	优	27.0	46.0	19.0	0.8	35.0	53.0	2014	一季度	一级优
11	2014-01-12	47.0	优	27.0	47.0	27.0	0.7	39.0	59.0	2014	一季度	一级优
19	2014-01-20	35.0	优	8.0	35.0	6.0	0.3	15.0	65.0	2014	一季度	一级优
20	2014-01-21	26.0	优	18.0	25.0	27.0	0.7	34.0	50.0	2014	一季度	一级优
...	...											
2122	2019-10-25	30.0	优	8.0	20.0	2.0	0.4	24.0	55.0	2019	四季度	一级优
2131	2019-11-03	48.0	优	33.0	48.0	3.0	0.4	34.0	33.0	2019	四季度	一级优
2135	2019-11-07	47.0	优	24.0	47.0	3.0	0.5	37.0	44.0	2019	四季度	一级优
2152	2019-11-24	30.0	优	7.0	30.0	2.0	0.2	11.0	58.0	2019	四季度	一级优
2153	2019-11-25	40.0	优	13.0	30.0	3.0	0.4	32.0	29.0	2019	四季度	一级优

387 rows × 12 columns

2.7　Matplotlib 的综合应用：
空气质量监测数据的图形化展示

Matplotlib 是 Python 中最常用的绘图模块，其主要特点如下。

第一，Matplotlib 的 Pyplot 子模块与 MATLAB 非常相似，可以方便地绘制各种常见的统计图形，是用户进行探索式数据分析的重要图形工具。

第二，可通过各种函数设置图形中的图标题、线条样式、字符形状、颜色、轴属性及字体属性等。

由于 Matplotlib 内容丰富，以下（文件名为 chapter2-4.ipynb）仅以空气质量监测数据的图形化探索分析为例，展示 Matplotlib 的主要功能和使用方法。

2.7.1　AQI 的时间序列变化特点

本节将基于空气质量监测数据，利用 Matplotlib 的折线图展示 2014 年至 2019 年 AQI 的时间序列变化特点，示例代码如下。

行号	代码和说明
1	import numpy as np
2	import pandas as pd
3	import matplotlib.pyplot as plt　　　　　　　　#导入 Matplotlib 的 Pyplot 子模块并指定别名为 plt
4	%matplotlib inline　　　　　　　　　　　　#指定立即显示所绘图形
5	plt.rcParams['font.sans-serif'] = ['SimHei']　　　#解决中文显示乱码问题
6	plt.rcParams['axes.unicode_minus'] = False　　　#解决中文显示乱码问题
7	data = pd.read_excel('北京市空气质量数据.xlsx')
8	data = data.replace(0, np.NaN)
9	plt.figure(figsize = (10, 5))　　　　　　　#说明图形的一般特征，这里指定整幅图的宽为 10、高为 5
10	plt.plot(data['AQI'], color = 'black', linestyle = '-', linewidth = 0.5) 　　　　　　#绘制 AQI 时间序列折线图并指定折线颜色(color)、线型(linestyle)、线宽(linewidth)
11	plt.axhline(y = data['AQI'].mean(), color = 'red', linestyle = '-', linewidth = 0.5, label = 'AQI 总平均值') 　　　　#在参数 y 指定位置上(AQI 均值)画一条平行于横轴的直线并给定直线图例文字(label)。plt.axhline 　　　　可在参数 x 指定的位置上画一条平行于纵轴的直线
12	data['年'] = data['日期'].apply(lambda x:x.year)
13	AQI_mean = data['AQI'].groupby(data['年']).mean().values　　#计算各年 AQI 平均值
14	year = ['2014 年', '2015 年', '2016 年', '2017 年', '2018 年', '2019 年']
15	col = ['red', 'blue', 'green', 'yellow', 'purple', 'brown']
16	for I in range(6):
17	plt.axhline(y = AQI_mean[i], color = col[i],　linestyle = '—', linewidth = 0.5, label = year[i])
18	plt.title('2014 年至 2019 年 AQI 时间序列折线图')　　　#设置图标题
19	plt.xlabel('年份')　　　　　　　　　　　#设置横坐标题
20	plt.ylabel('AQI')　　　　　　　　　　　#设置纵坐标题
21	plt.xlim(xmax = len(data), xmin = 1)　　　　　#设置横坐标取值范围的最大值和最小值
22	plt.ylim(ymax = data['AQI'].max(), ymin = 1)　　　#设置纵坐标取值范围的最大值和最小值

23	plt.yticks([data['AQI'].mean()], ['AQI 均值'])	#指定纵坐标刻度位置上的刻度标签
24	plt.xticks([1, 365, 365*2, 365*3, 365*4, 365*5], ['2014', '2015', '2016', '2017', '2018', '2019'])	
		#指定横坐标刻度位置上的刻度标签
25	plt.legend(loc = 'best')	#在指定位置(这里 best 表示最优位置)上显示图例
26	plt.text(x = list(data['AQI']).index(data['AQI'].max()), y = data['AQI'].max()-20, s = '空气质量最差日', color = 'red')	
	'red')	#在指定的行列位置上显示指定文字
27	plt.show()	#本次绘图结束

所绘制的图形如图 2.9 所示。

图 2.9　2014 年至 2019 年 AQI 时间序列折线图

图 2.9 显示，AQI 呈明显的季节波动性特点，且 2018 年至 2019 年以来日 AQI 波动呈整体下降趋势。

2.7.2　AQI 的分布特征及相关性分析

本节将利用 Matplotlib 对空气质量监测数据进行如下图形化展示。

第一，利用折线图展示 2014 年至 2019 年 AQI 均值的变化特点。

第二，利用直方图展示 2014 年至 2019 年 AQI 的整体分布特征。

第三，利用散点图展示 PM2.5 与 AQI 的相关性。

第四，利用饼图展示空气质量等级的分布特征。

本示例目标是在一幅图中绘制多个刻画空气质量状况的统计图形，示例代码如下。

行号	代码和说明
1	import warnings　　　　　　　　　　　　　　　　　　#导入 warnings 模块
2	warnings.filterwarnings(action = 'ignore')　　　　　　#指定忽略代码运行过程中的警告信息
3	fig, axes = plt.subplots(nrows = 2, ncols = 2, figsize = (10, 5))
	#将绘图区域分成 2 行 2 列 4 个单元并说明绘图区域的宽和高。结果将被赋值给 fig 和 axes 对象。可通过 fig 对整个图形的特征进行设置，axes 对应各个单元对象

```
4    axes[0, 0].plot(AQI_mean, color = 'black', linestyle = '-', linewidth = 0.5)
                    #通过图形单元索引指定绘图单元。axes[0, 0]表示在第 1 行第 1 列单元中画图
5    axes[0, 0].set_title('各年 AQI 均值折线图')              #设置第 1 行第 1 列单元的图标题
6    axes[0, 0].set_xticks([0, 1, 2, 3, 4, 5, 6])          #设置第 1 行第 1 列单元的横坐标标题
7    axes[0, 0].set_xticklabels(['2014', '2015', '2016', '2017', '2018', '2019'])  #设置第 1 行第 1 列单元的横坐标刻度标签
8    axes[0, 1].hist(data['AQI'], bins = 20)
                    #在第 1 行第 2 列单元中画直方图，图中包含 20 个柱形条，即将数据分成 20 组
9    axes[0, 1].set_title('AQI 直方图')
10   axes[1, 0].scatter(data['PM2.5'], data['AQI'], s = 0.5, c = 'green', marker = '.')
                    #在第 2 行第 1 列单元中画散点图，可指定点的大小(s)、颜色(c)和形状(marker)
11   axes[1, 0].set_title('PM2.5 与 AQI 散点图')
12   axes[1, 0].set_xlabel('PM2.5')
13   axes[1, 0].set_ylabel('AQI')
14   tmp = pd.value_counts(data['质量等级'], sort = False)    #计算饼图各组成部分的频数
15   share = tmp/sum(tmp)                                   #计算饼图各组成部分的占比
16   labels = tmp.index                                     #指定饼图各组成部分的标签
17   explode = [0, 0.2, 0, 0, 0, 0.2, 0]   #指定饼图各组成部分距饼图中心的距离，距离大表示需要拉出突出显示
18   axes[1, 1].pie(share, explode = explode, labels = labels, autopct = '%3.1f%%', startangle = 180, shadow = True)
                    #在第 2 行第 2 列单元中画饼图
19   axes[1, 1].set_title('空气质量整体情况的饼图')
```

代码说明

（1）第 14 至 17 行：在第 18 行利用 pie()函数画饼图之前，需要事先计算饼图各组成部分的频数、占比、标签、距饼图中心的距离(确定哪些组成部分需拉出突出显示)等。

（2）还可以利用 subplot 划分绘图单元并绘图。

例如，subplot(2, 2, 1)表示将绘图区域分成 2 行 2 列 4 个单元，且下一个图形将在第 1 个单元中显示。subplot(2, 2, 2)表示将绘图区域分成 2 行 2 列 4 个单元，且下一个图形将在第 2 个单元中显示。

（3）可利用 subplots_adjust 调整各绘图单元行和列之间的距离。例如，fig.subplots_adjust (hspace = 0.5)；fig.subplots_adjust(wspace = 0.5)。

所绘制的图形如图 2.10 所示。

图 2.10 左上图显示，2014 年至 2019 年 AQI 均值呈快速下降趋势。2018 年 AQI 均值较低，且 2019 年仍继续保持空气质量良好的状态。右上图显示，AQI 呈不对称分布，整体上 AQI 取值水平主要集中在 100 以下，但因出现了少量天数的重度污染(AQI 很高)，所以 AQI 分布为右偏分布。左下图为 PM2.5 与 AQI 散点图，该图形表明，PM2.5 与 AQI 存在一定程度的正线性相关性。右下图为空气质量整体情况的饼图，该图形表明，6 年中严重污染的天数占比为 2.1%；空气质量为良的天数占比为 39.4%，占比最高；空气质量为优的天数占比为 18%；存在 0.3%的缺失数据。

本章讨论至此告一段落。最后需要说明的是，Scikit-learn 是专门面向机器学习的 Python 第三方包，可支持数据预处理、数据降维、数据分类和回归建模、数据聚类、模型评价和选择等各种机器学习建模应用。因涉及机器学习的相关理论，所以 Scikit-learn 的使用将在后续章节详细介绍。

图 2.10　空气质量状况统计图

本 章 总 结

Python 作为一种面向对象、跨平台且开源的计算机语言，是机器学习应用实践中的首选工具。一方面，入门 Python 应从了解并掌握 Python 的 NumPy、Pandas、Matplotlib 等第三方包开始。对此，本章给出了相关示例代码。另一方面，学习 Python 和完成机器学习应用实践的有效途径是，以特定的机器学习应用场景和数据为出发点，沿着由浅入深的数据分析脉络，以逐个解决数据分析实际问题为目标，逐步展开 Python 学习和机器学习应用实践。对此，本章给出了基于空气质量监测数据的预处理和基本分析的 Python 综合应用。

本章相关函数列表

一、Python 列表基本操作

功能	函数或方法	解释	示例
添加列表元素	列表名.append()	在列表最后添加一个元素	L=[] L.append(1) L [1]
	列表名.extend()	在列表最后添加多个元素	L=[1] L.extend((2,3,4)) L [1, 2, 3, 4]
	列表名.insert()	在列表指定位置添加指定元素。位置是索引（从 0 开始）	L=[1,2,3,4] L.insert(2,4) L [1, 2, 4, 3, 4]

续表

功能	函数或方法	解释	示例
删减列表中的元素	列表名.remove()	移除掉列表中的指定元素	L=[1,2,3,4] L.remove(2) L [1, 3, 4]
	列表名.pop()	删除并返回列表中的最后一个元素	L=[1,2,3,4] L.pop() 4 L [1, 2, 3]
获取列表中的指定元素	列表名[n]	获取列表中索引为 n 的元素	L=[1,2,3,4] L[0] 1
列表切片	列表名[A:B]	获取列表中索引为 A 至 B-1 的元素	L=[1,2,3,4] L[1:3] [2, 3]
列表操作符	+	多个列表的拼接	L1=[1,2,3,4] L2=[5,6,7] L1+L2 [1, 2, 3, 4, 5, 6, 7]
	*	列表复制和添加	L=[1,2,3,4] L*2 [1, 2, 3, 4, 1, 2, 3, 4]
	>、<、<=, >=	数值型列表中元素的比较运算符	L2=[1,2,3] L1=[1,2,3,5] L1<L2 False
	and、or not	列表的逻辑运算	L1 [1, 2, 3, 5] L2 [1, 2, 3] L3=[3,2,1] L1>L2 and L1>L3 False L1>L2 and L1<L3 True L1>L2 or not(L1<L3) True
其他常见操作	列表名.count(A)	元素 A 在列表中出现的次数	L=[1,2,3,2,5,4] L.count(2) 2
	列表名.index(A)	元素 A 在列表中首次出现的索引	L=[1,2,3,2,5,4] L.index(4) 5
	列表名.reverse()	列表元素位置前后翻转	L [1, 2, 3, 2, 5, 4] L.reverse() L [4, 5, 2, 3, 2, 1]
	列表名.sort()	列表元素升序排序	L=[1,2,3,2,5,4] L.sort() L [1, 2, 2, 3, 4, 5]

功能	函数或方法	解释	示例
列表复制	列表名 1 = 列表名 2	列表复制后两个列表指向相同地址单元，内容同步变化	L=[1,2,3,4] L1=L L1[2]=5 L1 [1, 2, 5, 4] L [1, 2, 5, 4]
	列表名 1 = 列表名 2[:]	列表复制后两个列表指向不同地址单元，内容不同步变化	L=[1,2,3,4] L1=L[:] L1[2]=5 L1 [1, 2, 5, 4] L [1, 2, 3, 4]

二、NumPy 常用函数

NumPy 的重要数据组织方式是数组。

功能	函数或方法	解释	示例
生成数组	np.arange(n)	生成从 0 到 n-1 的步长为 1 的 1 维数组	np.arange(5) array([0, 1, 2, 3, 4])
	np.random.randn(n)	随机生成 n 个服从标准正态分布的数组	np.random.randn(2) array([-0.44344398, 0.43497892])
描述数组属性	数组名.ndim	返回数组的维度	arr = np.array([[1,2,3],[4,5,6]]) arr.ndim 2
	数组名.shape	返回数组各维度的长度	arr = np.array([[1,2,3],[4,5,6]]) arr.shape (2, 3)
	数组名.dtype	返回数组元素的数据类型	arr = np.array([[1,2,3],[4,5,6]]) arr.dtype dtype('int32')
常用统计函数	np.sum(数组名)	数组各元素求和	arr = np.array([[1,2,3],[4,5,6]]) np.sum(arr) 21
	np.mean(数组名)	数组各元素求均值	arr = np.array([[1,2,3],[4,5,6]]) np.mean(arr) 3.5
	np.max(数组名)	数组各元素求最大值	arr = np.array([[1,2,3],[4,5,6]]) np.max(arr) 6
	np.min(数组名)	数组各元素求最小值	arr = np.array([[1,2,3],[4,5,6]]) np.min(arr) 1
	np.cumsum(数组名)	数组各元素求累计和	arr = np.array([1,2,3,4]) np.cumsum(arr) array([1, 3, 6, 10], dtype=int32)

续表

功能	函数或方法	解释	示例

常用统计函数	np.sqrt(数组名)	数组各元素求根	`arr = np.array([[1,2],[3,4]])`
			`np.sqrt(arr)`
			`array([[1.        , 1.41421356],`
			`       [1.73205081, 2.        ]])`

矩阵运算	np.dot(数组名)	矩阵乘法	`arr1 = np.array([2,3])`
			`arr2 = np.array([1,2])`
			`np.dot(arr1,arr2)`
			`8`

	数组名.T	矩阵转置	`arr = np.arange(6).reshape(2,3)`
			`arr.T`
			`array([[0, 3],`
			`       [1, 4],`
			`       [2, 5]])`

	np.linalg.inv(数组名)	矩阵求逆	`arr = np.array([[1,2],[3,4]])`
			`np.linalg.inv(arr)`
			`array([[-2. ,  1. ],`
			`       [ 1.5, -0.5]])`

	np.linalg.det(数组名)	计算行列式	`arr = np.array([[1,2],[3,4]])`
			`np.linalg.det(arr)`
			`-2.0000000000000004`

	np.linalg.eig(数组名)	求特征值和特征向量	`arr = np.diag([1,2,3])`
			`np.linalg.eig(arr)`
			`(array([1., 2., 3.]), array([[1., 0., 0.],`
			`       [0., 1., 0.],`
			`       [0., 0., 1.]]))`

	np.linalg.svd(数组名)	奇异值分解	`arr = np.diag([1,2,3])`
			`u,s,vh = np.linalg.svd(arr)`
			`u.shape,s.shape,vh.shape`
			`((3, 3), (3,), (3, 3))`

其他常见操作	np.sort(数组名)	数组各元素排序	`arr = np.array([4,5,3,2,6])`
			`np.sort(arr)`
			`array([2, 3, 4, 5, 6])`

	np.rint(数组名)	数组各元素四舍五入取整	`arr = np.array([3.2,1.4,3.7,6.8])`
			`np.rint(arr)`
			`array([3., 1., 4., 7.])`

	np.sign(数组名)	数组各元素取符号值	`arr = np.array([-1.8,1.4,2,-3])`
			`np.sign(arr)`
			`array([-1.,  1.,  1., -1.])`

	np.where(条件,x,y)	满足条件返回 x，不满足条件返回 y	`arr = np.array([0,1,2,3,4])`
			`np.where(arr <= 2, arr, 2*arr)`
			`array([0, 1, 2, 6, 8])`

三、Pandas 常用函数

Pandas 的重要数据组织方式是数据框。

功能	函数或方法	解释	示例

文件读取	pd.read_excel（文件名）	读取 Excel 文件	`pd.read_excel("~/test.xlsx")`
			`   Year  Month  DayofMonth`
			`0  2006      7           6`
			`1  1997      3           2`
			`2  1994      5           2`

功能	函数或方法	解释	示例
描述数据框属性	数据框名.values	返回数据框的值	df A B C 0 0 1 2.0 1 3 4 4.0 2 7 9 NaN df.values array([[0., 1., 2.], [3., 4., 4.], [7., 9., nan]])
	数据框名.ndim	返回数据框的维度	df A B C 0 0 1 2.0 1 3 4 4.0 2 7 9 NaN df.ndim 2
	数据框名.shape	返回数据框各维长度	df A B C 0 0 1 2.0 1 3 4 4.0 2 7 9 NaN df.shape (3, 3)
	数据框名.columns	返回数据框的列名	df A B C 0 0 1 2.0 1 3 4 4.0 2 7 9 NaN df.columns Index(['A', 'B', 'C'], dtype='object')
常用统计函数	数据框名.sum()	数据框中各列元素求和	df A B C 0 0 1 2.0 1 3 4 4.0 2 7 9 NaN df.sum() A 10.0 B 14.0 C 6.0 dtype: float64
	数据框名.mean()	数据框中各列元素求均值	df A B C 0 0 1 2.0 1 3 4 4.0 2 7 9 NaN df.mean() A 3.333333 B 4.666667 C 3.000000 dtype: float64
	数据框名.max()	数据框中各列元素求最大值	df A B C 0 0 1 2.0 1 3 4 4.0 2 7 9 NaN df.max() A 7.0 B 9.0 C 4.0 dtype: float64
	数据框名.min()	数据框中各列元素求最小值	df A B C 0 0 1 2.0 1 3 4 4.0 2 7 9 NaN df.min() A 0.0 B 1.0 C 2.0 dtype: float64

功能	函数或方法	解释	示例
| 常用统计函数 | pd.crosstab() | 交叉表频数统计 | ```
df
          A      B
0  Linda  Right
1    Amy   Left
2  Peter   Left
3  Peter  Right
4  Linda  Right

pd.crosstab(df.A,df.B)

B      Left  Right
A
Amy       1      0
Linda     0      2
Peter     1      1
``` |
| 缺失值操作 | pd.isnull(数据框名) | 判断数据框内元素是否为缺失值 | ```
df
   A  B    C
0  5  4  4.0
1  3  9  NaN

pd.isnull(df)

       A      B      C
0  False  False  False
1  False  False   True
``` |
|  | pd.notnull(数据框名) | 判断数据框内元素是否不为缺失值 | ```
df
   A  B    C
0  5  4  4.0
1  3  9  NaN

pd.notnull(df)

      A     B      C
0  True  True   True
1  True  True  False
``` |
|  | 数据框名.dropna() | 删除含有缺失值的全部行(可通过指定 axis = 1 删除含有缺失值的全部列) | ```
df
   A  B    C
0  5  4  4.0
1  3  9  NaN

df.dropna()

   A  B    C
0  5  4  4.0
``` |
| 其他常见操作 | 数据框名.groupby() | 数据框按指定列进行分组计算 | ```
df
   A  B  C
0  0  9  3
1  0  4  4
2  2  3  4

obj = df.groupby(['A'])
obj.mean()

     B    C
A
0  6.5  3.5
2  3.0  4.0
``` |
|  | 数据框名.sort_values() | 数据框按指定列的数值大小进行排序 | ```
df
   A  B  C
0  0  9  3
1  0  4  4
2  2  3  4

df.sort_values(by = 'B')

   A  B  C
2  2  3  4
1  0  4  4
0  0  9  3
``` |
|  | 数据框名.apply() | 对数据框中的列进行特定运算 | ```
df
   A  B  C
0  0  9  3
1  0  4  4
2  2  3  4

df.apply(np.mean)

A    0.666667
B    5.333333
C    3.666667
dtype: float64
``` |
```

功能	函数或方法	解释	示例
其他常见操作	数据框名.drop_duplicates()	去除指定列下面的重复行	df 　　A　B　C 0　0　9　3 1　0　4　4 2　2　3　4 df.drop_duplicates('C') 　　A　B　C 0　0　9　3 1　0　4　4
	数据框名.replace()	数值替换	df 　　A　B　　C 0　5　4　4.0 1　3　9　NaN df.replace([5,4,4],1) 　　A　B　　C 0　1　1　1.0 1　3　9　NaN
	pd.merge()	数据框合并	df1 　　　key　value 0　Betty　　1 1　Annie　　2 2　　Amy　　3 3　　Sam　　5 df2 　　　key　value 0　Betty　　5 1　Annie　　6 2　John　　7 3　Alice　　8 pd.merge(df1,df2,on='key',how='inner') 　　　key　value_x　value_y 0　Betty　　　1　　　　5 1　Annie　　　2　　　　6
	pd.cut()	把一组数据分割成离散的区间	pd.cut(np.array([1, 4, 6, 2, 3, 5]), 3, 　　　labels = ['low','medium','high']) [low, medium, high, low, medium, high] Categories (3, object): [low < medium < high]
	pd.get_dummies()	将分类型变量转化为 0/1 的虚拟变量	pd.get_dummies(['a','b','c','c']) 　　a　b　c 0　1　0　0 1　0　1　0 2　0　0　1 3　0　0　1

四、其他编程要点

(1) Python 的 for 循环是实现程序循环控制的常见途径。for 循环的基本格式如下：

```
for 变量 in 序列：
    循环体
```

变量将依次从序列中取值，控制循环次数并多次执行循环体的处理工作。

(2) 用户自定义函数是指用户自行编写的可实现某特定计算功能的程序段。该程序段具有一定的通用性，会被主程序经常调用。需要先以独立程序段的形式定义用户自定义函数，然后才可在主程序中调用它。定义用户自定义函数的基本格式如下：

```
def 函数名(参数)：
    函数体
```

其中，def 为用户自定义函数的关键字；函数名是函数调用的依据；参数是需要向函数体提供的数据；函数体用于定义函数的具体处理流程。

（3）匿名函数是一种很简单、短小的用户自定义函数，一般可直接嵌在主程序中。定义匿名函数的基本格式如下：

`lambda` 参数：函数表达式

其中，lambda 为匿名函数的关键字。

本 章 习 题

1．Python 编程：输出以下九九乘法表。

```
1×1=1
1×2=2  2×2=4
1×3=3  2×3=6  3×3=9
1×4=4  2×4=8  3×4=12  4×4=16
1×5=5  2×5=10  3×5=15  4×5=20  5×5=25
1×6=6  2×6=12  3×6=18  4×6=24  5×6=30  6×6=36
1×7=7  2×7=14  3×7=21  4×7=28  5×7=35  6×7=42  7×7=49
1×8=8  2×8=16  3×8=24  4×8=32  5×8=40  6×8=48  7×8=56  8×8=64
1×9=9  2×9=18  3×9=27  4×9=36  5×9=45  6×9=54  7×9=63  8×9=72  9×9=81
```

2．Python 编程：随机生成任意一个 10×10 的矩阵，并计算其对角线上的元素之和。

3．Python 编程：学生成绩数据的处理和基本分析。

有 60 名学生的两门课程成绩的数据文件（文件名分别为 ReportCard1.txt 和 ReportCard2.txt），分别记录着学生的学号、性别及不同课程的成绩。请将数据读入数据框，并进行如下预处理和基本分析。

第一，将两个数据文件按学号合并为一个数据文件，得到包含所有课程成绩的数据文件。

第二，计算每个同学各门课程的总成绩和平均成绩。

第三，将数据按总成绩降序排序。

第四，按性别分别计算各门课程的平均成绩。

第五，按优、良、中、及格和不及格对平均成绩进行分组。

第六，按性别统计优、良、中、及格和不及格的人数。

第七，生成性别的虚拟变量。

4．Python 编程：学生成绩数据的图形化展示。

对包含所有课程成绩的数据文件，进行如下图形化展示。

第一，绘制总成绩的直方图。

第二，绘制平均成绩的优、良、中、及格和不及格的饼图。

第三，绘制总成绩和数学成绩的散点图。

第 3 章
数据预测与预测建模

机器学习通过向数据集学习完成数据预测任务。作为数据预测的纲领性章节，本章将关注数据预测过程涉及的重要方面，完整阐述数据预测的基本框架和脉络，旨在为读者顺利学习和理解后续章节的各个具体算法奠定理论基础。

数据预测，简而言之就是指基于已有数据集，归纳出输入变量和输出变量之间的数量关系，并通过预测模型的形式体现。基于预测模型，一方面，可发现对输出变量产生重要影响的输入变量；另一方面，在预测模型所体现的数量关系具有普适性和未来不变的假设下，可实现对新数据输出变量取值的预测。

参照 1.1.2 节中机器学习的编程范式，输入变量对应的"数据"，输出变量对应"答案"，输入变量和输出变量的取值规律对应"规则"。"规则"是隐藏在数据集中的，需要基于一定的学习策略归纳出来，并通过预测模型的形式体现，该过程称为预测建模。预测建模是数据预测的核心任务。

对数值型输出变量的预测被称为回归预测，相应的预测模型被称为回归预测模型。对分类型输出变量的预测被称为分类预测，相应的预测模型被称为分类预测模型。

预测建模涉及如下三个方面的问题。

第一，预测模型基础。

预测模型基础主要涉及三个方面：首先，预测模型通常以数学形式表现，也可以更易理解的推理规则形式表现，还可以更为直观的图形化形式表现。其次，明确预测模型的几何含义对深层理解预测建模的思想有重要的指导意义。最后，如何客观评价预测模型的预测效果，即准确估计模型的预测精度或预测误差，无疑是预测建模中的重要环节。后续将对这些问题一一展开讨论。

第二，参数估计方法。

模型参数是预测模型的"灵魂"。有很多模型参数估计的理论和方法，对于机器学习基本理论的入门学习者来说，掌握其中普遍采用的参数估计方法，对搭建机器学习的知识体系是极为必要的。

第三，模型选择。

可能存在多个预测精度或预测误差接近的预测模型，以怎样的策略选出其中的"佼佼者"并加以应用，是预测建模中关注的重要问题。模型选择已成为预测建模中不能忽视的重要一环。"佼佼者"具有哪些特征，不同模型选择策略有哪些特点，后续将进行详细论述。

3.1　从线性回归模型说起

预测模型通常以数学形式表现，以精确刻画和表述输入变量与输出变量取值之间的数量关系，可细分为回归预测模型(简称回归模型)和分类预测模型(简称分类模型)，分别用于解决回归预测问题和分类预测问题。

本节将从最基础的线性回归模型说起，依次对线性回归模型的含义、几何理解及评价等问题进行讨论。

3.1.1　线性回归模型的含义

1. 线性回归模型

最常见的回归预测模型为线性回归预测模型，简称线性回归模型，其数学形式为

$$y = \beta_0 + \beta_1 X_1 + \beta_2 X_2 + \cdots + \beta_p X_p + \varepsilon \tag{3.1}$$

式中，y 为数值型输出变量；$X_1, X_2, \cdots, X_p$ 为输入变量。该模型属于统计学的一般线性模型范畴。该模型在 $p=1$ 时被称为一元线性回归模型，在 $p>1$ 时被称为多元线性回归模型。该模型得名"线性模型"的原因是，其刻画了输入变量变动对输出变量的线性影响。β_i $(i = 0, 1, 2, \cdots, p)$ 为模型参数，且称 β_0 为截距项，称 $\beta_i (i = 1, 2, \cdots, p)$ 为回归系数，$\beta_i (i \neq 0)$ 度量了在其他输入变量 $X_j (j \neq i)$ 取值不变化的条件下，X_i 取值的单位变化给 y 带来的线性变化量；ε 为随机误差项，体现了模型之外的其他输入变量对 y 的影响。

若采用如式 (3.1) 所示的线性回归模型解决 1.2.2 节中场景 1 第一个问题(SO_2、CO、NO_2、O_3 浓度中哪些是影响 PM2.5 浓度的重要因素，可否用于对 PM2.5 浓度的预测)，则 PM2.5 浓度应为 y，其他 4 种污染物浓度为 $X_i (i = 1, 2, 3, 4)$，其他影响 PM2.5 浓度的因素一并归到 ε 中。

2. 用于预测的回归方程

若将式 (3.1) 写为 $y = \beta_0 + \beta_1 X_1 + \beta_2 X_2 + \cdots + \beta_p X_p + \varepsilon = f(\boldsymbol{X}) + \varepsilon$，则 $f(\boldsymbol{X})$ 刻画的是输入变量全体和输出变量之间的真实数量关系，是隐藏在数据中的未知量，即 $f(\boldsymbol{X})$ 中的 $\beta_i (i = 0, 1, 2, \cdots, p)$ 是待估计的未知参数。预测建模的目的就是通过向数据学习得到 $f(\boldsymbol{X})$ 的估计值，记为 $\hat{f}(\boldsymbol{X})$，并将其应用于对新数据的预测。$\hat{f}(\boldsymbol{X})$ 具体表示为

$$\hat{f}(\boldsymbol{X}) = \hat{\beta}_0 + \hat{\beta}_1 X_1 + \hat{\beta}_2 X_2 + \cdots + \hat{\beta}_p X_p \tag{3.2}$$

式中，$\hat{\beta}_i$ 是在某种估计原则(后续将详细讨论该问题)下，基于数据集得到的模型未知参数 β_i 的估计值。式 (3.2) 为估计的回归方程，其本质是对给定输入变量取值下的输出变量均值进行预测。

由式 (3.1) 和式 (3.2) 可知，线性回归模型不等同于估计的回归方程，但在实际应用中往往并不对其进行严格区分且统称其为预测模型。

进一步，基于式 (3.2) 可对新数据的输出变量进行预测，即将某个新数据的输入变量代入式 (3.2) 进行计算，所得结果便是其输出变量的预测值，通常记为 $\hat{y}$，即 $\hat{y} = \hat{f}(\boldsymbol{X})$。

3.1.2 线性回归模型的几何理解

从几何角度讲，可将数据集中的 N 个样本观测视为 m 维实数空间 $\mathbb{R}^m$ 中的 N 个点。其中，m 的取值与输入变量个数及类型有关。例如，若 p 个输入变量均为数值型变量，则 $m = p + 1$，p 个输入变量和 1 个输出变量分别对应一个实数坐标；若输入变量为分类型变量，则因通常需要用一组实数的排列组合(如虚拟变量)表示某个分类类别，所以一个分类型输入变量将对应多个实数坐标，此时 $m > p + 1$。为简化问题，以下仅讨论输入变量均为数值型变量的情况。

对于式(3.2)，若 $p = 1$，即 $\hat{y} = \hat{f}(\boldsymbol{X}) = \hat{\beta}_0 + \hat{\beta}_1 X_1$，则显然在几何上它与 2 维平面中的一条直线相对应，该直线称为回归直线，$\hat{\beta}_0$、$\hat{\beta}_1$ 分别为回归直线的截距和斜率；若 $p = 2$，即 $\hat{y} = \hat{f}(\boldsymbol{X}) = \hat{\beta}_0 + \hat{\beta}_1 X_1 + \hat{\beta}_2 X_2$，则显然在几何上它与 3 维空间中的一个平面相对应，该平面称为回归平面。$p > 2$ 时的回归平面被称为回归超平面。从这个角度讲，建立线性回归模型的过程就是在 m 维空间中寻找和确定回归直线或回归平面或回归超平面的过程。

3.1.3 线性回归模型的评价

评价线性回归模型的预测效果，一般有以下两个常用指标。

1. 均方误差

评价线性回归模型的预测效果，最直接的做法是计算均方误差。首先，计算每个样本观测输出变量的实际值 $y_i(i = 1, 2, \cdots, N)$ 与其预测值 $\hat{y}_i$ 的差，称为残差，记为 $e_i = y_i - \hat{y}_i$；其次，计算总残差平方和，即 $\sum_{i=1}^{N} e_i^2 = \sum_{i=1}^{N} (y_i - \hat{y}_i)^2$，这里平方的目的是消除计算总残差平方和过程中残差正负抵消的问题；最后，通过平均的方式消除样本量 N 和输入变量个数对总残差平方和的影响，即计算 $\frac{1}{N - p - 1} \sum_{i=1}^{N} e_i^2$，称为均方误差(Mean-Square Error，MSE)。由此可见，MSE 越小表明整体上回归预测的误差越小，模型的预测效果越理想。

MSE 的不足在于没有明确的取值上限，不利于直观应用。为此可采用拟合优度进行评价。

2. 拟合优度

拟合优度 R^2 简单定义为样本观测输出变量实际值 $y_i(i = 1, 2, \cdots, N)$ 与预测值 $\hat{y}_i(i = 1, 2, \cdots, N)$ 的简单相关系数 r 的平方，记为 $R^2 = r^2$。统计学中常用简单相关系数 r 度量变量 x 和变量 y 之间的线性相关程度。如果 $x_i = y_i(i = 1, 2, \cdots, N)$，则 x 和 y 的简单相关系数 r 取最大值 1，此时 R^2 也取最大值，即 $R^2 = r^2 = 1$。如果 $r = 0$，则表示变量 x 和变量 y 之间不具有线性相关性。

在评价线性回归模型的预测效果时，如果 $R^2 \to 1$，则表明输出变量的预测值 $\hat{y}_i(i = 1, 2, \cdots, N)$ 与实际值 $y_i(i = 1, 2, \cdots, N)$ 具有强的线性相关性，模型的预测效果比较理想；如果 $R^2 \to 0$，则表明输出变量的预测值 $\hat{y}_i(i = 1, 2, \cdots, N)$ 与实际值 $y_i(i = 1, 2, \cdots, N)$ 不具有线性相关性，模型的预测效果极不理想。

3.1.4　Python 应用实践：PM2.5 浓度预测

本节将讨论如何利用 Python 建立线性回归模型，并通过示例说明线性回归模型的实际应用价值。首先应导入 Python 的相关包或模块。为避免重复，这里将本章需要导入的相关包或模块一并列出如下，#后面给出了简短的功能说明。

```
1  #本章需要导入:
2  import numpy as np
3  import pandas as pd
4  import matplotlib.pyplot as plt
5  import sklearn.linear_model as LM    #建立线性回归模型
6  from sklearn.model_selection import train_test_split,KFold,LeaveOneOut,LeavePOut  # 数据集划分
7  from sklearn.model_selection import cross_val_score,cross_validate  #交叉验证
8  from sklearn.metrics import confusion_matrix,f1_score,roc_curve, auc, precision_recall_curve,accuracy_score #模型评价指标
9  from mpl_toolkits.mplot3d import Axes3D  #绘制3维图形
10 %matplotlib inline
11 plt.rcParams['font.sans-serif']=['SimHei']   #解决中文显示乱码问题
12 plt.rcParams['axes.unicode_minus']=False
13 import warnings
14 warnings.filterwarnings(action = 'ignore')
```

1. 示例 1：建立一元线性回归模型

对 1.2.2 节中场景 1 第一个问题（SO_2、CO、NO_2、O_3 浓度中哪些是影响 PM2.5 浓度的重要因素，可否用于对 PM2.5 浓度的预测），这里考虑仅有一个输入变量 CO 浓度的情况，建立一元线性回归模型，主要步骤如下。

（1）建立一元线性回归模型，即 $PM2.5 = \beta_0 + \beta_1 CO + \varepsilon$，并基于数据集估计得到回归方程，即 $\widehat{PM2.5} = \hat{\beta}_0 + \hat{\beta}_1 CO$。

（2）绘制 PM2.5 与 CO 散点图，并在由 PM2.5 和 CO 组成的 2 维平面上画出与 $\widehat{PM2.5} = \hat{\beta}_0 + \hat{\beta}_1 CO$ 对应的回归直线。

（3）计算该一元线性回归模型的 MSE 和 R^2。

Python 代码（文件名为 chapter3-1.ipynb）如下。为便于阅读，我们将代码运行结果直接放置在相应代码行下方。

行号	代码和说明	
1	data = pd.read_excel('北京市空气质量数据.xlsx')	#将 Excel 文件读入 data
2	data = data.replace(0, np.NaN)	#将所有 0（表示没有相关数据）替换为缺失值
3	data = data.dropna()	#剔除所有包含缺失值的样本观测
4	data = data.loc[(data['PM2.5']< = 200) & (data['SO2']< = 20)]	
	#仅抽取 PM2.5 小于或等于 200 且 SO2 小于或等于 20 的数据	
5	X = data[['CO']]　#通过列表形式指定输入变量 CO（仅有一个输入变量）并得到仅包含输入变量的数据子集 X	
6	y = data['PM2.5']　#指定输出变量 PM2.5 并得到仅包含输出变量的数据子集 y	
7	modelLR = LM.LinearRegression()　#调用 LM 模块中的 LinearRegression 指定建立线性回归模型 modelLR	
8	modelLR.fit(X, y)　#基于包含输入、输出变量的数据子集估计模型 modelLR 中的未知参数 β	
9	print("一元线性回归模型的截距项:%f"%modelLR.intercept_)　#显示模型的截距项	
	一元线性回归模型的截距项:0.955268	
10	print("一元线性回归模型的回归系数:", modelLR.coef_)　#显示模型的回归系数	
	一元线性回归模型的回归系数: [60.58696023]	
11	plt.scatter(data['CO'], data['PM2.5'], c = 'green', marker = '.')　#绘制 PM2.5 与 CO 散点图	
12	plt.plot(data['CO'], modelLR.predict(X), linewidth = 0.8) #绘制回归直线, predict(X)表示计算给定 X 下的预测值 y	
13	plt.title('PM2.5 与 CO 散点图和回归直线(MSE = %f, R 方 = %.2f)'%((sum((y-modelLR.predict(X))**2)/(len(y)-1	

	-1)), modelLR.score(X, y)))	#指定图标题，计算 MSE 和 R 方并显示在图标题中。modelLR.score(X, y) 表示 计算模型的预测得分，这里就是 R 方
14	plt.xlabel('CO')	#指定横坐标标题
15	plt.ylabel('PM2.5')	#指定纵坐标标题
16	plt.xlim(xmax = 4, xmin = 1)	#指定横坐标取值范围
17	plt.ylim(ymax = 300, ymin = 1)	#指定纵坐标取值范围
18	plt.show()	#绘图结束

代码说明

（1）第 7 行：利用 LinearRegression 建立线性回归模型。

（2）第 9、10 行：.intercept_ 和 .coef_ 分别存储着模型的截距项和回归系数的估计值。

得到的回归方程为 $\widehat{PM2.5} = 0.95 + 60.5CO$，其含义是在其他污染物浓度不变的条件下，CO 浓度每增加一个单位将使 PM2.5 浓度平均增加 60.5 个单位。所绘制的图形如图 3.1 所示。

图 3.1　PM2.5 与 CO 散点图和回归直线

依据回归方程，在给定 CO 浓度下 PM2.5 浓度的预测值均落在回归直线上。由图 3.1 可知，实际数据集中较多样本观测点落在回归直线上方，表明其输出变量的实际值大于预测值。也有些较多的样本观测点落在回归直线下方，表明其输出变量实际值小于预测值。该模型的预测误差较大，MSE 约等于 684.3 较大，R^2 等于 0.51 较小。为减小预测误差，可考虑将 SO_2 浓度引入线性回归模型。

2．示例 2：建立多元线性回归模型

对 1.2.2 节中场景 1 第一个问题（SO_2、CO、NO_2、O_3 浓度中哪些是影响 PM2.5 浓度的重要因素，可否用于对 PM2.5 浓度的预测），为减小示例 1 中线性回归模型的 MSE、增大 R^2，这里考虑有两个输入变量 CO 浓度和 SO_2 浓度的情况，建立多元线性回归模型，主要步骤如下。

（1）建立多元线性回归模型，即 $PM2.5 = \beta_0 + \beta_1 SO_2 + \beta_2 CO + \varepsilon$，并基于数据集估计得到回归方程，即 $\widehat{PM2.5} = \hat{\beta}_0 + \hat{\beta}_1 SO_2 + \hat{\beta}_2 CO$。

（2）绘制 PM2.5 与 SO_2、CO 散点图，并在由 PM2.5 和 SO_2、CO 组成的 3 维空间中画出 $\widehat{PM2.5} = \hat{\beta}_0 + \hat{\beta}_1 SO_2 + \hat{\beta}_2 CO$ 对应的回归平面。

（3）计算该多元线性回归模型的 MSE 和 R^2。

Python 代码（文件名：chapter3-1.ipynb）如下。为便于阅读，我们将代码运行结果直接放置在相应代码行下方。

行号	代码和说明
1	X = data[['SO2', 'CO']]
	#通过列表形式指定输入变量 SO2 和 CO 并得到仅包含输入变量的数据子集 X
2	y = data['PM2.5']　　　　　　　　　　#指定输出变量 PM2.5 并得到仅包含输出变量的数据子集 y
3	modelLR = LM.LinearRegression()　　#调用 LM 模块中的 LinearRegression 指定建立线性回归模型 modelLR
4	modelLR.fit(X, y)　　　　　　　　#基于包含输入、输出变量的数据子集估计模型 modelLR 中的未知参数 β
5	print("多元线性回归模型的截距项:%f"%modelLR.intercept_)　　　　　　#显示模型的截距项
	多元线性回归模型的截距项:-1.249076
6	print("多元线性回归模型的回归系数:", modelLR.coef_)
	多元线性回归模型的回归系数: [0.85972339 56.85521851]
7	ax = Axes3D(plt.figure(figsize = (9, 6)))　　　　　　#定义 9×6 大小的 3 维图形对象
8	ax.scatter(data[['SO2']], data[['CO']], y, c = 'green', marker = '.', s = 100, alpha = 0.3)
	#绘制 PM2.5 与 SO2、CO 散点图
9	ax.set_xlabel('SO2')　　　　　　　　#指定 x 轴的标题
10	ax.set_ylabel('CO')　　　　　　　　#指定 y 轴的标题
11	ax.set_zlabel('PM2.5')　　　　　　　#指定 z 轴的标题
12	ax.set_title('PM2.5 与 SO2,CO 散点图和回归平面(MSE = %f, R 方 = %.2f)'%((sum((y-modelLR.predict(X))**2)/(len(y)-2-1)), 1-modelLR.score(X, y)))　　#指定图标题，计算 MSE 和 R 方并显示在图标题中
13	X1 = np.linspace(data[['SO2']].values.min(), data[['SO2']].values.max(), 100)
	#准备绘制回归平面的数据:指定 3 维图形中 x 轴的取值范围
14	X2 = np.linspace(data[['CO']].values.min(), data[['CO']].values.max(), 100)
	#准备绘制回归平面的数据:指定 3 维图形中 y 轴的取值范围
15	X1, X2 = np.meshgrid(X1, X2)#准备绘制回归平面的数据:利用 meshgrid() 函数得到 3 维图形中 x 和 y 取值的交叉点
16	Y = modelLR.intercept_ + modelLR.coef_[0]*X1 + modelLR.coef_[1]*X2
	#准备绘制回归平面的数据:计算 3 维图形中 z 轴的取值，即输出变量的预测值
17	ax.plot_surface(X1, X2, Y, rstride = 1, cstride = 1, color = 'skyblue')　　#利用 plot_surface() 函数绘制回归平面

代码说明

（1）这里得到的多元线性回归方程为 $\widehat{PM2.5} = -1.24 + 0.85 SO_2 + 56.85 CO$，其含义是，在 SO_2 浓度不变的条件下，CO 浓度每增加一个单位将使 PM2.5 浓度平均增加 56.85 个单位；在 CO 浓度不变的条件下，SO_2 浓度每增加一个单位将使 PM2.5 浓度平均增加 0.85 个单位。CO 浓度对 PM2.5 浓度的影响大于 SO_2 浓度。

（2）第 13 至 15 行：为绘制回归平面准备数据。

由于回归平面位于 SO2（x 轴）、CO（y 轴）和 PM2.5（z 轴）所构成的 3 维空间中，因此绘图时需要提供 SO2 和 CO 任意取值下 PM2.5 的预测值。为此，这里指定 SO2 在其最小值到最大值范围内均匀取 100 个值，CO 的任意值也在其最小值到最大值范围内均匀取 100 个值。进一步，利用 meshgrid() 函数得到 100×100 个 SO2 和 CO 的成对取值点。

（3）第 16 行：依据回归方程计算给定 SO2 和 CO 下 PM2.5 的预测值。

（4）第 17 行：利用 plot_surface() 函数，给出 3 维空间中 x 轴、y 轴、z 轴的取值，绘制 3 维图形，即回归平面。所绘制的图形如图 3.2 所示。

图 3.2　PM2.5 与 SO2、CO 散点图和回归平面

依据回归方程，给定 SO2 和 CO 下 PM2.5 的预测值均落在回归平面上。由图 3.2 可知，实际数据集中有些样本观测点落在回归平面上方，其输出变量的实际值大于预测值；有些样本观测点落在回归平面下方，其输出变量的实际值小于预测值。该模型的 MSE 约等于 673.17，预测误差小于一元线性回归模型，且从实际问题出发引入 SO₂ 浓度也是具有合理性的。

需要说明的是，不应将多元线性回归模型的 R^2 与上述一元回归模型的 R^2 进行直接对比，原因是多元线性回归模型中输入变量个数的多少会对 R^2 大小产生影响，导致它们之间不再具有直接可比性。应采用调整的 R^2，对此统计学有更为详尽的论证，这里不进行讨论。

3. 启示和探究

从示例 1 的一元线性回归模型到示例 2 的多元线性回归模型可以发现，后者的预测误差小于前者，并且后者的模型复杂度高于前者。模型复杂度可以通过模型中的未知参数个数来衡量。后者有 3 个未知参数，而前者有 2 个。由此得到的启示是，可通过提高模型复杂度减小模型的预测误差。

以下将通过模拟数据，基于 Python 编程对该问题进一步进行探究，基本思路如下。

（1）模拟生成 100 个样本观测，其中输入变量 x 在 0.1 至 10 之间均匀取值，并假设输入变量 x 与输出变量 y 的真实关系 $f(x)$ 已知，$f(x) = 10\sin(4x) + 10x + 20\log x + 30\cos x$[①]。受随机因素的影响，观察到的输出变量为 $y = f(x) + \varepsilon$，其中 ε 服从均值为 0、标准差为 5 的正态分布。

（2）分别建立预测输出变量 y 的如下 6 个多项式回归模型：$y = \beta_0 + \beta_1 x$；$y = \beta_0 + \beta_1 x + \beta_2 x^2$；$y = \beta_0 + \beta_1 x + \beta_2 x^2 + \beta_3 x^3$；$y = \beta_0 + \beta_1 x + \beta_2 x^2 + \beta_3 x^3 + \beta_4 x^4$；$y = \beta_0 + \beta_1 x + \beta_2 x^2 + \beta_3 x^3 + \beta_4 x^4 + \beta_5 x^5$；$y = \beta_0 + \beta_1 x + \beta_2 x^2 + \beta_3 x^3 + \beta_4 x^4 + \beta_5 x^5 + \beta_6 x^6$。可将 $x, x^2, \cdots, x^6$ 分别记为 $x_1, x_2, \cdots, x_6$，则这 6 个回归模型就是典型的线性回归模型，且模型参数从 2 个依次增加至 7 个，模型复杂度依次升高。

[①] 如不特殊说明，本书中 log 函数均表示自然对数。

（3）观察 6 个回归模型对应的回归线对样本观测点的拟合情况，计算 MSE 并观察随模型复杂度升高预测误差的变化情况。

Python 代码（文件名为 chapter3-2.ipynb）如下。

行号	代码和说明	
1	np.random.seed(123)	#指定随机数种子
2	N = 100	#指定样本量 N
3	x = np.linspace(0.1, 10, num = N)	#指定输入变量 x 的取值，从 0.1 到 10 之间均匀取 100 个数
4	y = []	#指定 y 存储输出变量
5	z = []	#指定 z 存储输入变量和输出变量的真实关系
6	for i in range(N):	#依据指定规则生成输出变量 y
7	tmp = 10*np.math.sin(4*x[i])+10*x[i]+20*np.math.log(x[i])+30*np.math.cos(x[i])	
8	z.append(tmp)	
9	y.append(z[i]+np.random.normal(0, 5))	
10	fig, axes = plt.subplots(nrows = 1, ncols = 2, figsize = (15, 6))	#将绘图区域划分为 1 行 2 列 2 个单元并指定图形大小
11	axes[0].scatter(x, y, s = 15)	#绘制 y 和 x 的散点图
12	axes[0].plot(x, z, 'k-', label = "真实关系")	#绘制代表 y 和 x 真实关系的曲线
13	X = x.reshape(N, 1)	#将输入变量 x 的数据格式转换为建模需要的格式并保存到 X 中
14	modelLR = LM.LinearRegression()	#指定建立线性回归模型 modelLR
15	linestyle = ['-', '--', '-.', ':', '-', '--', '-.']	
16	MSEtrain = []	#指定 MSEtrain 存储 6 个线性回归模型的 MSE
17	for i in np.arange(1, 7):	#依次建立 6 个线性回归模型，绘制对应的回归线，计算并保存 MSE
18	modelLR.fit(X, y)	#基于输入变量 X 和输出变量 y 估计模型参数 β
19	axes[0].plot(x, modelLR.predict(X), linestyle = linestyle[i-1], label = '线性模型' if i == 1 else str(i)+"项式回归模型")	#绘制模型对应的回归线
20	MSEtrain.append(np.sum((y-modelLR.predict(X))**2)/(N-(i+1)))	#计算并保存各模型的 MSE
21	tmp = pow(x, i+1).reshape(N, 1)	#pow 用来计算 x 的 i+1 次方
22	X = np.hstack((X, tmp))	#通过 hstack() 函数依次得到每个模型的输入变量数据集
23	axes[0].legend()	#输出图例
24	axes[0].set_title("真实关系和不同复杂度模型的拟合情况", fontsize = 14)	#指定图标题
25	axes[0].set_xlabel("输入变量 X", fontsize = 14)	#指定横坐标标题
26	axes[0].set_ylabel("输出变量 y", fontsize = 14)	#指定纵坐标标题
27	axes[1].plot(np.arange(2, 8), MSEtrain, marker = 'o', label = '预测误差')	#绘制各模型 MSE 的变化曲线
28	axes[1].set_title("不同复杂度模型的预测误差", fontsize = 14)	#指定图标题
29	axes[1].set_xlabel("模型复杂度(未知参数个数)", fontsize = 14)	#指定横坐标标题
30	axes[1].set_ylabel("MSE", fontsize = 14)	#指定纵坐标标题

代码说明

（1）第 10 行：利用 subplots() 函数将绘图区域划分为 1 行（nrows = 1）2 列（ncols = 2）2 个单元并指定图形大小（figsize = (15, 6)）。后续可通过 axes[索引]的方式指定绘图单元，如通过 axes[0]或 axes[1]指定在第 1 个单元或第 2 个单元中画图。

（2）第 22 行：利用 NumPy 的 hstack() 函数实现两组或多组数据水平按列向拼接。

所绘制的图形如图 3.3 所示。

图 3.3 左图显示，随着模型复杂度的升高，各模型对应的回归线越来越接近样本观测

点，即对样本观测点的拟合效果越来越好，且回归线从直线变成曲线。5 项式回归模型和 6 项式回归模型对应的回归线基本重合。图 3.3 右图显示，模型的预测误差随模型复杂度的升高单调下降。当模型参数从 6 个(5 项式回归模型)增加至 7 个(6 项式回归模型)时，MSE 的下降已不明显，预测误差变化很小。由此可见，提高模型复杂度可以有效减小模型的预测误差，但当模型复杂度达到一定程度后再继续提高模型复杂度就不再有意义了。此外，可通过适当增加样本量 N 的方式减小 MSE。

图 3.3　不同复杂度模型对样本观测点的拟合情况及其 **MSE** 变化情况

彩图 3.3

3.2　认识线性分类模型

预测模型分为回归模型和分类模型，分别用于解决回归预测问题和分类预测问题。本节将依次讨论线性分类模型的含义、几何理解及评价。

3.2.1　线性分类模型的含义

1. 线性分类模型

常见的分类模型为二分类模型，应用最广的二分类模型的数学形式为

$$\log \frac{P}{1-P} = \beta_0 + \beta_1 X_1 + \beta_2 X_2 + \cdots + \beta_p X_p + \varepsilon \tag{3.3}$$

该模型被称二项 Logistic 回归模型，适用于解决输出变量 y 取 0、1 两个类别值的二分类预测问题。

例如，基于顾客的历史购买行为，如购买某类商品的次数(X_1)、平均购买金额(X_2)等，预测是否参与(输出变量 y)本次对该类商品的促销($y=0$ 表示不参与，$y=1$ 表示参与)，就是一个典型的二分类预测问题，可采用如式(3.3)所示的二分类模型进行研究。

又如，对于 1.2.2 节中场景 1 第二个问题(PM2.5、PM10、SO_2、CO、NO_2、O_3 浓度对空气质量等级大小的贡献不尽相同，哪些污染物的减少将有效降低空气质量等级，可否用于对空气质量等级进行预测)，研究时可将其简化为一个二分类预测问题，如将一级优、二

级良合并为一类，令其类别值为 0(无污染)；将三级轻度污染、四级中度污染、五级重度污染、六级严重污染合并为一类，令其类别值为 1(有污染)。于是，该问题就可借助式(3.3)，建立以其他 6 种污染物浓度为输入变量 $X_1, X_2, \cdots, X_6$，以有无污染(分别对应 1 和 0 两个类别值)为输出变量 y 的二分类模型，找寻答案。

式(3.3)中，log 表示以 e 为底的自然对数；P 表示输出变量 y 取类别值 1 的概率，完整记为 $P(y=1)$；$X_1, X_2, \cdots, X_p$ 为输入变量；$\beta_i(i=0,1,2,\cdots,p)$ 为模型参数，且称 β_0 为截距项，称 $\beta_i(i=1,2,\cdots,p)$ 为回归系数，$\beta_i(i \neq 0)$ 度量了在其他输入变量 $X_j(j \neq i)$ 取值不变化的条件下，X_i 取值的单位变化给等号左侧的 $\log\dfrac{P}{1-P}$ 带来的线性变化量；ε 为随机误差项，体现了模型之外的其他输入变量对 $\log\dfrac{P}{1-P}$ 的影响。

通常将 $\log\dfrac{P}{1-P}$ 记为 LogitP，意为对 P 进行二元 Logistic 变换。此时可将式(3.3)改写为 $\text{LogitP} = \log\dfrac{P}{1-P} = \beta_0 + \beta_1 X_1 + \beta_2 X_2 + \cdots + \beta_p X_p + \varepsilon = f(\boldsymbol{X}) + \varepsilon$，它与式(3.1)代表的一般线性模型形式相同，被称为广义线性模型。

式(3.3)中，$\dfrac{P}{1-P}$ 称为优势(Odds)，即 $P(y=1)$ 与 $1 - P(y=1) = P(y=0)$ 之比，泛指某事件发生(如参与促销、有污染)的概率与不发生(如不参与促销、无污染)的概率之比。基于优势派生出的优势比(Odds Ratio，OR)有广泛的应用价值，通常可用于风险对比分析。

例如，对于空气污染的预测问题，假设输入变量 PM2.5 浓度为顺序分类型变量，有 1 和 2 两个类别(水平)值。在其他污染物浓度不变的条件下，若 PM2.5 浓度在 1 水平值时出现空气污染的概率为 $P(y=1|\text{PM2.5}=1) = 0.1$，在 2 水平值时出现空气污染的概率为 $P(y=1|\text{PM2.5}=2) = 0.75$，则两水平的优势比为 $\text{OR} = \dfrac{P(y=1|\text{PM2.5}=2)}{1-P(y=1|\text{PM2.5}=2)} \bigg/ \dfrac{P(y=1|\text{PM2.5}=1)}{1-P(y=1|\text{PM2.5}=1)} = 3 / \dfrac{1}{9} = 27$，表示在其他污染物浓度不变的条件下，PM2.5 浓度在 2 水平值时的优势是 1 水平值时的 27 倍。在一定条件下，优势比近似等于相对风险，即 $\dfrac{P(y=1|\text{PM2.5}=2)}{P(y=1|\text{PM2.5}=1)}$，也就意味着，在其他污染物浓度不变的条件下，PM2.5 浓度在 2 水平值时出现空气污染的概率近似是 1 水平值时的 27 倍。

不难发现，优势比或相对风险恰好是关于二项 Logistic 回归模型回归参数的函数。例如，对空气污染的预测问题建立二项 Logistic 回归模型：$\log\dfrac{P}{1-P} = \beta_0 + \beta_1 \text{PM2.5} + \varepsilon$。当 PM2.5 $=1$ 时，模型为 $\log\dfrac{P}{1-P} = \beta_0 + \beta_1 + \varepsilon$，优势记为 Ω，$\Omega = \dfrac{P}{1-P} = \exp(\beta_0 + \beta_1 + \varepsilon)$；当 PM2.5 $=2$ 时，模型为 $\log\dfrac{P}{1-P} = \beta_0 + 2\beta_1 + \varepsilon$，优势记为 Ω^*，$\Omega^* = \exp(\beta_0 + 2\beta_1 + \varepsilon)$。此时优势比 $\text{OR} = \dfrac{\Omega^*}{\Omega} = \exp(\beta_1)$，$\beta_1$ 恰为 PM2.5 前的回归系数。

由此可见，对于二项 Logistic 回归模型，$\exp(\beta_i)$ 的实际含义比 β_i 更直观，它度量的是在其他输入变量(包含 ε)取值不变的条件下，输入变量 X_i 的单位变化将使得 $P(y=1)$ 近似为变化前的 $\exp(\beta_i)$ 倍。

2. 用于预测的分类方程

因为 $\log\dfrac{P}{1-P} = \beta_0 + \beta_1 X_1 + \beta_2 X_2 + \cdots + \beta_p X_p + \varepsilon = f(\boldsymbol{X}) + \varepsilon$，所以 $f(\boldsymbol{X})$ 刻画的是输入变量全体和 $\log\dfrac{P}{1-P}$ 之间的真实数量关系，是隐藏在数据中的未知量，即 $f(\boldsymbol{X})$ 中的 $\beta_i (i=0,1,2,\cdots,p)$ 是待估计的未知参数。建立二分类模型的目的就是通过向数据学习得到 $f(\boldsymbol{X})$ 的估计值，记为 $\hat{f}(\boldsymbol{X})$，并将其应用于对新数据的预测。

与前述线性回归方程类似，用于预测的二项 Logistic 回归方程为

$$\log\frac{\hat{P}}{1-\hat{P}} = \hat{f}(\boldsymbol{X}) = \hat{\beta}_0 + \hat{\beta}_1 X_1 + \hat{\beta}_2 X_2 + \cdots + \hat{\beta}_p X_p \tag{3.4}$$

式中，$\hat{P}$ 为基于数据集得到 P 的估计值，也称概率预测值；$\log\dfrac{\hat{P}}{1-\hat{P}}$ 为模型预测值；$\hat{\beta}_i$ 为模型未知参数 β_i 的估计值。式 (3.4) 的本质是对给定输入变量取值下的输出变量均值进行预测。

由于 $\hat{P} = \dfrac{1}{1-\exp(-\hat{f}(\boldsymbol{X}))}$，因此式 (3.4) 意味着，$\hat{P}$ 是关于输入变量 $X_1, X_2, \cdots, X_p$ 的非线性函数，且这里的非线性是对现实问题的很好刻画。

例如，顾客参与促销的概率 $P(y=1)$ 通常不是其购买次数 (X_1) 和平均购买金额 (X_2) 的线性函数。换言之，顾客参与促销的概率 $P(y=1)$ 并不会随其购买次数和平均购买金额的增加永远保持相同速度的增加或减少，其变化往往是非线性的。事实上，若 $P(y=1)$ 随输入变量线性增加或减少，则将致使 $P(y=1)>1$ 或 $P(y=1)<0$，超出概率的合理取值范围。

基于式 (3.4)，对于 1.2.2 节中场景 1 第二个问题，将 PM2.5、PM10、SO_2、CO、NO_2、O_3 浓度代入式 (3.4)，所得计算结果是模型预测值 $\log\dfrac{\hat{P}}{1-\hat{P}}$，很容易就可计算出有污染的概率预测值 $\hat{P}$。$\hat{P}$ 越大，预测为有污染 ($y=1$) 的概率越大；$\hat{P}$ 越小，预测为有污染的概率越小。通常，$\hat{P}>0.5$，$\hat{y}=1$；$\hat{P}<0.5$，$\hat{y}=0$。进一步，比较 PM2.5、PM10、SO_2、CO、NO_2、O_3 前的回归系数 $\hat{\beta}_i (i=1,2,\cdots,6)$ 的大小，便可知道哪些污染物浓度对有无污染有较大影响。

3.2.2　线性分类模型的几何理解

从几何角度讲，可将数据集中的 N 个样本观测视为 m 维实数空间 $\mathbb{R}^m$ 中的 N 个点。其中，m 的取值与输入变量个数及类型有关。例如，若 p 个输入变量均为数值型变量，则 $m=p$，p 个输入变量分别对应一个实数坐标。输入变量为分类型变量的情况比较复杂，此时 $m>p$。为简化问题，以下仅讨论输入变量均为数值型变量的情况。

首先，基于 p 个输入变量，将数据集中的 N 个样本观测视为 $m=p$ 维空间中的 N 个点。

其次，由于 N 个样本观测输出变量的类别取值不同，所以相应的样本观测点可用不用颜色或形状表示。

例如，对前述有无污染的二分类预测问题，将 $N = 2096$ 个样本观测(共有 2096 天的完整监测数据)视为 6 维空间中的 2096 个点。为便于直观理解，这里仅考虑 PM2.5 和 PM10 两个输入变量的 2 维情况。2096 天中有 1204 天无污染，892 天有污染，它们对应的点分别用灰色加号和浅蓝色圆圈表示，如图 3.4 所示。浅蓝色圆圈对应输出变量 $y = 0$ (无污染)，灰色加号对应输出变量 $y = 1$ (有污染)。

建立二分类模型的目的就是找到一条能够将不同颜色或形状的样本观测点有效分开的分类直线，即分类边界，如图 3.4 所示的蓝色虚直线。在该分类直线一侧，大部分的点有相同的颜色或形状(输出变量的取值相同)；在该分类直线另一侧，大部分的点有另外的颜色或形状。

彩图 3.4

图 3.4　PM2.5 和 PM10 在 2 维平面中的样本观测点及分类直线

在图 3.4 中，分类直线可用直线方程 $\beta_0 + \beta_1 \text{PM2.5} + \beta_2 \text{PM10} = 0$ 表示，参数 $\beta_i(i = 0,1,2)$ 决定了分类直线在平面中的位置。因此，建立二分类模型的本质是基于数据集得到模型参数 $\beta_i(i = 0,1,2)$ 的良好估计值 $\hat{\beta}_i(i = 0,1,2)$，使得 $\hat{\beta}_0 + \hat{\beta}_1 \text{PM2.5} + \hat{\beta}_2 \text{PM10} = 0$ 代表的分类直线处在正确的位置上，即处在可将两类点有效分开的位置上。

一旦确定好分类直线的位置，便可基于它对新数据的输出变量类别值进行预测。例如，图 3.4 中的 3 个三角形(对应 3 个样本观测点)位于分类直线的哪一侧，其输出变量就应预测为相应侧多数点形状对应的类别值，如对右上侧的三角形，其输出变量应预测为灰色加号对应的类别值，即 $\hat{y} = 1$ (有污染)；左下侧的三角形，其输出变量应预测为浅蓝色圆圈对应的类别值，即 $\hat{y} = 0$ (无污染)。无法确定落在分类直线(或其延长线)上的三角形的输出变量的类别值。

值得注意的是，直线方程等号左侧项正是二项 Logistic 回归方程的右侧项，即 $\log \dfrac{\hat{P}}{1 - \hat{P}} = \hat{\beta}_0 + \hat{\beta}_1 \text{PM2.5} + \hat{\beta}_2 \text{PM10}$，因此其在几何上对应的是一条分类直线，也就是说，二项 Logistic 回归模型给出的分类边界为直线边界。进一步，当考虑 PM2.5、PM10 和 SO$_2$ 三个输入变量时，分类直线将演变为一个分类平面，平面方程为 $\hat{\beta}_0 + \hat{\beta}_1 \text{PM2.5} + \hat{\beta}_2 \text{PM10} + \hat{\beta}_3 \text{SO}_2 = 0$。在更多输入变量的高维情况下，分类平面将演变成一个超平面，其一般化表示为 $\beta_0 + \beta_1 X_1 + \beta_2 X_2 + \cdots + \beta_p X_p = 0$。

总之，从几何角度讲，分类预测建模的目的是基于数据集给出分类直线或平面或超平面参数的良好估计值，实现对两类或多类样本观测点的有效分开。

3.2.3 线性分类模型的评价

线性分类模型中输出变量为类别值，仿照线性回归模型，计算预测类别值与实际类别值的差以评价预测效果通常是不可取的，因此往往采用基于混淆矩阵派生的评价指标对线性分类模型进行评价。

1．混淆矩阵

混淆矩阵通过矩阵表格形式展示预测类别值与实际类别值的差异程度或一致程度。这里首先讨论二分类模型的评价。表 3.1 所示为输出变量取 0、1 两个类别值的二分类混淆矩阵。

表 3.1　输出变量取 0、1 两个类别值的二分类混淆矩阵

实际 类别值	预测类别值	
	1	0
1	TP	FN
0	FP	TN

通常将二分类中的 1 类称为正类，0 类称为负类。在实际应用中应根据研究需要设置 1 类和 0 类。例如，在对有无空气污染进行预测时，若重点关注的是有污染，则需要将有污染设为 1 类，将无污染设为 0 类；若重点关注的是无污染，则需要将无污染设为 1 类，将有污染设为 0 类。表 3.1 中的字母均为英文缩写。其中，TP 表示"真正"（True Positive），代表预测类别值和实际类别值均为 1 的样本观测数；FN 表示"假负"（False Negative），代表预测类别值为 0 但实际类别值为 1 的样本观测数；FP 表示"假正"（False Positive），代表预测类别值为 1 但实际类别值为 0 的样本观测数；TN 表示"真负"（True Negative），代表预测类别值和实际类别值均为 0 的样本观测数。TP+TN+FN+FP ＝ N。TP+TN 为预测正确的样本观测数，FN+FP 为预测错误的样本观测数。

2．评价指标

基于混淆矩阵，可派生出如下取值范围为[0, 1]的评价指标。

（1）总正确率 $= \dfrac{TP + TN}{N}$。

总正确率越大、越接近 1，表明模型的预测总误差越小，反之表明模型的预测总误差越大。

（2）总错判率 $= \dfrac{FN + FP}{N}$。

错判是指模型对输出变量的类别给出了错误的预测值，即预测错误。总错判率越大、越接近 1，表明模型的预测总误差越大，反之表明模型的预测总误差越小。

（3）敏感性 $TPR = \dfrac{TP}{TP + FN}$。

敏感性是实际类别值等于 1 的样本中被模型预测为 1 类的比率，记为 TPR（True

Positive Ratio)，也称真正率。该值越大、越接近 1，表明模型对 1 类的预测误差越小，反之表明模型对 1 类的预测误差越大。TPR 度量了模型对 1 类的预测效果。

(4)特异性 $TNR = \dfrac{TN}{TN + FP}$。

特异性是实际类别值等于 0 的样本中被模型预测为 0 类的比率，记为 TNR(True Negative Ratio)。进一步，称 1-TNR 为假正率，记为 FPR(False Positive Ratio)。TNR 越大、越接近 1，即 FPR 越小、越接近 0，表明模型对 0 类的预测误差越小，反之表明模型对 0 类的预测误差越大。TNR 或 FPR 度量了模型对 0 类的预测效果。

(5)查准率 $P = \dfrac{TP}{TP + FP}$ 和查全率 $R = \dfrac{TP}{TP + FN}$。

查准率 P 和查全率 R(也称召回率)被提出时专用于评价信息检索算法的性能。从检索角度看，总希望与检索内容相关的信息能被尽量多地检索出来，即查全率 R 越高越好。同时，希望检索结果中的绝大部分内容是真正想要的内容，即查准率 P 越高越好。查准率 P 是模型预测为 1 类的样本中实际确为 1 类的比率。查全率 R 等价于敏感性。目前，查准率 P 和查全率 R 已被广泛用于分类模型的评价。查准率 P 度量了模型正确命中 1 类的能力，查全率 R 度量了模型覆盖 1 类的能力。

应该注意的是，分类模型无法使查准率 P 和查全率 R 同时达到最大值。例如，为让查全率 R 达到最大值 1，模型可将所有样本观测均预测为 1 类，此时查准率 P 一定是最低的。因此，既然模型无法使两者同时达到最大值，使两者之和或均值达到最大值应是较为理想的。为此，又派生出 F1 分数等其他评价指标。

(6)F1 分数 $= \dfrac{2PR}{P + R} = \dfrac{2TP}{N + TP - TN}$。

F1 分数(F1 Score)是查准率 P 和查全率 R 的调和平均值，也称倒数平均值，是倒数的算术平均数 $\dfrac{1}{F1分数} = \dfrac{1}{2}\left(\dfrac{1}{P} + \dfrac{1}{R}\right)$ 的倒数，值越大、越接近 1 越好。

进一步，在实际应用中，有时可能希望模型有较高的查准率 P 而弱化查全率 R，或者有较高的查全率 R 而弱化查准率 P。为此，可在进行 F1 分数计算时引入权重 $\beta > 0$，即 $\dfrac{1}{F_\beta} = \dfrac{1}{1 + \beta^2}\left(\dfrac{1}{P} + \dfrac{\beta^2}{R}\right)$，有 $F_\beta = \dfrac{(1 + \beta^2)PR}{\beta^2 P + R}$。当 $\beta < 1$(如 β^2 接近 0)时，F_β 的大小主要取决于查准率 P，以查准率 P 为侧重点评价模型时应令 $\beta < 1$；当 $\beta > 1$(如 $\beta^2 \to \infty$)时，查全率 R 对 F_β 有更大的影响，以查全率 R 为侧重点评价模型时应令 $\beta > 1$；当 $\beta = 1$ 时，F_β 为 F1 分数，查准率 P 和查全率 R 对评估结果有同等权重的影响。

基于二分类混淆矩阵派生的评价指标可推广到多分类预测建模中。通常多分类预测可间接通过多个二分类预测实现，可采用 1 对 1(One-Versus-One)或 1 对多(One-Versus-All)两种策略。

对输出变量有 K 个类别的多分类预测问题，1 对 1 策略是指，令第 k 类为一类，记为 1 类，其余类依次记为 0 类，分别构建 $M = \binom{K}{2}$ 个二分类模型。1 对多策略是指，令第 k 类为一类，记为 1 类，其余 $K-1$ 类合并为一大类，记为 0 类，分别构建 $M = K$ 个二分类模型。预测时依据"少数服从多数"原则，由 M 个二分类模型投票最终确定预测类别值。

无论采用哪种策略都会产生 M 个二分类混淆矩阵。一方面，可首先依据各混淆矩阵的 $TP_i, FN_i, FP_i, TN_i (i = 1, 2, \cdots, M)$ 计算其均值 $\overline{TP}, \overline{FN}, \overline{FP}, \overline{TN}$，其次依据均值计算上述评价指标(如查准率 P 和查全率 R)。由此得到的评价指标统称为微平均(Micro-Averaged)意义下的评价指标(如微查准率 P、微查全率 R 等)。另一方面，可首先分别计算每个混淆矩阵的评价指标[如查准率 $P_i (i = 1, 2, \cdots, M)$ 和查全率 $R_i (i = 1, 2, \cdots, M)$]，其次计算 M 个评价指标的均值(如 $\overline{P}$ 和 $\overline{R}$)，由此得到的评价指标统称为宏平均(Macro-Averaged)意义下的评价指标(如宏查准率 P、宏查全率 R 等)。

3.2.4 Python 应用实践：空气质量等级预测

1. 示例 1：建立简单的二分类模型

对于 1.2.2 节中场景 1 第一个问题(PM2.5、PM10、SO_2、CO、NO_2、O_3 浓度对空气质量等级大小的贡献不尽相同，哪些污染物的减少将有效降低空气质量等级，可否用于对空气质量等级进行预测)，这里将其简化为一个二分类预测问题，且只考虑 PM2.5 和 PM10 两个输入变量，建立二项 Logistic 回归模型，基本思路如下。

(1)进行数据预处理。将一级优、二级良合并为一类，令其类别值为 0(无污染)，将三级轻度污染、四级中度污染、五级重度污染、六级严重污染合并为一类，令其类别值为 1(有污染)，为建立有无污染(分别对应 1 和 0 两个类别值)的二分类模型做准备。

(2)建立二项 Logistic 回归模型，即 $LogitP = \beta_0 + \beta_1 PM2.5 + \beta_2 PM10 + \varepsilon$，并基于数据集估计得到二项 Logistic 回归方程，即 $\widehat{LogitP} = \hat{\beta}_0 + \hat{\beta}_1 PM2.5 + \hat{\beta}_2 PM10$。

(3)绘制二项 Logistic 回归模型给出的分类边界。

(4)计算模型的评价指标。

Python 代码(文件名为 chapter3-3.ipynb)如下。为便于阅读，我们将代码运行结果直接放置在相应代码行下方。以下将分段对 Python 代码进行说明。

行号	代码和说明
1	data = pd.read_excel('北京市空气质量数据.xlsx')　　　　#将 Excel 文件读入 data
2	data = data.replace(0, np.NaN)　　　　#将所有 0(表示没有观察到相关数据)替换为缺失值
3	data = data.dropna()　　　　#删除所有包含缺失值的样本观测
4	data['有无污染'] = data['质量等级'].map({'优':0, '良':0, '轻度污染':1, '中度污染':1, '重度污染':1, '严重污染':1}) 　　　　#利用数据框的 map 方法进行数据映射变换，有无污染分别对应 1 和 0 两个类别值

5	print(data['有无污染'].value_counts())　　　　#计算有无污染的天数。无污染为 1204 天，有污染为 892 天
	`0    1204`
	`1     892`
	`Name: 有无污染, dtype: int64`

6	fig, axes = plt.subplots(nrows = 1, ncols = 2, figsize = (15, 6))　　　　#将绘图区域分成 1 行 2 列 2 个单元
7	axes[0].scatter(data.loc[data['有无污染'] == 0, 'PM2.5'], data.loc[data['有无污染'] == 0, 'PM10'], c = 'cornflowerblue', marker = 'o', label = '无污染', alpha = 0.6)　　　　#在第 1 个单元中画出无污染的点
8	axes[0].scatter(data.loc[data['有无污染'] == 1, 'PM2.5'], data.loc[data['有无污染'] == 1, 'PM10'], c = 'grey', marker = '+', label = '有污染', alpha = 0.4)　　　　#在第 1 个单元中画出有污染的点
9	axes[0].set_title('有无污染与 PM2.5 和 PM10', fontsize = 14)　　　　#设置第 1 个单元的图标题
10	axes[0].set_xlabel('PM2.5', fontsize = 14)　　　　#设置第 1 个单元的横坐标标题
11	axes[0].set_ylabel('PM10', fontsize = 14)　　　　#设置第 1 个单元的纵坐标标题
12	axes[0].legend()　　　　#将图例显示在第 1 个单元中

所绘制的图形如图 3.5 左图所示。

进一步，建立二项 Logistic 回归模型，绘制分类边界。代码行号续前。

行号	代码和说明
13	X = data[['PM2.5', 'PM10']]　　　　　　　　　　　　　　　#指定输入变量数据集 X
14	y = data['有无污染']　　　　　　　　　　　　　　　　　　#指定输出变量数据集 y
15	modelLR = LM.LogisticRegression()　　　　　　　　　　#指定建立二项 Logistic 回归模型 modelLR
16	modelLR.fit(X, y)　　　　　#基于输入变量数据集 X 和输出变量数据集 y 估计 modelLR 的参数
17	print("截距项:%f"%modelLR.intercept_)　　　　　　　#显示截距项
	截距项:-4.858429
18	print("回归系数:", modelLR.coef_)　　　　　　　　　　　#显示回归系数
	回归系数: [[0.05260358 0.01852681]]
19	print("优势比{0}".format(np.exp(modelLR.coef_)))　　　#显示 PM2.5 和 PM10 的优势比
	优势比[[1.05401173 1.0186995]]
20	axes[1].scatter(data.loc[data['有无污染'] == 0, 'PM2.5'], data.loc[data['有无污染'] == 0, 'PM10'], c = 'cornflowerblue', marker = 'o', label = '无污染', s = 50, alpha = 0.6)　　#在第 2 个单元中画无污染的点
21	axes[1].scatter(data.loc[data['有无污染'] == 1, 'PM2.5'], data.loc[data['有无污染'] == 1, 'PM10'], c = 'grey', marker = '+', label = '有污染', s = 50, alpha = 0.4)　　#在第 2 个单元中画有污染的点
22	X1 = np.linspace(data[['PM2.5']].values.min(), data[['PM2.5']].values.max(), 120)　#为绘制分类边界准备数据
23	X2 = np.linspace(data[['PM10']].values.min(), data[['PM10']].values.max(), 120)　#为绘制分类边界准备数据
24	X1, X2 = np.meshgrid(X1, X2)　　　　　　　　　　　　#为绘制分类边界准备数据
25	X0 = np.hstack((X1.reshape(14400, 1), X2.reshape(14400, 1)))　　#为绘制分类边界准备数据
26	DataNew = pd.DataFrame(np.hstack((X0, modelLR.predict(X0).reshape(14400, 1))))　#得到包含预测类别值的数据框
27	for k, c, m in [(0, 'cornflowerblue', 'o'), (1, 'grey', '+')]:　　　　#绘制分类边界
28	axes[1].scatter(DataNew.loc[DataNew[2] == k, 0], DataNew.loc[DataNew[2] == k, 1], color = c, marker = m, s = 1)
29	axes[1].set_title('有无污染的二项 Logistic 回归的分类边界', fontsize = 14)　　#设置第 2 个单元的图标题
30	axes[1].set_xlabel('PM2.5', fontsize = 14)　　　　　　#设置第 2 个单元的横坐标标题
31	axes[1].set_ylabel('PM10', fontsize = 14)　　　　　　#设置第 2 个单元的纵坐标标题
32	axes[1].legend()　　　　　　　　　　　　　　　　　#将图例显示在第 2 个单元中
33	print("总错判率:%f"%(1-modelLR.score(X, y)))　　　　#显示模型的总错判率
	总错判率:0.153149

代码说明

（1）第 17、18 行：给出模型参数的估计值，据此得到的二项 Logistic 回归方程为 LogitP = −4.85 + 0.05PM2.5 + 0.01PM10，表明当 PM10 浓度保持不变时，PM2.5 浓度每增加一个单位将导致 LogitP 增加 0.05 个单位；当 PM2.5 浓度保持不变时，PM10 浓度每增加一个单位将导致 LogitP 增加 0.01 个单位。由于含义不够直观，因此需要关注第 19 行的优势比，即近似相对风险。

（2）第 19 行：分别给出了 PM2.5 和 PM10 的优势比。结果表明，当 PM10 浓度保持不变时，PM2.5 浓度每增加一个单位将导致出现污染的概率约是之前的 1.05 倍；当 PM2.5 浓度保持不变时，PM10 浓度每增加一个单位将导致出现污染的概率约是之前的 1.01 倍。因此可见，PM2.5 浓度对空气污染的影响更大。

（3）第 22 至 25 行：为绘制分类边界准备数据。

绘制分类边界的基本思路是，利用所建立的模型对新数据的输出变量类别值进行预测，根据预测类别值分别在图中画出不同形状和颜色的点，两种颜色区域的相交处就是分类边界。对此需要首先指定新数据。第 22 行和 23 行分别指定新数据 PM2.5 和 PM10 的值，分别为均匀取自数据集 PM2.5 和 PM10 的最小值与最大值之间的 120 个值，共计 14400 个新数据点，存储在 X0 中。

(4)第 26 行：基于所建模型 modelLR，利用 predict() 函数预测 X0 中新数据的类别值，并将输入变量和预测类别值一并保存到 DataNew 数据框中。

(5)第 25、26 行：利用循环分别在图中以不同颜色和形状绘制预测类别分别是 0、1 的点。

(6)第 27、28 行：将数据集中的所有数据添加到图形中。

所绘制的图形如图 3.5 右图所示。其中，两种颜色区域的相交处就是二项 Logistic 回归模型给出的分类边界，是一条直线。落入右上灰色区域的数据点，其输出变量预测类别值为 $\hat{y}=1$；落入左下蓝色区域的数据点，其输出变量预测类别值为 $\hat{y}=0$。由图 3.5 右图可知，许多数据集中的灰色点落入了左下蓝色区域，表明模型对这些点的预测类别值是错误的。

(7)第 33 行：利用 score() 函数计算 modelLR 的总正确率。1-modelLR. score(X, y) 为总错判率。该模型的总错判率约为 15.3%，并不理想，模型还有较大的改进空间。

图 3.5　PM2.5 和 PM10 在 2 维平面中的样本观测点及有无污染的二项 Logistic 回归的分类边界

2. 示例 2：建立较复杂的二分类模型

为减少示例 1 中预测模型的总错判率，这里考虑有 PM2.5、PM10、SO_2、CO、NO_2、O_3 共 6 个输入变量的情况，重新建立二项 Logistic 回归模型，主要思路如下。

彩图 3.5

(1)建立二项 Logistic 回归模型，即 $LogitP = \beta_0 + \beta_1 PM2.5 + \beta_2 PM10 + \beta_3 SO_2 + \beta_4 CO + \beta_5 NO_2 + \beta_6 O_3 + \varepsilon$，并基于数据集估计得到二项 Logistic 回归方程。

(2)评价模型：计算模型的混淆矩阵、总正确率、F1 分数。

(3)评价模型：采用二分类模型评价的图形化方式，即 ROC 曲线和 PR 曲线评价模型、具体含义见后文。

部分 Python 代码(文件名为 chapter3-3.ipynb)如下。为便于阅读，我们将代码运行结果直接放置在相应代码行下方。

行号	代码和说明

1　X1 = data[['PM2.5', 'PM10', 'SO2', 'CO', 'NO2', 'O3']]　　#指定输入变量数据集 X1

2　y = data['有无污染']　　#指定输出变量数据集 y

3　modelLR1 = LM.LogisticRegression()　　#指定建立二项 Logistic 回归模型 modelLR1

4　modelLR1.fit(X1, y)　　#基于输入变量数据集 X1 和输出变量数据集 y 估计 modelLR1 的参数

5　print('混淆矩阵:\n', confusion_matrix(y, modelLR1.predict(X1)))

混淆矩阵:
[[1128 76]
[88 804]]

6　print('总正确率', accuracy_score(y, modelLR1.predict(X1)))

总正确率 0.9217557251908397

7　print('总错判率:', 1-modelLR1.score(X1, y))

总错判率: 0.0782442748091603

8　print('F1-score:', f1_score(y, modelLR1.predict(X1), pos_label = 1))　　#通过 pos_label = 1 表示对 1 类计算 F1 分数

F1-score: 0.90744920993228

9　fpr1, tpr1, thresholds1 = roc_curve(y, modelLR1.predict_proba(X1)[:, 1], pos_label = 1)
　　#为绘制示例 2 的 modelLR1 的 ROC 曲线图准备数据

10　fpr, tpr, thresholds = roc_curve(y, modelLR.predict_proba(X)[:, 1], pos_label = 1)
　　#为绘制示例 1 的 modelLR 的 ROC 曲线图准备数据

11　fig, axes = plt.subplots(nrows = 1, ncols = 2, figsize = (10, 4))

12　axes[0].plot(fpr1, tpr1, color = 'r', linewidth = 2, label = '示例 2 的 ROC curve (area = %0.5f)' % auc(fpr1, tpr1))
　　#绘制示例 2 的 modelLR1 的 ROC 曲线图

13　axes[0].plot(fpr, tpr, color = 'r', linewidth = 2, label = '示例 1 的 ROC curve (area = %0.5f)' % auc(fpr, tpr))
　　#绘制示例 1 的 modelLR 的 ROC 曲线图

…　……　　#图标题设置等, 略去

21　pre1, rec1, thresholds1 = precision_recall_curve(y, modelLR1.predict_proba(X1)[:, 1], pos_label = 1)
　　#为绘制示例 2 的 modelLR1 的 PR 曲线图准备数据

22　pre, rec, thresholds = precision_recall_curve(y, modelLR.predict_proba(X)[:, 1], pos_label = 1)
　　#为绘制示例 1 的 modelLR 模型 PR 曲线图准备数据

23　axes[1].plot(rec1, pre1, color = 'r', linewidth = 2, label = '示例 2 的总正确率 = %0.3f)' % accuracy_score(y, modelLR1.predict(X1)))　　#绘制示例 2 的 modelLR1 的 PR 曲线图, 显示总正确率

24　axes[1].plot(rec, pre, color = 'g', linewidth = 2, linestyle = '-.', label = '示例 1 的总正确率 = %0.3f)' % accuracy_score(y, modelLR.predict(X)))　　#绘制示例 1 的 modelLR 的 PR 曲线图, 显示总正确率

…　……　　#图标题设置等, 略去

代码说明

（1）以上省略号部分在之前代码中重复出现过且不影响对原理的理解,故略去以节约篇幅。完整 Python 代码参见本书配套代码。

（2）第 5 至第 8 行:第 5 行输出的混淆矩阵表明,第一行为无污染($y=0$),共 1204 天,其中 1128 天预测为无污染($\hat{y}=0$), 76 天预测为有污染($\hat{y}=1$);第二行为有污染($y=1$),共 892 天,其中 88 天预测为无污染($\hat{y}=0$), 804 天预测为有污染($\hat{y}=1$)。第 6、7 行利用不同的 Python 语句计算总正确率和总错判率,分别约为 92.2% 和 7.8%。第 8 行给出了模型评价的 F1 分数,约为 0.9,比较理想。从预测精度看,该模型的预测效果优于示例 1 中的模型。

（3）第 9 至 13 行:绘制示例 2 和示例 1 的 ROC 曲线图。所绘制的图形如图 3.6 左图所示。

（4）第 21 至 24 行:绘制示例 2 和示例 1 的 PR 曲线图。所绘制的图形如图 3.6 右图所示。

图 3.6 两个二项 Logistic 回归模型的 ROC 曲线图和 PR 曲线图

ROC[①]曲线是机器学习中常用的二分类模型图形化评价的重要工具。

彩图 3.6

分类模型会给出每个样本观测的概率预测值 $\hat{P}_i(y_i=1)$, $i=1,2,\cdots,N$，并将其与概率阈值 P_c（取值在 0 到 1 之间）进行比较进而确定 $\hat{y}_i$。通常默认 $P_c=0.5$。若 $\hat{P}_i(y_i=1)>P_c=0.5$，即模型预测 $\hat{y}_i=1$ 正确的概率大于 50%，则输出变量的预测类别值为 1；若 $\hat{P}_i(y_i=1)<P_c=0.5$，即模型预测 $\hat{y}_i=1$ 正确的概率小于 50%，则输出变量的预测类别值为 0。

由此可见，概率阈值 P_c 取值表征了预测置信度(Confidence Level)。一方面，若 $\hat{P}_i$ 较大且大于 P_c，则 $\hat{y}_i=1$ 正确预测的置信度较高，错误预测的可能性较低；若 $\hat{P}_i$ 较小且小于 P_c，则 $\hat{y}_i=1$ 正确预测的置信度较低，错误预测的可能性较高。另一方面，若增大 P_c（如极端情况下令 $P_c=0.99$），则因只有那些 $\hat{P}_i>P_c$ 的样本观测的 $\hat{y}_i=1$，预测是在高置信度下进行的，故 $\hat{y}_i=1$ 错误预测的可能性低。同理，若减小 P_c（如极端情况下令 $P_c\to 0$），则因 $\hat{P}_i>P_c$ 很容易满足，预测是在低置信度下进行的，故 $\hat{y}_i=1$ 错误预测的可能性高。显然，P_c 可以取不同值并由此得到不同的混淆矩阵。

为全面评价预测模型，可借助 ROC 曲线观察随概率阈值 P_c 逐渐减小，模型真正率 TPR 和假正率 FPR 的变化情况。首先将 $\hat{P}_i(i=1,2,\cdots,N)$ 按降序排序，并依次令 $P_c=\hat{P}_i$。显然，随着 P_c 的减小，越来越多的样本观测的 $\hat{y}_i=1$ 并导致假正率 FPR 增大。在 P_c 减小的初期，预测性能良好的模型的真正率 TPR 会很快到达一个较大值水平，假正率 FPR 增大很少。性能不好的模型的真正率 TPR 较小且假正率 FPR 较大。

ROC 曲线的纵坐标为 TPR，横坐标为 FPR。ROC 曲线从左往右表征了在概率阈值 P_c 逐渐减小过程中 TPR 和 FPR 的变化情况。示例 2 和示例 1 的 ROC 曲线图如图 3.6 左图所示。其中，$(0,0)$ 点对应概率阈值 $P_c=1$ 时的 TPR 和 FPR，其均等于零。之后概率阈值 P_c 逐渐减小，TPR 和 FPR 逐渐增大。当概率阈值 $P_c=\min(\hat{P}_i)$ 取最小值时，所有样本观测的 $\hat{y}_i=1$，TPR 和 FPR 同时到达最大值 1，对应 $(1.0,1.0)$ 点。蓝色对角线为基准线，在其上方且越远离它的模型预测效果越优。

示例 2 的预测效果优于示例 1，原因是示例 2 的实线"包裹"住了示例 1 的虚线，即

---

① ROC(Receiver Operating Characteristic，接受者操作特征)曲线最初应用在"第二次世界大战"时期敌机检测雷达信号的分析中，后来被大量应用于心理学和医学试验等方面。

当两个模型 FPR 相等时，示例 2 的 TPR 均大于示例 1。当示例 2 的实线与示例 1 的虚线出现交叉时，可计算两条 ROC 曲线下的面积，即 AUC 值。这里示例 2 的 AUC 值（约为 0.98）比示例 1 的 AUC 值（约为 0.92）大，也表明示例 2 的预测效果优于示例 1。

也可借助 PR 曲线观察随概率阈值 P_c 逐渐减小，模型查准率 P 和查全率 R 的变化情况。PR 曲线是基于查准率 P 和查全率 R 绘制的曲线，也是一种评价分类模型整体预测性能的图形化工具。PR 曲线的纵坐标为查准率 P，横坐标为查全率 R。

与 ROC 曲线类似，首先将 $\hat{P}_i(i=1,2,\cdots,N)$ 按降序排序，并依次令 $P_c = \hat{P}_i$。显然，随着 P_c 的减小，越来越多的样本观测的 $\hat{y}_i = 1$ 并导致查全率 R 增大。在 P_c 减小的初期，随着查全率 R 增大，预测性能良好的模型的查准率 P 应可持续保持在较大值水平，性能不好的模型的查准率 P 会快速减小。示例 2 和示例 1 的 PR 曲线图如图 3.6 右图所示。蓝色对角线为基准线，在其上方且越远离它的模型预测效果越优。示例 2 的预测效果优于示例 1，原因是示例 2 的实线"包裹"住了示例 1 的虚线，即当两个模型查全率 R 相等时，示例 2 的查准率 P 均大于或等于示例 1 的查准率 P。

3. 启示和探究

从示例 1 包含两个输入变量的二项 Logistic 回归模型到示例 2 包含 6 个输入变量的二项 Logistic 回归模型，可以发现，后者的预测误差小于前者，且后者的模型复杂度高于前者。因此得到的启示是，可通过提高模型复杂度减小分类模型的预测误差。

3.3 从线性预测模型到非线性预测模型

并非在所有情况下回归直线（或回归平面）都能对样本观测点有好的拟合效果，也并非在所有情况下分类直线（或分类平面）都能将不同类别的样本观测点有效分开，如图 3.7 所示。

图 3.7 回归和分类中的直线和曲线

图 3.7 左图表明，虚直线代表的回归直线无法较好地拟合样本观测点，但实线代表的回归曲线可以，这属于非线性回归预测问题。图 3.7 右图也表明，虚直线代表的分类直线无法将圆圈和加号两类样本观测点有效分开，但实线代表的分类曲线可以，这是一个典型的非线性分类预测问题。因此，预测建模需要从线性预测模型拓展到非线性预测模型，从而获得有更好预测性能的回归曲线

彩图 3.7

(或回归曲面)或分类曲线(或分类曲面)。

机器学习在建立非线性预测模型方面有明显优势。可从两个角度看待回归曲面或分类曲面。第一，曲面是许多个平面平滑连接的结果。第二，I 维空间 $\mathbb{R}^I$ 中的曲面是 $G(G > I)$ 维空间 $\mathbb{R}^G$ 中平面的一种呈现。由此可将非线性回归预测问题与非线性分类预测问题转换为线性回归预测问题与线性分类预测问题。具体方法将在后续章节讨论。

3.4　预测模型的参数估计

回归预测建模需要基于数据集给出回归模型中未知参数的良好估计值，使得回归平面能够较好地拟合样本观测点。同理，分类预测建模需要基于数据集给出分类模型中未知参数的良好估计值，使得分类平面能够有效地将两类或多类样本观测点有效分开。

为此，需要设置一个包含模型未知参数且可度量上述目标尚未达成程度的函数，一般称之为损失函数(Loss Function)，记为 L。损失函数的具体形式因研究问题、算法策略的不同而不同。模型参数估计应关注以下两点。

第一，预测模型的参数估计一般以损失函数最小为目标，属于机器学习的有监督学习范畴。

第二，预测模型的参数估计通常需要借助特定的参数搜索策略，并不断迭代。

3.4.1　损失函数与有监督学习

首先，参照 1.1.2 节中机器学习的编程范式，其中的"数据"为预测建模中的输入变量，"答案"为输出变量，"规则"可由模型参数的估计值体现。由此可见，寻找"规则"的过程不仅要求"答案"已知，而且需要"答案"参与。换言之，需要在输出变量的"监督"或指导下进行。

一般未知参数的估计以损失函数最小为目标。通常，损失函数 L 是误差 e 的函数，记为 $L(e)$，其与 e 成正比，用于度量预测模型对数据的拟合误差。

1. 回归模型中的损失函数

回归模型中的误差 e 通过残差来估计。样本观测 X_i 的 e_i 是其输出变量实际值 y_i 和预测值 $\hat{y}_i$ 的差，即 $e_i = y_i - \hat{y}_i(i = 1, 2, \cdots, N)$。为有助于后续评价回归模型对数据全体的拟合效果，解决误差正负抵消问题，损失函数通常采用平方误差的形式。样本观测 X_i 的损失函数为

$$L(e_i) = L(y_i, \hat{y}_i) = (y_i - \hat{y}_i)^2 \tag{3.5}$$

称为平方损失函数，是回归预测建模中最常见的损失函数。于是，样本观测的总损失为 $\sum_{i=1}^{N} L(y_i, \hat{y}_i) = \sum_{i=1}^{N} (y_i - \hat{y}_i)^2$。

2. 分类模型中的损失函数

在分类预测建模中，因输出变量为分类型变量，误差 e 通常不直接采用实际类别和预测类别之差的形式，损失函数的定义相对复杂。对 K 分类模型，常见的损失函数为概率的

对数形式，称为交叉熵(Cross-Entropy)，即

$$L(y_i, \hat{P}_{y_i}(\boldsymbol{X}_i)) = -\sum_{k=1}^{K} I(y_i = k) \log(\hat{P}_k(\boldsymbol{X}_i)) = -\log \hat{P}_{y_i}(\boldsymbol{X}_i) \tag{3.6}$$

式 (3.6) 为样本观测 $\boldsymbol{X}_i$ 的损失函数。式 (3.6) 中，y_i 为样本观测 $\boldsymbol{X}_i$ 输出变量的实际类别，类别取值范围为 $1, 2, \cdots, K$；$\hat{P}_k(\boldsymbol{X}_i) = \hat{P}(\hat{y}_i = k | \boldsymbol{X}_i)$ 为样本观测 $\boldsymbol{X}_i$ 输出变量预测为 $k(k = 1, 2, \cdots, K)$ 类的概率，且满足 $\sum_{k=1}^{K} \hat{P}_k(\boldsymbol{X}_i) = 1$；$I()$ 称为示性函数，仅可取 0 和 1 两个值，其圆括号中为判断条件，条件成立则函数值等于 1，否则函数值等于 0。这里，若 $y_i = k$ 成立则 $I(y_i = k) = 1$，若 $y_i = k$ 不成立则 $I(y_i = k) = 0$。因此，求和项的最终结果为样本观测 $\boldsymbol{X}_i$ 输出变量的预测类别等于实际类别 y_i 的概率 $\hat{P}(\hat{y}_i = y_i | \boldsymbol{X}_i)$ 的对数，记为 $\log \hat{P}_{y_i}(\boldsymbol{X}_i)$。这里负号的作用是使损失函数非负。显然，若模型预测性能良好使得 $\hat{P}_{y_i}(\boldsymbol{X}_i)$ 越大，则其损失函数值越小，样本观测的总损失 $\sum_{i=1}^{N} L(y_i, \hat{P}_k(\boldsymbol{X}_i)) = -\sum_{i=1}^{N} \log \hat{P}_{y_i}(\boldsymbol{X}_i)$ 也就越小。

具体到 y_i 取 1 和 0 的二分类情况，样本观测 $\boldsymbol{X}_i$ 的损失函数简化为 $L(y_i, \hat{P}_{y_i}(\boldsymbol{X}_i)) = y_i \log \hat{P}(\boldsymbol{X}_i) + (1 - y_i) \log(1 - \hat{P}(\boldsymbol{X}_i))$。其中，$\hat{P}(\boldsymbol{X}_i)$ 表示预测类别等于 1 的概率。针对如式 (3.4) 所示的二项 Logistic 回归方程，由于 $\hat{P}(\boldsymbol{X}_i) = \dfrac{1}{1 + \exp(-\hat{f}(\boldsymbol{X}_i))}$，所以将其代入并整理后的损失函数为

$$L(y_i, \hat{f}(\boldsymbol{X}_i)) = -y_i \hat{f}(\boldsymbol{X}_i) + \log(1 + \exp(\hat{f}(\boldsymbol{X}_i))) \tag{3.7}$$

称为二项偏差损失函数(Binomial Deviance Loss Function)。此外，样本观测 $\boldsymbol{X}_i$ 的损失函数还可以为

$$L(y_i, \hat{f}(\boldsymbol{X}_i)) = \exp(-y_i \hat{f}(\boldsymbol{X}_i)) \tag{3.8}$$

称为指数损失函数(Exponential Loss Function)，等等。对 $K > 2$ 的多分类预测问题，建立关于第 k 类的二分类模型，则样本观测 $\boldsymbol{X}_i$ 的损失函数可定义为

$$L(y_i, \hat{f}_k(\boldsymbol{X}_i)) = -\sum_{k=1}^{K} I(y_i = k) \log\left(\frac{\exp(\hat{f}_k(\boldsymbol{X}_i))}{\sum_{l=1}^{K} \exp(\hat{f}_l(\boldsymbol{X}_i))} \right) \tag{3.9}$$

也称 $\dfrac{\exp(\hat{f}_k(\boldsymbol{X}_i))}{\sum_{l=1}^{K} \exp(\hat{f}_l(\boldsymbol{X}_i))}$ 为 Softmax 函数。

综上，以损失函数最小为目标的参数估计过程离不开输出变量 y_i，参数的估计值是在输出变量 y_i 的"监督"或指导下获得的。有很多算法可以实现该目标，这些算法统称为有监督学习(Supervised Learning)算法。

3.4.2　参数搜索策略

损失函数是关于输出变量实际值和模型参数的函数。

例如，回归模型中总平方损失函数可进一步细化为

$$\sum_{i=1}^{N} L(y_i, \hat{y}_i) = \sum_{i=1}^{N} L(y_i, \hat{f}(\boldsymbol{X}_i)) = \sum_{i=1}^{N} (y_i - (\hat{\beta}_0 + \hat{\beta}_1 X_{i1} + \hat{\beta}_2 X_{i2} + \cdots + \hat{\beta}_p X_{ip}))^2 \tag{3.10}$$

损失函数是模型参数 $\beta_0, \beta_1, \beta_2, \cdots, \beta_p$ 的二次函数，存在最小值。为求损失函数最小条件下的参数估计值 $\hat{\beta}_0, \hat{\beta}_1, \hat{\beta}_2, \cdots, \hat{\beta}_p$，只需对参数求偏导，令偏导数等于零并解方程组，即

$$\begin{cases} \left.\dfrac{\partial L}{\partial \beta_0}\right|_{\beta_0 = \hat{\beta}_0} = -2\sum_{i=1}^{N}(y_i - \hat{\beta}_0 - \hat{\beta}_1 X_{i1} - \hat{\beta}_2 X_{i2} - \cdots - \hat{\beta}_p X_{ip}) = 0 \\[2mm] \left.\dfrac{\partial L}{\partial \beta_1}\right|_{\beta_1 = \hat{\beta}_1} = -2\sum_{i=1}^{N}(y_i - \hat{\beta}_0 - \hat{\beta}_1 X_{i1} - \hat{\beta}_2 X_{i2} - \cdots - \hat{\beta}_p X_{ip})X_{i1} = 0 \\[2mm] \left.\dfrac{\partial L}{\partial \beta_2}\right|_{\beta_2 = \hat{\beta}_2} = -2\sum_{i=1}^{N}(y_i - \hat{\beta}_0 - \hat{\beta}_1 X_{i1} - \hat{\beta}_2 X_{i2} - \cdots - \hat{\beta}_p X_{ip})X_{i2} = 0 \\[2mm] \cdots\cdots \\[2mm] \left.\dfrac{\partial L}{\partial \beta_p}\right|_{\beta_p = \hat{\beta}_p} = -2\sum_{i=1}^{N}(y_i - \hat{\beta}_0 - \hat{\beta}_1 X_{i1} - \hat{\beta}_2 X_{i2} - \cdots - \hat{\beta}_p X_{ip})X_{ip} = 0 \end{cases} \tag{3.11}$$

这种参数求解方法被称为最小二乘法，其有以下特点。

第一，要求 $N \geq p + 1$，即样本量 N 不小于模型中待估参数的个数。如果数据集的样本量 N 较大，输入变量相对较少，则该要求通常可以满足。

第二，损失函数是模型参数 $\beta_0, \beta_1, \beta_2, \cdots, \beta_p$ 的二次函数，即要求预测模型为线性模型。如果输入变量和输出变量的取值关系不满足线性模型或无法转换为线性模型形式，而为某种非线性形式，则损失函数可能是模型参数的更复杂的形式，由上述方法不一定能够得到损失函数最小条件下的参数估计值。

因此，机器学习常在预测模型参数解空间中采用一定的搜索策略得到参数的估计值。

简单来说，预测模型参数解空间（Solution Space）是指由所有模型参数解构成的空间，通常是一个高维空间。这里的模型参数不局限于一般线性模型或广义线性模型中的参数，还包括其他任意非线性模型中的参数。如果将机器学习视为一个学习系统，则预测建模过程可用图 3.8 示意。

首先，将输入变量 $\boldsymbol{X}$ 和输出变量 y 均"喂入"学习系统。其次，学习系统在解空间所有可能的解集 $f(\boldsymbol{X}, \boldsymbol{\beta})$ 中搜索与输入变量和输出变量数量关系较为接近的第 j 组参数解 $\hat{\boldsymbol{\beta}}(j)$，并给出该模型参数下的预测值 $\hat{y} = \hat{f}(\boldsymbol{X}) = f(\boldsymbol{X}, \hat{\boldsymbol{\beta}}(j))$。计算损失函数并将其"喂入"学习系统，继续在解空间中搜索更贴近输入变量和输出变量数量关系的参数解。该过程将重复多次，直到损失函数达到最小值为止。此时，参数估计值为 $\hat{\boldsymbol{\beta}}$，模型的预测值为 $\hat{y} = \hat{f}(\boldsymbol{X}) = f(\boldsymbol{X}, \hat{\boldsymbol{\beta}})$，相应的"规则"对数据集有最好的拟合效果。然而，在整个解空间中搜索并确保得到损失函数最小条件下的参数解，通常不一定具有计算或时间上的可行性，因此需要一定的参数搜索策略。

图 3.8　机器学习的预测建模过程示意图

例如，梯度下降法就是常用的一种参数搜索策略。假设总损失 $\sum\limits_{i=1}^{N}L(y_i, f(\boldsymbol{X}_i, \hat{\boldsymbol{\beta}}))$ 为一个连续函数，且在 2 个参数（β_1, β_2）和总损失（L）构成的 3 维参数空间中以如图 3.9 所示的曲面呈现。

图 3.9 展示了仅包含 β_1、β_2 两个待估参数的总损失函数曲面，其预测模型为一个复杂模型。梯度下降法认为，参数解搜索的优化路径应能够快速抵达损失函数最小（曲面波谷）处，即应一直沿着损失函数曲面下降最快的路径走。当然，"起点"不同（图 3.9 中 A、B 两点）所获得的参数解也可能不同，可能为全局最小处的解，称为全局最优解（如 3.9 中的 C 点），也可能仅为局部最小处的解，称为局部最优解（如 3.9 中的 D 点）。

图 3.9　以损失函数为指导的参数搜索过程示意图

又如，贪心搜索策略也是一种常用的参数搜索策略。在参数解空间中搜索时，贪心策略反复采用"局部择优"原则，通过不断找到"当前最优解"努力获得全局最优解。但并非所有场合都适合采用贪心搜索策略，除非能够确保基于所有的"当前最优解"一定可获得全局最优解。

有多种既有共性又有特性的预测建模方法及参数搜索策略可供使用，详细内容将在后续章节讨论。

3.5　预测模型的选择

预测模型可应用到对新数据的预测中，在应用之前需要先对模型未来的预测精度或误差进行客观评估，并选择未来预测精度高，即未来预测误差低的预测模型。可以采用前面讨论的度量模型预测误差的常用指标进行评估，但存在的问题是，我们仅能度量预测模型在当前数据集上的预测误差，无法得知其未来的预测误差。如何估计预测模型未来的预测性能，是本节要重点讨论的问题之一。

3.1.4 节和 3.2.4 节中的示例给出启示是，提高模型复杂度可以减小模型预测误差仅倾向于选择复杂模型会导致哪些问题、应如何解决，是本节要重点讨论的另一个问题。

围绕以上两个问题，首先要明确两个重要概念。

第一个是训练误差。

训练误差，是指预测模型对训练集中各样本观测输出变量的实际值与预测值不一致程度的数值化度量。对于回归模型，可采用 3.1.3 节讨论的 MSE 或 $1-R^2$；对于分类模型，可采用 3.2.3 节讨论的总错判率和 3.4.1 节讨论的损失函数等。

第二个是泛化误差。

泛化误差(Generalization Error)，是指预测模型在对未来新数据集进行预测时所给出的预测值和实际值不一致程度的数值化度量，测度了预测模型在未来新数据集上的预测性能。若泛化误差较小，则说明预测模型具有一般预测场景下的普适性和推广性，有较高的泛化能力。

训练误差和泛化误差的不同在于，在预测建模时可直接计算出预测模型的训练误差，但由于泛化误差聚焦于对预测模型未来表现的评价且建模时未来新数据集是未知的，因此无法直接计算得到，只能给出泛化误差的估计值。

3.5.1　泛化误差的估计

围绕泛化误差的估计，本节将对训练误差、测试误差，以及基于测试误差的泛化误差估计等问题进行详细讨论。

1. 训练误差

如上所述，训练误差是指预测模型对训练集中各样本观测输出变量的实际值与预测值不一致程度的数值化度量。所谓训练集(Training Set)，是指用于估计预测模型参数(也称训练预测模型)的数据集。其中的样本观测被称为"袋内观测"。换句话说，"袋内观测"是参与预测模型训练的样本观测。

回归模型中典型的训练误差是基于训练集(训练样本量为 $N_{\text{training}} < N$)的 MSE，即

$$\overline{\text{err}} = E(L(y_i, \hat{f}(\boldsymbol{X}_i))) = \frac{1}{N_{\text{training}} - p - 1} \sum_{i=1}^{N_{\text{training}}} (y_i - \hat{y}_i)^2 \tag{3.12}$$

式中，p 为线性回归模型中输入变量个数。二分类模型中常见的训练误差是基于训练集的交叉熵，即

$$\overline{\mathrm{err}} = \mathrm{E}(L(y_i, \hat{P}(\boldsymbol{X}_i))) = -\frac{1}{N_{\text{training}}} \sum_{i=1}^{N_{\text{training}}} \log \hat{P}_{y_i}(\boldsymbol{X}_i) \tag{3.13}$$

正如前文所述，训练误差的大小与模型复杂度和训练样本量有关。一方面，在恰当的训练样本量下，提高模型复杂度会带来训练误差的减小。原因是高复杂度模型对数据中隐藏规律的刻画更细致，从而使得训练误差减小。另一方面，在模型复杂度确定的条件下，训练误差会随训练样本量增加而减小。原因是较小规模的训练集无法囊括输入变量和输出变量取值的规律性，建立在其上的预测模型不具备"充分学习"的数据条件，从而导致训练误差较大。随样本量的增加这种情况会得到有效改善。训练误差和训练样本量的理论关系如图 3.10 所示。

图 3.10　训练误差和训练样本量的理论关系

2. 测试误差和泛化误差估计

能否将训练误差作为泛化误差的估计呢？答案是否定的。

首先，在建模时，未来新数据集是不可能进入训练集的。相对于"袋内观测"，新数据都是"袋外观测"(Out of Bag，OOB)。泛化误差是基于 OOB 的误差，称为 OOB 误差，而非训练误差。其次，损失函数最小原则下的模型参数搜索策略决定了训练误差是基于"袋内观测"的当下最小值，对 OOB 误差来讲，它是一个偏低的估计。换言之，训练误差是泛化误差的一个偏低的乐观估计。

为实现具有 OOB 误差特点的泛化误差估计，在进行预测建模时通常可以只随机抽取数据集中的部分样本观测组成训练集(这里记为 T)并训练预测模型，令剩余的样本观测作为未来新数据集的"模拟"，称为测试集(Test Set)(这里记为 $\overline{T}$)。预测模型在测试集 $\overline{T}$ 上的误差被称为测试误差(Test Error)。因测试误差是基于 OOB 计算的，所以通常将其作为模型泛化误差的估计。

例如，回归模型中典型的测试误差是针对测试集 $\overline{T}$(测试样本量为 $N_{\text{test}} < N$)的 MSE，即

$$\mathrm{Err}_{\overline{T}} = \mathrm{E}[L(y_i, \hat{f}^T(\boldsymbol{X}_i))] = \frac{1}{N_{\text{test}} - p - 1} \sum_{i=1}^{N_{\text{test}}} (y_i - \hat{y}_i)^2 \tag{3.14}$$

式中，T 为训练集；$\boldsymbol{X}_i \in \overline{T}$；$\hat{f}^T(\boldsymbol{X}_i)$ 表示基于 T 得到预测模型 $\hat{f}$ 并将其用于对 $\boldsymbol{X}_i$ 的预测。因此，$\mathrm{Err}_{\overline{T}}$ 是对基于训练集 T 所建立的模型 $\hat{f}$ 泛化误差的估计。进一步，训练集 T 是数据集的随机抽样结果，训练集 T 不同可能导致 $\hat{f}$ 不同，从而使得 $\mathrm{Err}_{\overline{T}}$ 有不同的计算结果。为此，可计算测试误差 $\mathrm{Err}_{\overline{T}}$ 的期望，即

$$\mathrm{Err} = \mathrm{E}[\mathrm{Err}_{\overline{T}}] \tag{3.15}$$

式中，Err 表示对训练集所有可能情况下的测试误差 $\mathrm{Err}_{\overline{T}}$ 取平均，是对预测模型 f 泛化误差的理论估计。

随着模型复杂度的提高，测试误差和训练误差将表现出不同的变化形态，因此专门引入测试误差是有必要的，详细内容将在后续章节讨论。

3. 数据集的划分策略

为计算测试误差并估计泛化误差，需要在进行预测建模时模拟生成未来新数据。一般实现手段是将现有样本量为 N 的数据集 S 随机划分为训练集 T 和测试集 $\overline{T}$。在训练集 T 上训练预测模型，记为 $\hat{f}^T$，在测试集 $\overline{T}$ 上计算模型 $\hat{f}^T$ 的测试误差，进而估计模型的泛化误差，评价模型的预测性能。

数据集划分的随机性会使训练集 T（或测试集 $\overline{T}$）出现随机性差异，并可能导致测试误差计算结果因 $\hat{f}^T$ 和 $\hat{f}^T(\boldsymbol{X}_i)(\boldsymbol{X}_i \in \overline{T})$ 的不同而不同。对此，可将测试误差完整定义为

$$\mathrm{CV}(\hat{f}, \alpha) = \frac{1}{N_{\text{test}}} \sum_{i=1}^{N_{\text{test}}} L(y_i, \hat{f}_\alpha(\boldsymbol{X}_i)) \tag{3.16}$$

式中，α 表示不同的数据集划分策略。α 不同会导致训练集不同，并且最终体现在预测模型上，为此将预测模型记为 $\hat{f}_\alpha$。由此可见，讨论数据集的划分策略是有必要的。

通常，数据集的划分策略主要有旁置(Hold Out)法、留一(Leave One Out，LOO)法和 K 折交叉验证(Cross Validation，CV)法等。

(1) 旁置法。

旁置法，是指将样本量为 N 的数据集 S 随机划分为两部分，一部分作为训练集 T（通常包含数据集 S 中 60%至 70%的样本观测），用于训练预测模型 $\hat{f}_\alpha$；另一部分作为测试集 $\overline{T}$，用于计算测试误差 $\mathrm{CV}(\hat{f}, \alpha)$。旁置法示意图如图 3.11 所示。

图 3.11 中 1、2、3 等为样本观测的编号，通过随机划分形成橙色部分的训练集，以及浅蓝色部分的测试集。

旁置法适用于数据集的样本量 N 较大的情况。样本量 N 较小时训练集会更小，此时模型不具备"充分学习"的数据条件，将出现测试误差偏大而高估模型泛化误差的悲观倾向。此时可采用留一法。

图 3.11　旁置法示意图

(2) 留一法。

留一法，是指用 $N-1$ 个样本观测作为训练集 T 用于训练预测模型，用剩余的 1 个样本观测作为测试集 $\overline{T}$ 用于计算测试误差。该过程需要重复 N 次，将建立 N 个预测模型，如图 3.12 所示。

图 3.12 中红色数字表示测试集合。留一法中每次均有 $N-1$ 个样本观测（绝大多数样本观测）参与预测建模。当样本量 N 较小时，留一法策略下的训练集大于旁置法。因没有破坏"充分学习"的数据条件，故由此计算得到的测试误差小于旁置法，是模型泛化误差的近似无偏估计，但是计算成本较高，尤其在样本量 N 较大时。此时可采用 K 折交叉验证法。

彩图 3.11

(3) K 折交叉验证法。

K 折交叉验证法，是指首先将数据集 S 随机近似等分为不相交的 K 份，称为 K 折；其次令其中的 $K-1$ 份作为训练集 T 用于训练预测模型，剩余的 1 份作为测试集 $\overline{T}$ 用于计算测试误差。该过程需要重复 K 次，将建立 K 个预测模型。针对 K 折交叉验证法，训练样本量

近似等于 $(K-1)\dfrac{N}{K}$。事实上，K 是一个人为可调整的参数。例如，$K=10$ 时就是 10 折交叉验证，如图 3.13 所示。

图 3.12　留一法示意图　　　　　　　图 3.13　10 折交叉验证示意图

图 3.13 中的橙色部分为训练集 T，浅灰色部分为测试集 $\bar{T}$。

K 折交叉验证法与留一法有联系也有区别。首先，当 $K=N$ 时，K 折交叉验证法就是留一法，留一法就是 $K=N$ 折交叉验证法，或称 N 折交叉验证法。其次，留一法（N 折交叉验证法）中的 N 个训练集差异很小，都与原数据集 S 近似，所以留一法

彩图 3.12　　　　　　　　　　　　　　　　　　　　　　　　　　　　　彩图 3.13

是对 Err_T 的估计。K 折交叉验证中的 K 个训练集都可能与原数据集 S 有较大的不同，所以 K 折交叉验证法是对 Err_T 的期望，即 Err 的估计。一般较常采用 10 折交叉验证法。

3.5.2　Python 模拟和启示：理解泛化误差

1. 示例 1：利用旁置法划分数据集并探究随模型复杂度升高训练误差和测试误差的变化趋势及形态

在 3.1.4 节的"启示和探究"中模拟生成的数据基础上，展现数据集划分的随机性导致的训练误差和测试误差计算结果的不同，主要思路如下。

（1）对数据集进行 20 次旁置法随机划分，得到 20 组训练集和测试集。

（2）同 3.1.4 节，对每组训练集建立从一元线性回归模型到 2 项式、3 项式至 9 项式，模型复杂度依次升高的回归模型。

（3）计算不同复杂度下的训练误差和测试误差并绘制变化曲线。最后计算不同复杂度模型下的 20 组训练误差和测试误差的均值并绘制变化曲线，以直观展示随模型复杂度升高训练误差和测试误差的变化趋势及形态。

部分 Python 代码（文件名为 chapter3-2-1.ipynb，该程序前半部分同 3.1.4 节的 chapter3-2.ipynb，目的是基于相同的模拟数据和相同的预测模型进行讨论）如下。

行号	代码和说明	
1	plt.figure(figsize = (9, 7))	#指定图形大小
2	modelLR = LM.LinearRegression()	#指定建立线性回归模型
3	MSEtrain = []	#保存 20 次旁置法下不同复杂度模型下的训练误差
4	MSEtest = []	#保存 20 次旁置法下不同复杂度模型下的测试误差
5	np.random.seed(123)	#指定随机数种子以再现数据集随机划分结果

```
6      for j in range(20):                                      #利用循环进行 20 次旁置法划分训练集和测试集
7         x_train, x_test, y_train, y_test = train_test_split(x, y, train_size = 0.70)
                                                               #对输入变量数据集 x 和输出变量 y 指定 70%为训练集进行旁置法划分
8         Ntraining = len(y_train)                             #计算训练集样本量
9         Ntest = len(y_test)                                  #计算测试集样本量
10        msetrain = []                                        #保存单次旁置法下不同复杂度模型下的训练误差
11        msetest = []                                         #保存单次旁置法下不同复杂度模型下的测试误差
12        X_train = x_train.reshape(Ntraining, 1)              #指定训练集的输入变量数据集
13        X_test = x_test.reshape(Ntest, 1)                    #指定测试集的输入变量数据集
14        modelLR = LM.LinearRegression()                      #指定建立线性回归模型
15        for i in np.arange(1, 10):                           #利用循环依次建立线性、2 项式、3 项式至 9 项式回归模型
16           modelLR.fit(X_train, y_train)                     #基于指定的数据变量数据集和输出变量，估计模型参数
17           msetrain.append(np.sum((y_train-modelLR.predict(X_train))**2)/(Ntraining-(i+1)))
                                                               #计算训练误差并保存
18           msetest.append(np.sum((y_test-modelLR.predict(X_test))**2)/(Ntest-(i+1)))   #计算测试误差并保存
19           tmp = pow(x_train, i+1).reshape(Ntraining, 1)     #对训练集计算指定项式的输入变量值
20           X_train = np.hstack((X_train, tmp))               #指定训练集的输入变量数据集
21           tmp = pow(x_test, i+1).reshape(Ntest, 1)          #对测试集计算指定项式的输入变量值
22           X_test = np.hstack((X_test, tmp))                 #指定测试集的输入变量数据集
23        plt.plot(np.arange(2, 11), msetrain, marker = 'o', linewidth = 0.8, c = 'lightcoral', linestyle = '-')
                                                               #绘制不同复杂度模型的训练误差变化曲线
24        plt.plot(np.arange(2, 11), msetest, marker = '*', linewidth = 0.8, c = 'lightsteelblue', linestyle = '-.')
                                                               #绘制不同复杂度模型的测试误差变化曲线
25        MSEtrain.append(msetrain)                            #保存本次旁置法的训练误差
26        MSEtest.append(msetest)                              #保存本次旁置法的测试误差
27     plt.plot(np.arange(2, 11), np.mean(MSEtrain, 0), marker = 'o', linewidth = 1.5, c = 'red', linestyle = '-', label = "训练误差
       的平均值")                                               #绘制不同复杂度模型的训练误差平均值的变化曲线
28     plt.plot(np.arange(2,11), np.mean(MSEtest,0), marker = '*', linewidth = 1.5, c = 'blue', linestyle = '-', label = "测试误差的
       平均值")                                                 #绘制不同复杂度模型的测试误差平均值的变化曲线
...    ......                                                  #图标题设置等，略去
```

代码说明

（1）以上省略号部分在之前代码中重复出现过且不影响对原理的理解，故略去以节约篇幅。完整 Python 代码参见本书配套代码。

（2）第 7 行利用 train_test_split 进行旁置法下的数据集划分，其中参数 train_size 用于指定训练集样本量的占比，返回结果依次为训练集的输入变量数据集、测试集的输入变量数据集、训练集的输出变量和测试集的输出变量。所绘制的图形如图 3.14 所示。

如前所述，测试误差 $Err_{\bar{T}}$ 结果会因测试集 $\bar{T}$ 的随机性变化而不同。图 3.14 中横坐标为模型复杂度，纵坐标为 MSE；浅红色实线和浅蓝色点线分别对应 20 组不同训练集和测试集下预测模型的训练误差 $\overline{err}$ 和测试误差 $Err_{\bar{T}}$。深红色实线和深蓝色点线分别为 $\overline{err}$ 和 $Err_{\bar{T}}$ 的平均值线。平均值线表明，训练误差是模型复杂度的单调减函数。模型复杂度升高初期，训练误差快速减小，但后期减小较慢并基本保持不变。测试误差也是模型复杂度的函数，并在模型复杂度升高初期快速减小，但 8 项式和 9 项式回归模型的测试误差并没有继续减小，反而开始增大。测试误差变化曲线大致呈 U 形。

训练误差和测试误差随模型复杂度升高而变化的一般理论形态特征如图 3.15 所示。

图 3.14 不同复杂度模型的训练误差和测试误差及其平均值

在图 3.15 中，模型复杂度升高到竖线以后，蓝色实线表示的训练误差仍减小，但蓝色虚线表示的测试误差开始增大。由此得到的启示如下。

第一，训练误差是对泛化误差的偏低估计，应采用测试误差估计泛化误差。

第二，训练误差最小时测试误差不一定最小，即训练误差最小时预测模型的泛化能力不一定最强。

第三，理想的预测模型应是泛化能力最强的模型，是测试误差最小的模型。

图 3.15 预测模型的训练误差和测试误差

2. 示例 2：数据集划分策略和测试误差计算的 Python 实现

在前述示例 1 的基础上，进一步给出其他数据集划分策略的 Python 实现方法，以及如何利用 Python 计算 K 折交叉验证下的测试误差。部分 Python 代码（文件名为 chapter3-2-1. ipynb，该程序前半部分同 3.1.4 节的 chapter3-2.ipynb，目的是基于相同的模拟数据和相同的预测模型进行讨论）如下。为便于阅读，我们将代码运行结果直接放置在相应代码行下方。

行号	代码和说明
1	loo = LeaveOneOut()　　　　　　　　　　　#留一法数据集划分
2	for train_index, test_index in loo.split(X):　　#利用循环查看每次留一法划分训练集和测试集的样本观测编号
3	print("留一法训练集的样本量：%s；测试集的样本量: %s" % (len(train_index), len(test_index))) 　　　　　　　　　　　　　　　　　　#显示单次划分的训练集和测试集的样本观测编号
	留一法训练集的样本量：99；测试集的样本量：1
4	break　　　　　　　　　　　　　　　#强制跳出循环，不再查看其他的划分结果
5	kf = KFold(n_splits = 5, shuffle = True, random_state = 123)　　#K 折交叉验证的数据集划分，指定将数据集随机 　　　　　　　　　　　　　　　　　　　　　　打乱顺序 (shuffle = True) 后进行 5 折划分 (n_splits

= 5)。随机数种子指定为 123

```
6      for train_index, test_index in kf.split(X):  #利用循环查看每次 5 折交叉验证划分训练集和测试集的样本观测编号
7          Print("5 折交叉验证法的训练集：", train_index, "\n 测试集：", test_index)
    5折交叉验证法的训练集： [ 1  2  3  6  7  9 10 11 12 13 19 20 21 22 25 26 27 29 30
     31 32 33 34 35 36 37 39 40 41 43 44 45 46 47 48 49 51 52 53 54 55 57 58
     59 61 62 64 66 67 68 69 71 72 73 74 78 79 80 83 84 85 86 87 88 89 90 91
     92 93 94 95 96 97 98 99]
    测试集： [ 0  4  5  8 23 24 28 38 42 50 56 60 63 65 70 75 76 77 81 82]
8          break                               #强制跳出循环，不再查看其他的划分结果
9      modelLR = LM.LinearRegression()          #建立线性回归模型 modelLR
10     X = x.reshape(N, 1)                      #指定输入变量数据集 X
11     k = 10                                   #指定以下将计算 10 折交叉验证下的测试误差
12     CVscore = cross_val_score(modelLR, X, y, cv = k, scoring = 'neg_mean_squared_error')
                                                #计算 modelLR 的 10 折(cv = k)交叉验证的负的测试 MES
13     print("k = 10 折交叉验证的测试 MSE:", -1*CVscore.mean())    #显示测试误差
    k=10折交叉验证的测试MSE: 743.4337161081726
14     scores = cross_validate(modelLR, X, y, scoring = 'neg_mean_squared_error', cv = k, return_train_score = True)
                                                #计算 modelLR 的 10 折交叉验证的负的测试 MES
15     print("k = 10 折交叉验证的测试 MSE:", -1*scores['test_score'].mean())    #显示保存在字典中的测试误差
    k=10折交叉验证的测试MSE: 743.4337161081726
16     CVscore = cross_val_score(modelLR, X, y, cv = N, scoring = 'neg_mean_squared_error')
                                                #计算 modelLR 留一法的负的测试 MES
17     print("LOO 的测试 MSE:", -1*CVscore.mean())
    LOO的测试MSE: 558.9016209082702
```

代码说明

（1）第 12 行：参数 scoring 指定为'neg_mean_squared_error'，表示计算负的测试 MSE，是对模型预测精度的度量，称为模型得分。可以利用 sklearn.metrics.SCORERS.keys()查看其他评价指标的参数写法。

（2）第 14 行：与第 12 的 cross_val_score 功能类似，但 cross_validate 在计算 K 折交叉验证下的测试误差的同时还计算训练误差，并以 Python 字典形式保存在 scores 中。

（3）第 16 行：当参数 cv 指定为样本量 N 时，K 折交叉验证法就是留一法。

3.5.3　预测模型过拟合问题

如 3.5.2 节中示例 1 所述，随着模型复杂度的升高，预测模型的训练误差单调减小，而测试误差则先减小后增大。以下将对导致测试误差变化曲线大致呈 U 形的原因进行讨论。

不断提高模型复杂度可能带来的负面问题是预测模型过拟合(Over-Fitting)。

所谓预测模型过拟合，是指在基于训练集以损失函数最小为原则训练模型时可能会出现的预测模型偏离输入变量和输出变量的真实关系，从而导致预测模型在新数据集上有较大预测误差的现象。

以图 3.16 为例加以说明。

图 3.16 左图中的点代表训练集中的样本观测，黑实线表示输入变量 X 和输出变量 Y 的真实关系(假设已知)。建立回归模型的最终目标是基于已有的样本观测，找到逼近黑实线的回归线。对此建立了三个回归模型。首先，建立一元线性回归模型，回归线是图 3.16 左图中的黄色直线，它对数据点的拟合效果不理想；其次，建立 2 项式回归模型，回归线是图 3.16 左图中的浅蓝色曲线，它对数据点的拟合效果有较大提升；最后，进一步建立更加

复杂的回归模型，回归线是图 3.16 左图中的绿色曲线，它对数据点的拟合效果又有提升，是三个回归模型中对数据点的拟合效果最好的。三个回归模型的训练误差逐渐减小，训练误差随模型复杂度升高的变化曲线如图 3.16 右图中的灰色曲线所示。但应注意的是，从如图 3.16 右图中的红色曲线所示的测试误差变化曲线来看，尽管第三个回归模型的训练误差小于 2 项式回归模型，但它的测试误差却大于 2 项式回归模型，即它的泛化误差大于 2 项式回归模型。再观察图 3.16 左图可以发现，第三个回归模型对应的回归线逼近黑实线的程度不及 2 项式回归模型对应的回归线，且已偏离了输入变量和输出变量的真实关系（黑实线），这是其测试误差（泛化误差）较大的原因所在，该模型是一个过拟合的预测模型。而 2 项式回归模型对应的回归线基本与黑实线重合，由于该模型"抓住"了输入变量和输出变量的真实关系，所以其泛化误差最小，是一个较为理想的预测模型。

图 3.16　预测模型过拟合及训练误差和测试误差[1]

彩图 3.16

　　在实际预测建模中，输入变量和输出变量的真实关系是未知的，应如何判断预测模型是否出现过拟合呢？由图 3.16 右图可知，预测模型的训练误差较小但测试误差较大，是模型过拟合的重要特征。因此，可依据该特征进行判断，即测试误差变化的 U 形曲线右边拐点对应的模型是过拟合模型。由此可知，图 3.14 中的 8 项式和 9 项式回归模型是过拟合模型。

　　需要说明的是，与模型过拟合相对立的另一种情况是模型欠拟合。模型欠拟合也是指预测模型远远偏离输入变量和输出变量的真实关系，表现为模型在训练集和测试集上均有较大的预测误差。

3.5.4　模型选择：偏差和方差

　　上述讨论给出的启示：在建立预测模型时，并非模型复杂度越高越好，因为高复杂度的预测模型可能是过拟合的。应选择复杂度适中的预测模型，原因是这种模型的训练误差在可接受的范围内且测试误差较小，泛化能力较强。

　　这种模型选择策略体现了经典的奥卡姆剃刀原则[2]。奥卡姆剃刀原则的基本内容是，如

---

① 资料来源：*An Introduction to Statistical Learning with Applications in R*。

② 奥卡姆剃刀（Occam's Razor）原则：常被称为简约原则（Principle of Parsimony），由 14 世纪最有影响力的哲学家和有争议的神学家奥卡姆威廉（William of Occam）提出，已被公认是科学建模和理论的基础。

果对于同一现象有两种不同的假说，则应该采取比较简单的那一种。奥卡姆剃刀原则应用到预测建模中体现为以下三个方面。

第一，在所有可能选择的模型中，应选择能够较好地解释已知数据且比较简单的模型。若存在多个预测精度或误差接近的预测模型，则应选择其中复杂度较低的模型。因为简单模型不仅需要的输入变量较少，待估计的未知参数较少，而且更易被正确解释和应用。

第二，通常简单模型的训练误差大于复杂模型，但若其泛化误差小于复杂模型，则应选择简单模型。因为泛化误差较小的模型在预测中将有更好的表现。

第三，理想的预测模型不仅训练误差要在可接受的范围内，而且要具有较强的预测稳健性。

以下将对什么是模型的预测稳健性、应如何度量其预测稳健性等问题，从预测模型的偏差（Bias）和方差（Variance）出发进行讨论。

1. 概念和直观理解

预测模型中的"佼佼者"不仅应有较小的泛化误差，这决定了它在未来预测中将有较高的预测性能，而且应能给出稳健性较高的预测，即模型应具有鲁棒性[①]。鲁棒性较强的预测模型给出的预测值波动较小，其泛化误差仅在一个很小的范围内波动。

预测模型的复杂度与鲁棒性及其泛化误差有怎样的关系，是本节讨论的主要问题。这里将引入预测模型的偏差和方差，旨在从理论上给出这些问题的答案。

预测模型的偏差是指对新数据集中的样本观测 X_0（是 OOB），模型 $\hat{f}_\alpha$（α 表示数据集划分策略，将导致数据集的随机性差异）给出的多个预测值 $\hat{y}_0(\alpha)$ 的期望 $E[\hat{y}_0(\alpha)]$ 与其实际值 y_0 的差。预测模型的偏差度量了预测值与实际值的不一致程度。理论上，偏差越小越好，表明预测模型泛化误差小。

预测模型的方差是指对新数据集中的样本观测 X_0，模型 $\hat{f}_\alpha$ 给出的多个预测值 $\hat{y}_0(\alpha)$ 的方差。预测模型的方差度量了预测值的波动程度。理论上，方差越小越好，表明预测模型具有强鲁棒性，建模时给出的泛化误差估计具有可靠性。

以下以一名射击选手的多次射击为例，直观讲解预测模型的偏差和方差的含义。一名优秀的射击选手在参加射击比赛时，应具备高的命中准确性和稳定性，即在比赛中（多次射击机会）会枪枪命中靶心且击中点基本重合。这里，命中靶心表示高准确性，对应模型的小偏差；击中点基本重合表示高稳定性，对应模型的小方差。图 3.17 刻画了多次射击的结果。

图 3.17 中红色圆点为 10 次射击结果，靶心为最内圈。左上图枪枪命中靶心且很多击中点重合，对应预测模型的小偏差和小方差情况。右上图枪枪命中靶心但击中点不重合，对应预测模型的小偏差和大方差情况。左下图枪枪射在靶心之外但很多击中点重合，对应预

彩图 3.17

图 3.17　偏差和方差的直观理解

测模型的大偏差和小方差情况。右下图枪枪射在靶心之外且击中点不重合，对应预测模型的大偏差和大方差情况。人们通常希望预测模型的偏差和方差都较小。

2. 理论定义和直观理解

这里以回归预测为例进行讨论。输入变量和输出变量取值的数量关系可表示为 $y = f(X) + \varepsilon$，其中假定 ε 独立于 X 且期望和方差分别为 $E(\varepsilon) = 0$，$\mathrm{Var}(\varepsilon) = \sigma_\varepsilon^2$。对样本观测 X_0 的 $\mathrm{Err}(X_0)$ 进行如下的偏差-方差分解（Bias-Variance Decomposition）：

$$
\begin{aligned}
\mathrm{Err}(X_0) &= E[y_0 - \hat{y}_0(\alpha)]^2 = E[f(X_0) + \varepsilon - \hat{f}_\alpha(X_0)]^2 = E[f(X_0) - \hat{f}_\alpha(X_0)]^2 + \mathrm{Var}(\varepsilon) \\
&= [E[\hat{f}_\alpha(X_0)] - f(X_0)]^2 + E[\hat{f}_\alpha(X_0) - E[\hat{f}_\alpha(X_0)]]^2 + \sigma_\varepsilon^2 \\
&= [\mathrm{Bias}(\hat{y}_0)]^2 + \mathrm{Var}(\hat{y}_0) + \sigma_\varepsilon^2
\end{aligned}
\tag{3.17}
$$

式中，第三项为随机误差项的方差，通常无论怎样调整模型都无法使第三项等于 0，即 $\sigma_\varepsilon^2 = 0$；第一项为预测偏差的平方，度量了多个预测值的平均值与真实值的差；第二项为预测方差，度量了多个预测值和期望值的平均性差异。

结合射击的例子，X_0 表示射击选手；$f(X_0)$ 表示该选手自身已具备的真实的射击成绩；$\hat{f}_\alpha(X_0)$ 表示一次射击成绩；$E[\hat{f}_\alpha(X_0)]$ 表示比赛中多次射击的平均成绩；ε、σ_ε^2 表示比赛时的外界随机干扰因素及其变化。由此可见，偏差度量了这次比赛成绩和该选手自身具备的真实成绩的差异，方差度量了该选手比赛时发挥的稳定性，$\mathrm{Err}(X_0)$ 刻画了该选手比赛时的综合表现（不足）。只有与真实成绩的差异小（偏差小）且发挥稳定（方差小），该选手比赛的综合不足才会小。

因实际预测建模中真实值 $f(X_0)$ 是未知的，且只能得到一个预测模型 $\hat{f}_\alpha$ 给样本观测 X_0 的一个预测值 $\hat{f}_\alpha(X_0)$，所以式（3.17）是一个理论表达式，实际中用测试误差来度量。

人们总希望 $\mathrm{Err}(X_0)$ 越小越好。一方面，由前面的论述可知，提高模型复杂度可减小 $[\mathrm{Bias}(\hat{y}_0)]^2$ 并为减小 $\mathrm{Err}(X_0)$ 做出贡献。但因 $\mathrm{Err}(X_0) \geqslant \sigma_\varepsilon^2$，所以 $\mathrm{Err}(X_0)$ 的最小值为 σ_ε^2，无论多么优秀的预测模型也无法使 $\mathrm{Err}(X_0)$ 小于 σ_ε^2。另一方面，随着模型复杂度升高，在 $[\mathrm{Bias}(\hat{y}_0)]^2$ 减小的同时，$\mathrm{Var}(\hat{y}_0)$ 会有怎样的变化呢？

$\mathrm{Var}(\hat{y}_0)$ 刻画了多个预测结果 $\hat{f}_\alpha(X_0)$ 的差异，预测结果的差异源于具有随机性差异的训练集。如果预测模型比较简单，那么训练集中样本观测的随机性变化很难导致模型参数估计值的变化。例如，二项 Logistic 回归模型给出的直线分类边界的位置，基本不会随训练集中样本观测的随机性变化而移动，使得 $\hat{f}_\alpha(X_0)$ 不会发生变化进而 $\mathrm{Var}(\hat{y}_0) = 0$。如果预测模型比较复杂，那么训练集中样本观测的随机性变化很容易导致模型参数估计值的变化。例如，后面将会讨论的一些复杂分类模型，由于其给出的分类边界是极不规则的曲线，曲线的局部形状或位置会对训练集中样本观测的随机性变化十分敏感，并会随之发生变化或移动，进而使得 $\hat{f}_\alpha(X_0)$ 发生变化导致 $\mathrm{Var}(\hat{y}_0)$ 较大。由此可见，通常简单模型具有小方差但其偏差较大，而复杂模型具有大方差但其偏差较小，所以不可能实现式（3.17）中第一项和第二项同时小，即小的偏差和方差是无法同时满足的。

图 3.16 右图中的测试误差变化曲线大致呈 U 形的原因是，从一元线性回归模型到 2 项式回归模型，偏差大幅度减小，式（3.17）第一项较小。由于 2 项式回归模型复杂度的升高较少（比一元线性回归模型增加了一个未知参数），使得方差增大很少，第一项（偏差）减小的幅度远大于第二项（方差）增大的幅度，两项之和小于一元线性回归模型，从而测试

误差曲线随模型复杂度升高而下降。但从 2 项式回归模型到更复杂的回归模型，偏差的减小值很小，但方差却大幅度增大，使得式 (3.17) 第一项的减小值不能抵消第二项（方差）的增大值，此时复杂模型的两项之和比 2 项式回归模型大，测试误差随模型复杂度升高开始增大，曲线后续会大致呈 U 形。

总之，随着模型复杂度升高，在 $[\mathrm{Bias}(\hat{y}_0)]^2$ 减小的同时，$\mathrm{Var}(\hat{y}_0)$ 会增大。如果偏差的减小量可以抵消方差的增大量，那么 $\mathrm{Err}(\boldsymbol{X}_0)$ 会继续减小。但如果偏差的减小量无法抵消方差的增在量，那么 $\mathrm{Err}(\boldsymbol{X}_0)$ 会增加。

简单模型具有大偏差和小方差，模型的预测稳健性高。例如，对于 1.2.2 节中场景 1 第一个问题，预测 PM2.5 浓度的最简单模型是不考虑任何输入变量（其他各污染物浓度）的取值，并直接令预测值均为 PM2.5 浓度均值的模型。显然，这个模型的偏差一定很大，但因为预测值都相等，而方差为 0，是最小的。这意味着训练集可以变化，但只要 PM2.5 浓度均值不变，就不会对预测结果产生任何影响，模型具有最强的鲁棒性。

复杂模型具有小偏差和大方差，模型的预测稳健性低。因为复杂模型的特点是"紧随数据点"，训练集的微小变化都可能使模型参数的估计结果产生较大波动，使得预测值有较大不同（大方差），模型鲁棒性较弱。

小偏差和小方差是不可兼得的。理论上，训练误差、测试误差及偏差和方差的关系如图 3.18 所示。

图 3.18 中蓝色虚线右侧的模型是过拟合的，预测稳健性低、鲁棒性弱。总之，预测模型中的"佼佼者"应是在泛化误差最低的蓝色虚线处的、具有中等复杂度的、训练误差在可接受范围内的、具有预测稳健性的模型。

图 3.18　训练误差、测试误差及偏差和方差的关系

本 章 总 结

彩图 3.18

作为数据预测的纲领性章节，本章对预测建模的三个重要方面进行了论述。首先，分别针对回归预测问题和分类预测问题，讨论了最常见的预测模型的一般数学形式和几何意义，以及评价指标和图形化工具；其次，讨论了预测模型参数估计的一般策略；最后，针对预测模型的选择，讨论了泛化误差估计、数据集划分、模型过拟合及偏差和方差的理论关系等问题。

通过 Python 编程给出基于示例数据展示方法的应用实践，基于模拟数据给出直观和深化理论陈述，是本章论述的特点。需要说明的是，Python 编程并不是本书的重点，讨论编程是因为编程可以再现理论研究成果，有助于读者对理论的直观理解。同时，本书均采用直接调用 Python 机器学习相关函数的方式实现各种建模，不仅代码简单，而且更便于实际应用。

本章相关函数列表

围绕本章学习，应重点掌握 Python 模块中的以下函数。函数的具体格式参见 Python 帮助。

一、Python 建立线性模型的函数

（1）modelLR ＝ LM.LinearRegression（）；modelLR.fit（X，Y）；modelLR.predict（X）；modelLR. score（y，yhat）。

（2）modelLR ＝ LM.LogisticRegression（）；modelLR.fit（X，y）；modelLR.predict（X）；modelLR. score（y，yhat）；modelLR.predict_proba（X）。

二、Python 的数据集划分函数和计算基于交叉验证的测试误差函数

（1）train_test_split（）；LeaveOneOut（）；KFold（）。

（2）cross_val_score（）；cross_validate（）。

三、绘制分类边界时数据点的生成函数

np.meshgrid（）。

四、Python 的各种模型评价函数

（1）confusion_matrix（）；f1_score（）；accuracy_score（）。

（2）roc_curve（）；auc（fpr，tpr）；precision_recall_curve（）。

本 章 习 题

1. 请给出回归预测中常用的一般线性回归模型的数学形式，并解释模型参数的实际含义。
2. 请简述二项 Logistic 回归模型的一般应用场景，并解释模型参数的实际含义。
3. 回归模型和分类模型的常用评价指标有哪些？
4. 什么是 ROC 曲线和 PR 曲线？优秀的二分类模型，其 ROC 曲线有怎样的特点？
5. 训练误差和泛化误差有怎样的联系与不同？
6. 数据集划分的意义是什么？
7. 什么是预测模型的偏差和方差？两者有怎样的关系？
8. Python 编程：基于空气质量监测数据，给出一个最优的 PM2.5 浓度预测回归模型。
提示：从模型泛化能力角度考虑。

第 4 章

数据预测建模：贝叶斯分类器

贝叶斯方法是一种研究不确定性问题的决策方法。通过概率描述不确定性，引入效用函数并采用效用函数最大的决策，实现对不确定性问题的推理。目前贝叶斯方法已广泛应用于数据的分类预测建模。

如果数据的分类预测是基于贝叶斯方法实现的，那么该分类模型被称为贝叶斯分类器（Bayes Classifier）。本章将从以下三个方面讨论贝叶斯分类器的基本原理。

第一，贝叶斯概率和贝叶斯法则。

第二，朴素贝叶斯分类器。

第三，朴素贝叶斯分类器的决策边界。

本章将结合 Python 编程对上述问题进行直观讲解，并会基于 Python 给出贝叶斯分类器的实现和应用实践示例。贝叶斯参数估计简介为本章的选讲内容。

4.1 贝叶斯概率和贝叶斯法则

为理解贝叶斯分类器的基本原理，应首先了解贝叶斯概率和贝叶斯法则。

4.1.1 贝叶斯概率

贝叶斯概率（Bayesian Probability）是一种主观概率，有别于频率学派的频率概率。

数理统计领域有两大学派：频率学派（古典学派）和贝叶斯学派。两个学派对世界的认知有着本质不同。频率学派认为事物的某个特征是确定性的，存在恒定不变（常量）的某个特征的真值。其研究的目标就是找到真值或真值所在的范围。贝叶斯学派则认为事物某个特征的真值具有不确定性，是服从某种概率分布的随机变量，需要先对分布有一个预判，然后通过观察学习不断对预判做出调整。其研究的目标是找到该概率分布的最优表达。

例如，对投掷硬币正面朝上的概率 P 问题，频率学派认为应从频率概率入手进行研究。频数概率的定义是，在 N 次独立、重复投掷硬币的试验中，硬币正面朝上的频率 $\frac{N_{正面}}{N}$（$N_{正面}$ 为正面朝上的次数）将在常数 α 附近波动，且随着 N 的增大波动幅度会越来越小。于是得出正面朝上的概率 $P = \alpha$。由此可见，频率概率是事物物理属性的体现，是事物某个特征的客观反映，不会随人们的主观认知的改变而改变。由于频率概率需要基于大量的独立、重复试验，因此对许多现实问题来讲可能是无法实现的。

贝叶斯概率是人们对某事物发生概率的信任程度的度量，是一种主观概率。取决于对事物的先验认知，以及新信息加入后对先验认知的不断修正。因此，贝叶斯概率会随人们的主观认知的改变而改变。

例如，对于投掷硬币问题，贝叶斯概率反映的是人们相信有一定的概率正面朝上的程度。其既取决于先验认知，如假设正面朝上的概率等于 π，也取决于若干次投掷硬币试验的结果 D。显然，投掷硬币试验的结果 D 会对可能不尽正确的先验认知 π 进行调整，使之趋于正确。

总之，贝叶斯概率是先通过先于试验数据的概率描述最初的不确定性 π，然后与试验数据 D 相结合得到的一个由试验数据修正了的概率。

4.1.2　贝叶斯法则

贝叶斯法则(Bayes Rule)是对贝叶斯概率的理论表达。

首先，它基于概率论的基本运算规则。设 $P(X)$ 和 $P(Y)$ 分别是随机事件 X、Y 发生的概率。若事件 X 独立于事件 Y，则事件 X、Y 同时发生的概率 $P(XY)=P(X)P(Y)$；若事件 X 不独立于事件 Y，则 $P(XY)=P(X)P(Y|X)=P(Y)P(X|Y)$。

于是，基于概率论的基本运算规则，贝叶斯法则为：如果有 K 个互斥事件 $y_1, y_2, \cdots, y_K$ 且 $P(y_1)+P(y_2)+\cdots+P(y_K)=1$，以及一个可观测到的事件 X，则有

$$P(y_k|X)=\frac{P(Xy_k)}{P(X)}=\frac{P(y_k)P(X|y_k)}{P(X)}, \quad k=1,2,\cdots,K \tag{4.1}$$

- $P(y_k)$：称为先验(Prior)概率，是未见到事件 X 前对事件 y_k 发生概率的假设，测度了未见到试验数据前对事物的先验认知程度。
- 条件概率 $P(y_k|X)$：称为后验(Posterior)概率，是事件 X 发生条件下事件 y_k 发生的概率，测度了见到试验数据后对事物的后验认知程度。
- 条件概率 $P(X|y_k)$：称为数据似然(Likelihood)，是事件 y_k 发生条件下事件 X 发生的概率。该值越大，表明事件 y_k 发生越有助于事件 X 发生。数据似然测度了在先验认知下观察到当前试验数据的可能性，值越大表明先验认知对试验数据的解释程度越高。

其次，依据全概率公式，$y_1, y_2, \cdots, y_K$ 构成一个完备事件组且均有正概率，根据式(4.1)有

$$P(y=y_k|X)=\frac{P(Xy_k)}{P(X)}=\frac{P(y_k)P(X|y_k)}{P(X)}=\frac{P(y_k)P(X|y_k)}{\sum_{k=1}^{K}P(y_k)P(X|y_k)} \tag{4.2}$$

由此可见，后验概率是数据似然对先验概率的修正结果。

4.2　朴素贝叶斯分类器

4.2.1　从顾客行为分析角度看朴素贝叶斯分类器

贝叶斯法则刻画了两事件发生概率和条件概率之间的关系，将其应用到数据的分类预

测中的典型代表是贝叶斯分类器。本节以表 4.1 中的顾客数据为例进行讨论。

表 4.1　顾客特征和是否购买某种商品的示例数据

性别（X_1）	1	1	0	1	0	0	0	0	1	0	1	1	0	0
年龄段（X_2）	B	A	A	C	B	B	C	C	C	A	B	A	A	C
是否购买（y）	yes	yes	yes	no	yes	yes	yes	yes	no	no	yes	no	no	yes

　　表 4.1 中给出了顾客特征和是否购买某种商品的示例数据。其中，性别（X_1，二分类型变量，取值为 1、0)和年龄段（X_2，多分类型变量，取值为 A、B、C)为输入变量，是否购买（y，二分类型变量，yes 表示购买，no 表示不购买)为输出变量。现采用贝叶斯分类器，对性别为 1 且年龄段为 A 的顾客是否购买某种商品进行预测。

　　解决此问题的直观考虑是，该类顾客有购买和不购买两种可能，在预测时应考虑两个方面的影响因素。

　　第一，如果目前市场上大部分顾客都购买该商品，该商品的大众接受度高，则该类顾客也购买该商品的概率会较高；反之，则该类顾客购买该商品的概率较低。

　　第二，如果购买该商品的顾客中绝大多数都和该类顾客有相同的特征，即有同样的性别和年龄段，则该类顾客也会有较大的概率购买该商品；反之，则该类顾客可能不属于此商品的消费群体，购买该商品的概率较低。

　　当然，以上两个方面的影响因素相结合也会导致不同的结果。例如，如果市场上大部分顾客没有购买该商品，但购买该商品的顾客中绝大多数和该类顾客有相同的特征，则该类顾客也有可能购买该商品；如果购买该商品的顾客中绝大多数和该类顾客没有相同的特征，但市场上大部分顾客购买了该商品，则该类顾客也有可能购买该商品；等等。

　　贝叶斯分类器应能体现和刻画上述两个方面的影响因素。若输出变量 y 为具有 K 个类别的分类型变量，K 个类别值记为 $y_1, y_2, \cdots, y_K$，$\boldsymbol{X}$ 为输入变量，则式 (4.2) 可写为如下贝叶斯分类器：

$$P(y = y_k \mid \boldsymbol{X}) = \frac{P(y = y_k)P(\boldsymbol{X} \mid y = y_k)}{\sum\limits_{k=1}^{K} P(y = y_k)P(\boldsymbol{X} \mid y = y_k)} \tag{4.3}$$

式中，$P(y = y_k)$ 为先验概率；$P(\boldsymbol{X} \mid y = y_k)$ 为数据似然；$P(y = y_k \mid \boldsymbol{X})$ 为后验概率。

　　可依据式 (4.3) 分别计算 $P(y = y_k \mid \boldsymbol{X})$，$k = 1, 2, \cdots, K$。若将式 (4.3) 视为一种效用函数，依据贝叶斯方法的基本决策原则，即采用效用函数最大的决策，则输出变量的预测类别应为后验概率最大的类别，即 $\arg\max_{y_k} P(y = y_k \mid \boldsymbol{X}) = \dfrac{P(y = y_k)P(\boldsymbol{X} \mid y = y_k)}{\sum\limits_{k=1}^{K} P(y = y_k)P(\boldsymbol{X} \mid y = y_k)}$，该原则被称

为最大后验概率(Maximum a Posteriori，MAP)估计原则。

　　式 (4.3) 中的先验概率 $P(y = y_k)$ 和数据似然 $P(\boldsymbol{X} \mid y = y_k)$ 均可通过以下极大似然估计(Maximum Likelihood Estimation，MLE)得到：

$$P(y = y_k) = \hat{P}(y = y_k) = \frac{N_{y_k}}{N} \tag{4.4}$$

$$P(\boldsymbol{X} = \boldsymbol{X}^m \mid y = y_k) = \hat{P}(\boldsymbol{X} = \boldsymbol{X}^m \mid y = y_k) = \frac{N_{y_k \boldsymbol{X}^m}}{N_{y_k}} \tag{4.5}$$

式中，N 为训练集的样本量；N_{y_k} 为训练集中输出变量 $y = y_k$ 的样本量；$N_{y_k \boldsymbol{X}^m}$ 为训练集中输出变量 $y = y_k$ 且输入变量 $\boldsymbol{X} = \boldsymbol{X}^m$ 的样本量。

具体到表 4.1 中，$\boldsymbol{X} = (X_1, X_2)$，$K = 2$，$y_1 = \text{yes}$，$y_2 = \text{no}$，这是一个二分类预测问题。分别计算该类顾客购买和不购买的概率。首先，计算购买的概率：

$$P(y = \text{yes} \mid X_1 = 1, X_2 = A)$$

$$= \frac{P(y = \text{yes})P(X_1 = 1, X_2 = A \mid y = \text{yes})}{P(y = \text{yes})P(X_1 = 1, X_2 = A \mid y = \text{yes}) + P(y = \text{no})P(X_1 = 1, X_2 = A \mid y = \text{no})}$$

$$= \frac{P(y = \text{yes})P(X_1 = 1, X_2 = A \mid y = \text{yes})}{\sum_{k=1}^{K} P(y = y_k)P(X_1 = 1, X_2 = A \mid y = y_k)}$$

这里假设对于给定的购买行为，性别和年龄段条件独立，有

$$P(y = \text{yes} \mid X_1 = 1, X_2 = A) = \frac{P(y = \text{yes})P(X_1 = 1 \mid y = \text{yes})P(X_2 = A \mid y = \text{yes})}{\sum_{k=1}^{K} P(y = y_k)P(X_1 = 1, X_2 = A \mid y = y_k)}$$

$$= \frac{\dfrac{9}{14} \times \dfrac{3}{9} \times \dfrac{2}{9}}{\dfrac{9}{14} \times \dfrac{3}{9} \times \dfrac{2}{9} + \dfrac{5}{14} \times \dfrac{3}{5} \times \dfrac{3}{5}} = \frac{10}{37}$$

其次，计算不购买的概率：

$$P(y = \text{no} \mid X_1 = 1, X_2 = A) = \frac{P(y = \text{no})P(X_1 = 1 \mid y = \text{no})P(X_2 = A \mid y = \text{no})}{\sum_{k=1}^{K} P(y = y_k)P(X_1 = 1, X_2 = A \mid y = y_k)}$$

$$= \frac{\dfrac{5}{14} \times \dfrac{3}{5} \times \dfrac{3}{5}}{\dfrac{9}{14} \times \dfrac{3}{9} \times \dfrac{2}{9} + \dfrac{5}{14} \times \dfrac{3}{5} \times \dfrac{3}{5}} = \frac{27}{37}$$

根据最大后验概率估计原则，该类顾客不购买的概率大于购买的概率，应预测为 no，即不购买。

至此，总结如下。

第一，贝叶斯分类器中的先验概率测度了上述第一个方面的影响因素，第二个方面的影响因素通过数据似然测度。

第二，最大后验概率估计原则中不必计算式 (4.3) 中分母的值。后验概率正比于分子，即 $P(y = y_k \mid \boldsymbol{X}) \propto P(y = y_k)P(\boldsymbol{X} \mid y = y_k)$，只需计算和比较分子的大小即可进行决策。

第三，该示例中假设性别和年龄段对于给定的购买行为条件独立，即 $P(X_1, X_2 \mid y_k) = P(X_1 \mid y_k)P(X_2 \mid y_k)$。在假定输入变量对于给定输出变量条件独立的情况下，该分类器被称为朴素贝叶斯分类器 (Naive Bayes Classifier)。尽管假定输入变量条件独立并不一定合理，但大量应用实践证明，朴素贝叶斯分类器在很多分类场景 (如文本分类) 下都有较好的表现。

第四，对于数值型输入变量 X，数据似然一般采用高斯分布概率密度函数。例如，当只有一个输入变量 X 时，密度函数 $f(X\,|\,y=y_k)=\dfrac{1}{\sqrt{2\pi}\sigma}\mathrm{e}^{\frac{(X-\bar{X})^2}{2\sigma^2}}$，$\bar{X}$ 和 σ^2 分别为 X 的期望和方差。相应的分类器被称为高斯朴素贝叶斯(Gaussian Naive Bayes，GNB)分类器。

第五，对于顾客购买行为的预测问题，任一顾客都有购买或不购买两种可能，在拿到数据之前，即在没有观测到顾客的购买行为和特征之前，先验概率是具有不确定性的。如何给定先验概率是一个比较关键的问题。

通常情况下，先验概率 $P(y=y_k)$ 是根据训练集计算得到的，如这里的 $\dfrac{9}{14}$、$\dfrac{5}{14}$，但有时也可根据实际情况人为指定。例如，本示例中如果认为对先验概率的把握程度不高，则可指定两个先验概率均等于 $\dfrac{1}{2}$。又如，本示例中错误地将不购买预测为购买(yes)造成的损失比错误地将购买预测为不购买(no)造成的损失高，为规避高损失，可通过权重的形式指定前者的先验概率高于后者。

4.2.2 Python 模拟和启示：认识朴素贝叶斯分类器的分类边界

为直观分析朴素贝叶斯分类器的分类边界的特点，这里将基于 Python 编程，分别对模拟数据建立朴素贝叶斯分类器和二项 Logistic 回归模型，绘制两个模型的分类边界并进行对比。

首先应导入 Python 的相关包或模块。为避免重复，这里将本章需要导入的包或模块一并列出如下，#后面给出了简短的功能说明。

```
1   #本章需导入:
2   import numpy as np
3   import pandas as pd
4   import matplotlib.pyplot as plt
5   %matplotlib inline
6   plt.rcParams['font.sans-serif']=['SimHei']  #解决中文显示乱码问题
7   plt.rcParams['axes.unicode_minus']=False
8   import warnings
9   warnings.filterwarnings(action = 'ignore')
10  import sklearn.linear_model as LM  #建立线性预测模型
11  from sklearn.naive_bayes import GaussianNB  #建立朴素贝叶斯分类器
12  from sklearn.model_selection import cross_val_score, cross_validate, train_test_split  #数据集划分，计算测试误差
13  from sklearn.metrics import classification_report  #计算各种评价指标
14  from sklearn.metrics import roc_curve, auc, accuracy_score, precision_recall_curve  #模型图形化评价
15  from scipy.stats import beta  #统计学中的概率函数
```

基本思路如下。

⑴生成样本量 N 为 50 的模拟数据，有 2 个输入变量 X_1、X_2，分别有 25 个样本观测的输出变量，y 取 0 和 1 两个类别值。在 X_1、X_2 的 2 维空间中以不同颜色和形状展示两个类别的样本观测点。

⑵分别建立二项 Logistic 回归模型和朴素贝叶斯分类器。

⑶分别绘制二项 Logistic 回归模型和朴素贝叶斯分类器的分类边界。

⑷分别计算二项 Logistic 回归模型和朴素贝叶斯分类器在 10 折交叉验证下的测试误差，并进行对比。

Python 代码(文件名为 chapter4-2.ipynb)如下。为便于阅读，我们将代码运行结果直接放置在相应代码行下方。以下将分段对 Python 代码进行说明。

1. 生成模拟数，建立二项 Logistic 回归模型和朴素贝叶斯分类器，完成以上(1)至(3)

行号	代码和说明
1	np.random.seed(123)　　　　　　　　　　#指定随机数种子，使随机生成的模拟数据可以重现
2	N = 50　　　　　　　　　　　　　　　　#指定样本量
3	n = int(0.5*N)　　　　　　　　　　　　#指定输出变量 y = 0 的样本量 n
4	X = np.random.normal(0, 1, size = 100).reshape(N, 2)
	#生成样本量等于 50、输入变量 X1、X2 服从标准正态分布的输入变量数据集 X，其中 X1 = X[0]；X2 = X[1]
5	y = [0]*n+[1]*n　　　　　　　　　　　#指定前 n 个样本观测的 y = 0，后 n 个样本观测的 y = 1
6	X[0:n] = X[0:n]+1.5　　　　　　　　　#调整前 n 个样本观测的输入变量取值
7	fig, axes = plt.subplots(nrows = 1, ncols = 2, figsize = (15, 6))　　#将绘图区域划分成 1 行 2 列 2 个单元
8	axes[0].scatter(X[:n, 0], X[:n, 1], color = 'black', marker = 'o')　　#将 y = 0 的点绘制在第 1 个单元中
9	axes[0].scatter(X[n:N, 0], X[n:N, 1], edgecolors = 'magenta', marker = 'o', c = '')　　#将 y = 1 的点绘制在第 1 个单元中
	……　　　　　　　　　　　　　　　　#图标题设置等，略去
13	modelNB = GaussianNB()　　　　　　　#指定建立朴素贝叶斯分类器 modelNB
14	modelNB.fit(X, y)　　　　　　　　　　#基于输入变量数据集 X 和输出变量 y 估计 modelNB 的参数
15	modelLR = LM.LogisticRegression()　　　#指定建立二项 Logistic 回归模型 modelLR
16	modelLR.fit(X, y)　　　　　　　　　　#基于输入变量数据集 X 和输出变量 y 估计 modelLR 的参数
17	Data = np.hstack((X, np.array(y).reshape(N, 1)))　　　#将输入变量数据集 X 和输出变量 y 合并成 Data
18	Data = np.hstack((Data, modelNB.predict(X).reshape(N, 1)))　#将 Data 与 modelNB 的预测值合并
19	Data = pd.DataFrame(Data)　　　　　　　#将 Data 转成数据框供后续绘图使用
20	X01, X02 = np.meshgrid(np.linspace(X[:, 0].min(), X[:, 0].max(), 100), np.linspace(X[:, 1].min(), X[:, 1].max(), 100))　　　　　　　　　　　　　　　　　　#为绘制分类边界准备新数据
21	New = np.hstack((X01.reshape(10000, 1), X02.reshape(10000, 1)))　#为绘制分类边界准备新数据 New
22	DataNew = np.hstack((New, modelNB.predict(New).reshape(10000, 1)))
	#利用 modelNB 预测 New 中的 y 并将其与 New 合并成 DataNew
23	DataNew = np.hstack((DataNew, modelLR.predict(New).reshape(10000, 1)))
	#利用 modelLR 预测 New 中的 y 并将其与 DataNew 合并
24	DataNew = pd.DataFrame(DataNew)　　　#将 DataNew 转换成数据框供后绘图使用
25	for k, c in [(0, 'silver'), (1, 'red')]:　　　#利用循环在第 2 个单元中绘制 modelNB 的分类边界
26	axes[1].scatter(DataNew.loc[DataNew[2] == k, 0], DataNew.loc[DataNew[2] == k, 1], color = c, marker = 'o', s = 1)
27	for k, c in [(0, 'silver'), (1, 'mistyrose')]:　#利用循环在第 2 个单元中绘制 modelLR 的分类边界
28	axes[1].scatter(DataNew.loc[DataNew[3] == k, 0], DataNew.loc[DataNew[3] == k, 1], color = c, marker = 'o', s = 1)
29	for k, c in [(0, 'black'), (1, 'magenta')]:　#利用循环将 Data 中的数据添加到第 2 个单元中
30	axes[1].scatter(Data.loc[Data[2] == k, 0], Data.loc[Data[2] == k, 1], color = c, marker = '+')
31	axes[1].scatter(Data.loc[(Data[2] == k) & (Data[3] == k), 0], Data.loc[(Data[2] == k) & (Data[3] == k), 1], color = c, marker = 'o')　　　　　#重画 modelNB 预测正确的点
32	axes[1].set_title("朴素贝叶斯分类器(误差%.2f)和 Logistic 回归模型(误差%.2f)的分类边界"%(1-modelNB.Score(X, y), 1-modelLR.score(X, y)), fontsize = 14)　　#计算 modelNB 和 modelLR 的预测误差
…	……　　　　　　　　　　　　　　　　#图标题设置等，略去

代码说明

(1)以上省略号部分在之前代码中重复出现过且不影响对原理的理解，故略去以节约篇幅。完整 Python 代码参见本书配套代码。

(2)第 13 行：建立朴素贝叶斯分类器。其中，输入变量假设服从高斯分布，先验概率默认依据样本计算得到。

所绘制的图形如图 4.1 所示。

图 4.1　样本观测点和两个分类边界

图 4.1 左图中的所有点为训练集的样本观测点，训练集的样本量 $N = 50$。颜色表示输出变量的实际类别，空心圆圈(紫色)表示 1 类，实心圆圈(黑色)表示 0 类。现要找到一个可将两类点分开的分类线以实现分类预测。

图 4.1 右图中展示了采用朴素贝叶斯分类器和二项 Logistic 回归模型的分类预测情况。与图 4.1 左图类似，颜色仍表示点的实际类别，但这里规定实心圆表示朴素贝叶斯分类器正确预测的点，加号(+)表示错误预测的点。这里有 5 个 1 类点(紫色)和 5 个 0 类点(黑色)被预测错误。

图 4.1 右图中两种颜色区域的相交处为分类边界。深粉色区域下方和上方区域间的弧形边界线为贝叶斯分类器的分类边界，也称贝叶斯决策边界。首先，基于训练集建立朴素贝叶斯分类器；其次，利用该分类器对图 4.1 右图所示位置上的任意点预测其类别，从而得到贝叶斯决策边界。落入贝叶斯决策边界右上区域的观测点将被预测为 0 类，落入贝叶斯决策边界左下区域的预测点将被预测为 1 类。由此可见，有 5 个 1 类点(紫色)和 5 个 0 类点(黑色)落入了错误的区域，总的预测错误率为 $\frac{5+5}{50} = 20\%$。浅粉色区域和灰色区域间的直线边界线为二项 Logistic 回归模型的分类边界。首先，基于训练集建立二项 Logistic 回归模型；其次，利用该模型对图 4.1 右图所示位置上的任意点预测其类别，从而得到 Logistic 决策边界。落入直线下方和上方的点将分别被预测为 1 类和 0 类。二项 Logistic 回归模型的总预测错误率等于 $\frac{5+6}{50} = 22\%$。

本示例中的贝叶斯决策边界是一条曲线，Logistic 决策边界是一条直线，这表明朴素贝叶斯分类器能够解决非线性分类问题，模型复杂度高于二项 Logistic 回归模型。

2. 计算二项 Logistic 回归模型和朴素贝叶斯分类器在 10 折交叉验证下的测试误差，完成以上(4)

计算两个分类模型在 10 折交叉验证下的训练误差和测试误差，代码续前。

行号	代码和说明	
1	k = 10	#指定交叉验证的折数为 10
2	CVscore = cross_validate(modelNB, X, y, cv = k, scoring = 'accuracy', return_train_score = True)	
		#计算 modelNB 在 10 折交叉验证下的训练误差和测试误差
3	print('朴素贝叶斯分类器 10 折交叉验证：训练错误率:%.4f 测试错误率: %.4f' %(1-CVscore['train_score'].mean(),	
	1-CVscore['test_score'].mean()))	
	朴素贝叶斯分类器10折交叉验证：训练错误率:0.2133 测试错误率: 0.2000	
4	CVscore = cross_validate(modelLR, X, y, cv = k, scoring = 'accuracy', return_train_score = True)	
		#计算 modelLR 在 10 折交叉验证下的训练误差和测试误差
5	print("Logistic 回归 10 折交叉验证：训练错误率:%.4f 测试错误率: %.4f" %(1-CVscore['train_score'].mean(),	
	1-CVscore['test_score'].mean()))	
	Logistic回归10折交叉验证：训练错误率:0.2156 测试错误率: 0.2200	

代码说明

第 2 行和第 4 行：计算朴素贝叶斯分类器、二项 Logistic 回归模型在 10 折交叉验证下的训练误差和测试误差。朴素贝叶斯分类器在 10 折交叉验证下的训练误差和测试误差分别为 21.33%和 20%，二项 Logistic 回归模型在 10 折交叉验证下的训练误差和测试误差分别为 21.56%和 22%。朴素贝叶斯分类器的预测性能均略高于二项 Logistic 回归模型，且没有出现模型过拟合。

此外，两个分类模型对图 4.1 中 1 类点的预测结果不一致。二项 Logistic 回归模型预测为 0 类（落入分类边界上方）预测错误，但朴素贝叶斯分类器预测为 1 类（落入分类边界下方）预测正确，这是两个分类模型分类边界（模型不同）不同导致的。此外，图 4.1 中有些样本观测点紧贴分类边界。若训练数据的随机变动导致分类边界出现微小移动，则会得到截然不同的预测结果，即预测方差大。如何找到尽量远离样本观测点的分类边界，使预测更为稳健，是需要进一步探讨的问题。该问题将在后续章节集中讨论。

4.2.3　Python 应用实践：空气质量等级预测

本节将基于空气质量监测数据，通过 Python 编程，利用朴素贝叶斯分类器对是否出现空气污染进行二分类预测，并采用各种方式对预测模型进行评价。基本思路如下。

（1）读入空气质量监测数据，进行数据预处理，转化成二分类问题。

（2）建立朴素贝叶斯分类器，根据 PM2.5、PM10、SO_2、CO、NO_2、O_3（输入变量 X）浓度对是否出现污染（二分类型输出变量 y）进行二分类预测，并计算模型评价指标。

（3）建立二项 Logistic 回归模型，利用 ROC 曲线和 PR 曲线对比朴素贝叶斯分类器和二项 Logistic 回归模型的预测效果。

Python 代码（文件名为 chapter4-3.ipynb）如下。为便于阅读，我们将代码运行结果直接放置在相应代码行下方。以下将分段对 Python 代码进行说明。

1．读入数据并进行数据预处理，建立朴素贝叶斯分类器，完成以上（1）和（2）

行号	代码和说明	
1	data = pd.read_excel('北京市空气质量数据.xlsx')	#将 Excel 文件读入 data
2	data = data.replace(0, np.NaN)	#将所有 0（表示没有相关数据）替换为缺失值
3	data = data.dropna()	#删除所有包含缺失值的样本观测
4	data['有无污染'] = data['质量等级'].map({'优':0,'良':0,'轻度污染':1,'中度污染':1,'重度污染':1,'严重污染':1})	
		#将空气质量等级进行二分类变换，转化为二分类问题

5	X = data.loc[:, ['PM2.5', 'PM10', 'SO2', 'CO', 'NO2', 'O3']]	#指定输入变量数据集 X
6	Y = data.loc[:, '有无污染']	#指定输出变量数据集 Y
7	modelNB = GaussianNB()	#指定建立高斯朴素贝叶斯分类器 modelNB
8	modelNB.fit(X, Y)	#基于输入变量数据集 X 和输出变量数据集 Y 估计 modelNB 的参数
9	print('评价模型结果：\n', classification_report(Y, modelNB.predict(X)))	#计算 modelNB 的评价指标

```
评价模型结果：
              precision    recall  f1-score   support

           0       0.86      0.94      0.90      1204
           1       0.90      0.79      0.84       892

    accuracy                           0.88      2096
   macro avg       0.88      0.87      0.87      2096
weighted avg       0.88      0.88      0.87      2096
```

代码说明

第 9 行计算各种模型的评价指标，对朴素贝叶斯分类器进行评价。直接采用 classification_report() 函数，基于输出变量的实际类别和预测类别，计算总正确率(0.88)、查准率、查全率、F1 分数及各类的样本量。这里关注对 1 类(有污染)的评价。对实际出现污染的 892 天，模型的查准率、查全率分别为 0.90、0.79，F1 分数为 0.84。评价结果中的 macro avg 为宏意义上的评价指标，这里为 0、1 两类评价结果的平均值，如 $\frac{1}{2} \times (0.86 + 0.90) = 0.88$。

2. 建立二项 Logistic 回归模型并与朴素贝叶斯分类器进行对比，完成以上(3)

行号	代码和说明
1	modelLR = LM.LogisticRegression()　　　　#指定建立二项 Logistic 回归模型 modelLR
2	modelLR.fit(X, Y)　　　　#基于输入变量数据集 X 和输出变量数据集 Y 估计 modelLR 的参数
3	fig, axes = plt.subplots(nrows = 1, ncols = 2, figsize = (15, 6))　　　　#将绘图区域分成 1 行 2 列 2 个单元
4	fpr, tpr, thresholds = roc_curve(Y, modelNB.predict_proba(X)[:, 1], pos_label = 1) #为绘制 modelNB 的 ROC 曲线图准备数据
5	fpr1, tpr1, thresholds1 = roc_curve(Y, modelLR.predict_proba(X)[:, 1], pos_label = 1) #为绘制 modelLR 的 ROC 曲线图准备数据
6	pre, rec, thresholds = precision_recall_curve(Y, modelNB.predict_proba(X)[:, 1], pos_label = 1) #为绘制 modelNB 的 PR 曲线图准备数据
7	pre1, rec1, thresholds1 = precision_recall_curve(Y, modelLR.predict_proba(X)[:, 1], pos_label = 1) #为绘制 modelLR 的 PR 曲线图准备数据
8	axes[0].plot(fpr, tpr, color = 'r', label = '贝叶斯 ROC(AUC = %0.5f)' % auc(fpr, tpr)) #绘制 modelNB 的 ROC 曲线图，计算 AUC 值
9	axes[0].plot(fpr1, tpr1, color = 'blue', linestyle = '-.', label = 'Logistic 回归 ROC(AUC = %0.5f)' % auc(fpr1, tpr1)) #绘制 modelLR 的 ROC 曲线图，计算 AUC 值
…	……　　　　#图标题设置等，略去
17	axes[1].plot(rec, pre, color = 'r', label = '贝叶斯总正确率 = %0.3f)' % accuracy_score(Y, modelNB.predict(X))) #绘制 modelNB 的 PR 曲线图，计算总正确率
18	axes[1].plot(rec1, pre1, color = 'blue', linestyle = '-.', label = 'Logistic 回归总正确率 = %0.3f)' % accuracy_score(Y, modelLR.predict(X))) #绘制 modelLR 的 PR 曲线图，计算总正确率
…	……　　　　#图标题设置等，略去

代码说明

以上省略号部分在之前代码中重复出现过且不影响对原理的理解，故略去以节约篇幅。完整 Python 代码参见本书配套代码。所绘制的图形如图 4.2 所示。

图 4.2　两个分类模型的 **ROC** 曲线和 **PR** 曲线

图 4.2 左图中，朴素贝叶斯分类器和二项 Logistic 回归模型的 ROC 曲线均远离基准线，且曲线下的面积分别约等于 0.96 和 0.98，表明朴素贝叶斯分类器较好地实现了二分类预测，但整体性能略低于二项 Logistic 回归模型。图 4.2 右图中，随查全率的增加，二项 Logistic 回归模型的查准率并没有快速下降，优于朴素贝叶斯分类器，且前者的预测总正确率(约为 0.92)高丁后者(约为 0.88)。由此可见，对该问题二项 Logistic 回归模型有更好的表现。

彩图 4.2

4.3　朴素贝叶斯分类器在文本分类中的应用

机器学习在文本分类中发挥着重要作用。裁判文书是人民法院公开审判活动、裁判理由、裁判依据和裁判结果的重要载体，反映了案件审理过程中的裁判过程、事实、裁判理由和判决依据等，是一种典型的文本数据。利用机器学习自动提取案件描述中的重要事实，即案情要素，对裁判文书司法摘要的自动化生成、可解释性的类案推送等均有重要意义。

本节将以中国裁判文书网公开的婚姻家庭领域的 2665 条裁判文书为例，基于裁判文书句子文本和每个句子对应的要素标签(多分类)，探索朴素贝叶斯分类器在文本分类中的应用。

文本分类的目的是依据文本内容建立分类模型，预测文本所属的类别。例如，通过新闻文本的内容判断其是娱乐新闻还是体育新闻，又或者是社会新闻等。文本分类是文本挖掘研究的重要组成部分，其中的数据预处理极为关键。文本是文字形式的，一般无法直接进行分类预测。因此，文本数据预处理的关键步骤是文本的量化处理。需要先得到量化的文本，之后才可以进行分类建模。后续会对量化文本最常规的方法进行讨论。

此外，文本的描述性分析也是必不可少的。文本描述性分析的主要目的是计算和展示文本中的词频特征，可通过词云图进行可视化。此外，还可从词的重要性角度分析文本间的相似性。

为便于直观理解，本节先讲解一个简短的文本分类示例，然后讨论裁判文书的贝叶斯分类问题。以下为本节 Python 代码中增加导入的模块。#号后面给出了简单的功能说明。

```
16  #本节增加导入的模块
17  import jieba  #用于文本分词和分析
18  import jieba.analyse  #用于文本量化计算
19  from wordcloud import WordCloud  #用于绘制词云图
20  from sklearn.feature_extraction.text import  TfidfVectorizer #用于量化文本的特征提取
21  import json  #用于处理JSON格式文件
22  from sklearn.naive_bayes import MultinomialNB #用于建立多分类的朴素贝叶斯分类器
23  from collections import Counter  #用于计数计算
```

4.3.1　Python 文本数据预处理：文本分词和量化计算

1．文本分词

文本是由句子组成的，如"中国的发展是开放的发展""中国经济发展的质量在稳步提升，人民生活在持续改善"等。机器学习在解决文本分类问题时，分析对象并非文本句子而是文本中的词。也就是说，需要先将句子分割成若干个词，该过程被称为分词。例如，上述两个句子的分词结果是"中国/的/发展/是/开放/的/发展""中国/经济/发展/的/质量/在/稳步/提升/，/人民/生活/在/持续/改善"。这里以"/"作为各个词的分割符。

此外，在对不同领域的文本进行分词时会涉及专用词汇问题。例如，在对"故宫的著名景点包括乾清宫、太和殿和黄琉璃瓦等"进行分词时，需要指定"乾清宫""太和殿""黄琉璃瓦"等为专用词汇，即不能在这些词中间进行分割。

目前有多种中文分词工具，其中结巴(jieba)是使用较为普遍的 Python 中文分词组件之一。作为第三方库，结巴尚没有进入 Anaconda 的内置库，需单独下载和安装。这里介绍一种在 Anaconda 环境下下载和安装结巴的基本操作。

⑴ 在官网(https://pypi.org/project/jieba/)下载结巴安装压缩包，如 jieba 0.42.1。

⑵ 将安装压缩包解压到 Anaconda 的 pkgs 目录下。

⑶ 从 Windows 的"开始"菜单中启动 Anaconda Prompt，利用 cd 命令进入 anaconda/pkgs/jieba-0.42.1 目录，能够看到一个名为 setup.py 的程序文件。

⑷ 输入命令 python setup.py install，即可完成安装。

以下对一个简短的小文本数据集给出相应的 Python 处理分析代码(文件名为 chapter4-4.ipynb)。为便于阅读，我们将代码运行结果直接放置在相应代码行下方。

行号	代码和说明
1	documents = ["中国的发展是开放的发展", "中国经济发展的质量在稳步提升，人民生活在持续改善", "从集市、超市到网购，线上年货成为中国老百姓最便捷的硬核年货", "支付体验的优化以及物流配送效率的提升，线上购物变得越来越便利"]
2	documents = [" ".join(jieba.cut(item)) for item in documents]　　　　　　　　#分词
3	print("文本分词结果：\n", documents)

文本分词结果：
['中国 的 发展 是 开放 的 发展', '中国 经济 发展 的 质量 在 稳步 提升 ， 人民 生活 在 持续 改善', '从 集市 、 超市 到 网购 ， 线上 年货 成为 中国 老百姓 最 便捷 的 硬核 年货', '支付 体验 的 优化 以及 物流配送 效率 的 提升 ， 线上 购物 变得 越来越 便利']

代码说明

⑴ 第 1 行：以列表(名为 documents)形式组织 4 个小文本，形成一个文本数据集。

⑵ 第 2 行：利用循环对 documents 中的每个小文本(列表元素为 item)，采用 jieba.cut()函数进行分词，分词结果以空格分割并重新保存到 documents 中。

2．量化计算

文本量化的本质是词的量化，量化后的词将作为分类模型的输入变量。

直观上，可将词在文本中出现的次数作为一个基本量化指标，通常认为出现次数越多的词对文本分类越有意义。但是我们发现，"的""地""得"等字的出现次数很多，但它们对文本分类并没有帮助。因此，文本分类中多采用 TF-IDF 作为词的基本量化指标。

TF-IDF（Term Frequency-Inverse Document Frequency）中，TF 是词频，IDF 是逆文本频率，两者结合用于度量词对于某个文本的重要程度。通常，词的重要程度随其在所属文本中出现次数的增加而增大，同时也随其在文本集合中出现次数的增加而减小。例如，"游戏"这个词在一个文本中多次出现，可视"游戏"为该文本的典型代表词。但如果"游戏"也在其他多个文本中多次出现，就不能认为"游戏"是该文本的典型代表词。TF-IDF 很好地兼顾了这两个方面。

一方面，词 j 在文本 i 中的 TF 定义为

$$\text{TF}_{ij} = \frac{N_{ij}}{\sum_{k=1}^{K} N_{ik}} \tag{4.6}$$

式中，N_{ij} 表示词 j 在文本 i 中出现的次数；文本 i 中共包含 K 个不同的词，$\sum_{k=1}^{K} N_{ik}$ 表示文本 i 的总词数。TF_{ij} 越大，词 j 对文本 i 可能越重要。

另一方面，词 j 的 IDF 定义为

$$\text{IDF}_j = \log\left(\frac{\text{总文本数}}{\text{包含词 } j \text{ 的文本数} + 1}\right) \tag{4.7}$$

式中，分母中的 1 是为了防止包含词 j 的文本数等于 0。IDF_j 越大，词 j 可能越重要。词 j 在文本 i 中的 TF-IDF 定义为

$$\text{TF-IDF}_{ij} = \text{TF}_{ij} \times \text{IDF}_j \tag{4.8}$$

TF-IDF_{ij} 越大，词 j 对文本 i 越重要。例如，词 j 是"游戏"，该词在文本 i 中多次出现，TF_{ij} 较大。如果"游戏"也在其他多个文本中多次出现，其 IDF_j 就较小。此时 TF-IDF_{ij} 也会较小，即不能认为"游戏"是文本 i 的典型代表词。

在进行文本量化时，应计算各个文本中的各个词的 TF-IDF。通常选择若干个 TF-IDF 较大的词作为该批文本的典型代表词，称为特征词，并将特征词的 TF-IDF 作为输入变量参与文本的分类建模。文本分类中的数据组织格式如表 4.2 所示。

表 4.2　文本分类中的数据组织格式

文本	特征词 1	特征词 2	……	特征词 K	文本类别
文本 1	TF-IDF_{11}	TF-IDF_{12}	……	TF-IDF_{1K}	2
文本 2	TF-IDF_{21}	TF-IDF_{22}	……	TF-IDF_{2K}	1
……	……	……	……	……	……
文本 N	TF-IDF_{N1}	TF-IDF_{N2}	……	TF-IDF_{NK}	1

表 4.2 中共有 N 个文本、K 个特征词。若词 j 未出现在文本 i 中，则 $\text{TF-IDF}_{ij} = 0$。将前 K 列作为输入变量，最后 1 列为输出变量。

　　需要注意的是，如果分词结果中包含很多对文本分类没有意义的词，则会影响 TF-IDF 的计算结果并对后续的分类建模产生负面作用。通常将意义模糊、语气助词、标点符号等对文本分类没有意义的词称为停用词。可事先准备停用词表并指定过滤掉文本中的停用词，之后再计算 TF-IDF。

　　Python 代码(文件名为 chapter4-4.ipynb)如下。为便于阅读，我们将代码运行结果直接放置在相应代码行下方。

行号	代码和说明
1	vectorizer = TfidfVectorizer()　　　　　　　　　　#定义 TF-IDF 对象
2	X = vectorizer.fit_transform(documents)　　　　　　#对 documents 计算 TF-IDF，结果保存在 X 中
3	print("文本量化表的形状:", X.shape)　　　　　　　　#显示 X 的行列数
	文本量化表的形状：(4, 30)
4	words = vectorizer.get_feature_names()　　　　　　#得到 4 个小文本的特征词，这里是 TF 从大到小的 30 个词
5	print("特征词表：\n", words)　　　　　　　　　　　#显示特征词
	特征词表： ['中国', '人民', '以及', '优化', '体验', '便利', '便捷', '发展', '变得', '年货', '开放', '成为', '持续', '提升', '支付', '改善', '效率', '物流配送', '生活', '硬核', '稳步', '线上', '经济', '网购', '老百姓', '质量', '购物', '超市', '越来越', '集市']
6	print("idf:\n", vectorizer.idf_)　　　　　　　　　#显示 30 个特征词的 IDF
	idf: [1.22314355 1.91629073 1.91629073 1.91629073 1.91629073 1.91629073 　1.91629073 1.51082562 1.91629073 1.91629073 1.91629073 1.91629073 　1.91629073 1.51082562 1.91629073 1.91629073 1.91629073 1.91629073 　1.91629073 1.91629073 1.91629073 1.51082562 1.91629073 1.91629073 　1.91629073 1.91629073 1.91629073 1.91629073 1.91629073 1.91629073]
7	print(X)　　　　　　　　　#显示文本量化结果，这里只给出了第 1 个、第 2 个小文本中特征词的 TF-IDF
	(0, 10)　　　0.5067738969102946 (0, 7)　　　　0.7990927223856119 (0, 0)　　　　0.32346721385745636 (1, 15)　　　0.3399984933818611 (1, 12)　　　0.3399984933818611 (1, 18)　　　0.3399984933818611 (1, 1)　　　　0.3399984933818611 (1, 13)　　　0.2680587174477245 (1, 20)　　　0.3399984933818611 (1, 25)　　　0.3399984933818611 (1, 22)　　　0.3399984933818611 (1, 7)　　　　0.2680587174477245 (1, 0)　　　　0.21701663412516095
8	X = X.toarray()　　　　　　#将 X 转换为稀疏矩阵的形式
9	print(X)　　　　　　#显示文本量化结果，这里只给出了第 1 个、第 2 个小文本中特征词的 TF-IDF
	[[0.32346721 0.　　　　0.　　　　0.　　　　0.　　　　0. 　0.　　　　0.79909272 0.　　　　0.　　　　0.5067739 0. 　0.　　　　0.　　　　0.　　　　0.　　　　0.　　　　0. 　0.　　　　0.　　　　0.　　　　0.　　　　0.　　　　0.　　] 　[0.21701663 0.33999849 0.　　　　0.　　　　0.　　　　0. 　0.　　　　0.26805872 0.　　　　0.　　　　0.　　　　0. 　0.33999849 0.26805872 0.　　　　0.33999849 0.　　　　0. 　0.33999849 0.　　　　0.33999849 0.　　　　0.33999849 0. 　0.　　　　0.33999849 0.　　　　0.　　　　0.　　　　0.　　]
10	for i in [0]:　　　　　　#显示 X 中第 1 个小文本的情况，若为 for i in range(len(X))，则显示每个小文本的情况
11	for j in range(len(words)):　　　　#利用循环显示文本 i 中词 j 的 TF-IDF
12	print(words[j], X[i][j])
	中国 0.32346721385745636 人民 0.0 以及 0.0 优化 0.0 体验 0.0 便利 0.0 便捷 0.0

```
发展  0.7990927223856119
变得  0.0
年货  0.0
开放  0.5067738969102946
成为  0.0
持续  0.0
提升  0.0
支付  0.0
```

代码说明

（1）第 2 行：对 documents 中的每个小文本，计算词的 TF-IDF，结果保存在 X 中。结合第 3 行的显示结果可知，X 对应 4 行 30 列的文本量化数据。这里，4 行对应 4 个小文本，30 列对应 30 个特征词。在默认情况下，Python 自动根据文本集合中各词的 TF，从大到小取若干个词作为特征词。

（2）第 4 至 6 行：得到并显示特征词和对应的 IDF，如这里的"中国""人民"等，其对应的 IDF 分别为 1.22314355、1.91629073 等。显然，因词"中国"的 IDF 小于词"人民"的 IDF，所以前者更重要些。

（3）第 7 至 9 行：显示上述 X 的结果。

第 7 行中 $(0, 10)$、$(0, 7)$ 等的第 1 个数 0 表示索引等于 0，指第 1 个小文本；第 2 个数 10、7 也为索引，依次指第 11 个和第 8 个特征词为"开放""发展"。对第 1 个小文本，词"发展"的重要性高于词"开放"。第 8 行用于将 X 转换为如表 4.2 所示的二维表形式，这种形式的表格有较高的稀疏性，即有很多列的数值等于 0，意味着词 j（如"人民"）未出现在文本 i（如第 1 个小文本）中。

（4）第 10 至 12 行：利用循环显示各个小文本中特征词的 TF-IDF。这里只给出了第 1 个小文本的情况。

4.3.2　Python 文本描述性分析：词云图和文本相似性

描述性分析的主要目的是计算和展示文本中的词频特征，可通过词云图进行可视化。以下先给出计算文本词频的 Python 代码（文件名为 chapter4-4.ipynb）。为便于阅读，我们将代码运行结果直接放置在相应代码行下方。

行号	代码和说明	
1	WordsList = ''.join(documents).split(' ')	#将 documents 转换为以空格分割的字符串 WordsList，供词频统计使用
2	word_counts = Counter(WordsList)	#计算 WordsList 中各个词的词频，结果保留到 word_counts 中
3	word_counts_df = pd.DataFrame(data = {"Word":list(word_counts.keys()), "Freq":list(word_counts.values())}) #为便于浏览，将词和词频组织成数据框 word_counts_df	
4	word_counts_df.head(5)	#浏览 word_counts_df 的前 5 行

	Word	Freq
0	中国	3
1	的	6
2	发展	3
3	是	1
4	开放	1

上述词频统计中包含停用词（如"的""是"等）的统计结果。以下是绘制词云图的 Python 代码（文件名为 chapter4-4.ipynb），其中剔除了文本中的停用词。

行号	代码和说明	
1	with open ('./停用词表.txt', 'r', encoding = 'utf-8') as f_stop:	#读取停用词文件
2	stpwrdlst = [line.strip () for line in f_stop.readlines ()]	#将停用词文件中的停用词组织到列表 stpwrdlst 中
3	f_stop.close ()	#关闭停用词文件
4	path = 'C:/Windows/Fonts/simkai.ttf'	#指定词云图的字体文件
5	WC = WordCloud (font_path = path, max_words = 500, height = 400, width = 400, background_color = 'white', mode = 'RGB', stopwords = stpwrdlst)	#设置词云图对象属性
6	wordcloud = WC.generate (' '.join (documents))	#指定绘制 documents 的词云图
7	plt.subplots (figsize = (10, 9))	#设置图形大小
8	plt.imshow (wordcloud)	#显示词云图

代码说明

（1）第 1 行：停用词可以文本文件（这里文件名为停用词表.txt）的形式保存。利用 Python 的 open 语句以读('r')的方式访问该文件（编码方式是 utf-8[①]）。

（2）第 2 行：利用循环逐行读入(readlines)文件中的每个停用词（一个停用词一行），截取尾部空格(line.strip)组织到列表 stpwrdlst 中。

（3）第 5 行：设置词云图对象属性。font_path 指定字体文件的目录；max_words 指定词云图中仅包含词频最高的多少个词；height、width、background_color、mode 依次指定词云图的高度、宽度、背景色、词的色系；stopwords 指定词云图中不包含停用词表中的停用词。

所绘制的词云图如图 4.3 所示。

彩图 4.3

图 4.3　所绘制的词云图

图 4.3 中字号的大小由词频决定，词频越高字号越大。由图 4.3 可见，"中国""发展""提升"是词频较高的三个词。

此外，还可从词的重要性角度，通过计算夹角余弦值度量各个小文本间的余弦相似性。Python 代码（文件名为 chapter4-4.ipynb）如下。为便于阅读，我们将代码运行结果直接放置在相应代码行下方。

_____

① utf-8 是目前使用最为广泛的一种 Unicode 实现方式。

行号	代码和说明
1	print(cosine_similarity(X, X)) #计算以上 4 个小文本的余弦相似性

```
[[1.          0.28440154 0.0595294  0.        ]
 [0.28440154 1.          0.03993873 0.06302868]
 [0.0595294  0.03993873 1.          0.05344984]
 [0.          0.06302868 0.05344984 1.        ]]
```

代码说明

应以表 4.2 中的数据（最后一列除外）为研究对象（记为 X），将一行视为一个向量，计

算第 i 行和第 j 行的夹角余弦值：$\mathrm{COS}_{(i,j)} = \dfrac{\sum\limits_{k=1}^{K} X_{ik} X_{jk}}{\sqrt{\sum\limits_{k=1}^{K} X_{ik}^2}\sqrt{\sum\limits_{k=1}^{K} X_{jk}^2}}$。由于一行数据是一个小文本

在特征词上的取值，因此可以从不同小文本在特征词上的取值相似性角度度量小文本间的余弦相似性。夹角余弦值越大，余弦相似性越高。这里输出的是余弦相似性矩阵，其中第 i 行第 j 列是第 i 个小文本与第 j 个小文本的夹角余弦值。由此可见，第 1 个小文本与第 2 个小文本的余弦相似性最高。

4.3.3　Python 文本分析综合应用：裁判文书的要素提取

本节将以中国裁判文书网公开的婚姻家庭领域的 2665 条裁判文书为例，基于裁判文书句子文本和每个句子对应的要素标签（多分类），探索朴素贝叶斯分类器在文本分类中的应用。2665 条裁判文书和对应的要素标签存储在 JSON 格式的文本文件中，节选如下。

```
[{"labels": [], "sentence": "原告林某某诉称：我与被告经人介绍建立恋爱关系，于1995年在菏泽市民政局办理结婚登记手续。"}, {"labels:
15日生次女李某丙，2007年11月生一女李某丁。"}, {"labels": [], "sentence": "双方婚后因生活琐事产生矛盾。"}, {"labels": [], "sentence
[{"labels": [], "sentence": "原告黄某某诉称：婚后，我们未能建立起夫妻感情，被告方某甲脾气暴躁，经常酗酒后殴打辱骂我。"}, {"labe
离婚。"}, {"labels": [], "sentence": "案件受理费100元，由原告黄某某负担。"}]
```

分析的基本思路如下。

(1) 读入 JSON 格式的裁判文书数据，并以 Python 字典组织数据。

示例中每个句子可能对应多个要素标签（如'DV1'、'DV2'、'DV10'等），也可能没有要素标签。为简化问题，我们剔除没有要素标签的句子，且仅处理只有一个要素标签的情况，对要素标签进行多分类预测。

(2) 对裁判文书进行分词处理，以特征词的 **TF-IDF** 作为输入变量。关于文本的描述性分析与 4.3.2 节类似，因篇幅所限此处不再赘述。

(3) 利用旁置法按 7:3 的比例划分训练集和测试集。

(4) 基于训练集，利用朴素贝叶斯分类器建立多要素标签的预测模型。

(5) 计算训练误差和测试误差，并对比预测模型对不同要素标签的预测情况。

Python 代码（文件名为 chapter4-4.ipynb）如下。为便于阅读，我们将代码运行结果直接放置在相应代码行下方。以下将分段对 Python 代码进行说明。

1. 裁判文书的读入、数据预处理和文本量化，完成以上（1）和（2）

行号	代码和说明
1	alltext = [] #存储裁判文书到列表 alltext 中
2	label = [] #存储裁判文书中每个句子的要素标签
3	fenceText = [] #存储裁判文书的分词结果

```
4    fn = open ('./离婚诉讼文本.json', 'r', encoding = 'utf-8')          #读取 JSON 格式的文本文件
5    line = fn.readline ()                                      #逐行读入 JSON 格式的文本
6    while line:                                                #利用循环对每行文本 (line) 进行如下处理
7        data = json.loads (line)    #将 line 转成字典。其中，labels、sentence 分别是要素标签和文本的键
8        for sent in data:                                     #对字典中的每行进行如下处理
9            if len (sent['labels']) == 1:                      #仅处理只有一个要素标签的情况
10               alltext.append (sent['sentence'])
11               label.append (sent['labels'])
12       line = fn.readline ()                                  #继续读入下一行 JSON 格式的文本
13   fn.close ()                                                #关闭文本文件
14   fenceText = [" ".join (jieba.cut (item)) for item in alltext ]   #逐条对文本进行分词并保存到列表 fenceText 中
15   with open ('./停用词表.txt', 'r', encoding = 'utf-8') as f_stop:   #以读的方式访问停用词文件
16       Stpwrdlst = [line.strip () for line in f_stop.readlines ()]   #将停用词文件中的停用词组织到列表 Stpwrdlst 中
17   f_stop.close ()                                            #关闭停用词文件
18   vectorizer = TfidfVectorizer (stop_words = stpwrdlst, max_features = 400)
                                                                #定义 TF-IDF 对象，指定停用词表并提取 400 个特征词
19   X = vectorizer.fit_transform (fenceText)                   #对 fenceText 计算 TF-IDF，结果保存在 X 中
20   print ("文本量化表的形状：", X.shape)                        #显示 X 的行列数
     文本量化表的形状： (2665, 400)
```

代码说明

(1) 第 6 至 12 行：对 JSON 格式的文本进行处理。

本示例中的文本的句子是可变长度的，每个句子的字数不相同，是一种典型的半结构化数据。对此通常采用 JSON 格式组织文本和对应的要素标签。JSON (JavaScript Object Notation) 是一种典型的便于数据共享的文本格式，在 Python 中与字典结构相对应。

正如第 2 章所讨论的，Python 字典由多个键-值对组成。例如，namebook = {"张三": "001", "李四":"002", "王五":"003"} 为关于学生姓名和学号的字典，其中张三、李四、王五为键，001、002、003 为对应的值，用:隔开，整体用{}括起来。键不仅可以是字符串，还可以是数值或元组等。可通过键快速访问对应的值。

本示例中文本和要素标签对应的字典示例为 {"labels": [], "sentence": "原告林某某诉称：我与被告经人介绍建立恋爱关系，于 1995 年在菏泽市民政局办理结婚登记手续。"}。其中，labels、sentence 是要素标签和句子文本内容的键；:后为键对应的值，且键 labels 对应的值有时为空[]，有时为'DV1', 'DV2', …, 'DV20'中的一个或多个值。

(2) 第 20 行：显示文本量化后的数据表 X 的行列数，为 2665 行 400 列，分别对应 2665 条裁判文本和 400 个特征词。X 将作为输入变量。

2. 划分数据集，建立朴素贝叶斯分类器，完成以上(3)至(5)

将数据集划分成训练集和测试集，并建立朴素贝叶斯分类器，进行多要素标签的分类预测。

行号	代码和说明
1	X_train, X_test, y_train, y_test = train_test_split (X, label, train_size = 0.70, random_state = 123) #利用旁置法按 7:3 的比例随机划分训练集和测试集
2	modelNB = MultinomialNB ()　　　　　#建立服从多项式分布的朴素贝叶斯分类器 modelNB

```
3    modelNB.fit(X_train, y_train)                              #基于训练集估计 modelNB 的参数
4    print("朴素贝叶斯分类器的训练误差:%.3f"%(1-modelNB.score(X_train, y_train)))
     朴素贝叶斯分类器的训练误差:0.192
5    print('训练样本的评价结果：\n', classification_report(y_train, modelNB.predict(X_train)))
     训练样本的评价结果：
                   precision    recall  f1-score   support

              DV1       0.82      0.97      0.89       571
             DV10       0.91      0.79      0.85       136
             DV11       0.83      0.18      0.29        57
             DV13       1.00      0.07      0.14        54
             DV14       0.00      0.00      0.00        16
             DV15       1.00      0.19      0.32        32
             DV16       0.00      0.00      0.00        25
             DV17       1.00      0.31      0.47        36
             DV18       0.00      0.00      0.00         9
              DV2       0.00      0.00      0.00         6
             DV20       0.00      0.00      0.00        28
              DV3       0.71      0.94      0.81       402
              DV4       0.00      0.00      0.00         2
              DV5       0.00      0.00      0.00        14
              DV6       0.81      0.86      0.83       158
              DV7       0.87      0.97      0.92       199
              DV9       0.93      0.89      0.91       120

         accuracy                           0.81      1865
        macro avg       0.52      0.36      0.38      1865
     weighted avg       0.78      0.81      0.76      1865
6    print("朴素贝叶斯分类器的测试误差:%.3f"%(1-modelNB.score(X_test, y_test)))
     朴素贝叶斯分类器的测试误差:0.213
7    print('测试样本的评价结果：\n', classification_report(y_test, modelNB.predict(X_test)))
     测试样本的评价结果：
                   precision    recall  f1-score   support

              DV1       0.78      0.96      0.86       240
             DV10       0.94      0.81      0.87        58
             DV11       0.00      0.00      0.00        22
             DV13       0.50      0.05      0.09        20
             DV14       0.00      0.00      0.00        11
             DV15       1.00      0.08      0.14        13
             DV16       0.00      0.00      0.00        12
             DV17       0.88      0.58      0.70        12
             DV18       0.00      0.00      0.00         3
              DV2       0.00      0.00      0.00         4
             DV20       0.00      0.00      0.00        14
              DV3       0.70      0.90      0.79       191
              DV5       0.00      0.00      0.00         6
              DV6       0.84      0.78      0.81        69
              DV7       0.85      0.99      0.91        81
              DV9       0.88      0.86      0.87        44

         accuracy                           0.79       800
        macro avg       0.46      0.38      0.38       800
     weighted avg       0.72      0.79      0.74       800
```

代码说明

（1）第 1 行：本示例并没有对训练集和测试集分别独立进行文本量化处理，而是统一进行量化处理后再进行训练集和测试集的划分。由此可能导致"数据泄露"问题，即测试集的文本量化信息会被"泄露"给模型，使得测试集不再是真正意义上的 OOB。这里这样处理是为了避免训练集的特征词未出现在测试集中而导致模型无法预测。

（2）第 2 行：建立服从多项式分布的朴素贝叶斯分类器(modelNB)。该分类器适合基于计数的整型(离散型)输入变量。尽管这里的输入变量(TF-IDF)是小数(连续型)，但也可将其视为基于词频计算的特殊的小数型计数。

（3）第 4、5 行：本示例中的文本分类模型的训练误差为 19.2%。这与本示例是一个多分类问题有关。从训练集的评价结果看，模型对 DV10、DV13、DV15、DV17 和 DV9 的查准率较高，对 DV1、DV3 和 DV7 的查全率较高，对 DV7 和 DV9 的 F1 分数较高。

（4）第 6、7 行：给出了模型在测试集上的表现，测试误差为 21.3%。

本示例还可进行很多优化处理，如优化分词和 TF-IDF 计算、补充法律专业用词、完善停用词表等。此外，TF-IDF 量化文本并非最佳方案。目前，较为流行的文本量化方式是采用基于 word2vec 等的词向量。有兴趣的读者可自行查阅相关资料，同时也可进一步尝试采用其他的分类算法，如目前较为流行基于深度学习的算法等。

4.4 贝叶斯参数估计简介[*]

4.4.1 从科比投篮分析角度看贝叶斯参数估计的基本思想

本节以篮球巨星科比·比恩·布莱恩特(Kobe Bean Bryant)在 1999 年至 2016 年的篮球比赛中的投篮命中率数据分析为例，讨论贝叶斯参数估计的基本思想。

表 4.3 中记录了科比 20 个赛季的投篮命中数、未命中数及命中率[①]。从统计学角度看，由于比赛中存在一些内部和外部影响因素，因此表 4.3 中各赛季的命中率数据(记为 p_i，$i = 1,2,\cdots,20$)并不是对科比投篮真实命中率的准确测度，需要基于 p_i ($i = 1,2,\cdots,20$) 对各赛季的真实命中率(记为 θ_i，$i = 1,2,\cdots,20$)进行估计，进而刻画和对比科比在其运动生涯中的运动水平变化情况。统计学中称这里的 θ_i ($i = 1,2,\cdots,20$) 为总体 i(第 i 个赛季)的参数。

表 4.3 科比投篮命中情况

赛季	命中数	未命中数	命中率
1996—1997	162	221	0.423
1997—1998	349	461	0.431
1998—1999	351	414	0.459
1999	604	708	0.46
2000	735	840	0.467
2001	783	925	0.458
2002	808	1044	0.436
2003	594	777	0.433
2004	492	635	0.437
2005	873	1051	0.454
2006	723	856	0.458
2007	852	967	0.468
2008	866	985	0.468
2009	804	968	0.454
2010	679	842	0.446
2011	603	813	0.426

[①] 数据来源：kaggle 官网(www.kaggle.com)数据的统计结果。

续表

赛季	命中数	未命中数	命中率
2012—2013	608	720	0.458
2013—2014	24	35	0.407
2014—2015	223	370	0.376
2015—2016	332	600	0.356

对总体参数的估计方法进行研究的有两大学派：第一个学派为频率学派，该学派认为事物某个特征的真值(参数 θ ，这里指 θ_i)是确定性的、恒定不变的常量，参数估计就是为了找到真值或真值的取值范围(也称置信区间)。第二个学派为贝叶斯学派，该学派认为事物某个特征的真值具有不确定性，是服从某种概率分布的随机变量。对本示例来说，认为第 i 个赛季的投篮真实命中率 θ_i 是服从某种概率分布的随机变量，参数估计就是为了找到 θ_i 的概率分布的最优表达。以下将主要讨论贝叶斯参数估计。

通过 4.1.2 节的讨论可知，在对第 i 个赛季投篮真实命中率 θ_i 采用贝叶斯方法进行估计时，依据贝叶斯法则将涉及先验分布和数据似然，对此应进行以下基本计算。

第一步，给出参数 θ_i 的先验分布，记为 $\pi(\theta_i)$ 。

先验分布 $\pi(\theta_i)$ 是未见到数据前对参数 θ_i 可能取值的初始认知。在更一般的情况下，若参数 θ_i 为连续型随机变量，则 $\pi(\theta_i)$ 为密度函数；若参数 θ_i 为离散型(分类型)随机变量，则 $\pi(\theta_i)$ 为概率。

第二步，根据收集的命中率数据 p_i 计算数据似然，记为 $f(p_i|\theta_i)$ 。

第三步，根据贝叶斯法则计算参数 θ_i 的后验分布，即 $\pi(\theta_i|p_i) = \dfrac{\pi(\theta_i)f(p_i|\theta_i)}{\int \pi(\theta_i)f(p_i|\theta_i)\mathrm{d}\theta_i}$ 或

$$\pi(\theta_i|p_i) = \dfrac{\pi(\theta_i)f(p_i|\theta_i)}{\sum \pi(\theta_i)f(p_i|\theta_i)}。$$

估计出参数 θ_i 的后验分布后，一般可将后验分布的期望作为参数 θ_i 的估计值，记为 $\hat{\theta}_i$ 。这里的一个重要问题是如何给出参数 θ_i 的先验分布 $\pi(\theta_i)$ ，以下将对此进行讨论。

4.4.2　共轭先验分布

如何确定先验分布是贝叶斯参数估计中的关键性问题？一般可采用共轭先验。为便于讨论更一般的情况，以下将参数记为 θ ，先验分布记为 $\pi(\theta)$ ，收集到的数据记为 $\boldsymbol{D}$ ，数据似然记为 $f(\boldsymbol{D}|\theta)$ ，后验分布记为 $\pi(\theta|\boldsymbol{D})$ 。

1. 什么是共轭先验

由上述讨论不难看出，先验分布"经历"了数据似然的修正，将成为"自己"的后验分布。从这个意义上讲，先验分布 $\pi(\theta)$ 应与后验分布 $\pi(\theta|\boldsymbol{D})$ 有相同的数学形式，即属于同一类分布。问题的关键在于，在数据似然 $f(\boldsymbol{D}|\theta)$ 确定的条件下，选择先验分布 $\pi(\theta)$ 要考虑哪些方面。首先，以上第三步中 $f(\boldsymbol{D}|\theta)\pi(\theta)$ 的计算要简单；其次，应使得后验分布与先验分布具有相同的数学形式。基于这样的考虑，通常应选择共轭先验(Conjugate Priors)。

若后验分布 $\pi(\theta|\boldsymbol{D})$ 与先验分布 $\pi(\theta)$ 具有相同的数学形式，即 $\pi(\theta)$ 与 $\pi(\theta|\boldsymbol{D})$ 属于同一

类分布（如均属于指数分布族[①]），则此时 $\pi(\theta)$ 和 $\pi(\theta\,|\,D)$ 被称为共轭分布（Conjugate Distribution），$\pi(\theta)$ 被称为数据似然 $f(D\,|\,\theta)$ 的共轭先验。共轭先验的好处在于具有代数上的方便性，可直接给出后验分布的闭式解形式，同时也可直观展现数据似然对先验分布的修正和更新。

回到科比投篮命中率问题上来，该类问题最常见的先验分布 $\pi(\theta)$ 为服从参数为 α 和 β 的贝塔分布（Beta Distribution）：

$$\pi(\theta) = \frac{\Gamma(\alpha+\beta)}{\Gamma(\alpha)\Gamma(\beta)}\theta^{\alpha-1}(1-\theta)^{\beta-1} = \frac{1}{B(\alpha,\beta)}\theta^{\alpha-1}(1-\theta)^{\beta-1} \sim B(\alpha,\beta) \tag{4.9}$$

式中，$\Gamma(\alpha)$ 为伽马函数，$\Gamma(\alpha+1)=\alpha!$；$B(\alpha,\beta)$ 为贝塔函数；$\theta = P(y=1)$，$0 \leq \theta \leq 1$ 为输出变量等于 1（投篮命中）的概率。以下通过 Python 编程对贝塔分布进一步进行说明。

2. Python 模拟和启示：认识贝塔分布

贝塔分布俗称关于概率的分布。以下 Python（文件名为 chapter4-1.ipynb）代码直观展示了不同参数，如 $\alpha=\frac{1}{3},\beta=1$；$\alpha=\frac{2}{3},\beta=\frac{2}{3}$；$\alpha=1,\beta=1$；$\alpha=2,\beta=6$；$\alpha=4,\beta=4$；$\alpha=10,\beta=30$；$\alpha=20,\beta=20$ 下贝塔分布的特点。为便于阅读，我们将代码运行结果直接放置在相应代码行下方。

行号	代码和说明	
1	alphas = [1/3, 2/3, 1, 2, 4, 10, 20]	#设置参数 α 的一组取值
2	betas = [1, 2/3, 1, 6, 4, 30, 20]	#设置参数 β 的一组取值
3	colors = ['blue', 'orange', 'green', 'red', 'purple', 'brown', 'black']	#设置不同参数下贝塔分布的概率密度曲线的颜色
4	theta = np.linspace(0, 1, 100)	#设置式 (4.9) 中 θ 的取值
5	fig, ax = plt.subplots(figsize = (9, 6))	#指定图形的大小
6	for a, b, c in zip(alphas, betas, colors):	
		#利用循环分别计算不同参数 α,β 下贝塔分布的概率密度并绘制概率密度曲线
7	dist = beta(a, b)	#创建贝塔分布对象
8	plt.plot(theta, dist.pdf(theta), c = c)	#计算不同参数 α,β 下贝塔分布的概率密度并绘制概率密度曲线
...	......	#图标题设置等，略去
14	ax.annotate('Beta(1/3, 1)', xy = (0.014, 5), xytext = (0.04, 5.2), arrowprops = dict(facecolor = 'black', arrowstyle = '-'))	
		#在指定位置添加指示线和说明文字
	......	#类似 14 行指定位置添加指示线和说明文字，略去

代码说明

（1）以上省略号部分在之前代码中重复出现过且不影响对原理的理解，故略去以节约篇幅。完整 Python 代码参见本书配套代码。

（2）第 1、2 行：给定贝塔分布中参数 α,β 的各种可能取值，如 $\alpha=\frac{1}{3},\beta=1$；$\alpha=\frac{2}{3}$，$\beta=\frac{2}{3}$ 等。

（2）第 4 行：给定 θ 的 100 个可能取值，取值范围为 [0,1]。

[①] 指数分布族（Exponential Family of Distributions）：也称指数型分布族，是统计学中最重要的参数分布族，包括正态分布、二项分布、泊松分布、伽马分布等。

（3）第 6 至 8 行：通过循环计算不同参数 α, β 下贝塔分布的概率密度并绘制概率密度曲线。

其中，zip() 函数可实现对多个列表元素按位置的一一匹配，结果如 $a = \dfrac{1}{3}, b = 1, c =$ 'blue'；$a = \dfrac{2}{3}, b = \dfrac{2}{3}, c =$ 'orange' 等。在循环中，首先利用 beta() 函数创建一个指定参数 α, β 的贝塔分布对象 dist；其次通过 .pdf() 计算特定参数下贝塔分布的概率密度并绘制概率密度曲线。

（4）第 14 行：利用 .annotate() 对图中元素添加说明信息。

所绘制的图形如图 4.4 所示。

彩图 4.4

图 4.4　不同参数下的贝塔分布

图 4.4 中横坐标的取值范围为 [0,1]，与概率的取值范围相同，这也是称贝塔分布为关于概率的分布的原因；纵坐标是不同参数 α, β 下贝塔分布的概率密度。图 4.4 表明，$\alpha = \beta = 1$ 时为均匀分布；$\alpha, \beta > 1$ 时为对称的钟形分布，且随着 α, β 的增加分布越来越"陡峭"；$\alpha \neq \beta$ 时为非对称分布。

进一步，科比投篮命中率问题中 θ 的似然函数为二项分布，即 $f(\boldsymbol{D} \mid \theta) = \dbinom{n_1 + n_2}{n_1} \theta^{n_1}$ $(1 - \theta)^{n_2}$，且 $f(\boldsymbol{D} \mid \theta) \propto \theta^{n_1}(1 - \theta)^{n_2}$，其中 n_1、n_2 分别为命中数和未命中数，于是后验分布为 $\pi(\theta \mid \boldsymbol{D}) = \dfrac{\theta^{n_1 + \alpha - 1}(1 - \theta)^{n_2 + \beta - 1}}{\mathrm{B}(n_1 + \alpha, n_2 + \beta)} \sim \mathrm{B}(n_1 + \alpha, n_2 + \beta)$。由此可见，后验分布和先验分布互为共轭分布，贝塔分布是二项分布的共轭先验。

进一步，计算后验分布（贝塔分布）的期望：$E(\theta \mid \boldsymbol{D}) = \dfrac{n_1 + \alpha}{n_1 + n_2 + \alpha + \beta}$，且 $E(\theta \mid \boldsymbol{D}) =$ $\dfrac{n_1 + \alpha}{n_1 + n_2 + \alpha + \beta} = \dfrac{n_1 + n_2}{n_1 + n_2 + \alpha + \beta} \times \dfrac{n_1}{n_1 + n_2} + \dfrac{\alpha + \beta}{n_1 + n_2 + \alpha + \beta} \times \dfrac{\alpha}{\alpha + \beta} = w \dfrac{n_1}{n_1 + n_2} + (1 - w) \dfrac{\alpha}{\alpha + \beta}$。其

中，$w = \dfrac{n_1 + n_2}{n_1 + n_2 + \alpha + \beta}$。由此可知，后验分布的期望是数据信息 $\dfrac{n_1}{n_1 + n_2}$ 和先验分布的期望 $\dfrac{\alpha}{\alpha + \beta}$ 的加权平均。当 $w \to 1$ 时，$E(\theta \mid \boldsymbol{D}) \to \dfrac{n_1}{n_1 + n_2}$，即在参数 α, β 较小且样本量 $n_1 + n_2$ 较大时，先验分布对后验分布的影响较小，后验分布更多取决于数据。在参数 α, β 较大且样本量 $n_1 + n_2$ 较小时，先验分布将有很重要的作用。

在更一般的情况下，K 分类预测问题中的共轭先验为服从参数为 $\alpha_1, \alpha_2, \cdots, \alpha_K$ 的狄利克雷分布（Dirichlet Distribution）：$\pi(\theta_1, \theta_2, \cdots, \theta_K) = \dfrac{\Gamma\left(\sum\limits_{i=1}^{K} \alpha_i\right)}{\prod\limits_{i=1}^{K} \Gamma(\alpha_i)} \prod\limits_{i=1}^{K} \theta_i^{\alpha_i - 1}$，其中 $\sum\limits_{i=1}^{K} \theta_i = 1$。它在 $K = 2$ 时为贝塔分布，是对贝塔分布的推广。

4.4.3　Python 应用实践：科比投篮命中率的研究

本节将依据表 4.3 中数据 p_i，$i = 1, 2, \cdots, 20$，估计科比各赛季的真实投篮命中率 θ_i，$i = 1, 2, \cdots, 20$，进而刻画和对比科比在其运动生涯中的运动水平变化情况。令先验分布参数 $\alpha = 0.01, \beta = 0.01$，取较小值的目的是使先验分布不对后验分布产生很大影响。

Python 代码（文件名为 chapter4-5.ipynb）如下。以下将分段对 Python 代码进行说明。

行号	代码和说明	
1	a0 = 0.01	#设置先验分布参数 α
2	b0 = 0.01	#设置先验分布参数 β
3	theta = np.linspace(0.40, 0.50, 1000)	#根据 p_i 设置式(4.9)中 θ 的取值范围
4	fig, axes = plt.subplots(nrows = 1, ncols = 2, figsize = (20, 8))	
		#将画图区域划分为 1 行 2 列 2 个单元并设置图形大小
5	for i in range(10):	#利用循环绘制科比前 10 个赛季投篮命中率的后验分布
6	a = a0+DataSet.iloc[i]['Successes']	#设置后验分布参数 $\alpha + n_1$
7	b = b0+DataSet.iloc[i]['Fails']	#设置后验分布参数 $\beta + n_2$
8	dist = beta(a, b)	#创建贝塔分布对象
9	axes[0].plot(theta, dist.pdf(theta), label = DataSet.index[i]+'('+str(DataSet.iloc[i]['Percent'])+')')	
	#计算参数 $\alpha + n_1, \beta + n_2$ 下的概率密度，绘制概率密度曲线，设置图例说明	
...	……	#图标题设置等，略去
14	theta = np.linspace(0.30, 0.50, 1000)	#根据 p_i 设置式(4.9)中 θ 的取值范围
15	for i in range(10, 20):	#利用循环绘制后科比后 10 个赛季投篮命中率的后验分布
16	a = a0+DataSet.iloc[i]['Successes']	#设置后验分布参数 $\alpha + n_1$
17	b = b0+DataSet.iloc[i]['Fails']	#设置后验分布参数 $\beta + n_2$
18	dist = beta(a, b)	#创建贝塔分布对象
19	axes[1].plot(theta, dist.pdf(theta), label = DataSet.index[i]+'('+str(DataSet.iloc[i]['Percent'])+')')	
	#计算参数 $\alpha + n_1, \beta + n_2$ 下的概率密度，绘制概率密度曲线，设置图例说明	
...	……	#图标题设置等，略去

代码说明

以上省略号部分在之前代码中重复出现过且不影响对原理的理解，故略去以节约篇幅。

此外，这里也略去了表 4.3 中数据的统计过程，完整 Python 代码参见本书配套代码。所绘制的图形如图 4.5 所示。

图 4.5　科比 20 个赛季真实投篮命中率的分布曲线

彩图 4.5

图 4.5 中图例圆括号中的数据为 p_i，$i = 1, 2, \cdots, 20$。图 4.5 显示，科比投篮真实命中率的分布（估计的）在各赛季中是有所不同的，呈现分布曲线随时间推移从左向右移动后又向左移动的情况，客观展示了科比在其运动生涯中从早期投篮命中率相对不高至中期达到巅峰后又有所回落的特点。

进一步计算各赛季后验分布的期望,并将其作为各赛季真实投篮命中率 θ_i 的估计值 $\hat{\theta}_i$。

行号	代码和说明	
1	theta = []	#存储后验分布的期望
2	for i in range(20):	#利用循环分别计算各赛季后验分布的期望
3	a = a0+DataSet.iloc[i]['Successes']	#设置后验分布参数 α
4	b = b0+DataSet.iloc[i]['Fails']	#设置后验分布参数 β
5	Etheta.append(a/(a+b))	#计算后验分布的期望
6	print("各赛季真实投篮命中率的估计值: ", np.round(Etheta, 3))	

各赛季真实投篮命中率的估计值: [0.423 0.4309 0.4588 0.4604 0.4667 0.4584 0.4363 0.4333 0.4366 0.4537
0.4579 0.4684 0.4679 0.4537 0.4464 0.4258 0.4578 0.4068 0.3761 0.3562]

从以上各赛季真实投篮命中率的估计值可以看出, $\hat{\theta}_i \approx p_i$,即 $E(\theta \mid \boldsymbol{D}) \rightarrow \dfrac{n_1}{n_1 + n_2}$,数据起到了决定性作用,这正是先验分布参数 α, β 设置得较小所导致的。需要说明的是,本示例中各赛季的先验分布参数 α, β 均取相同值,可对此进一步进行优化。例如,令本赛季的先验分布参数等于上赛季的后验分布参数,即 $\alpha_{i+1} = \alpha_i$, $\beta_{i+1} = \beta_i$,从而更好地反映运动状态在相邻赛季的延续性特点。

本 章 总 结

本章重点讨论了朴素贝叶斯分类器的基本原理,涉及先验分布、数据似然、后验分布等基本概念的讲解,并以空气质量监测数据为例,展示了朴素贝叶斯分类器的 Python 实现。进一步,通过 Python 编程,基于模拟数据对比了朴素贝叶斯分类器和二项 Logistic 回归模型的分类边界的特点。此外,本章还讨论了朴素贝叶斯分类器在文本分类中的应用,涉及文本分词、量化计算及文本描述性分析等内容。4.4 节为选讲内容,简要介绍了贝叶斯参数估计的基本思想,并以科比投篮命中率的研究为例,展示了贝叶斯参数估计的 Python 应用实践。

相关函数列表

围绕本章学习,应重点掌握 Python 模块中的以下函数。函数的具体格式参见 Python 帮助。

一、建立朴素贝叶斯分类器的函数

modelNB = GaussianNB(); modelNB.fit(X, Y)。

二、绘制分类边界时数据点的生成函数

np.meshgrid()。

三、分类模型的综合评价函数

classification_report()。

本 章 习 题

1. 朴素贝叶斯分类器的基本假设是什么？
2. 贝叶斯分类器的先验概率、数据似然和后验概率有怎样的联系？
3. 为什么说朴素贝叶斯分类器可以解决非线性分类问题？
4. Python 编程：优惠券核销预测。

有超市部分顾客购买液态奶和使用优惠券的历史数据（文件名为优惠券核销数据.csv），包括性别（Sex：女 1/男 2），年龄段（Age：中青年 1/中老年 2），液态奶品类（Class：低端 1/中档 2/高端 3），单均消费额（AvgSpending），是否核销优惠券（Accepted：核销 1/未核销 0）。现要进行新一轮的优惠券推送促销，为实现精准营销需要确定有大概率核销优惠券的顾客群。

请分别采用二项 Logistic 回归模型和朴素贝叶斯分类器，对是否核销优惠券进行二分类预测，并分析哪些因素是影响优惠券核销的重要因素。

5. Python 编程：药物的适用性推荐。

有大批患有同种疾病的不同病人，服用五种药物（Drug，分为 Drug A、Drug B、Drug C、Drug X、Drug Y）中的一种之后都取得了同样的治疗效果。示例数据（文件名为药物研究.txt）是随机挑选的部分病人服用药物前的基本临床检查数据，包括血压（BP，分为高血压 High、正常 Normal、低血压 Low），胆固醇（Cholesterol，分为正常 Normal 和高胆固醇 High），血液中钠元素（Na）和钾元素（K）含量，病人年龄（Age）和性别（Sex，包括男 M 和女 F）等。现需要根据以往药物处方适用的规律，给出不同临床特征的病人更适合服用哪种药物的推荐建议，从而为医生开具处方提供参考。

请分别采用二项 Logistic 回归模型和朴素贝叶斯分类器，从多分类预测角度对药物的适用性推荐进行研究，并分析哪些因素是影响药物适用性推荐的重要因素。

第 5 章

数据预测建模：近邻分析

一般线性回归模型、二项 Logistic 回归模型及贝叶斯分类器都是数据预测建模的常用模型。这些模型的共同特点是需要满足某些假设。例如，一般线性回归模型需要假设输入变量全体和输出变量具有线性关系；二项 Logistic 回归模型需要假设输入变量全体和 LogitP 具有线性关系；朴素贝叶斯分类器需要假设输入变量条件独立，在计算数据似然时需要假设数值型输入变量服从高斯分布，离散型输入变量服从多项式分布等。

如果无法确定假设能否满足，那么应如何进行预测建模呢？近邻分析正是这样一种无须假设且简单有效的预测建模方法，本章将从以下三个方面重点讨论近邻分析。

第一，K-近邻法。

第二，加权 K-近邻法。

第三，K-近邻法的适用性。

本章将结合 Python 编程对上述问题进行直观讲解，并会基于 Python 给出近邻分析的实现及应用实践示例。K-近邻法的适用性探讨为本章的选讲内容。

5.1 近邻分析：K-近邻法

近邻分析实现数据预测的基本思想：为预测样本观测点 X_0 输出变量 y_0 的取值，首先在训练集中找到与 X_0 相似的若干个样本观测点，记为 $(X_1, X_2, \cdots)$，称这些样本观测点为 X_0 的近邻；其次根据近邻 $(X_1, X_2, \cdots)$ 的输出变量 $(y_1, y_2, \cdots)$，对样本观测点 X_0 的输出变量 y_0 进行预测。

典型的近邻分析法是 K-近邻法（K-Nearest Neighbor，KNN）。它将训练集中的 N 个样本观测看成 p 维（p 个数值型输入变量）空间 $\mathbb{R}^p$ 中的点，并根据 X_0 的 K 个近邻 $(X_1, X_2, \cdots, X_K)$ 的输出变量 $(y_1, y_2, \cdots, y_K)$ 依函数 $f(y_1, y_2, \cdots, y_K)$ 计算 $\hat{y}_0$。通常，对于回归预测问题，函数 f 被定义为

$$\hat{y}_0 = f(y_1, y_2, \cdots, y_K) = \frac{1}{K} \sum_{i=1}^{K} y_i \tag{5.1}$$

式中，回归预测值 $\hat{y}_0$ 是 K 个近邻输出变量 $(y_1, y_2, \cdots, y_K)$ 的均值。对于分类预测问题，函数 f 被定义为

$$\hat{y}_0 = \text{mode}(y_1, y_1, \cdots, y_K) \tag{5.2}$$

式中，$\text{mode}(\cdot)$ 表示取众数，即分类预测值 $\hat{y}_0$ 是 K 个近邻输出变量 $(y_1, y_2, \cdots, y_K)$ 的众数。

由此可见，K-近邻法很好地体现了"近朱者赤，近墨者黑"的朴素思想。它不需要假设输入变量和输出变量之间关系的具体形式，只需指定 $\hat{y}_0$ 是 $(y_1, y_2, \cdots, y_K)$ 的函数，即 $\hat{y}_0 = f(y_1, y_2, \cdots, y_K)$ 即可。

K-近邻法涉及如下两个核心问题。

第一，依据怎样的标准测度任意样本观测点 $\boldsymbol{X}_i$ 与 $\boldsymbol{X}_0$ 的近邻关系，即如何确定 $(\boldsymbol{X}_1, \boldsymbol{X}_2, \cdots, \boldsymbol{X}_K)$。

第二，依据怎样的原则确定 K 的取值，即应找到 $\boldsymbol{X}_0$ 的几个近邻。

5.1.1　距离：K-近邻法的近邻度量

K-近邻法将样本观测点看成 p 维（p 个数值型输入变量）空间 $\mathbb{R}^p$ 中的点，可在空间 $\mathbb{R}^p$ 中定义某种距离，并将其作为测度样本观测点与 $\boldsymbol{X}_0$ 近邻关系的依据。

常用的距离有闵可夫斯基距离（Minkowski Distance）、欧氏距离（Euclidean Distance）、曼哈顿距离（Manhattan Distance）、切比雪夫距离（Chebychev Distance）、夹角余弦距离（Cosine Distance）等。

对两个样本观测点 $\boldsymbol{X}_i$ 和 $\boldsymbol{X}_j$，若 X_{ik}、X_{jk} 分别是 $\boldsymbol{X}_i$ 和 $\boldsymbol{X}_j$ 的第 k 个输入变量，则两个样本观测点 $\boldsymbol{X}_i$ 和 $\boldsymbol{X}_j$ 的上述距离定义如下。

1. 闵可夫斯基距离

两个样本观测点 $\boldsymbol{X}_i$ 和 $\boldsymbol{X}_j$ 间的闵可夫斯基距离，是指两点 p 个输入变量绝对差的 m 次方和的 m 次方根（m 可以任意指定），数学表达式为

$$d_{\text{Minkowski}}(\boldsymbol{X}_i, \boldsymbol{X}_j) = \sqrt[m]{\sum_{k=1}^{p} \left| X_{ik} - X_{jk} \right|^m} \tag{5.3}$$

2. 欧氏距离

两个样本观测点 $\boldsymbol{X}_i$ 和 $\boldsymbol{X}_j$ 间的欧氏距离，是指两点 p 个输入变量之差的平方和的平方根，数学表达式为

$$d_{\text{Euclidean}}(\boldsymbol{X}_i, \boldsymbol{X}_j) = \sqrt{\sum_{k=1}^{p} (X_{ik} - X_{jk})^2} \tag{5.4}$$

欧氏距离是闵可夫斯基距离在 $m=2$ 时的特例。

3. 曼哈顿距离

两个样本观测点 $\boldsymbol{X}_i$ 和 $\boldsymbol{X}_j$ 间的曼哈顿距离，是指两点 p 个输入变量绝对差的和，数学表达式为

$$d_{\text{Manhattan}}(\boldsymbol{X}_i, \boldsymbol{X}_j) = \sum_{k=1}^{p} \left| X_{ik} - X_{jk} \right| \tag{5.5}$$

曼哈顿距离是闵可夫斯基距离在 $m=1$ 时的特例。

4. 切比雪夫距离

两个样本观测点 $\boldsymbol{X}_i$ 和 $\boldsymbol{X}_j$ 间的切比雪夫距离，是指两点 p 个输入变量绝对差的最大值，数学表达式为

$$d_{\text{Chebychev}}(\boldsymbol{X}_i, \boldsymbol{X}_j) = \max\left(\left|X_{ik} - X_{jk}\right|\right), \quad k = 1, 2, \cdots, p \tag{5.6}$$

5. 夹角余弦距离

两个样本观测点 $\boldsymbol{X}_i$ 和 $\boldsymbol{X}_j$ 间的夹角余弦距离的数学表达式为

$$d_{\text{Cosine}}(\boldsymbol{X}_i, \boldsymbol{X}_j) = \frac{\sum_{k=1}^{p}(X_{ik}X_{jk})}{\sqrt{\sum_{k=1}^{p}X_{ik}^2}\sqrt{\sum_{k=1}^{p}X_{jk}^2}} \tag{5.7}$$

夹角余弦距离从两个样本观测点的变量整体结构相似性角度测度距离。夹角余弦距离越大，结构相似性越高。4.3.2 节曾利用夹角余弦值度量两个文本的余弦相似性。

值得注意的是，若 p 个输入变量存在数量级差异，则数量级较大的输入变量对距离计算结果的贡献会大于数量级较小的输入变量。为使各输入变量对距离有同等贡献，计算距离前应对数据进行预处理以消除数量级差异。常见的数据预处理方法是极差法和标准分数法。

若 X_{*k} 是样本观测点 $\boldsymbol{X}_*$ 的第 k 个输入变量，对 X_{*k} 进行标准化处理。采用极差法，得

$$X'_{*k} = \frac{X_{*k} - \min(X_{1k}, X_{2k}, \cdots, X_{Nk})}{\max(X_{1k}, X_{2k}, \cdots, X_{Nk}) - \min(X_{1k}, X_{2k}, \cdots, X_{Nk})} \tag{5.8}$$

式中，$\max$、$\min$ 分别表示求最大值和最小值。采用标准分数法，得

$$X'_{*k} = \frac{X_{*k} - \bar{X}_k}{\sigma_{X_k}} \tag{5.9}$$

式中，$\bar{X}_k$ 和 σ_{X_k} 分别表示第 k 个输入变量的均值和标准差。

综上，计算训练集中样本观测点 $\boldsymbol{X}_i (i = 1, 2, \cdots, K)$ 到 $\boldsymbol{X}_0$ 的距离 $d_i = d(\boldsymbol{X}_i, \boldsymbol{X}_0)$，并根据距离的大小确定 $\boldsymbol{X}_i$ 是否与 $\boldsymbol{X}_0$ 有近邻关系，距离小（夹角余弦距离大）表明 $\boldsymbol{X}_i$ 与 $\boldsymbol{X}_0$ 具有相似性，存在近邻关系；距离大（夹角余弦距离小）表明 $\boldsymbol{X}_i$ 与 $\boldsymbol{X}_0$ 不具有相似性，不存在近邻关系。

5.1.2 参数 K：1-近邻法和 K-近邻法

尽管距离是确定与 $\boldsymbol{X}_0$ 的近邻关系的重要指标，但更重要的是应选择距离较近的几个样本观测点参与对 y_0 的预测，也就是确定 K。

当参数 $K = 1$ 时，称为 1-近邻法，即只找到距离 $\boldsymbol{X}_0$ 最近的 1 个近邻 $\boldsymbol{X}_i$，以最近的 1 个近邻的输出变量作为 y_0 的预测值：$\hat{y}_0 = y_i$。当参数 $K > 1$ 时，称为 K-近邻法，即找到距离 $\boldsymbol{X}_0$ 最近的 K 个近邻 $(\boldsymbol{X}_1, \boldsymbol{X}_2, \cdots, \boldsymbol{X}_K)$，并根据近邻的输出变量 $(y_1, y_2, \cdots, y_K)$ 依据式(5.1)或式(5.2)计算得到 y_0 的预测值 $\hat{y}_0$。

当 K 取最小值 1 时，由于只根据 $\boldsymbol{X}_0$ 的单个近邻进行预测，因此预测结果会受近邻随

机性差异的影响，预测稳健性低。增加近邻个数可有效解决该问题，但若 K 取一个很大的不合理值，则可能意味着训练集中的所有样本观测点都是 X_0 的近邻，此时通过距离测度近邻关系就不再有意义。因此，K 是 K-近邻法的关键参数。

以下将分别从回归预测建模和分类预测建模两个方面，讨论参数 K 对数据预测的影响。

5.2　回归预测中的 K-近邻法

本节将利用 Python 生成的模拟数据，分别建立一元线性回归模型，以及基于 1-近邻法和 K-近邻法的回归模型，绘制相应的回归线和回归面。通过各回归线和回归面展示回归预测中 1-近邻法和 K-近邻法的特点，讨论参数 K 对回归预测的影响。

应首先导入 Python 的相关包或模块。为避免重复，这里将本章需要导入包或模块一并列出如下，#后面给出了简短的功能说明。

```
1   #本章需导入:
2   import numpy as np
3   import pandas as pd
4   import matplotlib.pyplot as plt
5   import warnings
6   warnings.filterwarnings(action = 'ignore')
7   %matplotlib inline
8   plt.rcParams['font.sans-serif']=['SimHei']    #解决中文显示乱码问题
9   plt.rcParams['axes.unicode_minus']=False
10  from mpl_toolkits.mplot3d import Axes3D    #绘制3维图形
11  import sklearn.linear_model as LM    #建立线性模型
12  from sklearn.metrics import classification_report    #分类模型评价
13  from sklearn.model_selection import cross_validate, train_test_split    #划分数据集，交叉验证
14  from sklearn import neighbors, preprocessing    #K-近邻分析，数据预处理
15  from sklearn.datasets import make_regression    #生成用于回归建模的模拟数据
```

5.2.1　Python 模拟和启示：认识 K-近邻回归线

本节首先讨论最简单的仅有一个输入变量的回归预测问题，基本思路如下。

（1）随机生成样本量 $N = 5$ 的仅有一个输入变量 X 的模拟数据，用于训练回归模型。

（2）绘制模拟数据的散点图。

（3）分别建立一元线性回归模型，以及基于 1-近邻法和 3-近邻法的回归模型，并绘制对应的回归线，以对比各回归线的特点。

Python 代码（文件名为 chapter5-1-1.ipynb）如下。

行号	代码和说明
1	N = 5　　　　　　　　　　　　　　　　　　#指定样本量 N 为 5
2	X = np.array([1, 10, 25, 30, 50])　　　　　#指定输入变量 X 的 5 个取值
3	np.random.seed(123)　　　　　　　　　　#指定随机数种子，使以下随机生成的模拟数据 y 可以重现
4	y = 0.5*np.log10(2*X)+np.random.normal(10, 10)　#生成输出变量 y 的值，y 和 X 的系统关系为非线性关系，并添加服从均值和标准差均等于 0 的正态分布的随机误差项
5	plt.figure(figsize = (9, 6))　　　　　　　#指定图形大小
6	plt.scatter(X, y, edgecolors = 'black', marker = 'o', c = '', s = 80)　#绘制所生成的 5 个样本观测点的散点图
7	plt.xlim(xmax = 60, xmin = -10)　　　　　#指定图中横坐标的取值范围
8	X = X.reshape(N, 1)　　　　　　　　　　#将 X 的形状变成 N 行 1 列，为后续回归预测建模服务
9	modelLR = LM.LinearRegression()　　　　#指定建立一元线性回归模型 modelLR
10	modelLR.fit(X, y)　　　　　　　　　　　#基于 X 和 y 估计 modelLR 的参数

11	model1NN = neighbors.KNeighborsRegressor (n_neighbors = 1)	#指定建立基于 1-近邻法的回归模型 model1NN
12	model1NN.fit (X, y)	#基于 X 和 y 估计 model1NN 的参数
13	modelKNN = neighbors.KNeighborsRegressor (n_neighbors = 3)	#指定建立基于 3-近邻法的回归模型 model1NN
14	modelKNN.fit (X, y)	#基于 X 和 y 估计 modelKNN 的参数
15	X0 = np.linspace (-10, 60, 200).reshape (200, 1)	#为绘制回归线准备未来新数据的输入变量 X0
16	plt.plot (X0, modelLR.predict (X0), linestyle = '--', label = '一元线性回归')	
		#对 X0 进行预测并绘制 modelLR 的回归线
17	plt.plot (X0, model1NN.predict (X0), linestyle = '-', label = '1-近邻法')	#对 X0 进行预测并绘制 model1NN 的回归线
18	plt.plot (X0, modelKNN.predict (X0), linestyle = '-.', label = '3-近邻法')	#对 X0 进行预测并绘制 modelKNN 的回归线
19	plt.title ("回归预测中的一元线性回归模型 (训练误差:%.2f)\n1-近邻法 (训练误差:%.2f)\n3-近邻法 (训练误差:%.2f)" % (1-modelLR.score (X, y), 1-model1NN.score (X, y), 1-modelKNN.score (X, y)), fontsize = 14)	
		#指定图标题，计算 3 个回归模型的训练误差
...	......	#图标题设置等，略去

代码说明

（1）以上省略号部分在之前代码中重复出现过且不影响对原理的理解，故略去以节约篇幅。完整 Python 代码参见本书配套代码。

（2）第 11、13 行：利用 KNeighborsRegressor 建立基于 K-近邻法的回归模型，其中 n_neighbors 为参数 K。所绘制的图形如图 5.1 所示。

图 5.1　回归预测中的一元线性回归模型、基于 1-近邻法和 3-近邻法的回归模型对应的回归线

彩图 5.1

图 5.1 中 5 个空心圆圈表示模拟生成的 5 个样本观测点。

● 蓝色虚线是一元线性回归模型对应的回归线（直线），模型训练误差等于 0.22。
● 黄色实线是基于 1-近邻法的回归模型对应的回归线（折线），模型的训练误差等于 0。最下方第一条黄色实线线段表示，当输入变量 X 在 $[-10, 5]$ 范围内取值时，输出变量的预测值 $\hat{y}$ 等于它们的 1-近邻，即 1 号点的 y，预测值落在该线段上；第二条黄色实线线段表示，当输入变量 X 在 $[5, 17.5]$ 范围内取值时，输出变量的预测值 $\hat{y}$ 等于它们的 1-近邻，即 2 号点的 y，预测值落在该线段上；最上方黄色实线线段表示，

当输入变量 $X > 40$ 时，输出变量的预测值 $\hat{y}$ 等于它们的 1-近邻，即 5 号点的 y，预测值落在该线段上。黄色实线经平滑处理后会成为一条不规则的曲线。

● 绿色点画线是基于 3-近邻法的回归模型对应的回归线（折线），模型的训练误差等于 0.42，误差大于基于 1-近邻法的回归模型也大于一元线性回归模型。最上方绿色点画线段表示，当输入变量 $X > 30$ 时，输出变量的预测值 $\hat{y}$ 等于它们的 3-近邻，即 3、4、5 号点 y 的均值，预测值落在该线段上。绿色点画线经平滑处理后也会成为一条不规则的曲线，但不规则程度低于黄色实线的平滑曲线。

由此得到如下启示。

（1）基于 K-近邻法建立回归模型可以实现非线性回归预测，基于 K-近邻法的回归模型是对线性回归模型应用的重要补充。

（2）模型的训练误差随参数 K 的增大而增大。事实上，基于 1-近邻法的回归模型的复杂度高于基于 3-近邻法的回归模型，参数 K 越大，基于 K-近邻法的回归模型的复杂度越低，进而导致其训练误差越大。

（3）基于 1-近邻法的回归模型对应的黄色实线会随样本观测点位置的微小移动而移动。例如，当 1 号点向上移到灰色圆圈的位置时，最下方第一条黄色实线线段也会同步向上平移。但基于 3-近邻法的回归模型对应的绿色点画线则不易移动，这将导致基于 1-近邻法的回归模型的预测稳健性低于基于 3-近邻法的回归模型，预测方差更大。

为充分说明 K-近邻法中参数 K 对回归模型的影响，以下进一步讨论多个输入变量的场景。

5.2.2　Python 模拟和启示：认识 K-近邻回归面

为便于观察，这里讨论仅有两个输入变量的回归预测问题，基本思路如下。

（1）随机生成样本量 $N = 30$ 的有两个输入变量 X_1、X_2 的模拟数据，用于训练回归模型。

（2）分别建立多元线性回归模型，以及基于 1-近邻法和 10-近邻法的回归模型。

（3）绘制模拟数据的 3 维散点图，以及上述 3 个模型的回归面，对比各个回归面的特点。

Python 代码（文件名为 chapter5-1-1.ipynb）如下。为便于阅读，我们将代码运行结果直接放置在相应代码行下方。

行号	代码和说明
1	N = 30　　　　　　　　　　　　　　　　　　　　　　#指定样本量 N 为 30
2	X, y = make_regression(n_samples = N, n_features = 2, n_informative = 2, noise = 20, random_state = 123) #随机生成样本量为 N、有 2 个输入变量(n_features)且均对输出变量 y 有线性影响(n_informative)、随机误差项服从均值为 0 且标准差为 20(noise)的正态分布的数据集。其中，X 为输入变量数据集，y 为输出变量
3	modelLR = LM.LinearRegression()　　　　　　　　　#指定建立多元线性回归模型 modelLR
4	modelLR.fit(X, y)　　　　　　　　　　　　　　　　#基于 X 和 y 估计 modelLR 的参数
5	print('线性回归模型的训练误差: %.3f'%(1-modelLR.score(X, y)))
	线性回归模型的训练误差: 0.035
6	model1NN = neighbors.KNeighborsRegressor(n_neighbors = 1)　#指定建立基于 1-近邻法的回归模型 model1NN
7	model1NN.fit(X, y)　　　　　　　　　　　　　　　#基于 X 和 y 估计 model1NN 的参数
8	print('1-近邻法的训练误差: %.3f'%(1-model1NN.score(X, y)))
	1-近邻法的训练误差: 0.000
9	modelKNN = neighbors.KNeighborsRegressor(n_neighbors = 10)　#指定建立基于 10-近邻法的回归模型 modelKNN

10	modelKNN.fit(X, y)	#基于 X 和 y 估计 modelKNN 的参数
11	print('K-近邻法的训练误差：%.3f'%(1-modelKNN.score(X, y)))	

K-近邻法的训练误差：0.187

12	X01, X02 = np.meshgrid(np.linspace(X[:, 0].min(), X[:, 0].max(), 20), np.linspace(X[:, 1].min(), X[:, 1].max(), 20))	#为绘制回归面准备数据
13	X0 = np.hstack((X01.reshape(400, 1), X02.reshape(400, 1)))	#新数据集 X0 中包含 400 个样本观测点
14	def Myplot(y0hat, title, yhat):	#定义用户自定义函数 Myplot，用于在 3 维空间中绘制 3 个模型的回归面
15	ax = Axes3D(plt.figure(figsize = (9, 6)))	#定义 3 维绘图对象
16	ax.scatter(X[y> = yhat, 0], X[y> = yhat, 1], y[y> = yhat], c = 'red', marker = 'o', s = 100)	#绘制 $y_i \geqslant \hat{y}_i$ 的样本观测点
17	ax.scatter(X[y<yhat, 0], X[y<yhat, 1], y[y<yhat], c = 'grey', marker = 'o', s = 100)	#绘制 $y_i < \hat{y}_i$ 的样本观测点
18	ax.plot_surface(X01, X02, y0hat.reshape(20, 20), alpha = 0.6)	#绘制基于 X0 及其预测值的回归面
19	ax.plot_wireframe(X01, X02, y0hat.reshape(20, 20), linewidth = 0.5)	#绘制基于 X0 及其预测值的网格图
...	......	#图标题设置等，略去
24	Myplot(y0hat = modelLR.predict(X0), title = "线性回归平面", yhat = modelLR.predict(X))	#调用 Myplot 函数，绘制 modelLR 的回归面
25	Myplot(y0hat = model1NN.predict(X0), title = "1-近邻的回归面", yhat = model1NN.predict(X))	#调用 Myplot 函数，绘制 model1NN 的回归面
26	Myplot(y0hat = modelKNN.predict(X0), title = "K-近邻的回归面", yhat = modelKNN.predict(X))	#调用 Myplot 函数，绘制 modelKNN 的回归面

代码说明

（1）以上省略号部分在之前代码中重复出现过且不影响对原理的理解，故略去以节约篇幅。完整 Python 代码参见本书配套代码。

（2）第 14 行：为减少代码重复，定义一个名为 Myplot 的用户自定义函数，用于绘制回归面，需要给出 3 个参数。第 1 个参数是新数据集 $\boldsymbol{X}_0$ 的预测值 $\hat{y}_0$（y0hat），将依据 $\boldsymbol{X}_0$ 和 $\hat{y}_0$ 绘制回归面；第 2 个参数是所绘图形的标题（title）；第 3 个参数是数据集 $\boldsymbol{X}$ 的预测值 $\hat{y}$（yhat），将比较实际值 y 和预测值 $\hat{y}$ 并指定散点图中点的颜色，以便直观展示样本观测点和回归面的位置关系。这里指定，$y \geqslant \hat{y}$ 时点为红色，$y < \hat{y}$ 时点为灰色。所绘制的图形如图 5.2 所示。

图 5.2　回归预测中的多元线性回归模型、基于 1-近邻法和 10-近邻法的回归模型对应的回归面

- 图 5.2 左图是多元线性回归模型对应的回归面（平面），模型训练误差等于 0.035。
- 图 5.2 中图是基于 1-近邻法的回归模型对应的回归面，模型训练误差等于 0。其中每个小平面表示，当输入变量 X_1、X_2 在对应区域取值

彩图 5.2

时，输出变量的预测值 $\hat{y}$ 等于它们的 1 个近邻的 y，预测值落在该回归面上。该回归面经平滑处理后将是一个起伏不规则的回归曲面。

- 图 5.2 右图是基于 10-近邻法的回归模型对应的回归面，模型训练误差等于 0.187，误差大于基于 1-近邻法的回归模型，也大于多元线性回归模型。其中每个小平面表示，当输入变量 X_1、X_2 在对应区域取值时，输出变量的预测值 $\hat{y}$ 等于它们的 10 个近邻 y 的平均值，预测值落在该回归面上。该回归面经平滑处理后也将是一个起伏不规则的回归曲面，但不规则程度低于图 5.2 中图的平滑曲面。

由此进一步证实了 5.2.1 节的结论：基于 K-近邻法建立回归模型可以实现非线性回归预测。基于 1-近邻法的回归模型的复杂度最高，随参数 K 的增大，模型复杂度逐渐降低，训练误差逐渐增大。应注意的是，参数 K 较小的高复杂度模型，虽然其训练误差小，但其预测方差较大且可能出现过拟合现象；参数 K 较大的低复杂度模型，虽然其预测方差较小，但其训练误差较大且可能是欠拟合的。由此可见，参数 K 起到了平衡模型复杂度和误差，即平衡模型方差和偏差的作用。因此，选择一个合理的参数 K 对回归预测建模是非常重要的。通常可采用旁置法或 K 折交叉验证法，找到测试误差最小时的参数 K。

以测试误差作为选择参数 K 的依据，是为了避免 3.5.3 节讨论的模型过拟合问题。对于 K-近邻法，测试误差是指对测试集的每个样本观测点寻找其在训练集中的 K 个近邻并进行预测和计算得到的误差。

5.3　分类预测中的 K-近邻法

本节将以二分类预测为例讨论 K-近邻法如何实现分类预测，重点基于 Python 编程分析 K-近邻法中参数 K 对二分类边界的影响。

5.3.1　基于 1-近邻法和 K-近邻法的分类

预测新样本观测点 X_0 的输出变量 y_0 的类别值，最简单的方法是 1-近邻法，即找到距离 X_0 最近的 1 个近邻 X_i，以最近的 1 个近邻的输出变量作为 y_0 的预测值：$\hat{y}_0 = y_i$。

图 5.3 左图所示为 2 个输入变量下基于 1-近邻法的分类预测示意图。实心圆圈和三角形分别表示输出变量的两个类别（如 0 类和 1 类），现希望预测空心圆圈位置上的样本观测点 X_0 应属于哪个类别。设 X_i 与 X_0 的距离为 $d_{0i}(d_{0i} \geqslant 0, d_{0i} \in \mathbb{R})$。依据 1-近邻法，以 X_0 为圆心、$\min(d_{0i})$ 为半径画圆，得到除 X_0 之外只包含 1 个样本观测点 X_i 的邻域圆。这里，对 X_0 的预测结果为三角形。

1-近邻法的优势是简单且训练误差小。1967 年，Cover 和 Hart[①] 的研究表明，1-近邻法的错判率不大于贝叶斯分类器错判率的 2 倍。若输出变量共有 K 个类别，k^* 是众数类，$P_k(X)$ 表示 X 属于 k 类的概率，则贝叶斯分类器的错判率为 $1 - P_{k^*}(X)$，1-近邻法的错判率为 $\sum_{k=1}^{K} P_k(X)(1 - P_k(X)) \geqslant 1 - P_{k^*}(X)$。对于二分类预测问题来说，1-近邻法对 X_0 的预测类别仅取决于 X_0 的 1 个近邻。若该近邻以 $P_1(X)$ 的概率取类别值 1，则预测 X_0 的类别值为 1 犯错的概率为 $1 - P_1(X)$；若该近邻以 $P_0(X)$ 的概率取类别值 0，则预测 X_0 的类别值为 0 犯错的

① Cover T M，Hart P E. Nearest neighbor pattern classification[J]. IEEE Transactions on Information Theory，1967，13（1）：21-27.

概率为 $1-P_0(\boldsymbol{X})$。假设 $k^*=1$，1-近邻法的错判率为 $2P_{k^*}(\boldsymbol{X})(1-P_{k^*}(\boldsymbol{X})) \leqslant 2(1-P_{k^*}(\boldsymbol{X}))$，不大于贝叶斯分类器错判率的 2 倍。

　　1-近邻法的不足在于，只根据 $\boldsymbol{X}_0$ 的 1 个近邻进行预测，预测结果会受近邻随机性差异的影响，预测稳健性低。增加近邻个数 K 可有效解决该问题。图 5.3 右图所示为基于 3-近邻法的分类预测示意图。依据 3-近邻法，得到以 $\boldsymbol{X}_0$ 为圆心、$\text{Top } 3(d_{0i})$ 为半径的邻域圆。因邻域圆内实心圆圈占多数，所以 $\boldsymbol{X}_0$ 的预测结果为实心圆圈。

　　需要说明的是，可能出现以 $\boldsymbol{X}_0$ 为圆心、$\text{Top } K(d_{0i})$ 为半径的邻域圆内样本观测点集合 $N_K(\boldsymbol{X}_0)$ 的样本量大于 K 的情况。主要原因是样本观测点 $\boldsymbol{X}_i$ 和 $\boldsymbol{X}_j$ 到 $\boldsymbol{X}_0$ 的距离相等，即 $d_{0i}=d_{0j}(i \neq j)$。此时一般处理策略有两个：第一，在所有 $d_{0i}=d_{0j}(i \neq j)$ 中随机抽取一个样本观测点参与预测；第二，$N_K(\boldsymbol{X}_0)$ 中的全部样本观测点均参与预测。

彩图 5.3

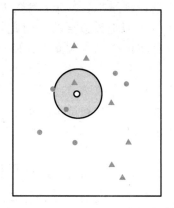

图 5.3　基于 1-近邻法和 3-近邻法的分类预测示意图

5.3.2　Python 模拟和启示：参数 K 和分类边界

　　本节将利用 Python 生成的模拟数据，分别基于 1-近邻法和 K-近邻法建立分类模型，绘制随参数 K 变化的分类边界，直观展示分类预测中 1-近邻法和 K-近邻法分类边界的特点，探讨参数 K 对分类预测的影响，基本思路如下。

　　(1)为便于对比，仍基于 4.2.2 节的模拟数据，分别建立基于 1-近邻法、5-近邻法、30-近邻法和 49-近邻法的分类模型。

　　(2)分别绘制各模型的分类边界，对比随参数 K 的增加分类边界的变化特点。

　　Python 代码(文件名为 chapter5-1.ipynb)如下。

行号	代码和说明
1	np.random.seed(123)　　　　　　　　　　　　　#指定随机数种子，使随机生成的模拟数据可以重现
2	N = 50　　　　　　　　　　　　　　　　　　　#指定样本量 N 为 50
3	n = int(0.5*N)　　　　　　　　　　　　　　　#指定输出变量 y = 0 的样本量 n
4	X = np.random.normal(0, 1, size = 100).reshape(N, 2)　　#生成样本量等于 50、输入变量 X1, X2 服从标准正态分布的输入变量数据集 X，其中 X1 = X[0]; X2 = X[1]
5	y = [0]*n+[1]*n　　　　　　　　　　　　　　#指定前 n 个样本观测点的 y = 0，后 n 个样本观测点的 y = 1
6	X[0:n] = X[0:n]+1.5　　　　　　　　　　　　#调整前 n 个样本观测点的输入变量取值
7	X01, X02 = np.meshgrid(np.linspace(X[:, 0].min(), X[:, 0].max(), 100), np.linspace(X[:, 1].min(), X[:, 1].max(), 100))　　　　　　　　　　　　　　　　　　#为绘制分类边界准备新数据 X0

```
8      X0 = np.hstack((X01.reshape(10000, 1), X02.reshape(10000, 1)))
9      fig, axes = plt.subplots(nrows = 2, ncols = 2, figsize = (15, 12))    #将绘图区域划分成 2 行 2 列 4 个单元
10     for K, H, L in [(1, 0, 0), (5, 0, 1), (30, 1, 0), (49, 1, 1)]:   #利用循环分别建立 4 个基于 K-近邻法的分类模型
11         modelKNN = neighbors.KNeighborsClassifier(n_neighbors = K)
                                                          #指定建立基于 K-近邻法的分类模型 modelKNN
12         modelKNN.fit(X, Y)                             #基于 X 和 Y 估计 modelKNN 的参数
13         Y0hat = modelKNN.predict(X0)                   #利用 modelKNN 对新数据 X0 进行分类预测
14         for k, c in [(0, 'silver'), (1, 'red')]:       #根据预测结果绘图
15             axes[H, L].scatter(X0[Y0hat == k, 0], X0[Y0hat == k, 1], color = c, marker = 'o', s = 1)
16             axes[H, L].scatter(X[:n, 0], X[:n, 1], color = 'black', marker = '+')    #将训练集中的 0 类点添加到图中
17             axes[H, L].scatter(X[n:N, 0], X[n:N, 1], color = 'magenta', marker = 'o')  #将训练集中的 1 类点添加到图中
18             axes[H, L].set_title("%d-近邻分类边界(训练误差:%.2f)"%((K, 1-modelKNN.score(X, Y))), fontsize = 14)
                                                          #设置图标题，计算训练误差
...    ......                                             #图标题设置等，略去
```

代码说明

（1）以上省略号部分在之前代码中重复出现过且不影响对原理的理解，故略去以节约篇幅。完整 Python 代码参见本书配套代码。

（2）在从第 10 行开始的循环中，依次指定参数 K 分别为 1、5、30、49。H 和 L 分别为 4 个图形在整个画板上的坐标。不同预测类别的点将用不同的颜色表示。

（3）第 11 行：利用 KNeighborsClassifier(n_neighbors = K) 建立基于 K-近邻法的分类模型。参数 n_neighbors 指定为近邻数。

所绘制的图形如图 5.4 所示。

图 5.4 展示了基于 4.2.2 节的模拟数据，依次采用 1-近邻法、5-近邻法、30-近邻法、49-近邻法进行分类预测的分类边界。图 5.4 中的粉色圆圈和黑色加号分别表示输出变量的两个类别，即 1 类和 0 类。粉色区域和灰色区域的边界为分类边界（曲线）。样本观测点若落入粉色区域，则类别值预测为 1；若落入灰色区域，则类别值预测为 0。除图 5.4 左上图的 1-近邻法之外，其他 3 个图形中均存在预测错误的点。

图 5.4 中，1-近邻法给出了三条分类边界且其形状很不规则，是高复杂度模型分类边界"紧随数据点"的典型表现。同时，所有粉色圆圈和黑色加号均落入了应落入的区域，实现了对训练集 100% 的正确预测（训练误差等于 0）。由此可见，1-近邻法特别适用于样本观测点的实际类别边界极不规则的情况。随着参数 K 增大，分类边界越来越趋于规则和平滑，不再"紧随数据点"，模型复杂度降低，训练误差增大。例如，本示例中 5-近邻法的训练误差为 16%，30-近邻法的训练误差为 22%，49-近邻法的训练误差为 26%。

此外，当训练集出现随机性变动时，因基于 1-近邻法的分类模型的分类边界"紧随数据点"，所以其预测偏差仍应是最小的。但由于其分类边界对训练集变化最为"敏感"，所以很可能导致预测结果（尤其对处在分类边界附近的点）随训练集的随机变动而变动，即预测方差较大，鲁棒性低。训练集的随机变动对参数 K 较大（如这里的 $K = 49$）的分类边界不会产生较大影响，其预测方差小但偏差会较大。总之，参数 K 不能过小或过大，过小则模型复杂度高，很可能出现模型过拟合现象且预测不稳健；过大则模型太简单，尽管预测稳健性高但很可能出现模型欠拟合现象，预测性能低。可采用旁置法或 K 折交叉验证法，找到测试误差最小时的参数 K。

图 5.4　基于 1-近邻法和 K-近邻法的分类模型的分类边界

进一步，与如图 4.1 所示的二项 Logistic 回归模型的分类边界及朴素贝叶斯分类器的分类边界对比不难看出，基于 K-近邻法的分类模型复杂度更高（K 较小时），更适用于解决非线性分类问题。此外，相对二项 Logistic 回归模型和朴素贝叶斯分类器而言，基于 K-近邻法的分类模型是一种基于局部的学习的模型。无论二项 Logistic 回归模型还是朴素贝叶斯分类器，都需要基于训练集的全部样本观测点估计模型参数并实现分类预测。而 K-近邻法仅需要基于部分样本观测点就可直接完成预测，是一种基于以 X_0 为圆心、较短长度为半径的邻域圆（或球）的局部方法（Local Methods）。

彩图 5.4

5.4　基于观测相似性的加权 K-近邻法

在用 K-近邻法进行预测时，X_0 的 K 个近邻对 X_0 的预测有同等的影响力度。直观上，距离 X_0 较近的近邻对预测的贡献应大于距离 X_0 较远的近邻，这样是较为合理的。为此，2004 年克劳斯·赫琴比切勒（Klaus Hechenbichler）对 K-近邻法进行了改进，提出了加权 K-近邻法。

加权 K-近邻法中的权重是针对样本观测点 X_i 的权重。权重的大小取决于 X_i 与 X_0 的相似性。其核心思想是，将相似性定义为 X_i 与 X_0 距离的某种非线性函数，距离越近，X_i 与 X_0 的相似性越强，权重越大，预测时的影响力度越大。

如何设置权重，加权 K-近邻法的分类边界和预测效果如何，是本节要讨论的主要问题。

5.4.1　加权 K-近邻法的权重

设 X_i 与 X_0 的距离为 $d_{0i}(d_{0i} \geq 0$，$d_{0i} \in \mathbb{R})$。若函数 $K(d_{0i})$ 可将距离 d_{0i} 转换为 X_i 与 X_0 的相似性，则函数 $K(d_{0i})$ 应有以下三个主要特性。

第一，$K(d_{0i}) \geq 0$。

第二，当 $d_{0i} = 0$ 时，$K(d_{0i})$ 取最大值，即距离为 0 时相似性最大。

第三，$K(d_{0i})$ 是 d_{0i} 的单调减函数，即距离越大相似性越小。

显然，d_{0i} 的倒数函数符合这些特性。此外，核函数（Kernel Function）也符合这些特性。核函数是关于样本观测点距离的一类函数的总称。常用的核函数有均匀核（Uniform Kernel）函数和高斯核（Gauss Kernel）函数。

设函数 $I(d_{0i})$ 为示性函数，只有 0 和 1 两个取值：$I(d_{0i}) = \begin{cases} 1, & |d_{0i}| \leq 1 \\ 0, & |d_{0i}| > 1 \end{cases}$。均匀核函数定义为

$$K(d_{0i}) = \frac{1}{2} \cdot I\left(|d_{0i}| \leq 1\right) \tag{5.10}$$

高斯核函数定义为

$$K(d_{0i}) = \frac{1}{\sqrt{2\pi}} \exp\left(-\frac{d_{0i}^2}{2}\right) \cdot I\left(|d_{0i}| \leq 1\right) \tag{5.11}$$

以下通过 Python 代码（文件名为 chapter5-2.ipynb）直观展示均匀核函数和高斯核函数的特点。

行号	代码和说明	
1	d = np.linspace(-3, 3, 100)	#指定 d 的取值范围，实际中距离 d≥0，但为完整展示函数特点，允许 d<0
2	y1 = [0.5]*100	#指定式(5.10)中忽略示性函数时的函数值
3	y2 = 1/np.sqrt(2*np.pi)*np.exp(-d*d/2)	#指定式(5.11)中忽略示性函数时的函数值
4	y1, y2 = np.where(d<=-1, 0, (y1, y2))	#依据式(5.10)和式(5.11)计算示性函数值等于1时的函数值(左半边)
5	y1, y2 = np.where(d>=1, 0, (y1, y2))	#依据式(5.10)和式(5.11)计算示性函数值等于1时的函数值(右半边)
6	plt.figure(figsize=(9,6))	#指定图形大小
7	plt.plot(d, y1, label="均匀核", linestyle='-')	#绘制均匀核函数曲线
8	plt.plot(d, y2, label="高斯核(I(.)=1)", linestyle='-.')	#绘制高斯核函数曲线
9	plt.title("两种核函数", fontsize=14)	#设置图标题
10	plt.legend(fontsize=12)	#显示图例

代码说明

第 4、5 行：利用 np.where() 函数实现依条件的分支处理。

例如，y1, y2 = np.where(d<-1, 0, (y1, y2)) 表示，若 d<-1 成立，则函数值等于 0，否

则函数值等于 y1 和 y2。这里对 np.where() 函数的处理结果进行元组解包依次赋值给 y1 和 y2。所绘制的图形如图 5.5 所示。

彩图 5.5

图 5.5 两种核函数曲线

图 5.5 中，横坐标为距离 d_{0i}。因距离 $d_{0i} \geqslant 0$，所以应仅有图的右半部分。实线表示均匀核函数，虚线表示高斯核函数。当 $|d_{0i}| \leqslant 1$ 时，均匀核函数表示，无论 d_{0i} 大还是小，$\boldsymbol{X}_i$ 与 $\boldsymbol{X}_0$ 的相似性都等于 0.5。对基于观测相似性的加权 K-近邻法来说为等权重，等同于不进行加权处理，即等同于普通的 K-近邻法。高斯核函数表示，$\boldsymbol{X}_i$ 与 $\boldsymbol{X}_0$ 的相似性是 d_{0i} 的非线性单调减函数。当 $|d_i| > 1$ 时，均匀核函数和高斯核函数定义的相似性都等于 0，意味着此时的 $\boldsymbol{X}_i$ 不是 $\boldsymbol{X}_0$ 的近邻。

为满足 $\boldsymbol{X}_0$ 的 K 个近邻与 $\boldsymbol{X}_0$ 的距离 $|d_i| \leqslant 1$，通常还需要找到 $\boldsymbol{X}_0$ 的第 $K+1$ 个近邻，并采用式(5.12)调整距离的取值范围。调整后的距离记为 D_{0i}：

$$D_{0i} = \frac{d(\boldsymbol{X}_i, \boldsymbol{X}_0)}{d(\boldsymbol{X}_{(K+1)}, \boldsymbol{X}_0)}, \quad i = 1, 2, \cdots, K \tag{5.12}$$

式中，$d(\boldsymbol{X}_i, \boldsymbol{X}_0)$ 表示 $\boldsymbol{X}_0$ 的 K 个近邻 $\boldsymbol{X}_i$ 与 $\boldsymbol{X}_0$ 的距离 d_{0i}；$\boldsymbol{X}_{(K+1)}$ 为 $\boldsymbol{X}_0$ 的第 $K+1$ 个近邻，$d(\boldsymbol{X}_{(K+1)}, \boldsymbol{X}_0)$ 表示 $\boldsymbol{X}_0$ 的第 $K+1$ 个近邻与 $\boldsymbol{X}_0$ 的距离。因 $\boldsymbol{X}_0$ 的第 $K+1$ 个近邻距 $\boldsymbol{X}_0$ 更远些，所以可保证 $0 \leqslant D_{0i} \leqslant 1$。尽管需要找出 $\boldsymbol{X}_0$ 的 $K+1$ 个近邻，但第 $K+1$ 个近邻并不参与预测。

最终核函数是关于 D_{0i} 的函数 $K(D_{0i})$，$\boldsymbol{X}_0$ 的第 i 个近邻的权重为 $w_i = K(D_{0i})$。

在利用加权 K-近邻法进行预测时，在回归预测中有

$$\hat{y}_0 = \frac{1}{K} \sum_{i=1}^{K} w_i y_i \tag{5.13}$$

预测值是近邻输出变量 $y_i(i = 1, 2, \cdots, K)$ 的加权平均值。在分类预测中有

$$\hat{y}_0 = \arg\max_C \sum_{i=1}^{K} w_i I(y_i = C) \tag{5.14}$$

式中，$I()$ 仍为示性函数。若 $\boldsymbol{X}_0$ 的 K 个近邻中属于 C 类的近邻权重之和最大，则预测结果 $\hat{y}_0$ 为 C 类，概率为

$$P(\hat{y}_0 = C) = \frac{\sum\limits_{i=1}^{K} w_i I(y_i = C)}{\sum\limits_{i=1}^{K} w_i}$$

5.4.2　Python 模拟和启示：认识加权 K-近邻分类边界

本节将利用 Python 生成的模拟数据，基于不同权重和参数 K 建立分类模型，绘制对应的分类边界，基本思路如下。

(1) 为便于对比，仍基于 4.2.3 节的模拟数据，分别采用倒数加权和高斯加权，建立基于加权 30-近邻法、加权 40-近邻法的分类模型。

(2) 分别绘制各个模型的分类边界，对比不同权重和参数 K 对分类边界的影响。

Python 代码（文件名为 chapter5-3.ipynb）如下。

行号	代码和说明
1	def guass(x):　　　　　　　　　　　　　　#定义用户自定义函数 guass，指定加权 K-近邻法中的权重策略
2	x = preprocessing.scale(x)　　　　　　　#对数据进行标准化处理消除数量级差异
3	output = 1/np.sqrt(2*np.pi)*np.exp(-x*x/2)　　　　#计算高斯核函数值
4	return output　　　　　　　　　　　　　#返回函数值
...	......　　　　　　　　　　　　　　　　#同 5.3.2 节 Python 代码的 1 至 9 行，略去
14	for W, K, H, L, T in [('distance', 30, 0, 0, '倒数加权'), (guass, 30, 0, 1, '高斯加权'), ('distance', 40, 1, 0, '倒数加权'), (guass, 40, 1, 1, '高斯加权')]:　　　#利用循环建立基于不同权重和参数 K 的分类模型
15	modelKNN = neighbors.KNeighborsClassifier(n_neighbors = K, weights = W)　　#建立基于权重 W 和参数 K 的分类模型 modelKNN
16	modelKNN.fit(X, Y)　　　　　　　　　　#基于 X 和 Y 估计 modelKNN 的参数
...	......　　　　　　　　　　　　　　　　#同 5.3.2 节 Python 代码的 13 行及后，略去

代码说明

(1) 以上省略号部分在之前代码中重复出现过且不影响对原理的理解，故略去以节约篇幅。完整 Python 代码参见本书配套代码。

(2) 从第 14 行开始的循环，用于建立不同加权策略和不同参数 K 下的分类模型，并绘制分类边界。

可直接利用函数 neighbors.KNeighborsClassifier() 并指定 weights 参数实现基于加权 K-近邻法的分类预测。weight = 'distance' 为倒数加权，也可通过指定一个用户自定义函数，如这里的 guass，实现高斯加权。所绘制的图形如图 5.6 所示。

与图 5.4 中训练误差为 22% 的普通 30-近邻法相比，采用倒数加权的 30-近邻法的分类边界（见图 5.6 左上图）不规则，且粉色和灰色分别在对方区域中"开辟"了属于自己的新区域，训练误差得到有效减小，减为 0，与普通 1-近邻法比肩。采用高斯加权的 30-近邻法（见图 5.6 右上图），训练误差也有所减小，减为 20%。加权 40-近邻法也有类似的特点。由此可见，加权 K-近邻法不仅预测效果与普通 1-近邻法持平，较为理想，而且更重要的是能够有效克服普通 1-近邻法方差大、鲁棒性低的不足。

图 5.6　不同加权策略下的 K-近邻分类边界[1]

5.5　K-近邻法的 Python 应用实践

彩图 5.6

　　本节将通过两个应用实践示例，展示如何利用 K-近邻法解决实际应用中的多分类预测问题和回归预测问题。其中，一个应用实践示例是基于空气质量监测数据，对空气质量等级进行分类预测；另一个应用实践示例是基于国产电视剧播放数据，对电视剧大众评分进行回归预测。

5.5.1　空气质量等级的预测

　　本节将基于空气质量监测数据，采用基于倒数加权的 K-近邻法对空气质量等级进行多分类预测，重点关注如何基于测试误差确定最优参数 K，基本思路如下。

　　(1) 读入空气质量监测数据，剔除缺失数据。

　　(2) 指定输入变量 X，包括 PM2.5、PM10、SO_2、CO、NO_2、O_3 浓度。输出变量 y 为空气质量等级，为多分类型变量。

---

[1] 说明：左上图分类边界上侧独立粉色点所在区域为粉色，粉色区域被粉色圆圈覆盖。

Python 代码（文件名为 chapter5-4.ipynb）如下。为便于阅读，我们将代码运行结果直接放置在相应代码行下方。

行号	代码和说明	
1	data = pd.read_excel('北京市空气质量数据.xlsx')	#将 Excel 文件读入 data
2	data = data.replace(0, np.NaN)	#将 0 替换为缺失值
3	data = data.dropna()	#剔除带有缺失值的样本观测数据
4	X = data.loc[:, ['PM2.5', 'PM10', 'SO2', 'CO', 'NO2', 'O3']]	#指定输入变量 X
5	y = data.loc[:, '质量等级']	#指定输出变量 y
6	testErr = []	#存储测试误差
7	X_train, X_test, y_train, y_test = train_test_split(X, y, train_size = 0.70, random_state = 123)	
	#采用旁置法按 7∶3 的比例划分训练集和测试集	
8	Ntrain = len(y_train)	#获得训练集的样本量 Ntrain
9	K = np.arange(1, int(Ntrain*0.10), 10)	#确定参数 K 的取值范围，从 1 开始以步长 10 增至 Ntrain
10	for k in K:	#利用循环建立参数 K 从小到大的基于加权 K-近邻的分类模型
11	modelKNN = neighbors.KNeighborsClassifier(n_neighbors = k, weights = 'distance')	
	#指定倒数加权，建立基于加权 K-近邻的分类模型 modelKNN	
12	modelKNN.fit(X_train, y_train)	#基于训练集估计 modelKNN 的参数
13	testErr.append(1-modelKNN.score(X_test, y_test))	#计算测试误差，保存不同参数 K 下的测试误差
14	bestK = K[testErr.index(np.min(testErr))]	#找到测试误差最小值时的参数 K，其为最优参数 K
15	plt.figure(figsize = (9, 6))	#指定图形大小
16	plt.plot(K, testErr, marker = '.')	#绘制测试误差随参数 K 变化而变化的曲线
…	……	#图标题设置等，略去
25	modelKNN = neighbors.KNeighborsClassifier(n_neighbors = bestK, weights = 'distance')	
	#建立最优参数 K 下的分类模型 modelKNN	
26	modelKNN.fit(X_train, y_train)	#基于训练集估计 modelKNN 的参数
27	print('评价模型结果：\n', classification_report(y, modelKNN.predict(X)))	

```
评价模型结果：
              precision    recall  f1-score   support

      严重污染       0.98      0.98      0.98        43
      中度污染       0.95      0.95      0.95       252
          优       0.99      0.98      0.98       377
          良       0.98      0.99      0.98       827
      轻度污染       0.97      0.97      0.97       470
      重度污染       0.98      0.93      0.96       127

    accuracy                           0.98      2096
   macro avg       0.97      0.97      0.97      2096
weighted avg       0.98      0.98      0.98      2096
```

代码说明

（1）以上省略号部分在之前代码中重复出现过且不影响对原理的理解，故略去以节约篇幅。完整 Python 代码参见本书配套代码。

（2）从第 10 行开始的循环，用于建立参数 K 从小到大的基于加权 K-近邻法的分类模型，并计算测试误差，目的是找到测试误差最小时的参数 K。所绘制的图形如图 5.7 所示。

图 5.7 显示，随参数 K 从最小值逐步增大，模型复杂度不断降低，测试误差呈先减小后增大的特点。当参数 K 为 11 时，测试误差最小。参数 K 大于 11 后，测试误差增大，表明此时出现了模型过拟合现象。因此，参数 K 的最优值应设置为 11。

（3）第 25 至 27 行：基于训练集建立最优参数 K 下的分类模型，并评价分类模型在整个数据集上的表现。结果表明，该分类模型的总预测精度为 98%。相比较而言，该分类模型对中度污染的预测稍逊一筹，查准率、查全率和 F1 分数均等于 0.95。在对重度污染预测中，该分类模型的查准率较大，查全率略小。

图 5.7　空气质量等级预测中的参数 K 和测试误差

5.5.2　国产电视剧大众评分的预测

本节将基于某段时间国产电视剧的大众评分数据，采用 K-近邻法建立回归模型，通过观众给出的点赞数和差评数对国产电视剧大众评分进行回归预测，并与一般线性回归模型进行对比，基本思路如下。

(1) 读取大众评分数据，进行数据预处理。采用旁置法划分数据集。

(2) 建立基于 K-近邻法的回归模型，计算训练误差和测试误差，找到测试误差最小时的最优参数 K。这里，误差采用 $1 - R^2$。$(1 - R^2) \to 0$，表明模型预测效果理想。

(3) 建立基于最优参数的回归模型，计算测试误差和在数据集上的总误差。

(4) 基于训练集建立线性回归模型，计算训练误差和测试误差。

(5) 对比基于 K-近邻法的回归模型和线性回归模型，并进行成因分析。

Python 代码(文件名为 chapter5-5.ipynb)如下。为便于阅读，我们将代码运行结果直接放置在相应代码行下方。

行号	代码和说明	
1	data = pd.read_excel('电视剧播放数据.xlsx')	#将 Excel 文件读入 data
2	data = data.replace(0, np.NaN)	#将 0 替换为缺失值
3	data = data.dropna()	#剔除含有缺失值的样本观测数据
4	data = data.loc[(data['点赞'] <= 2000000) & (data['差评'] <= 2000000)]	
	#指定数据范围，仅对点赞数和差评数低于 200 万次的电视剧进行分析	
5	data.head()	#显示前 5 行样本观测数据

	剧名	类型	播放量	点赞	差评	得分
0	花千骨2015	言情剧\n\n穿越剧\n\n网络剧	3.07亿	992342	357808.0	7.3
1	还珠格格2015	古装剧\n\n喜剧\n\n网络剧	73.3万	2352	7240.0	2.5
2	天局	武侠剧\n\n古装剧\n\n悬疑剧\n\n网络剧	3454万	38746	3593.0	9.2
3	明若晓溪	青春剧\n\n言情剧\n\n偶像剧	1.57亿	518660	72508.0	8.8
4	多情江山	言情剧\n\n古装剧\n\n宫廷剧	1126万	22553	6955.0	7.6

```
6   X = data.loc[:, ['点赞', '差评']]                 #指定输入变量 X
7   y = data.loc[:, '得分']                          #指定输出变量 y
8   testErr = []                                    #存储测试误差
9   X_train, X_test, y_train, y_test = train_test_split(X, y, train_size = 0.70, random_state = 123)
                                                    #采用旁置法按 7∶3 的比例划分训练集和测试集
10  K = np.arange(1, 30, 2)                         #指定 K-近邻法的参数 K 在 1～30 步长为 2 的范围内取值
11  for k in K:                                     #利用循环建立参数 K 不同取值下的回归模型
12      modelKNN = neighbors.KNeighborsRegressor(n_neighbors = k)   #建立基于 K-近邻法的回归模型 modelKNN
13      modelKNN.fit(X_train, y_train)                             #基于训练集估计 modelKNN 的参数
14      testErr.append(1-modelKNN.score(X_test, y_test))           #计算测试误差(这里为 1–R²)
15  bestK = K[testErr.index(np.min(testErr))]      #得到测试误差最小下的参数 K 作为最优参数
16  print('最优参数 K:', bestK)
最优参数K: 3
17  modelKNN = neighbors.KNeighborsRegressor(n_neighbors = bestK)
                                                    #建立基于最优参数的回归模型 modelKNN
18  modelKNN.fit(X_train, Y_train)                  #基于训练集估计 modelKNN 的参数
19  print('K-近邻：测试误差 = %.3f; 总预测误差 = %.3f'%(1-modelKNN.score(X_test, y_test), 1-modelKNN.score(X, y)))
K-近邻：测试误差=0.004;总预测误差=0.002
20  modelLR = LM.LinearRegression()                 #建立线性回归模型 modelLR
21  modelLR.fit(X_train, y_train)                   #基于训练集估计 modelLR 的参数
22  print('线性回归模型：测试误差 = %.3f; 总预测误差 = %.3f'%(1-modelLR.score(X_test, y_test), 1-modelLR.
    score(X, y)))
线性回归模型：测试误差=0.820;总预测误差=0.824
```

代码说明

(1)第 11 至 15 行：利用循环并最终确定测试误差最小时的最优参数 K。这里的最优参数 K 等于 3。

(2)第 19 行：计算基于最优参数的回归模型的测试误差和在数据集上的总误差。两个误差都接近 0，表明回归模型的预测效果理想。

(3)第 20 行：计算线性回归模型的测试误差和在数据集上的总误差。两个误差都大于 0.80，表明线性回归模型的预测效果极不理想。

事实上，本示例选择线性回归模型，即假设得分与点赞数和差评数之间存在线性关系是不恰当的。而基于 K-近邻法的回归预测并不需要做这样的假设，而且预测效果理想，体现了 K-近邻法在非线性数据预测中的优势。

5.6　K-近邻法的适用性探讨[*]

K-近邻法适用于输入变量空间 $\mathbb{R}^p$ 维度较低，且实际回归线或分类边界不规则情况下的分类预测和回归预测。

本节主要探讨空间维度较高情况下 K-近邻法存在的问题。以分类预测为例，如前文所述，K-近邻法是一种基于以 X_0 为圆心、较短长度为半径的邻域圆（或球）的局部方法。当空间维度较低时，大数据集下样本观测点在空间中分布的密集程度高，会有更多的样本观测点进入 X_0 的邻域并参与分类预测，从而有效弱化样本观测点随机变动对预测的影响。然而当空间维度较高时情况会变得较为复杂。最突出的问题是，随空间维度的升高，即 p 的增大，K-近邻法基于"邻域"的局部性将逐渐丧失，从而导致预测误差增大。

这里，引用 Blum 等学者的观点进行说明。

图 5.8 中的圆表示以 X_0 为圆心（坐标为 (0,0)）、1 为半径的 X_0 的邻域，邻域内的样本观测点均参与对 X_0 的预测。假设样本观测点均匀分布在 $\left[-\frac{1}{2}, +\frac{1}{2}\right]$ 的单位正方形内（ $p = 2$ 时为单位正方形，$p = 3$ 时为单位正立方体，$p > 3$ 时为单位超立方体）。

图 5.8 左图展现了 $p = 2$ 的情况，距 X_0 最远的点在单位正方形的顶点上。以坐标为 $\left(\frac{1}{2}, \frac{1}{2}\right)$ 的顶点 X_v 为例，它到 X_0 的欧氏距离 $d(X_v, X_0) = \frac{\sqrt{2}}{2} < 1$。显然，$X_v$ 在 X_0 的邻域内将参与预测。由此可见，2 维空间中的全部样本观测点都在 X_0 邻域范围内，将有足够多的样本观测点参与预测。

图 5.8 中图是 $p = 4$ 的情况。此时顶点 X_v 的坐标为 $\left(\frac{1}{2}, \frac{1}{2}, \frac{1}{2}, \frac{1}{2}\right)$，它到 X_0 的欧氏距离 $d(X_v, X_0) = \frac{\sqrt{4}}{2} = 1$，$X_v$ 在 X_0 的邻域边界上，仍将参与预测。

图 5.8 右图是 $p > 4$ 的情况，此时顶点 X_v 到 X_0 的欧氏距离 $d(X_v, X_0) = \frac{\sqrt{p}}{2} > 1$，$X_v$ "跨出"了 X_0 的邻域边界，将不再参与预测。事实上，此时超立方体中的绝大多数点都"跨出"了 X_0 的邻域边界，跨到图 5.8 右图所示的位置上。这意味着 X_0 邻域内样本观测点的个数会远小于预期的参数 K（使 K 较小）。为此不得不做的事包括：第一，牺牲原有的局部性，扩大邻域范围去更远的地方找到 K 个近邻；第二，增大样本量 N 确保 X_0 原有邻域存在 K 个近邻。当然，这需要具备增大样本量的数据条件。

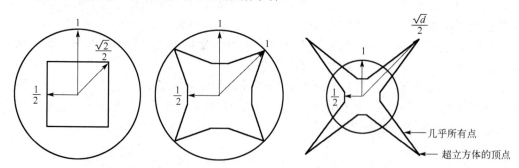

图 5.8　2 维、4 维和更高维空间中的距离和邻域[①]

---

① 资料来源：Blum 等所著的《数据科学基础》（*Foundations of Data Science*）中的图 2.3。

进一步，引用 Hastie 等学者在其著作《统计学习基础》（*The Elements of Statistical Learning*）中的观点进行说明。

在图 5.9 左图中，样本观测点均匀分布在单位立方体中，且设 X_0 位于 $(0,0,0)$ 位置。左下角的小正方体为 X_0 的邻域。样本量 N 和参数 K 确定后，X_0 的近邻占比率 $r = \dfrac{K}{N}$ 也就随之确定了。研究表明，若要找到近邻占比率等于 r 的 X_0 的近邻，则邻域边长的期望应为 $E[d_p(r)] = r^{\frac{1}{p}}$。例如，在 10 维空间中，若要找到 $r = 0.01$ 和 $r = 0.1$ 的近邻，则应有 $Ed_{10}(0.01) = 0.01^{\frac{1}{10}} \approx 0.63$，$E[d_{10}(0.1)] = 0.1^{\frac{1}{10}} \approx 0.79$，即 10 维空间中 X_0 的近邻边长将占到立方体边长的 63% 和 79%。显然超出了 X_0 的邻域正方体，导致 K-近邻法原本的局部性丧失。

减小近邻占比率 r 对解决问题并没有显著帮助，如图 5.9 右图所示。其中，横坐标为近邻占比率 r，纵坐标为距离，即边长。在 $p = 10$，近邻占比率 r 从 0.3 减小至 0.2 或 0.1 时，邻域边长期望的减小程度并不明显，而带来的负面影响是，随 r 的减小模型的预测稳定性降低。

图 5.9　超立方体和近邻比例与距离[1]

综上，K-近邻法适用于空间维度较低的情况。降低空间维度，选择对输出变量预测有重要影响的输入变量是非常重要的。

本 章 总 结

本章首先讨论了 K-近邻法的基本原理，基于 Python 编程通过对模拟数据建模、绘制回归线（面）和分类边界，重点讨论了 K-近邻法的关键参数 K 对回归预测和分类预测的影响。其次讨论了基于样本观测点的加权 K-近邻法，论述了核函数对加权的意义。本章的 K-近邻法应用实践示例，分别展示了 K-近邻法在多分类预测和回归预测两个场景下的应用，以及 K-近邻法在非线性数据预测中的优势。5.6 节是本章的选讲内容。

---

① 资料来源：Hastie 等所著的《统计学习基础》（*The Elements of Statistical Learning*）中的图 2.6。

本章相关函数列表

围绕本章学习，应重点掌握 Python 模块中的以下函数。函数的具体格式参见 Python 帮助。

一、建立基于 K-近邻法的分类模型的函数

modelKNN = neighbors.KNeighborsClassifier(n_neighbors = K)；modelKNN.fit(X, Y)；modelKNN.predict(X)。

二、建立基于加权 K-近邻法的分类模型的函数

modelKNN = neighbors.KNeighborsClassifier(n_neighbors = K, weight = '')；modelKNN.fit(X, Y)；modelKNN.predict(X)。

三、建立基于 K-近邻法的回归模型的函数

KNNregr = neighbors.KNeighborsRegressor(n_neighbors = K)；KNNregr.fit(X, Y)。

本 章 习 题

1. 什么是 K-近邻法？为什么说 K-近邻法具有更广泛的应用场景？
2. 简述 K-近邻法中参数 K 的含义，并论述参数 K 从小变大时对预测模型产生的影响。
3. 什么是基于样本观测点的加权 K-近邻法？
4. 简述 K-近邻法的适用条件。
5. Python 编程：探究 K-近邻法。
(1) 自行生成用于二分类预测研究的模拟数据。
(2) 采用 K-近邻法对模拟数据进行分类预测。
(3) 探讨参数 K 对模型预测偏差和方差的影响。
6. Python 编程：在 5.5.2 节示例的基础上，考虑电视剧播放量对国产电视剧大众评分预测可能产生的影响，建立基于 K-近邻法的回归模型，分析电视剧播放量是否为影响得分预测的重要因素。

提示：(1) 应注意消除数量级对模型的影响。(2) 可从增加或剔除输入变量对 MSE 的影响角度，考察输入变量的重要性。

第 6 章

数据预测建模：决策树

决策树(Decision Tree)是机器学习的核心算法之一，也是目前应用最为广泛的回归预测和分类预测算法。决策树很好地规避了一般线性模型、广义线性模型及贝叶斯分类器等经典算法对数据分布的要求，可在无分布限制的"宽松"条件下找出数据中输入变量和输出变量的逻辑对应关系或规则，并实现对新数据输出变量的预测。特别适用于输入变量为分类型变量的场景。

本章将从以下五个方面讨论决策树的基本原理。

第一，决策树的基本概念。

第二，回归预测中的决策树及其对应的回归面有哪些特点。

第三，分类预测中的决策树及其对应的分类边界有哪些特点。

第四，决策树的生长和剪枝。

第五，经典决策树算法 CART。

本章将结合 Python 编程对上述问题进行直观讲解，并会基于 Python 给出决策树的实现及应用实践示例。决策树的高方差性为本章的选讲内容。

6.1 决策树的基本概念

决策树的基本概念主要涉及什么是决策树，以及决策树的深层含义等问题。

6.1.1 什么是决策树

作为一种经典的数据预测建模算法，决策树得名于其分析结果的展示方式类似一棵树根在上、树叶在下的倒置的树。决策树又细分为回归树和分类树，分别用于实现回归预测和分类预测。

本节以图 6.1 所示的分类树为例介绍决策树。图 6.1 中的分类树是基于空气质量监测数据建立的，用于预测空气质量等级。其中的输入变量 X 包括 PM2.5、PM10 等污染物的浓度，输出变量 y 为空气质量等级，是一个多分类型变量。

1. 树深度

图 6.1 中是一棵树深度等于 2 的决策树。树深度是指树根到树叶的最大层数，通常作

为决策树模型复杂度的一个参数。

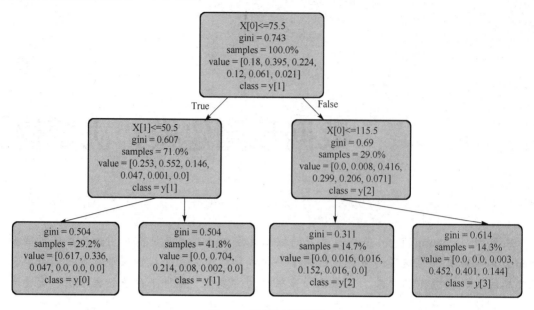

图 6.1　决策树示意图

2. 树节点和树分枝

图 6.1 中的一个圆角方框表示树的一个节点，相关说明信息显示在圆角方框中。有向箭头将各层节点连在一起构成树的一个分枝(这里共有 4 个分枝)。一个分枝中的下层节点被称为相邻上层节点的子节点，上层节点被称为相邻下层节点的父节点。每个父节点下均仅有两个子节点的决策树被称为 2 叉树(图 6.1 中为 2 叉树)，父节点下有两个以上子节点的决策树被称为多叉树。因 2 叉树较为常见，故后续仅讨论 2 叉树。

根据节点所在层不同，节点由上至下分为根节点、中间节点和叶节点。根节点是仅有子节点没有父节点的节点，其中包含训练集的全部样本观测(样本量最大)。中间节点是既有父节点又有子节点的节点，仅包含其父节点中的部分样本观测；叶节点是仅有父节点没有子节点的节点，也仅包含其父节点中的部分样本观测。

例如，图 6.1 中最上层的圆角方框为根节点，包含训练集的全部样本观测(显示 samples = 100.0%)。空气质量等级(一级优、二级良……六级严重污染)由低至高的样本观测占比依次为 18%、39.5%、22.4%、12%、6.1%和 2.1%(显示 value = [0.18, 0.395, 0.224, 0.021])[1]。因二级良的占比最高，为众数类，所以根节点中输出变量的预测类别应为二级良(显示 class = y[1][2])。

图 6.1 中有 2 个位于第一层的中间节点(根节点的子节点)。例如，根节点的右侧子节点包含训练集 29.0%的样本观测。空气质量各等级的样本观测占比依次为 0.0%、0.8%、41.6%、29.9%、20.6%和 7.1%。因三级轻度污染的占比最高，为众数类，所以该节点中输出变量的预测类别应为三级轻度污染(class = y[2])。

---

① 由于四舍五入，所以占比之和不等于100%。

② 这里显示的是 Python 从 0 开始的索引。

图 6.1 中有 4 个位于第二层的叶节点。例如，最左侧的叶节点包含训练集 29.2%的样本观测，空气质量各等级的样本观测占比依次为 61.7%、33.6%、4.7%、0.0%、0.0%和 0.0%。因一级优的占比最高，所以该节点中输出变量的预测类别为一级优(class = y[0])。圆角方框中其他信息的含义后续再进行说明。

6.1.2　决策树的深层含义

虽然决策树的外观简单直观，但却体现了决策树的基本建模思想，蕴含着对数据预测来说非常重要的深层含义。

1．决策树是数据反复分组的图形化体现

例如，图 6.1 中的根节点以 PM2.5 浓度小于或等于 75.5[①]($X[0]<=75.5$[②])为组限，将训练集分成左右两组，完成第一次树分枝生长，形成第一层的两个子节点(分别被称为左子节点和右子节点)，样本量分别占总样本量的 71.0%和 29.0%。接下来，将第一层左子节点中的样本观测以 PM10 浓度小于或等于 50.5[③]($X[1]<=50.5$[④])为组限，分成第二层左侧分枝中的左右两个子节点，样本量分别占总样本量的 29.2%和 41.8%，完成第二次树分枝生长。同理，将第一层右子节点中的样本观测以 PM2.5 浓度小于或等于 115.5($X[0]<=115.5$)为组限，分成第二层右侧分枝中的左右两个子节点，样本量分别占总样本量的 14.7%和 14.3%，完成第三次树分枝生成。最终得到训练集的 4 个分组，对应 4 个叶节点。

事实上，这样的数据分组还可以不断继续下去，于是将会得到更细的分组和树深度更大的决策树。

2．决策树是推理规则集的图形化展示

决策树中每个节点都对应一条推理规则，决策树是推理规则集的图形化展示。推理规则通过逻辑判断的形式反映输入变量和输出变量之间的取值规律。

例如，图 6.1 中第一层左侧中间节点对应的推理规则是，如果 PM2.5 浓度小于或等于 75.5，则空气质量等级为一级优，规则置信度[⑤]等于众数类占比 55.2%。又如，图 6.1 中最左侧叶节点对应的推理规则是，如果 PM2.5 浓度小于或等于 75.5 且 PM10 浓度小于或等于 50.5，则空气质量等级为一级优，规则置信度等于众数类占比 61.7%。

由此可见，节点越靠近根节点，对应的推理规则越简单；节点越靠近叶节点，对应的推理规则越复杂。决策树的树深度越大、分枝越多，叶节点的推理规则越复杂，推理规则集越庞大。

3．决策树的预测

决策树基于叶节点的推理规则实现对新数据的回归预测和分类预测。

在对样本观测 X_0 的输出变量进行预测时，需要从根节点开始依次根据输入变量取值，沿着决策树的不同分枝"进入"相应的叶节点，记为 $Lnode_k$，它是一个包含 n_k 个样本观测

---

① 计量单位：$\mu g/m^3$。

② 输入变量 X[0]表示 PM2.5 浓度。

③ 计量单位：$\mu g/m^3$。

④ 输入变量 X[1]表示 PM10 浓度。

⑤ 规则置信度仅针对分类预测。

的数据子集(分组)。对于回归树，样本观测 X_0 输出变量的预测值为 $\hat{y}_0 = \dfrac{1}{n_k} \displaystyle\sum_{i:X_{i \in \text{Lnode}_k}} y_i$ ，即 Lnode_k 中输出变量的均值；对于分类树，样本观测 X_0 输出变量的预测类别为 $\hat{y}_0 = \text{mode}(y_i)$ ，$i:X_i \in \text{Lnode}_k$ ，即 Lnode_k 中输出变量的众数类 y_k ，且规则置信度为众数类占比 $\dfrac{n_{y_k}}{n_k}$ ，其中 n_{y_k} 为众数类的样本量。

6.2 回归预测中的决策树

决策树用于回归预测和分类预测，在几何上对应着回归线(面)和分类边界。决策树的回归线(面)和分类边界有怎样的特点，会受哪些因素的影响，是需要重点讨论的问题。本节将集中讨论决策树的回归面。

6.2.1 决策树的回归面

如前所述，决策树是数据反复分组的结果。在回归预测中，决策树的几何理解是对由 p 个输入变量构成的 p 维实数空间进行反复划分，形成多个不相交的小区域。每个小区域是一个数据分组，对应决策树的一个叶节点，其中输出变量的预测值为相应分组内输出变量的均值，对应一个新增维度，构成 $p+1$ 维空间，如图 6.2 所示。

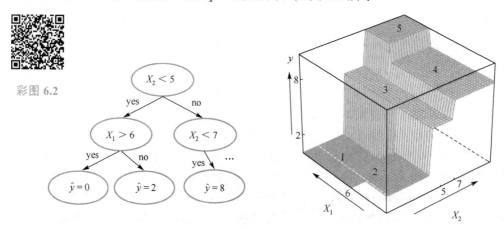

彩图 6.2

图 6.2   回归树和回归树的空间划分示例

图 6.2 左图为基于两个输入变量(X_1 、 X_2)和输出变量(y)进行回归预测的决策树。图 6.2 右图为分别依据 X_1 、X_2 取值进行 $p=2$ 维区域划分，以及最终的决策树在 $p+1=3$ 维空间的情况。其中，1 号小平面表示，当输入变量 $X_2 < 5$ 、 $X_1 > 6$ 时，y 的预测值 $\hat{y}=0$ ，是该区域(分组)内输出变量的均值，预测值落在 1 号小平面上；2 号小平面表示，当输入变量 $X_2 < 5$ 、 $X_1 \leqslant 6$ 时，y 的预测值 $\hat{y}=2$ ，也是该区域(分组)内输出变量的均值，预测值落在 2 号小平面上。同理，当输入变量 $5 \leqslant X_2 < 7$ 时，y 的预测值 $\hat{y}=8$ ，预测值落在 3 号小平面上。由此可见，输入变量不同取值区域(分组)都与一个小平面相对应，小平面水平位置的高低取决于相应分组内输出变量均值的大小。

若对 X_1 、 X_2 进行更细的分组，对应的决策树的树深度会更大，将得到更多不相交的区域和对应的小平面。将这些小平面平滑连接将形成一个不规则的曲面，该曲面就是决策树给出的用于回归预测的回归面。

决策树的树深度越大，所形成的回归面将越起伏不规则。以下将对该问题进行详细讨论。

6.2.2　Python 模拟和启示：树深度对回归面的影响

决策树的树深度越大，所形成的回归面将越起伏不规则。本节将基于模拟数据，通过 Python 代码对这个问题进行直观说明。应首先导入 Python 的相关包或模块。为避免重复，这里将本章需要导入的包或模块一并列出如下，#后面给出了简短的功能说明。

```
1  #本章需导入：
2  import numpy as np
3  import pandas as pd
4  import matplotlib.pyplot as plt
5  from mpl_toolkits.mplot3d import Axes3D  #绘制3维图形
6  import warnings
7  warnings.filterwarnings(action = 'ignore')
8  %matplotlib inline
9  plt.rcParams['font.sans-serif']=['SimHei']   #解决中文显示乱码问题
10 plt.rcParams['axes.unicode_minus']=False
11 import sklearn.linear_model as LM  #建立线性模型
12 from sklearn.metrics import classification_report #分类模型评价
13 from sklearn.model_selection import cross_val_score,train_test_split,KFold #划分数据集，交叉验证
14 from sklearn.datasets import make_regression #生成用于回归建模的模拟数据
15 from sklearn import tree #决策树算法
16 from sklearn.preprocessing import LabelEncoder  #数据重编码
```

基本思路如下。

（1）随机生成样本量 N 为 30 的有两个输入变量 X_1、X_2 的模拟数据，用于训练回归模型。为便于对比，该模拟数据同 5.2.2 节。

（2）分别建立树深度等于 1、2、5 的决策树，以实现回归预测。

（3）绘制模拟数据的 3 维散点图，以及上述 3 棵决策树的回归面，以直观展示各个回归面的特点。

Python 代码（文件名为 chapter6-1.ipynb）如下。

行号	代码和说明
1	N = 30　　　　　　　　　　　　　　　　#指定样本量 N 为 30
2	X, y = make_regression(n_samples = N, n_features = 2, n_informative = 2, noise = 20, random_state = 123) #随机生成样本量为 N，有 2 个输入变量且其均对输出变量 y 有线性影响，随机误差项服从均值为 0、标准差为 20 的正态分布的数据集。其中，X 为输入变量数据集，y 为输出变量
3	X01, X02 = np.meshgrid(np.linspace(X[:, 0].min(), X[:, 0].max(), 20), np.linspace(X[:, 1].min(), X[:, 1].max(), 20))　　　　　　　　　　　　　　　　　　#为绘制回归面准备数据
4	X0 = np.hstack((X01.reshape(400, 1), X02.reshape(400, 1)))　　　#新数据集 X0 中包含 400 个样本观测
5	def Myplot(y0hat, title, yhat):　　　　#定义用户自定义函数 Myplot，用于在 3 维空间中绘制 3 棵决策树的回归面
6	ax = Axes3D(plt.figure(figsize = (9, 6)))　　　　　　#定义 3 维绘图对象
7	ax.scatter(X[y> = yhat, 0], X[y> = yhat, 1], y[y> = yhat], c = 'red', marker = 'o', s = 100) 　　　　　　　　　　　　　　　　　　#绘制 $y_i \geq \hat{y}_i$ 的样本观测点
8	ax.scatter(X[y<yhat, 0], X[y<yhat, 1], y[y<yhat], c = 'grey', marker = 'o', s = 100) #绘制 $y_i < \hat{y}_i$ 的样本观测点
9	ax.plot_surface(X01, X02, y0hat.reshape(20, 20), alpha = 0.6)　　#绘制基于 X0 及其预测值的回归面
10	ax.plot_wireframe(X01, X02, y0hat.reshape(20, 20), linewidth = 0.5)　#绘制基于 X0 及其预测值的网格图
…	……　　　　　　　　　　　　　　　　#图标题设置等，略去
15	for d in [1, 2, 5]:　　　　　　　　　　#利用循环建立树深度等于 1、2、5 的决策树
16	modelDTC = tree.DecisionTreeRegressor(max_depth = d, random_state = 123)

#建立基于决策树的回归模型 modelDTC，参数 max_depth 为树深度 d

17   modelDTC.fit(X, y)   #基于 X 和 y 估计 modelDTC 的参数

18   Myplot(y0hat = modelDTC.predict(X0), title = "决策树(深度 = %d)的回归面,预测误差(1-R 方) = %.2f"%(d, 1-modelDTC.score(X, y)), yhat = modelDTC.predict(X))#计算预测误差，调用函数 Myplot 绘制不同决策树的回归面

代码说明

（1）以上省略号部分在之前代码中重复出现过且不影响对原理的理解,故略去以节约篇幅。完整 Python 代码参见本书配套代码。

（2）第 5 行:为减少代码重复,定义一个名为 Myplot 的用户自定义函数,用于绘制回归面,需要给出 3 个参数。第 1 个参数是新数据集 $\boldsymbol{X}_0$ 的预测值 $\hat{y}_0$ (y0hat),将依据 $\boldsymbol{X}_0$ 和 $\hat{y}_0$ 绘制回归面;第 2 个参数是所绘图形的标题(title);第 3 个参数是数据集 $\boldsymbol{X}$ 的预测值 $\hat{y}$ (yhat)。比较实际值 y 和预测值 $\hat{y}$ 并指定散点图中点的颜色,以便直观展示样本观测点和回归面的位置关系。这里指定,$y \geqslant \hat{y}$ 时点为红色,$y < \hat{y}$ 时点为灰色。所绘制的图形如图 6.3 所示。

图 6.3 不同树深度下决策树的回归面

（3）第 16 行:利用 DecisionTreeRegressor(max_depth = d, random_state = 123)建立基于决策树的回归模型。其中,参数 max_depth 用于指定树深度;参数 random_state 用于指定随机数种子,以使决策树分析结果可以重现,这是 Python 中提高算法效率的一种策略,后续会详细讲解。

彩图 6.3

图 6.3 是对模拟数据分别采用树深度等于 1、2、5 的决策树进行回归预测时的回归面,经平滑处理后是一个曲面。由此可见,随着树深度的增大,决策树模型的复杂度升高,模型的训练误差$(1 - R^2)$减小,对应的回归面越来越起伏不规则。由此得到的启示如下。

第一,树深度是决策树的重要参数,起到了平衡模型复杂度和训练误差的作用。

第二,决策树各个子节点及分枝决定了 p 维空间划分的先后顺序和位置。决策树的树深度越大,得到的小平面就越多。将这些小平面平滑连接将形成一个起伏极不规则的回归面,可有效解决非线性回归预测问题。

如何确定空间划分的先后顺序和位置是决策树(回归树)算法的核心,后续将集中对其进行讨论。

6.3 分类预测中的决策树

本节将集中讨论决策树的分类边界。

6.3.1　决策树的分类边界

如前所述，决策树是数据反复分组的结果。在分类预测中，决策树的几何理解是对由 p 个输入变量构成的 p 维实数空间进行反复划分，形成多个不相交的小区域。每个小区域是一个数据分组，对应决策树的一个叶节点，其中输出变量的预测类别为相应分组内输出变量的众数类，如图 6.4 所示。

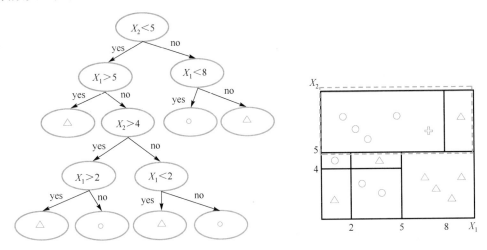

图 6.4　分类树和分类树的空间划分示例

图 6.4 右图是基于两个输入变量（X_1、X_2）和输出变量（y）进行分类预测的决策树。叶节点中的三角形和圆圈表示输出变量的两个类别。图 6.4 左图展示了 $p=2$ 维空间中输入变量 X_1、X_2 不同取值区域内，各样本观测输出变量的类别分布情况。

首先，图 6.4 左图中的决策树依 $X_2<5$ 生成第一层左右两个子节点，分别对应图 6.4 右图中 $X_2=5$ 的水平线分割形成的上下两个区域。其次，对第一层的右子节点依 $X_1<8$ 生成第二层左右两个子节点，分别对应图 6.4 右图虚线区域中 $X_1=8$ 的垂直线分割形成的左右两个区域。左侧区域输出变量的预测类别为圆圈，右侧区域输出变量的预测类别为三角形。其他同理。由此可见，经过决策树的 6 次分枝得到 7 个叶节点，对应形成 7 个不相交的矩形区域。进一步，可对图 6.4 右图中小十字所在位置上的样本观测点的类别进行预测。由于该点处在圆圈类别区域内，因此其类别应预测为圆圈。

如前所述，决策树的本质是推理规则集。一条推理规则在几何上对应一条分类直线，可实现对 p 维空间中两个区域的划分。多条推理规则对应多条分类直线，可将 p 维空间划分成若干个小的、平行于某个坐标轴的矩形区域。将这些矩形区域边界平滑连接将形成整棵决策树的分类边界。

决策树的树深度越大，所形成的分类边界将越不规则。以下将对该问题进行详细讨论。

6.3.2　Python 模拟和启示：树深度对分类边界的影响

决策树的树深度越大，所形成的分类边界将越不规则。本节将基于模拟数据，通过 Python 代码对这个问题进行直观说明，基本思路如下。

（1）生成样本量 N 为 50 的模拟数据，有 2 个输入变量 X_1、X_2，分别有 25 个样本观测

的输出变量 y 取 0 和 1 两个类别值。在由 X_1、X_2 构成的二维空间中以不同颜色和形状展示两个类别的样本观测点。为便于对比，该模拟数据同 4.2.2 节。

（2）分别建立树深度等于 2、4、6、8 的决策树，以实现分类预测。

（3）绘制模拟数据的散点图，以及上述 4 棵决策树的分类边界，以直观展示各个分类边界的特点。

Python 代码(文件名为 chapter6-2.ipynb)如下。

行号	代码和说明
1	np.random.seed(123)　　　　　　　　　　　#指定随机数种子，使随机生成的模拟数据可以重现
2	N = 50　　　　　　　　　　　　　　　　　　#指定样本量 N 为 50
3	n = int(0.5*N)　　　　　　　　　　　　　　#指定输出变量 y = 0 的样本量 n
4	X = np.random.normal(0, 1, size = 100).reshape(N, 2)　　#生成样本量等于 50，输入变量 X1、X2 服从标准正态分布的输入变量数据集 X。其中 X1 = X[0]，X2 = X[1]
5	y = [0]*n+[1]*n　　　　　　　　　　　　　#指定前 n 个样本观测的 y = 0，后 n 个样本观测的 y = 1
6	X[0:n] = X[0:n]+1.5　　　　　　　　　　　#调整前 n 个样本观测的输入变量取值
7	X01, X02 = np.meshgrid(np.linspace(X[:, 0].min(), X[:, 0].max(), 100), np.linspace(X[:, 1].min(), X[:, 1].max(), 100))　　　　　　　　　　　　　　　　　　　　　#为绘制分类边界准备数据
8	X0 = np.hstack((X01.reshape(10000, 1), X02.reshape(10000, 1)))　　#为绘制分类边界准备新数据 X0
9	fig, axes = plt.subplots(nrows = 2, ncols = 2, figsize = (15, 12))　　#将绘图区域划分成 2 行 2 列 4 个单元
10	for K, H, L in [(2, 0, 0), (4, 0, 1), (6, 1, 0), (8, 1, 1)]:　　#利用循环建立 4 棵决策树并绘制分类边界
11	modelDTC = tree.DecisionTreeClassifier(max_depth = K, random_state = 123) 　　　　　　　　　　#建立基于树深度等于 K 的决策树(分类树)的分类模型 modelDTC
12	modelDTC.fit(X, y)　　　　　　　　　　#基于 X 和 y 估计 modelDTC 的参数
13	Y0hat = modelDTC.predict(X0)　　　　　　#对 X0 输出变量的类别进行预测
14	for k, c in [(0, 'silver'), (1, 'red')]:　　#绘制分类边界，预测类别不同的点采用不同的颜色
15	axes[H, L].scatter(X0[Y0hat == k, 0], X0[Y0hat == k, 1], color = c, marker = 'o', s = 1)
16	axes[H, L].scatter(X[:n, 0], X[:n, 1], color = 'black', marker = '+')　　#将 0 类点添加到图中
17	axes[H, L].scatter(X[n:N, 0], X[n:N, 1], color = 'magenta', marker = 'o')　　#将 1 类点添加到图中
18	axes[H, L].set_title("%d 层决策树(训练误差%.2f)"%((K, 1-modelDTC.score(X, y))), fontsize = 14) 　　　　　　　　　　　　　　　　　　#计算·预测误差，设置图标题
19	axes[H, L].set_xlabel("X1", fontsize = 14)　　#设置横坐标标题
20	axes[H, L].set_ylabel("X2", fontsize = 14)　　#设置纵坐标标题

代码说明

（1）本示例采用与 4.2.2 节相同的模拟数据，目的是方便读者直观对比不同算法给出的分类边界的特点。

（2）第 11 行：利用 DecisionTreeClassifier(max_depth = d, random_state = 123)建立基于决策树的分类模型。其中，参数 max_depth 用于指定树深度；参数 random_state 用于指定随机数种子，以使决策树分析结果可以重现，这是 Python 中提高算法效率的一种策略，后续会详细讲解。

所绘制的图形如图 6.5 所示。

图 6.5 展示了基于与 4.2.2 节相同的模拟数据，采用不同树深度的决策树进行分类预测时对 2 维空间进行划分所形成的多个矩形区域及所构成的分类边界。树深度为 2 时的分类边界整体上比较规则，训练误差较高，为 18%。树深度为 4 和 6 时的区域划分较为细致，分类边界增加且整体上逐渐复杂，训练误差分别为 14%和 2%。树深度为 8 时的区域划分

更加细致，整体上分类边界复杂，训练误差降至 0。由此可见，随着树深度的增大，决策树模型的复杂度升高，模型的训练误差减小，形成的分类边界越来越不规则。由此得到的启示如下。

第一，树深度是决策树的重要参数，起到了平衡模型复杂度和训练误差的作用。

第二，决策树各个子节点及分枝决定了 p 维空间划分的先后顺序和位置。决策树的树深度越大，相邻的矩形区域就越多。将这些矩形区域边界(直线)平滑连接将形成一个极不规则的分类边界(曲线)，通过它可有效解决非线性分类预测问题。

如何确定空间划分的先后顺序和位置是决策树(分类树)算法的核心，后续将集中对其进行讨论。

图 6.5　不同树深度下的决策树分类边界

6.4　决策树的生长和剪枝

同大自然中的树木类似，决策树是"长"出来的，也需要不断"剪枝"，研究决策树的生长和剪枝对于回归预测与分类预测有怎样的意义，对理解决策树算法是非常重要的。决策树有两大核心问题。

第一，决策树的生长，即如何基于训练集建立决策树。

彩图 6.5

第二，决策树的剪枝，即如何对决策树进行必要精简，以便得到具有恰当复杂度的推理规则集。

6.4.1 决策树的生长

决策树的生长过程是对训练集不断分组的过程。决策树的各个分枝是在数据不断分组的过程中逐渐生长出来的。当某组数据的继续分组不再有意义时，它所对应的分枝便不再生长；当所有数据组的继续分组均不再有意义时，决策树生长结束，此时将得到一棵完整的决策树。因此，决策树生长的关键有两点：第一，确定数据分组的基本原则；第二，确定决策树继续生长的条件。

1. 确定数据分组的基本原则

无论分类树还是回归树，数据分组的基本原则都是使每次分组所得的两个组内的输出变量取值的异质性尽量低。应依据该原则从众多输入变量中选择一个当前的最佳分组变量和组限值。

对于回归预测的决策树而言，直观上，在进行每一步空间划分时都应兼顾由此形成的两个区域。应努力使两个区域包含的样本观测输出变量取值的差异尽量小，也称异质性尽量低。原因在于，低异质性下的回归预测误差小，由此得到的两个区域是离差平方和(或MES)最小时的两个区域，数学表示形式为

$$\min \sum_{i:X_i \in R_1} (y_i - \hat{y}_{R_1})^2 + \sum_{i:X_i \in R_2} (y_i - \hat{y}_{R_2})^2 \tag{6.1}$$

式中，R_1、R_2 分别表示划分所得的两个区域；$\hat{y}_{R_1}$、$\hat{y}_{R_2}$ 为两个区域输出变量的预测值。

例如，图 6.2 中根节点选择以输入变量 X_2 为分组变量、组限值等于 5 的原因是，与其他分组方案相比，这样划分所得的两个区域内的输出变量取值的异质性是最低的。

对于分类预测的决策树而言，直观上，在进行每一步空间划分时都应兼顾由此形成的两个区域。应努力使两个区域包含的样本观测点的形状尽量"纯正"，异质性尽量低。一个区域中多数样本观测点有相同的形状，尽量少地掺杂其他形状的点，即应使得同一区域中样本观测的输出变量尽可能取同一类别值。原因在于，低异质性下的分类预测错判率低，规则置信度高，这是优秀分类预测模型必备的重要特征之一。

例如，图 6.4 中根节点选择以输入变量 X_2 为分组变量、组限值等于 5 的原因是，与其他分组方案相比，这样划分所得的上下两个区域内的输出变量类别(圆圈或三角形)的异质性是最低的。之后，对于上半区域，选择以输入变量 X_1 为分组变量、组限值等于 8，是因为这样划分所得的两个区域的输出变量类别均相同。

需要做以下两点说明。

(1) 借助数据分组，决策树能够给出输入变量重要性的排序。从根节点开始，若 X_i 比 X_j "更早"成为最佳分组变量，则说明当下 X_i 降低输出变量取值异质性的能力强于 X_j，X_i 对预测的重要性高于 X_j。

(2) 决策树的输入变量可以是数值型的，也可以是多分类型的。

首先，决策树生长将自动完成对数值型输入变量的离散化(分组)。因为是在输出变量"监督"下进行的分组，所以也称有监督分组。其次，决策树生长将自动完成对多分类型输入变量的类合并。例如，若输入变量有 A、B、C 三个类别，则对于 2 叉树而言，在进行

分组时需要判断应将 A、B 合并为一类，还是应将 A、C 或 B、C 合并为一类。决策树在处理多分类型输入变量方面具有优势。

2. 确定决策树继续生长的条件

如果不加限制条件，决策树就会不断生长，树深度会不断增大。如前所述，决策树的生长过程是回归面或分类边界不规则度不断增加、模型复杂度不断提高、训练误差不断减小的过程。

决策树生长的极端情况是对 N 个样本观测进行 $N-1$ 次分枝得到 N 个组，对应 N 个叶节点。此时，决策树的树深度达到最大，叶节点最多，推理规则最多且最为复杂，回归面或分类边界最不规则，预测模型的复杂度最高，由此可能导致模型过拟合问题。

避免上述问题的有效方式是指定预设参数值，限制决策树的过度生长。通常有"最大树深度""最小样本量""最小异质性下降值"三个预设参数值。

（1）可事先指定决策树的最大树深度，到达指定树深度后就不再继续生长。

（2）可事先指定节点的最小样本量。节点样本量不应低于最小值，否则相应节点将不能继续分枝。

（3）可事先指定相邻节点中输出变量取值的最小异质性下降值。异质性下降不应低于最小值，否则相应节点将不能继续分枝。

一般将通过指定预设参数值限制决策树生长的策略称为对决策树进行预剪枝（Pre-Pruning）。

预剪枝能够有效阻止决策树的过度生长，但要求对数据有较为精确的了解，需要反复尝试预设参数值的大小。否则，很可能因预设参数值不合理导致决策树的树深度过小、模型复杂度过低、预测性能低下，或者决策树的树深度仍过大、模型复杂度高且仍存在模型过拟合问题。因此，通常的做法是粗略给出预设参数值，待决策树生长完毕后再进行剪枝。

6.4.2　决策树的剪枝

决策树的剪枝是对所得的决策树按照从叶节点向根节点的方向逐层剪掉某些节点分枝的过程。相对于预剪枝，这里的剪枝也被称为后剪枝（Post-Pruning）。剪枝后的决策树，树深度减小，叶节点的推理规则不再那么复杂。

决策树的剪枝过程是模型复杂度不断降低的过程，涉及的关键问题是采用怎样的策略剪枝，以及何时停止剪枝。不同决策树算法的剪枝策略不尽相同，6.5 节将详细讨论这个问题。这里仅通过图 6.6 展示的树深度和误差之间的关系，讨论停止剪枝的理论时刻。

在图 6.6 中，横坐标为树深度，测度了决策树模型的复杂度。纵坐标为误差，有训练误差和测试误差两条误差曲线。首先，从决策树的生长过程看，生长初期训练误差和测试误差均快速减小。但随树

图 6.6　树深度和误差

深度的增大，训练误差和测试误差的减小速度开始放缓。当树深度大于 m 后，训练误差继续缓慢减小，但测试误差却开始增大。正如 3.5.3 节所述，树深度大于 m 的决策树出现了典型

的模型过拟合特征，即随模型复杂度升高，训练误差单调减小，而测试误差先减小后增大，曲线呈 U 形。因此，通过适当剪枝降低模型复杂度，使过拟合模型不再过拟合是极为必要的。

其次，从自右向左的决策树剪枝过程看，训练误差会随树深度的减小、模型复杂度的降低而单调增大。但测试误差会先减小再增大。这意味着虽然需要对决策树进行剪枝但不能过度剪枝。停止剪枝的时刻应是测试误差达到最小的时刻。

决策树的核心问题讨论至此，但仍存在需要进一步细致论述的方面。例如，如何测度输出变量取值的异质性，决策树剪枝的具体策略，等等。目前，有很多决策树算法，其中应用较广的是分类回归树[1]（Classification And Regression Tree，CART）和 C4.5、C5.0 算法系列[2]等。不同算法对上述问题的处理策略有所不同，以下将重点讨论 CART。

6.5 经典决策树算法：CART

CART 是最为经典的决策树算法，它将形成一棵 2 叉树，并可细分为回归树和分类树。CART 同样涉及生长和剪枝两个阶段。

6.5.1 CART 的生长

从算法效率角度考虑，CART 的生长过程采用贪心算法[3]，确定当前最佳分组变量和组限值，并通过自顶向下的递归二分策略[4]实现空间区域的划分。因 CART 的回归树和分类树研究的输出变量类型不同，所以树生长过程中测度输出变量取值异质性的指标不同，以下将分别进行讨论。

1. 回归树的异质性测度

回归树的输出变量为数值型变量，异质性测度通常采用方差。回归树节点 t 的方差的数学定义为

$$S^2(t) = \frac{1}{N_t} \sum_{i=1}^{N_t} (y_i(t) - \bar{y}(t))^2 \tag{6.2}$$

---

[1] 分类回归树是由美国斯坦福大学和加州大学伯克利分校的 Leo Breiman 等学者于 1984 年提出的，同年他们出版了相关专著 *Classification And Regression Trees*。

[2] C4.5、C5.0 算法系列是人工智能专家 Quinlan 对鼻祖级决策树算法 ID3 的延伸。

[3] 贪心算法是一种不断寻找当前局部最优解的算法。

[4] 相对左图而言，右图是一种迭代二分策略。引自 Gareth James 等学者所著 *An Introduction to Statistical Learning with Applications in R*。

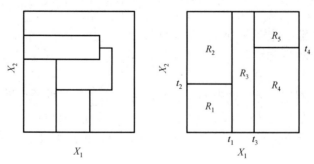

式中，$y_i(t)$ 为节点 t 中样本观测 $\boldsymbol{X}_i$ 的输出变量取值；$\bar{y}(t)$ 为节点 t 中输出变量的平均值。

若节点 t 为父节点，则在进行分枝时应依据在树生长过程中确定的数据分组的基本原则，找到使 t 的左子节点 t_{left} 的方差 $S^2(t_{\text{left}})$ 及右子节点 t_{right} 的方差 $S^2(t_{\text{right}})$ 均取最小值时的分组变量和组限值。由于通常无法确保两者同时最小，因此只需使两者的加权平均值 $\dfrac{N_{t_{\text{left}}}}{N_t}S^2(t_{\text{left}})+\dfrac{N_{t_{\text{right}}}}{N_t}S^2(t_{\text{right}})$ 最小。其中，$N_{t_{\text{left}}}$、$N_{t_{\text{right}}}$、N_t 分别为左子节点、右子节点、父节点的样本量，样本量占比为权重。由此可见，从父节点到子节点，输出变量取值的异质性下降值为

$$\Delta S^2(t)=S^2(t)-\left[\frac{N_{t_{\text{left}}}}{N_t}S^2(t_{\text{left}})+\frac{N_{t_{\text{right}}}}{N_t}S^2(t_{\text{right}})\right] \tag{6.3}$$

最佳分组变量和组限值，应是使 $\Delta S^2(t)$ 最大的输入变量和组限值。

2．分类树的异质性测度

分类树的输出变量为分类型变量，异质性测度通常采用基尼（Gini）系数和熵（Entropy）。

1）基尼系数

分类树节点 t 的基尼系数的数学定义为

$$G(t)=1-\sum_{k=1}^{K}P^2(k\,|\,t)=\sum_{k=1}^{K}P(k\,|\,t)(1-P(k\,|\,t)) \tag{6.4}$$

式中，K 为输出变量的类别数；$P(k\,|\,t)$ 为节点 t 中输出变量取第 k 类的概率。

当节点 t 中输出变量均取同一类别值，输出变量取值没有异质性时，基尼系数等于 0。当各类别取值概率相等、输出变量取值的异质性最大时，基尼系数取最大值，等于 $1-\dfrac{1}{K}$。换言之，基尼系数等于 0 意味着节点 t 中输出变量取值没有异质性；基尼系数取最大值意味着节点 t 中输出变量类别有着最大的不一致。

若节点 t 为父节点，则在进行分枝时应依据在树生长过程中确定的数据分组的基本原则，找到使 t 的左子节点 t_{left} 的基尼系数 $G(t_{\text{left}})$ 及右子节点 t_{right} 的基尼系数 $G(t_{\text{right}})$ 均取最小值时的分组变量和组限值。由于通常无法确保两者同时最小，因此只需使两者的加权平均 $\dfrac{N_{t_{\text{left}}}}{N_t}G(t_{\text{left}})+\dfrac{N_{t_{\text{right}}}}{N_t}G(t_{\text{right}})$ 最小。其中，$N_{t_{\text{left}}}$、$N_{t_{\text{right}}}$、N_t 分别为左子节点、右子节点、父节点的样本量，样本量占比为权重。由此可见，从父节点到子节点，输出变量取值的异质性下降值为

$$\Delta G(t)=G(t)-\left[\frac{N_{t_{\text{left}}}}{N_t}G(t_{\text{left}})+\frac{N_{t_{\text{right}}}}{N_t}G(t_{\text{right}})\right] \tag{6.5}$$

最佳分组变量和组限值，应是使 $\Delta G(t)$ 最大的输入变量和组限值。

2）熵

熵也称信息熵。1948 年，香农（C. E. Shannon）借用热力学的热熵[①]概念，提出了用信

---

① 热熵：度量分子状态混乱程度的物理量。

息熵测度信息论中信息传递过程中的信源不确定性。可将信源 U 视为某种随机过程。若其发送的信息为 $u_i(i=1,2,\cdots,K)$，发送信息 u_i 的概率为 $P(u_i)$，且 $\sum_{i=1}^{K}P(u_i)=1$，则熵的数学定义为

$$\text{Ent}(U) = -\sum_{i=1}^{K}P(u_i)\log_2 P(u_i) \tag{6.6}$$

熵为非负数。如果 $\text{Ent}(U)=0$，则表示只存在唯一的信息发送方案，即 $P(u_i)=1$，$P(u_j)=0$，$j\neq i$，意味着没有信息发送的不确定性。如果信源的 K 个信息有相同的发送概率，即 $P(u_i)=\dfrac{1}{K}$，则此时信息发送的不确定性最大，熵达到最大值，即 $\text{Ent}(U)=-\log_2\dfrac{1}{K}$。因此，熵越大表示平均不确定性越大，反之表示平均不确定性越小。

在 CART 中，熵等于 0 意味着节点 t 中输出变量取值没有异质性，熵取最大值 $-\log_2\dfrac{1}{K}$ 意味着节点 t 中输出变量类别有着最大异质性。若父节点 t 的熵记为 $\text{Ent}(t)$，左子节点、右子节点的熵分别记为 $\text{Ent}(t_{\text{left}})$ 和 $\text{Ent}(t_{\text{right}})$，则最佳分组变量和组限值应是使

$$\Delta\text{Ent}(t) = \text{Ent}(t) - \left[\frac{N_{t_{\text{left}}}}{N_t}\text{Ent}(t_{\text{left}}) + \frac{N_{t_{\text{right}}}}{N_t}\text{Ent}(t_{\text{right}})\right] \tag{6.7}$$

最大的输入变量和组限值。其中，$N_{t_{\text{left}}}$、$N_{t_{\text{right}}}$、N_t 分别为左子节点、右子节点、父节点的样本量，样本量占比为权重。$\Delta\text{Ent}(t)$ 也称信息增益。

图 6.7 左图所示为二分类预测中输出变量等于 1 的概率 $P(y=1)$ 从 0 至 1 变化时的基尼系数和熵的计算结果曲线。图 6.7 右图所示为基尼系数和熵归一化处理后的情况。归一化处理后两测度曲线基本重合，差异不明显。这里略去 Python 代码(文件名为 chapter6-3. ipynb)，有兴趣的读者可参阅本书配套代码。

图 6.7　基尼系数和熵的比较

综上，决策树生长的关键是在输入变量集合中不断选出当前最佳分组变量和组限值。需要说明的是，这种策略的算法效率会受输入变量个数的影响，并且要在完成所有输入变

量的遍历之后才可确定。为解决这个问题，Python 采用在输入变量的随机子集中选当前最佳分组变量和组限值的改进策略，以提高算法效率。这也是 6.2.2 节第 16 行、6.3.2 节第 11 行 Python 代码通过参数 random_state 设置随机数种子的原因，本质是使输入变量的随机子集可以重现。

6.5.2 CART 的后剪枝

决策树剪枝是对所得的决策树按照从叶节点向根节点的方向逐层剪掉某些节点分枝的过程。相对于预剪枝，这种剪枝也被称为后剪枝。剪枝后的决策树，树深度减小，叶节点的推理规则不再那么复杂。

CART 的后剪枝采用最小代价复杂度剪枝（Minimal Cost Complexity Pruning，MCCP）法，目的是得到一棵树深度合理、模型复杂度恰当、预测偏差和方差均不大的最优决策树。为此，CART 的后剪枝法首先构造一个名为代价复杂度的指标，用于综合测度决策树的优劣；其次依据代价复杂度的变化进行剪枝。最终的最优决策树是代价复杂度最小的决策树。

1. 代价复杂度和最小代价复杂度

决策树剪枝的目标是得到一棵大小恰当的树。决策树的低误差是以高复杂度为代价的，过于简单的决策树无法给出满意的预测效果。复杂度和误差之间的权衡在决策树剪枝中非常关键。既要使剪枝后的决策树不再有高的复杂度，又要保证其误差不明显高于剪枝之前的决策树。

可借助叶节点的个数测度决策树的复杂度，叶节点的个数与决策树的复杂度成正比。如果将误差看作决策树的"预测代价"，以叶节点的个数作为决策树复杂度的参数，则决策树 T 的代价复杂度 $R_\alpha(T)$ 定义为

$$R_\alpha(T) = R(T) + \alpha|\tilde{T}| \tag{6.8}$$

式中，$|\tilde{T}|$ 表示 T 的叶节点个数；α 为复杂度参数（Complexity Parameter，CP），表示每增加一个叶节点所带来的复杂度单位，取值范围为 $[0,\infty]$；$R(T)$ 表示 T 的测试误差。测试误差是基于测试集的，即在计算测试误差时输出变量的实际值 y_i 来自测试集，但预测值是基于训练集的预测结果。对于回归树，$R(T)$ 为 MSE 或离差平方和，展开表述为

$$\sum_{m=1}^{|\tilde{T}|} \sum_{i:x_i \in R_m} (y_i - \hat{y}_{R_m})^2 + \alpha|\tilde{T}| \tag{6.9}$$

式中，R_m 表示区域 m；y_i 来自测试集；$\hat{y}_{R_m}$ 是基于训练集的预测结果。对于分类树，$R(T)$ 可以是错判率等。

通常希望预测模型的测试误差 $R(T)$ 小且模型的复杂度 $\alpha|\tilde{T}|$ 低。但因测试误差 $R(T)$ 小的预测模型复杂度 $\alpha|\tilde{T}|$ 高，复杂度 $\alpha|\tilde{T}|$ 低的预测模型测试误差 $R(T)$ 大，$R(T)$ 和 $\alpha|\tilde{T}|$ 不可能同时小，所以只要 $R(T)+\alpha|\tilde{T}|$，即代价复杂度 $R_\alpha(T)$ 较小即可。代价复杂度最小的决策树是最优决策树。

式 (6.8) 中决策树 T 的代价复杂度 $R_\alpha(T)$ 是 α 的函数。α 等于 0 表示不考虑复杂度对 $R_\alpha(T)$ 的影响。基于代价复杂度最小的决策树是最优决策树的原则，此时的最优决策树是叶节点最多的决策树，因为其测试误差是最小的（在未出现模型过拟合问题时）。当 α 逐渐

增大时，复杂度对 $R_\alpha(T)$ 的影响也随之增大。当 α 足够大时，$R(T)$ 对 $R_\alpha(T)$ 的影响可以忽略，此时的最优决策树是只有一个根节点的决策树，因为其复杂度是最低的。显然，最优决策树与 α 的取值有关。$\alpha = 0$ 和 $\alpha = \infty$ 时的决策树都不是真正的最优决策树。通过调整 α 的取值会得到一系列的子树，真正的最优决策树就在其中。

图 6.8　中间节点 {t} 和其子树 T_t

2. CART 的后剪枝过程

在从叶节点逐渐向根节点方向剪枝的过程中，会涉及先剪哪一枝的问题。换言之，涉及在 α 当前取值下可否剪枝的问题。在判断能否剪掉中间节点 {t} 下的子树 T_t 时，应计算中间节点 {t} 和其子树 T_t 的代价复杂度，如图 6.8 所示。

首先，中间节点 {t} 的代价复杂度 $R_\alpha(\{t\})$ 通常被视为剪掉其所有子树 T_t 后的代价复杂度，即

$$R_\alpha(\{t\}) = R(\{t\}) + \alpha \tag{6.10}$$

式中，$R(\{t\})$ 为中间节点 {t} 对应推理规则的测试误差，此时仅有一个叶节点。其次，中间节点 {t} 的子树 T_t 的代价复杂度 $R_\alpha(T_t)$ 定义为

$$R_\alpha(T_t) = R(T_t) + \alpha |\tilde{T}_t| \tag{6.11}$$

式中，$R(T_t)$ 是左、右两个子节点对应推理规则的测试误差的加权平均值（权重为左、右两个子节点的样本量占比）。

基于代价复杂度最小的决策树是最优决策树的原则，当给定 α 时，如果 $R_\alpha(T_t) < R_\alpha(\{t\})$，则应该保留子树 T_t，此时 $\alpha < \dfrac{R(\{t\}) - R(T_t)}{|\tilde{T}_t| - 1}$ 成立；如果 $R_\alpha(T_t) \geqslant R_\alpha(\{t\})$，则应剪掉子树 T_t，此时 $\alpha \geqslant \dfrac{R(\{t\}) - R(T_t)}{|\tilde{T}_t| - 1}$ 成立。从另一个角度看，如果 $\dfrac{R(\{t\}) - R(T_t)}{|\tilde{T}_t| - 1}$ 较大且大于当前的 α，则说明子树 T_t 对减小测试误差的贡献很大，应保留子树 T_t；如果 $\dfrac{R(\{t\}) - R(T_t)}{|\tilde{T}_t| - 1}$ 较小且小于或等于当前的 α，则说明子树 T_t 对减小测试误差的贡献很小，应剪掉子树 T_t。由此可见，α 可控制决策树的剪枝。

为实现决策树的自动剪枝，CART 的后剪枝过程分为两个阶段：第一个阶段，通过不断从小到大调整 α，控制剪枝并得到一系列子树；第二个阶段，在一系列子树中选出最优决策树作为最终的剪枝结果。

1）第一个阶段

- 令 $\alpha = \alpha_1 = 0$：因 $\alpha < \dfrac{R(\{t\}) - R(T_t)}{|\tilde{T}_t| - 1}$ 成立，所以当前最优决策树为未剪枝的最大决策树（除非模型过拟合），记为 T_{α_1}。

- 逐渐增大 α：会导致 $R_\alpha(\{t\})$ 和 $R_\alpha(T_t)$ 同时增大。尽管子树 T_t 的叶节点多，式（6.11）中的第二项复杂度大于其父节点复杂度，即 $\alpha|\tilde{T}_t| > \alpha$，但因 α 较小，所以 $R(T_t)$、$R(\{t\})$

分别对 $R_\alpha(T_t)$ 和 $R_\alpha(\{t\})$ 起决定性作用。若此时 $R(T_t) \ll R(\{t\})$ 使得 $R_\alpha(T_t) < R_\alpha(\{t\})$，则不能剪掉子树 T_t。

- 继续增大 α，从 α_1 增大至 α_2：若 $R_\alpha(\{t\}) \le R_\alpha(T_t)$，子树 T_t 的代价复杂度开始大于 $\{t\}$，则应剪掉子树 T_t，得到一个"次茂盛"的子树，记为 T_{α_2}。
- 重复上述步骤，直到决策树只剩下一个根节点（记为 T_{α_K}）为止。此时 $\alpha_1 < \alpha_2 < \cdots < \alpha_K$，并一一对应若干具有包含关系的一系列子树 $T_{\alpha_1}, T_{\alpha_2}, \cdots, T_{\alpha_K}$。它们的叶节点个数依次减少。

2) 第二个阶段

在一系列（K 个）子树 $T_{\alpha_1}, T_{\alpha_2}, \cdots, T_{\alpha_K}$ 中确定最优决策树 T_{opt} 作为最终的剪枝结果。T_{opt} 的代价复杂度 $R(T_{\mathrm{opt}}) \le \min\limits_k [R_\alpha(T_{\alpha_k}) + m \times \mathrm{SE}(R(T_{\alpha_k}))]$，$k = 1, 2, \cdots, K$。其中，$m$ 为放大因子；$\mathrm{SE}(R(T_{\alpha_k}))$ 为子树 T_{α_k} 测试误差的标准误（Standard Errors），定义为

$$\mathrm{SE}(R(T_{\alpha_k})) = \sqrt{\frac{R(T_{\alpha_k})[1 - R(T_{\alpha_k})]}{N'}} \tag{6.12}$$

式中，N' 为测试集的样本量。$m \times \mathrm{SE}(R(T_{\alpha_k}))$ 为对子树 T_{α_k} 测试误差的真值进行区间估计时的边界误差[①]。

图 6.9 所示为代价[②]、复杂度及代价复杂度随树深度增大的理论变化曲线。当 $m = 0$ 时，最优决策树 $T_{\mathrm{opt}(m=0)}$ 是 K 棵树中代价复杂度最小者，即图 6.9 中虚线箭头所指位置上的树。当 $m > 0$ 时，最优决策树 $T_{\mathrm{opt}(m>0)}$ 的代价复杂度 $R(T_{\mathrm{opt}(m>0)}) > R(T_{\mathrm{opt}(m=0)})$。尽管图 6.9 中虚线箭头左右两侧的树均满足 $R(T_{\mathrm{opt}(m>0)}) > R(T_{\mathrm{opt}(m=0)})$，但依据奥卡姆剃刀原则，$T_{\mathrm{opt}(m>0)}$ 应在树集合 1 中。

图 6.9　代价、复杂度及代价复杂度随树深度增大的理论变化曲线

---

① 在推论统计中，总体参数的置信区间为 [样本统计量±边界误差]。例如，总体均值的置信区间为 $\left[\bar{X} \pm Z_{\frac{\alpha}{2}} \times \frac{S}{\sqrt{N}}\right]$，其中 $\bar{X}$ 为样本均值；$\frac{S}{\sqrt{N}}$ 为样本均值的标准误；$Z_{\frac{\alpha}{2}}$ 为正态分布的临界值，与置信水平 α 有关。总体比例的置信区间为 $\left[P \pm Z_{\frac{\alpha}{2}} \times \sqrt{\frac{P(1-P)}{N}}\right]$，其中 P 为样本比例；$\sqrt{\frac{P(1-P)}{N}}$ 为样本比例的标准误。

② 这里的代价采用指数损失函数形式：$\exp(-y_i \hat{f}(\boldsymbol{X}_i))$。

6.6　决策树的 Python 应用实践

本节通过两个应用实践示例，展示如何利用决策树解决实际应用中回归预测问题和多分类预测问题。其中一个应用实践示例是基于空气质量监测数据，建立关于 PM2.5 浓度和空气质量等级的预测模型；另一个应用实践示例是医疗大数据应用领域中的药物适用性研究。

6.6.1　PM2.5 浓度的预测

本节将基于空气质量监测数据，以 SO_2、CO 浓度为输入变量 X，以 PM2.5 浓度为输出变量 y，建立基于决策树的回归模型，实现对 PM2.5 浓度的预测。本节重点关注如何确定树深度，如何对比 SO_2、CO 浓度对 PM2.5 浓度的影响，基本思路如下。

（1）读入空气质量监测数据，进行数据预处理。

（2）划分训练集和测试集，基于测试误差，确定合理的树深度。

（3）根据 SO_2、CO 浓度对 PM2.5 浓度的重要性评分，判断哪种污染物浓度对 PM2.5 浓度的影响更大。

（4）绘制合理树深度下的决策树回归面，绘制树深度较大的过拟合模型的决策树回归面，直观对两个回归面进行对比。

Python 代码（文件名为 chapter6-4.ipynb）如下。为便于阅读，我们将代码运行结果直接放置在相应代码行下方。

行号	代码和说明	
1	data = pd.read_excel('北京市空气质量数据.xlsx')	#将 Excel 文件读入 data
……	……	#数据预处理，略去
5	X = data[['SO2', 'CO']]	#指定输入变量 X
6	y = data['PM2.5']	#指定输出变量 y
7	X_train, X_test, y_train, y_test = train_test_split(X, y, train_size = 0.70, random_state = 123)	
		#采用旁置法按 7：3 的比例随机划分训练集和测试集
8	trainErr = []	#存储不同树深度模型的训练误差
9	testErr = []	#存储不同树深度模型的测试误差
10	CVErr = []	#存储不同树深度模型的交叉验证测试误差
11	Deep = np.arange(2, 15)	#指定树深度的取值范围
12	for d in Deep:	#利用循环建立不同树深度的决策树
13	modelDTC = tree.DecisionTreeRegressor(max_depth = d, random_state = 123)	
		#建立树深度为 d 的回归树模型 modelDTC
14	modelDTC.fit(X_train, y_train)	#基于训练集估计 modelDTC 的参数
15	trainErr.append(1-modelDTC.score(X_train, y_train))	#计算并保存训练误差
16	testErr.append(1-modelDTC.score(X_test, y_test))	#计算并保存测试误差
17	Err = 1-cross_val_score(modelDTC, X, y, cv = 5, scoring = 'r2')	#计算 5 折交叉验证的测试误差
18	CVErr.append(Err.mean())	#计算并保存 5 折交叉验证的测试误差
19	bestDeep = Deep[testErr.index(np.min(testErr))]	#找到旁置法测试误差最小的树深度并将其作为最优树深度
20	modelDTC = tree.DecisionTreeRegressor(max_depth = bestDeep, random_state = 123)	
		#建立最优树深度的回归树模型 modelDTC
21	modelDTC.fit(X, y)	#基于训练集估计 modelDTC 的参数

```
22    print("输入变量重要性: ", modelDTC.feature_importances_)         #显示输入变量重要性得分
```

输入变量重要性: [0. 1.]

```
23    ……                    #绘制不同树深度下的训练误差、测试误差、5折交叉验证误差的变化曲线，略去
```

```
32    ……                    #准备绘图数据，绘制最优树深度下的决策树回归面和树深度等于5的决策树回归面，略去
```

代码说明

(1) 以上省略号部分在之前代码中重复出现过且不影响对原理的理解，故略去以节约篇幅。完整 Python 代码参见本书配套代码。

(2) 第 22 行：feature_importances_ 中依输入变量顺序（这里是 SO_2、CO 浓度）保存着它们对输出变量的重要性得分，重要性得分之和等于 1。由此可见，CO 浓度是影响 PM2.5 浓度的重要变量。相比之下 SO_2 浓度对 PM2.5 浓度的影响非常小。

(3) 第 23 行开始绘制不同树深度下的训练误差、测试误差、5 折交叉验证误差的变化曲线。第 32 行开始绘制最优树深度（树深度等于 3）下的决策树回归面和树深度等于 5 的决策树回归面。所绘制的图形如图 6.10 所示。

图 6.10　不同树深度下 PM2.5 浓度的回归预测模型

彩图 6.10

图 6.10 左图中的横坐标为树深度，纵坐标为误差，这里采用的是 $1-R^2$。三条曲线分别为利用旁置法计算的训练误差和测试误差，以及 5 折交叉验证误差。由此可见，随树深度增大训练误差单调减小，但测试误差先减小后增大。最优树深度等于 3，树深度大于 3 的决策树都是过拟合的。图 6.10 右图给出了最优树深度和深度等于 5 的决策树回归面。相对树深度等于 3 的决策树回归面（浅蓝色曲面），树深度等于 5 的决策树回归面（棕黄色曲面）更"曲折"，模型复杂度更高。尽管其训练误差较低，但因过拟合，所以模型的泛化能力较弱。

6.6.2　空气质量等级的预测

本节将基于空气质量监测数据，以 PM2.5、PM10、SO_2、CO、NO_2 浓度为输入变量 X，以空气质量等级为输出变量 y，建立基于决策树的分类模型，目的是找到对空气质量等级有重要影响的因素，并聚焦决策树推理规则集的输出和决策树的图形化输出，基本思路如下。

(1) 读入空气质量监测数据，确定输入变量和输出变量。

（2）建立树深度等于 2 的决策树。由于本示例的目的找到对空气质量等级有重要影响的因素，如前所述，越接近树根的输入变量越重要，所以这里的树深度不需要很大。

（3）输出推理规则集。

（4）图形化输出决策树。

Python 代码(文件名为 chapter6-4-1.ipynb)如下。为便于阅读，我们将代码运行结果直接放置在相应代码行下方。

行号	代码和说明
1	data = pd.read_excel('北京市空气质量数据.xlsx')　　　　　　　　　　　#将 Excel 文件读入 data
...	......　　　　　　　　　　　#数据预处理，略去
4	X = data.iloc[:, 3:-1]　　　　　　　　　　　#指定输入变量为从索引 3 开始的列至最后 1 列
5	y = data['质量等级']　　　　　　　　　　　#指定输出变量
6	print("输入变量:\n", X.columns)　　　　　　　　　　　#显示输入变量名
	输入变量： 　　Index(['PM2.5', 'PM10', 'SO2', 'CO', 'NO2'], dtype='object')
7	print(y.value_counts())　　　　　　　　　　　#显示空气质量等级的分布情况
	良　　　　827 轻度污染　　470 优　　　　377 中度污染　　252 重度污染　　127 严重污染　　 43
8	modelDTC = tree.DecisionTreeClassifier(max_depth = 2, random_state = 123) 　　　　　　　　　　　#建立树深度为 2 的决策树(分类树)模型 modelDTC
9	modelDTC.fit(X, y)　　　　　　　　　　　#基于 X 和 y 估计 modelDTC 的参数
10	print(tree.export_text(modelDTC))　　　　　　　　　　　#输出推理规则集
	Name: 质量等级, dtype: int64 |--- feature_0 <= 75.50 | |--- feature_1 <= 50.50 | | |--- class: 优 | |--- feature_1 > 50.50 | | |--- class: 良 |--- feature_0 > 75.50 | |--- feature_0 <= 115.50 | | |--- class: 轻度污染 | |--- feature_0 > 115.50 | | |--- class: 中度污染
11	fig = plt.figure(figsize = (18, 6))
12	print(np.unique(y))　　　　　　　　　　　#输出变量取值和顺序
	['严重污染' '中度污染' '优' '良' '轻度污染' '重度污染']
13	tree.plot_tree(modelDTC, feature_names = list(X), class_names = np.unique(y), filled = True) 　　　　　　　　　　　#决策树的图形化输出

代码说明

（1）以上省略号部分在之前代码中重复出现过且不影响对原理的理解，故略去以节约篇幅。完整 Python 代码参见本书配套代码。

（2）第 10 行：输出推理规则集，是对决策树的文本化表达。

文本化表达是指以字符形式展示决策树的构成，树根在左，树叶在右。推理规则集包含 4 条推理规则。例如，当 PM2.5 浓度不高于 75.5 且 PM10 浓度不高于 50.5 时，空气质量等级为一级优等。

（3）第 13 行：决策树的图形化输出。其中，feature_names 用于指定输入变量名，class_names 用于指定输出变量类别，filled = True 表示树节点用颜色填充。所绘制的图形如图 6.11 所示。

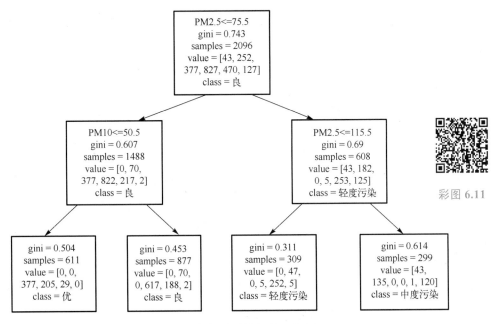

图 6.11　空气质量等级的决策树

在图 6.11 中，每个父节点中各行文字的含义依次为分组变量和组限值、基尼系数、样本量、输出变量的类别分布和众数。例如，根节点的含义是，包含 2096 个样本观测（全体数据）；空气质量等级的基尼系数等于 0.743；按照第 12 行代码显示的"严重污染""中度污染""优""良""轻度污染""重度污染"的顺序给出空气质量等级的分布；这里严重污染为 43 天，中度污染为 252 天，等等；根节点的众数类是"良"（827 天）；将依据 PM2.5<=75.5 将根节点中的全体数据分为两组（样本量分别为 1488 和 608），分别对应根节点的左、右两个子节点。因为 PM2.5 和 PM10 是距根节点最近的两个输入变量，所以它们是影响空气质量等级的较为重要的两个因素。

6.6.3　药物适用性研究

大批患有同种疾病的不同病人服用 5 种药物（drugA、drugB、drugC、drugX、drugY）中的 1 种之后取得了同样的治疗效果。示例数据（文件名为药物研究.txt）是随机挑选的部分病人服用药物前的基本临床检查数据，包括血压（BP，分为高血压 High、正常 Normal、低血压 Low），胆固醇（Cholesterol，分为正常 Normal 和高胆固醇 High），血液中钠元素（Na）和钾元素（K）含量，病人年龄（Age）和性别（Sex，包括男 M 和女 F）等。现需要发现以往药物处方适用的规律，给出不同临床特征病人更适合服用哪种药物的推荐建议，从而为医生开具处方提供参考。

可建立基于决策树的多分类模型，并找到影响药物适用性的重要因素，基本思路如下。

(1) 读取数据，进行数据预处理。输入变量包括血压、胆固醇、年龄、性别，以及钠元素与钾元素含量之比（不直接采用钠元素和钾元素含量），输出变量为药物。

(2) 确定合理的树深度。

(3) 建立最优树深度下的分类树，发现影响药物适用性的重要因素。

(4) 模型评价，给出药物适用性的推理规则集。

因篇幅所限且代码均在前文出现过,故这里不再给出 Python 代码(文件名为 chapter6-5.ipynb),读者可自行阅读本书配套代码。这里仅给出部分图形结果、模型评价及推理规则集等。

1. 确定树深度和变量重要性

随树深度变化的误差曲线和输入变量的重要性柱形图如图 6.12 所示。

图 6.12　随树深度变化的误差曲线和输入变量的重要性柱形图

图 6.12 左图显示,树深度等于 4 时的训练误差和测试误差均达到最小值,最优树深度为 4。图 6.12 右图显示,根据最优决策树分析,影响药物适用性的最重要的变量是钠元素与钾元素含量之比,其次是血压,性别对此没有影响。

2. 模型评价,获得药物适用性的推理规则集

评价预测模型在整个数据集上的分类效果,获得最优决策树给出的药物适用性的推理规则集,如下所示。

```
模型的评价：
              precision    recall  f1-score   support

       drugA       1.00      0.96      0.98        23
       drugB       0.94      1.00      0.97        16
       drugC       1.00      1.00      1.00        16
       drugX       1.00      1.00      1.00        54
       drugY       1.00      1.00      1.00        91

    accuracy                           0.99       200
   macro avg       0.99      0.99      0.99       200
weighted avg       1.00      0.99      1.00       200
```

```
|--- feature_4 <= 14.83
|   |--- feature_2 <= 0.50
|   |   |--- feature_0 <= 49.50
|   |   |   |--- class: drugA
|   |   |--- feature_0 >  49.50
|   |   |   |--- class: drugB
|   |--- feature_2 >  0.50
|   |   |--- feature_2 <= 1.50
|   |   |   |--- feature_3 <= 0.50
|   |   |   |   |--- class: drugC
|   |   |   |--- feature_3 >  0.50
|   |   |   |   |--- class: drugX
|   |   |--- feature_2 >  1.50
|   |   |   |--- class: drugX
|--- feature_4 >  14.83
|   |--- class: drugY
```

上述结果表明,决策树的整体预测正确率为 99%。对 drugB 的查准率相对较低,但整体的查准率和查全率均达到 99%,模型的分类预测性能理想。推理规则集显示,当钠元素与钾元素含量之比(feature_4)高于 14.83 时,最佳适用性药物为 drugY。当钠元素与钾元素含量比(feature_4)不高于 14.83 时需要再考察血压(feature_2)情况:drugX 适用于血压正常的患者;drugA 对年龄(feature_0)在 49.5 岁及以下的高血压患者更具适用性,对 49.5 岁以上的高血压患者倾向推荐 drugB。

6.7　决策树的高方差性[*]

与其他回归模型和分类模型相比，决策树有一种"天然"的高方差性，即模型参数（分组变量和组限值等）会随训练集的变化出现较大变动，导致决策树对样本观测 X_0 的预测值差异较大，表现出预测的高方差性。

以下将针对空气质量监测数据，建立基于决策树的 PM2.5 浓度的回归模型，对 X_0 进行预测，并通过预测结果的可视化图形对这个问题加以说明，基本思路如下。

（1）读入空气质量监测数据，进行数据预处理。指定输入变量为 SO_2、CO、NO_2、O_3 浓度，输出变量为 PM2.5 浓度。

（2）指定 X_0 取输入变量的均值。

（3）采用 10 折交叉验证法划分训练集和测试集。

（4）基于 10 个具有随机性差异的训练集，分别建立树深度等于 5 的决策树（回归树）和多元线性回归模型 $PM2.5 = \beta_0 + \beta_1 SO_2 + \beta_2 CO + \beta_3 NO_2 + \beta_4 O_3 + \varepsilon$。

（5）利用箱线图对比决策树和多元线性回归模型对 X_0 的 10 个预测值的方差，以直观展示决策树的高方差性。

Python 代码（文件名为 chapter6-6.ipynb）如下。

编号	代码和说明	
1	data = pd.read_excel('北京市空气质量数据.xlsx')	#将 Excel 文件读入 data
2	data = data.replace(0, np.NaN);data = data.dropna();data = data.loc[(data['PM2.5']< = 200)&(data['SO2']< = 20)] #数据预处理	
3	X = data[['SO2', 'CO', 'NO2', 'O3']];y = data['PM2.5']	#指定输入变量 X 和输出变量 y
4	X0 = np.array(X.mean()).reshape(1, -1)	#指定 X0 为 X 的均值
5	modelDTC = tree.DecisionTreeRegressor(max_depth = 5, random_state = 123) #建立指定树深度等于 5 的回归树模型 modelDTC	
6	modelLR = LM.LinearRegression()	#建立多元线性回归模型 modelLR
7	y0hat1, y0hat2 = [], []	#保存两个模型对 X0 的多个预测值
8	kf = KFold(n_splits = 10, shuffle = True, random_state = 123)	#采用 10 折交叉验证法划分数据集
9	for train_index, test_index in kf.split(X):	#获得训练集和测试集的样本观测编号
10	XKtrain = X.iloc[train_index]	#获得训练集 X
11	yKtrain = y.iloc[train_index]	#获得训练集 y
12	modelLR.fit(XKtrain, yKtrain)	#基于训练集拟合 modelLR 的参数
13	modelDTC.fit(XKtrain, yKtrain)	#基于训练集拟合 modelDCT 的参数
14	y0hat1.append(float(modelLR.predict(X0)))	#利用 modelLR 对 X0 进行预测并保存预测值
15	y0hat2.append(float(modelDTC.predict(X0)))	#利用 modelLR 对 X0 进行预测并保存预测值
16	plt.figure(figsize = (8, 5))	#指定图形大小
17	plt.boxplot(x = y0hat1, sym = 'rd', patch_artist = True, boxprops = {'color':'blue', 'facecolor':'pink'}, labels = {"线性模型\n 方差 = %.3f"%np.var(y0hat1)}, showfliers = False)	
18	plt.boxplot(x = y0hat2, sym = 'rd', positions = [2], patch_artist = True, boxprops = {'color':'blue', 'facecolor':'pink'}, abels = {"回归树\n 方差 = %.3f"%np.var(y0hat2)}, showfliers = False)	
19	plt.title("线性回归模型和回归树的方差对比", fontsize = 14)	

代码说明

（1）第 2 行：因篇幅所限，利用分号连接两行或多行 Python 代码，将其写在一行中。

（2）第 17、18 行：基于 10 个训练集分别建立 10 个线性回归模型和决策树(回归树)，分别给出 X_0 的 10 个预测值。绘制两个模型的 10 个预测值的箱线图，并显示 10 个预测值的方差，如图 6.13 所示。

图 6.13　PM2.5 浓度预测中的线性回归模型和回归树的方差对比箱线图

箱线图的箱体部分越大，表明数据的离散程度越高。在图 6.13 中，回归树的箱体明显高于线性回归模型，两者的方差分别等于 105.730 和 0.016，决策树的预测方差远大于线性回归模型，这是决策树"天然"高方差性的具体体现。事实上，树深度越大的决策树，其高方差性越突出。后续章节将集中讨论如何通过某种机器学习策略，在不增大决策树预测误差的同时减小预测方差，以克服决策树的高方差性。

本 章 总 结

本章首先，讨论了决策树的基本概念，包括什么是决策树，以及决策树的深层含义。其次，分别讨论了基于决策树的回归模型和回归面，以及基于决策树的分类模型和分类边界，还讨论了树深度对回归面和分类边界的影响，指出生成和剪枝是决策树算法两个重要组成部分，并对其中的关键问题加以论述。再次，对经典决策树算法 CART 的生长和后剪枝策略进行了较为详尽的讲解。最后，基于 Python 编程给出了决策树的应用实践示例。6.7 节为本章选讲内容。

本章相关函数列表

围绕本章学习，应重点掌握 Python 模块中的以下函数。函数的具体格式参见 Python 帮助。

一、建立基于分类树的分类模型的函数

modelDTC = tree.DecisionTreeRegressor()；modelDTC.fit(X, Y)。

二、建立基于回归树的回归模型的函数

modelDTC = tree.DecisionTreeRegressor()；modelDTC.fit(X, Y)。

三、生成用于回归预测的模拟数据的函数

X, Y = make_regression()。

本 章 习 题

1. 如何理解决策树的生长过程是对变量空间的反复划分过程？
2. 请简述决策树生长的基本原则。
3. 请简述决策树预剪枝和后剪枝的意义。
4. 什么是最小代价复杂度剪枝法？其含义是什么？
5. Python 编程：优惠券核销预测

有超市部分顾客购买液态奶和使用优惠券的历史数据（文件名为优惠券核销数据.csv），包括性别（Sex：女 1/男 2），年龄段（Age：中青年 1/中老年 2），液态奶品类（Class：低端 1/中档 2/高端 3），单均消费额（AvgSpending），是否核销优惠券（Accepted：核销 1/未核销 0）。现要进行新一轮的优惠券推送促销，为实现精准营销需确定有大概率核销优惠券的顾客群。

请采用决策树找到优惠券核销顾客群的特点和规律。

6. Python 编程：电信用户流失预测。

有关于某电信运营商用户手机号码某段时间的使用数据（文件名为电信客户数据.xlsx），包括使用月数（某段时间用户使用服务月数），是否流失（观测期内用户是否已经流失，1 = 是，0 = 否），套餐金额（用户购买的月套餐金额，1 = 96 元以下，2 = 96 到 225元，3 = 225 元以上），额外通话时长（实际通话时长减去套餐内通话时长的月均值，单位为min，这部分需要额外交费），额外流量（实际使用流量减去套餐内流量的月均值，单位为MB，这部分需要额外交费），改变行为（是否曾经更改过套餐金额，1 = 是，0 = 否），服务合约（是否与运营商签订过服务合约，1 = 是，0 = 否），关联购买（用户在移动服务中是否同时办理其他业务，主要是指固定电话和宽带业务，1 = 同时办理一项其他业务，2 = 同时办理两项其他业务，0 = 没有办理其他业务），集团用户（办理的是否为集团业务，相比个人业务，集体办理的号码在集团内拨打有一定优惠，1 = 是，0 = 否）。

请采用决策树对用户流失情况进行预测，并分析具有哪里特征的用户易流失。

第 7 章

数据预测建模：集成学习

决策树具有"天然"的高方差性(详见 6.7 节)。如何通过某种机器学习策略，在不增大决策树预测误差的同时减小预测方差，以克服决策树的高方差性，是本章讨论的重点之一。解决高方差性问题的一般方法是集成学习(Ensemble Learning)。此外，通过集成学习还可得到预测性能更理想的预测模型。本章将从以下五个方面进行讨论。

第一，集成学习概述。

集成学习概述将重点讨论集成学习的意义及其能够解决哪些问题。

第二，基于重抽样自举法的集成学习。

围绕减小模型预测方差问题，重点讨论基于重抽样自举法的袋装法和随机森林。

第三，从弱模型到强模型的构建：提升法。

集成学习的重要优势是具有较高的预测精度，通过对弱模型及强模型的讨论，探究集成学习具有该优势的原因。

第四，梯度提升决策树。

梯度提升决策树是当前应用最为广泛的集成学习算法之一。在前述讨论的基础上，进一步认识梯度提升决策树具有的重要实践意义。

第五，XGBoost 算法。

XGBoost 算法的计算效率更高，也是当下集成学习算法的热点。理解该算法的基本原理和特点，是正确应用该算法的前提。

本章将结合 Python 编程对上述问题进行直观讲解，并会基于 Python 给出集成学习的实现及应用实践示例。

从循序渐进的学习角度看，相较之前的章节，本章的理论性有较大的提升，学习难度也增大许多。为此建议读者首先聚焦集成学习主要解决什么问题，以怎样的核心思路解决问题。阅读本章的 Python 代码将对此有很大帮助。其次在有能力的条件下可进一步深入了解理论细节，探讨原理背后的深层次问题。

7.1 集成学习概述

集成学习的基本思路：在建模阶段，基于一组独立的训练集，分别建立与之对应的一组回归或分类模型，称这里的每个预测模型为基础学习器(Base Learner)；在预测阶段，基础学习器将分别给出各自的预测结果，对各预测结果进行平均或投票，确定最终的预测结果。

一方面，集成学习可以解决预测模型的高方差性问题。另一方面，集成学习可将一组弱模型联合起来使其成为一个强模型。

7.1.1　高方差性问题的解决途径

集成学习能够解决高方差性问题，其基本思想源于统计学理论。统计学理论指出，对来自同一总体、方差等于 σ^2 的随机变量观测值 $Z_1, Z_2, \cdots, Z_N$，均值 $\bar{Z} = \sum_{i=1}^{N} Z_i$ 的方差等于 σ^2 / N，即样本量等于 N 的一组随机变量观测值均值的方差是其总体方差的 $1/N$，样本量 N 越大，$\bar{Z}$ 的方差越小。

借鉴该思想，集成学习认为，若能够基于来自同一总体的多个独立的训练集建立多个基础学习器，得到对样本观测 $\boldsymbol{X}_0$ 的多个方差等于 σ^2 回归预测值 $\hat{f}^{(1)}(\boldsymbol{X}_0), \hat{f}^{(2)}(\boldsymbol{X}_0), \cdots$，则其中 B 个回归预测值的均值，也就是它们的集成结果 $\hat{f}_{\mathrm{avg}}(\boldsymbol{X}_0) = \dfrac{1}{B} \sum_{i=1}^{B} \hat{f}^{(i)}(\boldsymbol{X}_0)$，其方差将减小到 σ^2 / B。需要特别指出的是，这里的 B 个预测模型是彼此独立的。

当然，实际中人们无法获得 B 个独立训练集，通常会采用某种策略模拟生成并训练预测模型。在回归预测中，若 $\boldsymbol{X}_0$ 的 B 个回归预测值记为 $\hat{f}^{*(1)}(\boldsymbol{X}_0), \hat{f}^{*(2)}(\boldsymbol{X}_0), \cdots, \hat{f}^{*(B)}(\boldsymbol{X}_0)$，则 $\boldsymbol{X}_0$ 的集成回归预测结果为 $\hat{f}_{\mathrm{avg}}^{*}(\boldsymbol{X}_0) = \dfrac{1}{B} \sum_{i=1}^{B} \hat{f}^{*(i)}(\boldsymbol{X}_0)$，该预测结果的方差也将减小到 σ^2 / B。同理，在分类预测中，$\boldsymbol{X}_0$ 的集成分类预测值是 B 个分类预测值的投票结果，一般为众数类。

模拟生成 B 个独立训练集的常见策略是采用重抽样自举法。基于重抽样自举法的常见集成学习策略有袋装法和随机森林。

7.1.2　从弱模型到强模型的构建

复杂模型会导致高方差性及模型过拟合问题。为解决这个问题，集成学习的一种策略是，将一组弱模型组成一个"联合委员会"，其最终成为强模型。弱模型一般是指误差比随机猜测[①]的误差略小的模型。

零模型（Zero Model）就是一种典型的弱模型，是一种只关注输出变量取值本身而不考虑输入变量的模型。例如，零模型对 PM2.5 浓度的回归预测值等于训练集中 PM2.5 浓度的均值，并不考虑 SO_2、CO 浓度等对 PM2.5 浓度有重要影响的其他输入变量。又如，零模型对空气质量等级的分类预测值等于训练集中空气质量等级的众数类，也不考虑 PM2.5、PM10 浓度等对空气质量等级有重要影响的其他输入变量。

比零模型略好的弱模型考虑了输入变量，但因模型过于简单，所以训练误差较大，但不会出现模型过拟合问题。借鉴"三个臭皮匠顶一个诸葛亮"的朴素思想，这种集成学习策略认为，将多个弱模型集成，用它们进行联合预测，将会得到理想的预测效果。也就是

---

① 例如，二分类预测中随机猜测的误差等于 0.5。

说，一组弱模型的联合将成为训练误差较小的强模型，且这个强模型不会像单个复杂模型那样存在过拟合问题。

为此，可将基于不同训练集的 B 个弱模型(这里的弱模型为基础学习器)组成一个"联合委员会"进行联合预测。在回归预测中，若 B 个弱模型对 $\boldsymbol{X}_0$ 的回归预测值分别为 $\hat{f}^{*(1)}(\boldsymbol{X}_0), \hat{f}^{*(2)}(\boldsymbol{X}_0), \cdots, \hat{f}^{*(B)}(\boldsymbol{X}_0)$，则"联合委员会"的联合预测结果为 $f_\alpha^*(\boldsymbol{X}_0) = \alpha_1 \hat{f}^{*(1)}(\boldsymbol{X}_0) + \alpha_2 \hat{f}^{*(2)}(\boldsymbol{X}_0) + \cdots + \alpha_B \hat{f}^{*(B)}(\boldsymbol{X}_0)$，其中 $\alpha_i(i=1,2,\cdots,B)$ 为模型权重。同理，在分类预测中，"联合委员会"的联合预测结果是 B 个弱模型分类预测值的加权投票结果，为权重之和最大的类别。

从弱模型到强模型的常见集成学习策略有提升法和梯度提升决策树等。需要特别指出的是，与 7.1.1 节不同的是，这里的 B 个弱模型具有顺序相关性。对此将在后续详细讨论。

7.2 基于重抽样自举法的集成学习

重抽样自举法是模拟生成 B 个独立训练集的常见策略。基于重抽样自举法的常见的集成学习策略有袋装法和随机森林。

7.2.1 重抽样自举法

重抽样自举法，也称 0.632 自举法。对样本量为 N 的数据集 S，重抽样自举法的基本做法是，对 S 进行有放回的随机抽样，共进行 B 次，分别得到 B 个样本量均为 N 的随机样本 $S_b^*(b=1,2,\cdots,B)$。称 S_b^* 为一个自举样本，B 为自举次数。

对样本观测 $\boldsymbol{X}_i$，一次被抽中进入 S_b^* 的概率为 $\dfrac{1}{N}$，未被抽中的概率为 $1-\dfrac{1}{N}$。当 N 较大时，N 次均未被抽中的概率为 $\left(1-\dfrac{1}{N}\right)^N \approx \dfrac{1}{\mathrm{e}} \approx 0.368$（e 是自然对数的基数，约为 2.7183）。这意味着整体上约有 $1-0.368=0.632$ 的样本观测可进入自举样本，这是重抽样自举法也被称为 0.632 自举法的原因。

重抽样自举法在统计学中最常见的应用是估计统计量的标准误。例如，在没有任何理论假设的条件下，估计线性回归模型中回归系数估计值 $\hat{\beta}_i(i=0,1,\cdots,p)$ 的标准误。具体做法如下：首先，基于 B 个自举样本 $S_b^*(b=1,2,\cdots,B)$ 分别建立 B 个回归模型，得到回归系数 β_i 的 B 个估计值 $\hat{\beta}_i^{*(b)}(b=1,2,\cdots,B)$；其次，计算 $\hat{\beta}_i^{*(b)}$ 的标准差 $\sqrt{\dfrac{1}{B-1}\sum_{b=1}^{B}(\hat{\beta}_i^{*(b)} - \overline{\beta}_i^*)^2}$，其中 $\overline{\beta}_i^* = \dfrac{1}{B}\sum_{b=1}^{B}\hat{\beta}_i^{*(b)}$，该标准差就是 $\hat{\beta}_i(i=0,1,\cdots,p)$ 的标准误，并由此得到回归系数真值的置信区间。

在机器学习中，重抽样自举法用于模拟生成前述的独立训练集。B 个自举样本 $S_b^*(b=1, 2,\cdots,B)$ 对应 B 个独立训练集，其后续将被应用于袋装法和随机森林。

7.2.2 袋装法的基本思想

袋装的英文为 Bagging，是 Bootstrap Aggregating 的缩写。袋装法是一种基于重抽样自举法的常见集成学习策略，在单个基础学习器具有大方差和小偏差情况下非常有效。

袋装法涉及基于 B 个自举样本 $S_b^*(b=1,2,\cdots,B)$ 的建模、预测和测试误差，以及输入变量重要性测度等方面的内容。

1. 袋装法的建模

基于 B 个自举样本 $S_b^*(i=1,2,\cdots,B)$ 建模的核心是训练 B 个基础学习器。通常基础学习器是训练误差较小的相对复杂的模型，在回归预测中可以是一般线性模型、K-近邻及回归树等；在分类预测中可以是二项 Logistic 回归模型、贝叶斯分类器、K-近邻及分类树等。本章仅指回归树和分类树。

2. 袋装法的预测

在回归预测中，基于 B 个自举样本 $S_b^*(b=1,2,\cdots,B)$ 建立回归树，得到 $\boldsymbol{X}_0$ 的 B 个回归预测值 $\hat{T}^{*(b)}(\boldsymbol{X}_0)$，其中 $b=1,2,\cdots,B$，$\hat{T}^{*(b)}$ 表示第 b 棵回归树。计算 $\hat{T}^{*(b)}(\boldsymbol{X}_0)$ 的均值，得到 $\boldsymbol{X}_0$ 的袋装预测值：

$$\hat{f}_{\text{bag}}^*(\boldsymbol{X}_0)=\frac{1}{B}\sum_{b=1}^B \hat{T}^{*(b)}(\boldsymbol{X}_0) \tag{7.1}$$

在 K 分类预测中，基于 B 个自举样本 $S_b^*(b=1,2,\cdots,B)$ 建立分类树，得到 $\boldsymbol{X}_0$ 的 B 个分类预测类别 $\hat{T}^{*(b)}(\boldsymbol{X}_0)$，其中 $b=1,2,\cdots,B$。$\boldsymbol{X}_0$ 的袋装预测类别是 B 个预测类别中的众数类：

$$\hat{G}_{\text{bag}}^*(\boldsymbol{X}_0)=\text{mode}(T^{*(1)}(\boldsymbol{X}_0),T^{*(2)}(\boldsymbol{X}_0),\cdots,T^{*(B)}(\boldsymbol{X}_0)) \tag{7.2}$$

即得票数最多的类别。

以决策树（如 CART）为基础学习器，基于袋装法实现分类预测，如图 7.1 所示。

在图 7.1 中，基于 B 个自举样本建立 B 棵 CART，令其共同对 4 个样本观测进行分类预测。投票结果表明，其中 3 个样本观测应预测为实心类。应注意的是，图 7.1 中每棵树的"外观"是不相同的，后续还将对此进行说明。

无论回归预测中的求均值还是分类预测中的投票，本质都是对多个基础学习器预测结果进行平滑，目的是消除自举样本的随机性差异对预测结果带来的影响。理论上，经平均或投票所得的预测结果是真值的无偏估计[①]，由此计算所得的测试误差也是泛化误差真值的无偏估计。

3. 袋装法的测试误差

在计算袋装法的测试误差时，应特别注意测试误差应基于 OOB 计算的特征。这里，基础学习器 $\hat{T}^{*(b)}$ 的 OOB 是指未出现在 S_b^* 内的样本观测。在计算测试误差时，应对每个样本观测 $\boldsymbol{X}_i(i=1,2,\cdots,N)$ 得到其作为 OOB 时基础学习器给出的预测结果，即若 $\boldsymbol{X}_i(i=1,2,\cdots,N)$ 在建模过程中有 $q(q<B)$ 次作为 OOB，则只有 q 个基础学习器提供预测值，最终预测结果是这个 q 值的均值或投票。在此基础上计算的误差是具有 OOB 特征的测试误差。

---

① 无偏估计是推论统计中衡量一个估计是否为好估计的标准之一。待估参数的真值记为 θ，估计值记为 $\hat{\theta}$。若 $E(\hat{\theta})=\theta$，$E()$ 表示期望，则 $\hat{\theta}$ 是 θ 的无偏估计。

彩图 7.1

图 7.1　袋装法分类预测示意图

4．袋装法中的输入变量重要性测度

对于单棵决策树，越接近根节点的输入变量(作为分组变量)重要性越高。袋装法中的输入变量重要性测度需要基于多棵决策树计算。一般测度方法是，每个输入变量作为最佳分组变量都会使输出变量取值的异质性下降，计算 B 棵决策树异质性下降值的总和，总和最大值对应的输入变量重要性最高，总和最小值对应的输入变量重要性最低。

7.2.3　随机森林的基本思想

随机森林也是一种基于重抽样自举法的集成学习策略。顾名思义，随机森林是用随机方式建立的包含多棵决策树的森林，其中每棵决策树都是一个基础学习器，"整片"森林对应着集成学习。

与袋装法类似的是，随机森林中的多棵决策树也将共同参与预测。与袋装法不同的是，随机森林通过随机努力使每棵决策树的"外观"因彼此"看上去不相同"而不相关。

袋装法可减小预测方差的基本理论：来自同一总体、方差等于 σ^2 的 B 个预测值 $\hat{T}^{*(b)}(X_0)$ 因彼此独立，所以其均值 $\hat{f}^*_{\text{bag}}(X_0)$ 的方差减小至 σ^2/B。若放松独立的限制允许相关，且假设预测值两两相关系数均等于 ρ，则方差等于 $\rho\sigma^2 + \dfrac{1-\rho}{B}\sigma^2$[①]。

由此可见，随 B 的增大第二项趋于 0，仅剩下第一项。此时方差的减小取决于两两相

---

① 统计学理论证明：对来自同一总体、方差等于 σ^2 的 N 个随机样本观测 $Z_i(i=1,2,\cdots,N)$，若其两两相关系数均等于 ρ，则其均值 $\bar{Z}$ 的方差为 $\text{var}(\bar{Z})=\text{var}\left(\dfrac{1}{N}\sum\limits_{i=1}^{N}Z_i\right)=\dfrac{1}{N^2}[N\sigma^2+N(N-1)\rho\sigma^2]=\dfrac{\sigma^2+(N-1)\rho\sigma^2}{N}=\rho\sigma^2+\dfrac{1-\rho}{N}\sigma^2$。当 $\rho=0$ 时，$\text{var}(\bar{Z})=\dfrac{\sigma^2}{N}$。

关系数 ρ（σ^2 已确定）的大小。若两两相关系数 ρ 较大，则方差也会较大。随机森林通过降低预测值的相关性，换言之，通过降低决策树之间的相似性（高相似性的决策树必然给出高相关性的预测值）的策略减小方差，是对袋装法的有效补充。

降低决策树之间相似性的基本策略是多样性增强策略。所谓多样性增强，是指在机器学习过程中增加随机性扰动，包括对训练数据增加随机性扰动、对输入变量增加随机性扰动及对算法参数增加随机性扰动等。

随机森林涉及如何实现多样性增强，以及输入变量重要性测度等方面的内容。

1. 随机森林的算法策略

随机森林采用多样性增强策略，对训练数据及输入变量增加随机性扰动，以降低决策树之间的相似性。其中，重抽样自举法是实现对训练数据增加随机性扰动最直接的方法。对输入变量增加随机性扰动的具体实现策略是，决策树建立过程中的当前最佳分组变量是来自输入变量的一个随机子集 Θ_b 中的变量。于是分组变量便具有了随机性。多样性增强策略可以使多棵树 "看上去不相同"。

具体来讲，需要进行 $b = 1, 2, \cdots, B$ 次如下迭代，得到包括 B 棵决策树的随机森林。

第一步，对样本量等于 N 的数据集进行重抽样自举，得到自举样本 S_b^*。

第二步，基于自举样本 S_b^* 建立回归树或分类树 $\hat{T}^{*(b)}$。决策树从根节点开始按如下方式不断生长，直到达到指定的预设参数值为止。

（1）从 p 个输入变量中随机选择 m 个输入变量构成输入变量的一个随机子集 Θ_b。通常，$m = [\sqrt{p}]$ 或者 $m = [\log_2 p]$，其中 [] 表示取正整。

（2）从 Θ_b 中确定当前最佳分组变量，分组并生成两个子节点。

第三步，输出包括 B 棵决策树 $\{\hat{T}^{*(b)}\}^B$ 的随机森林。

第四步，预测。回归预测结果为 $\hat{f}_{\mathrm{rf}}^*(\boldsymbol{X}_0) = \dfrac{1}{B}\sum\limits_{b=1}^{B}\hat{T}^{*(b)}(\boldsymbol{X}_0)$；分类预测结果为得票数最多的类别。

进行随机森林的预测性能评价也需要计算 OOB 误差。

2. 随机森林中的输入变量重要性测度

随机森林通过增加随机性扰动的方式测度输入变量重要性。基本思路是，若某输入变量对输出变量预测有重要作用，那么在模型 OOB 的该输入变量上增加随机性扰动将显著影响模型 OOB 误差的计算结果。首先，对 $\hat{T}^{*(b)}(b = 1, 2, \cdots, B)$ 计算 OOB 误差，记为 $e(\hat{T}^{*(b)})$。其次，为测度第 j 个输入变量对输出变量的重要性，进行如下计算。

（1）随机打乱 $\hat{T}^{*(b)}$ 的 OOB 在第 j 个输入变量上的取值顺序，重新计算 $\hat{T}^{*(b)}$ 的 OOB 误差，记为 $e^j(\hat{T}^{*(b)})$。

（2）计算第 j 个输入变量增加随机性扰动前后 $\hat{T}^{*(b)}$ 的 OOB 误差的变化：$c_{\hat{T}^{*(b)}}^j = e^j(\hat{T}^{*(b)}) - e(\hat{T}^{*(b)})$。

重复上述步骤 B 次，得到 B 个 $c_{\hat{T}^{*(b)}}^j$，其中 $b = 1, 2, \cdots, B$。计算均值 $\dfrac{1}{B}\sum\limits_{b=1}^{B}c_{\hat{T}^{*(b)}}^j$，为第 j 个输入变量增加随机性扰动导致的随机森林总的 OOB 误差变化值越大，第 j 个输入变量越重要。

7.2.4　Python 应用实践：基于袋装法和随机森林预测 PM2.5 浓度

本节将针对空气质量监测数据，基于集成学习策略，分别采用袋装法和随机森林对 PM2.5 浓度进行集成回归预测。应首先导入 Python 的相关包或模块。为避免重复，这里将本章需要导入的包或模块一并列出如下，#后面给出了简短的功能说明。

```
1   #本章需导入：
2   import numpy as np
3   import pandas as pd
4   import warnings
5   warnings.filterwarnings(action = 'ignore')
6   import matplotlib.pyplot as plt
7   %matplotlib inline
8   plt.rcParams['font.sans-serif']=['SimHei']   #解决中文显示乱码问题
9   plt.rcParams['axes.unicode_minus']=False
10  from sklearn.model_selection import train_test_split,KFold,cross_val_score #划分训练集和测试集，交叉验证误差
11  from sklearn import tree #建立决策树
12  import sklearn.linear_model as LM   #建立线性回归模型
13  from sklearn import ensemble #集成学习
14  from sklearn.datasets import make_classification,make_circles,make_regression #生成模拟数据
15  from sklearn.metrics import zero_one_loss,r2_score,mean_squared_error #模型评价
16  import xgboost as xgb #XGBoost算法
```

基本思路如下。

（1）读入数据，进行数据预处理。指定输入变量包括 SO_2、CO、NO_2、O_3 浓度，输出变量为 PM2.5 浓度。

（2）利用旁置法和 10 折交叉验证法，找到单棵决策树的最优树深度，确定最优决策树。

（3）建立单棵最优决策树（回归树），计算单棵最优决策树的 10 折交叉验证误差。

（4）指定最优决策树为基础学习器，采用袋装法和随机森林进行集成学习，计算各自的 OOB 误差。绘制袋装法和随机森林的 OOB 误差随决策树棵数增加的变化曲线，对比两种集成学习策略的效果。

（5）绘制随机森林中输入变量的重要性条形图，找到对 PM2.5 浓度有重要影响的输入变量。

Python 代码（文件名为 chapter7-1.ipynb）如下。以下将分段对 Python 代码进行说明。

1. 确定最优决策树（回归树），完成以上（1）至（2）

行号	代码和说明
1	data = pd.read_excel('北京市空气质量数据.xlsx')　　　　　　　　#将 Excel 文件读入 data
2	data = data.replace(0, np.NaN); data = data.dropna(); data = data.loc[(data['PM2.5']<= 200) & (data['SO2']<= 20)];　　　　　　　　#数据预处理
3	X = data[['SO2', 'CO', 'NO2', 'O3']]; y = data['PM2.5']　　　　#指定输入变量和输出变量
4	X0 = np.array(X.mean()).reshape(1, -1)　　　　　　#指定新数据 X0
5	X_train, X_test, y_train, y_test = train_test_split(X, y, train_size = 0.70, random_state = 123)　　　　　　　　#利用旁置法划分数据集
6	trainErr = []; testErr = []; CVErr = []　　　　#存储不同树深度下的训练误差、测试误差和 10 折交叉验证误差
7	Deep = np.arange(2, 15)　　　　　　#指定树深度的取值范围为 2～14
8	for d in Deep:　　　　　　　　#利用循环建立不同树深度的决策树
9	modelDTC = tree.DecisionTreeRegressor(max_depth = d, random_state = 123)　　　　　　　　#建立树深度等于 d 的决策树模型 modelDTC
10	modelDTC.fit(X_train, y_train)　　　　#基于训练集估计 modelDTC 的参数
11	trainErr.append(1-modelDTC.score(X_train, y_train))　　　　#计算 modelDTC 的训练误差

12	testErr.append(1-modelDTC.score(X_test, y_test))	#计算 modelDTC 的测试误差
13	Err = 1-cross_val_score(modelDTC, X, y, cv = 10, scoring = 'r2')	#计算 modelDTC 的 10 折交叉验证误差
14	CVErr.append(Err.mean())	#计算并保存 10 折交叉验证误差
15	bestDeep = Deep[testErr.index(np.min(testErr))]	#获得旁置法测试误差最小时的最优树深度
…	……　#绘制决策树训练误差、测试误差和 10 折交叉验证误差随树深度变化的曲线，图标题设置等，略去	

代码说明

以上省略号部分在之前代码中重复出现过且不影响对原理的理解，故略去以节约篇幅。完整 Python 代码参见本书配套代码。所绘制的图形如图 7.2 左图所示。

在图 7.2 左图中，横坐标为树深度，纵坐标为误差，这里采用 $1 - R^2$。该图形显示，随树深度的增大，训练误差单调减小，但基于旁置法和 10 折交叉验证法的测试误差均先减小后增大，出现了模型过拟合问题。由此可见，树深度等于 5 的决策树为最优决策树（回归树）。

2. 建立单棵最优决策树（回归树），实现基于袋装法和随机森林的集成学习，完成以上（3）至（5）（代码行号续前）。

行号	代码和说明	
25	modelDTC = tree.DecisionTreeRegressor(max_depth = bestDeep, random_state = 123)	
		#建立最优决策树模型 modelDTC
26	dtrErr = 1-cross_val_score(modelDTC, X, y, cv = 10, scoring = 'r2')	#计算最优决策树的 10 折交叉验证误差
27	BagY0 = []; bagErr = []; rfErr = []; rfY0 = []	#存储对 X0 的预测结果，袋装法和随机森林的 OOB 误差
28	B = np.arange(10, 100)	#指定集成学习所包含的基础学习器的数量，这里为决策树的棵数，取值范围为 10 ~ 99
29	for b in B:	#利用循环实现不同决策树棵数下的集成学习
30	Bag = ensemble.BaggingRegressor(base_estimator = modelDTC, n_estimators = b, oob_score = True, random_state = 123, bootstrap = True)　#以最优决策树为集成学习器，建立袋装法下的集成学习对象 Bag，树棵数(n_estimators)为 b，计算 OOB 得分(oob_score = True)，训练集为自举样本(bootstrap = True)	
31	Bag.fit(X, y)	#估计 Bag 参数
32	bagErr.append(1-Bag.oob_score_)	#计算 Bag 的 OOB 误差并保存
33	BagY0.append(float(Bag.predict(X0)))	#利用 Bag 对 X0 进行预测并保存预测结果
34	RF = ensemble.RandomForestRegressor(n_estimators = b, oob_score = True, random_state = 123, bootstrap = True, max_features = 'sqrt')　#建立随机森林的集成学习对象 RF，树棵数(n_estimators)为 b，计算 OOB 得分(oob_score = True)，训练集为自举样本(bootstrap = True)，输入变量随机子集包含 $\sqrt{p}$ 个输入变量	
35	RF.fit(X, y)	#估计 RF 参数
36	rfErr.append(1-RF.oob_score_)	#计算 RF 的 OOB 误差并保存
37	rfY0.append(float(RF.predict(X0)))	#利用 RF 对 X0 进行预测并保存预测结果
…	……　#绘制最优决策树 10 折交叉验证误差线，以及 Bag 和 RF 的 OOB 误差随树棵数增加的变化曲线，图标题设置等，略去	

代码说明

（1）以上省略号部分在之前代码中重复出现过且不影响对原理的理解，故略去以节约篇幅。完整 Python 代码参见本书配套代码。

（2）第 30 行：指定袋装法中的基础学习器(base_estimator)为单棵最优决策树，基于重抽样自举样本实现集成学习。

（3）第 34 行：实现基于重抽样自举样本的随机森林集成学习策略。随机森林中每棵树的预设参数值同单棵决策树（详见 6.4.1 节）。

最优决策树 10 折交叉验证误差线，以及 Bag 和 RF 的 OOB 误差随树棵数增加的变化曲线如图 7.2 中图所示。在图 7.2 中图中，点画线表示单棵最优决策树测试误差的 10 折交叉验证估计。实线和虚线分别为最优决策树的袋装法和随机森林，在树棵数从 10 增至 99 过程中的 OOB 误差曲线。可以看出，随树棵树(也称迭代次数)增加，袋装法和随机森林的 OOB 误差呈"断崖"式减小后逐渐趋于平稳，两者的 OOB 误差均明显小于最优决策树的 10 折交叉验证误差，具有比最优决策树更强的泛化能力，且随机森林的泛化能力优于袋装法。

图 7.2　PM2.5 浓度预测中的袋装法和随机森林

彩图 7.2

此外，袋装法的预测方差(1.234)和随机森林的预测方差(0.673)均小于 6.7 节讨论的回归树的预测方差，有效减小了预测方差。再有，迭代次数(树棵数)达到 60 以后，袋装法和随机森林的 OOB 误差曲线基本平稳(均仅有很微小的变化)，表现出泛化误差估计的一致性[①]，表明迭代充分，算法已收敛，再增加基础学习器也无益于继续有效减小预测误差。

(4)随机森林中输入变量的重要性条形图如图 7.2 右图所示。该图形表明，CO 浓度对预测 PM2.5 浓度有最为重要的影响，其次重要的是 NO_2 浓度，SO_2 浓度的重要性最低。需要说明的是，这里的变量重要性得分是归一化后的结果。

由此得到两个启示，以袋装法和随机森林为代表的基于重抽样自举法的集成学习策略，一方面，能够有效减小预测方差，因随机森林引入了多样性增强机制，所以其在减小预测方差上有更好的表现；另一方面，能够有效减小预测误差，给出性能更理想的预测模型，随机森林尤其适用于输入变量较多的情况(读者可自行减少本示例中的输入变量，如只引入 SO_2、CO 浓度这 2 个输入变量，对比随机森林在 2 个和 4 个输入变量下的测试误差情况)。

需要说明的是，随机森林中的单棵树都是依在输入变量的随机子集中确定最佳分组变量和组限值而"生长"出来的。这种随机性将导致单棵树的预测性能一般不会很理想，而它们的集成将使随机森林具有整体上的优秀表现，其原因可直观解释为"三个臭皮匠顶一个诸葛亮"。

[①] 一致性估计也是推论统计中衡量一个估计是否为好估计的标准之一。待估参数的真值记为 θ，估计值记为 $\hat{\theta}$。若 $\lim_{N\to\infty} P[(|\theta-\hat{\theta}|<\epsilon]=1$，即不断增加样本量，估计值 $\hat{\theta}$ 和真值 θ 之差小于一个很小的正数 ϵ 的概率等于 1，则 $\hat{\theta}$ 是 θ 的一致性估计。

7.3　从弱模型到强模型的构建：提升法

集成学习的一种策略是，将 B 个具有顺序相关性的弱模型组成一个"联合委员会"，其最终成为强模型。借鉴"三个臭皮匠顶一个诸葛亮"的朴素思想，这种集成学习策略认为，若将多个弱模型(基础学习器，可以是树深度很小的决策树等)集成，用它们进行联合预测，将会得到理想的预测效果。也就是说，一组弱模型的联合将构成训练误差较小的强模型，且这个强模型不会像单个复杂模型那样存在过拟合问题。

在回归预测中，若 B 个弱模型对 $\boldsymbol{X}_0$ 的回归预测值分别为 $\hat{f}^{*(1)}(\boldsymbol{X}_0), \hat{f}^{*(2)}(\boldsymbol{X}_0), \cdots,$ $\hat{f}^{*(B)}(\boldsymbol{X}_0)$，则其"联合委员会"的联合预测结果为 $\hat{f}_\alpha^*(\boldsymbol{X}_0) = \alpha_1 \hat{f}^{*(1)}(\boldsymbol{X}_0) + \alpha_2 \hat{f}^{*(2)}(\boldsymbol{X}_0) + \cdots +$ $\alpha_B \hat{f}^{*(B)}(\boldsymbol{X}_0)$，其中 $\alpha_i (i=1,2,\cdots,B)$ 为模型权重。同理，在分类预测中，"联合委员会"的联合预测结果是 B 个弱模型预测类别的加权投票结果，即为权重之和最大的类别。

随机森林正是一个从 B 个弱模型到 1 个强模型的构建的典型策略，其中各模型权重相等。除此之外，从弱模型到强模型的构建的其他典型策略还有提升法和梯度提升决策树等。本节讨论提升法。

7.3.1　提升法的基本思路

提升 (Boosting) 法是一类集成学习策略的统称，其中经典的一种是 AdaBoost (Adaptive Boosting，自适应性提升)，其被提出时主要用于解决输出变量仅有 –1 和 +1 两个类别取值，即 $y \in \{-1, +1\}$ 时的分类预测问题。AdaBoost 通过多次迭代实现从 B 个弱模型到 1 个强模型的构建。这里以输出变量仅有 –1 和 +1 两个类别取值的二分类预测问题为例，给出 AdaBoost 的基本框架，如图 7.3 所示。

图 7.3 展示了 AdaBoost 的 B 次迭代建模过程。设 $\boldsymbol{S}$ 为样本量等于 N 的数据集。第一次迭代，先基于权重 $\boldsymbol{w}^{(1)}$ 对 $\boldsymbol{S}$ 进行随机抽样得到样本量为 N 的训练集 $\boldsymbol{S}_1$，建立弱模型 $G_1(\boldsymbol{X})$，然后基于 $\boldsymbol{w}^{(1)}$ 得到更

"联合委员会"对 $\boldsymbol{X}_i$ 的联合预测：
$$G(\boldsymbol{X}_i) = \mathrm{sign}\left(\sum_{b=1}^{B} \alpha_b G_b(\boldsymbol{X}_i)\right)$$

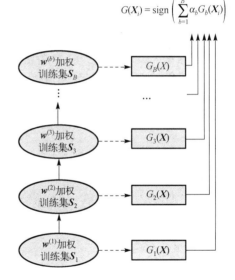

图 7.3　**AdaBoost** 的基本框架

新的 $\boldsymbol{w}^{(2)}$；第二次迭代，先基于权重 $\boldsymbol{w}^{(2)}$ 对 $\boldsymbol{S}$ 进行随机抽样得到样本量为 N 的训练集 $\boldsymbol{S}_2$，建立弱模型 $G_2(\boldsymbol{X})$，然后基于 $\boldsymbol{w}^{(2)}$ 得到更新的 $\boldsymbol{w}^{(3)}$；第三次迭代，先基于权重 $\boldsymbol{w}^{(3)}$ 对 $\boldsymbol{S}$ 进行随机抽样得到样本量为 N 的训练集 $\boldsymbol{S}_3$，建立弱模型 $G_3(\boldsymbol{X})$，然后基于 $\boldsymbol{w}^{(3)}$ 得更新的 $\boldsymbol{w}^{(4)}$；以此类推。算法的适应性提升特点主要表现为基于 $\boldsymbol{w}^{(b-1)}$ 得到 $\boldsymbol{w}^{(b)}$。

经过 B 次迭代，将得到由 B 个弱模型 $G_1(\boldsymbol{X})$，$G_2(\boldsymbol{X}), G_3(\boldsymbol{X}), \cdots, G_B(\boldsymbol{X})$ 组成的"联合委员会"。样本观测 $\boldsymbol{X}_i$ 的类别预测结果是"联合委员会"中 B 个弱模型预测结果 $G_1(\boldsymbol{X}_i), G_2(\boldsymbol{X}_i), G_3(\boldsymbol{X}_i), \cdots, G_B(\boldsymbol{X}_i)$ 的加权 $\sum_{b=1}^{B} \alpha_b G_b(\boldsymbol{X}_i)$。其中，$\alpha_b (b=1,2,\cdots,B)$ 为联合预测中的模型权重，α_b 越大，$G_b(\boldsymbol{X}_i)$ 对预测结果的影响越大。由于预测值 $G_b(\boldsymbol{X}_i) \in \{-1, +1\}$，所以

只需根据 $\sum_{b=1}^{B} \alpha_b G_b(\boldsymbol{X}_i)$ 的正负符号，记为 $\text{sign}\left(\sum_{b=1}^{B} \alpha_b G_b(\boldsymbol{X}_i)\right)$，便可得到联合预测的类别 $G(\boldsymbol{X}_i)$。符号为正，预测类别为 +1；符号为负，预测类别为 −1。

由此可见，以上迭代建模过程涉及两个重要的权重：权重 $\boldsymbol{w}^{(b)}$ 和权重 α_b。这两个权重是算法的核心。

最终，AdaBoost 框架构成的集成学习器的训练误差为 $\text{err} = \dfrac{1}{N}\sum_{i=1}^{N} I(y_i \neq G(\boldsymbol{X}_i))$，其中 $I()$ 为示性函数。当预测错误时，$y_i \neq G(\boldsymbol{X}_i)$ 成立，函数值等于 1；当预测正确时，$y_i \neq G(\boldsymbol{X}_i)$ 不成立，函数值等于 0。测试误差仍为 OOB 误差。

B 个弱模型的"联合委员会"有着较高的预测性能，以下将通过 Python 编程对其进行讨论。

7.3.2　Python 模拟和启示：弱模型联合成为强模型

AdaBoost 框架下的 B 个弱模型的"联合委员会"可否成为一个有着较高预测性能的强模型？本节将借助基于模拟数据的 Python 编程对此进行直观探讨，基本思路如下。

⑴ 随机生成样本量 $N = 800$、有 2 个输入变量、输出变量取 1 或 0 两个类别值的非线性分类模拟数据。

⑵ 建立单棵树深度等于 1 的最简单的决策树并计算误差。

⑶ 建立单棵树深度等于 5 的较为复杂的决策树并计算误差。

⑷ 采用 AdaBoost 框架，以树深度等于 1 的最简单的决策树为基础学习器，迭代 100 次，即由 100 个基础学习器构成"联合委员会"实现集成学习，并计算误差。

⑸ 绘制单棵简单决策树和复杂决策树的误差曲线，以及 AdaBoost 集成学习随迭代次数增加的误差变化曲线，以对比三个模型的效果。

Python 代码(文件名为 chapter7-2.ipynb)如下。

行号	代码和说明
1	N = 800　　　　　　　　　　　　　　　　　　　　　　　　　　　　　#指定样本量 N = 800
2	X, y = make_circles(n_samples = N, noise = 0.2, factor = 0.5, random_state = 123)　#随机生成两个类别的模拟数据
3	fig, axes = plt.subplots(nrows = 1, ncols = 2, figsize = (15, 6))　#将绘图区域分成 1 行 2 列 2 个单元，指定图形大小
4	colors = plt.cm.Spectral(np.linspace(0, 1, len(set(y))))　　#指定 2 个类别的绘图颜色
5	markers = ['o', '*']　　　　　　　　　　　　　　　　　　　　　#指定 2 个类别的绘图形状
6	for k, col, m in zip(set(y), colors, markers):　　　　　　　#以不同颜色和形状绘制两类样本观测点
7	axes[0].scatter(X[y == k, 0], X[y == k, 1], color = col, s = 30, marker = m)
…	……　　　　　　　　　　　　　　　　　　　　　　　　　　　　#图标题设置等，略去
11	dt_stump = tree.DecisionTreeClassifier(max_depth = 1, random_state = 123)　#建立树深度为 1 的决策树 dt_stump
12	dt_stump.fit(X, y)　　　　　　　　　　　　　　　　　　　　　#基于 X 和 y 估计 dt_stump 的参数
13	dt_stump_err = 1.0 - dt_stump.score(X, y)　　　　　　　　　#计算 dt_stump 的训练误差
14	dt = tree.DecisionTreeClassifier(max_depth = 5, random_state = 123)　#建立树深度为 5 的决策树 dt
15	dt.fit(X, y)　　　　　　　　　　　　　　　　　　　　　　　　#基于 X 和 y 估计 dt 的参数
16	dt_err = 1.0 - dt.score(X, y)　　　　　　　　　　　　　　　#计算 dt 的训练误差
17	B = 100　　　　　　　　　　　　　　　　　　　　　　　　　　#指定迭代次数为 100
18	ada = ensemble.AdaBoostClassifier(base_estimator = dt_stump, n_estimators = B, algorithm = 'SAMME', random_state

	= 123）	#建立基础学习器为 dt_stump 的 AdaBoost 集成学习对象 ada
19	ada.fit(X, y)	#基于 X 和 y 估计 ada 的参数
20	ada_err = np.zeros((B,))	#保存不同迭代次数下的训练误差
21	for i, yhat in enumerate(ada.staged_predict(X)):	#利用循环计算不同迭代次数下的训练误差
22	ada_err[i] = zero_one_loss(yhat, y)	#计算训练误差（总错判率）并保存
...	……	#绘制 dt_stump、dt 和 ada 的误差曲线，图标题设置等，略去

代码说明

（1）以上省略号部分在之前代码中重复出现过且不影响对原理的理解，故略去以节约篇幅。完整 Python 代码参见本书配套代码。

（2）第 2 行：利用 make_circles 随机生成包含 2 个输入变量的非线性的二分类（输变量取 1 或 0）模拟数据。这里的分类边界近似为圆。参数 noise = 0.2 指定对每类样本观测点添加服从均值为 0、标准差为 0.2 的正态分布的噪声信息；参数 factor = 0.5 指定两类样本观测点的重合程度；指定参数 random_state 使随机结果可以重现。

（3）第 18 行：利用 AdaBoostClassifier 实现基于 AdaBoost 的集成学习分类预测。其中，参数 base_estimator 指定基础学习器；参数 n_estimators 指定"联合委员会"的成员个数；参数 algorithm 设置为'SAMME', 指代一种离散的集成学习算法，还可以设置为'SAMME.R', 指代一种连续的集成学习算法，具体内容在后面的选讲章节中讨论。

（4）第 20 行：利用 np.zeros((B,)) 生成 B 个值均等于 0 的一维 NumPy 数组，是模型误差的初始值。后续还会沿用此方式。

（5）第 21 行：.staged_predict() 表示阶段性预测，即 B 为 1 时的"联合委员会"预测、B 为 2 时的"联合委员会"预测等。

（6）第 22 行：利用 zero_one_loss 计算输出变量为分类型变量的情况下预测模型的总错判率。

模拟数据的样本观测点的分布情况如图 7.4 左图所示。单棵决策树和不同迭代次数下的 AdaBoost 集成学习的误差曲线如图 7.4 右图所示。

图 7.4　模拟数据、弱模型和集成学习的预测对比

图 7.4 左图展示了模拟数据集中 800 个样本观测点在由 X1、X2 两个输入变量构成的 2 维空间中的联合分布情况。红色圆圈和蓝色五角星分别代表

彩图 7.4

输出变量的两个类别。两个类别边界近似为一个圆，这是一个典型的非线性分类预测问题。现利用以决策树为基础学习器的集成学习方法进行二分类预测。在图 7.4 右图中，点画线表示单个弱模型(树深度等于 1)的误差；虚线表示单个较复杂模型(树深度等于 5)的误差；实线为树深度等于 1 的基础学习器个数(迭代次数)从 1 增加至 100 过程中，AdaBoost 集成学习误差的变化曲线。显然，单个弱模型的误差最大，较复杂模型有效减小了误差。尽管单个弱模型误差很大，但它们组成的"联合委员会"的成员数达到 30 时，误差已减小至较复杂模型的水平，之后甚至比较复杂模型的误差还小。由此可见，弱模型组成的"联合委员会"可以成为一个有着较高预测性能的强模型。此外，该示例也证明决策树可以较好地解决非线性分类预测问题。

7.3.3　分类预测中的提升法：AdaBoost.M1 算法

事实上，7.3.2 节 Python 代码采用的是 AdaBoost 集成学习中应用最为广泛的 AdaBoost.M1 算法，该算法是 1997 年 Freund 和 Schapire 提出的。本节将通过对 AdaBoost.M1 算法的讲解，进一步明确 AdaBoost 集成学习的核心内容：迭代过程中的两个重要权重，即权重 $\boldsymbol{w}^{(b)}$ 和权重 α_b。

1. AdaBoost.M1 算法的基本内容

AdaBoost.M1 算法主要用于解决二分类预测问题[①]，其中将输出变量的两个类别分别用 -1 和 $+1$ 表示，即 $y \in \{-1, +1\}$。AdaBoost.M1 算法是 AdaBoost 的具体体现，其基本框架同图 7.3。这里首先结合图 7.3，详细说明其中的两个重要权重，即权重 $\boldsymbol{w}^{(b)}$ 和权重 α_b，其次给出算法的基本步骤。

(1) 每个样本观测在每次迭代中都有自己的权重 $\boldsymbol{w}^{(b)} = (w_1^{(b)}, w_2^{(b)}, \cdots, w_N^{(b)})$。

(2) 在进行第一次迭代时，权重 $\boldsymbol{w}^{(1)} = (w_1^{(1)}, w_2^{(1)}, \cdots, w_N^{(1)})$ 都等于初始值 $\dfrac{1}{N}$。依据 AdaBoost 的基本框架，权重相等等同于不加权，因此权重 $\boldsymbol{w}^{(1)}$ 下的训练集 S_1 就是数据集 S，由此将得到弱模型 $G_1(\boldsymbol{X})$。

接下来需要基于 $\boldsymbol{w}^{(1)}$ 得到更新的 $\boldsymbol{w}^{(2)}$。

首先，计算弱模型 $G_1(\boldsymbol{X})$ 的训练误差：$\mathrm{err}^{(1)} = \dfrac{1}{N} \sum_{i=1}^{N} I(y_i \neq G_1(\boldsymbol{X}_i)) = \dfrac{\sum_{i=1}^{N} w_i^{(1)} I(y_i \neq G_1(\boldsymbol{X}_i))}{\sum_{i=1}^{N} w_i^{(1)}} < 0.5$[②]。

其次，依据训练误差 $\mathrm{err}^{(1)}$ 设置联合预测中 $G_1(\boldsymbol{X})$ 的权重：$\alpha_1 = \log\left(\dfrac{1 - \mathrm{err}^{(1)}}{\mathrm{err}^{(1)}}\right)$。由此可见，$\alpha_1 > 0$ 且训练误差 $\mathrm{err}^{(1)}$ 越小，权重 α_1 越大，$G_1(\boldsymbol{X})$ 对预测结果的影响越大。

最后，基于 α_1 和 $\boldsymbol{w}^{(1)}$ 得到更新的 $\boldsymbol{w}^{(2)}$：$w_i^{(2)} = w_i^{(1)} \exp(\alpha_1 I(y_i \neq G_1(\boldsymbol{X}_i)))$，$i = 1, 2, \cdots, N$。若

---

① AdaBoost.M1 算法也可用于解决多分类预测问题，但多应用于二分类预测问题。

② 在二分类预测中，因为随机猜测误差等于 0.5，所以弱模型的训练误差小于 0.5。

$G_1(\boldsymbol{X})$ 对 $\boldsymbol{X}_i$ 的预测正确，则 $w_i^{(2)} = w_i^{(1)}$，权重不变；若预测错误，则 $w_i^{(2)} = w_i^{(1)} \times \dfrac{1 - \mathrm{err}^{(1)}}{\mathrm{err}^{(1)}}$ [1]，$w_i^{(2)} > w_i^{(1)}$，权重增大。由此可见，$G_1(\boldsymbol{X})$ 预测错误的样本观测的权重大于预测正确的样本观测的权重。

（3）在进行第二次迭代时，依 $\boldsymbol{w}^{(2)}$ 对 $\boldsymbol{S}$ 进行随机抽样得到样本量等于 N 的训练集 $\boldsymbol{S}_2$。显然 $G_1(\boldsymbol{X})$ 预测错误的样本观测有更大的概率进入 $\boldsymbol{S}_2$。换言之，$\boldsymbol{S}_2$ 中的样本观测大多是 $G_1(\boldsymbol{X})$ 没有正确预测的。基于 $\boldsymbol{S}_2$ 建立 $G_2(\boldsymbol{X})$，因此 $G_2(\boldsymbol{X})$ 关注的是 $G_1(\boldsymbol{X})$ 没有正确预测的样本观测。从这个角度看，$G_1(\boldsymbol{X})$ 和 $G_2(\boldsymbol{X})$ 存在前后的顺序相关性。

接下来仍需要计算模型 $G_2(\boldsymbol{X})$ 的训练误差 $\mathrm{err}^{(2)}$，并依此计算模型权重 α_2 和基于 $\boldsymbol{w}^{(2)}$ 得到更新的 $\boldsymbol{w}^{(3)}$。

（4）第三次至第 B 次迭代同理。由于 $G_b(\boldsymbol{X})$ 关注的是 $G_{b-1}(\boldsymbol{X})$ 没有正确预测的样本观测，因此 $G_b(\boldsymbol{X})$ 和 $G_{b-1}(\boldsymbol{X})$ 存在前后的顺序相关性。

AdaBoost.M1 算法的基本步骤如下。

首先，初始化每个样本观测的权重：$w_i^{(1)} = \dfrac{1}{N}$，$i = 1, 2, \cdots, N$。其次，进行 $b = 1, 2, \cdots, B$ 次如下迭代。

第一步，基于权重 $\boldsymbol{w}^{(b)}$ 下的训练集 $\boldsymbol{S}_b$ 建立弱模型 $G_b(\boldsymbol{X})$。

第二步，计算 $G_b(\boldsymbol{X})$ 的训练误差：

$$\mathrm{err}^{(b)} = \frac{\displaystyle\sum_{i=1}^{N} w_i^{(b)} I(y_i \neq G_b(\boldsymbol{X}_i))}{\displaystyle\sum_{i=1}^{N} w_i^{(b)}} \tag{7.3}$$

预测错误的样本观测的权重 $w_i^{(b)}$ 越大，其对 $\mathrm{err}^{(b)}$ 的贡献越大。式(7.3)中分母的作用是确保各样本观测对 $\mathrm{err}^{(b)}$ 的权重之和等于 1，即 $\displaystyle\sum_{i=1}^{N} w_i^{(b)} = 1$。

第三步，设置联合预测中 $G_b(\boldsymbol{X})$ 的权重：

$$\alpha_b = \log\left(\frac{1 - \mathrm{err}^{(b)}}{\mathrm{err}^{(b)}}\right) \tag{7.4}$$

α_b 是 $\mathrm{err}^{(b)}$ 的单调减函数，$\mathrm{err}^{(b)}$ 越小，权重越大。应满足权重 $\alpha_b > 0$，即应使 $\mathrm{err}^{(b)} < 0.5$ 成立，$G_b(\boldsymbol{X})$ 应是一个弱模型。

第四步，基于 $w_i^{(b)}$ 得到更新的 $w_i^{(b+1)}$：

$$w_i^{(b+1)} = w_i^{(b)} \exp(\alpha_b I(y_i \neq G_b(\boldsymbol{X}_i))), \quad i = 1, 2, \cdots, N \tag{7.5}$$

$G_b(\boldsymbol{X})$ 错误预测的样本观测的权重将是正确预测的样本预测的权重的 $\exp(\alpha_b I(y_i \neq G_b(\boldsymbol{X}_i))) = \dfrac{1 - \mathrm{err}^{(b)}}{\mathrm{err}^{(b)}}$ 倍。同理应满足 $\dfrac{1 - \mathrm{err}^{(b)}}{\mathrm{err}^{(b)}} > 1$，即应使 $\mathrm{err}^{(b)} < 0.5$ 成立，$G_b(\boldsymbol{X})$ 应是一个弱

---

[1] 因模型的权重与样本观测的权重分别采用对数和指数形式，所以消去了模型的权重 α_b。当采用其他形式时，模型的权重 α_b 将直接影响样本观测的权重。

模型。由于错误预测的样本观测有较大的权重，因此其在 $b+1$ 次迭代时将有更大的概率进入训练集 S_{b+1}。

在迭代结束时会得到包括 B 个弱模型的"联合委员会"。将依据 $\text{sign}\left(\sum_{b=1}^{B}\alpha_b G_b(X_i)\right)$ 预测 X_i 的类别。

2. AdaBoost.M1 算法的理论陈述

如上所述，联合预测结果取决于 $\sum_{b=1}^{B}\alpha_b G_b(X_i)$ 的正负符号。若将 $\sum_{b=1}^{B}\alpha_b G_b(X_i)$ 记为 $f_B(X_i)$，则提升法的预测过程可表述为

$$f_B(X_i) = \sum_{b=1}^{B}\alpha_b G_b(X_i) = \sum_{b=1}^{B-1}\alpha_b G_b(X_i) + \alpha_B G_B(X_i) = f_{B-1}(X_i) + \alpha_B G_B(X_i)$$

一般写法为

$$f_b(X_i) = f_{b-1}(X_i) + \alpha_b G_b(X_i) \tag{7.6}$$

即迭代次数每增加 1，就有一个新的弱模型以权重形式 $\alpha_b G_b(X_i)$ 添加到当前的"联合委员会"中并参与预测，体现了向前式分步可加建模(Forward Stagewise Additive Modeling)策略。

向前式分步可加建模的基本特征：迭代过程是模型成员 $G_b(X)$ 不断进入"联合委员会"的过程。先前进入"联合委员会"的模型 $G_b(X)$ 参数和权重 α_b 不受后续进入模型的影响，且每次迭代仅需估计当前模型的参数和权重。

AdaBoost.M1 算法是向前式分步可加建模的具体体现。其中，模型 $G_b(X)$ 的参数集合记为 γ_b，包括每棵树(弱模型)的最佳分组变量和组限值及样本观测的权重 $w^{(b)}$ 等。于是，可将 AdaBoost.M1 算法模型化为

$$f_B(X) = \sum_{b=1}^{B}\beta_b G_b(X;\gamma_b) = f_{B-1}(X) + \beta_B G_B(X;\gamma_B) \tag{7.7}$$

在进行第 b 次迭代时有

$$f_b(X) = f_{b-1}(X) + \beta_b G_b(X;\gamma_b) \tag{7.8}$$

式中，β_b 为模型系数，是式(7.6)中模型权重 α_b 的函数。

进一步，若将第 b 次迭代时的总损失记为 $\sum_{i=1}^{N}L[y_i, f_{b-1}(X_i) + \beta_b G_b(X_i;\gamma_b)]$，则 $G_b(X_i;\gamma_b)$ 的待估参数 γ_b 和待估模型系数 β_b 应为损失函数最小时的值，即

$$(\beta_b, \gamma_b) = \arg\min_{\beta,\gamma}\sum_{i=1}^{N}L[y_i, f_{b-1}(X_i) + \beta G_b(X_i;\gamma)] \tag{7.9}$$

因待估参数 γ_b 由决策树决定，所以这里只需估计 β_b。由于在 AdaBoost.M1 算法中 $y \in \{-1,+1\}$，因此算法采用指数损失函数，即 $L(y,f) = \exp(-yf(X))$[①]。于是式(7.9)的具体形式为

---

① 分类预测中还有其他损失函数，如 3.4.1 节的对数损失函数。

$$(\beta_b, \gamma_b) = \arg\min_{\beta,\gamma} \sum_{i=1}^{N} \exp[-y_i(f_{b-1}(X_i) + \beta G_b(X_i; \gamma))]$$

$$= \arg\min_{\beta,\gamma} \sum_{i=1}^{N} w_i^{(b)} \exp[-\beta y_i G_b(X_i; \gamma)] \tag{7.10}$$

式中，$w_i^{(b)} = \exp[-y_i f_{b-1}(X_i)]$，仅取决于 $b-1$ 次迭代的结果。进一步，因 $G_b(X_i; \gamma) \in \{-1, +1\}$，所以有

$$\sum_{i=1}^{N} w_i^{(b)} \exp[-\beta y_i G_b(X_i; \gamma)] = \exp(-\beta) \sum_{y_i = G(X_i)} w_i^{(b)} + \exp(\beta) \sum_{y_i \neq G(X_i)} w_i^{(b)} \tag{7.11}$$

式中，第一项求和为预测正确的样本观测的权重之和，第二项求和为预测错误的样本观测的权重之和，也即

$$(\exp(\beta) - \exp(-\beta)) \sum_{i=1}^{N} w_i^{(b)} I(y_i \neq G(X_i)) + \exp(-\beta) \sum_{i=1}^{N} w_i^{(b)} \tag{7.12}$$

对 β 求导并令导数等于零，可解得最小化式 (7.12) 下的 β_b，即 $\beta_b = \dfrac{1}{2} \log\left(\dfrac{1 - \text{err}^{(b)}}{\text{err}^{(b)}}\right)$，

$$\text{err}^{(b)} = \frac{\sum_{i=1}^{N} w_i^{(b)} I(y_i \neq G_b(X_i))}{\sum_{i=1}^{N} w_i^{(b)}}$$，且有 $f_b(X) = f_{b-1}(X) + \beta_b G_b(X; \gamma_b)$。各样本观测的权重下一次

迭代为

$$w_i^{(b+1)} = w_i^{(b)} \exp[-\beta_b y_i G_b(X_i; \gamma_b)] \tag{7.13}$$

因 $-y_i G_b(X_i) = 2 \cdot I(y_i \neq G_b(X_i)) - 1$，所以有

$$w_i^{(b+1)} = w_i^{(b)} \exp[2\beta_b I(y_i \neq G_b(X_i))] \exp(-\beta_b) \tag{7.14}$$

由于每个样本观测的权重都乘以相同的 $\exp(-\beta_b)$，对差异化样本观测的权重并没有影响，可略去，因此有 $w_i^{(b+1)} = w_i^{(b)} \exp[\alpha_b I(y_i \neq G_b(X_i))]$。其中，$\alpha_b = 2\beta_b$，即式 (7.4) 中的模型权重 $\alpha_b = \log\left(\dfrac{1 - \text{err}^{(b)}}{\text{err}^{(b)}}\right)$。

由此可见，AdaBoost.M1 算法是一种最小化指数损失函数的向前式分步可加建模算法。指数损失函数对参数估计值变化的敏感程度大于训练误差，应用更为广泛。

综上，AdaBoost.M1 算法的核心是通过不断改变样本观测的权重调整训练集，使得模型可依顺序关注以前模型无法正确预测的样本观测，并通过"联合委员会"得到最终的预测结果。

7.3.4　Python 模拟和启示：认识 AdaBoost.M1 算法中高权重的样本观测

AdaBoost.M1 算法的核心是通过不断改变样本观测的权重调整训练集，使得模型可依顺序关注以前模型无法正确预测的样本观测。本节将基于模拟数据，直观展示算法迭代过程中样本观测权重的变化，并展现高权重的样本观测的特点，基本思路如下：

（1）随机生成样本量 $N = 800$、有 2 个输入变量、输出变量取 1 或 0 两个类别值的非线性分类模拟数据。为保持讲解的连贯性，这里的模拟数据同 7.3.2 节。

（2）以树深度为 1 的决策树为基础学习器，基于 AdaBoost.M1 算法实现集成学习，分类预测的"联合委员会"由 100 个基础学习器构成。

（3）依据式(7.5)更新各样本观测的权重，并利用图形展示迭代次数为 5、10、15、90 时各样本观测权重的变化。

Python 代码(文件名为 chapter7-3.ipynb)如下。

行号	代码和说明
1	N = 800　　　　　　　　　　　　　　　　　　　#指定样本量 N = 800
2	X, y = make_circles(n_samples = N, noise = 0.2, factor = 0.5, random_state = 123)　#随机生成两个类别的模拟数据
3	data = np.hstack((X.reshape(N, 2), y.reshape(N, 1)))　　　#将输入变量 X 和输出变量 y 合并到 data 中
4	data = pd.DataFrame(data); data.columns = ['X1', 'X2', 'y']　　　#将 data 转换为数据框并命名列
5	data['Weight'] = [1/N]*N　　　　　　　　#指定各样本观测的初始权重均为 1/N
6	dt_stump = tree.DecisionTreeClassifier(max_depth = 1, min_samples_leaf = 1)　　#指定基础学习器
7	B = 100　　　　　　　　　　　　　　　　#指定迭代次数
8	ada = ensemble.AdaBoostClassifier(base_estimator = dt_stump, n_estimators = B, algorithm = 'SAMME', random_state = 123)　　　　　　　　#构建 AdaBoost 集成学习对象 ada
9	ada.fit(X, y)　　　　　　　　　　#基于 X 和 y 估计 ada 的参数
10	fig = plt.figure(figsize = (15, 12))　　　　#指定图形大小
11	colors = plt.cm.Spectral(np.linspace(0, 1, len(set(y))))　　#指定两个类别的绘图颜色
12	markers = ['o', '*']　　　　　　　　　#指定两个类别的绘图形状
13	for b, yhat in enumerate(ada.staged_predict(X)):　　#利用循环计算不同迭代次数下样本观测的权重
14	data['yhat'] = yhat　　　　　　　#保持当前迭代次数下的预测值
15	data.loc[data['y']!= data['yhat'], 'Weight']* = (1.0-ada.estimator_errors_[b])/ada.estimator_errors_[b]　　　　　　　　　　　#若预测错误，则更新权重
16	if b in [4, 9, 14, 89]:#当迭代次数为 5、10、15 和 90 时，利用图形展示各样本观测的权重(b 为从 0 开始的索引)
17	axes = fig.add_subplot(2, 2, [4, 9, 14, 89].index(b)+1)　　　　　　#将绘图区域划分为 2 行 2 列 4 个单元并在指定单元绘图
18	for k, col, m in zip(set(y), colors, markers):　　#以不同颜色和形状绘制两类样本观测点
19	tmp = data.loc[data['y'] == k, :]　　#得到两类样本观测的权重
20	tmp['Weight'] = 10+tmp['Weight']/(tmp['Weight'].max()-tmp['Weight'].min())*100　　　　　　　　#为便于画图调整权重的取值范围
21	axes.scatter(tmp['X1'], tmp['X2'], color = col, s = tmp['Weight'], marker = m)　　　　　　　　#绘制样本观测点且点的大小等于权重
……	……　　　　　　　　　　　#图标题设置等，略去

代码说明

（1）以上省略号部分在之前代码中重复出现过且不影响对原理的理解，故略去以节约篇幅。完整 Python 代码参见本书配套代码。

（2）第 20 行：希望以图形中点的大小展示样本观测权重的大小，为便于展示调整各样本观测权重的取值范围，各点的大小默认为 10，在此基础上再加上经极差法调整后的权重值。

所绘制的图形如图 7.5 所示。

图 7.5　不同迭代次数下高权重的样本观测点

图 7.5 展示了不同迭代次数下高权重的样本观测点的分布情况。红色圆圈和蓝色五角星代表两个类别。这里用符号(圆圈或五角星)的大小表示样本观测 $\boldsymbol{X}_i$ 在第 b 次迭代时的更新权重 $w_i^{(b+1)}$。符号越大，进入训练集 $\boldsymbol{S}_{b+1}$ 的概率越大。图 7.5 中的 4 幅图依次展示了 5、10、15、90 次迭代下各样本观测权重的大小。较大的样本观测点都是之前的弱模型没有正确预测的点，基本集中在两类的边界处。随迭代次数的增加这个特点愈发明显。

彩图 7.5

7.3.5　回归预测中的提升法

回归预测中的提升法通常采用 H. Drucker 等学者 1997 年在题为"Improving Regressors Using Boosting Techniques"文章中提出的算法。该算法是 AdaBoost.R 算法的改进算法，整体框架与 AdaBoost 框架类似。具体内容不再赘述，本节重点讨论以下几个关键点。

1. 损失函数

若已进行了第 b 次迭代，则此时样本观测 $\boldsymbol{X}_i$ 的预测值为 $\hat{y}_i^{(b)}$。定义三种损失函数，并确保损失函数值在 $[0,1]$ 区间内取值。

(1) 线性损失函数：$L_i = \dfrac{\left|\hat{y}_i^{(b)} - y_i\right|}{D}$，其中 $D = \max\limits_{L_i}\left(L_i = \left|\hat{y}_i^{(b)} - y_i\right|\right)$。

（2）平方损失函数：$L_i = \dfrac{\left| \hat{y}_i^{(b)} - y_i \right|^2}{D^2}$。

（3）指数损失函数：$L_i = 1 - \exp\left(\dfrac{-\left| \hat{y}_i^{(b)} - y_i \right|}{D} \right)$。

基于上述损失函数定义，计算平均损失 $\bar{L} = \sum\limits_{i=1}^{N} L_i p_i$。其中，$p_i = \dfrac{w_i^{(b-1)}}{\sum\limits_{i=1}^{N} w_i^{(b-1)}}$，为归一化的

样本观测的权重。

2. 预测置信度

基于平均损失构造第 b 次迭代后的预测置信度 $\dfrac{1}{\beta_b}$，其中 $\beta_b = \dfrac{\bar{L}}{1-\bar{L}}$，$0 < \beta_b < 1$。由此

可见，$\bar{L}$ 越小，β_b 越小，预测置信度 $\dfrac{1}{\beta_b}$ 越高；$\bar{L}$ 越大，β_b 越大，预测置信度 $\dfrac{1}{\beta_b}$ 越低。

3. 样本观测的权重更新

基于 $w_i^{(b)}$ 得到更新的 $w_i^{(b+1)}$：$w_i^{(b+1)} = w_i^{(b)} \beta_b^{\exp(1-L_i)}$，$i = 1, 2, \cdots, N$。由此可见，$L_i$ 越小，$w_i^{(b+1)}$ 越小，样本观测进入训练集 $\boldsymbol{S}_{b+1}$ 的概率越小。因此，预测误差大的样本观测比预测误差小的样本观测有更大的概率进入 $\boldsymbol{S}_{b+1}$。

4. 联合预测

迭代结束后，B 个弱模型组成的"联合委员会"对样本观测 $\boldsymbol{X}_i$ 进行联合预测。B 个弱模型的预测值记为 $\hat{\boldsymbol{y}}_i = (\hat{y}_i^{(1)}, \hat{y}_i^{(2)}, \cdots, \hat{y}_i^{(B)})$，模型权重记为 $\boldsymbol{\alpha}_b = (\alpha_1, \alpha_2, \cdots, \alpha_B) = \left(\dfrac{1}{\beta_1}, \dfrac{1}{\beta_2}, \cdots, \dfrac{1}{\beta_B} \right)$，预测值等于以 $\boldsymbol{\alpha}_b$ 为权重的 $\hat{\boldsymbol{y}}_i$ 的加权中位数。

首先，将 $(\hat{y}_i^{(1)}, \hat{y}_i^{(2)}, \cdots, \hat{y}_i^{(B)})$ 按升序排序，权重 $\left(\dfrac{1}{\beta_1}, \dfrac{1}{\beta_2}, \cdots, \dfrac{1}{\beta_B} \right)$ 也随之排序；其次，对排序后的权重计算累计的 $\log\left(\dfrac{1}{\beta_b} \right)$，即 $\sum\limits_{b=1}^{t} \log\left(\dfrac{1}{\beta_b} \right)$，$t$ 是满足 $\sum\limits_{b=1}^{t} \log\left(\dfrac{1}{\beta_b} \right) \geqslant \dfrac{1}{2} \sum\limits_{b=1}^{B} \log\left(\dfrac{1}{\beta_b} \right)$ 时的最小值。联合预测结果为 $\hat{y}_i = \hat{y}_i^{(t)}$。由此可见，如果 B 个弱模型的权重相等，预测值就是 $(\hat{y}_i^{(1)}, \hat{y}_i^{(2)}, \cdots, \hat{y}_i^{(B)})$ 的中位数。

7.3.6 Python 应用实践：基于 AdaBoost 预测 PM2.5 浓度

本节将针对空气质量监测数据，采用 AdaBoost 集成学习策略，对 PM2.5 浓度进行回归预测，重点关注提升法在回归预测中的损失函数选择问题，基本思路如下。

（1）读入数据，进行数据预处理。指定输入变量包括 SO_2、CO、NO_2、O_3 浓度，输出变量为 PM2.5 浓度。

（2）指定基础学习器是树深度等于 1 的回归树。

（3）基于 AdaBoost 集成学习策略，分别采用不同的损失函数建立包含 25 个基础学习器的"联合委员会"进行回归预测。

（4）计算集成学习 OOB 误差。通过对比不同损失函数下的 OOB 误差，确定适合本示例的损失函数。

Python 代码（文件名为 chapter7-1-1.ipynb）如下。

行号	代码和说明
1	data = pd.read_excel('北京市空气质量数据.xlsx')　　　　　　　　　　#将 Excel 文件读入 data
2	data = data.replace(0, np.NaN); data = data.dropna(); data = data.loc[(data['PM2.5']<=200) & (data['SO2']<=20)]; 　　　　　　　　　　　　　　　　　　　　　　　　　　　　#数据预处理
3	X = data[['SO2', 'CO', 'NO2', 'O3']]; y = data['PM2.5']　　　#指定输入变量和输出变量
4	dt_stump = tree.DecisionTreeRegressor(max_depth = 1, random_state = 123) 　　　　　　　　　　　　　　　#基础学习器为树深度为 1 的最简单的回归树
5	B = 25　　　　　　　　　　　　　　　　　#指定迭代 25 次
6	Loss = ['linear', 'square', 'exponential']　　　　#指定三种损失函数的参数名
7	LossName = ['线性损失', '平方损失', '指数损失']　　　#指定三种损失函数名称
8	Lines = ['-', '-.', '--']　　　　　　　　#以不同线型绘制不同损失函数曲线
9	plt.figure(figsize = (9, 6))　　　　　　　#指定图形大小
10	for lossname, loss, lines in zip(LossName, Loss, Lines):　#利用循环实现不同损失函数的集成回归预测
11	ErrAdaB = np.zeros((B,))　　　　　　#存储各迭代次数下的误差
12	adaBoost = ensemble.AdaBoostRegressor(base_estimator = dt_stump, n_estimators = B, loss = loss, random_state 　= 123)　　　　　　　　　　　　　#创建 AdaBoost 回归预测对象 adaBoost
13	adaBoost.fit(X, y)　　　　　　　　#基于 X 和 y 估计 adaBoost 的参数
14	for b, yhat in enumerate(adaBoost.staged_predict(X)):　#计算各迭代次数下的预测值
15	ErrAdaB[b] = 1-r2_score(y, yhat)　#计算各迭代次数下的误差并保持；r2_score 用于计算 R^2
16	plt.plot(np.arange(B), ErrAdaB, marker = 'o', linestyle = lines, label = '%s:模型权重%s'%(lossname, adaBoost. 　estimator_weights_[0:2]), linewidth = 1)　#绘制误差随迭代次数增加的变化曲线，显示前 2 　　　　　　　　　　　　　　　　次迭代的 2 个基础学习器的权重
…	……　　　　　　　　　　#图标题设置等，略去

代码说明

（1）以上省略号部分在之前代码中重复出现过且不影响对原理的理解，故略去以节约篇幅。完整 Python 代码参见本书配套代码。

（2）第 16 行：属性 estimator_weights_用于存储各基础学习器的权重。此外还有属性 estimator_errors_，用于存储各基础学习器的误差。随着迭代次数的增加，因后续模型仅专注之前未能正确预测的样本观测，所以这些模型的误差较高，权重较低。

所绘制的图形如图 7.6 所示。

在图 7.6 中，横坐标为弱模型个数（0～24 为索引），即迭代次数，纵坐标为误差。图 7.6 显示，随迭代次数的增加，线性损失函数和平方损失函数下的联合预测误差快速减小，分别在第 11、17 次迭代到达到 0，采用线性损失函数的模型收敛速度更快。在指数损失函数下，模型误差减小不明显。由此可见，对本示例来说应选择线性损失函数。

此外，H. Drucker 等学者的研究表明，AdaBoost 集成学习策略在大多情况下优于袋装法。

至此，从弱模型到强模型的集成学习讨论告一段落。需要强调的是，该集成学习的核心其思想是基于 AdaBoost 的提升法。所谓提升，主要是针对样本观测的权重 $\boldsymbol{w}^b$ 而言的，即通过不断迭代调整样本观测的权重，从而不断确定各弱模型建模的侧重对象（训练集），并通过"联合委员会"得到最终的预测结果。

图 7.6　不同损失函数下 AdaBoost 预测误差随迭代次数增加的曲线

彩图 7.6

7.3.7　提升法的推广算法*

本节将重点讨论 AdaBoost 的两个推广算法：SAMME 算法和 SAMME.R 算法。

1. SAMME 算法的基本内容

有很多基于 AdaBoost 框架的多分类预测算法，其中应用较为广泛的是 SAMME（Stagewise Additive Modeling using a Multi-class Exponential loss function）算法[①]和基于其改进的 SAMME.R 算法。这里将主要讨论 SAMME 算法。

SAMME 算法将 AdaBoost.M1 算法的基本思路推广到 $K(K>2)$ 分类（输出变量 $c \in \{1,2,\cdots,K\}$，记为 c 的原因后续介绍）预测中，具体步骤与 AdaBoost.M1 算法类似。

首先，初始化每个样本观测的权重：$w_i^{(1)} = \dfrac{1}{N}$，$i = 1,2,\cdots,N$。其次，进行 $b = 1,2,\cdots,B$ 次如下迭代。

第一步，基于权重 $\boldsymbol{w}^{(b)}$ 下的训练集 S_b 建立弱模型 $G_b(\boldsymbol{X})$。

第二步，计算 $G_b(\boldsymbol{X})$ 的训练误差：

---

① SAMME 算法是 J. Zhu 等学者在题为"Multi-class AdaBoost"的论文中提出的算法。该论文发表在 *Statistics and Its Interface* 2009 年第 2 卷上。SAMME 算法已内置在 Python 的 Scikit-learn 中。

$$\text{err}^{(b)} = \frac{\sum_{i=1}^{N} w_i^{(b)} I(c_i \neq G_b(\boldsymbol{X}_i))}{\sum_{i=1}^{N} w_i^{(b)}}$$

第三步，设置联合预测中 $G_b(\boldsymbol{X})$ 的权重：

$$\alpha_b = \log\left(\frac{1-\text{err}^{(b)}}{\text{err}^{(b)}}\right) + \log(K-1) \tag{7.15}$$

当 $K=2$ 时，该算法为原 AdaBoost.M1 算法。为使 $\alpha_b > 0$，需要使 $G_b(\boldsymbol{X})$ 的训练精度 $1-\text{err}^{(b)} > \dfrac{1}{K}$ 成立。弱模型可以满足这个要求。

第四步，基于 $w_i^{(b)}$ 得到更新的 $w_i^{(b+1)}$：

$$w_i^{(b+1)} = w_i^{(b)} \exp(\alpha_b I(c_i \neq G_b(\boldsymbol{X}_i))), \quad i=1,2,\cdots,N \tag{7.16}$$

迭代结束时会得到包括 B 个弱模型的"联合委员会"。$\boldsymbol{X}_i$ 的类别预测值为

$$c(\boldsymbol{X}_i) = \arg\max_k \sum_{b=1}^{B} \alpha_b I(G_b(\boldsymbol{X}_i) = k) \tag{7.17}$$

即对 B 个模型，计算其中预测类别是 $k=1,2,\cdots,K$ 的模型权重之和。$\boldsymbol{X}_i$ 的类别预测值为权重之和最大的类别。

2. SAMME 算法的深入问题

SAMME 算法也是一种最小化指数损失函数的向前式分步可加建模算法。

首先，SAMME 算法用 K 维向量 $\boldsymbol{y} = (\boldsymbol{y}_1, \boldsymbol{y}_2, \cdots, \boldsymbol{y}_K)^{\mathrm{T}}$[①] 描述输出变量 c 的第 $k(k=1,2,\cdots,K)$ 个类别，$y_k = \begin{cases} 1, & c=k \\ -\dfrac{1}{K-1}, & c \neq k \end{cases}$。例如，若样本观测 $\boldsymbol{X}_i$ 的类别 $c=2$，则 $\boldsymbol{y}_i = \left(-\dfrac{1}{K-1}, 1, -\dfrac{1}{K-1}, \cdots, -\dfrac{1}{K-1}\right)^{\mathrm{T}}$。

建模的目的是找到损失函数最小时的 $\boldsymbol{f}(\boldsymbol{X}) = (f_1(\boldsymbol{X}), f_2(\boldsymbol{X}), \cdots, f_K(\boldsymbol{X}))^{\mathrm{T}}$，即

$$\min_{\boldsymbol{f}(\boldsymbol{X})} \sum_{i=1}^{N} L(\boldsymbol{y}_i, \boldsymbol{f}(\boldsymbol{X}_i)) \tag{7.18}$$

同时满足约束条件 $f_1(\boldsymbol{X}) + f_2(\boldsymbol{X}) + \cdots + f_K(\boldsymbol{X}) = 0$，这是一个多目标任务。

进一步，根据向前式分步可加建模策略可知，$\boldsymbol{f}^{(b)}(\boldsymbol{X}) = \boldsymbol{f}^{(b-1)}(\boldsymbol{X}) + \beta \boldsymbol{g}^{(b)}(\boldsymbol{X})$[②]。其中，$\beta$ 为待估的模型系数，$\boldsymbol{g}^{(b)}(\boldsymbol{X}) = (g_1^{(b)}(\boldsymbol{X}), g_2^{(b)}(\boldsymbol{X}), \cdots, g_K^{(b)}(\boldsymbol{X}))$，且 $g_1^{(b)}(\boldsymbol{X}) + g_2^{(b)}(\boldsymbol{X}) + \cdots + g_K^{(b)}(\boldsymbol{X}) = 0$。于是式 (7.18) 可写为

---

① T 表示转置。

① 为使后续表述清晰明了，这里将前文中的 $f_b(\boldsymbol{X})$ 用 $f^{(b)}(\boldsymbol{X})$ 的形式表述。

$$(\beta_b, \boldsymbol{g}^{(b)}(\boldsymbol{X})) = \arg\min_{\beta, \boldsymbol{g}} \sum_{i=1}^{N} L[y_i, \boldsymbol{f}^{(b-1)}(\boldsymbol{X}_i) + \beta \boldsymbol{g}(\boldsymbol{X}_i)] \qquad (7.19)$$

SAMME 算法采用多分类的指数损失函数，即

$$L(\boldsymbol{y}, \boldsymbol{f}) = \exp\left(-\frac{1}{K}(y_1 f_1 + y_2 f_2 + \cdots + y_K f_K)\right) = \exp\left(-\frac{1}{K} \boldsymbol{y}^{\mathrm{T}} \boldsymbol{f}\right) \qquad (7.20)$$

于是式 (7.19) 可具体写为

$$(\beta_b, \boldsymbol{g}^{(b)}(\boldsymbol{X})) = \arg\min_{\beta, \boldsymbol{g}} \sum_{i=1}^{N} \exp\left(-\frac{1}{K} \boldsymbol{y}_i^{\mathrm{T}}(\boldsymbol{f}^{(b-1)}(\boldsymbol{X}_i) + \beta \boldsymbol{g}(\boldsymbol{X}_i))\right) \qquad (7.21)$$

$$(\beta_b, \boldsymbol{g}^{(b)}(\boldsymbol{X})) = \arg\min_{\beta, \boldsymbol{g}} \sum_{i=1}^{N} w_i^{(b)} \exp\left(-\frac{1}{K} \beta \boldsymbol{y}_i^{\mathrm{T}} \boldsymbol{g}(\boldsymbol{X}_i)\right) \qquad (7.22)$$

式中，$w_i^{(b)} = \exp\left(-\frac{1}{K} \boldsymbol{y}_i^{\mathrm{T}} \boldsymbol{f}^{(b-1)}(\boldsymbol{X}_i)\right)$。进一步可解得

$$\beta_b = \frac{(K-1)^2}{K}\left(\log\left(\frac{1 - \mathrm{err}^{(b)}}{\mathrm{err}^{(b)}}\right) + \log(K-1)\right) \qquad (7.23)$$

于是有 $\boldsymbol{f}^{(b)}(\boldsymbol{X}) = \boldsymbol{f}^{(b-1)}(\boldsymbol{X}) + \beta_b \boldsymbol{g}^{(b)}(\boldsymbol{X})$，并导致各样本观测的权重下一次迭代为

$$w_i^{(b+1)} = w_i^{(b)} \exp\left(-\frac{1}{K} \beta_b \boldsymbol{y}_i^{\mathrm{T}} \boldsymbol{g}^{(b)}(\boldsymbol{X}_i)\right), \quad i = 1, 2, \cdots, N \qquad (7.24)$$

等价于 $w_i^{(b+1)} = w_i^{(b)} \exp\left(-\frac{(K-1)^2}{K^2} \alpha_b \boldsymbol{y}_i^{\mathrm{T}} \boldsymbol{g}^{(b)}(\boldsymbol{X}_i)\right)$。$\alpha_b$ 为式 (7.15) 中的 $\alpha_b = \log\left(\frac{1 - \mathrm{err}^{(b)}}{\mathrm{err}^{(b)}}\right) +$

$\log(K-1)$。对于正确预测的样本观测，有 $\boldsymbol{y}_i^{\mathrm{T}} \boldsymbol{g}^{(b)}(\boldsymbol{X}_i) = \dfrac{K}{K-1}$，权重更新为 $w_i^{(b+1)} = w_i^{(b)}$

$\exp\left(-\dfrac{K-1}{K} \alpha_b\right)$。对于错误预测的样本观测，有 $\boldsymbol{y}_i^{\mathrm{T}} \boldsymbol{g}^{(b)}(\boldsymbol{X}_i) = -\dfrac{K}{(K-1)^2}$，权重更新为 $w_i^{(b+1)} =$

$w_i^{(b)} \exp\left(\dfrac{1}{K} \alpha_b\right)$。

以上为 SAMME 算法的理论陈述。与 AdaBoost.M1 算法中的 $G_b(\boldsymbol{X})$ 类似，SAMME 算法中的 $\boldsymbol{g}^{(b)}(\boldsymbol{X})$ 也取离散型数值，因此 AdaBoost.M1 算法和 SAMME 算法均属于离散型提升 (Discrete AdaBoost) 算法。

3. SAMME.R 算法

可将 AdaBoost.M1 算法和 SAMME 算法等拓展到连续型数值的范畴。前者派生出 AdaBoost.R 算法[1]和 AdaBoost.RT 算法[2]等，通过改进的分类预测方法解决回归预测问题。基于后者的改进算法名为 SAMME.R 算法[3]。

---

[1] AdaBoost.R 算法是 Fredund 等学者 1997 年在题为"A Decision-Theoretic Generalization of On-Line Learning and Application of Boosting"的论文中提出的。该论文发表在 *Journal of Computer and System Sciences an* 1997 年第 55 卷第 1 期上。

[2] AdaBoost.RT 算法是 D. P. Solomatine 等学者 2004 年在题为 "AdaBoost.RT: A Boosting Algorithm for Regression Problems" 的论文中提出的。该论文编入 *IEEE International Joint Conference* 论文集 2004 年第 2 卷。

[3] SAMME.R 算法已内置在 Python 的 Scikit-learn 中。

SAMME.R 算法也是一种最小化指数损失函数的向前式分步可加建模算法。

建模过程仍表述为 $f_b(\boldsymbol{X}) = f_{b-1}(\boldsymbol{X}) + \beta_b g_b(\boldsymbol{X}; \boldsymbol{\gamma}_b)$。所不同的是，基础学习器 $g_b(\boldsymbol{X}; \boldsymbol{\gamma}_b)$ 的输出为连续型数值，一般为类别概率的预测值 $\hat{P}(y_i = 1)$[①]。$\beta_b g_b(\boldsymbol{X}; \boldsymbol{\gamma}_b)$ 为概率预测值的非线性函数。因此 SAMME.R 算法属于连续型实数提升（Real AdaBoost）算法。

SAMME.R 算法首先初始化每个样本观测的权重，即 $w_i^{(1)} = \dfrac{1}{N}$，$i = 1, 2, \cdots, N$，其次进行 $b = 1, 2, \cdots, B$ 次迭代。每次迭代均基于权重 $\boldsymbol{w}^{(b)}$ 下的训练集 $\boldsymbol{S}_b$ 建立弱模型 $g_b(\boldsymbol{X}) = \hat{P}(y = 1 \mid \boldsymbol{X}) \in \{0, 1\}$。$\beta_b g_b(\boldsymbol{X}) = \dfrac{1}{2} \log\left(\dfrac{g_b(\boldsymbol{X})}{1 - g_b(\boldsymbol{X})}\right)$，且基于 $w_i^{(b)}$ 得到更新的 $w_i^{(b+1)}$：$w_i^{(b+1)} = w_i^{(b)} \exp(-y_i \beta_b g_b(\boldsymbol{X}_i))$，$i = 1, 2, \cdots, N$。

迭代结束时会得到包括 B 个弱模型的"联合委员会"。将依据 $\text{sign}\left(\displaystyle\sum_b^B \beta_b g_b(\boldsymbol{X}_i)\right)$ 预测 $\boldsymbol{X}_i$ 的类别。对第 b 个弱模型，若 $g_b(\boldsymbol{X}_i) = \hat{P}(y = 1 \mid \boldsymbol{X}_i) > 0.5$，通常 $\hat{P}(y = 1 \mid \boldsymbol{X}_i) > 0.5$ 类别预测值等于 1，则 $\log\left(\dfrac{g_b(\boldsymbol{X}_i)}{1 - g_b(\boldsymbol{X}_i)}\right) > 0$；反之，则 $\log\left(\dfrac{g_b(\boldsymbol{X}_i)}{1 - g_b(\boldsymbol{X}_i)}\right) < 0$。因此，若 $\displaystyle\sum_{b=1}^{B} \beta_b g_b(\boldsymbol{X}_i)$ 的符号为正，则预测类别为 1 类。

相比 SAMME 算法，SAMME.R 算法的效率更高，在迭代次数较少的情况下就可以获得较小的测试误差。

7.4　梯度提升决策树

作为梯度提升算法（Gradient Boost Algorithm）的典型代表，梯度提升决策树（Gradient Boosted Decision Tree，GBDT）是当下最为流行的集成学习算法之一，是 2001 年 Jerome H. Friedman 提出的[②]。梯度提升决策树采用向前式分步可加建模方式。

一方面，采用梯度提升算法，在迭代过程中模型成员不断进入"联合委员会"。先前进入"联合委员会"的模型不受后续进入模型的影响，且每次迭代仅需估计当前模型。

另一方面，在迭代过程中基于损失函数，采用梯度下降策略，找到使损失函数下降最快的模型（基础学习器或弱模型）。

以下将首先讨论梯度提升算法，然后分别讨论梯度提升分类树和梯度提升回归树。

7.4.1　梯度提升算法

本节将从以下几个方面讨论梯度提升算法：第一，提升的含义；第二，梯度下降和模型参数；第三，梯度提升算法的参数优化过程。

1. 提升的含义

与 AdaBoost 不同的是，这里的提升是针对预测模型而言的。梯度提升算法沿用向前式

[①] 对多分类预测问题采用 1 对 1 或 1 对多策略转换为二分类预测问题。

[②] Jerome H. Friedman 在题为 "Greedy Function Approximation: A Gradient Boosting Machine" 的论文中提出，该论文发表在 *The Annals of Statistics* 2001 年第 29 卷第 5 期上。

分步可加建模方式，提升过程是通过不断迭代将预测模型添加到"联合委员会"中，进而不断对当前预测值进行调整的过程。最终的预测结果是经过"联合委员会"成员多次调整的结果。以下以输出变量为数值型变量的情况为例进行讨论。

在迭代开始前，令当前预测值 $f_0(X_i) = 0$。然后开始 $b = 1, 2, \cdots, B$ 次的迭代。其间模型"联合委员会"成员(基础学习器)不断增加，对样本观测 X_i 的预测值不断调整：$f_1(X_i) = f_0(X_i) + \beta_1 h(X_i; \gamma_1)$，$f_2(X_i) = f_1(X_i) + \beta_2 h(X_i; \gamma_2)$，$f_3(X_i) = f_2(X_i) + \beta_3 h(X_i; \gamma_3)$，等等。故有

$$f_b(X_i) = f_{b-1}(X_i) + \beta_b h(X_i; \gamma_b) \tag{7.25}$$

B 次迭代结束时的预测值为 $f_B(X_i) = \sum_{b=1}^{B} \beta_b h(X_i; \gamma_b)$。其中，$h(X_i; \gamma_b)$ 是基础学习器，组成模型的"联合委员会"；γ_b 为基础学习器的参数集合。如果 h_b 为决策树，则 γ_b 为决策树参数集合，包括最佳分组变量、组限值及树深度等。系数 β_b 决定了 $h(X_i; \gamma_b)$ 对预测结果的实际影响大小。该过程可形象地用图 7.7 表示。

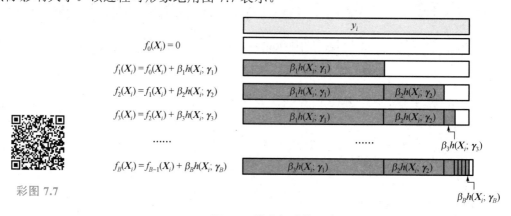

$$f_0(X_i) = 0$$
$$f_1(X_i) = f_0(X_i) + \beta_1 h(X_i; \gamma_1)$$
$$f_2(X_i) = f_1(X_i) + \beta_2 h(X_i; \gamma_2)$$
$$f_3(X_i) = f_2(X_i) + \beta_3 h(X_i; \gamma_3)$$
$$\cdots\cdots$$
$$f_B(X_i) = f_{B-1}(X_i) + \beta_B h(X_i; \gamma_B)$$

彩图 7.7

图 7.7　梯度提升算法中的提升过程

图 7.7 形象地展示了对样本观测 X_i 预测的提升过程。若用最上方带纹理的矩形面积表示输出变量 y_i 的取值大小，用蓝色矩形面积表示当前预测值，则可看出每次迭代预测值都增加 $\beta_b h(X_i; \gamma_b)$，从而使蓝色矩形面积不断接近带纹理的矩形面积。从这个角度看，$\beta_b h(X_i; \gamma_b)$ 的本质是修正当前预测值的增量函数(Incremental Functions)。

2．梯度下降和模型参数

应如何确定模型参数和模型系数呢？正如 3.4 节论述的，应以损失函数最小为原则确定 $\beta_b h(X_i; \gamma_b)$。具体而言，基于训练集进行第 b 次迭代的目的是找到损失函数最小时由参数集合 γ_b 所确定的模型 $h(X_i; \gamma)$ 及 β_b，即

$$(\beta_b, \gamma_b) = \arg\min_{\beta, \gamma} \sum_{i=1}^{N} L(y_i, f_{b-1}(X_i) + \beta h(X_i; \gamma)) \tag{7.26}$$

并在此基础上得到更新后的预测值：$f_b(X) = f_{b-1}(X) + \beta_b h(X; \gamma_b)$。

如果式(7.26)中的基础学习器或损失函数比较复杂，那么一般的求解方法是基于训练集，在给定 $f_{b-1}(X)$ 的条件下，采用梯度下降法在函数 $h(X; \gamma)$ 集合中寻找使当前损失函数最小的 $h(X; \gamma_b)$。

如 3.4 节论述的那样，梯度下降法通常是用于估计复杂模型参数的一种优化方法。为便于理解，下面通过一个简单例子进行说明。

假设有函数 $f(w) = w^2 + 1$，现需要求解 $f(w)$ 最小时 w 的值，如图 7.8 左图所示。

模型 $f(w)$ 很简单，图形是一条开口向上的抛物线。可以通过对 w 求导并令导数等于 0 的方法直接计算出 w 的值。显然最优解为 $w_{opt} = 0$，此时 $f(w)$ 最小。当然这种方法只适用于 $f(w)$ 具有单峰的情况。在更一般的情况下需要采用多次迭代，计算 $f(w)$ 在 w_b 处的导数并不断更新 w 的方法求解。

例如，若图 7.8 左图中 w 的初始值为 4，记为 $w(0) = 4$。计算 $f(w)$ 在 $w(0)$ 处导数的导数，即 $\left[\dfrac{\partial f(w)}{\partial w}\right]_{w=4} = 8 > 0$，意味着 $w = 4$ 时 $f(w)$ 的斜率为正。此时只有减小 w 的值，才可能得到更小的 $f(w)$。因此，$\left[\dfrac{\partial f(w)}{\partial w}\right]_{w=4}$ 的符号决定了对 w 更新的方向（如这里为向右或向左），是与 $\left[\dfrac{\partial f(w)}{\partial w}\right]_{w=4}$ 符号相反的方向。进一步，若确定了 w 更新"步伐"Δw，便可以得到一个更新的 w：$w(1) = w(0) - \Delta w = w(0) - \rho\left[\dfrac{\partial f(w)}{\partial w}\right]_{w=w(0)}$。其中，$\rho$ 被称为学习率。若假设 $\rho = 0.1$，则 3 次迭代结果依次为

$$w(1) = 4 - 0.1 \times (2 \times 4) = 3.2$$

$$w(2) = 3.2 - 0.1 \times (2 \times 3.2) = 2.56$$

$$w(3) = 2.56 - 0.1 \times (2 \times 2.56) = 2.048$$

由此可见，随 w 的不断更新，$f(w)$ 逐渐逼近曲线最低处的最小值，最终 $w = w_{opt}$ 为最优解。该过程是一个参数优化过程。

在二维 $\boldsymbol{w} = (w_1, w_2)$ 情况下，在 w_1, w_2 不同取值下都会对应一个 $f(\boldsymbol{w})$ 值。w_1, w_2 多个不同取值的组合将对应很多的 $f(\boldsymbol{w})$ 值，它们将形成一个面，即图 7.8 左图所示的抛物线会演变成图 7.8 右图所示的"碗"形状的面（"碗"的纵切面是抛物线，横切面一般是椭圆）。同样需要找到 $f(\boldsymbol{w})$ 减小最快的方向，这个方向就是 $f(\boldsymbol{w})$ 的负梯度方向[①]。同理，在更高维 $\boldsymbol{w} = (w_1, w_2, \cdots, w_p)$ 下，第 t 次迭代时 $\boldsymbol{w}$ 更新的方向是 $f(\boldsymbol{w})$ 在 $\boldsymbol{w}_{t-1}$ 处的负梯度方向。

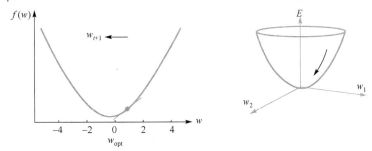

图 7.8　一维和二维情况下的梯度下降法示意图

---

① 梯度方向是指函数值增大最快的方向，负梯度方向是指函数值减小最快的方向。

需要说明的是，学习率 ρ 会影响 Δw，所以它不可以太大或太小。若 ρ 太大，则会导致 w 更新的"步伐"过大，呈现出图 7.9 所示的情况。$w(t)$ 在 w_{opt} 两侧不断"震荡"但无法到达 w_{opt}。若 ρ 太小，则会导致 w 更新的"步伐"过小，$w(t)$ 不能很快到达 w_{opt}。

在预测模型的参数求解过程中，上述 w 对应模型的参数，$f(w)$ 对应损失函数 $L(y, f(X; w))$。这就是梯度下降法在估计模型参数时的基本思路。

图 7.9　学习率 ρ 对 w 求解的影响

3. 梯度提升算法的参数优化过程

回到梯度提升算法，与上述参数优化过程相对应，也可将 $f_b(X_i) = f_{b-1}(X_i) + \beta_b h(X_i; \gamma_b)$ 视为一个优化过程，但这里是一个模型的优化过程：在 $f_{b-1}(X_i)$ 基础上，通过增加更新值 $\beta_b h(X_i; \gamma_b)$ 得到一个更新的 $f_b(X_i)$。

按照梯度下降的思路，$\beta_b h_b(X_i; \gamma_b)$ 取决于损失函数 $L(y_i, f(X_i))$ 在 $f_{b-1}(X_i)$ 处的负梯度和学习率 ρ，即

$$\beta_b h(X_i; \gamma_b) = -\rho_b g_b(X_i) \tag{7.27}$$

式中，负号表示负梯度方向。对样本观测 X_i，$-g_b(X_i) = -\left[\dfrac{\partial L(y_i, f(X_i))}{\partial f(X_i)}\right]_{f(X_i) = f_{b-1}(X_i)}$。对 N 个样本观测，$-\boldsymbol{g}_b(X_i) = (-g_b(X_1), -g_b(X_2), \cdots, -g_b(X_N))$，取值是已知的。

事实上，尽管当前模型的参数 γ_b 和 β_b 是未知的，但可参照最小二乘法，求解在 $-g_b(X_i)$ 与 $\beta h(X_i; \gamma)$ 离差平方和最小时的参数，即

$$\gamma_b = \arg\min_{\alpha, \beta} \sum_{i=1}^{N}(-g_b(X_i) - \beta h(X_i; \gamma))^2 \tag{7.28}$$

若 $\tilde{y}_i = -g_b(X_i)$，则 $\gamma_b = \arg\min_{\alpha, \beta} \sum_{i=1}^{N}(\tilde{y}_i - \beta h(X_i; \gamma))^2$。一般称 $\tilde{y}$ 为伪响应（Pseudo Responses）变量[①]。

此外，学习率 ρ_b 可通过线搜索[②]（Line Search）获得，即

$$\rho_b = \arg\min_{\rho} \sum_{i=1}^{N} L(y_i, f_{b-1}(X_i) + \rho h(X_i; \gamma_b)) \tag{7.29}$$

此时将得到一个近似更新值：$f_b(X) = f_{b-1}(X) + \rho_b h(X; \gamma_b)$。

以上就是梯度提升算法的基本思路。总结如下。

在迭代开始前，令当前预测值 $f_0(X_i) = 0$。然后进行 $b = 1, 2, \cdots, B$ 次的如下迭代。

第一步，计算伪响应变量：$\tilde{y}_i = -g_b(X_i) = -\left[\dfrac{\partial L(y_i, f(X_i))}{\partial f(X_i)}\right]_{f(X_i) = f_{b-1}(X_i)}$，$i = 1, 2, \cdots, N$。

---

① 输出变量又被称为响应变量。

② 线搜索是求解最优化问题的重要迭代算法。迭代过程为 $x_{k+1} = x_k + \alpha_k p_k$，其中 α_k 和 p_k 分别表示搜索步长和搜索方向。线搜索需要关注如何求解搜索步长和确定搜索方向。该内容超出本书范围，有兴趣的读者可参阅优化算法的相关文献。

第二步，求解模型参数：$\gamma_b = \arg\min_{\gamma,\beta} \sum_{i=1}^{N} (\tilde{y}_i - \beta h(\boldsymbol{X}_i;\gamma))^2$。

第三步，通过线搜索获得学习率：$\rho_b = \arg\min_{\rho} \sum_{i=1}^{N} L(y_i, f_{b-1}(\boldsymbol{X}_i) + \rho h(\boldsymbol{X}_i;\gamma_b))$。

第四步，更新：$f_b(\boldsymbol{X}) = f_{b-1}(\boldsymbol{X}) + \rho_b h(\boldsymbol{X};\gamma_b)$
算法结束。

7.4.2 梯度提升回归树

梯度提升回归树用于回归预测。梯度提升算法具体应用到回归预测中有两个特点。

第一，损失函数一般定义为平方损失：$L(y_i, f(\boldsymbol{X}_i)) = \dfrac{1}{2}(y_i - f(\boldsymbol{X}_i))^2$。于是伪响应变量 $\tilde{y}_i = y_i - f(\boldsymbol{X}_i)$，就是当前的残差。

第二，基于损失函数的定义，上述梯度提升算法第三步中的 ρ 就是 β。

基于上述两个特点，回归预测中的梯度提升算法总结如下。

在迭代开始前，先令当前预测值 $f_0(\boldsymbol{X}_i) = \overline{y}$（为提高算法效率，初始值可设置为输出变量 y 的均值）。然后进行 $b = 1, 2, \cdots, B$ 次的如下迭代。

第一步，计算伪响应变量：$\tilde{y}_i = y_i - f_{b-1}(\boldsymbol{X}_i)$，$i = 1, 2, \cdots, N$。

第二步，求解模型参数：$(\gamma_b, \rho_b) = \arg\min_{\gamma,\beta} \sum_{i=1}^{N} (\tilde{y}_i - \rho h(\boldsymbol{X}_i;\gamma))^2$。

第三步，更新：$f_b(\boldsymbol{X}) = f_{b-1}(\boldsymbol{X}) + \rho_b h(\boldsymbol{X};\gamma_b)$。
算法结束。

对于梯度提升回归树，基础学习器 $h(\boldsymbol{X};\gamma_b)$ 为含有 J 个叶节点的回归树，可表示为

$$h(\boldsymbol{X};\{b_j, R_j\}^J) = \sum_{j=1}^{J} b_j I(\boldsymbol{X} \in R_j) \tag{7.30}$$

式中，$I()$ 为示性函数。梯度提升回归树将输入变量和输出变量 y 构成的空间划分成 J 个不相交的区域 $\{R_j\}^J$。结合示性函数，若假定样本观测点 $\boldsymbol{X}_i$ 落入第 j 个区域 R_j，则 $b_j I(\boldsymbol{X} \in R_j) = b_j$。同时，因样本观测点 $\boldsymbol{X}_i$ 一定不落入其他区域 $R_i(i \neq j)$，所以 $b_i I(\boldsymbol{X} \in R_i) = 0$。因此，$\sum_{j=1}^{J} b_j I(\boldsymbol{X} \in R_j) = b_j + 0 + 0 + \cdots + 0 = b_j$ 就是 $\boldsymbol{X}_i$ 的预测值 $\hat{y}_i = f(\boldsymbol{X}_i)$。

进一步，梯度提升回归树经第 b 次迭代后的预测值将更新为

$$f_b(\boldsymbol{X}) = f_{b-1}(\boldsymbol{X}) + \rho_b \sum_{j=1}^{J} b_{jb} I(\boldsymbol{X} \in R_{jb}) \tag{7.31}$$

式中，R_{jb} 为第 b 次迭代时对输入变量和伪响应变量 $\tilde{y}$ 构成的空间所划分的第 j 个区域。显然，$b_{jb} = \text{ave}_{\boldsymbol{X}_i \in R_{jb}} \tilde{y}_i$ 为落入 R_{jb} 区域的样本观测点的 $\tilde{y}_i$ 的均值。ρ_b 通过线搜索获得。令 $\gamma_{ib} = \rho_b b_{jb}$，则式（7.31）可写为

$$f_b(\boldsymbol{X}) = f_{b-1}(\boldsymbol{X}) + \sum_{j=1}^{J} \gamma_{jb} I(\boldsymbol{X} \in R_{jb}) \tag{7.32}$$

这意味着，可将每次迭代的更新值视为 J 个参数为 γ_{jb} 的基础学习器的叠加，应找到损失函数最小时的 J 个 γ_{jb}，记为 $\{\gamma_{jb}\}^J$，则有

$$\{\gamma_{jb}\}^J = \arg\min_{\{\gamma_j\}^J} \sum_{i=1}^{N} L(y_i, f_{b-1}(\boldsymbol{X}_i)) + \sum_{j=1}^{J} \gamma_j I(\boldsymbol{X} \in R_{jb}) \tag{7.33}$$

由于 J 个区域不相交，因此对每个区域均要求：

$$\gamma_{jb} = \arg\min_{\gamma} \sum_{\boldsymbol{X}_i \in R_{jb}} L(y_i, f_{b-1}(\boldsymbol{X}_i) + \gamma) \tag{7.34}$$

即 $\gamma_{jb} = \arg\min_{\gamma} \sum_{\boldsymbol{X}_i \in R_{jb}} (\tilde{y}_i - \gamma)^2$。显然，$\gamma_{jb} = \text{ave}_{\boldsymbol{X}_i \in R_{jb}} \tilde{y}_i$。

7.4.3 Python 模拟和启示：认识梯度提升回归树

梯度提升回归树通常具有良好的预测性能，本节将基于 Python 编程，通过对随机生成的模拟数据的回归预测，对比梯度提升回归树和 AdaBoost 回归树的回归预测效果，基本思路如下。

（1）随机生成样本量 $N = 500$、有 10 个输入变量、用于回归预测的模拟数据(输出变量 y 为数值型变量)。

（2）以树深度等于 1 的决策树(回归树)为基础学习器，依据 AdaBoost 集成学习策略实现由 150 个基础学习器组成的集成学习，并计算误差。

（3）分别以树深度等于 1 和 3 的决策树(回归树)为基础学习器,依据梯度提升策略实现由 150 个基础学习器组成的集成学习，并计算误差。

（4）对比上述集成学习随迭代次数增加的误差变化情况，以展示不同集成学习策略的特点。

Python 代码(文件名为 chapter7-4.ipynb)如下。

行号	代码和说明
1	N = 500 #指定样本量 N = 500
2	X, y = make_regression(n_samples = N, n_features = 10, random_state = 123)
	#生成有 10 个输入变量、用于回归预测的随机数
4	B = 150 #指定迭代次数
5	dt_stump = tree.DecisionTreeRegressor(max_depth = 1, random_state = 123)
	#指定基础学习器为树深度等于 1 的回归树 dt_stump
6	ErrAdaB = np.zeros((B,)) #存储 AdaBoost 的测试误差
7	adaBoost = ensemble.AdaBoostRegressor(base_estimator = dt_stump, n_estimators = B, loss = 'linear', random_state = 123)
	#构建基于 dt_stump 的 AdaBoost 回归预测对象 adaBoost
8	adaBoost.fit(X, y) #基于 X 和 y 估计 adaBoost 的参数
9	for b, yhat in enumerate(adaBoost.staged_predict(X)): #利用循环计算当前迭代次数下 adaBoost 的预测值
10	ErrAdaB[b] = 1-r2_score(y, yhat) #计算当前迭代次数下 adaBoost 的误差
11	plt.figure(figsize = (7, 5)) #指定图形大小
12	plt.plot(np.arange(B), ErrAdaB, linestyle = '--', label = 'AdaBoost 回归树')
	#绘制 adaBoost 的误差随迭代次数增加的变化曲线
13	for d, lty in zip([1, 3], ['-.', '-']): #利用循环构建基础学习器为树深度 1 和 3 时的梯度提升回归树
14	GBRT = ensemble.GradientBoostingRegressor(loss = 'ls', n_estimators = B, max_depth = d, random_state = 123)

#创建基础学习器为树深度等于 d 的回归树、损失函数为线性损失函数的梯度提升回归树 GBRT

15	GBRT.fit(X, y)	#基于 X 和 y 拟合 GBRT 的模型参数
16	ErrGBRT = np.zeros((B,))	#存储 GBRT 的测试误差
17	for b, yhat in enumerate(GBRT.staged_predict(X)):	#利用循环计算当前迭代次数下 GBRT 的预测值
18	ErrGBRT[b] = 1-r2_score(y, yhat)	#计算当前迭代次数下 GBRT 的误差
19	plt.plot(np.arange(B), TestErrGBRT, linestyle = lty, label = '梯度提升回归树(树深度 = %d)'%d)	#绘制 GBRT 的误差随迭代次数增加的变化曲线
…	……	#图标题设置等，略去

代码说明

以上省略号部分在之前代码中重复出现过且不影响对原理的理解，故略去以节约篇幅。完整 Python 代码参见本书配套代码。所绘制的图形如图 7.10 所示。

图 7.10 梯度提升回归树和AdaBoost回归树

彩图 7.10

图 **7.10**　梯度提升回归树和 **AdaBoost** 回归树的误差对比

在图 7.10 中，虚线表示 AdaBoost 回归树的误差，大约在 40 次迭代后误差基本保持不变；点画线表示树深度为 1 的梯度提升回归树的误差，随迭代次数的增加，误差呈缓慢下降趋势，这是由梯度提升回归树的算法机理决定的，梯度提升回归树预测性能优于 AdaBoost 回归树。进一步，提高梯度提升算法中基础学习器的复杂度(这里指定树深度等于 3)，误差用实线表示。显然，此时模型误差在迭代次数较少(大约为 40)时就能快速下降到一个较低水平，其预测性能优于 AdaBoost 回归树。

7.4.4　梯度提升分类树

梯度提升分类树用于分类预测。本节仅对 $y \in \{-1, +1\}$ 的二分类预测问题进行讨论。

首先，当将梯度提升算法具体应用到 $y \in \{-1, +1\}$ 的二分类预测时，损失函数一般定义为

$$L(y_i, f(X_i)) = \log(1 + \exp(-2y_i f(X_i))) \tag{7.35}$$

其被称为负二项对数似然(Negative Binomial Log-Likelihood)损失。式中，$f(X_i) = \dfrac{1}{2}\log$

$\left[\dfrac{P(y_1 = 1 \mid \boldsymbol{X}_i)}{P(y_1 = -1 \mid \boldsymbol{X}_i)}\right]$，为二项 Logistic 回归中 LogitP 的函数。于是，伪响应变量为

$$\tilde{y}_i = -\left[\frac{\partial L(y_i, f(\boldsymbol{X}_i))}{\partial(\boldsymbol{X}_i)}\right]_{f(\boldsymbol{X})=f_{b-1}(\boldsymbol{X})} = 2y_i / (1 + \exp(2y_i f_{b-1}(\boldsymbol{X}_i))) \tag{7.36}$$

其次，与梯度提升回归树类似，梯度提升分类树也将空间划分成 J 个不相交区域，所以对每个区域有 $\gamma_{jb} = \arg\min\limits_{\gamma} \sum\limits_{\boldsymbol{X}_i \in R_{jb}} L(y_i, f_{b-1}(\boldsymbol{X}_i) + \gamma)$。因采用式 (7.35) 所示的损失函数，所以有

$$\gamma_{jb} = \arg\min\limits_{\gamma} \sum\limits_{\boldsymbol{X}_i \in R_{jb}} \log(1 + \exp(-2y_i(f_{b-1}(\boldsymbol{X}_i) + \gamma)))$$

由 Jerome H. Friedman 的论文可知，其近似解为 $\gamma_{jb} = \sum\limits_{\boldsymbol{X}_i \in R_{jb}} \tilde{y}_i / \sum\limits_{\boldsymbol{X}_i \in R_{jb}} |\tilde{y}_i|\left(2 - |\tilde{y}_i|\right)$。

学习率仍通过线搜索获得，即

$$\rho_b = \arg\min\limits_{\rho} \sum\limits_{i=1}^{N} \log(1 + \exp(-2y_i(f_{b-1}(\boldsymbol{X}_i) + \rho h(\boldsymbol{X}_i; \boldsymbol{\gamma}_b)))) \tag{7.37}$$

二分类预测中的梯度提升算法总结如下。

在迭代开始前，先令当前预测值 $f_0(\boldsymbol{X}) = \dfrac{1}{2}\log\dfrac{1 + \bar{y}}{1 - \bar{y}}$。然后进行 $b = 1, 2, \cdots, B$ 次的如下迭代。

第一步，计算伪响应变量：$\tilde{y}_i = \dfrac{2y_i}{1 + \exp(2y_i f_{b-1}(\boldsymbol{X}_i))}$，$i = 1, 2, \cdots, N$。

第二步，求解模型参数：$\gamma_{jb} = \sum\limits_{\boldsymbol{X}_i \in R_{jb}} \tilde{y}_i / \sum\limits_{\boldsymbol{X}_i \in R_{jb}} |\tilde{y}_i|\left(2 - |\tilde{y}_i|\right)$。

第三步，更新：$f_b(\boldsymbol{X}) = f_{b-1}(\boldsymbol{X}) + \sum\limits_{j=1}^{J} \gamma_{jb} I(\boldsymbol{X} \in R_{jb})$。

算法结束。最终的预测结果为 $f_B(\boldsymbol{X}_i) = \dfrac{1}{2}\log\left[\dfrac{P(y_1 = 1 \mid \boldsymbol{X}_i)}{P(y_1 = -1 \mid \boldsymbol{X}_i)}\right]$。

进一步，可依据 $f_B(\boldsymbol{X}_i)$ 计算 $\boldsymbol{X}_i$ 的输出变量取 +1 和 −1 的概率：$\hat{P}(y_i = 1 \mid \boldsymbol{X}_i) = \dfrac{1}{1 + \exp(-2f_B(\boldsymbol{X}_i))}$，$\hat{P}(y_i = -1 \mid \boldsymbol{X}_i) = \dfrac{1}{1 + \exp(2f_B(\boldsymbol{X}_i))}$。若 $\hat{P}(y_i = 1 \mid \boldsymbol{X}_i) > \hat{P}(y_i = -1 \mid \boldsymbol{X}_i)$，则预测类别为 +1 类，否则预测类别为 −1 类。

7.4.5 Python 模拟和启示：认识梯度提升分类树

梯度提升分类树有较为优秀的分类预测效果。本节将基于 Python 编程，通过对随机生成的模拟数据的分类预测，对比梯度提升分类树和 AdaBoost 分类树的分类预测效果，基本思路如下。

（1）随机生成样本量 $N = 800$、有 2 个输入变量、输出变量取 1 或 0 两个类别值的非线性分类模拟数据。为保持讲解的连贯性，这里的模拟数据同 7.3.2 节。

（2）建立由 100 个基础学习器（树深度等于 1）构成的 AdaBoost 分类树。

（3）分别指定基础学习器为树深度等于 1 和 3 的分类树，并建立梯度提升分类树。

（4）绘制 AdaBoost 分类树和梯度提升分类树的错判率随迭代次数增加的变化曲线，以展示不同集成学习策略的特点。

Python 代码（文件名为 chapter7-2-1.ipynb）如下。

行号	代码和说明
1	N = 800　　　　　　　　　　　　　　　　　　　　　#指定样本量 N = 800
2	X, y = make_circles(n_samples = N, noise = 0.2, factor = 0.5, random_state = 123)　#随机生成两个类别的模拟数据
3	B = 100　　　　　　　　　　　　　　　　　　　#指定迭代次数
4	dt_stump = tree.DecisionTreeClassifier(max_depth = 1, random_state = 123) 　　　　　　　　　　　　　#指定基础学习器为树深度等于 1 的分类树 dt_stump
5	ada = ensemble.AdaBoostClassifier(base_estimator = dt_stump, n_estimators = B, algorithm = 'SAMME', random_state = 123)　　　　　　　#构建基于 dt_stump 的 AdaBoost 分类预测对象 ada
6	ada.fit(X, y)　　　　　　　　　　　#基于 X 和 y 估计 ada 的参数
7	ada_err = np.zeros((B,))　　　　　　　#存储 ada 的误差
8	for b, yhat in enumerate(ada.staged_predict(X)):　#利用循环计算不同迭代次数下 ada 的预测值
9	ada_err[b] = zero_one_loss(y, yhat)　　　#计算当前迭代次数下的总错判率
10	plt.figure(figsize = (7, 5))　　　　　　　#指定图形大小
11	plt.grid(True, linestyle = '-.')　　　　　　#指定网格线
12	plt.plot(np.arange(B), ada_err, linestyle = '--', label = "AdaBoost 分类树") 　　　　　　　　　#绘制 ada 总错判率随迭代次数增加的变化曲线
13	for d, lty in zip([1, 3], ['-.', '-']):　　　#利用循环分别建立基于树深度为 1 和 3 的基础学习器的梯度提升分类树
14	GBDT = ensemble.GradientBoostingClassifier(loss = 'exponential', n_estimators = B, max_depth = d, random_state = 123)　　　　#创建基础学习器为树深度等于 d 的分类树的梯度提升分类树 GBDT
15	GBDT.fit(X, y)　　　　　　　#基于 X 和 y 估计 GBDT 的参数
16	GBDT_err = np.zeros((B,))　　　　#存储 GBDT 的误差
17	for b, yhat in enumerate(GBDT.staged_predict(X)):　#利用循环计算当前迭代次数下 GBDT 的预测类别
18	GBDT_err[b] = zero_one_loss(y, yhat)　　#计算当前迭代次数下的总错判率
19	plt.plot(np.arange(B), GBDT_err, linestyle = lty, label = '梯度提升分类树(树深度 = %d)'%d) 　　　　　　　　#绘制错判率随迭代次数增加的变化曲线
…	……　　　　　　　　　　　#图标题设置等，略去

代码说明

（1）以上省略号部分在之前代码中重复出现过且不影响对原理的理解，故略去以节约篇幅。完整 Python 代码参见本书配套代码。

（2）第 14 行：利用 GradientBoostingClassifier 建立梯度提升分类树，其中参数 loss 用于指定损失函数，'cxponcntial' 代表指数损失函数[见式(7.35)]，此外还可以设置为 'deviance'，表示采用 Logistic 回归的损失函数（似然比卡方），可用于二分类或多分类预测场景。

所绘制的图形如图 7.11 所示。

在图 7.11 中，虚线表示 AdaBoost 分类树的总错判率，点画线表示树深度为 1 的梯度提升分类树的总错判率。由此可见，大约 20 次迭代后，两者的总错判率均基本保持不变。提高梯度提升算法中基础学习器的复杂度（这里指定树深度等于 3），总错判率用实线表示。

显然，此时模型总错判率随迭代次数的增加持续减小并可以达到一个较低水平，整体预测性能优于 AdaBoost 分类树。此外，这里的模拟数据是典型的非线性分类数据，梯度提升分类树具有解决非线性分类问题的优势。

彩图 7.11

图 7.11　梯度提升分类树和 AdaBoost 分类树的总错判率对比

　　至此，梯度提升决策树的讨论告一段落。综上，梯度提升决策树采用向前式分步可加建模方式，基于损失函数采用梯度下降法，通过不断迭代最终获得理想的预测模型。

7.5　XGBoost 算法

　　XGBoost 算法也是目前流行的集成学习算法之一。与梯度提升决策树类似，同样采用向前式分步可加建模方式，且基础学习器为包含 J 个叶节点的决策树，数学表示形式与式 (7.32) 相同。为便于讨论，将式 (7.32) 重新记为

$$f_b(\boldsymbol{X}) = f_{b-1}(\boldsymbol{X}) + \sum_{j=1}^{J} \gamma_{jb} I(\boldsymbol{X} \in R_{jb}) = f_{b-1}(\boldsymbol{X}) + \xi_b(\boldsymbol{X}) \tag{7.38}$$

XGBoost 算法的特色体现为以下三点。

第一，每次迭代均针对目标函数进行。

第二，通过泰勒展开得到损失函数在 $f_b(\boldsymbol{X})$ 处的近似值，并得到 b 次迭代结束后目标函数的近似表达。

第三，依据结构分数最小求解决策树。

这也是 XGBoost 算法的核心内容。以下将逐一进行讨论。

7.5.1　XGBoost 算法的目标函数

　　XGBoost 算法每次迭代，不再仅以损失函数最小为目标求解决策树参数，而会构造目标函数 (Object Function)，找到目标函数最小时的决策树。目标函数由损失函数和复杂度函数两部分组成，表示为

$$\mathrm{obj}_B(\boldsymbol{\Theta}) = \sum_{i=1}^{N} L(y_i, f_B(\boldsymbol{X}_i)) + \Omega(f_B(\boldsymbol{X})) \tag{7.39}$$

式中，$\boldsymbol{\Theta}$ 表示所有参数集合；$L(y_i, f_B(\boldsymbol{X}_i))$ 为损失函数，回归预测可采用平方损失函数，分类预测可采用交叉熵等；$\Omega(f_B(\boldsymbol{X}))$ 为模型（这里为决策树）$f_B(\boldsymbol{X})$ 的复杂度。对第 b 次迭代，目标函数可拆解为

$$\mathrm{obj}_b(\boldsymbol{\Theta}) = \sum_{i=1}^{N} L(y_i, f_{b-1}(\boldsymbol{X}_i) + \xi_b(\boldsymbol{X})) + \Omega(f_{b-1}(\boldsymbol{X})) + \Omega(\xi_b(\boldsymbol{X})) \tag{7.40}$$

式中，$\Omega(f_{b-1}(\boldsymbol{X}))$ 为 $b-1$ 次迭代完成后 $f_{b-1}(\boldsymbol{X})$ 的复杂度；$\Omega(\xi_b(\boldsymbol{X}))$ 为第 b 次迭代的新增复杂度。XGBoost 算法以损失函数和复杂度函数之和最小为目标，每次迭代的目的是找到目标函数最小时的新增决策树。

求解目标函数最小时的模型参数，充分体现了兼顾模型误差和复杂度的基本建模原则。由于不易获得误差和复杂度同时最小的模型，通常误差小时复杂度高，复杂度低时误差大，因此需要平衡两者，找到它们之和最小时的模型。

7.5.2　目标函数的近似表达

XGBoost 算法通过泰勒展开得到损失函数在 $f_b(\boldsymbol{X})$ 处的近似值，并得到 b 次迭代结束后目标函数的近似表达。

首先，设函数 $F(x)$ 在 x_0 处可导且高阶导数存在，则 $F(x)$ 的泰勒展开为 $F(x_0 + \Delta x) = F(x_0) + \left[\dfrac{\partial F(x)}{\partial x}\right]_{x=x_0}(\Delta x) + \left[\dfrac{\partial^2 F(x)}{\partial x^2}\right]_{x=x_0}\dfrac{(\Delta x)^2}{2!} + \cdots$。其中，$\left[\dfrac{\partial F(x)}{\partial x}\right]_{x=x_0}$ 和 $\left[\dfrac{\partial^2 F(x)}{\partial x^2}\right]_{x=x_0}$ 分别为 $F(x)$ 在 x_0 处的一阶导数和二阶导数。通过泰勒展开可以导数值为系数构建多项式，得到函数 $F(x)$ 在 $x_0 + \Delta x$ 处的近似值。

这里，$F(x)$ 对应单个损失 $L(y_i, f_{b-1}(\boldsymbol{X}_i) + \xi_b(\boldsymbol{X}_i))$，$x$ 对应 $f_{b-1}(\boldsymbol{X}_i)$，$\Delta x$ 对应 $\xi_b(\boldsymbol{X}_i)$。若损失函数在 $f_{b-1}(\boldsymbol{X}_i)$ 处可导且高阶导数存在，则对 $L(y_i, f_{b-1}(\boldsymbol{X}_i) + \xi_b(\boldsymbol{X}_i))$ 进行泰勒展开就可得到损失函数在 $f_{b-1}(\boldsymbol{X}_i) + \xi_b(\boldsymbol{X}_i)$ 处的近似值。

若 $L(y_i, f_{b-1}(\boldsymbol{X}_i) + \xi_b(\boldsymbol{X}_i))$ 在 $f_{b-1}(\boldsymbol{X}_i)$ 处的一阶导数记为 $g_i = \left[\dfrac{\partial L(y_i, f(\boldsymbol{X}_i))}{\partial f(\boldsymbol{X}_i)}\right]_{f(\boldsymbol{X}_i) = f_{b-1}(\boldsymbol{X}_i)}$，

二阶导数记为 $h_i = \left[\dfrac{\partial^2 L(y_i, f(\boldsymbol{X}_i))}{\partial f(\boldsymbol{X}_i)^2}\right]_{f(\boldsymbol{X}_i) = f_{b-1}(\boldsymbol{X}_i)}$，则 b 次迭代结束后损失函数的近似表达为

$$L(y_i, f_{b-1}(\boldsymbol{X}_i)) + g_i \xi_b(\boldsymbol{X}_i) + \frac{1}{2} h_i [\xi_b(\boldsymbol{X}_i)]^2 \tag{7.41}$$

于是，b 次迭代结束后目标函数的近似表达为

$$\mathrm{obj}_b(\boldsymbol{\Theta}) \approx \sum_{i=1}^{N} \left[L(y_i, f_{b-1}(\boldsymbol{X}_i)) + g_i \xi_b(\boldsymbol{X}_i) + \frac{1}{2} h_i [\xi_b(\boldsymbol{X}_i)]^2 \right] + \Omega(f_{b-1}(\boldsymbol{X})) + \Omega(\xi_b(\boldsymbol{X}))$$

式中，$L(y_i, f_{b-1}(\boldsymbol{X}_i))$ 和 $\Omega(f_{b-1}(\boldsymbol{X}))$ 的值取决于前 $b-1$ 次迭代，与第 b 次迭代无关，可以略去。于是目标函数的近似表达为

$$\text{obj}_b(\boldsymbol{\Theta}) \approx \sum_{i=1}^{N}\left[g_i\xi_b(\boldsymbol{X}_i)+\frac{1}{2}h_i[\xi_b(\boldsymbol{X}_i)]^2\right] + \Omega(\xi_b(\boldsymbol{X})) \tag{7.42}$$

由此可见，目标函数的值取决于损失函数的一阶导数和二阶导数在每个样本观测 $\boldsymbol{X}_i$ 上的取值，以及新增复杂度 $\Omega(\xi_b(\boldsymbol{X}))$。

进一步，XGBoost 算法定义的模型复杂度为

$$\Omega(\xi_b(\boldsymbol{X})) = \omega J + \frac{1}{2}\lambda\sum_{j=1}^{J}\gamma_{jb}^2 I(\boldsymbol{X}\in R_{jb}) \tag{7.43}$$

式中，J 为叶节点个数；γ_{jb} 为新增决策树的 j 个叶节点的预测值(待估参数)，在这里被称为预测得分；ω 为复杂度系数，度量了每增加 1 个叶节点对模型复杂度的影响，可指定为某特定值；λ 为收缩参数，也可指定为一个合理值。于是，目标函数的近似表达为

$$
\begin{aligned}
\text{obj}_b(\boldsymbol{\Theta}) &\approx \sum_{i=1}^{N}\left[g_i\xi_b(\boldsymbol{X}_i)+\frac{1}{2}h_i[\xi_b(\boldsymbol{X}_i)]^2\right] + \omega J + \frac{1}{2}\lambda\sum_{j=1}^{J}\gamma_{jb}^2 I(\boldsymbol{X}_i\in R_{jb}) \\
&= \sum_{i=1}^{N}\left[g_i\sum_{j=1}^{J}\gamma_{jb}I(\boldsymbol{X}_i\in R_{jb})+\frac{1}{2}h_i\left[\sum_{j=1}^{J}\gamma_{jb}I(\boldsymbol{X}_i\in R_{jb})\right]^2\right] + \omega J + \frac{1}{2}\lambda\sum_{j=1}^{J}\gamma_{jb}^2 I(\boldsymbol{X}_i\in R_{jb}) \\
&= \sum_{j=1}^{J}\left[\gamma_{jb}I(\boldsymbol{X}_i\in R_{jb})\sum_{\boldsymbol{X}_i\in\{j\}} g_i + \gamma_{jb}^2 I(\boldsymbol{X}_i\in R_{jb})\frac{1}{2}\left(\sum_{\boldsymbol{X}_i\in\{j\}} h_i + \lambda\right)\right] + \omega J
\end{aligned}
$$

式中，$\boldsymbol{X}_i\in\{j\}$ 表示被分组归入第 j 个叶节点的样本观测。进一步，记 $G_j=\sum_{\boldsymbol{X}_i\in\{j\}} g_i$，$H_j=\sum_{\boldsymbol{X}_i\in\{j\}} h_i$，$\gamma_{jb}I(\boldsymbol{X}_i\in R_{jb})=\Theta_{jb}$，则有

$$\text{obj}_b(\boldsymbol{\Theta}) \approx \sum_{j=1}^{J}\left[G_j\Theta_{jb}+\frac{1}{2}(H_j+\lambda)\Theta_{jb}^2\right] + \omega J \tag{7.44}$$

7.5.3 决策树的求解

由式(7.44)可知，G_j 和 H_j 已知，$G_j\Theta_{jb}+\frac{1}{2}(H_j+\lambda)\Theta_{jb}^2$ 是 Θ_{jb} 的二次函数，且存在最小值。于是可对 Θ_{jb} 求导并令导数等于 0，求得

$$\Theta_{jb} = -\frac{G_j}{H_j+\lambda} \tag{7.45}$$

即当 $\Theta_{jb} = -\dfrac{G_j}{H_j+\lambda}$ 时，目标函数最小，为

$$\text{obj}_b(\boldsymbol{\Theta}) \approx -\frac{1}{2}\sum_{j=1}^{J}\frac{G_j^2}{H_j+\lambda} + \omega J \tag{7.46}$$

式(7.46)被称为新增决策树的结构分数。显然，决策树的结构分数越低，说明该决策

树的结构越合理。图 7.12 所示为决策树的结构分数计算示意图。

在图 7.12 中，假设训练样本的样本量 $N = 8$。决策树先以 $X_1 < a$、再以 $X_2 < b$ 为分组依据将样本观测分成 3 组，得到图 7.12 所示的包含 3 个叶节点的决策树。分别计算每个叶节点的 G_j 和 H_j，并计算决策树的结构分数。如果该决策树的结构分数小于任何其他决策树的结构分数，则该决策树就是当前新增最优决策树。

在决策树生长过程中，XGBoost 算法通过贪心搜索策略，在预设参数值（如最大树深度、叶节点最小样本量、最小结构分数下降值等）确定的条件下，以结构分数下降值最大为标准，确定当前最佳分组变量（如图 7.12 中 X_1、X_2）和组限值（如图 7.12 中

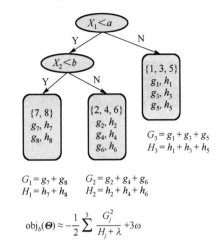

图 7.12　决策树的结构分数计算示意图

a、b 或其他值），进而确定结构分数最小的决策树，作为新增决策树。为提高算法效率，通常依据式(7.46)，计算父节点的结构分数与子节点的结构分数之差 L_{split}（为广义上的信息增益），找到使 L_{split} 最大的输入变量和组限值，将其作为当前最佳分组变量和组限值：

$$L_{\text{split}} = \frac{1}{2}\left[\frac{G_{\text{left}}^2}{H_{\text{left}} + \lambda} + \frac{G_{\text{right}}^2}{H_{\text{right}} + \lambda} - \frac{G_j^2}{H_j + \lambda}\right] - \varpi \tag{7.47}$$

式中，G_j^2 为父节点样本观测一阶导数之和的平方；H_j 为父节点样本观测二阶导数之和；G_{left}^2 和 G_{right}^2 分别为父节点的左、右两个子节点的一阶导数之和的平方；H_{left} 和 H_{right} 分别为父节点的左、右两个子节点二阶导数之和。对于单个节点，$\varpi J = \varpi$，父节点到子节点复杂度增加 ϖ。式(7.47)度量了相对于父节点，其新"长出"的子节点所带来的目标函数的减小程度。显然该值越大越好。当前最佳分组变量和组限值所带来的 L_{split} 应至少大于某个阈值。

7.5.4　Python 应用实践：基于 XGBoost 算法预测空气质量等级

本节将聚焦 XGBoost 算法的 Python 实现，基于空气质量监测数据，采用 XGBoost 算法及其他集成学习算法对空气质量等级进行多分类预测，通过误差对比图的方式展现各种集成学习算法在空气质量等级分类中的预测性能和算法特点，基本思路如下。

（1）以树深度等于 3 的分类树为基础学习器，建立 AdaBoost 分类树。

（2）以树深度等于 3 的分类树为基础学习器，建立梯度提升分类树。

（3）以树深度等于 3 的分类树为基础学习器，实现袋装法集成学习分类，同时采用随机森林建立分类模型

（4）指定最大树深度等于 3，建立 XGBoost 分类树。

（5）计算各集成学习算法的误差，通过可视化图形对比各算法的预测性能。

需要说明的是，目前 XGBoost 算法尚未内置在 Python 的 Scikit-learn 中，需要先在 Anaconda Prompt 下输入 pip install xgboost 进行在线安装（见图 7.13），之后按常规方式导入 xgboost 模块并使用。

```
(base) C:\Users\xuewe>pip install xgboost
Collecting xgboost
  Downloading https://files.pythonhosted.org/packages/68/38/fc6b5c3c69b3ed31ed316b83a7baf02dd3b70b58
/xgboost-1.1.0-py3-none-win_amd64.whl (37.7MB)
    |████████████████████████████████| 37.7MB 92kB/s
Requirement already satisfied: numpy in d:\anaconda3\lib\site-packages (from xgboost) (1.16.5)
Requirement already satisfied: scipy in d:\anaconda3\lib\site-packages (from xgboost) (1.3.1)
Installing collected packages: xgboost
Successfully installed xgboost-1.1.0
```

图 7.13　XGBoost 的在线安装

Python 代码（文件名为 chapter7-5.ipynb）如下。

行号	代码和说明
1	data = pd.read_excel('北京市空气质量数据.xlsx')　　　　　　　　　　　　#将 Excel 文件读入 data
2	data = data.replace(0, np.NaN); data = data.dropna()　　　　　　　　　#数据预处理
3	X = data.iloc[:, 3:-1]; y = data['质量等级']　　　　　　　　　　　　　#指定输入变量 X 和输出变量 y
4	B = 100　　　　　　　　　　　　　　　　　　　　　　　　　　　　　　　#指定迭代次数
5	ErrGBDT = np.zeros((B,)); ErrAdaB = np.zeros((B,)); ErrBag = np.zeros((B,)); ErrRF = np.zeros((B,)) 　　　　　　　　　　　　　　　　　　　　　　　　　#分别存储各集成学习算法的误差
6	GBDT = ensemble.GradientBoostingClassifier(loss = 'deviance', n_estimators = B, max_depth = 3, random_state = 123)　　　　#建立梯度提升分类树 GBDT，最大树深度为 3，采用 Logistic 损失函数，迭代 B 次
7	GBDT.fit(X, y)　　　　　　#基于 X 和 y 估计 GBDT 的参数
8	for b, yhat in enumerate(GBDT.staged_predict(X)):　　　　　#计算当前迭代次数下 GBDT 的联合预测值
9	ErrGBDT[b] = zero_one_loss(y, yhat)　　　　　　　　　#计算当前迭代次数下 GBDT 的总错判率
10	dt_stump = tree.DecisionTreeClassifier(max_depth = 3, random_state = 123)　#建立树深度为 3 的基础学习器 dt_stump
11	adaBoost = ensemble.AdaBoostClassifier(base_estimator = dt_stump, n_estimators = B, random_state = 123) 　　　　　　　　　　#创建 AdaBoost 分类对象 adaBoost，基础学习器为 dt_stump，迭代 B 次
12	adaBoost.fit(X, y)　　　　　　#基于 X 和 y 估计 adaBoost 的参数
13	for b, yhat in enumerate(adaBoost.staged_predict(X)):　　　　#计算当前迭代次数下 adaBoost 的联合预测值
14	ErrAdaB[b] = zero_one_loss(y, yhat)　　　　　　　#计算当前迭代次数下 adaBoost 的总错判率
15	for b in np.arange(B):　　　　　　#利用循环建立不同迭代次数下基于袋装法和随机森林的集成学习模型
16	Bag = ensemble.BaggingClassifier(base_estimator = dt_stump, n_estimators = b+1, oob_score = True, random_state = 123, bootstrap = True)　　#创建当前迭代次数 b+1（b 为从 0 开始的索引）下的袋装对象 Bag，基础学习器为 dt_stump
17	Bag.fit(X, y)　　　　　　#基于 X 和 y 估计 Bag 的模型参数
18	ErrBag[b] = zero_one_loss(y, Bag.predict(X))　　　　#计算 Bag 的总错判率
19	RF = ensemble.RandomForestClassifier(max_depth = 3, n_estimators = b+1, oob_score = True, random_state = 123, bootstrap = True, max_features = "sqrt")　　#创建当前迭代次数 b+1（b 为从 0 开始的索引）下的随机森林对象 RF，最大树深度为 3，输入变量随机子集包含 $\sqrt{p}$ 个输入变量
20	RF.fit(X, y)　　　　　　#基于 X 和 y 估计 RF 的参数
21	ErrRF[b] = zero_one_loss(y, RF.predict(X))　　　#计算 RF 的总错判率
22	modelXGB = xgb.XGBClassifier(max_depth = 3, n_estimators = B, objective = 'multi:softmax', random_state = 123) 　　#创建 XGBoost 分类对象 modelXGB，最大树深度为 3，迭代 B 次，本示例为多分类问题，指定学习任务为 softmax
23	modelXGB.fit(X, y, eval_set = [[X, y]])　　　　　#基于 X 和 y 估计 modelXGB 的参数
24	ErrXGB = modelXGB.evals_result()　　　　　#获得 modelXGB 各迭代次数下的误差
…	……　　　　　　　　　　　　#绘制各集成学习算法的误差曲线，图标题设置等，略去

代码说明

（1）以上省略号部分在之前代码中重复出现过且不影响对原理的理解，故略去以节约篇幅。完整 Python 代码参见本书配套代码。

（2）第 22 行：实现 XGBoost 算法。由于本示例对空气质量等级进行多分类预测，因此需要指定参数 objective 为'multi:softmax'，且指定输出经 Softmax 函数处理的总和等于1 的预测类别概率。

（3）第 23 行：基于输入变量 X 和输出变量 y 估计 modelXGB 的参数。其中，参数 eval_set 用于指定依据哪些数据计算模型评价指标（默认为总错判率），这里为 X 和 y。若有测试集或新数据集，也可在这里一并给出，格式为 eval_set = [[X, y], [X0, y0]]。

（4）第 24 行：通过.evals_result()获得 modelXGB 各迭代次数下的误差并保存到 ErrXGB 中。这里，误差以 Python 字典形式存储，默认包含 1 个名为'validation_0'的键，其键值也是包含键 'merror' 的字典，'merror' 的键值是各迭代次数下的误差。可通过 ErrXGB ['validation_0']['merror']浏览各迭代次数下的误差值。

所绘制的图形如图 7.14 所示。

彩图 7.14

图 7.14　空气质量等级预测的集成学习算法总错判率曲线

图 7.14 中给出了各集成学习算法的总错判率随迭代次数增加的变化曲线。由此可见，对于本示例，总错判率下降最快且总错判率最小的算法是 XGBoost 算法，总错判率曲线为图 7.14 中最下方粗的点线。

此外，Python 还给出了 XGBoost 算法的输入变量重要性得分。其一般有两个评价标准：第一，以成为最佳分组变量的其分组次数为标准，分组次数越多，变量重要性得分越高；第二，以式(7.47)所示的信息增益 L_{split} 的均值大小为标准，均值越大，变量重要性得分越高。可通过以下 Python 代码绘制本示例的变量重要性得分柱形图。

行号	代码和说明
1	xgb.plot_importance(modelXGB, title = '输入变量重要性', ylabel = '输入变量', xlabel = '分组次数', importance_type = 'weight', show_values = False)

```
2    xgb.plot_importance(modelXGB, title = '输入变量重要性', ylabel = '输入变量', xlabel = '信息增益', importance_type
     = 'gain', show_values = False)
```

代码说明

第 1 行和第 2 行均利用 plot_importance 绘制变量重要性得分柱形图。应首先指定模型对象名(这里为 modelXGB)，然后分别设置图标题(title)、纵坐标标题(ylabel)和横坐标标题(xlabel)。参数 importance_type 可设置为'weight'或'gain'，分别对应以上两种评价标准；参数 show_values 可设置为 True 或 False，表示是否在图中显示得分值。所绘制的图形如图 7.15 所示。

图 7.15　输入变量重要性得分柱形图

图 7.15 左图以成为最佳分组变量的分组次数为标准，PM2.5 浓度的重要性得分最高，SO_2 浓度的重要性得分最低。图 7.15 右图从分组有效性角度评价，以信息增益的均值大小为标准，PM2.5 浓度的重要性得分最高，CO 浓度的重要性得分最低。

本 章 总 结

本章聚焦集成学习的各种策略。首先，从降低预测方差角度，讨论了袋装法和随机森林。其次，从弱模型到强模型的构建角度，讨论了提升法，并对其中的 AdaBoost 算法进行了较为详尽的论述。最后，从降低误差和提升算法效率角度，分别介绍了梯度提升算法基本思路和原理，以及 XGBoost 算法精要等。在讲解过程中，基于模拟数据和应用实践示例，给出了各种集成学习算法在回归预测和分类预测中的 Python 实现。

本章相关函数列表

围绕本章学习，应重点掌握 Python 模块中的以下函数。函数的具体格式参见 Python 帮助。

一、建立基于袋装法的回归树和分类树的函数

Bag = ensemble.BaggingRegressor()；Bag.fit(X, Y)。
Bag = ensemble.AdaBoostClassifier()；Bag.fit(X, Y)。

二、建立随机森林实现回归预测和分类预测的函数

RF = ensemble.RandomForestRegressor()；RF.fit(X, Y)。

RF = ensemble.RandomForestClassifier()；RF.fit(X, Y)。

三、建立基于提升法的回归模型和分类模型的函数

Ada = ensemble.AdaBoostClassifier()；Ada.fit(X, Y)。

Ada = ensemble.AdaBoostRegressor()；Ada.fit(X, Y)。

各迭代次数下的预测函数：Ada.staged_predict()。

四、建立梯度提升决策树的函数

GBRT = ensemble.GradientBoostingRegressor()；GBRT.fit(X, Y)。

GBRT = ensemble.GradientBoostingClassifier()；GBRT.fit(X, Y)。

五、建立 XBGoost 分类树和回归树的函数

XGB = xgb.XGBClassifier()；XGB.fit(X, Y)。

XGB = xgb.XGBRegressor ()；XGB.fit(X, Y)。

六、生成用于分类预测的模拟数据的函数

X, Y = make_circles()。

X, Y = make_classification()。

本 章 习 题

1. 袋装法是目前较为流行的集成学习策略之一，请简述袋装法的基本原理，并说明其有怎样的优势。

2. 请简述随机森林与袋装法的联系和不同，并说明为什么随机森林可以有效减小预测方差。

3. 请简述 AdaBoost 算法的基本原理，并说明在迭代过程中 AdaBoost 算法各模型间的关系。

4. 请简述梯度提升算法的基本原理。

5. 请说明 XGBoost 算法的目标函数，并论述目标函数的一阶导数和二阶导数在 XGBoost 算法中的意义。

6. Python 编程：植物物种的分类。

据统计，目前仅被植物学家记录的植物就有 25 万种之多。植物物种的正确分类对保护和研究植物多样性具有重要意义。这里以 kaggle(www.kaggle.com)上的植物叶片数据集为研究对象，希望基于叶片特征通过机器学习自动实现植物物种的分类。数据集(文件名为叶子形状.csv)是关于 990 幅植物叶片灰度图像(如下图所示)的转换数据。

数据中各有 64 个数值型变量分别用于描述植物叶片的边缘(margin)、形状(shape)、纹理(texture)特征。此外，还有 1 个分类型变量记录了每幅图像中叶片所属的植物物种(species)。共有 193 个变量。请先建立单棵回归树的分类模型，然后采用各种集成学习算法进行分类预测，并基于单棵回归树和集成学习的误差对比，选出最优预测模型。

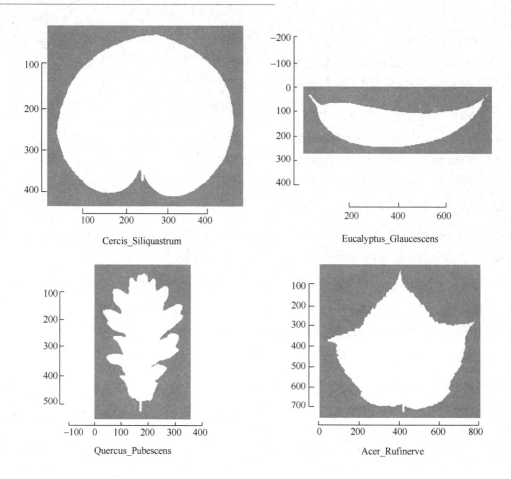

Cercis_Siliquastrum

Eucalyptus_Glaucescens

Quercus_Pubescens

Acer_Rufinerve

第 8 章

数据预测建模：人工神经网络

神经网络起源于生物神经元的研究，研究对象是人脑。人脑是一个高度复杂的非线性并行处理系统，具有联想推理和判断决策能力。对人脑活动机理的研究一直是一种挑战。

研究发现，人脑大约拥有 10^{11} 个相互连接的生物神经元。通常认为，人脑智慧的核心在于生物神经元的连接机制。大量神经元的巧妙连接使得人脑成为一个高度复杂的大规模非线性自适应系统。婴儿出生后大脑不断发育，其本质为通过外界刺激信号不断调整或加强神经元之间的连接及连接强度，最终形成成熟稳定的连接结构。生物神经元示意图如图 8.1 所示。

图 8.1 生物神经元示意图

人工神经网络(Artificial Neural Network, ANN)是一种人脑的抽象计算模型，是一种模拟人脑思维的计算机建模方式。自 20 世纪 40 年代至今，人们对人工神经网络的研究已达半个多世纪。随着计算机技术的迅猛发展，人们希望通过计算机程序实现对人脑系统的模拟。通过类似于生物神经元的处理单元，以及处理单元之间的有机连接，解决现实世界中的模式识别、联想记忆、优化计算等复杂问题。目前，人工神经网络在聚焦人工智能应用领域的同时，也成为机器学习中解决数据预测问题的重要的黑箱(Black Box)方法[①]。

本章重点围绕人工神经网络如何实现数据预测展开讨论，主要涉及如下三个方面。

---

① 黑箱方法是指把研究对象作为黑箱，在不直接观察研究对象内部结构的前提下，仅通过考察研究对象的输入和输出特征，探索和揭示其内在结构机理的研究方法。

第一，人工神经网络的基本概念。

人工神经网络的基本概念是人工神经网络学习的基础，应重点关注不同网络的拓扑结构，以及网络节点的实际意义。

第二，感知机网络。

感知机网络是人工神经网络中的经典网络，其核心思想，尤其是网络权重的更新策略，被广泛应用到后续很多的复杂网络中。理解感知机网络的基本原理是学习其他复杂网络的基础。

第三，多层感知机网络及反向传播算法。

多层感知机网络是一种更具实际应用价值的感知机网络，应重点关注多层感知机网络中隐藏节点的意义，以及预测误差的反向传播机制。

本章将结合 Python 编程对上述问题进行直观讲解，并会基于 Python 给出人工神经网络的实现及应用实践示例。

8.1 人工神经网络的基本概念

8.1.1 人工神经网络的基本构成

与人脑类似，人工神经网络由相互连接的神经元(这里称为节点或处理单元)组成。人脑神经元的连接及连接强度，在人工神经网络中体现为节点间的连线(被称为连接或边)及连接权重。

人工神经网络种类繁多。根据网络的层数，人工神经网络可分为两层神经网络、三层神经网络和多层神经网络。图 8.2(a)、(b)所示为经典的两层神经网络和三层神经网络。

图 **8.2** 人工神经网络

如图 8.2 所示，人工神经网络的底层被称为输入层(Input Layer)，顶层被称为输出层(Output Layer)，中间层被称为隐藏层(Hidden Layers)。两层神经网络没有隐藏层，三层神经网络具有一个隐藏层，是多层神经网络(具有两个及以上隐藏层的人工神经网络)的特例。因绘图时还可以将人工神经网络倒置或旋转 90°，为便于论述，后续统称接近输入层的层为上层，接近输出层的层为下层。

图 8.2 中的椭圆表示节点，有向线段表示节点间的连接。连接的方向是由上层至下层，即从输入层到隐藏层再到输出层。带有这种方向性连接的网络也称前馈式网络。人工神经网络各层的节点间是全连接的，是一种全连接网络。

图 8.2(a)所示为最早的名为感知机(Perception)的网络。它通过模拟人脑神经元对刺激

信号的激活反应和传导机制，解决输入变量不相关条件下的回归和分类预测问题。感知机网络的预测能力是有限的，于是后续又出现了图 8.2(b)所示的三层神经网络，以及包含更多隐藏层的多层神经网络，其被称为多层感知机(Multiple Layers Perception)网络，能够解决更为复杂的回归和分类预测问题。

目前流行的深度学习框架中的卷积神经网络和循环神经网络等是对上述网络的进一步拓展。首先，其网络可达数千层[①]，节点数量可达上亿个[②]。其次，其节点间的连接不仅有由上层至下层的全连接，还有反向连接、部分连接及同层节点间的侧向连接等，主要用于解决图像识别和语音识别等人工智能领域的复杂问题。

本章将以感知机网络和多层感知机网络为研究对象，重点对其实现回归预测和分类预测的基本原理进行说明。

8.1.2　人工神经网络节点的功能

如图 8.2 所示，人工神经网络中的节点按层分布于输入层、隐藏层和输出层，因而得名输入节点、隐藏节点和输出节点，它们有各自的职责。

1. 输入节点

图 8.2 中标为 $X_1, X_2, \cdots, X_P$ 的椭圆为输入节点，负责接收和传送刺激信号。这里的刺激信号为训练集中样本观测 $\boldsymbol{X}_i$ 的 P 个输入变量 $(X_{i1}, X_{i2}, \cdots, X_{iP})$，$i = 1, 2, \cdots, N$。输入节点将以一次仅接收一个样本观测的方式接收数据，并按"原样"将其分别传送给与其连接的下层节点，对于两层神经网络直接传送给输出节点，对于三层或多层神经网络传送给隐藏节点。输入节点的个数取决于输入变量的个数。通常一个数值型输入变量对应一个输入节点，一个分类型输入变量依类别个数对应多个输入节点。

2. 隐藏节点

图 8.2 中标为 $Z_1, Z_2, \cdots, Z_M$ 的椭圆为隐藏节点，负责对所接收的刺激信号进行加工处理，并将处理结果传送出去。在三层神经网络中，刺激信号是输入节点传送的样本观测 $\boldsymbol{X}_i$ 的 P 个输入变量 $(X_{i1}, X_{i2}, \cdots, X_{iP})$，$i = 1, 2, \cdots, N$。在多层神经网络中，刺激信号是上一个隐藏层传送的处理结果。统一来讲就是，上层节点输出的处理结果是下层节点的输入。

从预测建模角度看，隐藏节点将通过对输入的某种计算，完成非线性样本的线性变换或输入变量相关性时的特征提取等。之后再将计算结果，即自身的输出，分别传送给与其连接的下层隐藏节点或输出节点。通常可依所建模型的预测误差调整隐藏层和隐藏节点的个数。隐藏层和隐藏节点的个数越多，预测模型越复杂。

3. 输出节点

图 8.2 中标为 $y_1, y_2, \cdots, y_K$ 的椭圆为输出节点。与隐藏节点类似，输出节点也将上层节点的输出作为自身的输入，并对输入进行加工处理后给出输出。对于预测建模，输出即预测值。

---

① 如微软亚洲研究院的 ResNet 等。
② 如谷歌的 AlphaGo 等。

输出节点的个数取决于进行的是回归预测还是分类预测。回归预测（只针对仅有一个输出变量的情况）只有一个输出节点，处理结果为样本观测 X_i 输出变量的预测值 $\hat{y}_i$。K 分类预测通常输出节点的个数等于 K，每个输出节点对应一个类别 k（$k=1,2,\cdots,K$），处理结果为样本观测 X_i 属于类别 k 的概率：$\hat{P}(y=k\,|\,X)$。

节点和节点间的连接权重是人工神经网络的研究重点，也是人工神经网络能够实现数据预测的核心所在。为便于理解，以下将从最简单的感知机网络开始讨论。

8.2 感知机网络

如图 8.2(a) 所示，感知机网络是一种最基本的前馈式两层神经网络，仅由输入层和输出层构成。虽然感知机网络处理问题的能力有限，但其核心原理却在人工神经网络的众多改进模型中得到广泛应用。

8.2.1 感知机网络中的节点

节点是感知机网络的核心。生物神经元会对不同类型和强度的刺激信号呈现出不同的反应状态（State）或激活水平（Activity Level）。同理，感知机网络节点也会对不同的输入给出不同的输出。如图 8.3 所示，大圆圈部分展示了节点的内部构成情况。

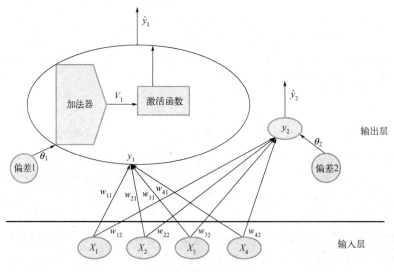

图 8.3　感知机网络示意图

图 8.3 所示为感知机网络示意图。输入层包含 X_1,X_2,X_3,X_4 共 4 个输入节点，分别对应 4 个输入变量。有 y_1,y_2 两个输出节点，每个输出节点都有各自的输出（预测结果），记为 $\hat{y}_1,\hat{y}_2$。输入节点和输出节点连接上的 w_{11},w_{12} 等表示输入节点与输出节点的连接权重。例如，w_{11} 表示第 1 个输入节点与第 1 个输出节点的连接权重，w_{21} 表示第 2 个输入节点与第 1 个输出节点的连接权重等。

此外，图中 8.3 中的输出节点 y_1,y_2 都另有一个被称为偏差的节点与之相连接，如偏差 1 和偏差 2，θ_1 和 θ_2 被称为偏差节点的连接权重，简称偏差权重。事实上，为简化问题，若将每个输出节点的偏差节点均视为一种"虚拟"的输入节点 X_0 且 $X_0 \equiv 1$，则 θ_1 和 θ_2 的含

义便无异于 w_{11},w_{12} 等。

输入节点没有计算功能，故不对其进行讨论，只需关注输出节点。输出节点将上层节点的输出作为自身的输入并进行计算。计算由两部分完成，一是加法器，二是激活函数（Activation Function），如图 8.3 中大圆圈部分所示。

8.2.2 感知机网络节点中的加法器

感知机网络节点中的加法器是对生物神经元接收的刺激信号的模拟。在图 8.3 所示的感知机网络中，输出节点 y_1 的加法器记为 V_1，定义为 $V_1 = w_{11}X_1 + w_{21}X_2 + w_{31}X_3 + w_{41}X_4 + \theta_1 = \sum_{p=1}^{P} w_{p1}X_p + \theta_1$，这里 $P = 4$。同理，若输出节点 y_2 的加法器记为 V_2，则有

$$V_2 = w_{12}X_1 + w_{22}X_2 + w_{32}X_3 + w_{42}X_4 + \theta_2 = \sum_{p=1}^{P} w_{p2}X_p + \theta_2。$$

推广到一般情况，输出节点 y_k 的加法器记为 V_k，定义为 $V_k = \sum_{p=1}^{P} w_{pk}X_p + \theta_k$，其中 P 为输入变量个数。由定义可知，加法器是 P 个输入变量 $X_1, X_2, \cdots, X_P$ 的线性组合，连接权重 w_{pk} 为线性组合的系数，θ_k 为常数项，都是未知的模型参数。当然，若将偏差节点视为一种"虚拟"的输入节点 X_0 且 $X_0 \equiv 1$，并令 $w_{0k} = \theta_k$，则输出节点 y_k 的加法器也可统一表示为

$$V_k = \sum_{p=0}^{P} w_{pk}X_p = \boldsymbol{w}_k^{\mathrm{T}}\boldsymbol{X}，其中 \boldsymbol{w}_k^{\mathrm{T}} 为连接权重的行向量。$$

需要说明的是，输入变量的不同量级会对加法器的计算结果产生重要影响。通常可通过数据的标准化处理消除这种影响。例如，对样本观测 $\boldsymbol{X}_i$ 中的变量值 X_{ip} 进行标准化处理：

$$Z_{ip} = \frac{X_{ip} - \bar{X}_p}{\sigma_{X_p}}，其中 \bar{X}_p、\sigma_{X_p} 分别为变量 X_p 的均值和标准差。$$

以下将从分类预测和回归预测两个方面讨论加法器的实际意义。

1. 分类预测

在分类预测中，若加法器 $V_k = \sum_{p=1}^{P} w_{pk}X_p + \theta_k = 0$，即 $w_{1k}X_1 + w_{2k}X_2 + \cdots + w_{Pk}X_P + \theta_k = 0$，正如 3.2.2 节讨论的，$w_{1k}X_1 + w_{2k}X_2 + \cdots + w_{Pk}X_P + \theta_k = 0$ 表示的是 P 维输入变量空间中的一个超平面，该超平面就是分类平面，分类平面的位置取决于连接权重 w_{pk}（$p = 1, 2, \cdots, P$）和偏差权重 θ_k。

从这个意义上看，感知机网络在解决分类预测问题时，每个输出节点在几何上与一个超平面相对应，将空间划分成两个区域实现二分类预测。K 个输出节点与 K 个超平面对应，将空间至少划分成 $K+1$ 个区域实现多分类预测。

例如，图 8.3 所示的网络可用于三分类预测。两个输出节点 y_1, y_2 的输出 $\hat{y}_1, \hat{y}_2$ 将共同决定最终的分类预测结果。例如，输出为 $(\hat{y}_1 = 0, \hat{y}_2 = 1)$ 代表预测结果为 1 类，输出为 $(\hat{y}_1 = 1, \hat{y}_2 = 0)$ 代表预测结果为 2 类，输出为 $(\hat{y}_1 = 1, \hat{y}_2 = 1)$ 代表预测结果为 3 类等。对此样本观测 $\boldsymbol{X}_i$ 的输出变量的实际值 y_i 也需要用 (y_{i1}, y_{i2}) 两个值表示。对多分类问题，样本观测 $\boldsymbol{X}_i$

的输出变量的实际值 y_i 需要拆分为多个变量值，即 $(y_{i1}, y_{i2}, \cdots, y_{iK})$，对应的输出单元的预测值为 $(\hat{y}_{i1}, \hat{y}_{i2}, \cdots, \hat{y}_{iK})$。

进一步，感知机网络中输入节点不同时刻的输入是不同的，t 时刻输出节点 y_k 的加法器记为 $V_k(t) = \sum_{p=1}^{P} w_{pk}(t)X_p + \theta_k(t) = \boldsymbol{w}_k^{\mathrm{T}}(t)\boldsymbol{X} + \theta_k(t)$。其中，$t$ 的取值范围与样本量 N 和训练周期(Training Epoch)有关(详见 8.2.5 节)。$w_{pk}(t)$、$\theta_k(t)$ 表明不同时刻 t 的连接权重 w_{pk} 和偏差权重 θ_k 不尽相等，意味着分类平面在不同时刻 t 的位置是不同的，会随输入节点不断接收和传递数据而不断移动。

再进一步，对于样本观测点 $\boldsymbol{X}_i$，代入 t 时刻输出节点 y_k 的加法器，计算结果为 $V_{ik}(t) = \sum_{p=1}^{P} w_{pk}(t)X_{ip} + \theta_k(t) = \boldsymbol{w}_k^{\mathrm{T}}(t)\boldsymbol{X}_i + \theta_k(t)$。$V_{ik}(t) = 0$ 表明样本观测点 $\boldsymbol{X}_i$ 落在分类平面上；$V_{ik}(t) > 0$ 表明样本观测点 $\boldsymbol{X}_i$ 落在分类平面一侧；$V_{ik}(t) < 0$ 表明样本观测点 $\boldsymbol{X}_i$ 落在分类平面另一侧。由此可见，$V_{ik}(t)$ 反映了 t 时刻样本观测点 $\boldsymbol{X}_i$ 与分类平面的位置关系。

2. 回归预测

正如 3.1.2 节讨论的，回归预测中 $V_k = \sum_{p=1}^{P} w_{pk}X_p + \theta_k$ 表示的是一个回归平面，V_k 就是回归预测值 $\hat{y}_k$。由此可知，感知机网络在进行回归预测时仅需一个输出节点。当然对于多个输出变量的回归预测问题则需要多个输出节点。

同理，t 时刻输出节点 y_k 的加法器记为 $V_k(t) = \boldsymbol{w}_k^{\mathrm{T}}(t)\boldsymbol{X} + \theta_k(t)$，表明不同时刻 t 的连接权重 w_{pk} 和偏差权重 θ_k 不尽相等，意味着回归平面在不同时刻 t 的位置是不同的，会随输入节点不断接收和传递数据而不断移动。

对于样本观测点 $\boldsymbol{X}_i$，代入 t 时刻输出节点 y_k 的加法器，计算结果为 $V_{ik}(t) = \boldsymbol{w}_k^{\mathrm{T}}(t)\boldsymbol{X}_i + \theta_k(t)$。$V_{ik}(t) = 0$ 表明样本观测点 $\boldsymbol{X}_i$ 落在回归平面上；$V_{ik}(t) > 0$ 表明样本观测点 $\boldsymbol{X}_i$ 落在回归平面一侧；$V_{ik}(t) < 0$ 表明样本观测点 $\boldsymbol{X}_i$ 落在回归平面另一侧。由此可见，$V_{ik}(t)$ 同样反映了 t 时刻样本观测点 $\boldsymbol{X}_i$ 与回归平面的位置关系。

8.2.3 感知机网络节点中的激活函数

感知机网络节点中的激活函数是对生物神经元的状态或激活水平的模拟。输出节点 y_k 的激活函数定义为 $\hat{y}_k = f(V_k)$。其中，$\hat{y}_k$ 是激活函数值，也是输出节点 y_k 的输出；f 是激活函数，是关于加法器 V_k 的函数。

有多种不同形式的激活函数，总结起来大致有离散型激活函数和连续型激活函数两大类。通常前者应用在分类预测中，后者既可以应用在分类预测中也可以应用在回归预测中，但含义不同。

1. 离散型激活函数

典型的离散型激活函数是 [0,1] 型阶跃函数(Step Function)，定义为

$$f(V_k) = \begin{cases} 1, & V_k > 0 \\ 0, & V_k < 0 \end{cases} \tag{8.1}$$

[0,1]型阶跃函数的函数图像如图 8.4 所示。

在图 8.4 中，横坐标为加法器 V_k，纵坐标为激活函数 $f(V_k)$。当 $V_k > 0$ 时，$\hat{y}_k = f(V_k) = 1$；当 $V_k < 0$ 时，$\hat{y}_k = f(V_k) = 0$。

2. 连续型激活函数

常见的连续型激活函数包括 Logistic 激活函数、双曲正切(tanh)激活函数和整流线性单元(Rectified Linear Unit，ReLU)或修正线性单元激活函数等。

图 8.4　[0,1]型阶跃函数的函数图像

- Logistic 激活函数是感知机网络中最常用的连续型激活函数，定义为 $f(V_k) = \dfrac{1}{1 + e^{-V_k}}$。

  Logistic 激活函数是统计学中 Logistic 随机变量的累计分布函数，其函数图像如图 8.5 左图所示。

  在图 8.5 左图中，横坐标为加法器 V_k，纵坐标为激活函数，取值在 0 到 1 之间。Logistic 激活函数是加法器的非线性函数，曲线大致呈 S 形。当 $V_k = 0$ 时，$\hat{y}_k = f(V_k) = 0.5$；当 $V_k > 0$ 时，$\hat{y}_k = f(V_k) > 0.5$；当 $V_k < 0$ 时，$\hat{y}_k = f(V_k) < 0.5$。

- tanh 激活函数也是感知机网络中较为常用的激活函数，定义为 $f(V_k) = \dfrac{e^{V_k} - e^{-V_k}}{e^{V_k} + e^{-V_k}}$，取值在 0 到 1 之间，同样是加法器的非线性函数，稍后将基于 Python 编程给出其函数图像。

- ReLU 激活函数是为了解决深层人工神经网络可能出现的问题而提出的，定义为 $f(V_k) = \max(V_k, 0)$，是加法器 V_k 的分段线性函数。当 $V_k > 0$ 时，$f(V_k) = V_k$；当 $V_k \leqslant 0$ 时，$f(V_k) = 0$。ReLU 激活函数的函数图像如图 8.5 右图所示。

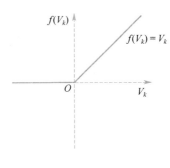

图 8.5　Logistic 激活函数和 ReLU 激活函数的函数图像

8.2.4　Python 模拟和启示：认识激活函数

感知机网络节点中的激活函数对于分类预测和回归预测来说非常重要，本节将通过 Python 编程，直观展示常见激活函数的特点。应首先导入 Python 的相关包或模块。为避免重复，这里将本章需要导入的包或模块一并列出如下，#后面给出了简短的功能说明。

```
1   #本章需导入:
2   import numpy as np
3   import pandas as pd
4   import matplotlib.pyplot as plt
5   from pylab import *
6   import matplotlib.cm as cm
7   import warnings
8   warnings.filterwarnings(action = 'ignore')
9   %matplotlib inline
10  plt.rcParams['font.sans-serif']=['SimHei']    #解决中文显示乱码问题
11  plt.rcParams['axes.unicode_minus']=False
12  from mpl_toolkits.mplot3d import Axes3D  #绘制3维图形
13  from sklearn.datasets import make_circles    #生成模拟数据
14  from sklearn.model_selection import train_test_split  #旁置法样本集划分
15  from sklearn.metrics import zero_one_loss,classification_report  #评价模型指标
16  import sklearn.neural_network as net  #人工神经网络
17  from sklearn.model_selection import GridSearchCV  #参数的网格搜索
```

基本思路如下。

(1)为便于观察，仅考虑有 X_1, X_2 两个输入变量的情况。

(2)指定 t 时刻的加法器为 $V_k(t) = \theta_k(t) + w_{1k}(t)X_1 + w_{2k}(t)X_2 = 0.5 + \dfrac{1}{\sqrt{2}}X_1 + \dfrac{1}{\sqrt{2}}X_2$。

(3)绘制三种常见的激活函数随 X_1, X_2 取值变化的函数图像，以直观对比各激活函数的特点。

Python 代码(文件名为 chapter8-1.ipynb)如下。

行号	代码和说明	
1	X1 = np.linspace(-5,5,20);X2 = np.linspace(-5,5,20)	#指定 X1,X2 的取值范围
2	X01,X02 = np.meshgrid(np.linspace(X1.min(),X1.max(),20),np.linspace(X2.min(),X2.max(),20))	#为绘图准备数据
3	w = [1/np.sqrt(2),1/np.sqrt(2)]	#指定 t 时刻加法器的两个权重 w1,w2
4	V = w[0]*X01+w[1]*X02+0.5	#计算 t 时刻加法器的值
5	f1 = np.zeros((V.shape))	#设置[0,1]型阶跃函数的初始值为 0
6	f1[np.where(V>0)] = 1	#计算[0,1]型阶跃函数值，将加法器大于 0 的激活函数值设置为 1
7	f2 = 1/(1+np.exp(-V))	#计算 Logistic 激活函数值
8	f3 = (np.exp(V)-np.exp(-V))/(np.exp(V)+np.exp(-V))	#计算 tanh 激活函数值
9	f4 = np.zeros((V.shape))	#设置 ReLU 激活函数的初始值为 0
10	f4[np.where(V>0)] = V[np.where(V>0)]	#计算 ReLU 激活函数值，大于 0 的激活函数值为加法器值
11	fig = plt.figure(figsize = (25,6))	#指定图形大小
12	def MyPlot(id,f,title):	#定义绘图的用户自定义函数，参数 id 指定绘图单元，f 指定激活函数，title 指定图标题
13	fig.subplots_adjust(wspace = 0)	#调整各绘图单元的列间距
14	ax = fig.add_subplot(1,4,id, projection = '3d')	#创建 1 行 4 列的 3 维图形对象，在 id 单元画图
15	ax.plot_wireframe(X01,X02,f,linewidth = 0.5)	#绘制关于激活函数的网格图
16	ax.plot_surface(X01,X02,f,alpha = 0.3)	#绘制关于激活函数的表面图
...	……	#图标题设置等，略去
21	MyPlot(id = 1,f = f1,title = '[0,1]型阶跃函数')	#调用 MyPlot 函数绘制[0,1]型阶跃函数的函数图像
22	MyPlot(id = 1,f = f2,title = 'Logistic 激活函数')	#调用 MyPlot 函数绘制 Logistic 激活函数的函数图像
23	MyPlot(id = 2,f = f3,title = 'tanh 激活函数')	#调用 MyPlot 函数绘制 tanh 激活函数的函数图像
24	MyPlot(id = 3,f = f4,title = 'ReLU 激活函数')	#调用 MyPlot 函数绘制 ReLU 激活函数的函数图像

代码说明

以上省略号部分在之前代码中重复出现过且不影响对原理的理解，故略去以节约篇幅。完整 Python 代码参见本书配套代码。所绘制的图形如图 8-6 所示。

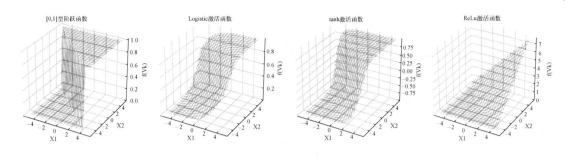

图 8.6　常见的几种激活函数

图 8.6 分别展示了[0,1]型阶跃函数、Logistic 激活函数、tanh 激活函数及 ReLU 激活函数随输入变量取值变化，即加法器取值变化的函数图像。[0,1]型阶跃函数为不连续函数[①]。Logistic 激活函数和 tanh 激活函数是加法器的非线性函数，ReLU 激活函数是加法器的分段线性函数。以下将讨论激活函数在分类预测中的作用。

1．[0,1]型阶跃函数在分类预测中的作用

感知机网络在解决分类预测问题时常采用[0,1]型阶跃函数。对应生物神经元来说，[0,1]型阶跃函数刻画了生物神经元对不同强度刺激信号的不同反应状态。

根据定义 $f\left(V_k\right)=\begin{cases}1, & V_k>0 \\ 0, & V_k<0\end{cases}$ 可知，对于 t 时刻的样本观测点 $\boldsymbol{X}_i$，若加法器 $V_{ik}(t)>0$，即样本观测点 $\boldsymbol{X}_i$ 落在分类平面 $V_k(t)=\sum_{p=1}^{P}w_{pk}(t)X_p+\theta_k(t)=0$ 的一侧，则[0,1]型阶跃函数值将样本观测点 $\boldsymbol{X}_i$ 指派为 1 类；若 $V_{ik}(t)<0$，即样本观测点 $\boldsymbol{X}_i$ 落在分类平面 $V_k(t)=\sum_{p=1}^{P}w_{pk}(t)X_p+\theta_k(t)=0$ 的另一侧，则[0,1]型阶跃函数将样本观测点 $\boldsymbol{X}_i$ 指派为 0 类；若 $V_{ik}(t)=0$，即样本观测点 $\boldsymbol{X}_i$ 落在分类平面上，则无法确定 $\boldsymbol{X}_i$ 的类别预测值。由此可见，分类预测中[0,1]型阶跃函数的作用是依据 $V_{ik}(t)$ 所反映出的样本观测点 $\boldsymbol{X}_i$ 与 t 时刻分类平面的位置关系，直接预测 $\boldsymbol{X}_i$ 所属的类别。

需要说明的是，感知机网络中的偏差节点具有实际意义。在没有偏差节点的情况下，如果 $\boldsymbol{X}_i=0$，则 $V_{ik}(t)=0$ 一定成立，样本观测点 $\boldsymbol{X}_i$ 必然落在分类平面上，与 $\boldsymbol{w}_k(t)$ 无关，显然是不合理的。加法器中引入偏差节点就是为了解决这个问题。它模拟生物神经元对刺激信号的激活门槛（Activity Threshold）反应机制，只有输入水平达到 $-\theta_k$ 这个门槛值，即 $V_{ik}=\sum_{p=1}^{P}w_{pk}X_{ip}=-\theta_k$ 时，样本观测点 $\boldsymbol{X}_i$ 才落在分类平面上。当 $V_{ik}=\sum_{p=1}^{P}w_{pk}X_{ip}>-\theta_k$ 或 $V_{ik}=\sum_{p=1}^{P}w_{pk}X_{ip}<-\theta_k$ 时，样本观测点 $\boldsymbol{X}_i$ 落在分类平面的两侧，分别被指派为 1 类或 0 类。若无特殊说明，后续加法器均包含偏差节点。

[0,1]型阶跃函数是一个非连续函数，不适用于回归预测问题。

---

① 图 8.6 中连续是 Python 绘图所导致的。

2. Logistic 激活函数在分类预测中的作用

3.2.1 节讨论的二项 Logistic 回归曾出现过 Logistic 激活函数的形式，即 $P = \dfrac{1}{1+e^{-f(X)}}$，其中 $f(X) = \beta_0 + \beta_1 X_1 + \beta_2 X_2 + \cdots + \beta_p X_p$，这与 Logistic 激活函数 $P = \dfrac{1}{1+e^{-V_k}} = \dfrac{1}{1+e^{-(w_{1k}X_1 + w_{2k}X_2 + \cdots + w_{pk}X_p + \theta_k)}}$ 是相同的。因此，输出节点中激活函数 $f(V_k) = P(y=1|X)$，即输出变量等于 1 的概率值。

通常若 $P(y=1) > 0.5$，则预测类别为 1；若 $P(y=1) < 0.5$，则预测类别等于 0。对感知机网络的输出节点 y_k 而言，对于 t 时刻的样本观测点 X_i，若加法器 $V_{ik}(t) > 0$，则意味着 $f(V_{ik}) = P(y=1|X_i) > 0.5$，应将样本观测点 X_i 指派为 1 类(样本观测点 X_i 落在分类平面一侧)；若加法器 $V_{ik}(t) < 0$，则意味着 $f(V_{ik}) = P(y=1|X_i) < 0.5$，应将样本观测点 X_i 指派为 0 类(样本观测点 X_i 落在分类平面另一侧)；若 $V_{ik}(t) = 0$，则因 $P(y=1|X_i) = 0.5$，所以无法确定类别(样本观测点 X_i 落在分类平面上)。由此可见，Logistic 激活函数在分类预测中的作用是依据 $V_{ik}(t)$ 所反映出的样本观测点 X_i 与分类平面的位置关系，给出样本观测点 X_i 的类别预测值 $\hat{y}_i = 1$ 的概率，并且刻画概率与输入变量之间的非线性关系，如图 8.6 左 2 图所示。

tanh 激活函数在分类预测中的作用与 Logistic 激活函数是类似的，由图 8.6 右 2 图可知，tanh 激活函数比 Logistic 激活函数的变化率大。ReLU 激活函数的取值范围决定了其不适合直接应用在分类预测中。

总之，在分类预测中，加法器给出了样本观测点与当前超平面的相对位置，激活函数依据这个位置关系，将位于超平面两侧的样本观测点指派为不同的类别，或给出其属于某类别的概率。

8.2.5 感知机网络的权重训练

人工神经网络建立的过程是通过恰当的网络结构，探索输入变量和输出变量间的数量关系，并体现在连接权重上的过程。因此，人工神经网络训练的核心是连接权重的不断迭代更新。

1. 连接权重迭代更新的一般步骤

就单个输出节点 y_k 而言，感知机网络将首先初始化连接权重 w_k。初始值默认为来自均值为 0、取值区间较小的均匀分布的随机数。令初始连接权重均值为 0 的原因是，对于 Logistic 激活函数而言，迭代初始阶段的节点，模型会退化为近似线性的模型。因此，模型训练从简单的接近线性的模型开始，然后随连接权重的调整逐步演变成相对复杂的非线性模型。初始连接权重取值区间较小是为了避免各节点连接权重差异过大，以确保各节点学习进度的均衡与协调，各连接权重大致同时达到稳态。

对于分类预测而言，初始时因输出节点 y_k 对应的超平面的位置由随机取值的连接权重 w_k 决定，无法保证训练集中的大部分样本观测点落在分类平面的正确一侧，很可能出现两个或多个类别的样本观测点均落在分类平面的一侧，进而导致较高的错判率。对于回归预测而言，同样无法保证由回归平面决定的预测值(预测值均落在回归平面上)与实际值吻合或误差较小。

因此，后续感知机网络需要不断向训练样本学习，通过不断迭代的方式，基于训练集和当前的误差情况，在 t 时刻 $\boldsymbol{w}_k(t)$ 的基础上，得到更新后 $t+1$ 时刻的 $\boldsymbol{w}_k(t+1)$。迭代的过程是超平面不断移动的过程。以分类预测为例，对于实际类别 $y_i=0$ 的样本观测点 $\boldsymbol{X}_i$，若其 t 时刻落在超平面的上方且该侧的指派类别为 1 类，则说明样本观测点 $\boldsymbol{X}_i$ 落入了错误的一侧。此时，只有将超平面继续向上方移动，不断靠近并最终跨过样本观测点 $\boldsymbol{X}_i$，使得样本观测点 $\boldsymbol{X}_i$ 落在超平面的下方，才能得到正确的分类预测结果。由此可见，迭代过程是超平面不断向错误点(错误分类或有较大的回归预测误差的点)移动靠近并跨越它的过程。最终应将超平面定位到整体错判率或 MSE 最小的位置上。

对仅包含单个输出节点的感知机网络而言，其连接权重的迭代更新步骤如下。

第零步，初始化所有连接权重。

第一步，计算输出节点的加法器和激活函数，给出输出结果，即对样本观测的预测值。

第二步，计算样本观测的预测值与实际值间的误差，根据误差重新调整各连接权重。

需要反复执行上述两步。其间将依次逐个向每个样本观测学习。对所有样本观测学习结束后，如果模型误差仍然较大，则需要重新开始新一轮(周期)的学习。如果第二轮学习结束模型预测效果后仍不理想，那么还需要进行第三轮、第四轮等的学习，直到满足迭代终止条件为止。迭代结束后将得到一组合理的连接权重和其对应的理想超平面。后续将依据超平面进行预测。

以上是训练连接权重的大体过程，其中会涉及的细致问题包括：第一，如何度量误差；第二，如何通过迭代逐步调整连接权重。以下将详细讨论这两个问题。

2．如何度量误差

理想的超平面应该是总误差最小时的超平面。正如 3.4.1 节所讨论的，理想的超平面应该是损失函数最小时的超平面。

在回归预测中，对于样本观测点 $\boldsymbol{X}_i$，损失函数常采用平方损失：$L(y_i,\hat{y}_i)=(y_i-\hat{y}_i)^2$。感知机网络中为方便计算一般采用 $L(y_i,\hat{y}_i)=\dfrac{1}{2}(y_i-\hat{y}_i)^2$ 的形式。于是，总损失为 $\displaystyle\sum_{i=1}^{N}L(y_i,\hat{y}_i)=\dfrac{1}{2}\sum_{i=1}^{N}(y_i-\hat{y}_i)^2$。因此，对输出节点 y，其连接权重和偏差权重的最优解应为

$$(\hat{\boldsymbol{w}},\hat{\theta})=\arg\min_{\boldsymbol{w},\theta}\sum_{i=1}^{N}\frac{1}{2}[y_i-f(\boldsymbol{w}^{\mathrm{T}}\boldsymbol{X}+\theta)]^2 \tag{8.2}$$

式中，通常 $f(\boldsymbol{w}^{\mathrm{T}}\boldsymbol{X}+\theta)=\boldsymbol{w}^{\mathrm{T}}\boldsymbol{X}+\theta$。对 $y\in\{0,1\}$ 的二分类预测问题，损失函数一般为 $L(y_i,\hat{P}_{y_i}(\boldsymbol{X}_i))=y_i\log\hat{P}(\boldsymbol{X}_i)+(1-y_i)\log(1-\hat{P}(\boldsymbol{X}_i))$，$\hat{P}(\boldsymbol{X}_i)$ 为预测类别为 1 类的概率。该损失函数适用于采用 Logistic 等激活函数且可给出概率的情况，而不适用于采用阶跃函数的情况。为此，感知机网络采用基于错误分类的样本观测点定义损失函数，并将输出变量类别值重新编码为 $y_i\in\{-1,+1\}$。

具体来讲，感知机网络输出节点 y 对应的超平面方程为 $\theta+\boldsymbol{w}^{\mathrm{T}}\boldsymbol{X}=0$，重新指定激活函数为 $[+1,-1]$ 型阶跃函数：

$$\hat{y}_i=f(V)=\begin{cases}+1, & \theta+\boldsymbol{w}^{\mathrm{T}}\boldsymbol{X}_i>0 \\ -1, & \theta+\boldsymbol{w}^{\mathrm{T}}\boldsymbol{X}_i<0\end{cases} \tag{8.3}$$

于是，对正确分类的样本观测点，$y_i(\theta + \boldsymbol{w}^{\mathrm{T}}\boldsymbol{X}_i) > 0$ 成立；对错误分类的样本观测点，$y_i(\theta + \boldsymbol{w}^{\mathrm{T}}\boldsymbol{X}_i) < 0$ 成立。因此，可将总的损失函数定义为

$$\sum_{\boldsymbol{X}_i \in \boldsymbol{E}} L(y_i, \boldsymbol{w}, \theta) = -\sum_{\boldsymbol{X}_i \in \boldsymbol{E}} y_i(\theta + \boldsymbol{w}^{\mathrm{T}}\boldsymbol{X}_i) \tag{8.4}$$

式中，$\boldsymbol{E}$ 表示错误分类的样本观测点集合[①]。由此可见，总的损失函数值越大，表示错误分类的样本观测点越多，或者错误分类的样本观测点到超平面的距离越大。对输出节点 y，其连接权重和偏差权重的最优解应为

$$(\hat{\boldsymbol{w}}, \hat{\theta}) = \arg\min_{\boldsymbol{w}, \theta} \left[-\sum_{\boldsymbol{X}_i \in \boldsymbol{E}} y_i(\theta + \boldsymbol{w}^{\mathrm{T}}\boldsymbol{X}_i) \right] \tag{8.5}$$

样本观测点 $\boldsymbol{X}_i$ 到超平面的距离为 $d_i = \dfrac{\left|\theta + \boldsymbol{w}^{\mathrm{T}}\boldsymbol{X}_i\right|}{\|\boldsymbol{w}\|}$，其中 $\|\boldsymbol{w}\| = \sqrt{\boldsymbol{w}^{\mathrm{T}}\boldsymbol{w}}$，错误分类的样本观测点 $\boldsymbol{X}_i$ 到超平面的距离为 $d_i = \dfrac{\left|\theta + \boldsymbol{w}^{\mathrm{T}}\boldsymbol{X}_i\right|}{\|\boldsymbol{w}\|} = \dfrac{-y_i(\theta + \boldsymbol{w}^{\mathrm{T}}\boldsymbol{X}_i)}{\|\boldsymbol{w}\|} > 0$。

3. 如何通过迭代逐步调整连接权重

包含 K 个输出节点 $y_1, y_2, \cdots, y_K$ 的感知机网络，其输出节点 y_k 的连接权重 $\boldsymbol{w}_k = (w_{1k}, w_{2k}, \cdots, w_{Pk})$ 的迭代更新过程如下。

第零步，在迭代开始前，即 0 时刻，初始化各个连接权重和偏差权重，记为 $\boldsymbol{w}_k(0) = (w_{1k}(0), w_{2k}(0), \cdots, w_{Pk}(0))$ 和 $\theta_k(0)$。

第一步，t 时刻输入节点接收并传递一个样本观测 $\boldsymbol{X}_i$ 给下层节点。此时 y_k 的连接权重记为 $\boldsymbol{w}_k(t)$，偏差权重记为 $\theta_k(t)$。输出节点 y_k 依据加法器和激活函数计算预测结果：

$$\hat{y}_{ik}(t) = f\left(\sum_{p=1}^{P} w_{pk}(t)X_{ip} + \theta_k(t) \right).$$

第二步，计算 t 时刻输出节点 y_k 的损失：

$$E_i(t) = L(y_{ik}, \hat{y}_{ik}(t)) \tag{8.6}$$

应注意，这里的损失函数仅为 t 时刻读入的样本观测 $\boldsymbol{X}_i$ 的损失。

第三步，在 $\boldsymbol{w}_k(t)$ 和 $\theta_k(t)$ 的基础上，得到更新的 $\boldsymbol{w}_k(t+1)$ 和 $\theta_k(t+1)$。

正如 7.4.1 节讨论的那样，可采用梯度下降法，权重更新应基于损失函数在 $\boldsymbol{w}_k(t)$ 处的负梯度，即 $\boldsymbol{w}_k(t+1) = \boldsymbol{w}_k(t) - \rho\left[\dfrac{\partial E(t)}{\partial \boldsymbol{w}_k}\right]_{\boldsymbol{w}_k = \boldsymbol{w}_k(t)}$，$\theta_k(t+1) = \theta_k(t) - \rho\left[\dfrac{\partial E(t)}{\partial \theta_k}\right]_{\theta_k = \theta_k(t)}$。其中，负号表示负梯度方向，$\rho$ 为学习率。有时第一项也可分别为 $\alpha\boldsymbol{w}_k(t)$ 和 $\alpha\theta_k(t)$，其中 α 为冲量，可加速 $\boldsymbol{w}_k$ 和 $\theta_k(t)$ 收敛的速度并避免局部最优。

对于回归预测中的平方损失函数，有

$$\boldsymbol{w}_k(t+1) = \boldsymbol{w}_k(t) + \rho e_{ik}(t)\boldsymbol{X}_i \tag{8.7}$$

[①] 若将训练集的所有样本观测点都包括进来，则按照式(8.4)的定义，正确分类的样本观测点将贡献负损失。

$$\theta_k(t+1) = \theta_k(t) + \rho e_{ik}(t) \tag{8.8}$$

式中，$e_{ik}(t) = y_{ik} - \hat{y}_{ik}(t)$，为输出节点 y_k 的残差。如果将偏差节点看作输入 X_0 等于常数 1 的特殊输入节点，那么偏差权重的更新方法与连接权重的更新方法相同。以后将不再重复给出偏差权重的更新。

对于分类预测中式 (8.4) 的损失函数，有 $w_k(t+1) = w_k(t) + \rho y_{ik}X_i$。因 $y_{ik} \in \{-1,+1\}$，等价为

$$w_k(t+1) = w_k(t) + \frac{1}{2}\rho e_{ik}(t)X_i \tag{8.9}$$

式 (8.7) 的第二项为连接权重的调整量，记为 $\Delta w(t)$，于是有 $w_k(t+1) = w(t) + \Delta w(t)$。这种连接权重的更新规则是 delta 规则 (delta Rule) 的具体体现，即连接权重的调整量应与损失及节点的输入成正比。

第四步，判断是否满足迭代终止条件。

如果满足，则算法终止，否则重新回到第一步，直到满足迭代终止条件为止。

迭代终止条件一般包括：迭代次数等于指定值；训练周期等于指定值；连接权重的最大调整量等于指定值，连接权重基本稳定；$\sum_{i=1}^{N}E_i(t) < \varepsilon$，$\varepsilon$ 为一个很小的正数。其中一个条件满足即结束迭代。

用一个简单的回归预测示例说明以上计算过程。在表 8.1 中，X_1, X_2, X_3 为输入变量，y 为数值型输出变量，样本量 $N=3$。

表 8.1　连接权重更新计算示例数据

样本观测	X_1	X_2	X_3	y
1	1	1	0.5	0.7
2	−1	0.7	−0.5	0.2
3	0.3	0.3	−0.3	0.5

为便于计算，设 $\rho = 0.1$，激活函数 $f = V$。对图 8.7 所示的感知机网络，0 时刻连接权重 $w(0) = \{0.5, -0.3, 0.8\}$。

于是 $V(0) = 0.5 \times 1 + (-0.3) \times 1 + 0.8 \times 0.5 = 0.6$，预测值 $\hat{y}(0) = f(0.6) = 0.6$，残差 $e(0) = y(0) - \hat{y}(0) = 0.7 - 0.6 = 0.1$。$t = 1$ 时刻各连接权重更新为

图 8.7　连接权重调整示例

$$\Delta w_1(1) = 0.1 \times 0.1 \times 1 = 0.01，\quad w_1(1) = w_1(0) + \Delta w(1) = 0.5 + 0.01 = 0.51$$

$$\Delta w_2(1) = 0.1 \times 0.1 \times 1 = 0.01，\quad w_2(1) = w_2(0) + \Delta w(1) = -0.3 + 0.01 = -0.29$$

$$\Delta w_3(1) = 0.1 \times 0.1 \times 0.5 = 0.005，\quad w_3(1) = w_3(0) + \Delta w(1) = 0.8 + 0.005 = 0.805$$

同理，可依据第 2、3 个样本观测进行第 2、3 次迭代。第 2、3 次迭代后的连接权重分别更新 $w(2) = \{0.6, -0.35, 0.85\}$，$w(3) = \{0.45, -0.25, 0.78\}$。此时总的损失为 1.165。后续可能还需要进行新一轮的学习。

连接权重的更新导致超平面移动。这里以分类预测为例，通过近似度量错误分类的样

本观测点 X_i 到超平面 $w_k^T X + \theta_k = 0$ 的距离变化，进一步证明前文所述的超平面移动的方向。设 $d_i(t+1)$、$d_i(t)$ 分别为连接权重调整之后和之前错误分类的样本观测点 X_i 到超平面的距离。当学习率 ρ 很小时，距离的变化量为

$$\Delta d_i = d_i(t+1) - d_i(t) = \frac{-y_i(\theta_k(t+1) + w_k^T(t+1)X_i)}{\|w_k(t+1)\|} - \frac{-y_i(\theta_k(t) + w_k^T(t)X_i)}{\|w_k(t)\|}$$

$$\approx -\frac{y_i}{\|w_k(t)\|}[(w_k^T(t+1) - w_k^T(t))X_i + (\theta_k(t+1) - \theta_k(t))]$$

$$= -\frac{y_i}{\|w_k(t)\|}[\rho y_i X_i^T \cdot X_i + \rho y_i] = -\frac{\rho y_i^2}{\|w_k(t)\|}(X_i^T \cdot X_i + 1) < 0$$

由此可见，经过一次迭代后错误分类的样本观测点更接近新的超平面，所以连接权重更新的过程是将超平面向错误分类的样本观测点移动的过程。

此外需要说明的是，由于连接权重和偏差权重的初始值是随机的，因此在相同迭代策略下迭代结束时的权重最终值可能是不等的，有些可能是最优解，有些可能仅是局部最优解，如图 8.8 所示。

图 8.8　不同参数初始值下的解

连接权重的迭代更新每步都应沿着图 8.8 所示的曲面，向使损失函数下降最快的方向移动。在左侧上下两幅图中，损失曲面上的两个起点位置(取决于权重的初始值)不同，最终所得的解也不同。上图达到了损失函数的最低处，得到的是全局最优解。下图得到的只是局部最优解。一般可通过迭代的多次重启动方式解决这个问题。

4. 在线更新、批量更新和随机梯度下降

以上连接权重更新的策略被称为在线(On-Line)更新，即每次迭代的损失定义为当前 t 时刻输入的单个样本观测的损失。因这里的连接权重更新只与当前输入的单个样本观测有关，且针对每个样本观测都实时进行一次连接权重更新，所以被称为在线更新。由于样本观测输入的顺序是随机的，因此损失函数的梯度值具有随机性，这种方法被视为随机梯度下降法(Stochastic Gradient Descent，SGD)的特例。

SGD 是指基于随机抽取的部分样本(可指定样本量 $n < N$)的损失更新参数。在线更新策略是 $n = 1$ 时的 SGD，故称真 SGD 策略。这里，每个样本观测均参与过一次连接权重更

新，即在所有训练数据上均迭代一次，称为完成了一个训练周期或轮次。在线更新策略中的学习率 ρ 通常是迭代次数 t 的非线性减函数，迭代次数 $t \to \infty$ 时 $\rho \to 0$。

在线更新的计算效率很高，但存在的问题是基于单个样本观测的损失 $E_i(t) = L(y_{ik}, \hat{y}_{ik}(t))$ 更新输出节点 y_k 的连接权重，并不一定使总损失 $E(t) = \sum_{i=1}^{N} L(y_{ik}, \hat{y}_{ik}(t))$ 下降最快，会导致每次的更新不一定准确。为此应采用批量 (Batch) 更新策略。

批量更新策略中每次迭代需要基于训练集全体的总损失，即式 (8.6) 所示的损失函数改为

$$E(t) = \sum_{i=1}^{N} L(y_{ik}, \hat{y}_{ik}(t)) \tag{8.10}$$

在批量更新策略中，每个训练周期只更新一次连接权重，可指定进行多个周期的训练。批量更新策略中的学习率 ρ 通常为常数，在整个训练期保持不变。

虽然批量更新策略每次的连接权重更新更加准确，但其计算代价很高。为兼顾计算代价和准确性两个方面，可采用小批量随机梯度下降法 (Mini-Batch Stochastic Gradient Descent)。小批量 SGD 是针对真 SGD 而言的，其中随机样本的样本量 $n < N$ 且 $n > 1$。每个训练周期更新 N/n 次连接权重，可指定进行多个周期的训练。有很多关于 SGD 的改进算法，如带动量的 SGD、Adagrad、RMSProp 等。相关内容属于优化算法的范畴，超出本书范围，有兴趣的读者可自行参阅相关资料。

8.3　多层感知机网络

多层感知机网络一般为图 8.2 (b) 所示的前馈式三层神经网络，以及包含更多隐藏层的多层神经网络。多层感知机网络是对感知机网络的有效拓展，其基本原理大致与感知机网络相同但有很多新的亮点。本节将首先对多层感知机网络的结构进行简单说明，其次重点讨论多层感知机网络中隐藏层的意义。

8.3.1　多层感知机网络的结构

最简单的多层感知机网络是图 8.9 所示的三层神经网络，其中增加了包含 Z_1, Z_2 两个隐藏节点的一个隐藏层，两个偏差节点分别与两个隐藏节点相连。隐藏层和隐藏节点的个数决定了网络的复杂程度。隐藏层和隐藏节点的个数越少，网络越简单，训练误差越大；隐藏层和隐藏节点的个数越多，网络越复杂，训练误差越小，但也可能出现过拟合问题。因此，两者的权衡是值得关注的。实验表明，一般较为简单的预测问题建议采用仅包含一个隐藏层的三层神经网络。图 8.9 中输入节点和隐藏节点连接上的 w_{11}, w_{12} 等，表示输入节点与隐藏节点的连接权重。

图 8.9 中输出节点有 y_1, y_2，计算结果分别记为 $\hat{y}_1, \hat{y}_2$，两个偏差节点分别与输出节点相连。隐藏节点和输出节点连接上的 $v_{11}, v_{12}, v_{21}, v_{22}$ 表示隐藏节点与输出节点的连接权重。

与两层感知机网络类似，多层感知机网络中的隐藏节点也由加法器和激活函数组成。在图 8.9 中，t 时刻隐藏节点 Z_m（$m = 1, 2$）的输出可表示为 $Z_m(t) = f\left(\sum_{p=1}^{P} w_{pm}(t) X_p + \theta_m(t) \right) = f(\boldsymbol{w}_m^{\mathrm{T}}(t) \boldsymbol{X} + \theta_m(t))$，$P = 4$。

图 8.9　三层感知机网络示意图

对有多个隐藏层的更一般的情况，t 时刻对上层有 L 个隐藏节点与其连接的隐藏节点 Z_m，其输出可表示为

$$Z_m(t) = f\left(\sum_{l=1}^{L} w_{lm}(t)O_l(t) + \theta_m(t)\right) = f(\boldsymbol{w}_m^{\mathrm{T}}(t)\boldsymbol{O}(t) + \theta_m(t)) \tag{8.11}$$

式中，$O_l(t)$ 表示 t 时刻上层第 l 个隐藏节点的输出。

多层感知机网络中的输出节点，如图 8.9 中的 y_1, y_2，也由加法器和激活函数组成。在分类预测中，输出节点的激活函数多采用式(8.12)所示的 Softmax 函数。设输出节点 y_k（$k=1,2,\cdots,K$）的上层有 M 个隐藏节点与之相连(图 8.9 中 $K=2$，$M=2$)，t 时刻输出节点 y_k 的输出为

$$\hat{y}_k(t) = f(V_{y_k}(t)) = \frac{\mathrm{e}^{V_{y_k}(t)}}{\sum_{k=1}^{K} \mathrm{e}^{V_{y_k}(t)}} = \frac{\mathrm{e}^{[\boldsymbol{v}_k^{\mathrm{T}}(t)\boldsymbol{Z}(t) + \theta_{y_k}(t)]}}{\sum_{k=1}^{K} \mathrm{e}^{[\boldsymbol{v}_k^{\mathrm{T}}(t)\boldsymbol{Z}(t) + \theta_{y_k}(t)]}} \tag{8.12}$$

式中，$V_{y_k}(t)$ 为 t 时刻输出节点 y_k 的加法器；$\theta_{y_k}(t)$ 为 t 时刻输出节点 y_k 的偏差权重。计算结果在 $(0,1)$ 范围内，可视为输出变量预测为类别 k 的概率。

通常回归预测中激活函数 $f = V$，t 时刻输出节点 y_k 的输出为

$$\hat{y}_k(t) = f\left(\sum_{m=1}^{M} v_{mk}Z_m(t) + \theta_{y_k}(t)\right) = \boldsymbol{v}_k^{\mathrm{T}}(t)\boldsymbol{Z}(t) + \theta_{y_k}(t) \tag{8.13}$$

激活函数 f 为线性函数，也可视为未设置激活函数。

8.3.2　多层感知机网络中的隐藏节点

多层感知机网络的重要特征之一是包含隐藏层。无论在分类预测还是回归预测中，隐藏层中的隐藏节点均有非常重要的作用。以下将分别对其进行讨论。

1. 隐藏节点在分类预测中的作用

在分类预测中，隐藏节点可实现非线性样本的线性化变换。

分类预测中的线性样本是指，对 P 维输入变量空间中的两类样本，若能找到一个超平面将两类样本分开，则该样本为线性样本，否则该样本为非线性样本。

实际问题中的非线性样本普遍存在。例如，表 8.2 所示为典型的二维非线性样本。

表 8.2　典型的二维非线性样本

X_1	X_2	y
0	0	0
0	1	1
1	0	1
1	1	0

在输入变量 X_1, X_2 构成的空间中 4 个样本观测点的分布如图 8.10 所示。其中，实心点表示 0 类，空心点表示 1 类，且无法找到一条直线将实心点和空心点分开。

解决非线性样本分类问题的一般方式是，先通过一定的数据变换将非线性样本变成在另一新空间中的线性样本，然后进行线性分类。多层感知机网络中的隐藏节点的意义就在此。为阐明这个问题，仍以表 8.2 中的数据为例。设三层感知机网络包含 2 个输入节点 X_1, X_2、2 个隐藏节点 Z_1, Z_2、1 个输出节点 y、3 个偏差节点，如图 8.11 所示。

图 8.11 中的连接权重和偏差权重是迭代结束后的结果。为便于理解，激活函数采用 [0,1] 型阶跃函数。对于样本观测点 $(X_1 = 1, X_2 = 1)$ 有如下输出。

- Z_1 节点的输出为 $f(V_{Z_1}) = f((-1) \times 1 + 1.5 \times 1 + 0.5) = 1$。
- Z_2 节点的输出为 $f(V_{Z_2}) = f((-1) \times 1 + 1.5 \times 1 - 1.2) = 0$。
- y 节点的输出为 $f(V_y) = f((-1.5) \times 1 + 1 \times 0 + 1.2) = 0$。

图 8.10　非线性样本分布示例

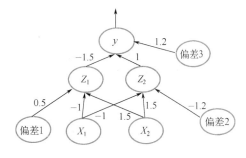

图 8.11　非线性样本的线性变换

由此可见，样本观测点 $(X_1 = 1, X_2 = 1)$ 经过隐藏节点 Z_1, Z_2 的处理，最终使得输出节点 y 的输出结果为 0，与其实际类别一致。

同理，对于样本观测点 $(X_1 = 0, X_2 = 1)$ 有如下输出。

- Z_1 节点的输出为 $f(V_{Z_1}) = f((-1) \times 0 + 1.5 \times 1 + 0.5) = 1$。
- Z_2 节点的输出为 $f(V_{Z_2}) = f((-1) \times 0 + 1.5 \times 1 - 1.2) = 1$。
- y 节点的输出为 $f(V_y) = f((-1.5) \times 1 + 1 \times 1 + 1.2) = 1$。

由此可见,样本观测点 $(X_1 = 0, X_2 = 1)$ 经过隐藏节点 Z_1, Z_2 的处理,最终使得输出节点 y 的输出结果为 1,也与其实际类别一致。

其他样本观测点类似。事实上,正如前文所述,隐藏节点 Z_1, Z_2 分别代表两个超平面(这里为直线),将输入变量 X_1, X_2 构成的空间划分为 3 个区域,如图 8.12 左图所示。

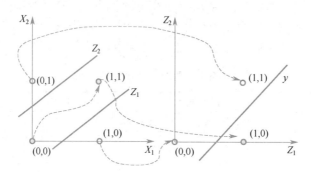

图 8.12 隐藏节点的空间变换及超平面

在输入变量 X_1, X_2 构成的空间中,两个隐藏节点对应的两条直线 Z_1, Z_2 将 4 个样本观测点划分在 3 个区域内。

- 点 $(X_1 = 0, X_2 = 0)$ 和点 $(X_1 = 1, X_2 = 1)$ 落入两条直线 Z_1, Z_2 中间的区域,两个隐藏节点的输出均为 $(f(V_{Z_1}) = 1, f(V_{Z_2}) = 0)$。
- 点 $(X_1 = 0, X_2 = 1)$ 和点 $(X_1 = 1, X_2 = 0)$ 落入两条直线 Z_1, Z_2 外侧的区域,两个隐藏节点的输出分别为 $(f(V_{Z_1}) = 1, f(V_{Z_2}) = 1)$ 和 $(f(V_{Z_1}) = 0, f(V_{Z_2}) = 0)$。

将 X_1, X_2 空间中的点变换到 Z_1, Z_2 空间中,如图 8.12 右图所示。其中,点 $(X_1 = 0, X_2 = 0)$ 和点 $(X_1 = 1, X_2 = 1)$ 在 Z_1, Z_2 空间中重合为一个点 $(Z_1 = 1, Z_2 = 0)$。由此可见,在 Z_1, Z_2 空间中节点 y 可将两类样本分开。原 X_1, X_2 空间中的非线性样本变换为 Z_1, Z_2 空间中的线性样本。

由此可见,一个隐藏节点的作用是将原空间中的样本观测点投影到由其连接权重决定的一个方向上,多个隐藏节点的作用是将样本观测点投影到由多组连接权重决定的多个方向上。隐藏节点的输出就是样本观测点在由多个方向决定的新空间中的坐标。如上述原 X_1, X_2 空间中的样本观测点 (1,1) 在 Z_1, Z_2 空间中的坐标为 (1,0)。通过多个隐藏节点的空间变换作用,多层感知机网络能够很好地解决非线性分类预测问题。后面还将通过 Python 编程对这个问题进行进一步的说明

2. 隐藏节点在回归预测中的作用

在回归预测中,隐藏节点可实现统计学中的非线性投影寻踪回归(Projection Pursuit Regression,PPR)[①]。

投影寻踪回归是处理和分析高维数据的一类统计方法,其基本思想是通过数据变换,将样本观测点投影到一个待估计的新空间中。确定最优新空间的依据:在该空间中便于找

---

① 投影寻踪回归是美国斯坦福大学的 Friedman 和 Tukey 在 1974 年首次提出的。

到变换后的输入变量和输出变量间的线性数量关系，且回归预测的误差较小。投影寻踪回归的模型形式为

$$f(X) = \sum_{k=1}^{K} g_k(w_k^T X) \tag{8.14}$$

式 (8.14) 表明，首先，将原空间中的样本观测点投影到包含 P 个元素 (P 个输入变量) 的单位向量 w_k^T ($k=1,2,\cdots,K$) 决定的第 k 个方向上，该方向由 $(w_{1k}, w_{2k}, \cdots, w_{Pk})$ 决定且样本观测点在其上的坐标为 $w_k^T X = w_{1k}X_1 + w_{2k}X_2 + \cdots + w_{Pk}X_P$。其次，依据岭函数 (Ridge Function) $g_k()$，对 $w_k^T X$ 进行非线性变换：$g_k(w_k^T X)$，$k=1,2,\cdots,K$。最后，投影寻踪回归模型表示为 K 个 $g_k(w_k^T X)$ ($k=1,2,\cdots,K$) 的线性可加形式，即输出变量的预测值 $\hat{y} = f(X)$ 为 K 个非线性变换的线性组合，其系数均等于 1。由此可见，投影寻踪回归的关键是确定 w_k^T ($k=1,2,\cdots,K$)，其适用于解决输入变量和输出变量间的非线性关系回归预测问题。

图 8.13 所示为隐藏节点的空间变换及回归预测，为简化问题这里不考虑偏差节点。

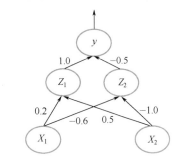

图 8.13　隐藏节点的空间变换及回归预测

假设隐藏节点的激活函数为 Logistic 激活函数，且 t 时刻样本观测的 $X_1=1, X_2=0.5$。首先，隐藏节点 Z_1, Z_2 的输出分别为 $f(V_{Z_1}) = f(1 \times 0.2 + 0.5 \times 0.5) = 0.61$，$f(V_{Z_2}) = f(1 \times (-0.6) + 0.5 \times (-1.0)) = 0.25$。从投影寻踪回归角度看，意味着将 X_1, X_2 构成的空间中的样本观测点 $(X_1=1, X_2=0.5)$ 非线性投影到 Z_1, Z_2 构成的空间中且坐标为 $(Z_1=0.61, Z_2=0.25)$。其中，两组连接权重对应 w_k^T ($k=1,2$)：$w_1^T = (0.2, 0.5)$，$w_2^T = (-0.6, -1.0)$。激活函数对应岭函数 $g_k()$：$g_1(V_{Z_1}) = \dfrac{1}{1 + e^{-V_{Z_1}}}$，$g_2(V_{Z_2}) = \dfrac{1}{1 + e^{-V_{Z_2}}}$。接下来，计算输出节点 y 的输出 $\hat{y} = 0.61 \times 1.0 + 0.25 \times (-0.5) = 0.485$，即回归预测结果，其与投影寻踪回归的 K 个 $g_k(w_k^T X)$ ($k=1,2,\cdots,K$) 的线性可加形式对应。因此，可将投影寻踪回归视为三层感知机网络中隐藏层到输出层的所有连接权重均等于 1 的特例。

综上，多层感知机网络因引入了隐藏节点，所以能够有效揭示输入变量和输出变量间的非线性关系，可实现非线性回归预测。连接权重的训练过程是不断寻找恰当的投影方向的过程。

8.3.3　Python 模拟和启示：认识隐藏节点

多层感知机网络的重要特征是拥有隐藏层。隐藏层的本质作用是可以实现数据的非线性空间变换，并能在此基础上通过建立线性分类模型和线性回归模型，间接实现原空间中的非线性样本的分类预测和非线性回归预测。本节将通过 Python 编程，基于模拟数据，对隐藏层的作用进行进一步的直观展示，基本思路如下。

（1）随机生成样本量 $N = 800$、有 2 个输入变量、输出变量取 1 或 0 两个类别值的非线性分类模拟数据。为便于对比，这里的模拟数据同 7.3.2 节。

（2）建立隐藏节点个数分别是 1、2、4、30 的三层感知机网络，计算 4 个网络的误差。

（3）绘制 4 个网络的分类边界，以展示不同网络的特点，以及具有隐藏层的网络可实现非线性分类的特点。

Python 代码（文件名为 chapter8-2.ipynb）如下。

行号	代码和说明
1	N = 800　　　　　　　　　　　　　　　　　　　　　#指定样本量 N = 800
2	X,y = make_circles(n_samples = N,noise = 0.2,factor = 0.5,random_state = 123)
	#随机生成两个类别的模拟数据，是一个典型的非线性样本
3	X01,X02 = np.meshgrid(np.linspace(X[:,0].min(),X[:,0].max(),50),np.linspace(X[:,1].min(),X[:,1].max(),50))
	#为绘制分类边界准备数据
4	X0 = np.hstack((X01.reshape(len(X01)*len(X02),1),X02.reshape(len(X01)*len(X02),1)))
	#为绘制边界准备新数据 X0
5	fig,axes = plt.subplots(nrows = 2,ncols = 2,figsize = (15,12))
	#将绘图区域划分为 2 行 2 列 4 个单元并指定图形大小
6	colors = plt.cm.Spectral(np.linspace(0,1,2))　　　#指定两类点的颜色
7	markers = ['o','*']　　　　　　　　　　　　　　　#指定两类点的形状
8	for hn,H,L in [(1,0,0),(2,0,1),(4,1,0),(30,1,1)]:　　#通过循环建立有 1、2、4、30 个隐藏节点的多层感知机网络
9	NeuNet = net.MLPClassifier(hidden_layer_sizes = (hn,),random_state = 123)
	#建立隐藏节点为 hn 个的三层感知机网络对象 NeuNet，为 SGD 等优化策略指定随机数种子
10	NeuNet.fit(X,y)　　　　　　　　　　　　　　#基于 X 和 y 估计 NeuNet 的参数
11	y0hat = NeuNet.predict(X0)　　　　　　　　　#基于 NeuNet 对 X0 进行预测
12	axes[H,L].set_title('多层感知机的分类边界(层数 = %d,隐藏节点数 = %d,错误率 = %.2f)'%(NeuNet.n_layers_,hn,
	1-NeuNet.score(X,y)),fontsize = 14)　　　　　#设置图标题并计算误差；.n_layers 中存储着网络层数
13	axes[H,L].scatter(X0[np.where(y0hat == 0),0],X0[np.where(y0hat == 0),1],c = 'mistyrose')
	#对 X0 的预测类别是 0 类的点画图
14	axes[H,L].scatter(X0[np.where(y0hat == 1),0],X0[np.where(y0hat == 1),1],c = 'lightgray')
	#对 X0 的预测类别是 1 类的点画图
…	……　　　　　　　　　　　　　　　　　#图标题设置等，略去
17	for k,col,m in zip(set(y),colors,markers):　　　#将两类点以不同颜色和形状添加到图上
18	axes[H,L].scatter(X[y == k,0],X[y == k,1],color = col,s = 30,marker = m)

代码说明

（1）以上省略号部分在之前代码中重复出现过且不影响对原理的理解，故略去以节约篇幅。完整 Python 代码参见本书配套代码。

（2）第 9 行：利用 MLPClassifier 建立基于多层感知机网络的分类预测模型。

- 参数 hidden_layer_sizes=(hn,)表示建立具有 1 个隐藏层（包含 hn 个隐藏节点）的三层感知机网络。参数的个数对应隐藏层的个数，如 hidden_layer_sizes=(5,10,)表示建立具有 2 个隐藏层（分别包含 5 个和 10 个隐藏节点）的三层感知机网络。

- 可指定参数 activation 为'identity'、'logistic'、'tanh'、'relu'，分别表示指定激活函数为线性函数（不设置激活函数）、Logistic 激活函数、tanh 激活函数、ReLU 激活函数，默认值为'relu'。

- 可指定参数 solver 为'sgd'，表示采用 SGD 训练连接权重，默认值为'adam'，是一种性能更好的优化方法[①]。

- 学习率默认为常数，可指定参数 learning_rate 为'adaptive'，当采用'sgd'策略时，算

---

① Kingma D P, Ba J L. ADAM: A METHOD FOR STOCHASTIC OPTIMIZATION. ICLR, 2015.

法可根据学习周期和总损失自动调整学习率大小。

所绘制的图形如图 8.14 所示。

图 8.14　多层感知机网络隐藏节点在分类预测中的意义

彩图 8.14

　　这里的模拟数据同 7.3.2 节。在图 8.14 中，不同颜色和符号(圆圈和五角星)的点分别代表输出变量的两个类别(0 类和 1 类，各约占 50%)，显然这是非线性样本。这里采用三层感知机网络进行分类预测。图 8.14 中背景为浅粉色、浅灰色的区域分别代表预测类别为 0 类和 1 类的区域。左上图、右上图为隐藏节点数分别等于 1 和 2 的情况。尽管两个模型的训练误差都等于 0.5，但左上图将整个区域都预测为 1 类并没有给出分类边界，而右下图给出了分类边界，但显然有相当多的 0 类和 1 类点分别落入了 1 类和 0 类区域。左下图的预测效果明显改善，其隐藏节点数等于 4，分类边界也从右上图的直线变成了曲线，训练误差减小到 0.16。右下图为隐藏节点数等于 30 的情况，分类边界近似为圆圈，错误率减小至 0.11。由此可见，本示例中随着隐藏节点的增加，分类边界从直线逐步变为曲线和圆圈，较好地实现了非线性样本的分类。

　　此外，当隐藏节点数的远远小于输入变量个数时，隐藏节点可起到降维作用，并可像主成分回归那样解决原始输入变量存在相关性情况下的非线性预测问题。

8.4 反向传播算法

连接权重的训练是多层感知机网络建模的关键。因多层感知机网络的连接权重更新通常采用反向传播算法，所以有时也称多层感知机网络为反向传播（Back-Propagation，B-P）网络。本节将对连接权重（包括偏差权重）的反向传播更新策略进行详细讨论。

8.4.1 反向传播算法的基本思想

反向传播是多层感知机网络连接权重更新的重要特点。正如 8.2.5 节讨论的那样，输入节点和输出节点间的连接权重更新基于输出节点的误差。两层感知机网络中输出变量的实际值已知，误差可直接计算并用于连接权重更新。但该策略无法直接应用于三层或多层感知机网络，原因在于隐藏节点并没有"实际输出"。为此，多层感知机网络引入了反向传播机制回传输出节点的误差并由此实现连接权重的更新。

反向传播算法包括正向传播和反向传播两个阶段。

所谓正向传播阶段，是指样本信息从输入层开始，由上至下逐层经隐藏节点进行计算处理，上层节点的输出作为下层节点的输入，最终样本信息被传播到输出节点，得到预测结果和预测误差。正向传播，传播的是样本信息，其间网络的所有连接权重保持不变。

预测误差计算出来后便进入反向传播阶段。所谓反向传播阶段，是指将输出节点的预测误差反方向逐层传播到上层隐藏节点。反向传播，传播的是误差，其间网络的连接权重会逐层更新，包括输出节点和隐藏节点、隐藏节点和隐藏节点、隐藏节点和输入节点间的连接权重，全部需要更新。

一次正向传播过程和反向传播过程的结束意味着一次迭代的结束。这样的迭代会不断反复进行，可能需要经历多个周期，直到满足迭代终止条件为止。

8.4.2 局部梯度和连接权重更新

本节以图 8.9 所示的三层感知机网络为例，讨论反向传播算法在回归预测中的连接权重更新过程，包括输出节点和隐藏节点间的连接权重更新，以及隐藏节点和输入节点间的连接权重更新。为实现误差的反向传播，这里将引入包括误差信息在内的局部梯度的概念。

1. 输出节点和隐藏节点间的连接权重更新

与两层感知机网络类似，三层感知机网络中的隐藏节点 Z_m 和输出节点 y_k 的连接权重 v_{mk} 在 t 时刻的更新仍可表示为 $v_{mk}(t+1) = v_{mk}(t) + \Delta v_{mk}(t)$。

对于真 SGD 而言，为计算 $\Delta v_{mk}(t)$，仅需计算 t 时刻单个样本观测 $\boldsymbol{X}_i$ 损失 $E_i(t) = L(y_{ik}, \hat{y}_{ik}(t))$ 的梯度，且因 $L(y_i, \hat{y}_i) = \frac{1}{2}(y_i - \hat{y}_i)^2$ 并根据微分链式法则有

$$\left[\frac{\partial E_i(t)}{\partial v_{mk}} \right]_{v_{mk} = v_{mk}(t)} = -(y_{ik} - \hat{y}_{ik}) f'(\boldsymbol{v}_k^{\mathrm{T}} \boldsymbol{Z}_i) Z_{im} \tag{8.15}$$

令

$$\delta_{ik} = (y_{ik} - \hat{y}_{ik}) f'(\boldsymbol{v}_k^{\mathrm{T}} \boldsymbol{Z}_i) \tag{8.16}$$

称 δ_{ik} 为输出节点 y_k 关于样本观测 X_i 的局部梯度。由于局部梯度由输出节点 y_k 的误差信息（$y_{ik} - \hat{y}_{ik}$）及其激活函数的导数构成，因此误差信息包含在局部梯度中。于是有 $\Delta v_{mk}(t) = -\rho(-\delta_{mi}Z_{im}) = \rho\delta_{mi}Z_{im}$。

对于批处理策略，为计算 $\Delta v_{mk}(t)$，需要计算 t 时刻总损失 $E(t) = \sum\limits_{i=1}^{N} L(y_{ik}, \hat{y}_{ik}(t))$ 的梯度。于是有

$$\Delta v_{mk}(t) = -\rho\left(-\sum_{i=1}^{N}\delta_{mi}Z_{im}\right) \tag{8.17}$$

则 $v_{mk}(t+1) = v_{mk}(t) + \rho\sum\limits_{i=1}^{N}\delta_{mi}Z_{im}$。

2. 隐藏节点和输入节点间的连接权重更新

与两层感知机网络类似，三层感知机网络中的隐藏节点 Z_m 和输入节点 X_p 的连接权重 w_{pm} 在 t 时刻的更新仍可表示为 $w_{pm}(t+1) = w_{pm}(t) + \Delta w_{pm}(t)$。应注意的是，以图 8.9 中的 w_{11} 为例，可以看到 w_{11} 不仅会影响 Z_1 和 y_1 的输出并在 y_1 上产生误差，还会影响 y_2 的输出并在 y_2 上产生误差。因此，在更新 w_{11} 时需要同时考虑 y_1, y_2 的误差，即在更新 w_{pm} 时需要考虑 $\sum\limits_{k=1}^{K} L(y_{ik}, \hat{y}_{ik})$。

对于真 SGD 而言，为计算 $\Delta w_{pm}(t)$，仅需计算 t 时刻单个样本观测 X_i 损失的梯度。根据微分链式法则有

$$\left[\frac{\partial E_i(t)}{\partial w_{pm}}\right]_{w_{pm}=w_{pm}(t)} = -\sum_{k=1}^{K}(y_{ik} - \hat{y}_{ik})f'(\boldsymbol{v}_k^{\mathrm{T}}\boldsymbol{Z}_i)v_{mk}f'(\boldsymbol{w}_m^{\mathrm{T}}\boldsymbol{X}_i)X_{ip} \tag{8.18}$$

令

$$S_{mi} = f'(\boldsymbol{w}_m^{\mathrm{T}}\boldsymbol{X}_i)\sum_{k=1}^{K}(y_{ik} - \hat{y}_{ik})f'(\boldsymbol{v}_k^{\mathrm{T}}\boldsymbol{Z}_i)v_{mk} = f'(\boldsymbol{w}_m^{\mathrm{T}}\boldsymbol{X}_i)\sum_{k=1}^{K}\delta_{ik}v_{mk} \tag{8.19}$$

称 S_{mi} 为隐藏节点 Z_m 关于样本观测 X_i 的局部梯度。由此可见，隐藏节点的局部梯度受与之相连的 K 个下层节点（这里为输出节点）的局部梯度 δ_{ik} 的影响，可将 v_{mk} 视为影响的权重。δ_{ik} 中包含的误差信息（$y_{ik} - \hat{y}_{ik}$）被传递到隐藏节点中，是误差反向传播的具体体现，并对输入节点和隐藏节点间的连接权重更新产生影响。于是有 $\Delta w_{mk}(t) = -\rho(-S_{mi}X_{ip}) = \rho S_{mi}X_{ip}$。

对于批处理策略，为计算 $\Delta w_{pm}(t)$，需要计算 t 时刻总损失 $E(t) = \sum\limits_{i=1}^{N} L(y_{ik}, \hat{y}_{ik}(t))$ 的梯度。于是有

$$\Delta w_{pm}(t) = -\rho\left(-\sum_{i=1}^{N}S_{mi}X_{ip}\right) \tag{8.20}$$

则 $w_{pm}(t+1) = w_{pm}(t) + \rho\sum\limits_{i=1}^{N}S_{mi}X_{ip}$。

综上，反向传播算法的最大特点就是误差的反向传播。误差以局部梯度的形式逐层反向传播给上层所有的隐藏节点，体现在上层隐藏节点的局部梯度中，并最终影响各个连接权重的更新。

8.5　多层神经网络的其他问题*

本节对多层神经网络中隐藏节点较多(模型复杂度高)会导致过拟合问题，多层神经网络中隐藏层较多会导致梯度消失问题(Vanishing Gradient Problem)，以及反向传播算法的执行效率较低三个问题进行简要说明。

1. 多层神经网络中隐藏节点较多(模型复杂度高)会导致过拟合问题

对于过拟合问题，可在式(8.10)所示的损失函数中增加复杂模型，得到目标函数 $E(t)+\alpha J(t)$，估计目标函数最小时的连接权重。其中，$\alpha \geqslant 0$，为一个可调的复杂度参数，度量了模型复杂度提高对目标函数的影响系数；$J(t)$ 为模型复杂度，如定义为 $J(t)=\sum_{mk} v_{mk}^2(t)+\sum_{pm} w_{pm}^2(t)$，或者 $J(t)=\sum_{mk} \dfrac{v_{mk}^2(t)}{1+v_{mk}^2(t)}+\sum_{pm} \dfrac{w_{pm}^2(t)}{1+w_{pm}^2(t)}$。在目标函数最小的目标下，当 α 设置为较大值时，$J(t)$ 趋于 0。这意味着有些连接权重近似等于 0，本质上实现了减少隐藏节点个数、降低模型复杂度的目的。相关内容还会在第 10 章中讨论。

2. 多层神经网络中隐藏层较多会导致梯度消失问题

在反向传播过程中，由式(8.18)可知，输入节点 X_p 和隐藏节点 Z_m 间的连接权重 w_{pm} 的更新，取决于隐藏节点 Z_m 的局部梯度 S_{mi}，而 S_{mi} 又受下层输出节点局部梯度 δ_{ik} 的影响，即受激活函数导数 $f'(v_k^{\mathrm{T}} Z_i)$ 的影响。在图 8.15 所示的多层神经网络中，这种情况表现为上层局部梯度受下层局部梯度的影响，输入节点与隐藏节点间的连接权重更新将受逐层激活函数导数的连乘积的影响。若单个节点激活函数的导数较小(如采用 Logistic 激活函数，两端的导数接近 0)，则导数的连乘积将更小并接近 0。这样不仅会导致误差信息的反向传播随层数的增加而不断衰减，还会导致连接权重的更新量近似为 0，这就是所谓的梯度消失问题。

图 8.15　多层神经网络示意图

对于梯度消失问题，解决方案之一是隐藏节点的激活函数采用 ReLU 激活函数：$f(V_k)=\max(V_k,0)$。ReLU 激活函数的导数等于 1(在正数区间上)，可有效解决梯度消失问题。此外，大量实践表明，采用 ReLU 激活函数的多层神经网络，连接权重更新更准确，计算效率更高，收敛速度更快。

3．反向传播算法的执行效率较低

反向传播算法的执行效率是较低的。为此涌现出一些高效率的、基于 SGD 的优化算法。例如，2011 年，Duchi 等学者提出了适用于稀疏梯度(Spares Gradients)的 AdaGrad 算法[①]；2012 年，Tieleman 等学者提出了适用于在线和非稳定梯度的 RMSProp 算法[②]；2015 年，Kingma 等学者提出了基于 AdaGrad 和 RMSProp 结合的 Adam 算法[③]；等等。有兴趣的读者可查阅相关文献。

8.6　人工神经网络的 Python 应用实践

本节将通过两个应用实践示例，展示如何利用人工神经网络解决实际应用中的多分类预测问题和回归预测问题。其中一个应用实践示例是基于手写体邮政编码点阵数据，实现数字的识别和分类；另一个应用实践示例是基于空气质量监测数据，对 PM2.5 浓度进行回归预测。本节重点关注如何利用 Python 的网格搜索算法，找到测试误差最小的最优网络结构。

8.6.1　手写体邮政编码的识别

本节基于手写体邮政编码点阵数据，利用多层感知机网络实现数字的识别和分类，重点关注不同激活函数对分类预测的影响，基本思路如下。

(1) 读入手写体邮政编码点阵数据，随机抽取 25 个点阵数据进行可视化展示。

(2) 利用旁置法进行数据集划分。

(3) 分别建立基于 ReLU 激活函数和 Logistic 激活函数的、具有不同隐藏节点个数的三层感知机网络。

(4) 对比各网络训练误差和测试误差的变化情况，确定最终的激活函数和恰当的网络结构。

Python 代码(文件名为 chapter8-3.ipynb)如下。为便于阅读，我们将代码运行结果直接放置在相应代码行下方。以下将分段对 Python 代码进行说明。

1．读入手写体邮政编码点阵数据并进行可视化展示

行号	代码和说明	
1	data = pd.read_table('邮政编码数据.txt',sep = ' ',header = None)	#读入 txt 格式的数据，数据用空格分隔，无标题行
2	X = data.iloc[:,1:-1]	#指定输入变量 X
3	y = data.iloc[:,0]	#指定输出变量 y
4	np.random.seed(123)	#设置随机数种子以重现随机结果
5	ids = np.random.choice(len(y),25)	#随机抽取 25 行数据得到其行索引
6	plt.figure(figsize = (6,6))	#指定图形大小
7	for i,item in enumerate(ids):	#利用循环对所抽取的 25 行数据进行如下处理
8	img = np.array(X.iloc[item,]).reshape((16,16))	#改变数据的形状为 16 行 16 列

① Duchi J, Hazan E，Singer Y. Adaptive subgradient methods for online learning and stochastic optimization. The Journal of Machine Learning Research，2011，12：2121-2159.

② Tieleman T，Hinton G. Lecture 6.5 - RMSProp, COURSERA: Neural Networks for Machine Learning. Technical report，2012.

③ Kingma D P，Ba J L. ADAM：A METHOD FOR STOCHASTIC OPTIMIZATION. ICLR，2015.

| 9 | plt.subplot(5,5,i+1) | #在 5 行 5 列 25 个单元的第 i+1 个单元上绘图 |
| 10 | plt.imshow(img,cmap = cm.gray_r) | #显示图像 |

代码说明

（1）第 1 至 3 行：读入手写体邮政编码点阵数据，指定输入变量和输出变量。

手写体邮政编码点阵数据以 txt 格式存储，一行对应一个手写体邮政编码，包括两部分：第一部分为手写体邮政编码16×16图像的灰度点阵数据，存放在第 2 至 257 列上，将其作为输入变量 X；第二部分为灰度点阵数据对应的实际数字，存放在第 1 列上，将其作为输出变量 y。

（2）第 7 至 10 行：利用循环展现随机抽取的 25 个手写体邮政编码图像。

对每个手写体邮政编码图像，需要先将以行组织的数据转换成16×16的二维数组，然后采用函数 imshow 将存储在数组中的点阵数据显示为图像。图像数据通常用数组的第三维表示颜色。因本示例没有颜色，故可通过指定参数 cmap 为 cm.gray_r，表示以白色为背景显示灰度图像。手写体邮政编码的灰度图像如图 8.16 所示。

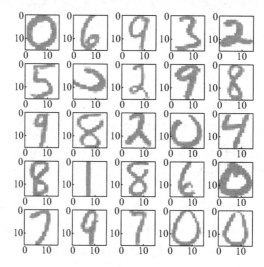

图 8.16　手写体邮政编码的灰度图像

2．数字的识别

基于手写体邮政编码点阵数据，采用多层感知机网络对图 8.16 所示的灰度图像中的数字进行识别，即进行多分类预测。首先，在数据集划分的基础上，基于不同激活函数建立具有不同隐藏节点个数的三层感知机网络，激活函数依次为 ReLU 激活函数和 Logistic 激活函数；其次，绘制随隐藏节点个数的增加各网络测试误差的变化曲线，确定一个较为理想的网络结构和激活函数。

行号	代码和说明
1	X_train, X_test, y_train, y_test = train_test_split(X,y,train_size = 0.70, random_state = 123) 　　　#采用旁置法以 7∶3 的比例划分训练集和测试集
2	nodes = np.arange(1,10)　　　　　　　　　#指定隐藏节点个数的取值范围为 1 至 9
3	acts = ['relu','logistic']　　　　　　　　#指定激活函数
4	errTest = np.zeros((len(nodes),2))　　　#存储不同隐藏节点个数和激活函数下的测试误差

```
5      for i,node in enumerate(nodes):                  #利用循环令隐藏节点个数依次为 1 至 9
6          for j,act in enumerate(acts):                #利用循环令激活函数依次为 ReLU 激活函数和 Logistic 激活函数
7              NeuNet = net.MLPClassifier(hidden_layer_sizes = (node,),activation = act,random_state = 123)
                                                         #创建多层感知机网络分类对象 NeuNet
8              NeuNet.fit(X_train,y_train)               #基于训练集估计 NeuNet 的参数
9              errTest[i,j] = 1-NeuNet.score(X_test,y_test)  #计算 NeuNet 的测试误差
10     plt.figure(figsize = (7,5))                       #指定图形大小
11     plt.plot(nodes,errTest[:,0],label = "relu 激活(测试误差)",linestyle = '-',marker = 'o')
                                                         #绘制 ReLU 激活函数下隐藏节点个数从 1 增至 9 过程中的测试误差曲线
12     plt.plot(nodes,errTest[:,1],label = "logistic 激活(测试误差)",linestyle = '-.',marker = 'o')
                                                         #绘制 Logistic 激活函数下隐藏节点个数从 1 增至 9 过程中的测试误差曲线
…      ……                                              #图标题设置等,略去
19     NeuNet = net.MLPClassifier(hidden_layer_sizes = (9,),activation = 'relu',random_state = 123)
20     NeuNet.fit(X_train,y_train)
21     print(classification_report(y,NeuNet.predict(X)))  #评价模型
```

```
               precision    recall  f1-score   support

         0.0       1.00      0.99      0.99      1194
         1.0       0.99      1.00      1.00      1005
         2.0       0.97      0.98      0.97       731
         3.0       0.98      0.97      0.97       658
         4.0       0.97      0.97      0.97       652
         5.0       0.97      0.97      0.97       556
         6.0       0.99      0.99      0.99       664
         7.0       0.97      0.99      0.98       645
         8.0       0.98      0.97      0.97       542
         9.0       0.98      0.97      0.98       644

    accuracy                           0.98      7291
   macro avg       0.98      0.98      0.98      7291
weighted avg       0.98      0.98      0.98      7291
```

代码说明

（1）以上省略号部分在之前代码中重复出现过且不影响对原理的理解,故略去以节约篇幅。完整 Python 代码参见本书配套代码。

（2）第 2 至 4 行：建模准备。指定激活函数分别为 ReLU 激活函数和 Logistic 激活函数。隐藏节点个数取值范围为 1 至 9。定义一个数组存储不同激活函数下模型测试误差。

（3）第 5 至 9 行：通过两个 for 循环依次建立具有不同隐藏节点个数的三层感知机网络,激活函数依次为 ReLU 激活函数和 Logistic 激活函数。拟合训练集,计算和保存测试误差。

不同激活函数下的三层感知机网络,其测试误差随隐藏节点个数增加的变化曲线如图 8.17 所示。

图 8.17 给出了采用 ReLU 激活函数和 Logistic 激活函数训练得到的两个三层感知机网络的测试误差随隐藏节点个数增加的变化曲线。显然,当隐藏节点个数等于 3 时,ReLU 激活函数下的测试误差约为 0.15,但 Logistic 激活函数下的测试误差约为 0.32。当隐藏节点个数等于 5 时,两种激活函数下的测试误差均下降至 0.1 左右,ReLU 激活函数下的测试误差更小一些。继续增加隐藏节点个数,两种激活函数下的测试误差呈缓慢减小趋势。由此可见,ReLU 激活函数可在很简单的网络结构下获得比 Logistic 激活函数更理想的预测效果。

（4）第 19 至 21 行：最终确定的网络为包含 9 个隐藏节点的三层感知机网络,并且采用的是 ReLU 激活函数。重新拟合训练集,并评价该网络的整体预测效果。评价结果显示,多分类预测网络的总正确率为 0.98,且对数字 0 和 1 的预测效果最为理想。

图 8.17　ReLU 激活函数与 Logistic 激活函数下测试误差的变化曲线

8.6.2　PM2.5 浓度的回归预测

本节将基于空气质量监测数据，采用人工神经网络对 PM2.5 浓度进行回归预测。一方面，关注如何利用 Python 实现基于人工神经网络的回归预测；另一方面，展示如何基于网格搜索获得网络参数的最优组合，基本思路如下。

⑴读入空气质量监测数据，进行数据预处理，指定输入变量为 SO_2、CO、NO_2、O_3 浓度，输出变量为 PM2.5 浓度。

⑵多层感知机网络的拓扑结构取决于隐藏层的个数及各隐藏层隐藏节点的个数，通常可先确定激活函数，然后找到测试误差最小的最优网络结构。因涉及多个参数组合的反复调试，为快速达成目标，这里直接利用 Python 的网格搜索算法。

⑶基于最优网络结构进行预测。

Python 代码(文件名为 chapter8-4.ipynb)如下。为便于阅读，我们将代码运行结果直接放置在相应代码行下方。

行号	代码和说明
1	data = pd.read_excel('北京市空气质量数据.xlsx')　　#读入 xlsx 格式的数据
2	data = data.replace(0,np.NaN);data = data.dropna();data = data.loc[(data['PM2.5']<= 200) & (data['SO2']<= 20)]　　#数据预处理
3	X = data[['SO2','CO','NO2','O3']];y = data['PM2.5']　　#指定输入变量 X 和输出变量 y
4	parameters = {'activation':['logistic','tanh','relu'],'hidden_layer_sizes':[(10,),(10,5,),(200,300)]}　　#指定需要确定的网络参数及参数的取值范围
5	NeuNet = net.MLPRegressor(random_state = 123)　　#创建用于回归预测的多层感知机网络对象 NeuNet
6	grid = GridSearchCV(estimator = NeuNet,param_grid = parameters,cv = 5,scoring = 'r2')　　#创建网格搜索对象 grid，指定模型和搜索参数等
7	grid.fit(X,y)　　#基于 X 和 y 确定 grid 的参数
8	BestNet = grid.best_estimator_　　#获得最优网络
9	print('最优网络为:%s;\n 测试误差(1-R 方):%f'%(BestNet,1-grid.best_score_))　　#获得最优网络，计算 OOB 误差 最优网络为:MLPRegressor(activation='logistic', hidden_layer_sizes=(200, 300), random_state=123); 测试误差（1-R方):0.281815

| 10 | BestNet.fit(X,y) | #基于 X 和 y 估计最优网络的模型参数 |
| 11 | print('最优网络的总误差(1-R 方):%f'%(1-BestNet.score(X,y))) | |

最优网络的总误差(1-R方):0.256952

代码说明

（1）第 4 行：为实现网格搜索提供参数名及参数的取值范围，应以 Python 字典的形式给出，键为参数名，键值为参数的取值范围（一般以列表形式给出）。

这里涉及激活函数（参数名为 activation）和隐藏节点个数（参数名为 hidden_layer_sizes）两类参数，参数值分别为['logistic','tanh','relu']和[(10,),(10,5,),(200,300)]。

（2）第 5 行：采用 MLPRegressor 实现基于多层感知机网络的回归预测。

（3）第 6 行：利用 GridSearchCV 进行参数的网格搜索。其中，应将 estimator 设置为多层感知机网络；参数 param_grid 设置为第 4 行的 parameters；cv=5 表示基于 5 折交叉验证计算基于 OOB 的评价得分；scoring='r2'表示评价得分为回归预测中的 R^2。最优网络是最大化 R^2 下的网络。

（4）第 8 行：best_estimator_ 中存储着最优网络的结构及激活函数，BestNet 为最优网络。

（5）第 9 行：最优网络为采用 Logistic 激活函数且包含两个隐藏层（隐藏节点个数分别为 200 和 300）的四层感知机网络，该网络的 OOB 误差约为 0.28。此外，还可通过 BestNet.get_params()查看最优网络的全部信息。

（6）第 10、11 行：基于 X 和 y 重新估计最优网络 BestNet 的连接权重，并计算在数据集上的总误差，约为 0.25。

这里的 BestNet 是一个 MLPRegressor 对象实例，有很多属性，其中 loss_curve_ 存储各次迭代时的损失值。此外，还有 coefs_ 、intercepts_ 等，分别用于存储网络中各隐藏节点、输出节点的连接权重和偏差权重。此外，Python 中默认采用小批量 SGD 估计参数。默认计算 $n = 200$ 的随机样本的总损失并迭代更新一次权重。这里的总样本量等于 1797，一个训练周期约迭代更新 $1797 / 200 \approx 9$ 次权重。

本 章 总 结

本章重点讨论了人工神经网络的基本原理。首先，讨论了不同人工神经网络的基本构成，论述了各层节点的功能。其次，聚焦感知机网络，进一步阐述了其权重调整的基本方式。再次，重要讨论了多层感知机网络中隐藏节点的作用，以及权重调整过程中的反向传播算法。最后，基于 Python 编程，通过模拟数据直观展示了不同激活函数的特点，以及隐藏节点个数对预测的影响。本章的 Python 应用实践示例，分别展示了人工神经网络在多分类预测和回归预测两个场景下的应用。

本章相关函数列表

围绕本章学习，应重点掌握 Python 模块中的以下函数。函数的具体格式参见 Python 帮助。

一、建立用于分类预测的人工神经网络的函数

NeuNet=net.MLPClassifier()；NeuNet.fit(X,Y)。

二、建立用于回归预测的人工神经网络的函数

NeuNet=net.MLPRegressor()；NeuNet.fit(X,Y)。

本 章 习 题

1. 请简述人工神经网络的基本构成，以及各层节点的作用。
2. 请结合几何意义说明人工神经网络节点中的加法器的意义，以及激活函数的作用。
3. 请简述二层感知机网络的权重更新过程。
4. 请简述三层或多层感知机网络中隐藏节点的意义。
5. Python 编程：脸部表情的分类预测。

这里以 kaggle(www.kaggle.com)上 48×48 点阵的人脸灰度数据集为研究对象，利用人工神经网络对人的脸部表情进行分类预测。数据集(文件名为脸部表情.txt)中的脸部灰度图如下图所示。其中，图形上方的数字分别代表 6 类表情(0 代表生气，1 代表厌恶，2 代表害怕，3 代表高兴，4 代表悲伤，5 代表惊讶，6 代表平静)。

第 9 章

数据预测建模：支持向量机

支持向量机(Support Vector Machine，SVM)是在统计学习理论(Statistical Learning Theory，SLT)基础上发展起来的一种机器学习方法，1992 年由 Boser、Guyon 和 Vapnik 提出，在解决小样本、非线性、高维的分类预测和回归预测问题上有许多优势。

支持向量机分为支持向量分类机和支持向量回归机。顾名思义，支持向量分类机用于研究输入变量与二分类输出变量间的数量关系并进行分类预测，简称支持向量分类(Support Vector Classification，SVC)；支持向量回归机用于研究输入变量与数值型输出变量间的数量关系并进行回归预测，简称支持向量回归(Support Vector Regression，SVR)。

以下将从分类预测和回归预测两个方面讨论支持向量分类的基本原理，将涉及如下五个方面。

第一，支持向量分类概述。

支持向量分类概述将聚焦于讨论支持向量分类的意义，以及支持向量分类中最大边界超平面的特点。

第二，完全线性可分下的支持向量分类。

完全线性可分下的支持向量分类是一种非常理想的分类建模策略，是后续进一步学习的基础。

第三，广义线性可分下的支持向量分类。

相对于完全线性可分下的支持向量分类，广义线性可分下的支持向量分类更具现实意义。

第四，线性不可分下的支持向量分类。

线性不可分下的支持向量分类是支持向量机的灵魂，如何通过核函数巧妙地解决线性不可分问题，是本章关注的重点。

第五，常见的支持向量回归算法。

支持向量机同样可以实现回归预测，它与一般线性回归有怎样的联系和不同，是本章的选讲内容。

本章将结合 Python 编程对上述问题进行直观讲解，并会基于 Python 给出支持向量机的实现及应用实践示例。

9.1 支持向量分类概述

支持向量分类以训练集为数据对象,分析输入变量和二分类输出变量之间的数量关系,并实现对新数据输出变量类别的预测。

9.1.1 支持向量分类的基本思路

正如前面章节所讨论的,在遇到分类预测问题时,需要将训练集中的 N 个样本观测看成 p 维输入变量空间中的 N 个点,以点的不同形状(或颜色)代表输出变量的不同类别。支持向量分类建模的目的是基于训练集在 p 维空间中找到能将两类样本观测点有效分开的超平面(分类边界)。以二维空间为例,分类超平面为一条直线,如图 9.1 中的直线所示。

图 9.1 支持向量分类的目标示意图

图 9.1 中展示了 100 个样本观测点在输入变量 X_1, X_2 构成的二维空间中的分布情况。实心点表示样本观测来自训练集,空心点表示样本观测来自测试集。三角形代表的样本观测属于一类(输出变量 $y=1$),圆点代表的样本观测属于另一类(输出变量 $y=-1$)。图 9.1 中红色菱形对应的样本观测是输出变量取值未知的新样本观测,记为 X_0。在预测 X_0 的输出变量类别时需要考察样本观测点 X_0 位于直线的哪一侧。在图 9.1 中,位于直线右上方的菱形所代表的样本观测 X_0,其输出变量的类别预测值应为 -1;位于直线左下方的菱形代表的样本观测 X_0,其输出变量的类别预测值应为 1;位于直线上的菱形代表的样本观测 X_0,无法给出其输出变量的类别预测值。由此可见,支持向量分类的核心目标就是基于训练集(图 9.1 中实心点)估计分类直线对应的方程 $b + w_1 X_1 + w_2 X_2 = 0$,进而确定这条直线在二维平面上的位置,并基于测试集(图 9.1 中空心点)估计泛化误差,为后续分类预测服务。

在 p 维输入变量空间中,分类直线将演变为一个分类超平面:$b + w_1 X_1 + w_2 X_2 + \cdots + w_p X_p = 0$,即 $b + \boldsymbol{w}^{\mathrm{T}} \boldsymbol{X} = 0$。分类超平面的位置由待估参数 b 和 $\boldsymbol{w}$ 决定。如果参数 b 和 $\boldsymbol{w}$ 的估计值 $\hat{b}$ 和 $\hat{\boldsymbol{w}}$ 是合理的,那么对实际属于某一类的样本观测点 X_i,将其代入 $\hat{b} + \hat{\boldsymbol{w}}^{\mathrm{T}} X_i$ 进行计算,绝大部分的计算结果会大于 0;对实际属于另一类的样本观测点 X_i,将其代入 $\hat{b} + \hat{\boldsymbol{w}}^{\mathrm{T}} X_i$ 进行计算,绝大部分的计算结果会小于 0。支持向量机规定,$\hat{b} + \hat{\boldsymbol{w}}^{\mathrm{T}} X_i > 0$ 的样本观测点(位于分类超平面的一侧),输出变量 $\hat{y}_i = 1$;$\hat{b} + \hat{\boldsymbol{w}}^{\mathrm{T}} X_i < 0$ 的样本观测点(位于分类超平面的另一侧),输出变量 $\hat{y}_i = -1$。

前面章节已讨论过分类超平面方程中参数估计的多种策略和具体方法，但可能出现这样的情况：若两类样本观测点能够被分类超平面有效分开，如图 9.1 所示，则可能会找到多个分类超平面，如图 9.2 所示。

图 9.2　4 个分类超平面示意图

彩图 9.2

图 9.2 所示为三层感知机网络，采用 Logistic 激活函数，基于不同连接权重初始值，迭代 200 次后给出的 4 条分类直线，即灰色区域和粉色区域的边界线(有兴趣的读者可自行阅读本书配套的 Python 代码 chapter9-1.ipynb)。于是，落入两个区域的样本观测点预测类别将分别为三角形类和圆点类。在图 9.2 中，4 条分类直线对训练集中两类点的划分均没有出现错误，训练误差都等于零。现在的问题是，未来应基于哪个超平面进行分类预测呢？

首先，值得注意的是，左侧两条分类直线均距训练集中的圆点类很近，有些圆点几乎贴在分类直线上。右侧两条分类直线则距两类点都比较远。从预测置信度上考虑，利用右侧两条分类直线进行预测的把握程度是比较高的。其次，从测试误差看，左侧两条分类直线下的测试误差都大于 0(分别为 0.13 和 0.07)，而右侧两条分类直线下的测试误差均等于 0。基于上述两点，应在右侧两条分类直线中进行选择。进一步的问题是，究竟应在这两者中选择哪一个？

支持向量分类的意义在于，算法确定的分类超平面是具有最大边界的超平面，是距两类的边缘样本观测点最远的超平面。

以图 9.3（图 9.2 右上图和右下图）为例，训练集两类的边缘样本观测点分别在两条虚线边界上。因图 9.3 左图中的两条虚线边界间的宽度大于图 9.3 右图，所以支持向量分类的最大边界超平面是图 9.3 左图中平行于虚线边界且位于两边界中间的实线。由此可见，它没有与三层感知机网络给出的分类直线重合。

图 9.3　最大边界超平面

在基于最大边界超平面 $b + \boldsymbol{w}^{\mathrm{T}} \boldsymbol{X} = 0$ 进行预测时，对新样本观测 $\boldsymbol{X}_0$，只需计算 $b + \boldsymbol{w}^{\mathrm{T}} \boldsymbol{X}_0$ 并判断计算结果的正负符号。若 $b + \boldsymbol{w}^{\mathrm{T}} \boldsymbol{X}_0 > 0$，则 $\hat{y}_0 = 1$；若 $b + \boldsymbol{w}^{\mathrm{T}} \boldsymbol{X}_0 < 0$，则 $\hat{y}_0 = -1$。

彩图 9.3

最大边界超平面的重要意义在于以下两个方面。

（1）有较高的预测置信度。

如果最大边界超平面 $b + \boldsymbol{w}^{\mathrm{T}} \boldsymbol{X} = 0$ 是距训练集的边缘样本观测点最远的，那么对任意一个来自训练集的样本观测 $\boldsymbol{X}_i$ 和一个较小正数 ε，若输出变量 $y_i = 1$，则不仅有 $b + \boldsymbol{w}^{\mathrm{T}} \boldsymbol{X}_i > 0$ 成立，还有 $b + \boldsymbol{w}^{\mathrm{T}} \boldsymbol{X}_i \geqslant 0 + \varepsilon$ 成立；若输出变量 $y_i = -1$，则不仅有 $b + \boldsymbol{w}^{\mathrm{T}} \boldsymbol{X}_i < 0$ 成立，还有 $b + \boldsymbol{w}^{\mathrm{T}} \boldsymbol{X}_i \leqslant 0 - \varepsilon$ 成立。

如果最大边界超平面 $b + \boldsymbol{w}^{\mathrm{T}} \boldsymbol{X} = 0$ 是距训练集的边缘样本观测点最远的，那么有信心认为测试集中的边缘样本观测点也会远离最大边界超平面。对任意一个来自测试集的样本观测 $\boldsymbol{X}_0$ 和一个较小正数 ε，若 $b + \boldsymbol{w}^{\mathrm{T}} \boldsymbol{X}_0 > 0$，则有较大信心相信 $b + \boldsymbol{w}^{\mathrm{T}} \boldsymbol{X}_0 > 0 + \varepsilon$ 成立；若 $b + \boldsymbol{w}^{\mathrm{T}} \boldsymbol{X}_0 < 0$，则有较大信心相信 $b + \boldsymbol{w}^{\mathrm{T}} \boldsymbol{X}_0 < 0 - \varepsilon$ 成立。基于该超平面预测正确的把握程度将高于基于其他超平面预测正确的把握程度。就如同图 9.2 左上图和左下图中的两条分类直线，因距训练集样本观测点很近，所以不仅预测正确的把握程度不高，而且容易出现预测方差大的问题。

（2）最大边界超平面仅取决于两类的边缘样本观测点。

例如，图 9.3 左图分类超平面的位置仅取决于样本观测点 1,2,3，这些样本观测点被称为支持向量。最大边界超平面仅对支持向量的位置移动敏感，因此它能够有效避免模型的过拟合问题，即如果训练集的随机变动没有体现在支持向量上，超平面就不会随之移动，基于超平面的预测结果就不会改变。因此，最大边界超平面的预测具有很强的鲁棒性。

9.1.2　支持向量分类的三种情况

在确定最大边界超平面时会出现如下三种情况。

第一，样本线性可分。

样本线性可分是指两类样本观测点可被超平面线性分开的情况。进一步，还需要考虑样本完全线性可分和样本无法完全线性可分两种情况。

前者意味着输入变量空间中的两类样本观测点彼此不重合，可以找到一个超平面将两类样本观测点百分之百地正确分开，如图 9.3 所示。这种情况被称为样本完全线性可分。后者表示输入变量空间中的两类样本观测点"你中有我，我中有你"，无法找到一个超平面将两类样本观测点百分之百地正确分开，如图 9.4 左图所示。这种样本无法完全线性可分的情况被称为样本广义线性可分。

图 9.4 中的实心点来自训练集，空心点来自测试集。

第二，样本线性不可分。

样本线性不可分是指两类样本观测点无法被超平面线性分开的情况，如图 9.4 右图所示。无论是否允许错分，均无法找到能将两类样本观测点分开的直线，能将其分开的只能是曲线。

以下将就上述三种情况分别进行讨论。

图 9.4　样本广义线性可分和样本线性不可分示意图

9.2　完全线性可分下的支持向量分类

完全线性可分下的支持向量分类适用于输入变量空间中的两类样本观测点彼此不重合，可以找到一个超平面将两类样本观测点百分之百地正确分开的情况。以下将讨论获得该超平面的基本思路和超平面参数的求解策略。

9.2.1　完全线性可分下的超平面

在完全线性可分的情况下，以二维空间为例，可通过以下途径得到超平面。

首先，分别将两类最外围的样本观测点连线，形成两个多边形，它们应是关于两类样本观测点集的凸包(Convex Hull)，即最小凸多边形。各类的样本观测点均在多边形内或边上。然后，以一类的凸包边界为基准线，找到另一类凸包边界上的点，过该点做基准线的平行线，得到一对平行线。

显然，可以有多条这样的基准线和对应的平行线，应找到相距最远的一对平行线，位于这对平行线中间位置上的直线，即最大边界超平面(如图 9.5 中的实线)能正确划分两类样本观测点。

图 9.5　凸包和超平面示意图

由此可见，找到凸多边形上的点，得到相距最远的一对平行线是关键之一。

一方面，以 $y_i = 1$ 类凸包边界为基准线(其上的样本观测点记为 $\boldsymbol{X}^+$)，令该直线方程为 $b + \boldsymbol{w}^{\mathrm{T}} \boldsymbol{X}^+ = 1$。若超平面方程为 $b + \boldsymbol{w}^{\mathrm{T}} \boldsymbol{X} = 0$，则基准线的平行线方程为 $b + \boldsymbol{w}^{\mathrm{T}} \boldsymbol{X}^- = -1$，$y_i = -1$ 类凸包边界上的样本观测点 $\boldsymbol{X}^-$ 在该直线上。于是，两平行线间的距离为 $\lambda = \dfrac{2}{\|\boldsymbol{w}\|}$，距离的一半为 $d = \dfrac{1}{\|\boldsymbol{w}\|}$，其中 $\|\boldsymbol{w}\| = \sqrt{\boldsymbol{w}^{\mathrm{T}} \boldsymbol{w}}$。

另一方面，不仅要找到 d 最大的一对平行线，还要求 $b + \boldsymbol{w}^{\mathrm{T}} \boldsymbol{X} = 0$ 能够正确划分两类样本观测点，意味着对 $y_i = 1$ 的样本观测 $\boldsymbol{X}_i$，应有 $b + \boldsymbol{w}^{\mathrm{T}} \boldsymbol{X}_i \geqslant 1$ 成立，$\hat{y}_i = 1$ 且预测正确；对 $y_i = -1$ 的样本观测 $\boldsymbol{X}_i$，应有 $b + \boldsymbol{w}^{\mathrm{T}} \boldsymbol{X}_i \leqslant -1$ 成立，$\hat{y}_i = -1$ 且预测正确。于是，对于任意样本观测 $\boldsymbol{X}_i$ 应有

$$y_i (b + \boldsymbol{w}^{\mathrm{T}} \boldsymbol{X}_i) \geqslant 1 \tag{9.1}$$

综上，从支持向量分类的基本思路可知，超平面参数求解的目标是使 d 最大，且需要满足式(9.1)的约束条件，表述为

$$\begin{cases} \max\limits_{b,w} \ d \\ \text{s.t. } y_i (b + \boldsymbol{w}^{\mathrm{T}} \boldsymbol{X}_i) \geqslant 1, \ i = 1, 2, \cdots, N \end{cases} \tag{9.2}$$

从几何角度理解，要求 $b + \boldsymbol{w}^{\mathrm{T}} \boldsymbol{X} = 0$ 能够正确分类意味着，凸多边形内或边上的样本观测点 $\boldsymbol{X}_i$ 到超平面的距离 M_i 应大于或等于 d，即 $M_i = \dfrac{\left| b + \boldsymbol{w}^{\mathrm{T}} \boldsymbol{X}_i \right|}{\|\boldsymbol{w}\|} \geqslant d$，也就是 $y_i \dfrac{b + \boldsymbol{w}^{\mathrm{T}} \boldsymbol{X}_i}{\|\boldsymbol{w}\|} \geqslant d$ 成立。由于 $\lambda = \dfrac{2}{\|\boldsymbol{w}\|}$，$d = \dfrac{1}{\|\boldsymbol{w}\|}$，因此式(9.1)成立。这意味着，对于来自训练集的任意样本观测 $\boldsymbol{X}_i$，存在以下结论。

- 若样本观测 $\boldsymbol{X}_i$ 的输出变量 $y_i = 1$，则正确的超平面应使 $b + \boldsymbol{w}^{\mathrm{T}} \boldsymbol{X}_i \geqslant 1$ 成立，样本观测点落在图 9.5 所示的边界 $b + \boldsymbol{w}^{\mathrm{T}} \boldsymbol{X}_i = 1$ 的外侧。
- 若样本观测 $\boldsymbol{X}_i$ 的输出变量 $y_i = -1$，则正确的超平面应使 $b + \boldsymbol{w}^{\mathrm{T}} \boldsymbol{X}_i \leqslant -1$ 成立，样本观测点落在图 9.5 所示的边界 $b + \boldsymbol{w}^{\mathrm{T}} \boldsymbol{X}_i = -1$ 的外侧。

根据支持向量分类的研究思路，使 d 最大就是使 $\|\boldsymbol{w}\|$ 最小。为求解方便，应使 $\tau(\boldsymbol{w}) = \dfrac{1}{2}\|\boldsymbol{w}\|^2 = \dfrac{1}{2}\boldsymbol{w}^{\mathrm{T}}\boldsymbol{w}$ 最小。因此，超平面参数求解的目标函数为

$$\min_{\boldsymbol{w}} \tau(\boldsymbol{w}) = \frac{1}{2}\|\boldsymbol{w}\|^2 = \frac{1}{2}\boldsymbol{w}^{\mathrm{T}}\boldsymbol{w} \tag{9.3}$$

约束条件为

$$y_i(b + \boldsymbol{w}^{\mathrm{T}}\boldsymbol{X}_i) - 1 \geqslant 0, \quad i = 1, 2, \cdots, N \tag{9.4}$$

该问题是一个典型的凸二次型规划求解问题。

9.2.2　参数求解和分类预测

支持向量分类超平面的参数求解，是一个典型的带约束条件的求目标函数最小时的参数问题。与前面章节讨论的利用梯度下降法求解最小化损失函数参数的目标类似，不同点在于，这里附加了 N 个约束条件：$y_i(b + \boldsymbol{w}^{\mathrm{T}}\boldsymbol{X}_i) - 1 \geqslant 0$，$i = 1, 2, \cdots, N$。对此，从以下几个方面对参数求解方法进行简要讨论。

1. 单一等式约束条件下的求解

设目标函数为 $f(\boldsymbol{X})$，单一等式约束条件为 $g(\boldsymbol{X}) = 0$。现希望求得在 $g(\boldsymbol{X}) = 0$ 的约束条件下 $f(\boldsymbol{X})$ 取最小值时的 $\boldsymbol{X}$（最优解）。假设 $f(\boldsymbol{X}) = X_1^2 + X_2^2$，$g(\boldsymbol{X}) = X_1 + X_2 - 1 = 0$，$f(\boldsymbol{X})$ 的等高线和 $g(\boldsymbol{X}) = 0$ 的函数图像如图 9.6 左图所示。

图 9.6 左图中的圆为 $f(\boldsymbol{X})$ 的等高线，蓝色小箭头所指方向为 $f(\boldsymbol{X})$ 的负梯度方向。在没有约束条件的情况下，在原点 O 处 $f(\boldsymbol{X})$ 最小，此时 $\boldsymbol{X}$ 的最优解 $\boldsymbol{X}_{\mathrm{opt}}$ 为 $X_1 = 0, X_2 = 0$。现增加约束条件 $g(\boldsymbol{X}) = 0$，表示在 $X_1 + X_2 - 1 = 0$ 的约束条件下找 $f(\boldsymbol{X})$ 取最小值时的 $\boldsymbol{X}_{\mathrm{opt}}$。此时，$f(\boldsymbol{X})$ 的最小值只能出现在 $X_1 + X_2 - 1 = 0$ 对应的直线上（称为可行域在直线上）。显然在直线与等高线的切点 c 处 $f(\boldsymbol{X})$ 取得最小值，此时 $\boldsymbol{X}_{\mathrm{opt}}$ 为 $X_1 = 0.5, X_2 = 0.5$。

当然 $f(\boldsymbol{X})$ 可以是其他更复杂形式的，$g(\boldsymbol{X}) = 0$ 也可以是曲线，如图 9.6 右图所示，最小值在 $g(\boldsymbol{X}) = 0$ 与 $f(\boldsymbol{X})$ 的等高线的切点 c 处。

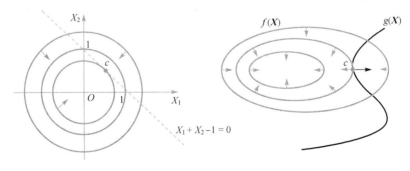

图 9.6　单一等式约束条件下的目标函数和约束条件

2. 单一不等式约束条件下的求解

假设 $f(\boldsymbol{X}) = X_1^2 + X_2^2$，$g(\boldsymbol{X}) = X_1 + X_2 - 1 \leqslant 0$ 或 $g(\boldsymbol{X}) = X_1 + X_2 + 1 \leqslant 0$。$f(\boldsymbol{X})$ 的等高线和 $g(\boldsymbol{X}) \leqslant 0$ 的函数图像如图 9.7 所示。

图 9.7　单一不等式约束条件下的目标函数和约束条件

对于不等式约束条件，可行域为图 9.7 中的阴影区域，应在这个区域中找到 $f(\boldsymbol{X})$ 的最小值。当然 $f(\boldsymbol{X})$ 可以是其他更复杂形式的，$g(\boldsymbol{X}) \leqslant 0$ 也可以对应其他规则或不规则的区域，如图 9.7 右图所示。这里有两种情况。

第一种情况：$f(\boldsymbol{X})$ 的最小值在可行域内，如图 9.7 左图所示。此时约束条件没有起作用，等同于没有约束条件。

第二种情况：$f(\boldsymbol{X})$ 的最小值在可行域的边界 $g(\boldsymbol{X}) = 0$ 与 $f(\boldsymbol{X})$ 的等高线的切点 c 处，如图 9.7 中图所示。c 点处有这样的特征：$f(\boldsymbol{X})$ 的梯度向量是切线（$g(\boldsymbol{X}) = 0$ 的虚线）的法向量。$f(\boldsymbol{X})$ 的梯度（长粗箭头）和 $g(\boldsymbol{X})$ 的梯度（短粗箭头）共线但方向相反，其他点（如 a 点）都没有这个特征。对此可表示为 $\nabla f(\boldsymbol{X}) = -\alpha \nabla g(\boldsymbol{X})$。因方向相反，所以 $\alpha > 0$ 成立。整理得

$$\nabla(f(\boldsymbol{X}) + \alpha g(\boldsymbol{X})) = 0 \tag{9.5}$$

式 (9.5) 可视为对函数 $L(\boldsymbol{X}, \alpha) = f(\boldsymbol{X}) + \alpha g(\boldsymbol{X})$ 求导并令导数等于零的方程。函数 $L(\boldsymbol{X}, \alpha)$ 为拉格朗日函数，$\alpha \geqslant 0$ 为拉格朗日乘子。这里，增加 $\alpha = 0$ 的目的是对应第一种情况。于是可将两种情况统一表述为 $\alpha g(\boldsymbol{X}) = 0$。

具体来讲，对于第一种最小值在可行域内的情况，尽管 $g(\boldsymbol{X}) \leqslant 0$，但因 $\alpha = 0$，所以 $\alpha g(\boldsymbol{X}) = 0$ 成立。因此，若 $\alpha = 0$，则意味着约束条件没有起作用。对于第二种最小值在可行域边界上的情况，尽管 $\alpha > 0$，但因 $g(\boldsymbol{X}) = 0$，所以 $\alpha g(\boldsymbol{X}) = 0$ 也成立。一般将以下条件：

$$\begin{cases} \nabla L(\boldsymbol{X}, \alpha) = \nabla f(\boldsymbol{X}) + \nabla \alpha g(\boldsymbol{X}) = 0 \\ g(\boldsymbol{X}) \leqslant 0 \\ \alpha \geqslant 0 \\ \alpha g(\boldsymbol{X}) = 0 \end{cases} \tag{9.6}$$

合称为 KKT（Karush-Kuhn-Tucker）条件。

进一步，对参数求偏导并令偏导数等于 0，结合 KKT 条件中的其他条件解方程可求得参数。例如，对图 9.7 中图解得 $X_1 = -0.5, X_2 = -0.5, \alpha = 1$。

可将以上情况推广至多个等式约束与不等式约束的情况，无非就是在拉格朗日函数中逐一增加约束条件。

3．支持向量分类超平面参数的求解

首先，构造拉格朗日函数，将目标函数 $\tau(\boldsymbol{w})$ 与 N 个约束条件 $-(y_i(b + \boldsymbol{w}^{\mathrm{T}} \boldsymbol{X}_i) - 1) \leqslant 0$（$i = 1, 2, \cdots, N$）联系起来，有

$$L(\boldsymbol{w}, b, \boldsymbol{a}) = \frac{1}{2}\|\boldsymbol{w}\|^2 - \sum_{i=1}^{N} a_i(y_i(b + \boldsymbol{w}^{\mathrm{T}}\boldsymbol{X}_i) - 1) \tag{9.7}$$

它是规划求解的原（Primal）问题。式中，$a_i \geqslant 0$。对 $\boldsymbol{w}$ 和 b 求偏导并令偏导数等于 0：$\dfrac{\partial L(\boldsymbol{w}, b, \boldsymbol{a})}{\partial \boldsymbol{w}} = 0$，$\dfrac{\partial L(\boldsymbol{w}, b, \boldsymbol{a})}{\partial b} = 0$。整理得

$$\sum_{i=1}^{N} a_i y_i \boldsymbol{X}_i = \boldsymbol{w} \tag{9.8}$$

$$\sum_{i=1}^{N} a_i y_i = 0 \tag{9.9}$$

式(9.8)表明，超平面系数向量 $\boldsymbol{w}$ 是所有 $a_i \neq 0$ 的样本观测的 $y_i\boldsymbol{X}_i$ 的线性组合。$a_i = 0$ 的样本观测点对超平面不起作用。换言之，只有 $a_i > 0$ 的样本观测点才对超平面的系数向量产生影响，这样的样本观测点即前述的支持向量。最大边界超平面由支持向量决定。

进一步，需要满足式(9.6)的 $\alpha g(\boldsymbol{X}) = 0$，对应到这里应满足：$a_i(y_i(b + \boldsymbol{w}^{\mathrm{T}}\boldsymbol{X}_i) - 1) = 0$，$i = 1, 2, \cdots, N$。由此可知，对于 $a_i > 0$ 的样本观测点，即支持向量，$y_i(b + \boldsymbol{w}^{\mathrm{T}}\boldsymbol{X}_i) - 1 = 0$ 成立，这意味着支持向量均落在两类的边界线上。

为便于求解，通常可将式(9.8)代入拉格朗日函数并依据式(9.9)整理得到原问题的对偶[①]问题：

$$\begin{aligned}
L &= \frac{1}{2}\left(\sum_{i=1}^{N} a_i y_i \boldsymbol{X}_i\right)^{\mathrm{T}}\left(\sum_{i=1}^{N} a_i y_i \boldsymbol{X}_i\right) - \sum_{i=1}^{N} a_i\left\{y_i\left[b + \left(\sum_{i=1}^{N} a_i y_i \boldsymbol{X}_i^{\mathrm{T}}\right)\boldsymbol{X}_i\right] - 1\right\} \\
&= \frac{1}{2}\left(\sum_{i=1}^{N} a_i y_i \boldsymbol{X}_i^{\mathrm{T}}\right)\left(\sum_{i=1}^{N} a_i y_i \boldsymbol{X}_i\right) - b\sum_{i=1}^{N} a_i y_i + \sum_{i=1}^{N} a_i - \sum_{i=1}^{N} a_i y_i \boldsymbol{X}_i^{\mathrm{T}}\sum_{i=1}^{N} a_i y_i \boldsymbol{X}_i \\
&= \sum_{i=1}^{N} a_i - \frac{1}{2}\sum_{i=1}^{N}\sum_{j=1}^{N} a_i a_j y_i y_j(\boldsymbol{X}_i^{\mathrm{T}}\boldsymbol{X}_j)
\end{aligned}$$

$$\max L(\boldsymbol{a}) = \sum_{i=1}^{N} a_i - \frac{1}{2}\sum_{i=1}^{N}\sum_{j=1}^{N} a_i a_j y_i y_j(\boldsymbol{X}_i^{\mathrm{T}}\boldsymbol{X}_j) \tag{9.10}$$

进一步，如果有 L 个支持向量，则 $\boldsymbol{w} = \sum_{i=1}^{L} a_i y_i \boldsymbol{X}_i$。可从 L 个支持向量中任选一个 $\boldsymbol{X}_i$，将其代入边界线方程即可计算得到：$b = y_i - \boldsymbol{w}^{\mathrm{T}}\boldsymbol{X}_i$。为得到 b 的更稳定的估计值，可在支持向量中随机多选一些 $\boldsymbol{X}_i$，用多个 b 的均值作为最终的估计值。

至此，超平面参数的求解过程结束，超平面被确定下来。

综上所述，支持向量是位于两类的边界线上的样本观测点，它们决定了最大边界超平面的位置，因而使得支持向量分类能够有效避免过拟合问题。过拟合问题的典型表现是模型"过分依赖"训练样本。训练样本的微小变动便会导致模型参数的较大变动，在支持向

---

① 在线性规划早期发展中最重要的发现是对偶问题，即每个线性规划问题(称为原问题)，都有一个与它对应的对偶线性规划问题(称为对偶问题)。

量分类中表现为超平面出现较大移动。由于最大边界超平面仅依赖少数支持向量，所以只有当支持向量发生变化时，最大边界超平面才会移动。相对于其他分类预测模型，最大边界超平面的预测稳健性较高。

4．支持向量分类的预测

在依据支持向量分类超平面对新样本观测点 $\boldsymbol{X}_0$ 进行预测时，只需关注 $b + \boldsymbol{w}^{\mathrm{T}}\boldsymbol{X}_0$ 的符号：

$$
\begin{aligned}
h(\boldsymbol{X}) &= \operatorname{Sign}(b + \boldsymbol{w}^{\mathrm{T}}\boldsymbol{X}_0) \\
&= \operatorname{Sign}\left[b + \sum_{i=1}^{L}(a_i y_i \boldsymbol{X}_i^{\mathrm{T}})\boldsymbol{X}_0\right] = \operatorname{Sign}\left[b + \sum_{i=1}^{L} a_i y_i (\boldsymbol{X}_i^{\mathrm{T}}\boldsymbol{X}_0)\right]
\end{aligned} \tag{9.11}
$$

式中，$\boldsymbol{X}_i$ 为支持向量，共有 L 个支持向量。若 $h(\boldsymbol{X}) > 0$，则 $\hat{y}_0 = 1$；若 $h(\boldsymbol{X}) < 0$，则 $\hat{y}_0 = -1$。

9.2.3　Python 模拟和启示：认识支持向量

支持向量是位于两类的边界线上的样本观测点，它们决定了最大边界超平面的位置。本节将通过 Python 编程，基于随机生成的模拟数据实现支持向量分类，以直观展示支持向量的特点。应首先导入 Python 的相关包或模块。为避免重复，这里将本章需要导入的包或模块一并列出如下，#后面给出了简短的功能说明。

```
1   #本章需导入：
2   import numpy as np
3   from numpy import random
4   import pandas as pd
5   import matplotlib.pyplot as plt
6   from mpl_toolkits.mplot3d import Axes3D
7   import warnings
8   warnings.filterwarnings(action = 'ignore')
9   %matplotlib inline
10  plt.rcParams['font.sans-serif']=['SimHei']  #解决中文显示乱码问题
11  plt.rcParams['axes.unicode_minus']=False
12  from sklearn.datasets import make_classification,make_circles,make_regression  #随机生成模拟数据
13  from sklearn.model_selection import train_test_split,KFold  #数据集划分
14  import sklearn.neural_network as net  #建立神经网络
15  import sklearn.linear_model as LM  #建立线性模型
16  from scipy.stats import multivariate_normal  #统计学中多元高斯分布的计算
17  from sklearn.metrics import r2_score,mean_squared_error,classification_report  #评价模型
18  from sklearn import svm  #支持向量机
19  import os  #系统管理
```

基本思路如下。

(1) 随机生成图 9.1 所示的完全线性可分的、样本量 $N = 100$ 的数据集，其中包括两个输入变量 X_1, X_2，输出变量 y 为二分类型变量。

(2) 采用旁置法随机划分训练集和测试集。

(3) 基于训练集建立支持向量分类模型，绘制支持向量分类的最大边界超平面。

(4) 突出显示支持向量以便直观观察。

Python 代码(文件名为 chapter9-2.ipynb)如下。为便于阅读，我们将代码运行结果直接放置在相应代码行下方。

行号	代码和说明
1	N = 100　　　　　　　　　　　　　　　　　#指定样本量 N = 100
2	X,y = make_classification(n_samples = N,n_features = 2,n_redundant = 0,n_informative = 2,class_sep = 1,random_state = 1,n_clusters_per_class = 1)　　#随机生成二分类数据，包含 2 个输入变量

```
3    X_train, X_test, y_train, y_test = train_test_split(X,y,train_size = 0.85, random_state = 123)
                        #利用旁置法按 0.85：0.15 的比例随机划分训练集和测试集
4    X01,X02
     np.meshgrid(np.linspace(X_train[:,0].min(),X_train[:,0].max(),500),np.linspace(X_train[:,1].min(),X_train[:,1].max
     (),500))              #为绘制最大边界超平面准备数据
5    X0 = np.hstack((X01.reshape(len(X01)*len(X02),1),X02.reshape(len(X01)*len(X02),1)))
                        #得到新数据 X0：为在训练集两个输入变量取值范围内的 250000 个样本观测点
6    modelSVC = svm.SVC(kernel = 'linear',C = 2)     #建立支持向量分类模型 modelSVC
7    modelSVC.fit(X_train,y_train)              #基于训练集估计 modelSVC 的参数
8    print('超平面的常数项 b：',modelSVC.intercept_)
     超平面的常数项b： [0.00427528]
9    print('超平面系数 W：',modelSVC.coef_)
     超平面系数W： [[-1.75478826  0.07731007]]
10   print('支持向量的个数：',modelSVC.n_support_)
     支持向量的个数： [1 2]
11   Y0 = modelSVC.predict(X0)                #预测新数据 X0 的类别
12   plt.figure(figsize = (7,5))              #指定图形大小
13   plt.scatter(X0[np.where(Y0 == 1),0],X0[np.where(Y0 == 1),1],c = 'lightgray')
                        #绘制预测类别为 1 的点，指定灰色区域为 1 类区域
14   plt.scatter(X0[np.where(Y0 == 0),0],X0[np.where(Y0 == 0),1],c = 'mistyrose')
                        #绘制预测类别为 0 的点，指定粉色区域为 0 类区域。两区域的边界即最大边界超平面
15   for k,m in [ (1,'^'), (0,'o') ]:            #利用循环将训练集和测试集中的数据点添加到图中
16       plt.scatter(X_train[y_train == k,0],X_train[y_train == k,1],marker = m,s = 40)
17       plt.scatter(X_test[y_test == k,0],X_test[y_test == k,1],marker = m,s = 40,c = '',edgecolors = 'g')
18   plt.scatter(modelSVC.support_vectors_[:,0],modelSVC.support_vectors_[:,1],marker = 'o',c = 'b',s = 120,alpha = 0.3)
                        #突出显示支持向量
…    ……                #图标题设置等，略去
```

代码说明

（1）以上省略号部分在之前代码中重复出现过且不影响对原理的理解，故略去以节约篇幅。完整 Python 代码参见本书配套代码。

（2）第 6 行：利用 svm.SVC 实现支持向量分类，参数 kernel='linear' 表示采用线性核函数，具体含义将在后续章节详细讨论；C=2 是一个关于错判惩罚的参数，具体含义也将在后续章节详细讨论。这里，也可以用 modelSVC=svm.LinearSVC(C=2,dual=False) 实现支持向量分类。

（3）第 8 至 10 行：输出最大边界超平面参数及支持向量的个数。最大边界超平面参数存储在模型对象的 .intercept_ 和 .coef_ 中，支持向量的个数存储在 .n_support_ 中。这里分别在两个类别中找到了 1 个和 2 个支持向量，如图 9.8 所示。

（4）第 18 行：在图中标记出支持向量。支持向量的坐标存储在模型对象的 .support_vectors_ 中。

所绘制的图形如图 9.8 所示。

图 9.8 中的超平面（直线，两颜色区域分界线），接近图 9.3 右图所示的分类超平面，而非图 9.2 左侧两幅图所示的两个分类超平面。图 9.8 中大圆圈圈住的点为支持向量，它们决定了分类边界的位置。此外，分类边界将两类样本观测点完全分开，且无论对训练集还是测试集，分类总正确率均为 100%。

完全线性可分下的支持向量分类是一种理想情况，它是 9.3 节将讨论的广义线性可分下的支持向量分类的基础。

图 9.8　完全线性可分下的支持向量分类的最大边界超平面

9.3　广义线性可分下的支持向量分类

广义线性可分下的支持向量分类适用于输入变量空间中两类样本观测点彼此交织在一起（见图 9.4 左图），无法找到一个超平面将两类样本观测点百分之百地正确分开的情况。以下将讨论获得该超平面的基本思路和超平面参数的求解策略。

9.3.1　广义线性可分下的超平面

完全线性可分下的样本观测点是不能进入两类边界内部这个"禁区"的。但在广义线性可分下，这种要求是无法实现的，因此只能采用适当的宽松策略，允许部分样本观测点进入"禁区"，如图 9.9 所示。

在图 9.9 中，有少量样本观测点进入两类边界虚线的内部，同时有一些样本观测点不但进入"禁区"而且错误地"跨"到了超平面的另一侧。这种情况下的支持向量分类被称为广义线性支持向量分类或线性软间隔支持向量分类。

广义线性可分问题不能要求所有样本观测点均满足完全线性可分下的约束条件，即 $M_i = \dfrac{\left| b + \boldsymbol{w}^{\mathrm{T}} \boldsymbol{X}_i \right|}{\|\boldsymbol{w}\|} \geqslant d$，而要允许部分样本观测点进入"禁区"，但需要对其进入"禁区"的"深度"进行度量。将进入"禁区"的样本观测点 $\boldsymbol{X}_i$ 到所属类别边界（图 9.9 中的虚线）的距离记为 e_i，如图 9.9 中的 e_1, e_2, e_3, e_4 等。由此可见，若 $e_i < d$，则虽然样本观测点进入"禁区"，但分类预测仍然正确，此时样本观测点 $\boldsymbol{X}_i$ 到超平面的距离 M_i 大于或等于 $d - e_i$，即 $M_i = \dfrac{\left| b + \boldsymbol{w}^{\mathrm{T}} \boldsymbol{X}_i \right|}{\|\boldsymbol{w}\|} \geqslant d - e_i$，有 $y_i \dfrac{b + \boldsymbol{w}^{\mathrm{T}} \boldsymbol{X}_i}{\|\boldsymbol{w}\|} \geqslant (d - e_i)$ 成立即可。若 $e_i > d$，则将导致分类预测错误，这种情况是要避免的。

进一步，因 $d = \dfrac{1}{\|\boldsymbol{w}\|}$，所以若记 $\xi_i = e_i \|\boldsymbol{w}\| = \dfrac{e_i}{d}$，则广义线性可分下的约束条件可表述为

$$y_i (b + \boldsymbol{w}^{\mathrm{T}} \boldsymbol{X}_i) \geqslant 1 - \xi_i, \quad \xi_i \geqslant 0, \ i = 1, 2, \cdots, N \tag{9.12}$$

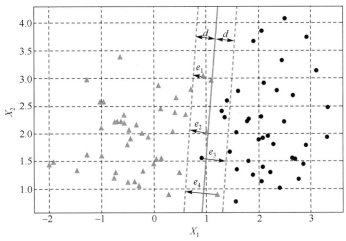

图 9.9　广义线性可分下支持向量分类示意图

由此可见，e_i 是对宽松策略下样本观测点 $\boldsymbol{X}_i$ 进入"禁区"的"深度"的绝对度量，而非负值 ξ_i 个相对度量，通常被称为松弛变量(Slack Variable)。ξ_i 可度量样本观测点 $\boldsymbol{X}_i$ 与分类边界和超平面的位置关系：$\xi_i = 0$ 意味着样本观测点 $\boldsymbol{X}_i$ 位于所属类别边界的外侧；$0 < \xi_i < 1$ 意味着样本观测点 $\boldsymbol{X}_i$ 进入了"禁区"但并未错误地"跨"到超平面的另一侧，分类预测正确；$\xi_i > 1$ 意味着样本观测点 $\boldsymbol{X}_i$ 不仅进入"禁区"而且错误地"跨"到了超平面的另一侧，分类预测错误。

9.3.2　广义线性可分下的误差惩罚和目标函数

在广义线性可分的情况下，若目标函数仍以最大化边界为目标，即 $\min_{\boldsymbol{w}} \tau(\boldsymbol{w}) = \dfrac{1}{2}\|\boldsymbol{w}\|^2 = \dfrac{1}{2}\boldsymbol{w}^{\mathrm{T}}\boldsymbol{w}$，约束条件调整为 $y_i(b + \boldsymbol{w}^{\mathrm{T}}\boldsymbol{X}_i) \geqslant 1 - \xi_i$（$\xi_i \geqslant 0,\ i = 1, 2, \cdots, N$），则会存在一些问题。其中之一是，因为约束条件可表述为 $y_i(b + \boldsymbol{w}^{\mathrm{T}}\boldsymbol{X}_i) + \xi_i \geqslant 1$，所以只要 ξ_i 足够大就总能满足约束条件，但显然应避免 ξ_i 过大。过大的 ξ_i 意味着允许对样本观测点 $\boldsymbol{X}_i$ 预测错误，因广义线性可分下本就无法保证百分之百预测正确，所以允许个别样本观测点 $\boldsymbol{X}_i$ 的松弛变量 $\xi_i > 1$ 具有合理性，但应限制总松弛度 $\sum_{i}^{N} \xi_i$ 小于一个非负阈值 E。

显然，若阈值 $E = 0$，则表示不允许任何一个样本观测点进入"禁区"，等同于完全线性可分下的支持向量分类；若阈值 E 较小，则意味着策略"偏紧"，不允许较多的样本观测点进入"禁区"或 ξ_i 较大；若阈值 E 较大，则意味着策略"偏松"，允许较多的样本观测点进入"禁区"或 ξ_i 较大。

从另一个角度看，在阈值 E 较小的"偏紧"策略下，因不允许较多的样本观测点进入"禁区"或 ξ_i 较大，所以只能缩小边界宽度，最终选择边界宽度相对较小的超平面。在阈值 E 较大的"偏松"策略下，可以扩大边界宽度，最终的超平面为边界宽度相对较大的超平面。因此，阈值 E 的大小与边界宽度密切相关。

进一步，通常用对错误分类的惩罚参数 C（$C > 0$）间接体现阈值 E 的大小。惩罚参数 C 是一个根据对预测误差的容忍程度而设置的可调参数。惩罚参数 C 越大，对预测误差的容忍程度越低，此时只能选择阈值 E 较小策略下的边界较窄的超平面；惩罚参数 C 越小，对预测误差的容忍程度越高，可选择阈值 E 较大策略下的边界较宽的超平面。9.3.3 节将通过 Python 编程对该问题进行进一步的直观说明。

综上，广义线性可分下需要适当缩小边界宽度，这与对预测误差的容忍程度或惩罚参数 C 密切相关，其目标函数为

$$\min_{\boldsymbol{w},\boldsymbol{\xi}} \tau(\boldsymbol{w},\boldsymbol{\xi}) = \frac{1}{2}\|\boldsymbol{w}\|^2 + C\sum_{i=1}^{N}\xi_i = \frac{1}{2}\boldsymbol{w}^{\mathrm{T}}\boldsymbol{w} + C\sum_{i=1}^{N}\xi_i \tag{9.13}$$

与式(9.3)相比，式(9.13)多出了第二项，其中的 $\sum_{i=1}^{N}\xi_i$ 为总松弛度，C 为可调的惩罚参数。当指定 C 为一个极小值(极小惩罚)，极端情况下 $C \to 0$ 时，最小化目标函数即最小化第一项，此时得到的是边界最宽的超平面，模型的复杂度最低但预测误差最大，模型没有太大的实际意义；当指定 C 为一个极大值(极大惩罚)，极端情况下 $C \to \infty$ 时，最小化目标函数将主要取决于最小化 $\frac{1}{N}\sum_{i=1}^{N}\xi_i$，此时得到的是边界最窄的超平面，两类的边界重合。因对预测误差指定了极大惩罚,所以此时预测模型是预测精度最高的线性模型(这里分类边界仅为直线或超平面，9.4 节将拓展到分类边界为曲线或曲面的更复杂的非线性模型中)。

从这个角度看，惩罚参数 C 起到了平衡模型复杂度和误差的作用。C 较小时模型较简单，超平面较宽，式(9.13)第一项较小，但因允许有较大的误差，所以式(9.13)第二项较大；C 较大时模型较复杂，超平面较窄，式(9.13)第一项较大，但因不允许有较大的误差，所以式(9.13)第二项较小。由此可见，因无法使得式(9.13)两项同时小，所以只能要求两项之和最小，这也是式(9.13)所示的目标函数如此设置的原因。显然，过大或过小的 C 都是不恰当的。C 过大可能导致模型的过拟合，C 过小模型的误差大，没有预测价值。一般可通过 K 折交叉验证法确定惩罚参数 C。

9.3.3　Python 模拟和启示：认识惩罚参数 C

正如 9.3.2 节所讨论的,惩罚参数 C 起到了控制最大边界超平面宽度和分类预测误差的作用。本节将通过 Python 编程，基于随机生成的模拟数据，直观展示惩罚参数 C 的作用，基本思路如下。

(1)随机生成图 9.9 所示的广义线性可分的、样本量 $N=100$ 的数据集，其中包括两个输入变量 X_1, X_2，输出变量 y 为二分类型变量。

(2)采用旁置法随机划分训练集和测试集。

(3)基于训练集建立惩罚参数 C 分别取 5 和 0.1 的广义线性可分下的支持向量分类模型，绘制支持向量分类的最大边界超平面。

(4)突出显示支持向量以便直观观察。

Python 代码(文件名为 chapter9-3.ipynb)如下。

行号	代码和说明
1	N = 100　　　　　　　　　　　　　　　　　　　　　　　　　　　　#指定样本量 N = 100
2	X,y = make_classification(n_samples = N,n_features = 2,n_redundant = 0,n_informative = 2,class_sep = 1.2,random_state = 1,n_clusters_per_class = 1)　　　　#随机生成二分类数据，包含 2 个输入变量

| 3 | random.seed(2) | #设置随机数种子 |
| 4 | X+= 2*random.uniform(size = X.shape) | #对输入变量增加随机误差项(来自 N(0,1)的均匀分布) |

5   X_train, X_test, y_train, y_test = train_test_split(X,y,train_size = 0.85, random_state = 1)
                                         #采用旁置法按 0.85∶0.15 的比例随机划分训练集和测试集

6   X01,X02 = np.meshgrid(np.linspace(X_train[:,0].min(),X_train[:,0].max(),500),np.linspace(X_train[:,1].min(),X_train[:,1].max(),500))
                                          #为绘制最大边界超平面准备数据

7   X0 = np.hstack((X01.reshape(len(X01)*len(X02),1),X02.reshape(len(X01)*len(X02),1)))   #得到新数据 X0

8   fig,axes = plt.subplots(nrows = 1,ncols = 2,figsize = (15,6))   #将绘图区域划分为 1 行 2 列 2 个单元并指定图形大小

9   for C,H in [(5,0),(0.1,1)]:   #利用循环建立两个支持向量分类

10   modelSVC = svm.SVC(kernel = 'linear',C = C)   #建立惩罚参数等于 C 的支持向量分类模型 modelSVC

11   modelSVC.fit(X_train,y_train)   #基于训练集估计 modelSVC 的参数

12   Y0 = modelSVC.predict(X0)   #对 X0 进行分类预测

13   axes[H].scatter(X0[np.where(Y0 == 1),0],X0[np.where(Y0 == 1),1],c = 'lightgray')   #绘制预测为 1 类的点

14   axes[H].scatter(X0[np.where(Y0 == 0),0],X0[np.where(Y0 == 0),1],c = 'mistyrose')   #绘制预测为 0 类的点

15   for k,m in [(1,'^'),(0,'o')]:   #利用循环将训练集和测试集中的数据点添加到图上

16   axes[H].scatter(X_train[y_train == k,0],X_train[y_train == k,1],marker = m,s = 40)

17   axes[H].scatter(X_test[y_test == k,0],X_test[y_test == k,1],marker = m,s = 40,c = '',edgecolors = 'g')

18   axes[H].scatter(modelSVC.support_vectors_[:,0],modelSVC.support_vectors_[:,1],marker = 'o',c = 'b',s = 120,alpha = 0.3)
                                          #突出显示支持向量

19   axes[H].set_title('广义线性可分下的支持向量机最大边界超平面\n(C = %.1f,训练误差 = %.2f,支持向量 = %s)'%(C,1-modelSVC.score(X_train,y_train),modelSVC.n_support_),fontsize = 14)
                                          #计算训练误差和支持向量个数并写在图标题中

…   ……   #图标题设置等，略去

代码说明

(1)以上省略号部分在之前代码中重复出现过且不影响对原理的理解,故略去以节约篇幅。完整 Python 代码参见本书配套代码。

(2)第 10 行：参数 C 为惩罚参数 C,这里分别设置为 5 和 0.1。所绘制的图形如图 9.10 所示。

图 9.10 边界宽度、惩罚参数 C 和支持向量

彩图 9.10

在图 9.10 中，两种颜色区域的边界即惩罚参数 C 下的最大边界超平面，两条边界线与之平行。大圆圈圈住的点为支持向量。在图 9.10 左图中，惩罚参数 C 较大，相应的边界较窄，进入"禁区"的样本观测点较少，训练误差较小(0.02)，两类各有 4 个支持向量；在图 9.10 右图中，惩罚参数 C 较小，相应的边界较宽，进入"禁区"的样本观测点较多，训练误差较大(0.05)，两类各有 13 个支持向量。由此直观印证了惩罚参数 C 起到了控制最大边界超平面宽度和分类预测误差的作用。

9.3.4 参数求解和分类预测

与完全线性可分下的情况类似，广义线性可分下在最小化目标函数[见式(9.13)]的同时，还需要满足以下约束条件：

$$\begin{cases} y_i(b + \boldsymbol{w}^{\mathrm{T}} \boldsymbol{X}_i) \geqslant 1 - \xi_i, & i = 1, 2, \cdots, N \\ \xi_i \geqslant 0 \end{cases} \tag{9.14}$$

于是，构造拉格朗日函数：

$$L(\boldsymbol{w}, b, \boldsymbol{a}, \boldsymbol{\xi}) = \frac{1}{2} \|\boldsymbol{w}\|^2 + C \sum_{i=1}^{N} \xi_i - \sum_{i=1}^{N} a_i [y_i(b + \boldsymbol{w}^{\mathrm{T}} \boldsymbol{X}_i) - (1 - \xi_i)] - \sum_{i=1}^{N} \mu_i \xi_i \tag{9.15}$$

它是规划求解的原问题。式中，$a_i \geqslant 0, \mu_i \geqslant 0$ 为拉格朗日乘子。对参数求偏导并令偏导数等于 0，有

$$\sum_{i=1}^{N} a_i y_i \boldsymbol{X}_i = \boldsymbol{w} \tag{9.16}$$

$$\sum_{i=1}^{N} a_i y_i = 0 \tag{9.17}$$

$$a_i = C - \mu_i \tag{9.18}$$

为便于求解，可将式(9.16)～式(9.18)代入式(9.15)，整理得到原问题的对偶问题：

$$\max L(\boldsymbol{a}) = \sum_{i=1}^{N} a_i - \frac{1}{2} \sum_{i=1}^{N} \sum_{j=1}^{N} a_i a_j y_i y_j (\boldsymbol{X}_i^{\mathrm{T}} \boldsymbol{X}_j) \tag{9.19}$$

同式(9.10)，约束条件为 $0 \leqslant a_i \leqslant C$。

进一步，如果有 L 个支持向量，则 $\boldsymbol{w} = \sum_{i=1}^{L} a_i y_i \boldsymbol{X}_i$。可从 L 个支持向量中任选一个 $\boldsymbol{X}_i$，将其代入边界线方程即可计算得到：$b = y_i - \boldsymbol{w}^{\mathrm{T}} \boldsymbol{X}_i$。为得到 b 的更稳定的估计值，可在支持向量中随机多选一些 $\boldsymbol{X}_i$，用多个 b 的均值作为最终的估计值。至此，超平面参数的求解过程结束，超平面被确定下来。

进一步，关注广义线性可分下的支持向量分类。同 9.2.2 节，因 $\sum_{i=1}^{N} a_i y_i \boldsymbol{X}_i = \boldsymbol{w}$，所以超平面由 $a_i > 0$ 的样本观测点，即支持向量决定。同时，需要满足前述的 KKT 条件中的 $\alpha g(\boldsymbol{X}) = 0$，对应到这里为对 $i = 1, 2, \cdots, N$ 应满足：$a_i [y_i(b + \boldsymbol{w}^{\mathrm{T}} \boldsymbol{X}_i) - (1 - \xi_i)]$，$\mu_i \xi_i = 0$，

$a_i = C - \mu_i$。由此可知，对于 $a_i > 0$ 的样本观测点，即支持向量，$[y_i(b + \boldsymbol{w}^{\mathrm{T}}\boldsymbol{X}_i) - (1 - \xi_i)] = 0$ 成立，这意味着支持向量落在两类的边界线上和"禁区"内。落在边界线上的支持向量 $\boldsymbol{X}_i$ 的松弛变量 $\xi_i = 0$；落在"禁区"内的支持向量 $\boldsymbol{X}_i$，因 $\xi_i > 0$，$\mu_i = 0$，所以由 $a_i = C - \mu_i$ 可知它们的 $a_i = C$。

结合惩罚参数 C，C 较大时边界较窄，误差较小，支持向量较少；C 较小时边界较宽，误差较大，支持向量较多。由此导致前者的预测方差相比后者要大些，也印证了复杂模型偏差小、方差大，简单模型偏差大、方差小的基本观点。

同 9.2.2 节，在广义线性可分的情况下，在依据支持向量分类的超平面对新样本观测 $\boldsymbol{X}_0$ 进行预测时，只需关注 $b + \boldsymbol{w}^{\mathrm{T}}\boldsymbol{X}_0$ 的符号：

$$
\begin{aligned}
h(\boldsymbol{X}) &= \mathrm{Sign}(b + \boldsymbol{w}^{\mathrm{T}}\boldsymbol{X}_0) \\
&= \mathrm{Sign}\left[b + \sum_{i=1}^{L}(a_i y_i \boldsymbol{X}_i^{\mathrm{T}})\boldsymbol{X}_0\right] = \mathrm{Sign}\left[b + \sum_{i=1}^{L} a_i y_i (\boldsymbol{X}_i^{\mathrm{T}}\boldsymbol{X}_0)\right]
\end{aligned}
\tag{9.20}
$$

式中，$\boldsymbol{X}_i$ 为支持向量，共有 L 个支持向量。若 $h(\boldsymbol{X}) > 0$，则 $\hat{y}_0 = 1$；若 $h(\boldsymbol{X}) < 0$，则 $\hat{y}_0 = -1$。

9.4　线性不可分下的支持向量分类

样本线性不可分是指样本观测点无法被超平面线性分开，如图 9.4 右图所示，无论是否允许错分，均无法找到能将两类样本观测点分开的直线（这里分类边界只能是一个近似圆）。本节将对支持向量分类解决该问题的策略进行讨论。

9.4.1　线性不可分问题的一般解决方式

线性不可分问题的一般解决方式是进行非线性变换。其核心思想为，低维空间中的线性不可分问题可通过恰当的非线性变换转化为高维空间中的线性可分问题，如图 9.11 所示。

图 9.11　非线性变换

图 9.11 右图是将图 9.11 左图中在 X_1, X_2 构成的二维空间中线性不可分的样本观测点非线性变换到 X_1, X_2, Z 构成的三维空间中的分布情况。显然，在三维空间中是可以找到一个平面将两类样本观测点分开的，从而使线性不可分问题变成了一个线性可分问题。

为此，可首先通过特定的非线性映射函数 $\varphi_M()$，将原来低维空间中的样本观测点 $\boldsymbol{X}_i$ 映射到 M 维空间 $\mathbb{R}^M$ 中；其次沿用 9.3 节所述的方法，在空间 $\mathbb{R}^M$ 中寻找最大边界超平面。由于采用了非线性映射函数，所以空间 $\mathbb{R}^M$ 中的一个超平面在原空间中看起来可能是一个曲线（面）。如图 9.11 右图所示，三维空间中的两类样本观测点投影到平行于 (X_1, X_2) 的分类平面上形成的两类的边界近似是一个圆（曲线），如

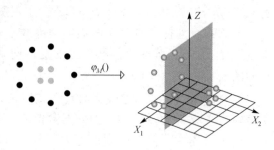

图 9.12　二维空间到三维空间的变换

图 9.12 左图所示。由此可见，为找到低维空间中可将两类样本观测点分开的分类曲线（面），需要到高维空间中寻找与其对应的平面，如图 9.12 右图中的灰色立面。

非线性映射函数 $\varphi_M()$ 有很多形式，常见的是原有输入变量的多项式形式。例如，原有两个输入变量 X_1, X_2，有映射函数 $\varphi_3(X_1, X_2) = (X_1^2, X_2^2, Z)^{\mathrm{T}}, Z = \sqrt{2}X_1X_2$。于是，可首先对训练集中的样本观测 $\boldsymbol{X}_i$，依函数 $\varphi_3(X_1, X_2)$ 计算 $(X_{i1}^2, X_{i2}^2, Z_i)^{\mathrm{T}}$，将其映射到三维空间中。其次在三维空间中得到超平面 $b + w_1 X_1^2 + w_2 X_2^2 + w_3 Z = 0$ 的参数估计值，方程等号左侧是一个多项式。最后在对新样本观测 $\boldsymbol{X}_0$ 进行预测时，需要先依函数 $\varphi_3(X_1, X_2)$ 计算 $(X_{01}^2, X_{02}^2, Z_0)^{\mathrm{T}}$，然后依 $\mathrm{Sign}(b + w_1 X_{01}^2 + w_2 X_{02}^2 + w_3 Z_0)$ 给出 $\boldsymbol{X}_0$ 的预测类别。

上述做法在高维空间中会出现严重的维灾难(Curse of Dimensionality)问题，即因超平面待估参数过多而导致的计算问题。对原 p 维空间通过 d 阶交乘变换成高维空间后，待估参数个数为 $\dfrac{(p+d-1)!}{d!(p-1)!}$。例如，原 $p = 2$ 维空间中的超平面待估参数个数为 2(不考虑常数项)，若多项式阶数为 $d = 2$，则超平面待估参数个数增加到 3；若 $p = 10$，$d = 3$，则需估计 220 个参数；等等。由此可见，高维将导致计算的复杂度急剧增加，且模型的参数估计在小样本下几乎无法实现，这就是所谓的维灾难问题。

支持向量分类通过核函数克服维灾难。

9.4.2　支持向量分类克服维灾难的途径

线性不可分下的支持向量分类问题的整体解决思路与 9.2 节和 9.3 节类似。其核心技巧是从点积入手解决线性不可分问题。

1. 点积与非线性变换

一方面，由支持向量分类的对偶目标函数，即 $\max L(\boldsymbol{a}) = \sum\limits_{i=1}^{N} a_i - \dfrac{1}{2}\sum\limits_{i=1}^{N}\sum\limits_{j=1}^{N} a_i a_j y_i y_j (\boldsymbol{X}_i^{\mathrm{T}} \boldsymbol{X}_j)$ 可知，样本观测输入变量的点积 $\boldsymbol{X}_i^{\mathrm{T}} \boldsymbol{X}_j$ 决定了超平面的参数。另一方面，由支持向量分类预测函数，即 $\mathrm{Sign}\left[b + \sum\limits_{i=1}^{L} a_i y_i (\boldsymbol{X}_i^{\mathrm{T}} \boldsymbol{X}_0) \right]$ 可知，分类预测结果取决于新样本观测 $\boldsymbol{X}_0$ 与 L 个支持向量的点积。

从点积的数学形式上看，如果 $\boldsymbol{X}_i = (X_{1i}, X_{2i}, \cdots, X_{Ni}), \boldsymbol{X}_j = (X_{1j}, X_{2j}, \cdots, X_{Nj})$ 且其均被视为标准化值，点积就是两个变量 $\boldsymbol{X}_i, \boldsymbol{X}_j$ 的相关系数。当然，这里 $\boldsymbol{X}_i = (X_{i1}, X_{i2}, \cdots, X_{ip}), \boldsymbol{X}_j = (X_{j1}, X_{j2}, \cdots, X_{jp})$ 是两个样本观测，所以 $\boldsymbol{X}_i$ 和 $\boldsymbol{X}_j$ 的点积度量的是两个样本观测 $\boldsymbol{X}_i, \boldsymbol{X}_j$

的相似性。

为直观理解可举一个通俗的例子。若 $\boldsymbol{X}_i, \boldsymbol{X}_j$ 分别代表张三和李四，张三的身高、体重、体脂率均高于平均水平，李四的身高、体重、体脂率也均高于平均水平，则可认为张三和李四具有特征结构上的相似性。若李四的身高高于平均水平，但体重和体脂率均低于平均水平，则可认为张三和李四并不具有特征结构上的相似性。

进一步，若两个样本观测 $\boldsymbol{X}_i, \boldsymbol{X}_j$ 具有较高相似性，则空间上两点的距离较近，反之则空间上两点的距离较远。因此，从这个意义上看，可将 $\boldsymbol{X}_i$ 和 $\boldsymbol{X}_j$ 的点积视为两点空间位置关系的一种度量，而位置关系是建模的关键。

基于非线性映射函数 $\varphi_M()$，对训练集中的样本观测 $\boldsymbol{X}_i$ 和新样本观测 $\boldsymbol{X}_0$ 进行非线性变换后，对偶目标函数为 $\max L(\boldsymbol{a}) = \sum_{i=1}^{N} a_i - \frac{1}{2}\sum_{i=1}^{N}\sum_{j=1}^{N} a_i a_j y_i y_j \left([\varphi_M(\boldsymbol{X}_i)]^{\mathrm{T}} \varphi_M(\boldsymbol{X}_j)\right)$，分类预测函数为 $\mathrm{Sign}\left[b + \sum_{i=1}^{L} a_i y_i ([\varphi_M(\boldsymbol{X}_i)]^{\mathrm{T}} \varphi_M(\boldsymbol{X}_0))\right]$。由此可知，超平面参数和预测结果取决于数据变换后的点积，即两个样本观测点在高维空间 $\mathbb{R}^M$ 中位置关系的度量。由此可见，点积计算是关键。

2. 核函数与非线性变换

线性不可分下的支持向量分类的基本思路是，希望找到一个函数 $K(\boldsymbol{X}_i, \boldsymbol{X}_j)$，若它仅基于低维空间的特征就能够度量出两个样本观测点 $\boldsymbol{X}_i, \boldsymbol{X}_j$ 在高维空间 $\mathbb{R}^M$ 中的位置关系，也就是其函数值恰好等于变换后的点积，即 $K(\boldsymbol{X}_i, \boldsymbol{X}_j) \equiv [\varphi_M(\boldsymbol{X}_i)]^{\mathrm{T}} \varphi_M(\boldsymbol{X}_j)$，则有对偶目标函数式 (9.21) 成立：

$$
\begin{aligned}
L(\boldsymbol{\alpha}) &= \sum_{i=1}^{N} a_i - \frac{1}{2}\sum_{i=1}^{N}\sum_{j=1}^{N} a_i a_j y_i y_j \left([\varphi_M(\boldsymbol{X}_i)]^{\mathrm{T}} \varphi_M(\boldsymbol{X}_j)\right) \\
&= \sum_{i=1}^{N} a_i - \frac{1}{2}\sum_{i=1}^{N}\sum_{j=1}^{N} a_i a_j y_i y_j K(\boldsymbol{X}_i, \boldsymbol{X}_j)
\end{aligned}
\tag{9.21}
$$

以及分类预测函数式 (9.22) 成立：

$$
\mathrm{Sign}\left[b + \sum_{i=1}^{L} a_i y_i \left([\varphi_M(\boldsymbol{X}_i)]^{\mathrm{T}} \varphi_M(\boldsymbol{X}_j)\right)\right] = \mathrm{Sign}\left[b + \sum_{i=1}^{L} a_i y_i K(\boldsymbol{X}_i, \boldsymbol{X}_0)\right]
\tag{9.22}
$$

于是，超平面的参数估计和预测便可依式 (9.21) 和式 (9.22) 在原来的低维空间中进行，而不必将样本观测点映射到高维空间 $\mathbb{R}^M$ 中，从而避免了后续可能出现的维灾难问题。

可通过一个简单示例进行直观理解。假设原有 $p = 2$ 维空间中的两个输入变量 X_1, X_2，有映射函数 $\varphi_3(X_1, X_2) = (X_1^2, X_2^2, Z)^{\mathrm{T}}$，$Z = \sqrt{2}X_1 X_2$，存在函数 $K(\boldsymbol{X}_i, \boldsymbol{X}_j) = (\boldsymbol{X}_i^{\mathrm{T}} \boldsymbol{X}_j)^2$。首先，依函数 $\varphi_3(X_1, X_2)$ 对样本观测 $\boldsymbol{X}_i, \boldsymbol{X}_j$ 进行非线性变换，即 $\varphi_3(X_{i1}, X_{i2}) = (X_{i1}^2, X_{i2}^2, Z_i)^{\mathrm{T}}$，$\varphi_3(X_{i1}, X_{i2}) = (X_{j1}^2, X_{j2}^2, Z_j)^{\mathrm{T}}$；其次，计算变换后两者的点积，即

$$
\begin{aligned}
[\varphi_3(\boldsymbol{X}_i)]^{\mathrm{T}} \varphi_3(\boldsymbol{X}_j) &= (X_{i1}^2 X_{j1}^2 + X_{i2}^2 X_{j2}^2 + 2X_{i1} X_{i2} X_{j1} X_{j2}) = (X_{i1} X_{j1} + X_{i2} X_{j2})^2 \\
&= (\boldsymbol{X}_i^{\mathrm{T}} \boldsymbol{X}_j)^2 = K(\boldsymbol{X}_i, \boldsymbol{X}_j)
\end{aligned}
$$

由此可见，对样本观测 $\boldsymbol{X}_i, \boldsymbol{X}_j$ 进行非线性变换后，$\mathbb{R}^3$ 中的点积恰好等于 $\mathbb{R}^2$ 中函数 $K(\boldsymbol{X}_i, \boldsymbol{X}_j)$ 的值，这意味着无须通过函数 $\varphi_3(X_1, X_2)$ 进行非线性变换，只需直接在原空间中

计算 $K(\boldsymbol{X}_i, \boldsymbol{X}_j)$ 即可。

函数 $K(\boldsymbol{X}_i, \boldsymbol{X}_j)$ 一般为核函数(Kernel Function)。核函数通常用于度量两个样本观测 $\boldsymbol{X}_i, \boldsymbol{X}_j$ 的相似度。例如，最常见的核函数是线性核函数，即 $K(\boldsymbol{X}_i, \boldsymbol{X}_j) = (\boldsymbol{X}_i^{\mathrm{T}} \boldsymbol{X}_j) = \sum_{p=1}^{P} X_{ip} X_{jp}$，为两个样本观测 $\boldsymbol{X}_i, \boldsymbol{X}_j$ 的简单相关系数(已进行标准化处理，均值为 0、标准差为 1)。线性核函数 $K(\boldsymbol{X}_i, \boldsymbol{X}_j)$ 等于原空间中 $\boldsymbol{X}_i$ 和 $\boldsymbol{X}_j$ 的点积。从这个意义上说，广义线性可分下的支持向量分类是线性不可分下的支持向量分类的特例。此外，常见的其他核函数还有以下几种。

● 多项式核函数(Polynomial Kernel Function)：

$$K(\boldsymbol{X}_i, \boldsymbol{X}_j) = (1 + \gamma \boldsymbol{X}_i^{\mathrm{T}} \boldsymbol{X}_j)^d \tag{9.23}$$

式中，阶数 d 决定了空间 $\mathbb{R}^M$ 的维度 M，一般不超过 10。

● 径向基核函数(RBF Kernel)：

$$K(\boldsymbol{X}_i, \boldsymbol{X}_j) = \mathrm{e}^{\frac{-\|X_i - X_j\|^2}{2\sigma^2}} = \mathrm{e}^{-\gamma \|X_i - X_j\|^2}, \quad \gamma = \frac{1}{2\sigma^2} \tag{9.24}$$

式中，$\|\boldsymbol{X}_i - \boldsymbol{X}_j\|^2$ 为样本观测 $\boldsymbol{X}_i, \boldsymbol{X}_j$ 间的平方欧氏距离；σ^2 为广义方差；γ 为 RBF 的核宽。

● Sigmoid 核函数：

$$K(\boldsymbol{X}_i, \boldsymbol{X}_j) = \frac{1}{1 + \mathrm{e}^{-\gamma \|X_i - X_j\|^2}} \tag{9.25}$$

总之，支持向量分类中的核函数[①]极为关键。一旦核函数确定下来，在进行参数估计和预测时，就不必事先进行非线性变换，更无须关心非线性映射函数 $\varphi_M()$ 的具体形式，只需计算相应的核函数便可完成所有计算，从而实现低维空间向高维空间的隐式变换，有效克服维灾难。但选择怎样的核函数及核函数中的参数并没有确定的准则，需要依赖经验和反复尝试。不恰当的核函数可能将低维空间中原本关系并不复杂的样本"隐式"映射到维度过高的新空间中，从而导致过拟合问题等。

9.4.3 Python 模拟和启示：认识核函数

线性不可分下核函数的选择至关重要。本节将通过 Python 编程，基于随机生成的模拟数据，选择不同的核函数实现线性不可分下的支持向量分类，以直观展示不同核函数的作用，基本思路如下。

(1)随机生成样本量 $N = 100$、有 2 个输入变量、输出变量取 1 或 0 两个类别值的非线性分类模拟数据。该数据集的特征与 7.3.2 节数据集的特征类似。

(2)将以上二维空间中的数据非线性变换到三维空间中，绘图以直观说明低维空间中的线性不可分问题可通过非线性变换转化为高维空间中的线性可分问题。

(3)在二维空间中利用不同的惩罚参数 C、不同核函数，建立线性不可分下的支持向量分类模型。

[①] 理论上，任何一个核函数都隐式地定义了一个空间，称为再生核希尔伯特空间(Reproducing Kernel Hilbert Space，RKHS)。希尔伯特空间是一个点积空间，是欧几里得空间的推广。

（4）绘制以上支持向量分类模型的分类边界，以直观对比不同核函数及惩罚参数 C 对分类边界的影响。

Python 代码（文件名为 chapter9-4.ipynb）如下。以下将分段对 Python 代码进行说明。

1. 生成二维空间中线性不可分的一组随机数据。指定非线性映射函数为二元正态分布的密度函数并进行非线性变换；通过绘图直观说明非线性变换的作用，完成以上（1）至（2）

行号	代码和说明
1	N = 100 #指定样本量 N = 100
2	X,y = make_circles(n_samples = N,noise = 0.2,factor = 0.5,random_state = 123) #随机生成两个类别的模拟数据，详见 7.3.2 节
3	fig = plt.figure(figsize = (20,6)) #指定图形大小
4	markers = ['^','o'] #指定两类样本观测点的形状
5	ax = fig.add_subplot(121) #将绘图区域划分为 1 行 2 列 2 个单元并在第 1 个单元中画图
6	for k,m in zip([1,0],markers): #将两类样本观测点以不同符号画到图上
7	ax.scatter(X[y == k,0],X[y == k,1],marker = m,s = 50)
…	…… #图标题设置等，略去
12	var = multivariate_normal(mean = [0,0], cov = [[1,0],[0,1]]) #建立服从均值向量(0,0)、协方差矩阵 $\begin{bmatrix} 1 & 0 \\ 0 & 1 \end{bmatrix}$ 的二元正态分布对象 var
13	Z = np.zeros((len(X),)) #创建第 3 维，初始值等于 0
14	for i,x in enumerate(X): #进行非线性变换，计算第 3 维
15	Z[i] = var.pdf(x) #指定第 3 维为二元正态分布的密度函数值
16	ax = fig.add_subplot(121, projection = '3d') #将绘图区域划分为 1 行 2 列 2 个单元并在第 1 个单元中画 3 维图
17	for k,m in zip([1,0],markers): #绘制 3 维图，将两类样本观测点以不同符号添加到图上
18	ax.scatter(X[y == k,0],X[y == k,1],Z[y == k],marker = m,s = 40)
…	…… #图标题设置等，略去

代码说明

（1）以上省略号部分在之前代码中重复出现过且不影响对原理的理解，故略去以节约篇幅。完整 Python 代码参见本书配套代码。

（2）第 15 行：基于输入变量计算其在二元正态分布中的密度函数值并将其作为第 3 维。所绘制的图形如图 9.11 所示。

2. 建立不同惩罚参数 C 和核函数下的支持向量分类模型；绘制分类边界，直观对比惩罚参数 C 和核函数对分类边界的影响，完成以上（3）至（4）

行号	代码和说明
1	X01,X02 = np.meshgrid(np.linspace(X[:,0].min(),X[:,0].max(),500),np.linspace(X[:,1].min(),X[:,1].max(),500)) #为绘制分类边界准备数据
2	X0 = np.hstack((X01.reshape(len(X01)*len(X02),1),X02.reshape(len(X01)*len(X02),1))) #得到新数据 X0
3	fig,axes = plt.subplots(nrows = 2,ncols = 2,figsize = (15,12)) #将绘图区域划分为 2 行 2 列 4 个单元并指定图形大小
4	for C,ker,H,L in [(0.01,'poly',0,0),(1,'rbf',0,1),(10,'poly',1,0),(1000,'rbf',1,1)]: #利用循环建立 4 个支持向量分类
5	modelSVC = svm.SVC(kernel = ker,C = C) #建立指定核函数和惩罚参数 C 的支持向量分类模型 modelSVC
6	modelSVC.fit(X,y) #基于 X 和 y 估计 modelSVC 的参数
7	Y0 = modelSVC.predict(X0) #对 X0 的类别进行预测
8	axes[H,L].scatter(X0[np.where(Y0 == 1),0],X0[np.where(Y0 == 1),1],c = 'lightgray') #将预测类别为 1 的点画到图上
9	axes[H,L].scatter(X0[np.where(Y0 == 0),0],X0[np.where(Y0 == 0),1],c = 'mistyrose') #将预测类别为 0 的点画到图上

```
10        for k,m in [(1,'^'),(0,'o')]:              #将训练集中的数据点添加到图上
11            axes[H,L].scatter(X[y == k,0],X[y == k,1],marker = m,s = 40)
12        axes[H,L].scatter(modelSVC.support_vectors_[:,0],modelSVC.support_vectors_[:,1],marker = 'o',c = 'b',s = 120,alpha = 0.3)
                                                        #突出显示支持向量
...       ......                                       #图标题设置等，略去
```

代码说明

（1）以上省略号部分在之前代码中重复出现过且不影响对原理的理解，故略去以节约篇幅。完整 Python 代码参见本书配套代码。

（2）第 1、2 行：为绘制分类边界准备数据，数据为在输入变量取值范围内的 250000 个样本观测点。

（3）第 7 行开始的循环用于建立多个支持向量分类。

支持向量分类的核函数依次为多项式（默认为 3 项式）核函数和径向基核函数，且惩罚参数依次取 0.01、1、10 和 1000。基于所建立的支持向量分类模型，预测 250000 个样本观测点的类别，绘制两个类别区域。指定灰色区域为 1 类区域，粉色区域为 0 类区域。两个区域的边界就是相应核函数和惩罚参数下的最大边界超平面。后续将样本观测点添加到图中，落入灰色区域的样本观测点将被预测为 1 类，落入粉色区域的样本观测点将被预测为 0 类。进一步，计算并在图中标出训练误差和支持向量个数。

所绘制的图形如图 9.13 所示。

彩图 9.13

图 9.13　不同惩罚参数和核函数下的支持向量分类边界

图 9.13 中不同颜色的区域分别对应两个预测类别区域。大圆圈圈住的点为支持向量。左侧两幅图为惩罚参数分别为 0.01 和 10、核函数为 3 阶多项式核函数的最大边界超平面。右侧两幅图为惩罚参数分别为 1 和 1000、核函数为径向基核函数的最大边界超平面。由此可见，两种核函数在二维空间中的分类边界形态不同，惩罚参数较大导致分类边界因努力"贴合"边界点而呈现更多的弯曲变化，且支持向量个数减少。从样本观测点的分布特点及训练误差来看，解决该问题适合采用径向基核函数。

9.5　支持向量回归概述[*]

支持向量回归以训练集为数据对象，通过分析输入变量和数值型输出变量之间的数量关系，找到最大边界回归平面，以实现对新样本观测输出变量的稳健预测。

9.5.1　支持向量回归的基本思路

由 9.4 节的讨论可知，支持向量机通过核函数可以给出一个弯曲多变的不规则超平面。这个超平面在回归中就是一个会"紧随"其附近样本观测点的弯曲多变的回归曲面，实现的是非线性回归。这里为便于直观观察以图 9.14 所示的一元回归为例进行说明。

图 9.14 左图中的弯曲不规则曲线就是回归线，显然这是一个很复杂的回归模型。这种复杂模型最大的问题是可能导致模型过拟合。模型参数对训练集中数据的微小波动极为敏感，随之出现较大变化，预测的稳健性差且测试误差较大。为克服这个问题，支持向量回归沿用前述支持向量分类的基本策略，给出的回归平面是具有最大边界的回归面。在图 9.14 左图中，两条虚线对应着支持向量分类中的两条分类边界，中间的实直线为回归线，回归方程仍为 $y = \beta_0 + \beta_1 X$。这里回归线是直线而非不规则曲线的原因是，用一条"宽带"代替传统意义上回归"细线"去贯穿和拟合样本观测点。只有数据轮廓呈现大的规律性变化或者对预测误差要求严格时这条"宽带"会随样本观测点"上下弯曲"，如图 9.14 右图所示，否则它就是一条扁平化（Flatten）的平整"宽带"，且具有预测稳健性。

图 9.14　支持向量回归中的回归直线和回归曲面

彩图 9.14

1. ε-带和"管道"

支持向量回归的关键是认为"宽带"内样本观测点的变动是微小的，是可以忽略的。这条"宽带"在支持向量回归中被称为 ε-带。

在一般线性回归建模中，回归方程的参数估计采用最小二乘法，以使输出变量的实际值 y 与预测值 $\hat{y}$ 的差，即残差 $e_i = y_i - \hat{y}_i$ 的平方和最小为原则求解回归方程的参数：

$$\min_{b,w} \sum_{i=1}^{N} L(y_i, \hat{y}_i) = \sum_{i=1}^{N} (y_i - \hat{y}_i)^2 = \sum_{i=1}^{N} (y_i - b - \boldsymbol{w}_i^{\mathrm{T}} \boldsymbol{X}_i)^2 \qquad (9.26)$$

其损失函数 $L(y_i, \hat{y}_i)$ 为平方损失 $(y_i - \hat{y}_i)^2$，且每个样本观测的残差平方都计入损失函数。与之不同的是，支持向量回归采用的是 ε-不敏感损失函数(ε-Insensitive Error Function)，即若样本观测 $\boldsymbol{X}_i$ 的残差 $e_i = y_i - (b + \boldsymbol{w}_i^{\mathrm{T}} \boldsymbol{X}_i)$ 不大于事先给定的可调参数 ε($\varepsilon > 0$)，则 e_i 不计入损失函数，损失函数对此呈不敏感反应。因此，样本观测 $\boldsymbol{X}_i$ 对损失函数的贡献定义为

$$V_\varepsilon(e_i) = \begin{cases} 0, & |e_i| < \varepsilon \\ |e_i| - \varepsilon, & |e_i| \geqslant \varepsilon \end{cases} \qquad (9.27)$$

如图 9.15 所示，若样本观测 $\boldsymbol{X}_i$ 的绝对残差 $|e_i|$ 大于 ε，则对损失函数的贡献 $V_\varepsilon(e_i)$ 随 $|e_i|$ 增大线性增加，否则贡献等于 0。按照这个原则，在输入变量和输出变量组成的空间中将出现一条 ε-带，如图 9.16 所示。

图 9.15　ε-不敏感损失函数

图 9.16　ε-带和损失贡献

图 9.16 中的实线表示支持向量回归超平面(线)。超平面两侧竖直距离为 2ε 的两条平行虚线的中间区域被称为 ε-带(与图 9.14 相对应)。图 9.16 中 1、2 两个样本观测的 $|e_1^*| > \varepsilon$，$|e_2| > \varepsilon$，样本观测点没有落入 ε-带内，其残差通过 $V_\varepsilon(e_i)$ 计入损失函数。落入 ε-带内的所有样本观测点(如 3)的残差小于 ε，$V_\varepsilon(e_i) = 0$ 不计入损失函数。由此可见，ε-带是不贡献损失的区域。落入该区域的样本观测点的残差均被忽略，本质上认为这些样本观测点的变动是微小的，是无须被回归线"紧随"的。

推而广之，在有多个输入变量的情况下，ε-带会演变为一根直径大于 0 的"管道"，"管道"内样本观测点的残差将被忽略或认为是 0 残差。当然直径等于 0 的"管道"就是通常意义上的回归"细线"。

2. 决定"管道"宽度的可调参数 ε

决定"管道"宽度的可调参数 ε 有很重要的作用。一方面，在图 9.16 中，如果 ε 过大，则两条虚线间的宽度 $2d$ 过大，极端情况是"管道"过宽以至于所有样本观测点均位于"管道"内。此时，所有样本观测的 $V_\varepsilon(e_i) = 0$，均对损失函数为 0 贡献。此时图 9.16 中的回归直线是不考虑任何输入变量影响下的回归线，将平行于 X 轴并位于输出变量均值的位置上，是一个最简单的、扁平化程度最大(平直)的回归线，如图 9.17 左图所示。在该情况下无论输入变量如何取值，所有样本的预测值均取训练集输出变量的均值，预测误差大，模型不具有实用价值。

另一方面，如果 ε 过小，则两条虚线间的宽度 $2d$ 过小，极端情况是 $d \approx 0$，会导致"管道"过窄以至于所有样本观测点均位于"管道"之外。此时，所有样本观测的 $V_\varepsilon(e_i) > 0$，均对损失函数有非 0 贡献，均对回归超平面的位置产生影响。由此必然会导致回归曲面"紧随"样本观测点，这是一个最复杂的模型，如图 9.17 右图所示。这不仅可能导致模型过拟合，而且背离了支持向量机实现稳健预测的初衷。因此，应适当增大"管道"宽度。

总之，可调参数 ε 不能过大也不能过小。可通过 K 折交叉验证法确定 ε。

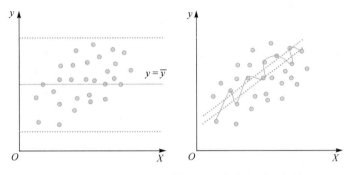

图 9.17　ε 过大和过小情况下的支持向量回归线

9.5.2　支持向量回归的目标函数和约束条件

支持向量回归沿用 9.4 节支持向量分类的基本策略，对每个样本观测点 $\boldsymbol{X}_i$ 都设置一个非负的松弛变量 ξ_i，$\xi_i = V_\varepsilon(e_i) = V(y_i - (b + \boldsymbol{w}_i^{\mathrm{T}}\boldsymbol{X}_i))$，如图 9.16 中的 ξ_1^*, ξ_2。将回归超平面上方样本观测点的松弛变量记为 ξ_i^*，下方样本观测点的松弛变量记为 ξ_i。同样，"管道"外样本观测点的 $\xi_i > 0$，"管道"内样本观测点的 $\xi_i = 0$。

1. 支持向量回归的目标函数

在支持向量回归中，若仅以"管道"最宽为目标找最大边界的回归超平面，则必然要忽略"管道"内大量样本观测的损失贡献，从而导致模型整体预测误差偏大，这显然是不合理的。因此，支持向量回归的目标函数设置为

$$\min_{\boldsymbol{w}, \xi, \xi^*} \frac{1}{2}\|\boldsymbol{w}\|^2 + C \sum_{i=1}^{N}(\xi_i + \xi_i^*) \tag{9.28}$$

式中，第二项为样本观测的损失。一方面，从增强模型鲁棒性角度出发，通常希望第一项较小，即"管道"较宽。但若"管道"过宽或超平面位置不恰当，则第二项中的 $\sum\limits_{i=1}^{N}(\xi_i + \xi_i^*)$ 会较大，模型整体误差偏大。另一方面，从模型整体误差角度出发，希望第二项中的 $\sum\limits_{i=1}^{N}(\xi_i + \xi_i^*)$ 较小，这可通过两个途径实现：第一，增大第一项，通过减小"管道"宽度减小 $\sum\limits_{i=1}^{N}(\xi_i + \xi_i^*)$，此时"管道"较窄，模型较复杂，可能出现模型过拟合问题；第二，将回归超平面放置在一个最佳位置上从而减小 $\sum\limits_{i=1}^{N}(\xi_i + \xi_i^*)$，即通过最小化 $\sum\limits_{i=1}^{N}(\xi_i + \xi_i^*)$ 确定超平面位置和角度。当

然为防止出现模型过拟合问题应使"管道"具有一定宽度但不能过宽，即第一项不能太小。

由此可见，两项同时小是无法实现的，因此支持向量回归希望找到两者之和最小的回归超平面，它位于宽度合理的"管道"内，并且是位置和角度均恰当的超平面。

式 (9.28) 中的 C 是惩罚参数，可依对预测误差的容忍程度进行调整。在"管道"宽度确定的前提下，当惩罚参数 C 较大，极端情况下 $C \to \infty$ 时，为最小化目标函数，倾向于最小化 $\sum_{i=1}^{N}(\xi_i + \xi_i^*)$，超平面将努力跟随"管道"外部的样本观测点并呈现弯曲多变(复杂模型)的形态。

当惩罚参数 C 较小[意味着允许"管道"外部的样本观测有较大损失(误差)，此时超平面倾向于扁平化(简单模型)]，极端情况下 $C \to 0$ 时，为最小化目标函数，倾向于最小化第一项，此时若没有约束条件，则超平面将是位于最大"管道"内的最扁平化的超平面。由此可见，惩罚参数 C 控制着模型的复杂度，其不能太大也不能太小。可通过 K 折交叉验证法确定 C。

2. 支持向量回归的约束条件

对每个样本观测 $\boldsymbol{X}_i$ ($i = 1, 2, \cdots, N$) 的约束条件如下：

$$
\begin{cases}
b + \boldsymbol{w}^{\mathrm{T}} \boldsymbol{X}_i - y_i \leqslant \varepsilon + \xi_i \\
y_i - b - \boldsymbol{w}^{\mathrm{T}} \boldsymbol{X}_i \leqslant \varepsilon + \xi_i^* \\
\xi_i, \xi_i^* \geqslant 0
\end{cases}
\tag{9.29}
$$

约束条件的含义：样本观测 $\boldsymbol{X}_i$ 的预测值可以大于实际值，即可以有 $\hat{y}_i = b + \boldsymbol{w}^{\mathrm{T}} \boldsymbol{X}_i > y_i$，但误差 $\hat{y}_i - y_i$ 应小于 $\varepsilon + \xi_i$；样本观测 $\boldsymbol{X}_i$ 的预测值也可以小于实际值，即可以有 $\hat{y}_i = b + \boldsymbol{w}^{\mathrm{T}} \boldsymbol{X}_i < y_i$，但误差 $y_i - \hat{y}_i$ 也应小于 $\varepsilon + \xi_i^*$。以上约束是对训练误差上限的限定。一方面，如果回归超平面很好地拟合了样本观测点 $\boldsymbol{X}_i$，ξ_i 或 ξ_i^* 很小就可以满足约束条件。另一方面，令 ε 较大也可以满足约束条件。虽然满足了约束条件，但误差还是偏大的。因此，ε 较大意味着允许的残差上限较大，ε 较小允许的残差上限较小。由此可见，这里参数 ε 控制着对最大误差的容忍程度，与 9.5.1 节中的 ε 的作用是一致的。可通过 K 折交叉验证法等确定 ε。

此外，KKT 条件中还包括：

$$
\begin{cases}
a_i(b + \boldsymbol{w}^{\mathrm{T}} \boldsymbol{X} - y_i - (\varepsilon + \xi_i)) = 0 \\
a_i^*(y_i - b - \boldsymbol{w}^{\mathrm{T}} \boldsymbol{X} - (\varepsilon + \xi_i^*)) = 0 \\
\mu_i \xi_i = 0 \\
\mu_i^* \xi_i^* = 0
\end{cases}
\tag{9.30}
$$

式中，$a_i, a_i^*, \mu_i, \mu_i^*$ ($i = 1, 2, \cdots, N$) 均为拉格朗日乘子。由于 $a_i(b + \boldsymbol{w}^{\mathrm{T}} \boldsymbol{X} - y_i - (\varepsilon + \xi_i)) = 0$ 和 $a_i^*(y_i - b - \boldsymbol{w}^{\mathrm{T}} \boldsymbol{X} - (\varepsilon + \xi_i^*)) = 0$ 不能同时成立，因此 a_i 和 a_i^* 至少有一个等于 0。由此可见，对支持向量，因 $a_i > 0$ 或 $a_i^* > 0$，所以分别有 $b + \boldsymbol{w}^{\mathrm{T}} \boldsymbol{X} - y_i = \varepsilon + \xi_i$ 或 $y_i - b - \boldsymbol{w}^{\mathrm{T}} \boldsymbol{X} = \varepsilon + \xi_i^*$ 成立，即支持向量落在"管道"的边缘和外部。

这里略去拉格朗日函数和原问题的对偶问题的理论表述，仅给出回归超平面系数的解：

$$
\boldsymbol{w} = \sum_{i=1}^{N}(a_i^* - a_i)\boldsymbol{X}_i
\tag{9.31}
$$

以及对样本观测点 $\boldsymbol{X}_0$ 的回归预测值：

$$\sum_{i=1}^{L}(a_i^* - a_i)\boldsymbol{X}_i^{\mathrm{T}}\boldsymbol{X}_0 + b \tag{9.32}$$

式中，L 表示有 L 个支持向量。

需要说明的是，与支持向量分类类似，支持向量回归通过核函数实现非线性回归。此时预测模型为 $\sum_{i=1}^{L}(a_i^* - a_i)K(\boldsymbol{X}_i, \boldsymbol{X}_0) + b$，其中 $K(\boldsymbol{X}_i, \boldsymbol{X}_0)$ 是支持向量 $\boldsymbol{X}_i$ 和新样本观测点 $\boldsymbol{X}_0$ 的核函数。

9.5.3　Python 模拟和启示：认识参数 ε

由以上讨论可知，惩罚参数 C 和参数 ε 对支持向量回归有重要影响。本节将通过 Python 编程，基于模拟数据，对该问题进行进一步的直观讨论，基本思路如下。

(1) 生成用于回归且仅包含 1 个输入变量的模拟数据。

(2) 分别建立不同惩罚参数 C 和参数 ε 下的支持向量回归模型，核函数为径向基核函数。

(3) 绘制一般支持向量回归的回归线和一般线性回归的回归线，计算误差并进行直观对比。

Python 代码（文件名为 chapter 9-5.ipynb）如下。

行号	代码和说明
1	N = 100　　　　　　　　　　　　　#指定样本量 N = 100
2	X,y = make_regression(n_samples = N,n_features = 1,random_state = 123,noise = 50,bias = 0) #随机生成包含 1 个输入变量的模拟数据
3	modelLM = LM.LinearRegression()　　　　#建立线性回归模型 modelLM
4	modelLM.fit(X,y)　　　　　　　　　　#基于 X 和 y 估计 modelLM 的参数
5	X[:,0].sort()　　　　　　　　　　　#输入变量排序以便于后续绘制回归线
6	fig,axes = plt.subplots(nrows = 2,ncols = 2,figsize = (16,10))　#将绘图区域划分为 2 行 2 列 4 个单元并指定图形大小
7	for C,E,H,L in [(1,10,0,0),(1,100,0,1),(100,100,1,0),(10000,10,1,1)]: #利用循环建立多个支持向量回归模型
8	modelSVR = svm.SVR(C = C,epsilon = E)　　　#建立指定惩罚参数 C 和参数 ε 的支持向量回归模型 modelSVR
9	modelSVR.fit(X,y)　　　　　　　　#基于 X 和 y 估计 modelSVR 的参数
10	axes[H,L].scatter(X,y)　　　　　　#绘制散点图
11	axes[H,L].scatter(X[modelSVR.support_],y[modelSVR.support_],marker = 'o',c = 'b',s = 120,alpha = 0.2) #突出显示支持向量
12	axes[H,L].plot(X,modelSVR.predict(X),linestyle = '-',label = "SVR")　　　#绘制支持向量回归的回归线
13	axes[H,L].plot(X,modelLM.predict(X),linestyle = '--',label = "线性回归",linewidth = 1) #绘制线性回归的回归线
14	axes[H,L].set_title('SVR(C = %d,epsilon = %.2f,MSE = %.2f,支持向量 = %s)'%(C,E,mean_squared_error(y,modelSVR.predict(X)),modelSVR.n_support_),fontsize = 14)　#计算 MSE，显示支持向量个数
...	……　　　　　　　　　　　　　　#图标题设置等，略去

代码说明

(1) 以上省略号部分在之前代码中重复出现过且不影响对原理的理解，故略去以节约篇幅。完整 Python 代码参见本书配套代码。

(2) 第 8 行：利用 svm.SVR(C=C,epsilon=E) 实现支持向量回归，其中参数 C 为惩罚参数 C，值越小模型越简单，值越大模型越复杂；参数 epsilon 为前述的参数 ε，值越小支持向量越多，值越大支持向量越少。所绘制的图形如图 9.18 所示。

图 9.18　不同惩罚参数 C 和参数 ε 下的支持向量回归

图 9.18 中的蓝色圆点代表样本观测点，大圆圈圈住的点为支持向量。黄色虚线为线性回归的回归线，蓝色实线为支持向量回归的回归线，显然其可以刻画输入变量和输出变量间的非线性关系。

在图 9.18 中，第一行两幅图中的惩罚参数 C 相等且较小（为 1），意味着模型复杂度较低（更扁平化），同时左图 $\varepsilon=10$ 较小，右图 $\varepsilon=100$ 较大，意味着右图允许的误差上限较大，"管道"较宽，因此右图的 MSE 大于左图且支持向量较少。第二行左图保持 $\varepsilon=100$ 不变但增大了惩罚参数 C，意味着模型复杂度提高，其回归线呈现上下波动的趋势且 MSE 减少。第二行右图进一步增大惩罚参数 C 同时减少 ε（$\varepsilon=10$），意味着继续提高模型复杂度且减小"管道"宽度，即增加支持向量个数，可见此时模型的 MES 最小，但因支持向量较多，所以模型的预测稳健性不高。

综上，惩罚参数 C 和参数 ε 对支持向量回归有着重要影响。在 C 不变的条件下，较大的 ε 意味着允许有较大的误差上限，此时"管道"外的支持向量较少，模型预测稳健性高但训练误差较大。在 ε 不变的情况下，较小的 C 将导致超平面的扁平化程度更大，训练误差较大。C 小但 ε 大将对应简单模型，C 较大但 ε 很小将对应复杂模型，应注意模型过拟合问题。

9.6　支持向量机的 Python 应用实践：老人风险体位预警

本节将通过物联网健康大数据应用中的老人风险体位预警示例，展示支持向量分类算法在多分类预测中的应用，同时对非平衡样本的分类研究进行简单说明。

9.6.1　示例背景和数据说明

本示例是物联网健康大数据应用中的一个典型案例。养老机构的医护人员可通过老人佩戴的无线穿戴设备，依据实时传回的数据，密切关注老人日常活动过程中的体位变化，依据回传数据和体位状态，建立老人风险体位预警模型，实时自动地提醒医护人员及时观察和救护老人，具有重要的实际意义。

这里的数据集[①]记录了 27 名 66～86 岁的健康老人在特定实验环境下 1h 内的各种体位状态，以及相应的无线穿戴设备回传数据。体位变化情况示意图如图 9.19 所示。

图 9.19　体位变化情况示意图

在图 9.19 中，灰色正方形表示无线穿戴设备。图形从左到右反映了老人从平躺在床上，到坐起、曲身站起并直立过程中的体位变化。可以看到，随着体位的实时变化(TimeStamp，不同时间点)，无线穿戴设备的竖直高度(vertical，穿戴设备距地面的高度)数据、水平位置(frontal、lateral，穿戴设备距两个垂直墙体的距离)数据及倾角数据等都会发生变化。这些数据会通过房间内的 3 个射频识别(Radio Frequency Identification，RFID)设备实时采集并传回，其中 2 个 RFID 安装在天花板上，1 个 RFID 安装在墙上。此外，老人会在室内走动，所以各设备(SensorID)所接收的信号强度(RSSI)会有所不同。在数据采集时段内，老人们的体位状态包括坐在床上、坐在椅子上、躺在床上、站立或行走。

每个老人的数据以单个文本文件的形式单独存储，且文件名(如 d2p01F)的最后一个字母为 M 或 F 以标识老人的性别。在无人看护的情况下，对高龄老人来说，躺或坐在床上是最安全的身体状态，离开床起身走动存在一定风险。为此，可建立基于上述数据的二分类预测模型，对老人是否处于风险体位状态进行预警。

9.6.2　Python 实现

示例研究的基本思路如下。

(1)数据准备。

由于各位老人的数据均以单个文本文件的形式集中存储在一个特定目录下，因此应读取该目录下的所有数据文件，并将其合并到数据框中。同时，还需要依据数据文件名的最后一个字母确定老人的性别，并将其存入数据框。

(2)对老人的体位状态进行基本的描述性分析，并对安全体位和风险体位的分布情况进行描述性分析。

---

① Shinmoto Torres R L, Ranasinghe D C, Shi Q F, et al. Sensor enabled wearable RFID technology for mitigating the risk of falls near beds//2013 IEEE International Conference on RFID. 2013.

(3)基于支持向量分类建立不同体位的多分类预测模型。

(4)基于支持向量分类建立安全体位和风险体位的二分类预测模型。

(5)对于数据不平衡问题进行简单说明和模型改进。

Python 代码(文件名为 chapter9-6.ipynb)如下。以下将分段对 Python 代码进行说明。

1. 读入和准备数据

行号	代码和说明	
1	path = 'C:/Users/xuewe/《Python 机器学习：数据建模与分析(第 2 版)》代码和数据/健康物联网/'	#指定数据文件所在的目录
2	filenames = os.listdir(path = path)	#获得指定目录下的所有数据文件的文件名
3	data = pd.DataFrame(columns = ['TimeStamp', 'frontal', 'vertical', 'lateral', 'SensorID', 'RSSI','Phase', 'Frequency', 'Activity', 'ID', 'Gender'])	#创建存储数据的数据框
4	i = 1	
5	for filename in filenames:	#利用循环依次读入各个数据文件中的数据
6	tmp = pd.read_csv(path+filename)	#读取指定数据文件
7	tmp['ID'] = I	#样本观测的标号
8	tmp['Gender'] = filename[-5]	#获得性别数据
9	i+ = 1	
10	data = data.append(tmp)	#将数据添加到数据框中
11	data.head(5)	

	TimeStamp	frontal	vertical	lateral	SensorID	RSSI	Phase	Frequency	Activity	ID	Gender
0	0.00	-0.232160	0.215880	-1.18820	2	-48.5	2.74430	920.75	3	1	F
1	0.25	-0.056282	0.043636	-1.14260	2	-50.0	2.36540	921.75	3	1	F
2	0.50	0.143050	0.296270	-1.33640	3	-59.5	0.20709	922.25	3	1	F
3	0.75	0.318930	0.284780	-0.92593	2	-51.0	0.41571	923.25	3	1	F
4	1.05	0.412730	0.135500	-1.02860	2	-44.5	4.45470	920.25	3	1	F

代码说明

(1)第 1 至 3 行：指定数据文件所在目录，得到该目录下的数据文件名，并建立数据框用于存储待分析的数据。

os 专用于 Python 对文件的管理。例如，os.path.dirname(path)表示返回 path 的文件路径；cwd=os.getcwd()表示得到当前目录；os.path.join(dirname, filename)表示得到完整文件名；等等。

(2)第 5 行开始的循环用于依次读入每位老人的数据，获得其性别，并将其添加到数据框中。

2. 体位状态的描述性分析(代码续前)

行号	代码和说明	
1	label = ['坐在床上','坐在椅子上','躺在床上','行走']	#4 种体位标签
2	countskey = data['Activity'].value_counts().index	#4 种体位的频数索引
3	plt.bar(np.unique(data['Activity']),data['Activity'].value_counts())	#绘制关于体位频数的柱形图
…	……	#图标题设置等，略去
7	data['ActivityN'] = data['Activity'].map({3:0,1:0,2:1,4:1})	
8	plt.bar([1,2],data['ActivityN'].value_counts())	#绘制关于安全体位或风险体位频数的柱形图
…	……	#图标题设置等，略去

代码说明

（1）以上省略号部分在之前代码中重复出现过且不影响对原理的理解，故略去以节约篇幅。完整 Python 代码参见本书配套代码。

（2）第 1、2 行：计算各种体位的频数，并得到按频数降序排列的体位标签值，为后续绘图做准备。

（3）第 3 至 6 行：绘制关于体位频数的柱形图，并给出各柱形对应的体位说明。图 9.20 左图显示，实验过程中老人的绝大多数体位是躺在床上。

（4）第 7 至 10 行：数据重编码，将风险体位编码为 1，安全体位编码为 0，重新绘制重编码后的体位频数柱形图，如图 9.20 右图所示。显然，该样本是一个典型的非平衡样本。

非平衡样本是指样本中某一类或者某些类的样本量远远大于其他类的样本量。通常样本量多的一类或几类样本被称为多数类，也被称为正类；样本量较少的类被称为少数类或稀有类，也被称为负类。例如，这里的风险体位（类别标签为 1）就是负类。

图 9.20　老人体位频数柱形图

3. 基于支持向量分类建立老人体位的四分类预测模型

首先对体位的 4 种状态建立基于不同核函数的支持向量分类模型。其次计算各分类模型的测试误差，对模型进行比较。为便于阅读，我们将代码运行结果直接放置在相应代码行下方（代码续前）。

行号	代码和说明
1	Y = data['Activity'].astype(int)　　　　　　　　　　　#指定输出变量 Y 的 4 个类别标签
2	X = data[['frontal', 'vertical', 'lateral', 'RSSI']]　　　　　#指定输入变量 X
3	X_train, X_test, Y_train, Y_test　=　train_test_split(X,Y,train_size = 0.70, random_state = 1) 　　　　　　　　　　　　　　　#采用旁置法按 0.7：0.3 的比例随机划分训练集和测试集
4	for ker in ['poly','rbf']:　　　#依据循环分别建立核函数为多项式核函数和径向基核函数的支持向量分类
5	modelSVC = svm.SVC(kernel = ker)　　　　　　　#创建支持向量分类模型 modelSVC
6	modelSVC.fit(X_train,Y_train)　　　　　　　　#基于训练集估计 modelSVC 的参数
7	print('测试误差 = %f(%s) '%(1-modelSVC.score(X_test,Y_test),ker))
8	print(classification_report(Y_test,modelSVC.predict(X_test)))

```
测试误差=0.029143(poly)
              precision    recall  f1-score   support

           1       0.71      0.84      0.77       368
           2       0.79      0.76      0.78       170
           3       0.99      1.00      1.00      6147
           4       0.90      0.17      0.28       109

    accuracy                           0.97      6794
   macro avg       0.85      0.69      0.71      6794
weighted avg       0.97      0.97      0.97      6794
```

```
测试误差=0.030321(rbf)
            precision   recall  f1-score   support

         1       0.71     0.77      0.74       368
         2       0.82     0.71      0.76       170
         3       0.99     1.00      0.99      6147
         4       0.94     0.41      0.57       109

  accuracy                         0.97      6794
 macro avg       0.86     0.72      0.77      6794
weighted avg     0.97     0.97      0.97      6794
```

代码说明

第 4 至 8 行：依次采用多项式核函数(默认为 3 项式核函数)和径向基核函数，建立两个支持向量分类模型，估计模型参数并计算模型的测试误差，以及模型在测试集上的查准率 P、查全率 R、F1 分数等评价指标。

结果显示，模型一(多项式核函数)的测试误差约为 2.9%，略低于模型二(径向基核函数)。同时，两个模型对躺在床上的体位(类别标签为 3)预测，均有很高的查准率 P 和查全率 R，但对行走体位(类别标签为 4)的预测不理想，模型一的查全率 R 仅有 17%，拉低了模型的整体测试查全率水平。模型二的查全率 R 相对较高但也仅为 41%。从实际应用角度看，建立风险体位的二分类预测模型更有意义，且查全率是更需要关注的。

4. 对老人是否处于风险体位状态进行二分类预测

对高龄老人来说，躺或坐在床上是最安全的身体状态，离开床起身走动存在一定的风险。为此，建立风险体位的二分类预测模型，对老人是否处于风险体位状态进行预警，更具现实意义。

以下将首先建立基于径向基核函数的支持向量分类模型，并对模型进行评价。其次针对样本的非平衡特点，对重抽样样本重新建模，以优化模型结果。为便于阅读，我们将代码运行结果直接放置在相应代码行下方(代码续前)。

行号	代码和说明	
1	Y = data['ActivityN'].astype(int)	#指定输出变量 Y 的 2 个类别标签
2	X = data[['frontal', 'vertical', 'lateral', 'RSSI']]	#指定输入变量 X
3	X_train, X_test, Y_train, Y_test = train_test_split(X,Y,train_size = 0.70, random_state = 1)	
4	modelSVC = svm.SVC(kernel = 'rbf')	#采用径向基核函数建立支持向量分类模型 modelSVC
5	modelSVC.fit(X_train,Y_train)	#基于训练集估计 modelSVC 的参数
6	print('训练误差 = %f'%(1-modelSVC.score(X_train,Y_train)))	
	训练误差=0.020565	
7	print('测试误差 = %f'%(1-modelSVC.score(X_test,Y_test)))	
	测试误差=0.022078	
8	print(classification_report(Y_test,modelSVC.predict(X_test)))	

```
            precision   recall  f1-score   support

         0       0.98     0.99      0.99      6515
         1       0.81     0.61      0.69       279

  accuracy                         0.98      6794
 macro avg       0.90     0.80      0.84      6794
weighted avg     0.98     0.98      0.98      6794
```

代码说明

重新建立风险体位的二分类预测模型。输出结果显示，基于径向基核函数的支持向量分类模型的训练误差约为 2%，测试误差约为 2.2%。从测试误差报告来看，模型对安全体位(类别标签为 0)的预测非常理想，但对风险体位(类别标签为 1)的预测不是很理想，尤其是查全率 R 较低(61%)，而实际场景中往往希望该值尽可能大一些。因为如果模型能够尽可能高地覆盖风险体位(查全率高)，就意味着可最大限度地确保老人出现危险时能得到及时救治，尽管与此同时会带来因查准率 P 下降从而导致医护人员对老人实施了一些不必要的观察动作，但这种风险相对是较低的。

进一步分析模型预测效果不理想的原因，可能是该样本是一个非平衡样本。基于非平衡样本建立的预测模型，尽管整体错判率较低但对负类的预测效果通常不理想。为提高模型对负类的预测性能，最简单的方式是先对数据进行重抽样处理，改变非平衡数据的正、负类分布，然后对重抽样后的样本建模。

重抽样方法大致分为两大类：第一类是随机过抽样，也称向上抽样（Over-Sampling 或 Up-Sampling），即通过增加负类样本观测改变样本分布；第二类是随机欠抽样，也称向下抽样（Under-Sampling 或 Down-Sampling），即通过减少正类样本观测改变样本分布。

以下将采用随机欠抽样方法进行重抽样，并重新建立分类模型。为便于阅读，我们将代码运行结果直接放置在相应代码行下方（代码续前）。

行号	代码和说明	
1	tmp = data.loc[data['ActivityN'] == 0,]	
2	random.seed(123)	
3	ID = random.choice(tmp.shape[0],size = data['ActivityN'].value_counts()[1],replace = False)	
4	NewData = tmp.iloc[ID,].append(data.loc[data['ActivityN'] == 1,])	
5	Y0 = NewData['ActivityN'].astype(int)	#指定输出变量 Y0 的 2 个类别标签
6	X0 = NewData[['frontal', 'vertical', 'lateral', 'RSSI']]	#指定输入变量 X0
7	modelSVC = svm.SVC(kernel = 'rbf')	#建立支持向量分类模型 modelSVC
8	modelSVC.fit(X0,Y0)	#基于随机欠抽样的数据估计 modelSVC 的参数
9	print('训练误差 = %f'%(1-modelSVC.score(X0,Y0)))	

训练误差=0.024277

```
10   print('部分报告:\n',classification_report(Y_test,modelSVC.predict(X_test)))
部分报告:
              precision    recall  f1-score   support

           0       1.00      0.95      0.98      6515
           1       0.48      1.00      0.65       279

    accuracy                           0.95      6794
   macro avg       0.74      0.98      0.81      6794
weighted avg       0.98      0.95      0.96      6794
```

```
11   print("总报告:\n",classification_report(Y,modelSVC.predict(X)))
总报告:
              precision    recall  f1-score   support

           0       1.00      0.95      0.98     21781
           1       0.45      1.00      0.62       865

    accuracy                           0.95     22646
   macro avg       0.73      0.98      0.80     22646
weighted avg       0.98      0.95      0.96     22646
```

代码说明

第 1 至 4 行：对数据集进行随机欠抽样。

首先，得到正类样本（安全体位，类别标签为 0）；其次，在正类样本中随机抽取与负类样本（风险体位，类别标签为 1）同样多的样本观测；最后，得到随机欠抽样处理后的新数据集。其中正、负两类样本量相同。

模型评价结果显示，虽然对非平衡样本进行了简单的重抽样处理，但模型在测试集的风险体位预测上的整体表现仍然欠佳，但模型对风险体位的查全率 R 到达了 1，这恰是我们所期待的。模型在数据集全体上也有着同样的表现。此外还有很多非平衡样本的分类预测建模方法，有兴趣的读者可参阅相关文献。

本 章 总 结

本章重点讨论了支持向量机的基本原理。首先，讨论支持向量分类问题。从完全线性可分场景，到广义线性可分场景，再到线性不可分场景，分别论述了算法的基本思路，以及参数对模型的影响。其次，基于 Python 编程，通过模拟数据直观展示了不同参数对最大边界超平面的影响。本章的 Python 应用实践示例，分别展示了支持向量机在多分类和二分类预测场景下的应用。9.5 节为本章选讲内容。

本章相关函数列表

围绕本章学习，应重点掌握 Python 模块中的以下函数。函数的具体格式参见 Python 帮助。

一、建立用于分类预测的支持向量分类模型的函数

modelSVC=svm.SVC()；modelSVC.fit(X,Y)。

二、建立用于回归预测的支持向量回归模型的函数

modelSVR=svm.SVR()；modelSVR.fit(X,Y)。

本 章 习 题

1. 请简述什么是支持向量分类的最大边界超平面，什么是支持向量，其有怎样的特点。
2. 请给出完全线性可分下的支持向量分类的目标函数和约束条件。
3. 请简述广义线性可分下的松弛变量的意义。
4. 你认为线性不可分下的支持向量分类中的核函数有怎样的意义？
5. 请说明什么是支持向量回归中的 ε-带。
6. Python 编程：数字识别。

基于 8.6.1 节的手写体邮政编码点阵数据(文件名为邮政编码数据.txt)，利用支持向量机实现数字的识别分类。

第 10 章

特征选择：过滤、包裹和嵌入策略

通常认为，收集的数据（变量）越多，对所研究问题的描述就会越全面，由此建立的预测模型就越能精准反映事物间的相互影响关系，进而会有较高的预测精度。例如，某健身中心为全面刻画会员的身体特征，除收集会员的身高和体重数据之外，还收集了诸如腿长、臂长、臂围、肩宽、腰围、胸围、臀围、鞋尺码、手掌宽度、性别、年龄、体脂率、训练总时长等指标数据，并相信基于如此详尽的数据对体重进行控制和预测会得到更好的效果。然而，实际情况并非如此，且可能出现如下问题。

第一，训练集中的某输入变量，因取值差异不大而对预测建模没有意义。

例如，在建立年轻女性体重的预测模型时，由于训练集中性别这个输入变量的取值均为女性，因此其对体重预测没有意义。此外，年轻女性的年龄相近且通常鞋尺码差异不大，所以年龄和鞋尺码对体重预测的作用也非常有限。

第二，训练集中的某输入变量，因与输出变量没有较高相关性而对预测建模没有意义。

例如，手掌宽度和体重的相关性一般比较低，所以在预测体重时可以不考虑手掌宽度。

第三，输入变量对输出变量的影响，会因输入变量间存在一定的相关性而具有相互替代性。

例如，身高和腿长及臂长、肩宽和胸围及臀围，两两之间通常密切相关，呈正比例关系。在体重预测的回归模型中，腿长或臂长对体重的影响，很可能完全被身高对体重的影响替代，当身高已作为输入变量进入模型后，腿长或臂长就无须再引入模型。

综上，预测建模中并非输入变量越多越好。这样不仅不能有效降低模型的测试误差，而且可能会因带来更多的数据噪声导致模型的过拟合，或者因输入变量的相关性使得对某因素对输出变量影响效应的估计出现大的偏差和波动，或者因输入变量过多增加模型计算的时间复杂度和存储复杂度，或者因输入变量过多且大于样本量无法求解模型参数，等等。

一方面，需要从众多输入变量中筛选出对输出变量预测有意义的重要变量，减少输入变量个数，实现输入变量空间的降维。该过程被称为特征选择。另一方面，需要从众多具有相关性的输入变量中提取出较少的综合变量，用综合变量代替原有输入变量，实现输入变量空间的降维。该过程被称为特征提取。

本章将围绕特征选择，讨论如何从以下三个角度考察变量的重要性，并实现特征选择。

第一，考察变量取值的差异程度。

第二，考察输入变量与输出变量的相关性。

第三，考察输入变量对测试误差的影响。

具体策略通常包括以下三种。

第一，过滤(Filter)策略。

过滤策略是指特征选择与预测建模"分而治之"。考察变量取值的差异程度，以及输入变量与输出变量的相关性，筛选出重要变量并由此构建新的训练集，为后续建立基于重要变量的预测模型奠定基础。这里的"过滤"是指以阈值为标准，过滤掉某些指标较高或较低的变量。

第二，包裹(Wrapping)策略。

包裹策略是指将特征选择"包裹"到一个指定的预测模型中，将预测模型作为评价变量重要性的工具，完成重要变量的筛选，并由此构建新的训练集，为后续建立基于重要变量的预测模型奠定基础。

第三，嵌入(Embedding)策略。

嵌入策略是指将特征选择"嵌入"到整个预测建模中，与预测建模"融为一体"，在预测建模的同时度量变量的重要性，并最终给出基于重要变量的预测模型。没有进入预测模型的变量重要性较低。

本章将结合 Python 编程集中讨论特征选择问题，并基于 Python 给出特征选择的实现及应用实践示例。特征提取将在第 11 章讨论。

10.1 过滤策略下的特征选择

过滤策略下的特征选择，主要从两个方面考察变量的重要性。

第一，考察变量取值的差异程度，即认为只有变量取值差异明显的输入变量才可能是重要的变量。依该思路实施特征选择的方法被称为低方差过滤(Low Variance Filter)法。其中涉及的问题是如何度量变量取值的差异性。不同类型的变量，其取值差异性的度量指标是不同的。

第二，考察输入变量与输出变量的相关性，即认为只有与输出变量具有较高相关性的变量才可能是重要的变量。依该思路实施特征选择的方法被称为高相关过滤(High Correlation Filter)法。

这里的相关性指的是统计相关性，即当变量 X 取某值时另一变量 y 并不依确定的函数取唯一确定的值，而可能取若干个值。例如，月收入 X 和消费水平 y、学历 X 和收入水平 y、家庭收入 X 和支出 y 之间的关系等。统计关系普遍存在，有强有弱，且包括线性相关和非线性相关。其中的核心是如何考察输入变量与输出变量的相关性。在分类预测和回归预测中，因输出变量的类型不同(分别为分类型和数值型)，所以考察其与输入变量相关性的方法也不同。回归预测中输出变量为数值型变量，输入变量通常也是数值型变量。对此有很多方法。例如，计算可度量线性相关性高低的 Pearson 相关系数，或者利用 3.1 节讨论的回归模型等。本节仅讨论分类预测中的变量相关性问题。

对于上述两个方面，总能得到一个度量结果。之后会以某个阈值为标准，过滤掉度量结果较高或较低的不重要变量，筛选出重要变量并由此构建新的训练集。后续将基于新的训练集建立预测模型。

10.1.1 低方差过滤法

从预测建模过程来看，若变量取值的差异程度很小，则意味着该变量不会对预测模型产生重要影响。这一点很容易理解。例如，在建立年轻女性的体重预测模型时，训练集中每个样本观测的性别变量取值都为女性。因性别变量没有其他取值(如男性)，所以在预测体重时无须考虑性别，性别对预测建模没有意义。依该思路实施特征选择的方法被称为低方差过滤法。变量取值的差异程度度量是该方法的关键。变量取值差异程度的度量方法依变量类型不同而不同。

对数值型变量 X，一般计算方差。若方差小于某个阈值 ε，则表明取值近乎相同，离散程度很低，变量 X 近似为 0 方差，对预测建模没有意义。

对有 K 个类别的分类型变量 X，一般可计算以下两个指标。

第一，计算类别 $k(k=1,2,\cdots,K)$ 的样本量 N_k 与样本量 N 之比 $\dfrac{N_k}{N}$，$0<\dfrac{N_k}{N}\leqslant 1$。

若最大比值 $\max\left(\dfrac{N_k}{N}\right)$ 大于某个阈值 ε，即 $\max\left(\dfrac{N_k}{N}\right)>\varepsilon$，则该变量不重要。

例如，在前述训练集的年轻女性样本中，女性占比等于 100%。假设全职妈妈的占比等于 98%，即 $\max\left(\dfrac{N_k}{N}\right)=98\%$，该占比很高意味着女性职业变量 X 取值近似一致，对预测建模没有意义。

第二，计算类别数 K 与样本量 N 之比 $\dfrac{K}{N}$，$0<\dfrac{K}{N}\leqslant 1$。

若 $\dfrac{K}{N}$ 大于某个阈值 ε，即 $\dfrac{K}{N}>\varepsilon$，则该变量不重要。

例如，在前述训练集的年轻女性样本中，每个会员都有一个会员号(分类型变量)，其类别数 $K=N$，$\dfrac{K}{N}=1$ 为最大值。当 $\dfrac{K}{N}=1$ 时，$P(X=k)=\dfrac{1}{K}=\dfrac{1}{N}$，变量 X 的熵(详见 6.5.1 节)取最大值，表明变量 X 有最大的取值不确定性，对预测建模同样没有意义。

为直观展示低方差过滤的效果，可观察图 10.1 中手写体邮政编码数字的低方差过滤处理前后的图像(详见 10.1.4 节)。

图 10.1 左图所示为手写体邮政编码数字的16×16点阵灰度数据对应的原始图像，共涉及 256 个变量，不同取值对应不同的灰度颜色。从直观上看，其中黑色区域，尤其是图像左右边缘区域为数字背景区域，基本不包含对识别数字 3 有用的信息，对应的变量取值差异程度较小(因为视觉上均为黑色)。白色区域体现了各种手写体邮政编码数字 3 的特点，对应的变量或多或少地包含有用信息。

现采用低方差过滤法，过滤掉方差小于 $\varepsilon=0.05$ 的 35 个变量，保留 221 个变量。为直观展示变量过滤效果，将过滤掉的 35 个变量的取值均替换为 0，处理后的图像输出结果如图 10.1 右图所示。图 10.1 右图中每个数字四周的灰色部分对应着 35 个取值为 0 的被过滤掉的低方差变量。从直观上看，这 35 个变量并没有导致数字 3 的关键信息丢失，不会对数字 3 识别模型的识别精度带来负面影响。

图 10.1　低方差过滤处理前后的图像

10.1.2　高相关过滤法中的方差分析

高相关过滤法认为，只有与输出变量具有较高相关性的输入变量才可能是重要的变量。分类预测中的输出变量为分类型变量，输入变量可以是数值型变量也可以是分类型变量。本节讨论考察单个数值型输入变量 X 与分类型输出变量 y 的相关性的方法：涉及 F 统计量的方差分析。

1. 方差分析概述

方差分析是统计学的经典分析方法，用来研究一个分类型控制变量各类别值是否对数值型观测变量产生了显著影响。例如，分析不同施肥量级(分类型控制变量)是否给农作物亩产量(数值型观测变量)带来显著影响，地区差异(分类型控制变量)是否会影响多孩生育率(数值型观测变量)，学历(分类型控制变量)是否对工资收入(数值型观测变量)有显著影响等。所谓"影响"，是指在一定假设条件下，若控制变量不同类别值(也称水平值)下的输入变量的总体均值存在显著差异，则认为控制变量对观测变量产生了影响，两者具有相关性。

因方差分析可分析分类型变量与数值型变量的相关性，所以可将方差分析应用于分类预测中变量相关性的研究。例如，分析消费水平 y(分类型变量)是否与月收入 X(数值型变量)相关。其中的控制变量对应分类型输出变量 y，观测变量对应数值型输入变量 X。后续对相关内容将采用方差分析领域的名词术语。此外，需要强调的是，统计学研究的出发点是，将训练集的输入变量 $X_1, X_2, \cdots, X_p$ 均视为来自输出变量 y 不同取值总体的一个随机样本。

2. 方差分析的基本原理

方差分析方法借助统计学中的假设检验进行研究。假设检验是一种基于样本数据以小概率原理为指导的反证方法。小概率原理的核心思想是，发生概率很小的事件在一次特定的观察中是不会出现或发生的。

（1）假设检验：提出假设。

假设检验的首要任务是提出原假设（记为 H_0）和备择假设（记为 H_1）。原假设是基于样本数据希望推翻的假设，备择假设是希望证明成立的假设。

在单因素方差分析中，控制变量 y 有 K 个水平，原假设 H_0 为 $\mu_1 = \mu_2 = \cdots = \mu_K$，备择假设 H_1 为 $\mu_1 \neq \mu_2 \neq \cdots \neq \mu_K$。其中，$\mu_1, \mu_2, \cdots, \mu_K$ 为观测变量 X 在控制变量 K 个水平下的总体均值。方差分析示意图如图 10.2 所示。

图 10.2　方差分析示意图

图 10.2 中控制变量为消费水平 y，观测变量为月收入 X。视数据 $X_{11}, X_{12}, \cdots, X_{1n_1}$、$X_{21}, X_{22}, \cdots, X_{2n_2}$ 等是来自总体均值为 μ_1, μ_2（未知）等各总体的一组随机样本。由此可见，原假设意味着控制变量不同水平未对观测变量产生影响，即不能认为 X 与 y 相关。备择假设是相反的结论，即认为 X 与 y 相关。后续需要基于样本数据判定是否可以推翻原假设而接受备择假设。

判定是否可以推翻原假设接受备择假设的基本依据：计算在原假设成立前提下得到当前样本特征或更极端特征的概率，称为概率-P 值。

若概率-P 值很小，即在原假设成立前提下得到当前样本特征或更极端特征的概率是一个小概率，则依据小概率原理，这个小概率事件本不会出现，之所以出现是因为原假设是错误的，应推翻原假设接受备择假设。因此，问题的关键有两个：第一，如何判断是否为小概率事件；第二，如何计算概率-P 值。

（2）假设检验：给出显著性水平。

对于上述第一个问题，统计学中一般以显著性水平 α 作为小概率的标准，通常取 0.05。

显著性水平 α 是一个概率值，测度的是原假设为真却拒绝它而犯错误的概率，也称犯弃真错误的概率。如果概率-P 值小于显著性水平 α，则表明在原假设成立前提下得到当前样本特征或更极端特征的概率是一个小概率，依据小概率原理可以拒绝原假设接受备择假设，此时犯弃真错误的概率较小且小于 α。如果概率-P 值大于显著性水平 α，则表明在原假设成立前提下得到当前样本特征或更极端特征的概率不是一个小概率，不能拒绝原假设，此时拒绝原假设犯弃真错误的概率较大且大于 α。

（3）假设检验：构造检验统计量，计算概率-P 值。

需要构造一个检验统计量解决上述概率-P 值的计算问题。

为此，方差分析的出发点是认为观测变量 X 的取值变动（变差）受到控制变量 y 和随机因素两个方面的影响，于是可将观测变量 X 的总离差平方和（用于测度变差）分解为与之对应的两个部分：SST=SSA+SSE。其中，SST（Sum Square of Total）为 X 的总离差平方和；

SSA(Sum Square of factor A)为组间(Between Group)离差平方和，是对 y（这里称为 A 因素）不同水平所导致的 X 取值变差的测度；SSE(Sum Square of Error)为组内(Within Group)离差平方和，是对抽样随机性导致的 X 取值变差的测度。

具体来讲，总离差平方和定义为

$$\text{SST} = \sum_{k=1}^{K} \sum_{i=1}^{N_k} (X_{ki} - \bar{X})^2 \tag{10.1}$$

式中，X_{ki} 表示 y 在第 k 水平下的第 i 个样本观测值；N_k 为 y 在第 k 个水平下的样本量；$\bar{X}$ 为 X 总的样本均值。组间离差平方和定义为

$$\text{SSA} = \sum_{k=1}^{K} N_k (\bar{X}_k - \bar{X})^2 \tag{10.2}$$

式中，$\bar{X}_k$ 为 y 在第 k 水平下 X 的样本均值。由此可见，组间离差平方和是各水平均值与总均值的离差平方和，反映了 y 不同水平对 X 的影响。组内离差平方和定义为

$$\text{SSE} = \sum_{k=1}^{K} \sum_{i=1}^{N_k} (X_{ki} - \bar{X}_k)^2 \tag{10.3}$$

由此可见，组内离差平方和是每个样本观测与本水平样本均值的离差平方和，反映了随机抽样对 X 的影响。

进一步，方差分析研究 SST 与 SSA 和 SSE 的大小比例关系。容易理解：若在 SST 中 SSA 和 SSE 各占近一半，即 SSA∶SSE ≈ 1，则不能说明 X 的变动主要是由 y 的不同水平引起的；若 SSA∶SSE ≫ 1，则可以说明 X 的变动主要是由 y 的不同水平导致的，即 X 与 y 相关。但 SSA 和 SSE 的计算结果中掺杂了样本量 N_k 和 y 的水平数 K 大小的影响，应剔除这些影响。为此可将上述比例计算修正为 $F_{观测值} = \dfrac{\text{SSA}/(K-1)}{\text{SSE}/(N-K)} = \dfrac{\text{MSA}}{\text{MSE}}$。其中，MSA 是平均的组间离差平方和，称为组间方差；MSE 是平均的组内离差平方和，称为组内方差。由此可见，若 $F_{观测值}$ 远远大于 1 即可认为 X 与 y 相关。

判定 $F_{观测值}$ 是否远远大于 1 需要一个公认的标准。绝妙之处在于，理论上 $F_{观测值}$ 在原假设成立条件下恰好服从 $K-1$ 和 $N-K$ 个自由度的 F 分布[①]，因而称其为 **F 统计量**。它就是方差分析中的检验统计量。知道了分布就可依据分布计算任意 $F \geqslant F_{观测值}$ 的概率，这个概率就是前文所述的概率-P 值。

若概率-P 值较大且大于给定的显著性水平 α，则说明在原假设成立的条件下，有较大的概率得到当前样本特征或更极端特征，无法拒绝原假设，即不能拒绝 X 与 y 无关。若概率-P 值较小且小于显著性水平 α，则说明在原假设成立的条件下，仅有很小的概率得到当前样本特征或更极端特征，这是一个小概率事件，大概率是无法得到的，因此应推翻原假设接受备择假设，即认为 X 与 y 相关。由此可见，F 分布起了非常重要的作用。图 10.3 所示为不同自由度下的 F 分布。因篇幅所限这里不给出相应的 Python 代码，有兴趣的读者可自行查阅本书配套的 Python 代码(文件名为 chapter10-1-1.ipynb)，以对该问题进行进一步了解。

---

① 分子和分母服从卡方分布的统计量服从 F 分布。

图 10.3　不同自由度下的 F 分布

图 10.3 显示，随着两个自由度的不断增大，F 分布逐渐趋于对称分布。$P(F \geqslant F_{观测值})$ 为图 10.3 中右侧阴影部分的面积。

针对过滤策略下的特征选择，相关性的度量结果就是 $P(F \geqslant F_{观测值})$，阈值 ε 即显著性水平 α。应过滤掉 $P(F \geqslant F_{观测值}) > \alpha$ 的不重要变量，筛选出重要变量并由此构建新的训练集。

图 10.4 所示为对手写体邮政编码数字进行高相关过滤处理前后的图像（详见 10.1.4 节）。图 10.4 左图所示为手写体邮政编码数字的 16×16 点阵灰度数据对应的原始图像，共涉及 256 个变量。其中黑色区域为数字的背景区域，其余部分对刻画和识别数字有重要作用。现采用高相关过滤法找到有助于识别 1 和 3 的较重要的 100 个输入变量。其中，控制变量 y 取值为数字 1 和 3，观测变量 X 依次为 256 个灰度数据。为直观展示变量筛选效果，将过滤掉的 156 个变量取值均替换为 0，处理后的图像输出结果如图 10.4 右图所示。

图 10.4　高相关过滤处理前后的图像

图 10.4 右图中的每个数字四周的灰色部分对应的是取值替换为 0 的不重要变量，直观

上极少包含对识别数字有用的信息。非灰色部分包含有用信息，和 y 的取值(3 或 1)高度相关。白色部分体现了原数字的特点，黑色部分是对区别数字 1 和 3 有重要作用的变量。例如，第一行第二列原本是数字 1，处理后白色部分对应着对识别数字 1 有重要作用的变量，其余部分本应均为灰色，之所以留黑是因为黑色部分对应着对识别数字 3 有重要作用的变量，所以这些变量取值是不能替换为 0 的，因而呈现出 1 和 3 叠加的现象。

10.1.3 高相关过滤法中的卡方检验

高相关过滤法认为，只有与输出变量具有较高相关性的输入变量才可能是重要的变量。分类预测中的输出变量为分类型变量，输入变量可以是数值型变量也可以是分类型变量。本节讨论考察单个分类型输入变量 X 与单个分类型输出变量 y 相关性的方法：涉及 χ^2 统计量的卡方检验。

1. 卡方检验概述

卡方检验也是统计学中的经典方法，它基于表 10.1 所示的列联表，研究表中两个分类型变量之间的相关性。可将卡方检验应用于分类预测中变量相关性的研究。例如，分析收入水平 y(分类型变量)是否与学历水平 X(分类型变量)相关。

表 10.1　列联表示例

收入水平 y (输出变量)	学历水平 X (输入变量)			合　　计
	低学历 1	中学历 2	高学历 3	
低收入 1	N_{11}	N_{12}	N_{13}	$N_{1.}$
中收入 2	N_{21}	N_{22}	N_{23}	$N_{2.}$
中高收入 3	N_{31}	N_{32}	N_{33}	$N_{3.}$
高收入 4	N_{41}	N_{42}	N_{43}	$N_{4.}$
合计	$N_{.1}$	$N_{.2}$	$N_{.3}$	N

表 10.1 中涉及两个分类型变量，其中收入水平 y 为输出变量，学历水平 X 为输入变量。表格单元中的 $N_{11}, N_{12}, \cdots, N_{43}$ 为两个变量各交叉分组水平下的样本量，也称实际频数(人数)。$N_{.1}, N_{.2}$ 等为列合计，$N_{1.}, N_{2.}$ 等为行合计。需要强调的是，统计学研究的出发点是，将基于训练集生成的上述列联表视为来自各两个总体(y 的总体和 X 的总体)的一个随机样本的随机结果。

2. 卡方检验的基本原理

卡方检验以 $N_{11}, N_{12}, \cdots, N_{43}$ 为数据对象，借助统计学中的假设检验，对 y 和 X 的相关性进行研究。与 10.1.2 节类似，首先提出假设，其次基于列联表数据考察是否可以推翻原假设接受备择假设。

(1)提出假设。

卡方检验的原假设 H_0 为 y 和 X 不相关，备择假设 H_1 为 y 和 X 相关。

对于表 10.1，原假设 H_0 中 y 和 X 不相关的含义是，整体上各学历水平的人数之比等于 $N_{.1} : N_{.2} : N_{.3}$。y 和 X 不相关意味着，任意第 i ($i = 1, 2, 3, 4$)个收入水平组中的各学历水平的理论(或期望)频数(人数) F_{i1}、F_{i2}、F_{i3} 之比，均应等于整体比例 $N_{.1} : N_{.2} : N_{.3}$，即 $F_{i1} : F_{i2} : F_{i3} =$

$N_{.1}:N_{.2}:N_{.3}$，也即 $\dfrac{F_{i1}}{N_{i.}}:\dfrac{F_{i2}}{N_{i.}}:\dfrac{F_{i3}}{N_{i.}}=\dfrac{N_{.1}}{N}:\dfrac{N_{.2}}{N}:\dfrac{N_{.3}}{N}$。这意味着，各期望频数为 $F_{i1}=N_{i.}\dfrac{N_{.1}}{N}$、

$F_{i2}=N_{i.}\dfrac{N_{.2}}{N}$、$F_{i3}=N_{i.}\dfrac{N_{.3}}{N}$。

（2）构造检验统计量，计算概率-P 值。

上述仅是一个假设，还需要基于实际频数 N_{i1},N_{i2},N_{i3} 与原假设成立条件下的期望频数 F_{i1},F_{i2},F_{i3} 的整体差异大小，判断是否可以推翻原假设。度量这个整体差异的统计量定义为

$$\chi^2_{观测值}=\sum_{i=1}^{r}\sum_{j=1}^{c}\frac{(F_{ij}-N_{ij})^2}{F_{ij}} \tag{10.4}$$

式中，r、c 分别代表列联表的行数和列数（不包含表格中的合计项）。由此可见，$\chi^2_{观测值}$ 的大小取决于表格各单元的 $(F_{ij}-N_{ij})^2$，如果表格各单元的实际频数和期望频数均差异较大进而导致 $\chi^2_{观测值}$ 很大，就不得不推翻原假设。

判断 $\chi^2_{观测值}$ 是否很大同样需要一个公认的标准。绝妙之处在于，理论上 $\chi^2_{观测值}$ 在原假设成立条件下恰好服从自由度为 $(r-1)(c-1)$ 的卡方分布[①]，因而称其为 χ^2 统计量。它就是卡方检验中的检验统计量。知道了分布就可依据分布计算任意 $\chi^2\geqslant\chi^2_{观测值}$ 的概率，这个概率就是 10.1.2 节所述的概率-P 值。

若概率-P 值较大且大于给定的显著性水平 α，则说明在原假设成立条件下，有很大的概率得到当前的实际频数 $N_{11},N_{12},\cdots,N_{43}$，它们与原假设成立条件下的期望频数 $F_{11},F_{12},\cdots,F_{43}$ 的整体差异较小，因此无法拒绝原假设，即不能拒绝 X 与 y 无关。若概率-P 值较小且小于显著性水平 α，则说明在原假设成立条件下，仅有很小的概率得到当前的实际频数 $N_{11},N_{12},\cdots,N_{43}$，这是一个小概率事件。在大概率下实际频数与原假设成立条件下的期望频数 $F_{11},F_{12},\cdots,F_{43}$ 的整体差异较大，所以应推翻原假设接受备择假设，即认为 X 与 y 有关。由此可见，卡方分布起了非常重要的作用。图 10.5 所示为不同自由度下的卡方分布。因篇幅所限这里不给出相应的 Python 代码，有兴趣的读者可自行查阅本书配套的 Python 代码（文件名为 chapter10-1-1.ipynb），以对该问题进行进一步了解。

图 10.5 显示，卡方分布（在自由度大于 1 时）是一个近似对称分布。$P(\chi^2\geqslant\chi^2_{观测值})$ 为图 10.5 中右侧阴影部分的面积。

图 10.5　不同自由度下的卡方分布

① 随机变量 X 服从正态分布，$\sum X^2$ 服从卡方分布。

针对过滤策略下的特征选择，相关性的度量结果就是 $P(\chi^2 \geq \chi^2_{观测值})$，阈值 ε 即显著性水平 α。应过滤掉 $P(\chi^2 \geq \chi^2_{观测值}) > \alpha$ 的不重要变量，筛选出重要变量并由此构建新的训练集。

10.1.4　Python 应用实践：过滤策略下手写体邮政编码数字的特征选择

本节以 8.6.1 节讨论过的手写体邮政编码点阵数据(文件名为邮政编码数据.txt)为例，展示如何基于 Python 编程实现基于过滤策略的特征提取。应首先导入 Python 的相关包或模块。为避免重复，这里将本章需要导入的包或模块一并列出如下，#后面给出了简短的功能说明。

```
1   #本章需导入的模块
2   import numpy as np
3   import pandas as pd
4   import matplotlib.pyplot as plt
5   from pylab import *
6   import matplotlib.cm as cm
7   import warnings
8   warnings.filterwarnings(action = 'ignore')
9   %matplotlib inline
10  plt.rcParams['font.sans-serif']=['SimHei']    #解决中文显示乱码问题
11  plt.rcParams['axes.unicode_minus']=False
12  from sklearn import svm    #建立基于支持向量机的预测模型
13  import sklearn.linear_model as LM    #建立线性模型
14  import scipy.stats as st    #统计学中统计量的计算
15  from scipy.optimize import root,fsolve    #优化求解
16  from sklearn.feature_selection import VarianceThreshold,SelectKBest,f_classif,chi2    #过滤法特征选择
17  from sklearn.feature_selection import RFE,RFECV,SelectFromModel    #包裹策略下的特征选择
18  from sklearn.linear_model import Lasso,LassoCV,lasso_path,Ridge,RidgeCV    #嵌入式策略下的特征选择
19  from sklearn.linear_model import enet_path,ElasticNetCV,ElasticNet    #嵌入式策略下的特征选择
```

基本思路如下。

(1)针对手写体邮政编码数字 3，采用低方差过滤法进行特征选择。由 10.1.1 节的讨论可知，低方差过滤法的特征选择并不涉及输出变量，从这个意义上看，其属于无监督算法范畴。

(2)针对手写体邮政编码数字 1 和 3，采用高相关过滤法进行特征选择。高相关过滤法的特征选择涉及输出变量，属于有监督算法范畴。

Python 代码(文件名为 chapter10-2.ipynb)如下。为便于阅读，我们将代码运行结果直接放置在相应代码行下方。以下将分段对 Python 代码进行说明。

1．低方差过滤法下的数字特征选择

行号	代码和说明	
1	data = pd.read_table('邮政编码数据.txt',sep = ' ',header = None)	#读入 txt 格式的文件，数据用空格分隔，无标题行
2	tmp = data.loc[data[0] == 3]	#选出数字 3
3	X = tmp.iloc[:,1:-1]	#指定输入变量 X(所有特征)
4	np.random.seed(1)	#设置随机数种子以重现随机结果
5	ids = np.random.choice(len(X),25)	#随机抽取 25 行数据得到其行索引
6	plt.figure(figsize = (8,8))	#指定图形大小
7	for i,item in enumerate(ids):	#利用 for 循环逐个对所抽取的 25 行数据进行如下处理
8	img = np.array(X.iloc[item,]).reshape((16,16))	#改变数据的形状为 16 行 16 列
9	plt.subplot(5,5,i+1)	#在 5 行 5 列 25 个单元的第 i+1 个单元上绘图
10	plt.imshow(img,cmap = cm.gray)	#显示图像

代码说明

(1)第 1 至 4 行：读入手写体邮政编码点阵数据。仅选择手写体邮政编码数字 3 作为分

析对象。确定输入变量。

（2）第 5、6 行：随机抽取 25 个手写体邮政编码数字 3 的点阵数据。

（3）第 7 至 10 行：利用 for 循环逐个展示 25 个手写体邮政编码数字 3。

每个数字都是16×16的灰度点阵数据，对应 256 个变量。通过函数 imshow() 转换为图像并显示，如图 10.1 左图所示。其中黑色部分均可视为数字背景，对所有的数字 3 来讲，它们对应的变量取值差异是很小的。接下来将采用低方差过滤法过滤掉方差较小的变量。

行号	代码和说明
1	selector = VarianceThreshold(threshold = 0.05) #创建低方差过滤对象 selector，参数 threshold = 0.05 表示指定过滤阈值等于 0.05，即过滤掉方差小于 0.05 的变量
2	selector.fit(X)　　　　　　　　　　　　　　　　#对输入变量 X 进行低方差过滤
3	print("剩余变量个数：%d"%len(selector.get_support(True)))
	剩余变量个数：221
4	X = selector.inverse_transform(selector.transform(X))　#将所有低方差变量的取值均替换为 0
...	……　　　　　　　　　　　　　　　　　　　#显示低方差过滤处理后的数字图像，略去

代码说明

（1）以上省略号部分在之前代码中重复出现过且不影响对原理的理解，故略去以节约篇幅。完整 Python 代码参见本书配套代码。

（2）第 1 行：利用函数 VarianceThreshold() 实现低方差过滤，定义低方差过滤对象 selector，其中参数 threshold=0.05 表示指定过滤阈值等于 0.05，即过滤掉方差小于 0.05 的变量。

（3）第 3 行：显示低方差过滤后的特征选择结果。

利用低方差过滤对象的方法.get_support(True) 得到特征选择结果，本例保留了 221 个特征(变量)，其余 35 个均为低方差变量(方差值存储在.variances_ 属性中)，是对后续研究意义不大的变量。

（4）第 4 行：selector.transform(X) 存储的是一个 2 维列表，这里行数为 658 表示有 658 个数字 3，列数为 221 表示过滤后保留下来的特征。可利用 inverse_transform(selector.transform(X)) 将所有低方差变量的取值均替换为 0，为后续直观展示低方差变量的具体情况做数据准备。

所绘制的两幅数字 3 的图像如图 10.1 所示。其中图 10.1 左图为数字 3 的原始图像，图 10.1 右图为令低方差变量取值为 0 后的图像。图像显示，过滤后并没有导致数字 3 的关键信息丢失。

2. 高相关过滤法下的数字特征选择

针对手写体邮政编码数字 1 和 3，采用高相关过滤法进行特征选择。

行号	代码和说明
1	tmp = data.loc[(data[0] == 1)	(data[0] == 3)]　　#选出数字 1 和 3
2	X = tmp.iloc[:,1:-1]　　　　　　　　　　　#指定输入变量 X(所有特征)
3	Y = tmp.iloc[:,0]　　　　　　　　　　　　#指定输出变量 Y
...	……　　　　　　　　　　　　　　　#随机抽取 25 个数字并显示原始图像，略去
12	selector = SelectKBest(score_func = f_classif,k = 100)　#基于 F 统计量从大到小的顺序挑选前 100 个(k = 100)重要特征

13	selector.fit(X,Y)	#基于 X 和 Y 进行特征选择
14	print("变量重要性评分：",selector.scores_[0:5])	

变量重要性评分： [5.10898495 21.93357405 82.3841514 282.84509937 719.07806468]

| 15 | print("变量的概率 P-值:",selector.pvalues_[0:5]) | |

变量的概率P-值: [2.39312394e-002 3.05218712e-006 3.08578340e-019 9.82205018e-059
6.44143983e-132]

| 16 | X = selector.inverse_transform(selector.transform(X)) | #将低相关变量的取值均替换为 0 |
| … | …… | #显示高相关过滤处理后的数字图像，略去 |

代码说明

（1）以上省略号部分在之前代码中重复出现过且不影响对原理的理解，故略去以节约篇幅。完整 Python 代码参见本书配套代码。

（2）第 12 行：利用函数 SelectKBest() 实现高相关过滤。参数 score_func=f_classif 表示指定为 F 统计量，还可以指定为 chi2，即卡方统计量；参数 k=100 表示筛选出 F（或卡方）统计量从大到小较重要的前 100 个变量。

（3）第 14、15 行：输出前 5 个变量的特征选择结果，分别为 10.1.2 节的 $F_{观测值}$，以及相应的概率-P 值，即 $P(F \geqslant F_{观测值})$，依次存储在高相关过滤对象的 .scores_ 和 .pvalues_ 属性中。从输出结果看，第 3、4、5 个变量的概率-P 值极小，应该是对识别数字 1 和 3 有重要意义的变量。

所绘制的两幅数字 1 和 3 的图像如图 10.4 所示。其中图 10.4 左图为数字的原始图像，图 10.4 右图为令低相关变量取值为 0 后的图像。图像显示，过滤掉的不重要变量均是对识别数字 1 和 3 没有重要影响的变量。

需要注意的是，过滤策略下可实现对单个变量重要性的逐一判断。当输入变量相互独立时，过滤策略是一个不错的策略。但若输入变量 X_i 和输入变量 X_j 存在一定的相关性，当 X_i 较为重要并进入新的训练集后，与 X_i 同等重要的 X_j 会因与 X_i 相关而"显得不再重要"进而无须进入训练集。因此，当输入变量存在相关性时应采用 10.3 节讨论的方法进行特征选择。

10.1.5 其他高相关过滤法[*]

此外还有其他测度输入变量和输出变量相关性的量。

1. Golub 等提出的相关系数

除 10.1.2 节和 10.1.3 节所述的量之外，另一个测度输入变量和输出变量相关性的、较为著名的量是，1999 年 Golub 等在研究基因表达（Gene Expression）与病患症状关系时提出相关系数，定义为 $w_p = \dfrac{\mu_{p(+)} - \mu_{p(-)}}{\sigma_{p(+)} + \sigma_{p(-)}}$。其中，(+)、(−) 分别表示病患一组和病患二组；$\mu_{p(+)}$、$\mu_{p(-)}$ 分别表示两组第 p 个基因表达的均值；$\sigma_{p(+)}$、$\sigma_{p(-)}$ 分别为两组第 p 个基因表达的标准差。由此可见，若系数 $w_p \approx 0$，则表示第 p 个基因表达与病患组的划分不相关。系数 w_p 的绝对值越大，第 p 个基因表达与病患组的划分越相关。

依据这个思路可测度输入变量 X_i 与输出变量 y（二分类型变量）的相关性：

$$w_{X_i} = \frac{\overline{X}_i^{(1)} - \overline{X}_i^{(2)}}{\sigma_{X_i}^{(1)} + \sigma_{X_i}^{(2)}} \tag{10.5}$$

式中，$\overline{X}_i^{(1)}$、$\overline{X}_i^{(2)}$ 及 $\sigma_{X_i}^{(1)}$、$\sigma_{X_i}^{(2)}$ 分别为 X_i 在两个类别中的均值和标准差。w_{X_i} 的绝对值越大，输入变量 X_i 与输出变量 y 越相关。

2. Pavlidis 等提出的相关系数

2000 年 Pavlidis 等将上述相关系数修正为

$$w_{X_i} = \frac{(\bar{X}_i^{(1)} - \bar{X}_i^{(2)})^2}{(\sigma_{X_i}^2)^{(1)} + (\sigma_{X_i}^2)^{(2)}} \tag{10.6}$$

式中，$(\sigma_{X_i}^2)^{(1)}$、$(\sigma_{X_i}^2)^{(2)}$ 分别为 X_i 在两个类别中的方差。该系数与 1973 年 Duda 提出的 Fisher 判别思想类似。

Fisher 判别是统计学中经典的分类预测方法。同机器学习的思路相同，Fisher 判别也是希望找到一条分类直线(或超平面)将两个类别有效分开以实现分类预测。Fisher 判别通过建立判别函数，即 $y = a_1 X_1 + a_2 X_2 + \cdots + a_p X_p$，将 p 个输入变量 X_i 以 a_i 为系数(待估计)进行线性组合并得到新特征 y。确定系数 a_i($i = 1, 2, \cdots, p$)的原则：基于以 $\hat{a}_i$ 为系数的线性组合得到的新特征 $\hat{y}$，将更易于区分两个类别。Fisher 判别示意图如图 10.6 所示。

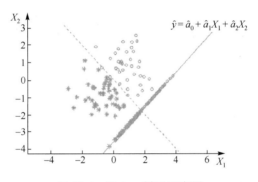

图 10.6　Fisher 判别示意图

在图 10.6 所示的以 X_1, X_2 为坐标轴的二维空间中，用平行或垂直于坐标轴的直线，即仅关注 X_1 或 X_2，很难有效将星号和圆圈两类点(两个类别)分开，分类预测时会产生较大的误差。但若将样本数据点投影到从左至右、由下到上的直线 $\hat{a}_0 + \hat{a}_1 X_1 + \hat{a}_2 X_2 = 0$ 上，则仅依据单个 $\hat{y} = \hat{a}_0 + \hat{a}_1 X_1 + \hat{a}_2 X_2$ 的值就可轻松将两类点分开。

那么应如何确定系数 a_i 呢？若将两个类别(1 类和 2 类)的样本观测 $\boldsymbol{X}_i^{(1)}$($i = 1, 2, \cdots, N_1$)、$\boldsymbol{X}_i^{(2)}$($i = 1, 2, \cdots, N_2$)(样本量分别为 N_1 和 N_2)分别代入待估的判别函数，则有

$$y_i^{(1)} = a_1 X_{i1}^{(1)} + a_2 X_{i2}^{(1)} + \cdots X_p X_{ip}^{(1)}, \quad i = 1, 2, \cdots, N_1$$

$$y_i^{(2)} = a_1 X_{i1}^{(2)} + a_2 X_{i2}^{(2)} + \cdots + a_p X_{ip}^{(2)}, \quad i = 1, 2, \cdots, N_2$$

且两组新特征 y 的均值分别为 $\bar{y}^{(1)} = \sum_{i=1}^{p} a_i \bar{X}_i^{(1)}$、$\bar{y}^{(2)} = \sum_{i=1}^{p} a_i \bar{X}_i^{(2)}$。由此可见，为使判别函数(新特征 y)能够很好地区分两类点，$\bar{y}^{(1)}$ 和 $\bar{y}^{(2)}$ 相差越大越好且两组内的离差平方和越小越好，即

$$I = \frac{(\bar{y}^{(1)} - \bar{y}^{(2)})^2}{\sum_{i=1}^{N_1} (y_i^{(1)} - \bar{y}_i^{(1)})^2 + \sum_{i=1}^{N_2} (y_i^{(2)} - \bar{y}_i^{(2)})^2} \tag{10.7}$$

越大越好。应找到 I 最大时的系数 a_i（$i=1,2,\cdots,p$）。

类似地，为测度输入变量 X_i 与输出变量 y 的相关性，Pavlidis 将式(10.7)中的 y 替换为输入变量 X_i，将分母中两组的离差平方和替换为方差，分别计算输入变量 X_i 在两组内的均值和方差，得到式(10.6)并依此计算相关系数。显然，相关系数越大，输入变量 X_i 与输出变量 y 的相关性越高；反之，相关性越低。

同理，针对过滤策略下的特征选择，若输入变量 X_i 的上述相关系数大于设定的阈值 ε，则该输入变量重要，应进入新的训练集。

10.2 包裹策略下的特征选择

包裹策略是指将特征选择"包裹"到一个指定的预测模型中。它将预测模型作为评价变量重要性的工具，完成重要变量的筛选，并由此构建新的训练集，为后续建立基于重要变量的预测模型奠定基础。

包裹策略通常借助一个预测模型，依据变量对预测模型损失函数(或目标函数)影响的大小，给出对变量重要性的打分。在全部变量 $X_1,X_2,\cdots,X_p$ 中，若变量 X_i 可以最大限度地减小损失函数值，则变量 X_i 的重要性最大。若变量 X_i 仅能最小限度地减小损失函数值，则变量 X_i 的重要性最低。因此，最终可得到变量重要性的排序结果，可依据排序结果筛选前若干个重要变量构建新的训练集，为后续基于新训练集建立预测建模奠定变量基础。

事实上，当前较为流行的包裹策略下的特征选择方法并不关注变量重要性的具体得分值，而希望给出一系列具有嵌套关系的输入变量子集 $F_1 \subset F_2 \subset \cdots \subset F$。其中，$F_1$ 包含重要性高的前 m 个变量，F_2 包含重要性高的前 $m+n$ 个变量，通常 $n=1$。依次类推，F 包含全体共 p 个变量 $X_1,X_2,\cdots,X_p$。由此可见，输入变量子集同样起到了变量重要性排序的作用。

10.2.1 包裹策略的基本思路

包裹策略的基本思路是进行反复迭代，每次迭代均给出剔除当前最不重要变量后的特征(变量)子集。设当前变量集 $S=F=\{X_1,X_2,\cdots,X_p\}$，当前的重要变量集 $r_0=F$。将进行第 p 次如下迭代过程。

第一步，基于包含 $|S|$ 个输入变量的集合 S，建立预测模型 M_S，并计算 M_S 的损失函数(或目标函数)值 L_s。

第二步，执行 $|S|$ 次以下循环。

(1)剔除 S 中的一个变量 X_i（$i=1,2,\cdots$），建立预测模型 $M_S^{-\kappa(X_i)}$。其中，$-\kappa(X_i)$ 表示除变量 X_i 之外的变量集，如 $-\kappa(X_i)=\{X_1,X_2,\cdots,X_{i-1},X_{i+1},\cdots,X_p\}$。

(2)计算 $M_S^{-\kappa(X_i)}$ 的损失函数(或目标函数)值 $L_s^{-\kappa(X_i)}$，以及 $\Delta L^{-\kappa(X_i)}=\left|L_s^{-\kappa(X_i)}-L_s\right|$。显然，$\Delta L^{-\kappa(X_i)}$ 为剔除 X_i 所导致的损失函数(或目标函数)值的变化量。$\Delta L^{-\kappa(X_i)}$ 越大意味着 X_i 越重要，$\Delta L^{-\kappa(X_i)}$ 越小意味着 X_i 越不重要。

第三步，找到 $\min(\Delta L^{-\kappa(X_i)})$ 的变量 X_i，将其从 S 中剔除，且 $r_p \leftarrow S$。其中，r_p 为第 p 次迭代后的重要变量子集。

第四步，重复第一步至第三步，直到 $S=\{\}$ 迭代结束。

迭代结束后将得到若干个重要变量子集：$r_0 \supset r_1 \supset r_2 \cdots \supset r_p$。各子集中包含的变量个数依次减少。$r_1$ 为剔除了最不重要变量后的变量子集，r_p 中为最重要的变量。

2007 年坎宁安（Cunningham）和德拉尼（Delany）提出的特征选择方法就是包裹策略的具体体现。不同点在于，以上算法是从当前变量集合 S 中不断剔除最不重要变量的过程，而坎宁安和德拉尼提出的算法在迭代开始时变量集合 S 是空集，后续将不断从备选变量集中挑选出当前最重要的变量依次放入集合 S。

包裹策略中的预测模型 M_S，理论上可以是包括支持向量机在内的任何模型，如贝叶斯分类器、KNN、决策树及神经网络等。这些预测模型有的以损失函数最小为目标求解参数，有的考虑了模型的复杂度以目标函数最小为目标求解参数。此外，每次迭代均是在控制模型中其他输入变量 X_j（$j \neq i$）影响的条件下，判定变量 X_i 的重要性，因此是对 X_i 与输出变量 y 净相关[①]或 X_i 对 y 净贡献程度的度量，从而很好地排除了输入变量相关性对变量重要性评价的影响。

10.2.2　递归式特征剔除算法

包裹策略下较为著名的特征选择方法是 2002 年 Vapnik 等提出的递归式特征剔除（Recursive Feature Elimination，RFE）算法[②]，其预测模型为支持向量机。后续人们也将该算法推广到所有能给出变量系数的其他线性预测模型中。

RFE 算法从计算效率角度对包裹策略进行了优化，提出可直接依据预测模型中变量 X_i 的系数判断变量的重要性。

例如，一般线性回归方程为 $y = \beta_0 + \beta_1 X_1 + \beta_2 X_2 + \cdots + \beta_p X_p$。若每个输入变量 X_i（$i = 1, 2, \cdots, p$）均经过了标准化处理，β_i 和 β_j 就具有可比性。$|\beta_i|$ 值越大变量 X_i 越重要，$|\beta_i|$ 值越小变量 X_i 越不重要。

设当前变量集 $S = F = \{X_1, X_2, \cdots, X_p\}$，当前的重要变量集 $r_0 = F$。基于上述思想，RFE 算法进行第 p 次如下迭代过程。

第一步，基于包含 $|S|$ 个输入变量的集合 S，训练支持向量机 M_S。

第二步，计算变量重要性。

由第 9 章的讨论可知，支持向量机 M_S 中超平面参数为 $w^{(M_S)} = \sum_{n=1}^{L} a_n y_n X_n$（有 L 个支持向量）。于是可方便地得到超平面方程中任意输入变量 $X_i \in S$ 前的系数 $w_i^{(M_S)} = \sum_{n=1}^{L} a_n y_n X_{ni}$。以 $[w_i^{(M_S)}]^2$ 作为变量 X_i 重要性的度量，值越大变量越重要。

第三步，找到 $\min([w_i^{(M_S)}]^2)$ 的变量 X_i，将其从 S 中剔除，且 $r_p \leftarrow S$。r_p 为第 p 次迭代后的重要变量子集。

第四步，重复第一至第三步，直到 $S = \{\}$ 迭代结束。

迭代结束后将得到若干个重要变量子集：$r_0 \supset r_1 \supset r_2 \cdots \supset r_p$。各子集中包含的变量个数依次减少。$r_1$ 为剔除了最不重要变量后的变量子集，r_p 中为最重要的变量。

在后续的 RFE 拓展算法中，预测模型可以是包括支持向量机在内的其他广义线性模

---

① X 和 y 的净相关是指排除了其他变量与 X、y 的相关性之后的 X 和 y 的相关。

② Guyon I，Weston J，Barnhill S. Gene Selection for Cancer Classification using Support Vector Machines. Machine Learning，46：389-422.

型，如二项 Logistic 回归模型等。只要这些模型能够给出变量 X_i（$i=1,2,\cdots,p$）的系数 w_i，就能以 w_i 的函数（如 w_i^2）作为变量重要性的度量。

10.2.3 基于交叉验证的递归式特征剔除算法

基于交叉验证的递归式特征剔除（Recursive Feature Elimination based on Cross-Validation，RFECV）算法的基本原理与 RFE 算法相同。不同之处在于，RFECV 算法以 K 折交叉验证下的测试误差最低为标准确定预测模型参数。

设当前变量集 $\boldsymbol{S}=\boldsymbol{F}=\{X_1,X_2,\cdots,X_p\}$，当前的重要变量集 $\boldsymbol{r}_0=\boldsymbol{F}$。RFECV 算法进行第 p 次如下迭代过程。

第一步，基于包含 $|\boldsymbol{S}|$ 个输入变量的集合 $\boldsymbol{S}$，采用 K 折交叉验证法建立 K 个支持向量机 $M_S(k)$，$k=1,2,\cdots,K$。

第二步，找到 K 折交叉验证法下测试误差最小的 $M_S(k)$。

第三步，基于 $M_S(k)$ 计算变量重要性。

同理，$M_S(k)$ 中超平面参数为 $\boldsymbol{w}^{(M_s(k))}=\sum_{n=1}^{L}a_n y_n \boldsymbol{X}_n$（有 L 个支持向量）。于是可方便地得到超平面方程中任意输入变量 $X_i \in \boldsymbol{S}$ 前的系数 $w_i^{(M_s(k))}=\sum_{n=1}^{L}a_n y_n X_{ni}$。以 $[w_i^{(M_s(k))}]^2$ 作为变量 X_i 重要性的度量，该值越大变量越重要。

第四步，找到 $\min([w_i^{(M_s(k))}]^2)$ 的变量 X_i，将其从 $\boldsymbol{S}$ 中剔除，且 $\boldsymbol{r}_p \leftarrow \boldsymbol{S}$。$\boldsymbol{r}_p$ 为第 p 次迭代后的重要变量子集。

第五步，重复第一步至第四步，直到 $\boldsymbol{S}=\{\}$ 迭代结束。

迭代结束后将得到若干个重要变量子集：$\boldsymbol{r}_0 \supset \boldsymbol{r}_1 \supset \boldsymbol{r}_2 \cdots \supset \boldsymbol{r}_p$。各子集中包含的变量个数依次减少。$\boldsymbol{r}_1$ 为剔除了最不重要变量后的变量子集，$\boldsymbol{r}_p$ 中为最重要的变量。

RFECV 算法基于测试误差判断变量重要性，考虑了输入变量对模型泛化性能的影响。

10.2.4 Python 应用实践：包裹策略下手写体邮政编码数字的特征选择

本节仍以 8.6.1 节讨论过的手写体邮政编码点阵数据（数据文件名为邮政编码数据.txt）为例，展示如何基于 Python 编程实现包裹策略下的特征提取，基本思路如下。

(1)抽取手写体邮政编码数字 1 和 3 的数据，后续仅基于这部分数据进行特征选择。

(2)分别以二项 Logistic 回归模型和支持向量机为预测模型，基于 REF 算法实现包裹策略下的特征提取。

(3)分别显示以二项 Logistic 回归模型和支持向量机为预测模型时数字 1 和 3 的特征选择结果，以进行直观对比。

Python 代码（文件名为 chapter10-3.ipynb）如下。为便于阅读，我们将代码运行结果直接放置在相应代码行下方。

行号	代码和说明	
1	data = pd.read_table('邮政编码数据.txt',sep = ' ',header = None)	
2	tmp = data.loc[(data[0] == 1) | (data[0] == 3)]	#选出数字 1 和 3
3	X = tmp.iloc[:,1:-1]	#指定输入变量 X(所有特征)

```
4      Y = tmp.iloc[:,0].astype(str)                              #指定输出变量 Y
5      np.random.seed(1)                                          #指定随机数种子使随机结果可以重现
6      ids = np.random.choice(len(X),25)                          #随机抽取 25 个字符，显示特征选择前后的图像
7      estimators = [LM.LogisticRegression(),svm.SVC(kernel = 'linear')]  #指定预测模型分别为二项 Logistic 回归模型和支持向量机
8      for estimator in estimators:                               #利用循环实现不同预测模型下的 RFE 特征选择
9          selector = RFE(estimator = estimator,n_features_to_select = 80)
                                                                  #创建指定预测模型，选择重要的 80 个特征的 RFE 对象 selector
10         selector.fit(X,Y)                                      #基于 X 和 Y 进行特征选择
11         print("变量重要性排名 %s"%selector.ranking_[0:5])
       变量重要性排名 [176 170 130  69  27]
       变量重要性排名 [177 176 110  69   7]
12         Xtmp = selector.inverse_transform(selector.transform(X))   #将不重要变量的取值均替换为 0
…      ……                                                        #显示特征选择后的数字图像，略去
```

代码说明

（1）以上省略号部分在之前代码中重复出现过且不影响对原理的理解，故略去以节约篇幅。完整 Python 代码参见本书配套代码。

（2）第 1 至 4 行：读入手写体邮政编码点阵数据。选择数字 1 和 3 的点阵数据，后续将采用包裹策略中的 RFE 算法找到对识别数字 1 和 3 有重要作用的变量。确定输入变量和输出变量。

（3）第 7 行：指定 RFE 算法中的预测模型分别为二项 Logistic 回归模型和广义线性可分下的支持向量机。后续将依据预测模型给出的变量系数判断变量重要性。

（4）第 8 行以后分别以二项 Logistic 回归模型和广义线性可分下的支持向量机为预测模型，提取重要的 80 个特征，并对特征选择结果进行可视化展示。

利用函数 RFE() 实现包裹策略下的特征选择，这里定义了 RFE 对象并设置参数 n_features_to_select=80，指定选出重要的 80 个特征。RFE 对象的 .ranking_ 属性中存储着变量重要性的排名，.n_features_ 中存储重要特征的数量。将不重要变量的取值均替换为 0 后，两种预测模型下的特征选择结果的可视化展示如图 10.7 所示。

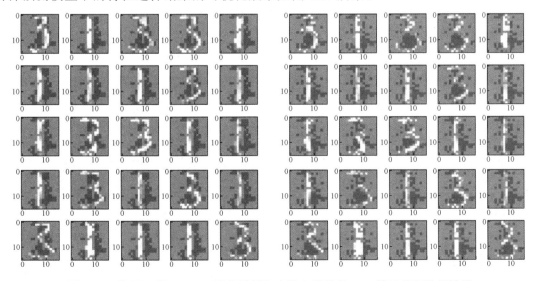

图 10.7　基于二项 Logistic 回归模型和支持向量机的 RFE 算法特征选择结果

图 10.7 左图和右图分别是二项 Logistic 回归模型和支持向量机下的特征选择结果，白色区域展示了原数字的特征，黑色区域对应的变量是对区分数字 1 和 3 有重要作用的变量。可以看到左右两幅图的结果不尽相同，主要差异体现在部分图像的边缘区域上。进一步，从第 11 行的输出结果，即 RFE 对象的 .ranking_ 属性中存储的变量重要性排名来看，如二项 Logistic 回归模型认为重要的前 5 个变量为 176 号、170 号、130 号、69 号和 27 号变量，而支持向量机给出的排名是 177 号、176 号、110 号、69 号和 7 号变量。事实上，变量重要性评价不一致的变量大多对应着图像的边缘区域，可以看到二项 Logistic 回归模型剔除了较多的图像边缘和邻近数字边缘的变量，而支持向量机进行了适当的取舍。

10.3　嵌入策略下的特征选择

嵌入策略下的特征选择将特征选择过程嵌套在预测模型的训练中，既可考察输入变量的重要性，也可同时给出最终的预测模型。嵌入策略下的特征选择借助带约束的预测建模实现。

以下重点讨论嵌入策略下的典型代表：岭回归、Lasso 回归和弹性网回归。

10.3.1　岭回归和 Lasso 回归

1. 基本思路

带约束的预测建模与 RFE 算法有相同的设计出发点，以一般线性回归为例，认为在 $y = \beta_0 + \beta_1 X_1 + \beta_2 X_2 + \cdots + \beta_p X_p$ 中，β_i^2 越大，变量 X_i 越重要；β_i^2 越小，变量 X_i 越不重要。如果回归方程中 $X_1, X_2, \cdots, X_p$ 均为重要性很高的变量，则 $\sum_{i=1}^{p} \beta_i^2$ 或 $\sum_{i=1}^{p} |\beta_i|$ 应很大；如果回归方程的 $X_1, X_2, \cdots, X_p$ 均为不重要的变量，则 $\sum_{i=1}^{p} \beta_i^2$ 或 $\sum_{i=1}^{p} |\beta_i|$ 应很小。

应注意的是，即使变量均不重要，但若 p 很大也会导致 $\sum_{i=1}^{p} \beta_i^2$ 或 $\sum_{i=1}^{p} |\beta_i|$ 不那么小。因此，$\sum_{i=1}^{p} \beta_i^2$ 或 $\sum_{i=1}^{p} |\beta_i|$ 中"掺杂"了 p 大小的影响，"虚夸"了输入变量整体的重要性。

进一步，如果模型中包含少量重要变量和大量不重要变量，那么 $\sum_{i=1}^{p} \beta_i^2$ 或 $\sum_{i=1}^{p} |\beta_i|$ 可能并不小，为使大量不重要变量不进入模型，可指定进入模型的所有变量的系数 $\sum_{i=1}^{p} \beta_i^2$ 或 $\sum_{i=1}^{p} |\beta_i|$ 小于某个阈值 s。

2. 岭回归和 Lasso 回归模型概述

基于上述设计出发点，在基于平方损失函数估计模型参数时，不仅要求损失函数最小：

$$\hat{\boldsymbol{\beta}} = \arg\min_{\boldsymbol{\beta}} \sum_{i=1}^{N} L(y_i, \hat{y}_i) = \arg\min_{\boldsymbol{\beta}} \sum_{i=1}^{N} (y_i - (\beta_0 + \beta_1 X_1 + \beta_2 X_2 + \cdots + \beta_p X_p))^2$$

还需要增加约束条件：

$$\sum_{i=1}^{p} \beta_i^2 \leqslant s \tag{10.8}$$

或者

$$\sum_{i=1}^{p} |\beta_i| \leqslant s \tag{10.9}$$

式中，s 为阈值，是一个可调参数。增加约束条件之后，可确保回归方程中包含的 $k < p$ 个

输入变量 X_i（$i = 1, 2, \cdots, k$）的整体重要性较高。通常，称 $\sqrt{\sum_{i=1}^{p} \beta_i^2}$ 为 L2 范数，记为 $\|\boldsymbol{\beta}\|_2$，$\sum_{i=1}^{p} \beta_i^2$

记为 $\|\boldsymbol{\beta}\|_2^2$，称为平方 L2 范数；称 $\sum_{i=1}^{p} |\beta_i|$ 为 L1 范数，记为 $\|\boldsymbol{\beta}\|_1$。

　　显然该问题的参数求解应采用 9.2.2 节讨论的不等式约束条件下的求解方法。为便于阐述平方 L2 范数约束和 L1 范数约束的实际意义，以仅包含 X_1, X_2 两个变量的二元回归模型为例进行讨论。其中，损失函数为 $\arg\min_{\boldsymbol{\beta}} \sum_{i=1}^{N} L(y_i, \hat{y}_i) = \arg\min_{\boldsymbol{\beta}} \sum_{i=1}^{N} (y_i - (\beta_0 + \beta_1 X_1 + \beta_2 X_2))^2$，

约束条件为 $\sum_{i=1}^{2} \beta_i^2 \leqslant s$ 或 $\sum_{i=1}^{2} |\beta_i| \leqslant s$。两者的不同可从图 10.8 中直观看到。

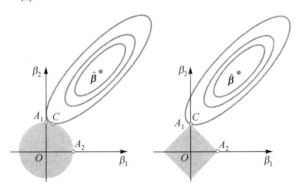

图 10.8　平方 L2 范数约束和 L1 范数约束

　　图 10.8 中的椭圆为损失函数的等高线，越接近椭圆内部损失值越小。当没有约束条件时，在 $\boldsymbol{\beta} = \hat{\boldsymbol{\beta}}$（椭圆中心位置）时损失函数取得最小值，$\hat{\boldsymbol{\beta}}$ 为参数 $\boldsymbol{\beta}$ 的最优解。当增加约束条件时，对于平方 L2 范数约束，有 $\beta_1^2 + \beta_2^2 \leqslant s$，对应图 10.8 左图中的圆（$s$ 为圆的半径）。对于 L1 范数约束，有 $|\beta_1| + |\beta_2| \leqslant s$，对应图 10.8 右图中的菱形（$s$ 为 $1/2$ 的菱形对角线长）。根据 9.2.2 节的讨论，参数 $\boldsymbol{\beta}$ 的最优解应在等高线与圆或菱形的切点 C 处。

　　上述规划求解可以等价表述为以下目标函数：

$$\mathrm{obj}(\boldsymbol{\beta}) = \sum_{i=1}^{N}\left(y_i - \beta_0 - \sum_{j=1}^{p}\beta_j X_{ij}\right)^2 + \alpha\sum_{i=1}^{p}\beta_i^2 \qquad (10.10)$$

$$\mathrm{obj}(\boldsymbol{\beta}) = \sum_{i=1}^{N}\left(y_i - \beta_0 - \sum_{j=1}^{p}\beta_j X_{ij}\right)^2 + \alpha\sum_{i=1}^{p}|\beta_i| \qquad (10.11)$$

式(10.10)是名为岭回归(Ridge Regression)的目标函数，式(10.11)是名为最小绝对收缩选择因子(Least Absolute Shrinkage and Selection Operator，Lasso)回归的目标函数。α 为一个非负的可调参数，被称为收缩参数。

两种回归的目标函数均由两项组成：第一项为平方损失(损失函数)，度量模型的训练误差；第二项本质上度量了模型的复杂度(通常模型的复杂度以待估参数的个数度量)，也被称为模型的正则化(Regularization)项，两式分别采用的是 L2 正则化和 L1 正则化。

理想情况下应得到训练误差最小、模型复杂度最低的模型。但由于训练误差小时模型复杂度高，模型复杂度低时训练误差大，目标函数两项不能同时最小，因此只能求两者之和最小的模型，即

$$\hat{\boldsymbol{\beta}} = \min_{\boldsymbol{\beta}}\left[\sum_{i=1}^{N}\left(y_i - \beta_0 - \sum_{j=1}^{p}\beta_j X_{ij}\right)^2 + \alpha\sum_{i=1}^{p}\beta_i^2\right] \qquad (10.12)$$

$$\hat{\boldsymbol{\beta}} = \min_{\boldsymbol{\beta}}\left[\sum_{i=1}^{N}\left(y_i - \beta_0 + \sum_{j=1}^{p}\beta_j X_{ij}\right)^2 + \alpha\sum_{i=1}^{p}|\beta_i|\right] \qquad (10.13)$$

式中，收缩参数 α 本质上是一个惩罚参数，起到对模型复杂度的惩罚作用。当 α 较小，极端情况下 $\alpha \to 0$ 时，最小化目标函数即最小化损失函数，等价于采用最小二乘估计的一般线性回归(详见 3.2.1 节)，此时模型的训练误差最小、复杂度最高(包含 p 个输入变量)；当 α 较大，极端情况下 $\alpha \to \infty$ 时，最小化目标函数即最小化正则项，此时模型为所有系数 $\beta_i = 0$ 的最简单的模型，训练误差最大。由此可见，α 起到了平衡训练误差和模型复杂度的作用。

3. 收缩参数 α 对回归系数和模型误差的影响

图 10.9 展示了对图 10.4 左图所示的手写体邮政编码数字，当采用 Lasso 回归识别数字 1 和 3 时，随收缩参数 α 变化的各回归系数及训练误差(这里是错判率)的变化趋势(详见 10.3.3 节)。

这里指定收缩参数 α 从小到大分别取 20 个不同值([0,0.05,0.11,0.16,0.21,…,0.95,1])。将 $\alpha=0$ 时的 Lasso 回归系数，即一般线性回归的回归系数记为 β_i($i=1,2,…,256$)，将 $\alpha>0$ 时的 Lasso 回归系数记为 $\beta_i^{(\alpha\text{-Lasso})}$。两回归系数之比为 $\beta_i^{(\alpha\text{-Lasso})}/\beta_i$。图 10.9 左图展示了收缩参数 α 从小到大变化过程中两系数之比的变化情况，不同颜色对应不同的 $\beta_i^{(\alpha\text{-Lasso})}/\beta_i$($i=1,2,…,256$)。图 10.9 右图展示了收缩参数 α 从小到大变化过程中各模型的错判率变化情况。

在图 10.9 左图中，两系数之比越接近 0 表示 $\beta_i^{(\alpha\text{-Lasso})}$ 越接近 0。由此可见，$\alpha=0.05$ 时有较多系数 $\beta_i^{(\alpha\text{-Lasso})}$ 与 0 有较大差异，这意味着模型包含较多的输入变量，模型复杂度较

高(但低于一般线性模型)，与此对应的图 10.9 右图中的模型错判率较低。后续，随着 α 逐渐增大，有大量系数 $\beta_i^{(\alpha\text{-Lasso})}$ 快速近似为 0(两系数之比近似等于 0)。$\alpha = 0.89$ 时几乎所有系数 $\beta_i^{(\alpha\text{-Lasso})} = 0$ 或 $\beta_i^{(\alpha\text{-Lasso})} \to 0$，模型最简单，与此对应的图 10.9 右图中的模型错判率很高。

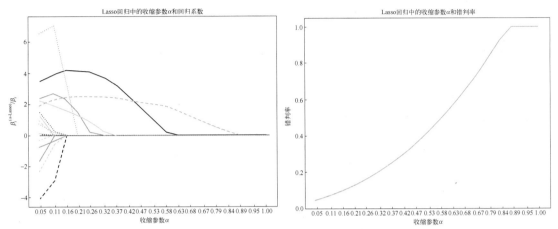

图 10.9　Lasso 回归中回归系数和错判率与收缩参数 α 的关系

进一步细致观察 α 变化导致系数 $\beta_i^{(\alpha\text{-Lasso})}$ 变化的情况，如图 10.10 所示。

彩图 10.9

彩图 10.10

图 10.10　Lasso 回归系数和收缩参数 α

图 10.10 中横坐标为 $-\log_{10}\alpha$。从右向左可以看出 α 从小变大对系数 $\beta_i^{(\alpha\text{-Lasso})}$ 的影响，其间有较多系数快速收缩为 0 或近似为 0。

4. L2 正则化和 L1 正则化

进一步，正则项应采用 L2 正则化还是 L1 正则化呢？从降低模型复杂度角度看，总是希望得到有较多的 $\beta_i = 0$ 的简单模型。以二元回归模型为例，总是希望 $\beta_1 = 0$ 或 $\beta_2 = 0$。由于最优解只能出现在图 10.8 所示的圆周或菱形边上，因此只可能在 A_1、A_2 两个点上得到简单模型。若 $s = 1$，因 L1 正则化 A_1 到 A_2 的直线长($\sqrt{2}$)小于 L2 正则化 A_1 到 A_2 的弧线长

（$\pi/2$），所以 L1 正则化较 L2 正则化有更高的概率处于 A_1、A_2 两个点上，即有更多的机会将 β_i 严格约束为 0。由此可见，从特征选择角度看，倾向于采用 L1 正则化，$\beta_i = 0$ 的变量 X_i 是不重要变量。更具体的讨论详见 10.3.3 节。

10.3.2　弹性网回归

由 10.3.1 节的讨论可知，L1 范数约束(Lasso 回归)更适用于特征选择。同时正如图 10.8 左图显示，平方 L2 范数约束(岭回归)最优解下的损失函数小于 L1 范数约束最优解下的损失函数，因此两者各有所长。为此可将其结合，这就是弹性网(Elastic Net)回归。

弹性网回归是嵌入策略下特征选择的优秀方法，是对 Lasso 回归和岭回归的结合及拓展，它同时引入 L1 正则化和 L2 正则化，目标函数为

$$\sum_{i=1}^{N}\left(y_i - \beta_0 - \sum_{j=1}^{p}\beta_j X_{ij}\right)^2 + \alpha\sum_{i=1}^{p}(\gamma\beta_i^2 + (1-\gamma)|\beta_i|) \tag{10.14}$$

式中，α 仍为收缩参数；$0 \leqslant \gamma \leqslant 1$，$\gamma = 0$ 时为 Lasso 回归，$\gamma = 1$ 时为岭回归，该系数可控制岭回归和 Lasso 回归的"贡献"率，称为 L2 范数率。γ 取不同值时的约束如图 10.11 所示。例如，$\gamma = 0.2$ 时较偏 Lasso 回归，约束条件不仅保留了 Lasso 回归中的"顶角"(肉眼识别较困难)，同时最优解下的损失函数较小且低于 Lasso 回归。因篇幅所限这里不给出相应的 Python 代码，有兴趣的读者可自行查阅本书配套的 Python 代码(文件名为 chapter10-1-2.ipynb)，以对该问题进行进一步了解。

图 10.11　L1 范数约束和平方 L2 范数约束的叠加及弹性网

Python 中弹性网回归的目标函数调整为

$$\frac{1}{2N}\sum_{i=1}^{N}\left(y_i - \beta_0 - \sum_{j=1}^{p}\beta_j X_{ij}\right)^2 + \frac{\alpha(1-\gamma)}{2}\sum_{i=1}^{p}\beta_i^2 + \alpha\gamma\sum_{i=1}^{p}|\beta_i| \tag{10.15}$$

注意，这里 $\gamma = 0$ 时为岭回归，$\gamma = 1$ 时为 Lasso 回归，故称 γ 为 L1 范数率。

L1 范数率是弹性网回归中的重要参数。图 10.12 展示了对图 10.4 左图所示的手写体邮政编码数字，采用弹性网回归，L1 范数率分别为 $\gamma = 0.2$、$\gamma = 0.8$ 时回归系数随收缩参数 α 变化而变化的情况(详见 10.4.3 节)。

图 10.12　弹性网回归的特征选择

彩图 10.12

图 10.12 中从右至左的虚线为弹性网回归中收缩参数 α 从小到大变化过程中回归系数的变化情况。图 10.12 左图的 L1 范数率 $\gamma = 0.2$，图 10.12 右图的 L1 范数率 $\gamma = 0.8$，左图偏岭回归，右图偏 Lasso 回归。Lasso 回归的性质决定了，与图 10.12 左图相比，图 10.12 右图的 $-\log_{10}\alpha$ 不用取很小值（α 取很大值）就可以将更多回归系数约束为 0，更利于特征选择。

进一步，在最优 α 值下，图 10.12 左图偏岭回归的错判率略低于图 10.12 右图偏 Lasso 回归的情况。对图 10.12 右图偏 Lasso 回归的弹性网回归，若令其 α 等于图 10.12 左图的最优 α 值，即具有相同的复杂度惩罚，则其错判率将高于偏岭回归的情况，这与岭回归的正则化特点密切相关。

10.3.3　Python 应用实践：嵌入策略下手写体邮政编码数字的特征选择

本节仍以 8.6.1 节讨论过的手写体邮政编码点阵数据（数据文件名为邮政编码数据.txt）为例，展示如何利用 Python 编程实现嵌入策略下的特征提取。以下将分别讨论基于 Lasso 回归的特征选择和基于弹性网回归的特征选择。

1.　基于 Lasso 回归的特征选择

这里将讨论基于 Lasso 回归的特征选择，基本思路如下。

（1）抽取手写体邮政编码数字 1 和 3 的数据，后续仅基于这部分数据进行特征选择。

（2）基于 Lasso 回归的特征选择，重点关注 Lasso 回归中收缩参数 α 变化对特征选择的影响，以及参数 α 的优化过程。最后基于 Lasso 回归模型完成特征选择，并与岭回归进行对比。

Python 代码（文件名为 chapter10-4.ipynb）如下。为便于阅读，我们将代码运行结果直接放置在相应代码行下方。以下将分段对 Python 代码进行说明。

行号	代码和说明
1	data = pd.read_table('邮政编码数据.txt',sep = ' ',header = None)
2	tmp = data.loc[(data[0] == 1) | (data[0] == 3)]　#选出数字 1 和 3
3	X = tmp.iloc[:,1:-1]; Y = tmp.iloc[:,0].astype(str)　#指定输入变量 X(所有特征)，指定输出变量 Y
4	alphas = list(np.round(np.linspace(0,1,20),2))　#指定收缩参数 α 的取值范围[0,1]，共有 20 个不同取值
5	coef = np.zeros((len(alphas),X.shape[1]))　#存储回归系数，coef 为 20 行 256 列的二维数组，初始值为 0

6	err = []	#存储不同收缩参数α 下模型的错判率
7	for i,alpha in enumerate(alphas):	#利用循环建立α 取不同值时的 Lasso 回归
8	modelLasso = Lasso(alpha = alpha)	#建立 Lasso 回归对象 modelLasso，收缩参数α 取当前值
9	modelLasso.fit(X,Y)	#基于 X 和 Y 估计 modelLasso 的参数
10	if i == 0:	#当α = 0 时 coef 的第 1 行(索引 0)保存的是一般线性回归模型的系数 β
11	coef[i] = modelLasso.coef_	
12	else:	#当α >0 时 coef 保存的是两系数之比
13	coef[i] = (modelLasso.coef_/coef[0])	
14	err.append(1-modelLasso.score(X,Y))	#计算并保存当前α 下模型的错判率
15	fig,axes = plt.subplots(nrows = 1,ncols = 2,figsize = (20,7))	
16	for i in np.arange(0,X.shape[1]):	#利用循环分别绘制每个系数随α 变化而变化的曲线，共 265 条线
17	axes[0].plot(alphas[1:],coef[1:,i])	
...	……	#设置图标题等，略去
22	axes[1].plot(alphas[1:],err[1:])	#绘制不同α 取值下模型的错判率变化曲线
...	……	#设置图标题等，略去

代码说明

(1) 以上省略号部分在之前代码中重复出现过且不影响对原理的理解，故略去以节约篇幅。完整 Python 代码参见本书配套代码。

(2) 第 5 行：coef 存储回归系数，为 20 行 256 列的二维数组，对应收缩参数取 20 个不同值时的 256 个系数之比，初始值为 0。coef 的第一行为 $\alpha = 0$(一般线性回归)下的各回归系数。之后各行为 α 从小到大取值的系数之比：$\beta_i^{(\alpha-\text{Lasso})} / \beta_i$ $(i = 1,2,\cdots,256)$。

所绘制的 $\beta_i^{(\alpha-\text{Lasso})} / \beta_i$ $(i = 1,2,\cdots,256)$ 随 α $(\alpha > 0)$ 增大的变化曲线图，以及错判率随 α $(\alpha > 0)$ 增大的变化曲线图，如图 10.9 所示。该图显示，随 α 增大，有大量系数 $\beta_i^{(\alpha-\text{Lasso})}$ 快速近似为 0，模型由复杂到简单，且错判率逐渐增加。由此可见，收缩参数 α 起到了控制模型复杂度和训练误差的作用。收缩参数 α 不能过大也不能过小，确定合理的收缩参数是非常重要的。进一步细致观察 α 变化导致系数 $\beta_i^{(\alpha-\text{Lasso})}$ 变化的情况(代码续前)。

行号	代码和说明	
1	fig = plt.figure(figsize = (9,6))	#指定图形大小
2	alphas_lasso, coefs_lasso, _ = lasso_path(X, Y)	#利用 lasso_path 自动获得不同α 取值下的回归系数
	print(alphas_lasso)	#显示收缩参数α 的 100 个取值
	[1.79133554 1.67060552 1.5580123 1.45300748 1.35507964 1.26375181	
	1.17857917 1.09914688 1.02506806 0.9559819 0.89155192 0.8314643	
	0.77542639 0.72316525 0.67442633 0.62897225 0.58658163 0.54704799	
	0.51017879 0.47579444 0.44372749 0.41382174 0.38593154 0.35992105	
	0.33566357 0.31304097 0.29194306 0.27226707 0.25391718 0.23680402	
	0.22084422 0.20596006 0.19207904 0.17913355 0.16706055 0.15580123	
	0.14530075 0.13550796 0.12637518 0.11785792 0.10991469 0.10250681	
	0.09559819 0.08915519 0.08314643 0.07754264 0.07231652 0.06744263	
	0.06289723 0.05865816 0.0547048 0.05101788 0.04757944 0.04437275	
	0.04138217 0.03859315 0.0359922 0.03356636 0.0313041 0.02919431	
	0.02722671 0.02539172 0.0236804 0.02208442 0.02059601 0.0192079	
	0.01791336 0.01670606 0.01558012 0.01453007 0.0135508 0.01263752	
	0.01178579 0.01099147 0.01025068 0.00955982 0.00891552 0.00831464	
	0.00775426 0.00723165 0.00674426 0.00628972 0.00586562 0.00547048	
	0.00510179 0.00475794 0.00443727 0.00413822 0.00385932 0.00359921	
	0.00335664 0.00313041 0.00291943 0.00272267 0.00253917 0.00236804	
	0.00220844 0.0020596 0.00192079 0.00179134]	
3	plt.plot(-np.log10(alphas_lasso), coefs_lasso.T)	#绘制不同α 取值下回归系数的变化曲线图
...	……	#设置图标题等，略去

代码说明

（1）以上省略号部分在之前代码中重复出现过且不影响对原理的理解，故略去以节约篇幅。完整 Python 代码参见本书配套代码。

（2）第 2 行：利用函数 lasso_path()自动计算收缩参数 α 由大到小取 100 个不同值（Python 自动确定）时的各个回归系数。函数 lasso_path()将返回 α 取值及对应的回归系数。

（3）第 3 行：绘制不同 α 取值下回归系数的变化曲线图。

为便于展示，图中横坐标为 $-\log_{10}\alpha$，值越大 α 越小，纵坐标为回归系数。所绘制的图形如图 10.10 所示。该图更为细致地刻画了随 α 增大回归系数逐渐收缩为 0 的过程。

收缩参数 α 不能过大也不能过小。以下将首先采用 K 折交叉验证法确定 Lasso 回归最优收缩参数 α，并借用包裹策略完成特征选择（代码续前）。

行号	代码和说明	
1	model = LassoCV()	#建立对象 model，默认采用 5 折交叉验证法确定最优收缩参数 α
2	model.fit(X,Y)	#基于 X 和 Y 估计 model 的参数
3	print('Lasso 剔除的变量:%d'%sum(model.coef_ == 0))	
	Lasso剔除的变量:155	
4	print('Lasso 的最优收缩参数 a: %.4f'%model.alpha_)	
	Lasso的最优收缩参数a: 0.0012	
5	estimator = Lasso(alpha = model.alpha_)	#建立基于最优收缩参数 α 的 Lasso 回归对象 estimator
6	selector=SelectFromModel(estimator = estimator)	#建立基于以 estimator 为预测模型的特征选择对象 selector
7	selector.fit(X,Y)	#基于 X 和 Y 估计 selector 的参数
8	print("阈值: %s"%selector.threshold_)	
	阈值: 1e-05	
9	print("保留的特征个数: %d"%len(selector.get_support(indices = True)))	
	保留的特征个数: 101	
10	Xtmp = selector.inverse_transform(selector.transform(X)) #令不重要变量的取值均为 0	
…	……	#随机抽取 25 个数字，展示特征选择后的图像，略去
18	modelLasso = Lasso(alpha = model.alpha_)	#建立最优收缩参数 α 下的 Lasso 回归模型 modelLasso
19	modelLasso.fit(X,Y)	#基于 X 和 Y 估计 modelLasso 的参数
20	print("lasso 误差: %.2f"%(1-modelLasso.score(X,Y)))	
	lasso误差: 0.02	

代码说明

（1）以上省略号部分在之前代码中重复出现过且不影响对原理的理解，故略去以节约篇幅。完整 Python 代码参见本书配套代码。

（2）第 1 行：利用函数 LassoCV()采用默认的 5 折交叉验证法确定 Lasso 回归中的最优收缩参数 α，并拟合数据。

（3）第 3、4 行：输出最优收缩参数 α 下系数收缩为 0 的变量个数。这里最优收缩参数 $\alpha = 0.0012$，共有 155 个变量的系数收缩为 0，即剔除了 155 个变量，保留了 101 个变量。

（4）第 6 行：基于 Lasso 回归模型完成特征选择，其中的预测模型为最优收缩参数 α 下的 Lasso 回归模型，且第 8 行显示重要变量的选择阈值为 1×10^{-5}。

将不重要变量的取值均替换为 0，可视化特征选择后数字 1 和 3 的图像，如图 10.13 所示。

彩图 10.13

图 10.13　Lasso 回归特征选择展示

在图 10.13 中，灰色区域之外的区域对应的变量都是对识别数字 1 和 3 有重要意义的变量，这些特征在 Lasso 回归中被自动提取出来并用于建立预测模型。进一步，可将 Lasso 回归的特征提取与岭回归的特征提取进行比较。

行号	代码和说明
1	modelRidge = RidgeCV()　　　#建立基于默认的 5 折交叉验证法的岭回归对象 modelRidge
2	modelRidge.fit(X,Y)　　　　　#基于 X 和 Y 估计 modelRidge 的参数
3	print('岭回归剔除的变量:%d'%sum(modelRidge.coef_ == 0))
	岭回归剔除的变量:0
4	print('岭回归最优 a: ',modelRidge.alpha_)
	岭回归最优a：　10.0
5	print('岭回归的误差: %.2f'%(1-modelRidge.score(X,Y)))
	岭回归的误差：0.02

代码说明

（1）第 1 行：利用函数 RidgeCV()，基于默认的 5 折交叉验证法确定岭回归的最优收缩参数 α 。

（2）第 3 至 5 行：给出岭回归最优收缩参数 α 下剔除的变量个数及模型误差等信息。结果显示，在最优收缩参数 $\alpha=10$ 下，岭回归的误差也可到达 2%（与 Lasso 回归相同），但此时没有一个变量的系数收缩为 0，这意味着在相同的误差下，岭回归模型的复杂度高于 Lasso 回归模型。

2. 基于弹性网回归的特征选择

以下仍抽取手写体邮政编码数字 1 和 3 的数据，后续仅基于这部分数据采用弹性网回归进行特征选择，重点关注不同 L1 范数率下回归系数随收缩参数 α 变化的情况，基本思路如下。

(1) 令 L1 范数率分别为 $\gamma = 0.2$、$\gamma = 0.8$，观察回归系数随收缩参数 α 变化的情况，确定最优收缩参数 α。

(2) 建立不同 L1 范数率下基于最优收缩参数 α 的弹性网回归模型。

(3) 基于弹性网回归完成特征选择。

Python 代码(文件名为 chapter10-5.ipynb)如下。为便于阅读，我们将代码运行结果直接放置在相应代码行下方。以下将分段对 Python 代码进行说明。

行号	代码和说明
1	data = pd.read_table('邮政编码数据.txt',sep = ' ',header = None)
2	tmp = data.loc[(data[0] == 1) | (data[0] == 3)] 　#选出数字 1 和 3
3	X = tmp.iloc[:,1:-1]; Y = tmp.iloc[:,0].astype(str) 　#指定输入变量 X(所有特征)，指定输出变量 Y
4	fig,axes = plt.subplots(nrows = 1,ncols = 2,figsize = (15,5))
5	ratios = [0.2,0.8] 　#指定 L1 范数率的取值范围
6	bestalpha = [] 　#存储不同 L1 范数率下的最优收缩参数 α
7	for i,ratio in enumerate(ratios): 　#利用循环找到不同 L1 范数率下的最优收缩参数 α
8	alphas_enet, coefs_enet, _ = enet_path(X,Y,l1_ratio = ratio)
	#自动计算 L1 范数率(l1_ratio)下随收缩参数 α 变化的系数值
9	axes[i].plot(-np.log10(alphas_enet), coefs_enet.T, linestyle = '--') 　#绘制回归系数随 α 变化的曲线图
10	model = ElasticNetCV(l1_ratio = ratio) #建立基于 K 交叉验证法找到 L1 范数率下的最优收缩参数 α 的对象 model
11	model.fit(X,Y) 　#基于 X 和 Y 估计 model 的参数
12	bestalpha.append(model.alpha_) 　#获得最优收缩参数 α 并保存
...	…… 　#设置图形标题等，略去
17	model = ElasticNet(l1_ratio = 0.8,alpha = bestalpha[0])
	#建立 L1 = 0.8 偏 Lasso 回归的弹性网回归模型，令 α 为 L1 = 0.2 偏岭回归时的最优 α
18	model.fit(X,Y) 　#基于 X 和 Y 估计 model 的参数
19	axes[1].text(0,-0.6,"alpha =%.4f 时:错判率 = %.4f"%(bestalpha[0],1-model.score(X,Y)),fontdict = {'size':'12','color':'b'})
	#在指定位置输出模型的误差

代码说明

(1) 以上省略号部分在之前代码中重复出现过且不影响对原理的理解，故略去以节约篇幅。完整 Python 代码参见本书配套代码。

(2) 第 5 行：令 L1 范数率分别取 0.2(偏岭回归)和 0.8(偏 Lasso 回归)。

(3) 第 7 行开始，利用循环计算并展示 L1 范数率分别取 0.2 和 0.8 时，弹性网回归系数随收缩参数 α 变化而变化的情况。

利用 enet_path() 计算指定 L1 范数率下随收缩参数 α 变化(α 将自动从大到小取 100 个不同值)的系数值。所绘制的图形如图 10.12 所示。该图显示，偏 Lasso 回归的弹性网回归可将更多回归系数快速约束为 0，更利于特征选择。

(4) 第 10 至 12 行：利用 ElasticNetCV 默认采用 5 折交叉验证法找到最优收缩参数 α，结果存储在 model.alpha_ 中。

(5) 第 17 至 19 行：建立偏 Lasso 回归的弹性网回归模型，且强制收缩参数等于偏岭回归下的最优收缩参数。计算误差，并显示在图 10.12 右图中。结果表明，本示例中偏 Lasso 回归的弹性网回归在与岭回归有相等的复杂度惩罚时，其误差高于偏岭回归的情况，这与岭回归的正则化特点密切相关。

进一步，可借助高相关过滤法完成特征选择。

行号	代码和说明
1	np.random.seed(1)　　　　　　　　　　　　　　　　　　#指定随机数种子使随机化结果可以重现
2	ids = np.random.choice(len(Y),25)　　　　　　　　　　#随机抽取 25 个数字以备绘图
3	for ratio,alpha in [(0.2,bestalpha[0]),(0.8,bestalpha[1])]:
	#利用循环建立 L1 范数率为 0.2 和 0.8 且最优收缩参数α下的弹性网回归
4	estimator = ElasticNet(l1_ratio = ratio,alpha = alpha)
	#建立当前 L1 范数率和最优收缩参数α下的弹性网回归 estimator
5	selector = SelectFromModel(estimator = estimator)
	#建立基于高相关过滤策略以 estimator 为预测模型的特征选择对象 selector
6	selector.fit(X,Y)　　　　　　　　　　　　　　　　#基于 X 和 Y 估计 selector 的参数
7	print('L1 范数率 = %.2f;最优 a = %.2f;阈值 = %.3f;保留特征数 = %d'%(ratio,alpha,selector.threshold_,len(selector.get_support(indices = True))))
	L1范数率=0.20;最优a=0.0050;阈值=0.0100;保留特征数=77
	L1范数率=0.80;最优a=0.0015;阈值=0.0096;保留特征数=68
8	Xtmp = selector.inverse_transform(selector.transform(X))　　#令不重要变量的取值均为 0
……	……　　　　　　　　　　　　　#对随机抽取的 25 个数字，展示特征选择后的图像，略去

代码说明

(1)以上省略号部分在之前代码中重复出现过且不影响对原理的理解,故略去以节约篇幅。完整 Python 代码参见本书配套代码。

(2)第 3 行开始,利用循环分别建立基于最优收缩参数的两个弹性网回归模型,并基于弹性网回归完成特征选择。偏岭回归的弹性网回归模型(L1 范数率等于 0.2)选择了 77 个重要变量,偏 Lasso 回归的弹性网回归模型(L1 范数率等于 0.8)选择了 68 个重要变量,可见后者更适合应用在特征选择的场景下。不同特征选择方案下的数字可视化结果也有差异,因篇幅所限这里不再详述。

至此,嵌入策略下的特征选择的讨论结束。其核心思想是在对模型复杂度施加约束的条件下进行回归,即在损失函数的基础上增加正则化项构造目标函数,并以最小化目标函数为原则求得模型参数。

事实上,前面章节已讨论过这类问题。例如,在广义线性可分下的支持向量机中,超平面参数求解的目标函数为 $\min\limits_{\boldsymbol{w},\boldsymbol{\xi}} \tau(\boldsymbol{w},\boldsymbol{\xi}) = \frac{1}{2}\|\boldsymbol{w}\|^2 + C\sum\limits_{i=1}^{N}\xi_i = \frac{1}{2}\boldsymbol{w}^{\mathrm{T}}\boldsymbol{w} + C\sum\limits_{i=1}^{N}\xi_i$。尽管此处的参数 C 是对损失的惩罚参数,但其实可等价于 $\min\limits_{\boldsymbol{w},\boldsymbol{\xi}} \tau(\boldsymbol{w},\boldsymbol{\xi}) = \frac{1}{2C}\boldsymbol{w}^{\mathrm{T}}\boldsymbol{w} + \sum\limits_{i=1}^{N}\xi_i$, $\frac{1}{2C}$ 就是对模型复杂度施加的约束。又如,支持向量回归的目标函数 $\min\limits_{\boldsymbol{w},\boldsymbol{\xi},\boldsymbol{\xi}^*} \frac{1}{2}\|\boldsymbol{w}\|^2 + C\sum\limits_{i=1}^{N}(\xi_i + \xi_i^*)$ 也是类似的。再如,多层感知机网络中的目标函数 $E(t) + \lambda J(t)$, $E(t) = \sum\limits_{i=1}^{N}\sum\limits_{k=1}^{K}L(y_{ik},\hat{y}_{ik}(t))$, $J(t) = \sum\limits_{mk}v_{mk}^2(t) + \sum\limits_{pm}w_{pm}^2(t)$。读者可自行回顾和温习。

本 章 总 结

本章重点讨论了几种常见的特征选择策略和方法。首先，讨论了过滤策略下的低方差过滤法和高相关过滤法。其次，讨论了包裹策略的基本思路和具体方法。最后，对嵌入策略下的岭回归、Lasso 回归及弹性网回归的特点进行了论述和比较。在讨论过程中，以手写体邮政编码数字的特征选择为例，展示了各种特征选择策略的 Python 实现及应用价值。

本章相关函数列表

围绕本章学习，应重点掌握 Python 模块中的以下函数。函数的具体格式参见 Python 帮助。

一、过滤策略下的特征选择函数

低方差过滤法：VarianceThreshold(threshold=)。
高相关过滤法：SelectKBest(score_func=,k=)。

二、包裹策略下的特征选择函数

selector=RFE(estimator=,n_features_to_select=)；selector.fit(X,Y)。

三、嵌入策略下的特征选择函数

Lasso 回归：modelLasso = Lasso(alpha=)；modelLasso.fit(X,Y)；lasso_path(X, Y)；LassoCV()。
岭回归：modelRidge=Ridger(alpha=),RidgeCVRidgeCV()。
弹性网回归：model=ElasticNet(l1_ratio=,alpha=)；model.fit(X,Y)；enet_path()；ElasticNetCV()。

本 章 习 题

1. 请简述低方差过滤法和高相关过滤法的基本原理。
2. 请简述包裹策略下特征选择的基本思路。
3. 嵌入策略中 Lasso 回归和岭回归的正则化项有怎样的不同？对特征选择有怎样的影响？
4. 请简述基于弹性网回归的特征选择和分类建模有怎样的优势。
5. Python 编程：植物叶片的特征选择。

第 7 章习题 6 给出了植物叶片的数据集(文件名为叶子形状.csv)，包括分别描述植物叶片的边缘(margin)、形状(shape)、纹理(texture)特征的各 64 个数值型变量，以及 1 个记录每张叶片所属的植物物种(species)的分类型变量，共有 193 个变量。请采用本章的特征选择方法进行特征选择，并比较各特征选择结果的异同。

第 11 章

特征提取：空间变换策略

正如第 10 章所讨论的，预测建模中并非输入变量越多越好。应通过特征选择，从众多输入变量中筛选出对输出变量预测有意义的重要变量，减少输入变量个数。减少输入变量个数意味着降低输入变量空间的维度，进而降低模型复杂度。利用特征选择实现输入变量空间降维存在的问题是，直接从众多输入变量中简单剔除某些变量，必然会不同程度地导致数据信息丢失。因此，探索一种既能有效减少输入变量个数又不会导致数据信息大量丢失的降维策略是极为必要的。特征提取是解决该类问题的有效途径。

特征提取，即从众多具有相关性的输入变量中提取出较少的综合变量，用综合变量代替原有输入变量，从而实现输入变量空间的降维。

特征提取的基本策略是空间变换。空间变换可从图 11.1[1]和图 11.2[2]中直观理解。

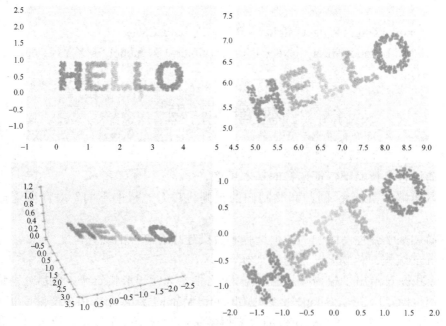

图 11.1　空间变换示意图（一）

---

① 出自 Jake VanderPlas 所著的 *Python Data Science Handbook Essential Tools for Working with Data*。

② 出自 Trevor Hastie 所著的 *The Elements of Statistical Learning*。

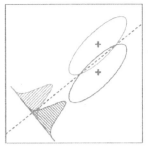

图 11.2 空间变换示意图(二)

图 11.1 左上图是二维平面上的字母呈现，经过空间变换可得到其他三幅图的呈现。

图 11.2 中两个椭圆表示两个变量散点图的整体轮廓。通过空间变换既可以得到图 11.2 左图中阴影所示的分布，也可以得到图 11.2 右图中阴影所示的分布。

本章将围绕空间变换，对以下特征提取方法进行讨论。

第一，主成分分析。

第二，矩阵的奇异值分解。

第三，核主成分分析。

第四，因子分析。

本章将结合 Python 编程讨论上述特征提取方法，并会基于 Python 给出特征提取的实现及应用实践示例。核主成分分析为本章选讲内容。

11.1 主成分分析

主成分分析(Principal Component Analysis，PCA)是一种通过坐标变换实现特征提取的经典统计分析方法。在特征提取中为什么需要进行坐标变换，以及如何实现坐标变换等问题，是本节讨论的重点。

11.1.1 主成分分析的基本出发点

回顾 10.1.1 节讨论的低方差过滤法，其基本出发点是若某变量的方差很小，或者几乎没有取值差异，则这个变量对预测建模是没有意义的，可以略去。通常，对于有 $X_1, X_2, \cdots, X_p$ 共 p 个输入变量的样本数据来讲，在变量 $X_i (i=1,2,\cdots,p)$ 上近似为 0 方差的情况并不多见，所以低方差过滤法的直接应用并不广泛。但如果能够通过某种手段，将位于 $X_1, X_2, \cdots, X_p$ 空间中的样本观测点"放置"到另一个 $y_1, y_2, \cdots, y_p$ 空间中，并且使数据点在较多的变量 $y_i (i=1,2,\cdots,p)$ 上近似为 0 方差，就可依据低方差过滤法的思想略去相应的 y_i。于是输入变量空间就可以从 p 维降低到 $k (k \ll p)$ 维。进一步，如果能够确保样本观测点的相对位置关系不变，就可以在维度较低的 $y_1, y_2, \cdots, y_k$ 空间中继续后续的建模。这一点可从图 11.3 中直观理解。

图 11.3 左图所示为 50 个样本观测点在以 X_1, X_2 为坐标轴构成的空间中的散点图。该散点图表明，X_1, X_2 具有一定的线性相关性(X_2 随 X_1 的增大而增大)。数据在变量 X_1, X_2 上的离散程度用变异系数(样本标准差除以样本均值，即 $S / \bar{X}$)度量，分别为 89.64 和 7.99。图 11.3 右图类似于图 11.3 左图，但 X_1, X_2 具有更高的线性相关性，且在变量 X_2 上的离散程度较图 11.3 左图更大些(为 17.27)。依据低方差过滤法的思想，X_1, X_2 都不能忽略。

图 11.3　空间变换示意图(三)

现分别将两幅图中的样本观测点"放置"到以 y_1, y_2 为坐标轴构成的空间中。观察图 11.3 中两对虚线间的宽度可知，两幅图中样本观测点在 y_1 上均有很高的离散程度，但在 y_2 上的离散程度均远低于在 y_1 上的离散程度。依据低方差过滤法的思想，可以忽略 y_2。但图 11.3 左图被忽略的方差较大，图 11.3 右图被忽略的方差较小，忽略图 11.3 右图中的 y_2 是"划算"的，因为空间维度可从 2 降到 1。

进一步，在以 y_1, y_2 为坐标轴构成的空间中观察样本观测点的散点图发现，样本观测点在 X_1, X_2 上的高度线性相关性在 y_1, y_2 上消失了，呈现出了无线性相关性(y_2 不随 y_1 的增大而增大)的特点。

同理还可以拓展到三维空间中，如图 11.4 所示。

图 11.4 中样本观测点的散点图大致呈橄榄球形状。三个方向上数据的离散程度不尽相同，在长轴上离散程度最高，在其他两个轴上离散程度依次降低。按照上述逻辑，数据在底面 y_1 方向上的离散程度最高，其次是背面 y_2 方向和侧立面 y_3 方向。因数据在侧立面 y_3 方向上仅有较低的离散程度，所以可以忽略 y_3。

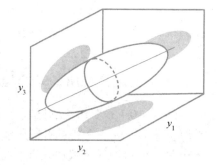

图 11.4　三维空间中的样本观测散点图

主成分分析法的出发点就在于此，关键是如何确定 y_1, y_2, y_3 等。

11.1.2　主成分分析的基本原理

1. 主成分分析的数学模型

为准确度量图 11.3 中样本数据在 y_1, y_2 上的离散程度，需要知道每个样本观测点在 y_1, y_2 上的坐标(取值)。为此，可将坐标轴 y_1, y_2 视为坐标轴 X_1, X_2 按逆时针方向旋转一个角度 θ 的结果。于是，各样本观测点在 y_1, y_2 上的坐标为

$$\begin{cases} y_1 = \cos\theta \cdot X_1 + \sin\theta \cdot X_2 \\ y_2 = -\sin\theta \cdot X_1 + \cos\theta \cdot X_2 \end{cases}$$

若将各个系数分别记为 $\mu_{11}=\cos\theta$，$\mu_{12}=\sin\theta$，$\mu_{21}=-\sin\theta$，$\mu_{22}=\cos\theta$，则显然有 $\mu_{11}^2+\mu_{12}^2=1$，$\mu_{21}^2+\mu_{22}^2=1$。由此可见，y_1 是以 μ_{11},μ_{12} 为系数的 X_1,X_2 的一个线性组合，y_2 是以 μ_{21},μ_{22} 为系数的 X_1,X_2 的另一个线性组合。

若记 $\boldsymbol{X}=(X_1,X_2)$，$\boldsymbol{\mu}_1=(\mu_{11},\mu_{12})^{\mathrm{T}}$，$\boldsymbol{\mu}_2=(\mu_{21},\mu_{22})^{\mathrm{T}}$，则各样本观测点在 y_1、y_2 上的坐标可表示为 $y_1=\boldsymbol{X}\boldsymbol{\mu}_1$，$y_2=\boldsymbol{X}\boldsymbol{\mu}_2$，即通过行向量 $\boldsymbol{X}$ 乘以列向量 $\boldsymbol{\mu}_1$（或 $\boldsymbol{\mu}_2$），将样本观测点投影到坐标轴 y_1,y_2 上，其方向分别由 $\boldsymbol{\mu}_1$ 和 $\boldsymbol{\mu}_2$ 决定。

通常若样本数据有 p 个输入变量 $X_1,X_2,\cdots,X_p$，则推而广之会有关于 $X_1,X_2,\cdots,X_p$ 的 p 个线性组合，并分别与 $y_1,y_2,\cdots,y_p$ 对应，其数学表示形式为

$$
\begin{cases}
y_1=\mu_{11}X_1+\mu_{12}X_2+\cdots+\mu_{1p}X_p \\
y_2=\mu_{21}X_1+\mu_{22}X_2+\cdots+\mu_{2p}X_p \\
y_3=\mu_{31}X_1+\mu_{32}X_2+\cdots+\mu_{3p}X_p \\
\cdots\cdots \\
y_p=\mu_{p1}X_1+\mu_{p2}X_2+\cdots+\mu_{pp}X_p
\end{cases}
\tag{11.1}
$$

其中的要求如下。

（1）X_i 是经过标准化处理的，即 $E(X_i)=0$，$\mathrm{var}(X_i)=1$（E、var 分别表示期望和方差）。

（2）$\mu_{i1}^2+\mu_{i2}^2+\mu_{i3}^2+\cdots+\mu_{ip}^2=1$（$i=1,2,\cdots,p$）。

（3）$y_1,y_2,\cdots,y_p$ 两两不相关。

这就是主成分分析的数学模型，其图形化表示如图 11.5 所示。

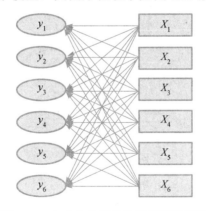

图 11.5　主成分分析的数学模型示意图

总之，主成分分析法通过坐标变换，将 p 个具有相关性的变量 X_i（是经过标准化处理的）进行线性组合，变换成另一组不相关的变量 y_i，用矩阵表示为

$$\boldsymbol{y}=\boldsymbol{X}\boldsymbol{\mu} \tag{11.2}$$

式中，$\boldsymbol{y}=(y_1,y_2,\cdots,y_p)$；$\boldsymbol{X}=(X_1,X_2,\cdots,X_p)$；$\boldsymbol{\mu}=\begin{pmatrix}\mu_{11}&\mu_{21}&\cdots&\mu_{p1}\\ \mu_{12}&\mu_{22}&\cdots&\mu_{p2}\\ \vdots&\vdots& &\vdots\\ \mu_{1p}&\mu_{2p}&\cdots&\mu_{pp}\end{pmatrix}=(\boldsymbol{\mu}_1,\boldsymbol{\mu}_2,\cdots,\boldsymbol{\mu}_p)$。

2．主成分分析中的参数求解

求解主成分分析中的系数矩阵 $\boldsymbol{\mu}$ 是关键，有如下求解目标。

首先，y_i 与 y_j（$i \neq j$，$i, j = 1, 2, \cdots, p$）两两不相关。

其次，y_1 是 $X_1, X_2, \cdots, X_p$ 的一切线性组合（系数满足上述方程组）中方差最大的。

再次，y_2 是与 y_1 不相关的 $X_1, X_2, \cdots, X_p$ 的一切线性组合中方差次大的。

最后，y_p 是与 $y_1, y_2, y_3, \cdots, y_{p-1}$ 都不相关的 $X_1, X_2, \cdots, X_p$ 的一切线性组合中方差最小的。

由于 $y_1, y_2, \cdots, y_p$ 的方差依次减小，所以依次称 $y_1, y_2, \cdots, y_p$ 为原有变量 $X_1, X_2, \cdots, X_p$ 的第 $1, 2, \cdots, p$ 个主成分。方差大是变量重要性的关键特征。由于 y_1 的方差最大，包含变量 $X_1, X_2, \cdots, X_p$ 的"信息"最多，所以其最重要。后续的 $y_2, \cdots, y_{p-1}, y_p$ 的方差依次递减，包含变量 $X_1, X_2, \cdots, X_p$ 的"信息"也依次减少。由于方差小的变量重要性低，所以即使略去它们，后果也只是损失了很少的、本就可以忽略的方差（信息）而已。因此，主成分分析中一般会略去最后若干个方差很小的主成分，用极少的方差损失换得变量空间的降维。

由此可见，主成分分析中系数矩阵 $\boldsymbol{\mu}$ 的求解以最大化 $\boldsymbol{y}$ 的方差为目标。为便于理解，下面以仅有 X_1, X_2 两个变量的最简单的情况进行说明。y_1 的方差 $\mathrm{var}(y_1)$ 和 y_2 的方差 $\mathrm{var}(y_2)$ 为

$$\begin{cases} \mathrm{var}(y_1) = \mathrm{var}(\mu_{11}X_1 + \mu_{12}X_2) = \mu_{11}^2 \mathrm{var}(X_1) + \mu_{12}^2 \mathrm{var}(X_2) + 2\mu_{11}\mu_{12}\mathrm{cov}(X_1, X_2) \\ \mathrm{var}(y_2) = \mathrm{var}(\mu_{21}X_1 + \mu_{22}X_2) = \mu_{21}^2 \mathrm{var}(X_1) + \mu_{22}^2 \mathrm{var}(X_2) + 2\mu_{21}\mu_{22}\mathrm{cov}(X_1, X_2) \end{cases} \tag{11.3}$$

式中，$\mathrm{cov}(X_1, X_2)$ 为 X_1, X_2 的协方差[①]。

进一步，将 X_1, X_2 的协方差矩阵记为 $\boldsymbol{\Sigma}_{(X_1, X_2)} = \begin{pmatrix} \mathrm{var}(X_1) & \mathrm{cov}(X_1, X_2) \\ \mathrm{cov}(X_1, X_2) & \mathrm{var}(X_2) \end{pmatrix}$。由于 X_i 是经过标准化处理的，X_i 的标准差 $\sigma_{X_i} = 1$，因此有 $\boldsymbol{\Sigma}_{(X_1, X_2)} = \boldsymbol{R}_{(X_1, X_2)} = \begin{pmatrix} 1 & \mathrm{corr}(X_1, X_2) \\ \mathrm{corr}(X_1, X_2) & 1 \end{pmatrix}$。其中，$\mathrm{corr}(X_1, X_2)$ 为 X_1, X_2 的简单相关系数[②]，$\boldsymbol{R}_{(X_1, X_2)}$ 为 X_1, X_2 的相关系数矩阵。

对此式（11.3）可等价写为 $\begin{cases} \mathrm{var}(y_1) = (\mu_{11}, \mu_{12})\boldsymbol{R}_{(X_1, X_2)}(\mu_{11}, \mu_{12})^{\mathrm{T}} \\ \mathrm{var}(y_2) = (\mu_{21}, \mu_{22})\boldsymbol{R}_{(X_1, X_2)}(\mu_{21}, \mu_{22})^{\mathrm{T}} \end{cases}$。因 $\boldsymbol{\mu}_1^{\mathrm{T}} = (\mu_{11}, \mu_{12})$，

$\boldsymbol{\mu}_2^{\mathrm{T}} = (\mu_{21}, \mu_{22})$，所以有 $\begin{cases} \mathrm{var}(y_1) = \boldsymbol{\mu}_1^{\mathrm{T}} \boldsymbol{R}_{(X_1, X_2)} \boldsymbol{\mu}_1 \\ \mathrm{var}(y_2) = \boldsymbol{\mu}_2^{\mathrm{T}} \boldsymbol{R}_{(X_1, X_2)} \boldsymbol{\mu}_2 \end{cases}$。当然同时还需要满足 $\boldsymbol{\mu}_1^{\mathrm{T}} \boldsymbol{\mu}_1 = (\mu_{11}, \mu_{12}) \cdot$ $(\mu_{11}, \mu_{12})^{\mathrm{T}} = 1$。

推而广之，当有 $X_1, X_2, \cdots, X_p$ 共 p 个变量时，$\boldsymbol{y} = (y_1, y_2, \cdots, y_p)$ 的方差 $\mathrm{var}(\boldsymbol{y})$ 为

$$\mathrm{var}(\boldsymbol{y}) = \boldsymbol{\mu}^{\mathrm{T}} \boldsymbol{R} \boldsymbol{\mu} \tag{11.4}$$

式中，$\boldsymbol{R}$ 为 $\boldsymbol{X} = (X_1, X_2, \cdots, X_p)$ 的相关系数矩阵。

---

① $\mathrm{cov}(X_j, X_k) = \dfrac{\sum\limits_{i=1}^{N}(X_{ij} - \bar{X}_j)(X_{ik} - \bar{X}_k)}{N}$。

② $\mathrm{corr}(X_j, X_k) = \dfrac{\sum\limits_{i=1}^{N}(X_{ij} - \bar{X}_j)(X_{ik} - \bar{X}_k)}{\sqrt{\sum\limits_{i=1}^{N}(X_{ij} - \bar{X}_j)^2(X_{ik} - \bar{X}_k)^2}} = \dfrac{1}{N}\sum\limits_{i=1}^{N}\dfrac{(X_{ij} - \bar{X}_j)}{\sigma_{X_j}}\dfrac{(X_{ik} - \bar{X}_k)}{\sigma_{X_k}} = \dfrac{\mathrm{cov}(X_j, X_k)}{\sigma_{X_j}\sigma_{X_k}}$。

式(11.4)是主成分分析中系数矩阵 μ 求解的目标函数，希望得到式(11.4)最大条件下的系数 $\hat{\mu}$。进一步，因对 μ 有约束，即 $\mu^T\mu = I$（I 为单位阵）且所有行向量和列向量都是单位正交向量，所以这是一个带等式约束的规划求解函数：$\begin{cases} \max \text{var}(y) = \mu^T R\mu \\ \text{s.t. } \mu^T\mu = I \end{cases}$。为此，构造拉格朗日函数：

$$L = \mu^T R\mu - \lambda(\mu^T\mu - I) \tag{11.5}$$

式中，$\lambda = (\lambda_1, \lambda_2, \cdots, \lambda_p)^T$，为一组值大于 0 的拉格朗日乘子。进一步，求 L 关于 μ 的导数并令导数等于 0，即 $\dfrac{\partial L}{\partial \mu} = 2R\mu - 2\lambda\mu = 0$，有

$$R\mu = \lambda\mu \tag{11.6}$$

由此可见，主成分分析中的参数求解问题为求相关系数矩阵 R 的特征值 $\lambda_1 \geqslant \lambda_2 \geqslant \lambda_3 \geqslant \cdots \geqslant \lambda_p > 0$ 及对应的单位特征向量 $\mu_1, \mu_2, \mu_3, \cdots, \mu_p$。

最后，只需计算 $y_i = X\mu_i$（$i = 1, 2, \cdots, p$）便可得到主成分 y_i。

至此，对主成分分析的基本原理的讨论告一段落。需要说明的是，主成分分析中 p 个变量 X_i 通常是无量纲的标准化值，原因是系数矩阵 μ 的求解原本是基于 X 的协方差矩阵 Σ 的，在标准化值下 Σ 就是无量纲的相关系数矩阵 R。基于相关系数矩阵 R 求解，可有效避免不同量级的变量 X_i 的方差量级对系数矩阵 μ 的影响。当然，如果要强调方差大的变量重要性高，且要体现在主成分分析中，那么也可以直接基于 X 的协方差矩阵 Σ 求解系数矩阵 μ。

11.1.3　确定主成分

哪些主成分是可以被忽略的，以及应保留几个主成分，是本节讨论的重点。

1. 哪些主成分是可以被忽略的

可以被忽略的主成分应是小方差的主成分。为此应首先度量各个主成分 y_i 的方差。

在式(11.4)的基础上结合式(11.6)重写 y_i 的方差：

$$\text{var}(y_i) = \mu_i^T R\mu_i = \mu_i^T \lambda_i \mu_i = \lambda_i \tag{11.7}$$

由此可见，主成分 y_i 的方差等于特征值 λ_i。也正是因此，加之 $\lambda_1 \geqslant \lambda_2 \geqslant \lambda_3 \geqslant \cdots \geqslant \lambda_p > 0$，第 $1, 2, \cdots, p$ 个主成分的方差依次递减，即 $\text{var}(y_1) \geqslant \text{var}(y_2) \geqslant \cdots \geqslant \text{var}(y_p)$。显然，后几个主成分是可以被忽略的。

2. 应保留几个主成分

从特征降维角度看，只需保留前 k 个大方差的主成分。确定 k 一般有以下两个标准。

（1）根据特征值 λ_i 确定 k。

一般选取大于 λ_i（$\lambda_i > 1$）的特征值，表示该主成分应至少包含 $X_1, X_2, \cdots, X_p$ 的"平均信息"，即至少包含 $X_1, X_2, \cdots, X_p$ 共 p 个方差中的 1 个（平均方差）。

（2）根据累计方差贡献率确定 k。

第 i 个主成分的方差贡献率定义为 $R_i = \lambda_i / \sum\limits_{i=1}^{p} \lambda_i$。于是，前 k 个主成分的累计方差贡献

率为 $cR_k = \sum_{i=1}^{k} \lambda_i \big/ \sum_{i=1}^{p} \lambda_i$。通常，可选择累计方差贡献率大于 80% 时的 k。

11.1.4 Python 模拟与启示：认识主成分

本节将基于模拟数据，通过 Python 编程直观展示主成分分析的空间变换特点。应首先导入 Python 的相关包或模块。为避免重复，这里将本章需要导入的包或模块一并列出如下，#后面给出了简短的功能说明。

```
1   #本章需导入：
2   import numpy as np
3   import pandas as pd
4   import matplotlib.pyplot as plt
5   from mpl_toolkits.mplot3d import Axes3D
6   from pylab import *
7   import matplotlib.cm as cm
8   import warnings
9   warnings.filterwarnings(action = 'ignore')
10  %matplotlib inline
11  plt.rcParams['font.sans-serif']=['SimHei']    #解决中文显示乱码问题
12  plt.rcParams['axes.unicode_minus']=False
13  from sklearn.datasets import make_regression,make_circles,make_s_curve  #生成各种模拟数据
14  from sklearn.model_selection import train_test_split  #旁置法划分数据集
15  from scipy.stats import multivariate_normal  #统计学中的多元正态分布
16  from sklearn import decomposition  #主成分分析
17  from factor_analyzer import FactorAnalyzer  #因子分析
```

基本思路如下。

(1) 随机生成包含两个变量 X_1, X_2 且具有不同线性相关性的两组数据。

(2) 分别基于 X_1, X_2 绘制两组数据的散点图，直观展示数据的分布特点。

(3) 对两组数据分别进行主成分分析，均提取 2 个主成分 y_1, y_2。

(4) 分别基于 y_1, y_2 绘制两组数据的散点图，直观展示主成分分析的效果。

Python 代码(文件名为 chapter11-1.ipynb)如下。为便于阅读，我们将代码运行结果直接放置在相应代码行下方。

行号	代码和说明
1	fig,axes = plt.subplots(nrows = 2,ncols = 2,figsize = (20,15)) #将绘图区域划分为 2 行 2 列 4 个单元并指定图形大小
2	fig.subplots_adjust(hspace = 0.3)　　　　　　　　　　　　　　#调整图的行间距
3	N = 50　　　　　　　　　　　　　　　　　　　　　　　　#指定样本量 N = 50
4	for i,noise in enumerate([30,10]): #利用循环分别生成两个数据集，绘制散点图，进行主成分分析并进行可视化展示
5	X,Y = make_regression(n_samples = N,n_features = 1,random_state = 123,noise = noise,bias = 0)
	#生成包含 X 和 Y 两个变量(具有线性相关性)的数据集，随机误差项服从均值(bias)为 0、方差(noise)为 noise 的正态分布
6	X = np.hstack((X,Y.reshape(len(X),1)))　　　　　　　#得到数据集 X(N 行 2 列)
7	axes[i,0].scatter(X[:,0],X[:,1],marker = 'o',s = 50)　　#绘制散点图
8	axes[i,0].set_title('样本观测点的分布(离散程度:X1 = %.3f;X2 = %.3f)'%(np.std(X[:,0])/np.mean(X[:,0]),np.std(X[:,1])/ np.mean(X[:,1])),fontsize = 14)　　　　　　#计算并显示两个变量的变异系数
...	……　　　　　　　　　　　　　　　　　　　　　#设置图标题等，略去
12	pca = decomposition.PCA(n_components = 2) #创建主成分分析对象 pca，指定提取 2 个主成分(n_components = 2)
13	pca.fit(X)　　　　　　　　　　　　　　　　　　#对 X 进行主成分分析
14	p1 = pca.singular_values_[0]/sum(pca.singular_values_)　#计算第 1 个主成分的方差贡献率
15	p2 = pca.singular_values_[1]/sum(pca.singular_values_)　#计算第 2 个主成分的方差贡献率
16	y = pca.transform(X)　　　　　　　　　　　　　#获得主成分分析结果 y
17	axes[i,1].scatter(y[:,0],y[:,1],marker = 'o',s = 50)　　#基于 y 绘制散点图

| 18 | axes[i,1].set_title('主成分分析结果(方差贡献率:y1 = %.3f,y2 = %.3f) \n 系数:%s'%(p1,p2,pca.components_), fontsize = 14) | #在标题中显示方差贡献率和系数矩阵 μ |
| ... | ...... | #设置图标题等，略去 |

代码说明

（1）以上省略号部分在之前代码中重复出现过且不影响对原理的理解，故略去以节约篇幅。完整 Python 代码参见本书配套代码。

（2）第 12 行：利用函数 decomposition.PCA() 定义主成分分析对象，设置参数 n_components=2 表示提取 2 个主成分。

（3）第 14、15 行：计算各主成分的方差贡献率。

主成分分析对象的.singular_values_属性中存储着主成分（这里为 2 个）的方差。也可以直接通过 pca.explained_variance_ratio_[0]或 pca.explained_variance_ratio_[1]得到 2 个主成分的方差贡献率。

（4）第 16 行：利用.transform()方法获得各样本观测在各主成分上的取值。

（5）第 18 行：.components_属性中存储着主成分分析的系数矩阵。

所绘制的图形如图 11.6 所示。

图 11.6　原始数据和主成分分析结果

图 11.6 第 1 列两幅图展示了两个数据集中样本观测点在两个变量 X_1, X_2 构成的空间中的散点图，同图 11.3。由此可见，第一幅图中 X_1, X_2 的相关性比第二幅图中 X_1, X_2 的相关

性要低，且两个变量离散程度也不同。图 11.6 第 2 列两幅图分别展示了对 2 个数据集进行主成分分析的结果，即提取 2 个主成分，并将样本观测点"放置"到主成分 y_1, y_2 构成的空间中的情况。两幅图均显示，经空间变换后，样本观测点在 X_1, X_2 上原本的线性相关在 y_1, y_2 上呈现出无线性相关的特点。第 1 个主成分均包含 X_1, X_2 的绝大部分方差信息(方差贡献率分别为 98.8%和 99.4%)，而第 2 个主成分的方差贡献率较少(分别为 1.2%和 0.6%)，因此是可以略去第 2 个主成分的，略去后特征空间从 2 维降低至 1 维。

第 1 个数据集的主成分分析数学模型的解为

$$\begin{cases} y_1 = -0.0191X_1 - 0.9998X_2 \\ y_2 = -0.9998X_1 + 0.0191X_2 \end{cases}$$

第 2 个数据集的主成分分析数学模型的解为

$$\begin{cases} y_1 = -0.0271X_1 - 0.9996X_2 \\ y_2 = -0.9996X_1 + 0.0271X_2 \end{cases}$$

从系数绝对值来看，2 个主成分分析均表明，第 1 个主成分 y_1 主要取决于变量 X_2，第 2 个主成分 y_2 主要取决于 X_1。

11.2 矩阵的奇异值分解

11.2.1 奇异值分解的基本思路

奇异值分解的"源头"是主成分分析。主成分分析的本质是，将图 11.3 中坐标 X_1, X_2 逆时针正交旋转一个角度，即通过式(11.2)中两个矩阵的乘积 $\boldsymbol{X}_{(N \times 2)} \boldsymbol{\mu}_{(2 \times 2)}$，实现坐标变换，得到图 11.7 所示的轮廓大致呈长椭圆形的结果。其中的样本观测记为 $\boldsymbol{Y}_{(N \times 2)} = \boldsymbol{X}_{(N \times 2)} \boldsymbol{\mu}_{(2 \times 2)}$。

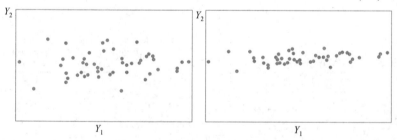

图 11.7 图 11.3 中坐标 X_1, X_2 旋转后的结果

其实，由于 y_1, y_2 两个维度上的方差可能有较大的量级差异，因此为得到一个标准化(方差等于 1)的变量 $\boldsymbol{Z}_{(N \times 2)}$，可对此再乘以一个矩阵 $\boldsymbol{D}^{-1}_{(2 \times 2)} = \begin{pmatrix} \dfrac{1}{\sqrt{\lambda_1}} & 0 \\ 0 & \dfrac{1}{\sqrt{\lambda_2}} \end{pmatrix}$，其中 λ_1、λ_2 分别为 y_1 和 y_2 的方差，$\boldsymbol{D}^{-1}$ 为矩阵 $\boldsymbol{D} = \begin{pmatrix} \sqrt{\lambda_1} & 0 \\ 0 & \sqrt{\lambda_2} \end{pmatrix}$ 的逆。于是有 $\boldsymbol{Z}_{(N \times 2)} = \boldsymbol{Y}_{(N \times 2)} \boldsymbol{D}^{-1}_{(2 \times 2)}$，本质上实现的

是对长椭圆进行"伸缩"处理，使其呈近似圆形。

因此，上述过程可综合表示为 $Z = X\mu D^{-1}$，其中 μ 为正交矩阵，用于实现正交旋转；D^{-1} 为对角矩阵，用于实现"伸缩"处理。经简单变换后有 $ZD = X\mu$。进一步，因为 $\mu\mu^{\mathrm{T}} = \mu^{\mathrm{T}}\mu = I$，所以有 $X = ZD\mu^{\mathrm{T}}$。这就是最基本的奇异值分解（Singular Value Decomposition，SVD）思路和目标：分解数据矩阵 X。

通过奇异值分解，将任意 $M \times N$ 数据矩阵 X 分解为三个成分：第一，具有单位方差（方差等于 1）的正交矩阵 Z；第二，包含数据矩阵"伸缩"信息的 D；第三，实现正交旋转的矩阵 μ^{T}。由于数据矩阵 X 可以为任意 $M \times N$ 矩阵，因此三个成分分别应为 $Z_{(M \times M)}$、$D_{(M \times N)}$、$\mu^{\mathrm{T}}_{(N \times N)}$。

这里略去计算三个成分的细节，仅给出奇异值分解的常规记法和计算结论：

$$X = UDV^{\mathrm{T}} \tag{11.8}$$

式中，U 为具有单位方差的 $M \times M$ 正交矩阵，其列由 XX^{T} 的特征向量组成；D 为 $M \times N$ 分块对角矩阵，对角元素包含 XX^{T} 从大到小的 $\text{Rank}(X)$[①]个特征值；V^{T} 为 $N \times N$ 正交矩阵，其行由 XX^{T} 的特征向量组成。若仅选择前若干个较大特征值对应的特征向量，则 $X \approx UDV^{\mathrm{T}}$。

11.2.2　奇异值分解的 Python 应用实践：脸部数据特征提取

本节将利用 kaggle（www.kaggle.com）的公开数据集中的脸部数据，基于奇异值分解进行脸部数据特征提取，基本思路如下。

（1）读入脸部数据，随机挑选两张脸的点阵灰度数据，并进行可视化展示。

（2）采用奇异值分解，对脸部数据矩阵进行奇异值分解。

（3）分别指定提取不同数量的关键特征，并进行可视化展示，以直观对比脸部数据特征提取的差异。

Python 代码（文件名为 chapter11-2.ipynb）如下。为便于阅读，我们将代码运行结果直接放置在相应代码行下方。以下将分段对 Python 代码进行说明。

行号	代码和说明
1	data = pd.read_csv('脸部数据.txt',header = 0)　　　#读入 txt 格式的脸部数据，无标题行
2	tmp = data.iloc[0:10,30] 　　　#为减少数据量仅抽取数据集中前 10 行第 31 列（索引 30）的数据，第 31 列以长字符串形式存储脸部点阵灰度数据
3	X = [] #指定存储脸部点阵灰度数据
4	for i in np.arange(len(tmp)):　　　　　#利用循环依次对每张脸的数据进行如下处理
5	Xstr = tmp[i].split(' ')　　　#依次将以空格分隔的字符串形式的脸部点阵灰度数据拆分成 NumPy 的字符串数组
6	X.append(np.array([int(x) for x in Xstr]))　　　#将字符串数组转成整数型的列表
7	np.random.seed(1)　　　　　#指定随机数种子使随机化结果可以重现
8	ids = np.random.choice(len(X),2)　　　　　随机抽取两张脸的数据得到其行索引
9	plt.figure(figsize = (16,8))　　　　　#指定图形大小
10	for i,item in enumerate(ids):　　　　　#利用循环对每张脸的数据进行如下处理
11	img = np.array(X[item].reshape((96,96)))　　　#将 X 的格式转成 96 行 96 列保存在 img 中

---

① Rank(X)表示矩阵 X 的秩。

| 12 | plt.subplot (1,2,i+1) | #指定在当前单元绘图 |
| 13 | plt.imshow (img,cmap = cm.gray) | #显示输出 img |

代码说明

本示例数据为 txt 格式的数据，其中每张脸的数据为 96×96 的点阵灰度数据，以空格分隔的长字符串形式存储。随机抽取的两张脸的数据可视化结果如图 11.8 所示。

图 11.8　基于点阵灰度数据的人脸图像

以下对 96×96 的点阵灰度数据矩阵 X 进行奇异值分解（代码续前）。

行号	代码和说明	
1	for i,item in enumerate (ids) :	#利用循环对每张脸的数据矩阵 X 进行奇异值分解
2	U, D,Vt = np.linalg.svd (X[item].reshape ((96,96)))	#利用 svd 模块实现 96×96 矩阵 X 的奇异值分解
3	print (U.shape,D.shape,Vt.shape)	#输出 3 个成分 U, D, Vt 的形状
	(96, 96) (96,) (96, 96) (96, 96) (96,) (96, 96)	
4	plt.figure (figsize = (8,8))	#指定图形大小
5	ks = [5,10,15,20]	#指定提取前 5、10、15、20 个较大特征值对应的特征向量
6	for i,k in enumerate (ks) :	#利用循环对每张脸的数据进行如下处理
7	D0 = np.mat (diag (D[0:k]))	#得到前 k 个较大特征值并生成对角矩阵
8	img = U[:,:k]*D0*Vt[:k,:] #指定选择前 k 个较大特征值对应的特征向量并依式(11.8)进行计算，结果保存在 img 中	
9	plt.subplot (2,2,i+1)	#指定在当前单元绘图
10	plt.imshow (img,cmap = cm.gray)	#显示输出 img

代码说明

（1）第 2 行：利用 NumPy 中的 linalg 包中的 svd 模块实现矩阵的奇异值分解，返回 3 个成分 U、D、V^{T}。

（2）第 5 行以后，分别选取 D 中前 5、10、15、20 个较大特征值，以及 U、V^{T} 中对应的特征向量得到矩阵 X 的近似结果。重新绘制的人脸图像如图 11.9 所示。

对图 11.9 中的人脸图像从上至下、从左至右进行观察发现，当仅选取前 5、10 个较大特征值和对应的特征向量时，奇异值分解后人脸图像点阵灰度数据的信息丢失较为严重，图像失真。当选取前 15 个较大特征值时，人脸图像的清晰度改善明显。当选取前 20 个较大特征值时人脸的基本特征已经比较清晰。这意味着后面剩余的 76 个特征值和对应的特征向量均是可以忽略的，于是人脸图像点阵灰度数据矩阵 X 可近似表示为 $X = U\Sigma V^{\mathrm{T}} \approx U_{(96\times20)}\Sigma_{(20\times20)}V^{\mathrm{T}}_{(20\times96)}$。

图 11.9　人脸图像点阵灰度数据奇异值分解结果

从数据存储角度看，原本一张脸的点阵灰度数据需要 $96 \times 96 = 9216$ 个变量，但经过奇异值分解后，仅需要 $96 \times 20 \times 2 + 20 = 3860$ 个变量，可依次记为 $U_1, U_2, \cdots, U_{1920}, D_1, D_2, \cdots,$ $D_{20}, V_1, V_2, \cdots, V_{1920}$。同时，后续可仅依据这 3860 个变量进行分类建模，从而有效实现服务于建模的特征提取和变量空间降维。

11.3　核主成分分析*

核主成分分析（Kernel Principal Component Analysis，KPCA）是对主成分分析的非线性拓展，其基本思路是首先通过一个非线性映射函数将输入变量空间变换到一个更高维的特征空间中，其次通过引入核函数解决高维空间可能存在的"维灾难"问题，并在高维特征空间中进行主成分分析。

11.3.1　核主成分分析的出发点

事物具有复杂性，数据集中的若干变量数据可能只反映了事物某个侧面的特征轮廓，更完整的特征轮廓需要通过更多的变量数据去丰富、完善。当然增加变量的同时也可能带来数据噪声，从而会扭曲数据真实的特征轮廓。

例如，图 11.10 左图所示为数据在二维空间中的分布形态。其中不同颜色和形状的点表示样本观测来自两个不同的类别，这里两个类别呈现出近似的圆环特征。但若多观察一个变量信息，则会发现两个类别在三维空间中的关系近似为一个倒扣的碗，如图 11.10 右图所示。这里所增加的变量究竟是更利于体现事物的完整关系，还是增加了负面的数据噪声，是需要不断探索和研究的问题。

11.1 节介绍的主成分分析的本质是希望通过尽量少的变量展示事物最核心的特征轮廓。若对图 11.10 右图中的数据进行主成分分析，提取 2 个主成分之后展示出的特征轮廓（见图 11.11）与图 11.10 左图类似，则可相信数据的核心特征就是图 11.10 左图，人们看到的就是最核心的特征轮廓。因篇幅所限这里不给出相应的 Python 代码（与 11.1.4 节类似），有兴趣的读者可自行查阅本书配套的 Python 代码（文件名为 chapter11-3.ipynb）。

图 11.10　样本观测数据在二维和三维空间中的形态

事实上，更丰富的外在数据信息永远都是无穷无尽的和未知的，人们永远无法拥有"上帝"的视角。数据在低维空间中展现出的特征可能是核心特征，也可能仅是一个侧面的局部特征，如图 11.12 和图 11.13 所示。

彩图 11.12

图 11.11　图 11.10 右图的主成分分析结果　　　图 11.12　数据在二维空间中的特征轮廓

图 11.13　不同外部信息下的特征轮廓

图 11.12 所示为数据集中样本观测点在两个变量上的散点图（非线性关系），特征轮廓是字母 S。若增加变量（获取更多的信息）并进行主成分分析，提取 2 个主成分，则会在二维空间中表现出不同形态的核心特征轮廓，如图 11.13

彩图 11.13

所示。在图 11.13 中，第一幅图是图 11.12 的转置，对此可认为人们看到的图 11.12 就是数据的核心特征轮廓；基于其余的两幅图，只能认为图 11.12 仅是一个侧面的局部体现。当然，这里核心特征不同的原因是所增加的变量不同。具体内容详见 11.3.3 节。

核主成分分析希望在更丰富的变量基础或更高的空间维度上，帮助人们不断探究数据的核心特征轮廓。

11.3.2 核主成分分析的基本原理

核主成分分析是对主成分分析的非线性拓展。

1. 基本思路

首先通过一个非线性映射函数将输入变量空间变换到一个更高维的特征空间中，其次通过引入核函数解决高维空间可能存在的"维灾难"问题，并在高维特征空间中实施主成分分析，具体过程如下。

首先，对以 $X = (X_1, X_2, \cdots, X_p)$ 为坐标轴构成的输入变量空间 X 中的任意样本观测点 $X_i \in \mathbb{R}^p$，通过一个非线性函数映射函数 $\varphi(X)$，将其映射到以 $F = (F_1, F_2, \cdots, F_M)$ 为坐标轴构成的一个极大 M 维特征空间 $\mathcal{F}$ 中：$F_i = \varphi(X_i)$，$F_i \in \mathbb{R}^M$。

其次，在 $\mathcal{F}$ 空间中进行主成分分析，提取 m 个主成分。具体来讲，在 $\mathcal{F}$ 空间中通过正交矩阵 b（$b^\mathrm{T}b = I$）实施坐标变换：

$$y = Fb \tag{11.9}$$

式中，$y = (y_1, y_2, \cdots, y_m)$；$F = (F_1, F_2, \cdots, F_m)$；$b = \begin{pmatrix} b_{11} & b_{21} & \cdots & b_{m1} \\ b_{12} & b_{22} & \cdots & b_{m2} \\ \vdots & \vdots & & \vdots \\ b_{1m} & b_{2m} & \cdots & b_{mm} \end{pmatrix} = (b_1, b_2, \cdots, b_m)$，即将

$\mathcal{F}$ 空间中的样本观测点 F_i（等价写为 $\varphi(X_i)$）投影到由 $(b_1, b_2, \cdots, b_m)$ 所决定的 m 个方向上，y_i 就是 $\varphi(X_i)$ 在 y 上的坐标。$y_1, y_2, \cdots, y_m$ 依次为第 $1, 2, \cdots, m$ 个主成分。

接下来，与 11.1 节类似求解主成分分析的参数矩阵，但应注意这里的主成分分析是在 $\mathcal{F}$ 空间中进行的。系数矩阵 b 的求解仍以最大化 y 的方差为目标。此时，$\mathrm{var}(y)$ 表达为

$$\mathrm{var}(y) = b^\mathrm{T} \Sigma^{(F)} b \tag{11.10}$$

式中，$\Sigma^{(F)}$ 为 F 的协方差矩阵。希望得到式 (11.10) 最大条件下的系数 $\hat{b}$。同时，结合 $b^\mathrm{T}b = I$ 的约束条件，构造拉格朗日函数：

$$L = b^\mathrm{T} \Sigma^{(F)} b - \lambda^{(F)} (b^\mathrm{T}b - I) \tag{11.11}$$

式中，$\lambda^{(F)} = (\lambda_1^{(F)}, \lambda_2^{(F)}, \cdots, \lambda_m^{(F)})^\mathrm{T}$，为一组值大于 0 的拉格朗日乘子。

进一步，求 L 关于 b 的导数且令导数等于 0，即 $\dfrac{\partial L}{\partial b} = 2\Sigma^{(F)}b - 2\lambda^{(F)}b = 0$，有

$$\Sigma^{(F)}b = \lambda^{(F)}b \tag{11.12}$$

由此可见，该问题即求协方差矩阵 $\Sigma^{(F)}$ 的特征值 $\lambda_1^{(F)} \geqslant \lambda_2^{(F)} \geqslant \cdots \geqslant \lambda_m^{(F)} > 0$ 及对应的单位特征向量 $b_1, b_2, b_3, \cdots, b_m$，且 $\lambda_1^{(F)}, \lambda_2^{(F)}, \cdots, \lambda_m^{(F)}$ 依次为 $y_1, y_2, \cdots, y_m$ 的方差。

这里，需要特别重点讨论 $\Sigma^{(F)}$。

2. 核主成分分析中的核函数的作用

以下重点讨论 $\boldsymbol{\Sigma}^{(F)}$。由统计学的基本理论可知，$\boldsymbol{F}$ 的协方差矩阵的定义为

$$\boldsymbol{\Sigma}^{(F)} = \begin{pmatrix} \mathrm{var}(F_1) & \mathrm{cov}(F_1, F_2) & \cdots & \mathrm{ov}(F_1, F_m) \\ \mathrm{cov}(F_2, F_1) & \mathrm{var}(F_2) & \cdots & \mathrm{cov}(F_2, F_m) \\ \vdots & \vdots & & \vdots \\ \mathrm{cov}(F_m, F_1) & \mathrm{cov}(F_m, F_2) & \cdots & \mathrm{var}(F_m) \end{pmatrix} \tag{11.13}$$

式中，第 j 行的对角元素为 $\mathrm{var}(F_j) = \dfrac{1}{N}\sum_{i=1}^{N}(F_{ij} - \bar{F}_j)^2$；第 j 行第 k 列的元素为 $\mathrm{cov}(F_j, F_k) = \dfrac{1}{N}\sum_{i=1}^{N}(F_{ij} - \bar{F}_j)(F_{ik} - \bar{F}_k)$，其中 $F_{ij} - \bar{F}_j$（以及 $F_{ik} - \bar{F}_k$）表示进行中心化处理，即坐标平移。若记 $\tilde{F}_{ij} = F_{ij} - \bar{F}_j$，则式 (11.13) 可等价表示为

$$\boldsymbol{\Sigma}^{(\tilde{F})} = \begin{pmatrix} \mathrm{var}(\tilde{F}_1) & \mathrm{cov}(\tilde{F}_1, \tilde{F}_2) & \cdots & \mathrm{cov}(\tilde{F}_1, \tilde{F}_m) \\ \mathrm{cov}(\tilde{F}_2, \tilde{F}_1) & \mathrm{var}(\tilde{F}_2) & \cdots & \mathrm{cov}(\tilde{F}_2, \tilde{F}_m) \\ \vdots & \vdots & & \vdots \\ \mathrm{cov}(\tilde{F}_m, \tilde{F}_1) & \mathrm{cov}(\tilde{F}_m, \tilde{F}_2) & \cdots & \mathrm{var}(\tilde{F}_m) \end{pmatrix}$$

样本观测点 $\boldsymbol{F}_i$ 坐标平移后记为 $\tilde{\boldsymbol{F}}_i = (\tilde{F}_{i1}, \tilde{F}_{i2}, \cdots, \tilde{F}_{im})$。$\boldsymbol{\Sigma}^{(\tilde{F})}$ 也可以表示为多个矩阵和的形式：

$$\boldsymbol{\Sigma}^{(\tilde{F})} = \frac{1}{N}\sum_{i=1}^{N}\tilde{\boldsymbol{F}}_i^{\mathrm{T}}\tilde{\boldsymbol{F}}_i \tag{11.14}$$

式 (11.14) 为特征空间 $\mathcal{F}$ 中样本观测点的点积，度量了点和点的相似性。事实上，因为 $\boldsymbol{F}_i = \varphi(\boldsymbol{X}_i)$，所以相应的 $\tilde{\boldsymbol{F}}_i = \varphi(\boldsymbol{X}_i) - \dfrac{1}{N}\sum_{j=1}^{N}\varphi(\boldsymbol{X}_j)$。为方便叙述，记 $\varphi(\boldsymbol{X}_i) - \dfrac{1}{N}\sum_{j=1}^{N}\varphi(\boldsymbol{X}_j)$ 为 $\Psi(\boldsymbol{X}_i)$，于是 $\boldsymbol{\Sigma}^{(\tilde{F})}$ 可等价写为如下的点积形式：

$$\boldsymbol{\Sigma}^{(\tilde{F})} = \frac{1}{N}\sum_{i=1}^{N}\tilde{\boldsymbol{F}}_i^{\mathrm{T}}\tilde{\boldsymbol{F}}_i = \frac{1}{N}\sum_{i=1}^{N}\Psi(\boldsymbol{X}_i)^{\mathrm{T}}\Psi(\boldsymbol{X}_i) \tag{11.15}$$

式 (11.15) 最大的计算难点在于，仅假设可通过一个非线性映射函数得到 $\boldsymbol{F}_i = \varphi(\boldsymbol{X}_i)$，但并不知道 $\varphi()$ 的具体形式，也就无法计算 $\Psi(\boldsymbol{X}_i)$ 和 $\Psi(\boldsymbol{X}_i)$ 的点积。

核主成分分析引入核函数解决这个问题。其基本思路是，虽然因 $\varphi()$ 的具体形式未知而无法直接计算高维特征空间 $\mathcal{F}$ 中的点积，但如果能基于低维的输入变量空间找到一个函数 $K(\boldsymbol{X}_i, \boldsymbol{X}_j)$，其等于 $\Psi(\boldsymbol{X}_i)$ 和 $\Psi(\boldsymbol{X}_j)$ 的点积，即 $K(\boldsymbol{X}_i, \boldsymbol{X}_j) \equiv \Psi(\boldsymbol{X}_i)^{\mathrm{T}}\Psi(\boldsymbol{X}_i)$，就无须关心 $\varphi()$ 的具体形式了，因为只要能够度量出 $\Psi(\boldsymbol{X}_i)^{\mathrm{T}}\Psi(\boldsymbol{X}_i)$，就可以确定矩阵 $\boldsymbol{\Sigma}^{(\tilde{F})}$，$\varphi()$ 的具体形式已经无关紧要了。这就是核主成分分析的核心观点。

将矩阵 $\boldsymbol{\Sigma}^{(\tilde{F})}$ 等价记为 $\boldsymbol{K}$，称为核矩阵。进一步，依据式 (11.12) 的思路，计算 $\boldsymbol{K}$ 的特征值和对应的特征向量，即由

$$\boldsymbol{K}\tilde{\boldsymbol{b}} = \lambda^{(\tilde{F})}\tilde{\boldsymbol{b}} \tag{11.16}$$

计算核矩阵 $\boldsymbol{K}$ 的特征值 $\lambda^{(\tilde{F})}$ 和对应的特征向量 $\tilde{\boldsymbol{b}}$，最终得到 $\mathcal{F}$ 空间中的若干个主成分。当

然，其中还涉及诸如如何具体计算 K、如何分解 $\tilde{b}$ 等相关细节问题，这里不详细讨论[①]。

常用的核函数有线性核函数、d 多项式核函数、径向基核函数、Sigmoid 核函数等，具体介绍参见 9.4.2 节。

核函数的选择具有很强的主观性。不同核函数"隐式"对应着增加若干不同变量的特征空间。对不同特征空间的主成分分析结果可能存在较大差异。

11.3.3　Python 模拟和启示：认识核主成分

本节通过 Python 编程，基于模拟数据，直观讨论核主成分分析的基本思想，具体思路如下。

（1）生成 X_1, X_2, X_3 构成的三维空间中的一组随机数据，绘制三维散点图并进行可视化展示。

（2）分别绘制 X_1, X_2、X_1, X_3 和 X_2, X_3 两两变量的散点图，以展示数据在低维空间中的形态。

（3）利用基于不同核函数的核主成分分析方法，提取 2 个主成分并可视化展示分析结果，以直观观察数据的核心特征。

Python 代码（文件名为 chapter11-4.ipynb）如下。为便于阅读，我们将代码运行结果直接放置在相应代码行下方。以下将分段对 Python 代码进行说明。

行号	代码和说明
1	X,t = make_s_curve(n_samples = 8000, noise = 0, random_state = 123)
	#随机生成立体字母 S 的数据集合，包括三个输入变量 X，以及一个可标识数据点颜色的变量 t
2	fig = plt.figure(figsize = (18,12))　　　　　　#指定图形大小
3	color = plt.cm.Spectral(t)　　　　　　#设置绘图中各个数据点的颜色
4	ax = fig.add_subplot(221, projection = '3d')　　#将画图区域划分为 2 行 2 列 4 个单元并在第 1 个单元中画立体图
5	ax.scatter(X[:,0],X[:,1],X[:,2],s = 8,color = color)　#绘制三维散点图
…	……　　　　　　#设置图标题等，略去
9	ax = fig.add_subplot(222)　　　　#在第 2 个单元中画图
10	ax.scatter(X[:,0],X[:,1],s = 8,color = color)
…	……　　　　　　#设置图标题等，略去
13	ax = fig.add_subplot(223)　　　　#在第 3 个单元中画图
14	ax.scatter(X[:,0],X[:,2],s = 8,color = color)
…	……　　　　　　#设置图标题等，略去
17	ax = fig.add_subplot(224)　　　　#在第 4 个单元中画图
18	ax.scatter(X[:,1],X[:,2],s = 8,color = color)
…	……　　　　　　#设置图标题等，略去

代码说明

（1）以上省略号部分在之前代码中重复出现过且不影响对原理的理解，故略去以节约篇幅。完整 Python 代码参见本书配套代码。

（2）第 5 行：绘制数据的三维散点图，如图 11.14 左上图所示。

（3）第 10、14、18 行：分别绘制 X_1, X_2、X_1, X_3 和 X_2, X_3 两两变量的散点图，分别如图 11.14 右上图、左下图和右下图所示。

[①] 感兴趣的读者可参考 Bernhard Schoelkopf 等学者 1999 年所写的论文 "Kernel Principal Component Analysis"。

图 11.14　三维散点图及两两变量的散点图

图 11.14 左上图所示为数据集中样本观测点在 X_1, X_2, X_3 构成的三维空间中的散点图，特征轮廓大致为一个立体的字母 S。其余三幅图分别是 X_1, X_2、X_1, X_3 和 X_2, X_3 两两变量的散点图。这三幅图体现了在不同二维空间中数据不同侧面的局部特征。其中，X_1, X_3 的散点图表现出与三维散点图相同的特征轮廓（字母 S）。事实上，因散点图中使用了颜色变量，所以其本质是利用三维空间展示数据的四维特征，或利用二维度空间展示数据的三维特征。

进一步，利用核主成分分析在 X_1, X_3 的基础上再借助更为丰富的信息，探究和展现模拟数据的核心特征轮廓。

行号	代码和说明
1	data = X[:,[0,2]]　　　　　　　#指定仅抽取 X 中索引为 0 和 2 的数据并将其保存到 data 中，即仅对 X1,X3 进行分析
2	kernels = ['linear','rbf','poly']　　　　　#指定核函数
3	plt.figure(figsize = (18,4))　　　　　#设置图形大小
4	for i,kernel in enumerate(kernels):　　　　#利用循环进行不同核函数下的核主成分分析
5	kpca = decomposition.KernelPCA(n_components = 2,kernel = kernel) #创建提取 2 个主成分的核主成分分析对象 kpca
6	kpca.fit(data)　　　　　　#基于 data 估计 kpca 的参数
7	y = kpca.transform(data)　　　　#基于 kpca 得到原始数据提取 2 个主成分后的结果并保存到 y 中
8	plt.subplot(1,3,i+1)　　　　　#在当前单元画图
9	plt.scatter(y[:,0],y[:,1],s = 8,color = color) #基于 2 个主成分绘制散点图
	……　　　　　　　　#设置图标题等，略去
13	print('方差贡献率(%s): %s'%(kernel,kpca.lambdas_/sum(kpca.lambdas_)))

```
方差贡献率(linear): [0.79726552 0.20273448]
方差贡献率(rbf): [0.62781743 0.37218257]
方差贡献率(poly): [0.76436997 0.23563003]
```

代码说明

（1）以上省略号部分在之前代码中重复出现过且不影响对原理的理解，故略去以节约篇幅。完整 Python 代码参见本书配套代码。

(2) 第 5 行：利用 decomposition.KernelPCA 实现核主成分分析，参数 n_components 表示希望提取的主成分个数，参数 kernel 表示指定的核函数。

(3) 第 13 行：输出显示 3 种不同核函数下提取的 2 个主成分的方差贡献率，其中 .lambdas_ 中存储着特征值。因主成分个数等于原始变量个数，所以累计方差贡献率为 100%，没有信息丢失。

所绘制的图形如图 11.13 中图所示。该图形显示，由于线性核函数本质是不对数据进行非线性空间变换，因此所得图形仅为原图 (见图 11.12) 的转置。在径向基核函数及多项式核函数下，均在更高维度 ($M > 2$) 的特征空间 $\mathcal{F}$ 中探究数据核心特征轮廓的结果。基于核主成分分析提取的 2 个主成分绘制的散点图与原图 (见图 11.12) 有一定差别，表明新增加的信息导致了一定程度的噪声。

再进一步，基于输入变量 X_1, X_2, X_3，利用核主成分分析提取 2 个主成分，并绘制散点图，如图 11.15 所示。因 Python 代码与上述代码类似且篇幅有限这里不再赘述。

图 11.15　不同核函数下的核主成分分析结果

图 11.15 左上图所示为采用线性核函数的情况，这意味着在输入变量空间中进行主成分分析，结果与图 11.14 第三幅图类似 (转置后)，表明输入变量 X_2 并没有提供更有效的信息。其余三幅图分别采用了径向基核函数、多项式核函数及 Sigmoid 核函数，可以看到不同核函数下的主成分分析体现了近似但又不同的核心特征轮廓，这表明不同的外在信息对事物本质特征会产生不同的影响。

11.4　因子分析

因子分析也是一种常用的通过空间变换策略实施特征提取的经典统计方法。其核心目的是将众多具有相关性的输入变量综合成较少的综合变量，用综合变量代替原有输入变量，实现输入变量空间的降维。

11.4.1 因子分析的基本出发点

因子分析起源于 1904 年，是斯皮尔曼在研究一个班级的学生课程成绩相关性时提出的方法。斯皮尔曼研究的数据对象是 33 名学生 6 门课程成绩（$X_1, X_2, \cdots, X_6$）的相关系数矩阵：

$$\begin{bmatrix} 1.00 & 0.83 & 0.78 & 0.70 & 0.66 & 0.63 \\ 0.83 & 1.00 & 0.67 & 0.67 & 0.65 & 0.57 \\ 0.78 & 0.67 & 1.00 & 0.64 & 0.54 & 0.51 \\ 0.70 & 0.67 & 0.64 & 1.00 & 0.45 & 0.51 \\ 0.66 & 0.65 & 0.54 & 0.45 & 1.00 & 0.40 \\ 0.63 & 0.57 & 0.51 & 0.51 & 0.40 & 1.00 \end{bmatrix}$$

他发现，若不考虑相关系数矩阵对角线上的元素，则任意两列的各行元素均大致成一定的比例。例如，第一门课程成绩与其他成绩的相关系数和第三门课程成绩与其他成绩的相关系数之比为 $\dfrac{0.83}{0.67} \approx \dfrac{0.70}{0.64} \approx \dfrac{0.66}{0.54} \approx \dfrac{0.63}{0.51} \approx 1.2$，近似为一个常量。

斯皮尔曼希望从理论上对该现象做出解释。他认为，学习成绩（$X_1, X_2, \cdots, X_6$）一定受某个潜在共性因素 f 的影响，这个共性因素可能是班级整体某个方面的学习能力或智力水平等。此外，还可能受其他未知的独立因素 ε_i（$i=1,2,\cdots,6$）影响。因子分析数学模型示意图如图 11.16 所示。

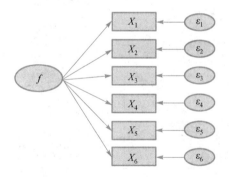

图 11.16　因子分析数学模型示意图

在图 11.16 中，椭圆 f 表示某个潜在共性因素，方框表示观测到的原有变量 $X_1, X_2, \cdots, X_p$（这里为各门课程成绩），椭圆 ε_i（$i=1,2,\cdots,6$）表示其他未知的独立因素。

斯皮尔曼指出，对任意课程成绩 X_i 进行标准化（$E(X_i)=0$，$\mathrm{var}(X_i)=1$）处理后，均可将其表示为 $X_i = \alpha_i f + \varepsilon_i$。其中，$f$ 表示标准化（$E(f)=0$，$\mathrm{var}(f)=1$）的潜在共性因素，ε_i 表示与 f 无关（$\mathrm{cov}(\varepsilon_i, f)=0$，$E(\varepsilon_i)=0$）的其他因素。

在此基础上，计算成绩 X_i 和成绩 X_j 的协方差：$\mathrm{cov}(X_i, X_j) = E[(X_i - E(X_i))(X_j - E(X_j))] = E[(a_i f + \varepsilon_i)(a_j f + \varepsilon_j)] = a_i a_j E(f^2) = a_i a_j \, \mathrm{var}(f) = a_i a_j$[①]。同理，计算成绩 X_k 和成绩 X_j 的协方差：$\mathrm{cov}(X_k, X_j) = a_k a_j$。进一步，计算两门课程成绩协方差之比：$\dfrac{\mathrm{cov}(X_i, X_j)}{\mathrm{cov}(X_k, X_j)} = \dfrac{a_i}{a_k}$。

---

① $\mathrm{var}(X) = E(X^2) - [E(X)]^2$。

由此可见，两门课程成绩协方差之比，即相关系数之比与成绩 X_j 无关，只取决于潜在共性因素对不同课程成绩 X_i, X_k 影响的程度 a_i 和 a_k。至此给出了上述现象的理论解释。

因子分析是对上述研究的拓展，提出潜在共性因素可以是多个互不相关的 f，通过尽可能多地找到变量 $X_1, X_2, \cdots, X_p$ 的潜在共性因素，也称潜在的一组结构特征，来解释已观测到的变量 $X_1, X_2, \cdots, X_p$ 的相关性。

11.4.2 因子分析的基本原理

1. 因子分析的数学模型

设有 p 个原有变量 $X_1, X_2, \cdots, X_p$，且每个变量 X_i 均为标准化值（$E(X_i) = 0$，$\mathrm{var}(X_i) = 1$）。现将每个原有变量 X_i 用 k（$k < p$）个变量 $f_1, f_2, f_3, \cdots, f_k$ 的线性组合来表示：

$$\begin{cases} X_1 = a_{11}f_1 + a_{12}f_2 + a_{13}f_3 + \cdots + a_{1k}f_k + \varepsilon_1 \\ X_2 = a_{21}f_1 + a_{22}f_2 + a_{23}f_3 + \cdots + a_{2k}f_k + \varepsilon_2 \\ X_3 = a_{31}f_1 + a_{32}f_2 + a_{33}f_3 + \cdots + a_{3k}f_k + \varepsilon_3 \\ \cdots\cdots \\ X_p = a_{p1}f_1 + a_{p2}f_2 + a_{p3}f_3 + \cdots + a_{pk}f_k + \varepsilon_p \end{cases} \tag{11.17}$$

式（11.17）就是因子分析的数学模型。

式（11.17）可用矩阵的形式表示为

$$\boldsymbol{X} = \boldsymbol{AF} + \boldsymbol{\varepsilon} \tag{11.18}$$

式中，$\boldsymbol{X} = (X_1, X_2, \cdots, X_p)^\mathrm{T}$，为原有变量；$\boldsymbol{F} = (f_1, f_2, \cdots, f_k)^\mathrm{T}$，被称为因子，因其均出现在每个原有变量 X_i 的线性组合中，所以又被称为公共因子，是对潜在不可见因素的测度；$\boldsymbol{A} = (\boldsymbol{\alpha}_1, \boldsymbol{\alpha}_2, \cdots, \boldsymbol{\alpha}_p)^\mathrm{T}$，被称为因子载荷矩阵，$\boldsymbol{\alpha}_i = (\alpha_{i1}, \alpha_{i2}, \cdots, \alpha_{ik})$，其中元素 a_{ij}（$i = 1, 2, \cdots, p$，$j = 1, 2, \cdots, k$）被称为因子载荷，是 X_i 在 f_j 上的载荷；ε 被称为特殊因子，即其他未知的独立因素，$E(\varepsilon_i) = 0$，$\mathrm{cov}(\varepsilon_i, f) = 0$，$\mathrm{cov}(\varepsilon_i, \varepsilon_j) = 0$，表示原有变量 X_i 尚未被因子全体 $\boldsymbol{F}$ 解释的部分。

因子分析的核心是因子载荷 a_{ij}。在因子不相关的条件下，因

$$\mathrm{corr}(X_i, f_j) = \mathrm{cov}(X_i, f_j) = \mathrm{cov}\left(\sum_{q=1}^{k} a_{iq}f_q + \varepsilon_i, f_j\right)$$
$$= \mathrm{cov}\left(\sum_{q=1}^{k} a_{iq}f_q, f_j\right) + \mathrm{cov}(\varepsilon_i, f_j) = a_{ij} \tag{11.19}$$

所以 a_{ij} 为 X_i 与 f_j 的相关系数。绝对值越接近 1，表明因子 f_j 与变量 X_i 的相关性越高。进一步，a_{ij}^2 反映了因子 f_j 对变量 X_i 方差的解释程度，取值范围为 0～1。

对于特殊因子 ε_i，因 $\mathrm{var}(X_i) = 1$，所以有

$$\mathrm{var}(X_i) = \mathrm{var}\left(\sum_{j=1}^{k} a_{ij}f_j + \varepsilon_i\right) = \mathrm{var}\left(\sum_{j=1}^{k} a_{ij}f_j\right) + \mathrm{var}(\varepsilon_i)$$
$$= \sum_{j=1}^{k} a_{ij}^2 \mathrm{var}(f_j) + \mathrm{var}(\varepsilon_i) = \sum_{j=1}^{k} a_{ij}^2 + \mathrm{var}(\varepsilon_i) = \sum_{j=1}^{k} a_{ij}^2 + \varepsilon_i^2 = 1 \tag{11.20}$$

即 $\text{var}(\varepsilon_i) = \varepsilon_i^2 = 1 - \sum_{j=1}^{k} a_{ij}^2$。因此，特殊因子方差 ε_i^2 等于原有变量 X_i 方差中因子全体 $\boldsymbol{F}$ 无法解释的部分，也被称为剩余方差。ε_i^2 越小，表明因子全体 $\boldsymbol{F}$ 对原有变量 X_i 方差的解释越充分，原有变量 X_i 的信息丢失越少，这正是因子分析所希望的。

那么，应如何评价因子分析的效果呢？

2. 因子分析的数学模型评价

事实上，因子分析的核心是以最少的信息丢失（ε_i^2 最小）为前提找到众多原有变量 $X_1, X_2, \cdots, X_p$ 中共有的少量潜在因素(因子) $\boldsymbol{F}$。因此，因子分析的数学模型评价应以信息丢失为重要依据，度量单个变量 X_i 的信息丢失和变量全体的信息丢失。

(1) 度量单个变量 X_i 的信息丢失。

变量共同度，也称变量方差，用于对原有变量 X_i 信息保留程度进行度量。变量 X_i 的共同度的数学定义为

$$h_i^2 = \sum_{j=1}^{k} a_{ij}^2 \tag{11.21}$$

由此可见，变量 X_i 的共同度是因子载荷矩阵 $\boldsymbol{A}$ 中第 i 行元素的平方和。由式(11.20)知，变量 X_i 的方差 $\text{var}(X_i) = h_i^2 + \varepsilon_i^2 = 1$，其由两部分组成：第一部分为变量共同度 h_i^2，是因子全体 $\boldsymbol{F}$ 对变量 X_i 方差解释程度的度量量。变量共同度 h_i^2 越接近 1，说明因子全体 $\boldsymbol{F}$ 越能解释变量 X_i 较大部分的方差。第二部分为特殊因子的方差 ε_i^2，是变量 X_i 的方差中不能由因子全体 $\boldsymbol{F}$ 解释的程度的度量量。ε_i^2 越接近 0，说明用因子全体 $\boldsymbol{F}$ 刻画变量 X_i 时的信息丢失越少。

总之，变量 X_i 的共同度 h_i^2 刻画了因子全体 $\boldsymbol{F}$ 对变量 X_i 方差的解释程度，是评价原有变量 X_i 信息保留程度的重要指标。如果大多数原有变量的共同度 h_i^2 均较高(如高于 0.8)，则说明因子能够反应原有变量的大部分(如 80% 以上)信息，仅有较少的信息丢失，因子分析较为理想。

(2) 度量变量全体的信息丢失。

显然，p 个原有变量全体 $\boldsymbol{X}$ 的信息保留程度为

$$\begin{aligned}
\sum_{i=1}^{p} h_i^2 &= (a_{11}^2 + a_{12}^2 + \cdots + a_{1k}^2) + (a_{21}^2 + a_{22}^2 + \cdots + a_{2k}^2) + \cdots + (a_{p1}^2 + a_{p2}^2 + \cdots + a_{pk}^2) \\
&= (a_{11}^2 + a_{21}^2 + \cdots + a_{p1}^2) + (a_{12}^2 + a_{22}^2 + \cdots + a_{p2}^2) + \cdots + (a_{1k}^2 + a_{2k}^2 + \cdots + a_{pk}^2) \\
&= \sum_{i=1}^{p} a_{i1}^2 + \sum_{i=1}^{p} a_{i2}^2 + \cdots + \sum_{i=1}^{p} a_{ik}^2
\end{aligned} \tag{11.22}$$

$\sum_{i=1}^{p} h_i^2$ 越大、越接近 p（p 个原有变量方差之和等于 p），表明变量全体的信息丢失越少，因子分析越理想。通常因 $\sum_{i=1}^{p} h_i^2$ 为绝对指标不方便应用，所以采用相对指标 $\left(\sum_{i=1}^{p} h_i^2 \right) / p$ 进行评价，该指标值越接近 1 越好。

从另一个角度看，也可将式（11.22）中各项表示为 $S_j^2 = \sum_{i=1}^{p} a_{ij}^2$（ $j=1,2,\cdots,k$ ），称 S_j^2 为因子 f_j 的方差贡献，则 $R_j = \dfrac{S_j^2}{p}$ 为因子 f_j 的方差贡献率。因此，可用 k 个因子的方差贡献 S_j^2 之和，即 k 个因子的累计方差贡献率，度量变量全体 $\boldsymbol{X}$ 的信息保留程度。累计方差贡献率越大、越接近 1，说明变量全体信息丢失越少，因子分析越理想。通常累计方差贡献率应大于 80%。

此外，因子 f_j 的方差贡献 S_j^2 是因子载荷阵 A 中第 j 列元素的平方和，恰好反映了因子 f_j 对原有变量总方差的解释能力。该值越大，说明相应因子越重要。同理，因子 f_j 的方差贡献率 R_j 越大、越接近1，说明因子 f_j 越重要。

3. 因子载荷矩阵的求解

因子分析的关键是求解因子载荷矩阵。因子载荷矩阵有很多求解方法，其中主成分分析法是应用最为普遍的。11.1 节已讨论了主成分分析，并得到了系数矩阵 $\boldsymbol{\mu} = \begin{pmatrix} \mu_{11} & \mu_{21} & \cdots & \mu_{p1} \\ \mu_{12} & \mu_{22} & \cdots & \mu_{p2} \\ \vdots & \vdots & & \vdots \\ \mu_{1p} & \mu_{2p} & \cdots & \mu_{pp} \end{pmatrix} = (\boldsymbol{\mu}_1, \boldsymbol{\mu}_2, \cdots, \boldsymbol{\mu}_p)$ 。

尽管因子分析的数学模型不同于主成分分析，但两者之间存在如下关系。主成分分析中的特征向量正交， $\boldsymbol{X}$ 到 $\boldsymbol{y}$ 的转换关系可逆。因此，基于第 i 个主成分，即 $y_i = \mu_{i1}X_1 + \mu_{i2}X_2 + \cdots + \mu_{ip}X_p$ ，有

$$X_i = \mu_{1i}y_1 + \mu_{2i}y_2 + \cdots + \mu_{pi}y_p \tag{11.23}$$

进一步，还需要满足因子的单位方差要求。为此，对 y_j（ $j=1,2,\cdots,p$ ）进行标准化处理使其方差等于 1，标准化值记为 $f_j = \dfrac{y_j}{\sqrt{\lambda_j}}$（11.1.3 节中已证明 $\mathrm{var}(y_j) = \lambda_j$ ），将其代入式（11.23）并令 $\alpha_{ij} = \mu_{ji}\sqrt{\lambda_j}$ ，便得到因子分析模型： $X_i = a_{i1}f_1 + a_{i2}f_2 + a_{i3}f_3 + \cdots + a_{ik}f_k + \varepsilon_i$ 。

因此，因子载荷矩阵为

$$\boldsymbol{A} = \begin{pmatrix} a_{11} & a_{12} & \cdots & a_{1p} \\ a_{21} & a_{22} & \cdots & a_{2p} \\ \vdots & \vdots & & \vdots \\ a_{p1} & a_{p2} & \cdots & a_{pp} \end{pmatrix} = \begin{pmatrix} u_{11}\sqrt{\lambda_1} & u_{21}\sqrt{\lambda_2} & \cdots & u_{p1}\sqrt{\lambda_p} \\ u_{12}\sqrt{\lambda_1} & u_{22}\sqrt{\lambda_2} & \cdots & u_{p2}\sqrt{\lambda_p} \\ \vdots & \vdots & & \vdots \\ u_{1p}\sqrt{\lambda_1} & u_{2p}\sqrt{\lambda_2} & \cdots & u_{pp}\sqrt{\lambda_p} \end{pmatrix} \tag{11.24}$$

进一步，由于因子个数 k 少于原有变量个数 p ，所以因子载荷矩阵只需选取前 k 列，即前 k 个重要的因子即可。与主成分分析类似，确定 k 通常有以下两个标准。

（1）根据特征值 λ_i 确定因子个数 k 。

一般选取大于 1 的特征值，原因是特征值 λ_i 即依据因子载荷矩阵 A 计算出的因子 f_i 的方差贡献。应根据因子的方差贡献判断因子的重要性。若因子 f_i 是不应略去的重要因子，则它至少应能够解释 p 个原有变量总方差 p 中的 1 个。

(2) 根据因子的累计方差贡献率确定因子个数 k。

根据因子的方差贡献率的定义，前 k 个因子的累计方差贡献率为 $cR_k = \sum\limits_{i=1}^{k} R_i = \sum\limits_{i=1}^{k} S_i^2 / p = \sum\limits_{i=1}^{k} \lambda_i / \sum\limits_{i=1}^{p} \lambda_i$。通常，累计方差贡献率大于 80% 时的 k 即因子个数 k。

4．因子得分的计算

因子得分是因子分析的最终体现。在因子分析的实际应用中，为实现变量空间降维和问题简化，求解出因子载荷矩阵，确定因子个数之后，还需要确定各个样本观测点在已降维的因子空间(以 $F = (f_1, f_2, \cdots, f_k)$ 为坐标轴)中的位置坐标，称为因子得分 F。后续将用因子得分 F 代替原有变量 X 进行建模。

希望通过以下形式计算样本观测 X_i 在 f_j 上的得分：

$$f_{ij} = \varpi_{j1} X_{i1} + \varpi_{j2} X_{i2} + \cdots + \varpi_{jp} X_{ip}, \quad j = 1, 2, \cdots, k, \ i = 1, 2, \cdots, N \tag{11.25}$$

式中，$\varpi_{j1}, \varpi_{j2}, \varpi_{j3}, \cdots, \varpi_{jp}$ 为因子值系数，分别用于度量原有变量 $X_1, X_2, \cdots, X_p$ 对 f_j 的权重贡献。

一个自然的想法是，基于式(11.17)所示的因子分析的数学模型，将 f_j 写成 $X_1, X_2, \cdots, X_p$ 的函数形式。但由于 ε_i ($i = 1, 2, \cdots, p$) 未知，所以该想法无法实现。为此，一般的做法是利用以下线性组合去近似计算因子得分：

$$F = Xw \tag{11.26}$$

式中，$w = (\varpi_1, \varpi_2, \cdots, \varpi_k)$，为因子值系数矩阵，其中 $\varpi_j = (\varpi_{1j}, \varpi_{2j}, \cdots, \varpi_{pj})^{\mathrm{T}}$，$j = 1, 2, \cdots, k$。

因为因子分析中的 F 是观测不到的，所以不能采用一般的最小二乘法估计系数 w。为此，在式(11.26)等号两边各乘以 $\dfrac{1}{N} \sum\limits_{i=1}^{N} X^{\mathrm{T}}$，即

$$\frac{1}{N} \sum_{i=1}^{N} X^{\mathrm{T}} F = \frac{1}{N} \sum_{i=1}^{N} X^{\mathrm{T}} Xw \tag{11.27}$$

因数据均是标准化值，所以式(11.27)为 $A = Rw$，其中 R 为输入变量 X 的相关系数矩阵，A 为因子载荷矩阵。进一步，因为 $w = R^{-1} A$，将其代入式(11.26)有

$$F = XR^{-1} A \tag{11.28}$$

即可依式(11.28)计算 N 个样本观测的因子得分。

11.4.3　Python 模拟和启示：认识因子分析的计算过程

本节将基于 11.3.3 节的模拟数据，通过 Python 编程实现因子分析，以帮助读者进一步理解因子分析的基本原理。因 11.3 节为选讲内容，所以这里对模拟数据简单进行说明。模拟数据为利用 Python 提供的函数随机生成的立体字母 S 的数据集合，包括三个输入变量 X，以及一个可标识数据点颜色的变量 t。数据集中样本观测点在 X_1, X_2, X_3 构成的三维空间中的散点图，以及 X_1, X_2、X_1, X_3 和 X_2, X_3 两两变量的散点图如图 11.14 所示。

1. 依据前述原理编程实现因子分析

以下将依据前述的因子分析基本原理，通过 Python 编程，从 X_1, X_2, X_3 的相关系数矩阵出发，计算其特征值和对应的特征向量，并在此基础上计算因子载荷矩阵以实现因子分析。Python 代码（文件名为 chapter11-5.ipynb）如下。为便于阅读，我们将代码运行结果直接放置在相应代码行下方。

行号	代码和说明
1	X,t = make_s_curve(n_samples = 8000, noise = 0, random_state = 123)
	#随机生成立体字母 S 的数据集合，包括三个输入变量 X，以及一个可标识数据点颜色的变量 t
2	color = plt.cm.Spectral(t)　　　　　　　　　　#设置各个数据点的颜色
3	X = pd.DataFrame(X)　　　　　　　　　　　#将 X 转成数据框以便于后续计算
4	R = X.corr();print(R)　　　　　　　　　　　#计算并输出 X 的相关系数矩阵 R
| | ```
           0          1          2
0   1.000000   0.008891  -0.118065
1   0.008891   1.000000  -0.020232
2  -0.118065  -0.020232   1.000000
``` |
5	eig_value, eigvector = np.linalg.eig(R)　　　　#计算 R 的特征值和对应的单位特征向量
6	sortkey,eig = list(eig_value.argsort()),list(eig_value)　#保存特征值升序排序的索引到列表 sortkey 中,保存特征值到列表 eig 中
7	sortkey.reverse()　　　　　　　　　　　#保存特征值降序排序的索引到列表 sortkey 中
8	eig.sort();eig.reverse()　　　　　　　　　#eig 中保存着特征值的降序排序结果
9	A = np.zeros((eigvector.shape[1],eigvector.shape[1]))
	#指定存储因子载荷矩阵 A 为 3 行 3 列的二维 NumPy 数组，初始值为 0
10	for i,e in enumerate(eig):　　　　　　　　#利用循环计算各个因子载荷
11	A[i,:] = np.sqrt(e)*eigvector[:,sortkey[i]]　#计算 A 中第 i 行的值
12	factorM = A.T　　　　　　　　　　　　#得到因子载荷矩阵
13	print("因子载荷矩阵：\n{0}".format(factorM))
| | ```
因子载荷矩阵：
[[-0.73408195 -0.16654497 -0.65832094]
 [-0.1772608   0.98206173 -0.06429132]
 [ 0.74247119  0.06979852 -0.66623171]]
``` |
14	lambd = np.zeros((factorM.shape[1],))　　　　#保存因子的方差贡献
15	for i in range(0,factorM.shape[1]):　　　　　#利用循环计算各因子的方差贡献
16	lambd[i] = sum(factorM[:,i]**2)　　　　　#计算第 i 个因子的方差贡献
17	print('因子方差贡献: {0}'.format(lambd))
	因子方差贡献：[1.12156117 0.99705429 0.88138454]
18	print('因子方差贡献率: {0}'.format(lambd/sum(lambd)))
	因子方差贡献率：[0.37385372 0.33235143 0.29379485]
19	score = np.linalg.inv(R)*factor　　　　　　#计算因子值系数矩阵
20	print('因子值系数: \n{0}'.format(score))
| | ```
因子值系数：
[[-0.74449116  0.00109871 -0.07873893]
 [ 0.00116941  0.98250601 -0.00125123]
 [ 0.08880377  0.00135841 -0.67590206]]
``` |

代码说明

（1）第 4 行：利用数据框的 corr() 方法计算相关系数矩阵 $\boldsymbol{R}$，该矩阵是一个 3×3 矩阵。

（2）第 5 行：计算相关系数矩阵 $\boldsymbol{R}$ 的 3 个特征值和对应的单位特征向量。

（3）第 6 至 8 行：为便于后续处理，首先获得各特征值升序排序的索引，然后将特征值升序排序后反转位置，即降序排序，并得到降序排序的索引。

（4）第 9 行：准备因子载荷矩阵，初始时应为 3 行 3 列的矩阵。
```

(5)第 10 至 12 行：依据式(11.25)构造因子载荷矩阵。这里指定因子个数等于原有变量个数 3，因此因子载荷矩阵为 3 行 3 列的矩阵。

(6)第 13 行：输出因子载荷矩阵。由因子载荷矩阵可知，因子 f_1 与 X_1, X_3 有较高的相关性，因子 f_2 与 X_2 有较高的相关性，因子 f_3 也与 X_1, X_3 有一定的相关性。

(7)第 17、18 行：输出各因子的方差(特征值)和方差贡献率。从方差贡献率来看，第 1 个因子最重要，第 2 个因子、第 3 个因子依次次之，但各因子重要性的差异不大。

(8)第 19、20 行：依据式(11.28)中的 $R^{-1}A$ 计算因子值系数矩阵。结果表明，X_1 对第 1 个因子得分有更大权重，第 2 个因子、第 3 个因子得分分别主要取决于 X_2 和 X_3。

2. 基于 Python 包实现因子分析

基于主成分分析的因子分析目前尚未内置在 Python 的 Scikit-learn 包中，需要先在 Anaconda Prompt 下输入 pip install factor_analyzer 进行在线安装，之后方可引用其中的函数实现基于主成分分析的因子分析(代码续前)。

行号	代码和说明
1	fa = FactorAnalyzer(method = 'principal',n_factors = 2, rotation = None)
	#创建基于主成分分析实现因子分析的对象 fa,指定提取 2 个因子
2	fa.fit(X)　　　　　　　　　　　　　　　　　　　　#对 X 进行因子分析
3	print('因子载荷矩阵:\n', fa.loadings_)
	因子载荷矩阵：
	[[0.73408195 -0.16654497]
	[0.1772608　 0.98206173]
	[-0.74247119　0.06979852]]
4	print('变量共同度:\n', fa.get_communalities())
	变量共同度：
	[0.56661353 0.99586663 0.55613531]
5	print('因子的方差贡献:{0}'.format(fa.get_factor_variance()[0]))
	因子的方差贡献:[1.12156117 0.99705429]
6	print('因子的方差贡献率:{0}'.format(fa.get_factor_variance()[1]))
	因子的方差贡献率:[0.37385372 0.33235143]
7	print('因子的累计方差贡献率:{0}'.format(fa.get_factor_variance()[2]))
	因子的累计方差贡献率:[0.37385372 0.70620515]
8	F = fa.transform(X)　　　　　　　　　#计算各个样本观测的因子得分并将其保存到 F 中
9	plt.scatter(F.T[0],F.T[1],s = 8,color = color)　#基于因子得分绘制散点图
...	......　　　　　　　　　　　　　　　　　#设置图标题等，略去

代码说明

(1)以上省略号部分在之前代码中重复出现过且不影响对原理的理解，故略去以节约篇幅。完整 Python 代码参见本书配套代码。

(2)第 1 行：利用 FactorAnalyzer()函数实现因子分析。其中，method='principal'表示基于主成分分析计算；n_factors=2 表示提取 2 个因子；rotation=None 表示不对因子载荷矩阵进行旋转，具体含义详见 11.4.4 节。

(3)第 3 行：因子分析对象的.loadings_ 属性中存储着因子载荷矩阵。计算结果同前。

(4)第 4 行：可通过 get_communalities()获得因子分析中各个变量的共同度。

(5)第 6、7 行：可通过 get_factor_variance() 获得因子分析中各个因子的方差贡献(计算结果同前)、方差贡献率(计算结果同前)及累计方差贡献率。这里指定提取 2 个因子，累计方差贡献率约为 70.6%。

（6）第 8、9 行：利用 transform（）计算因子得分，并基于因子得分绘制散点图，如图 11.17 所示。

彩图 11.17

图 11.17　因子分析结果展示

图 11.17 所示为指定因子个数 $k = 2$ 计算 2 个因子得分，并基于因子得分绘制的散点图。该图形显示，它与 11.14 右上图 X_1, X_2 的散点图较为接近，这是因子值系数矩阵所体现的 X_1 对第 1 个因子得分有更大权重、X_2 对第 2 个因子得分有更大权重所导致的。

需要说明的是，Python 没有内置基于主成分分析的因子分析模块，只内置了基于数据矩阵 $\boldsymbol{X}$ 的奇异值分解的因子分析模块。其中，因子载荷矩阵中的特征值和特征向量为 $\boldsymbol{XX}^{\mathrm{T}}$ 的前 k 个较大特征值及对应的特征向量。Python 代码如下。

行号	代码和说明	
1	Fac=decomposition.FactorAnalysis（n_components=2）	#提取 2 个因子
2	Fac.fit（X）	#对 X 进行因子分析
3	y=Fac.transform（X）	#获得因子得分
4	plt.scatter（y[:,0],y[:,1],s=8,color=color）	#绘制基于因子得分的散点图
…	……	#设置图标题等，略去

代码说明

以上省略号部分在之前代码中重复出现过且不影响对原理的理解，故略去以节约篇幅。完整 Python 代码参见本书配套代码。所绘制的图形如图 11.18 所示。

彩图 11.18

图 11.18　基于奇异值分解的因子分析结果展示

与图 11.17 所示的基于主成分分析的因子分析结果相比，基于奇异值分解的因子分析结果更接近其原本三维空间中的特征轮廓，并且更多地体现了空间变换的特点。

11.4.4　因子分析的其他问题

1. 因子分析的适用性问题

基于主成分分析的因子分析，通常适用于原有变量 $X_1, X_2, \cdots, X_p$ 具有中度以上相关性的情况。直观来讲，基于斯皮尔曼最初的研究，若各门课程成绩之间没有相关性，则无从提取潜在共性因素。

11.4.3 节中的相关系数矩阵 R 表明，X_1, X_2, X_3 是弱相关的，尽管可以得到分析结果，但实际解释意义不大，而且无法真正实现降维目的。

2. 因子的可解释性问题

在因子分析的很多实际应用中，通常希望因子具有一定的实际意义。但如果某个因子 f_i 与所有 X_i 均有较高的相关性，或者某个 X_i 与所有 f_i 均有较高的相关性，因子的实际含义就比较模糊。此时，可以通过旋转因子载荷矩阵使某个因子 f_i 仅与少数 X_i 有较高的相关性，或者使某个 X_i 仅与少数 f_i 有较高的相关性，以明确因子的实际含义，如图 11.19 所示。

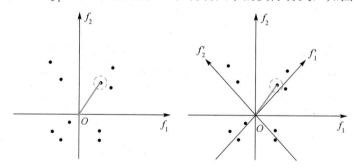

图 11.19　因子载荷与因子旋转

图 11.19 所示为以因子 f_1, f_2 为坐标轴，基于因子载荷矩阵绘制的散点图，被称为因子载荷图。图 11.19 两幅图中的 10 个点代表 10 个原有变量 X。每个点的横、纵坐标分别为因子载荷矩阵中的因子载荷 a_{ij}，刻画了相应原有变量 X 与因子 f_1, f_2 的相关性。图 11.19 左图中 10 个原有变量在因子 f_1, f_2 上均有一定的相关性，因子含义不清。现在将坐标 f_1, f_2 逆时针旋转至图 11.19 右图所示的 f_1', f_2' 位置上。在 f_1', f_2' 坐标下，10 个原有变量中的 6 个在 f_1' 上有较高的载荷，在 f_2' 上的载荷几乎为 0；其余 4 个在 f_2' 上有较高的载荷，在 f_1' 上的载荷几乎为 0。此时，因子 f_1', f_2' 的含义较为清楚，它们分别是对 6 个原有变量和剩余 4 个变量的综合。

进一步，计算图 11.19 两幅图中虚线圆圈所圈变量 X_i 的共同度 h_i^2。对比发现，变量共同度均等于蓝色线段长度的平方。由此可见，因子旋转并不影响原有变量 X_i 的共同度 h_i^2，不会导致变量信息的丢失。改变的仅是因子 f_i 的方差贡献 S_j^2，即重新分配各因子 f_i 解释原有变量 X_i 方差的比例，旨在使因子的实际意义更明确。

实现因子矩阵旋转的途径是，将因子载荷矩阵 A 右乘一个正交矩阵 τ 后得到一个新矩阵 B。有很多求解正交矩阵 τ 的方法，其中应用较为普遍的是方差极大法。对只包含 2 个因子的因子载荷矩阵 $\boldsymbol{A}$ 右乘一个正交矩阵 $\boldsymbol{\tau}$，将计算结果表示为矩阵 $\boldsymbol{B} = \begin{bmatrix} b_{11} & b_{12} \\ b_{21} & b_{22} \\ \vdots & \vdots \\ b_{p1} & b_{p2} \end{bmatrix}$。为达

到因子旋转的目标，极端情况下希望使因子 f_1 仅与某些变量 X_i（如 $X_1, X_2, \cdots, X_k$）相关，因子 f_2 仅与其他变量 X_j（如 $X_{k+1}, X_{k+2}, \cdots, X_p$）相关，表现为矩阵 $\boldsymbol{B}$ 的第 1 列第 $k+1$ 行至第 p 行的元素等于 0，第 2 列第 1 行至第 k 行的元素等于 0。此时两列元素的方差 V_1, V_2 是最大的，$V_k = \dfrac{1}{p}\sum_{i=1}^{p}(b_{ik}^2)^2 - \dfrac{1}{p^2}\left(\sum_{i=1}^{p} b_{ik}^2\right)^2$，$k = 1, 2$①。因此，求解正交矩阵 $\boldsymbol{\tau}$ 的目标就是最大化 $V_1 + V_2$。

一般目标函数为 $V = p(V_1 + V_2) = \sum_{j=1}^{k}\sum_{i=1}^{p}(b_{ij}^2)^2 - \dfrac{1}{p}\sum_{j=1}^{k}\left(\sum_{i=1}^{p} b_{ij}^2\right)^2$，$k = 1, 2$。进一步，为消除变量

共同度量级对计算结果造成的影响，可将目标函数调整为 $V = \sum_{j=1}^{k}\sum_{i=1}^{p}\left(\dfrac{b_{ij}^2}{h_i^2}\right)^2 -$

$\dfrac{1}{p}\sum_{j=1}^{k}\left(\sum_{i=1}^{p}\dfrac{b_{ij}^2}{h_i^2}\right)^2$。

　　基于 11.4.3 节的模拟数据，对因子载荷矩阵采用方差极大法进行旋转的 Python 代码如下。

行号	代码和说明	
1	fa = FactorAnalyzer (method='principal',n_factors = 2,rotation = 'varimax')	
	#创建基于主成分分析实现因子分析的对象 fa，指定提取 2 个因子且对因子载荷矩阵采用方差极大法进行旋转	
2	fa.fit(X)	#对 X 进行因子分析
3	print('变量共同度:\n', fa.get_communalities())	#计算结果同前，没有发生变化
	变量共同度: [0.56661353 0.99586663 0.55613531]	
4	print('旋转后的因子载荷矩阵:\n', fa.loadings_)	
	旋转后的因子载荷矩阵: [[0.75119892 -0.04810104] [0.019381 0.99774295] [-0.74414953 -0.04875225]]	
5	print('因子的方差贡献:{0}'.format(fa.get_factor_variance()[0]))	#基于旋转后的因子载荷矩阵进行计算
	因子的方差贡献:[1.11843397 1.00018149]	
6	print('因子的方差贡献率:{0}'.format(fa.get_factor_variance()[1]))	
	因子的方差贡献率:[0.37281132 0.33339383]	
7	print('因子的累计方差贡献率:{0}'.format(fa.get_factor_variance()[2]))	
	因子的累计方差贡献率:[0.37281132 0.70620515]	
8	F = fa.transform(X)	#计算并保存因子得分
9	plt.scatter(F.T[0],F.T[1],s = 8,color = color)	#基于因子得分绘制散点图
……		#设置图标题等，略去

代码说明

　　（1）以上省略号部分在之前代码中重复出现过且不影响对原理的理解，故略去以节约篇幅。完整 Python 代码参见本书配套代码。

———————————

① $\mathrm{var}(X) = E(X^2) - [E(X)]^2$。

⑵第 1 行：设置参数 rotation='varimax'表示对因子载荷矩阵采用方差极大法进行旋转。

⑶第 4 行：因子载荷矩阵表明，第 1 个因子与 X_1 更相关，第 2 个因子与 X_2 更相关。因本例旋转前因子的含义就比较清楚，所以旋转后变化不大。

⑷第 5 至 7 行：基于旋转后的因子载荷矩阵计算因子的方差贡献、方差贡献率和累计方差贡献率，结果与未进行旋转的结果是有差异的。

所绘制的散点图如图 11.20 所示。

彩图 **11.20**

图 **11.20** 旋转后的因子分析结果展示

图 11.20 与图 11.17 相比，前者是后者旋转了一个角度的结果，这对直观理解因子载荷矩阵旋转的实际含义较有帮助。

至此，基于空间变换策略的特征提取的讨论告一段落。目前还有很多较为流行的特征提取方法，如 t-SNE(t-distributed Stochastic Neighbor Embedding)算法、流行学习(Manifold Learning)算法及度量学习(Metric Learning)算法等。有兴趣的读者可以参考相关资料自行学习。

11.4.5 因子分析的 Python 应用实践：空气质量综合评测

本节将基于空气质量监测数据，通过 Python 编程，利用因子分析对各年的空气质量整体情况做出综合评测。本示例在基于空间变换实现特征提取的同时，进一步突出了特征提取对解决实际问题的重要作用，基本思路如下。

⑴对 2014 年 1 月 1 日至 2019 年 11 月 26 日的 PM2.5、PM10、SO_2、CO、NO_2 浓度监测数据，进行基于主成分分析的因子分析。

⑵基于因子分析结果，计算空气质量的综合评测值。

⑶绘制空气质量综合评测值的时序图，直观展示 2014 年至 2019 年空气质量综合评测值的变化情况。

Python 代码(文件名为 chapter11-6.ipynb)如下。为便于阅读，我们将代码运行结果直接放置在相应代码行下方。以下将分段对 Python 代码进行说明。

1. 基于 PM2.5、PM10、SO_2、CO、NO_2浓度监测数据进行因子分析

行号	代码和说明
1	data = pd.read_excel('北京市空气质量数据.xlsx')　　　　#将 Excel 文件读入数据框 data
2	data = data.replace (0,np.NaN);data = data.dropna ()　　#数据预处理
3	X = data.iloc[:,3:-1]　　　　　　#指定原有变量 X，分别为 PM2.5、PM10、SO_2、CO、NO_2浓度
4	fa = FactorAnalyzer (method = 'principal',n_factors = 2,rotation = 'varimax') 　　　#创建基于主成分分析的因子分析对象 fa,指定提取 2 个因子且对因子载荷矩阵采用方差极大法进行旋转
5	fa.fit (X)　　　　　　　　　　　　#对 X 进行因子分析
6	print ("因子载荷矩阵\n",fa.loadings_)

```
因子载荷矩阵
 [[0.92306469 0.26660449]
 [0.90247854 0.2290372 ]
 [0.30642648 0.9405462 ]
 [0.80663485 0.4434194 ]
 [0.78510676 0.44600552]]
```

行号	代码和说明
7	print ("变量共同度:\n", fa.get_communalities ())

```
变量共同度:
 [0.92312638 0.86692555 0.97852435 0.84728055 0.81531355]
```

行号	代码和说明
8	print ("因子的方差贡献:{0}".format(fa.get_factor_variance ()[0]))

```
因子的方差贡献:[3.02746554 1.40370484]
```

行号	代码和说明
9	print ("因子的方差贡献率:{0}".format(fa.get_factor_variance ()[1]))

```
因子的方差贡献率:[0.60549311 0.28074097]
```

行号	代码和说明
10	print ("因子的累计方差贡献率:{0}".format(fa.get_factor_variance ()[2]))

```
因子的累计方差贡献率:[0.60549311 0.88623408]
```

代码说明

（1）第 6 行：显示旋转后的因子载荷矩阵。由因子载荷矩阵可以看出，因子 f_1与 PM2.5、PM10、CO、NO_2浓度有较高的相关性，因子 f_2与 SO_2浓度有较高的相关性。

（2）第 7 行：显示变量共同度，结果表明变量共同度均高于 0.82，整体上各变量的信息丢失较少。

（3）第 8 至 10 行：输出因子的方差贡献、方差贡献率和累计方差贡献率。累计方差贡献率约为 88%，因子分析效果比较理想。

2. 空气质量综合评测

这里基于因子得分对空气质量进行综合评测，具体评测公式为综合评测值= $w_1F_1 + w_2F_2$。其中，F_1,F_2 为 2 个因子得分；w_1,w_2 为权重，分别为 2 个因子的方差贡献率的归一化结果。综合评测值越大，空气质量越差。由于因子不相关，所以将加权平均值作为综合评测，是具有合理性的。

行号	代码和说明
1	tmp = fa.get_factor_variance ()　　　　#得到因子的方差贡献、方差贡献率和累计方差贡献率
2	F = fa.transform (X)　　　　#得到因子得分
3	data['score'] = F[:,0]*tmp[2][0]/sum (tmp[2]) +F[:,1]*tmp[2][1]/sum (tmp[2])　　　#计算综合评测值
4	plt.figure(figsize = (20,6))　　　#指定图形大小
5	plt.plot (data['score'])　　　#绘制综合评测值的时序图
...	......　　　#设置图标题等，略去
10	id = argsort (data['score'])　　　#得到综合评测值升序排序的行索引
11	data.iloc[id[::-1][0:5],]　　　#得到综合评测值降序排序后的前 5 条数据

	日期	AQI	质量等级	PM2.5	PM10	SO2	CO	NO2	O3	score
54	2014-02-24	310.0	严重污染	260.0	327.0	133.0	4.7	119.0	19.0	5.520231
53	2014-02-23	261.0	重度污染	211.0	246.0	130.0	3.6	92.0	14.0	5.028838
22	2014-01-23	271.0	重度污染	221.0	263.0	118.0	4.0	125.0	8.0	4.889097
15	2014-01-16	402.0	严重污染	353.0	384.0	109.0	4.6	123.0	20.0	4.726350
45	2014-02-15	428.0	严重污染	393.0	449.0	100.0	3.8	110.0	25.0	4.215185

代码说明

（1）以上省略号部分在之前代码中重复出现过且不影响对原理的理解，故略去以节约篇幅。完整 Python 代码参见本书配套代码。

（2）第 5 行开始绘制空气质量综合评测值的时序图，如图 11.21 所示。

图 11.21　空气质量综合评测值的时序图

图 11.21 显示，2014 年至 2019 年的空气质量综合评测值整体上持续波动性下降，尤其在 2017 年下半年至 2019 年年底的整体水平较低；较 2014 年，2015 年的空气质量有了明显改善。此外，每年年底和来年年初的空气质量综合评测值相对较高，这与北方的冬季供暖密切相关。

（3）第 10、11 行：找到并输出综合评测值较高，即空气质量较差的 5 天。它们是 2014 年 1 月和 2 月中的 5 天。可以看到，空气质量最差的是 2014 年 2 月 24 日，这一天的 AQI 并不是最高的。空气质量综合评测结果与 AQI 并不完全一致。事实上，AQI 的大小与 PM2.5 浓度密切相关，而综合评测结果不仅与 PM2.5 浓度等有关，而且与 SO_2 浓度密切相关。2014 年 2 月 24 日的 SO_2 浓度很高，因而导致这一天的空气质量综合评测值较大。2014 年 2 月 23 日也有类似的特点。2014 年 2 月 15 日的 AQI、PM2.5 浓度很高但 SO_2 浓度相对低一些，因此综合评测结果并不是最差的。

本 章 总 结

本章重点讨论了几种常见的特征提取方法。首先，讨论了特征提取中最常用的主成分分析，直观展示了空间变换对特征提取的意义。其次，讨论了矩阵的奇异值分解及其对数据降维的作用。最后，对因子分析的原理进行了较为详细的讲解。本章应用实践部分以空气质量综合评测为例，展示了特征提取的实际应用价值。11.3 节为本章的选讲内容。

本章相关函数列表

围绕本章学习，应重点掌握 Python 模块中的以下函数。函数的具体格式参见 Python 帮助。

一、主成分分析函数

pca=decomposition.PCA（n_components=）；pca.fix（X）。

二、矩阵的奇异值分解函数

np.linalg.svd（）。

三、核主成分分析函数

kpca=decomposition.KernelPCA（n_components=,kernel=）；kpca.fix（X）。

四、基于主成分分析的因子分析函数

fa = FactorAnalyzer（method='principal',n_factors=,rotation='varimax'）；fa.fit（X）。

五、基于奇异值分解的因子分析函数

Fac=decomposition.FactorAnalysis（n_components=）；Fac.fit（X）。

本 章 习 题

1. 请简述主成分分析的基本原理。
2. 请简述矩阵的奇异值分解的基本思路。
3. 请说明核主成分分析与主成分分析有怎样的联系。
4. 请给出因子分析的数学模型，并说明主成分分析和因子分析的异同。
5. Python 编程：植物叶片的特征提取。

第 7 章习题 6 给出了植物叶片的数据集（文件名为叶子形状.csv），包括分别描述植物叶片的边缘（margin）、形状（shape）、纹理（texture）特征的各 64 个数值型变量，以及 1 个记录每张叶片所属的植物物种（species）的分类型变量，共有 193 个变量。请先通过主成分分析和因子分析进行特征提取，然后建立一个恰当的植物物种的分类模型，并比较不同特征提取方法对分类模型的影响。

第 12 章
揭示数据内在结构：聚类分析

本章介绍机器学习的另一个热门领域：聚类分析。聚类分析是机器学习的重要组成部分，能够全面、客观、有效地揭示数据的内在结构，实际应用极为广泛。本章将首先对聚类分析进行概述，其次分别对三种经典的聚类算法进行论述，具体内容如下。

第一，聚类分析概述。

聚类分析概述将涉及聚类分析的目的、聚类算法，以及聚类解的评价和可视化等多个方面，是理解和应用聚类算法的基础。

第二，K-均值聚类。

K-均值聚类是目前应用最为广泛的聚类算法之一，其基本原理、算法特点及如何评价等，是需要重点关注的问题。

第三，系统聚类。

系统聚类是一款与 K-均值聚类齐名的优秀聚类算法，这两种算法具有重要的互补意义。

第四，EM 聚类。

EM 聚类在坚实的统计分布理论基础上设计算法，优秀的聚类效果使 EM 聚类成为聚类算法中的佼佼者。

本章将结合 Python 编程讨论聚类分析，并会基于 Python 给出各种聚类算法的实现及应用实践示例。因聚类算法丰富多样，第 13 章还会继续讨论一些极具特色的聚类算法。

12.1 聚类分析概述

12.1.1 聚类分析的目的

正如 1.2.1 节所述，数据集中蕴含着非常多的信息，其中较为典型的是数据集可能由若干个小的数据子集组成。例如，对于顾客特征和消费记录的数据集，依据经验通常认为，具有相同特征的顾客群(如相同性别、年龄、收入等)消费偏好会较为相似，具有不同特征的顾客群(如男性和女性等)消费偏好可能不尽相同。客观上存在着属性和消费偏好等总体特征差异较大的若干个顾客群。

发现不同的顾客群并进行市场细分是实施精细化营销的前提。实际应用中有很多市场细分方法，比较典型的是 RFM 分析。RFM 是最近一次消费(Recency)、消费频率

(Frequency)、消费金额(Monetary)的英文缩写，是市场细分最重要的三个方面。最近一次消费是指客户前一次消费与某时间点的时间间隔。理论上，最近一次消费越近的客户应该是越好的客户，也是越有可能对提供的新的商品或服务做出反应的客户。从企业角度看，最近一次消费很近的客户数量及其随时间推移的变化趋势，能够有效揭示企业成长的稳健程度。消费频率是指客户在限定期间内消费的次数。消费频率较高的客户，通常对企业的满意度和忠诚度较高。从企业角度看，有效的营销手段应能够大幅提高消费频率，进而提高市场占有率。消费金额是指客户在限定期间内的消费总金额，是客户盈利能力的表现。可依据 R、F、M，分别指定 R、F、M 的组限，对客户进行 3 个维度的交叉分组。如图 12.1 所示，将客户划分成 8 个小类。

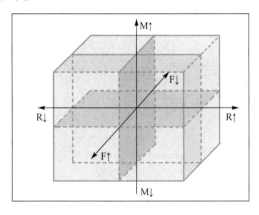

图 12.1　RFM 顾客分组示意图

　　根据营销理论，图 12.1 中属于左上角前侧类的顾客是较为理想的 VIP 顾客，属于右下角后侧类的顾客是极易流失的顾客。应注意到，市场细分结果的合理性依赖于管理者对实际问题的正确理解，更依赖于管理者对营销数据的全面把握。如果组限值设定得不合理，"中间地带"的顾客就可能进入不合理的小类，进而无法享受到与其匹配的精细化营销服务，导致营销失效。

　　因此，从数据的多个维度出发，找到其中客观存在的"自然小类"是必要的，这就是聚类分析的意义所在。

　　数据聚类的目的是基于 p 个聚类变量，发现数据中可能存在的小类，并通过小类刻画和揭示数据的内在结构。

　　这里以图 12.2 为例进行说明。图 12.2 第一行的两幅图分别为 100 个样本观测点在两个变量 X_1,X_2 构成的空间和三个变量 X_1,X_2,X_3 构成的空间中的分布。这里 X_1,X_2,X_3 在聚类中被称为聚类变量。通过聚类分析能够找到数据中客观存在的小类，如图 12.2 第二行的两幅图所示。其中不同颜色和形状展示了数据聚类的结果，也称聚类解。红色叉号表示小类的中心点。可以看到每个样本观测点分别被归入了不同的小类。具体内容详见 12.2.3 节。

　　数据聚类和数据预测中的分类问题有联系更有区别。联系在于，数据聚类会给每个样本观测一个聚类解，即属于哪个小类的标签，且聚类解将被保存在一个新生成的聚类解变量中，将该变量记为 C（分类型变量）。数据预测中的分类问题要给输出变量一个分类预测值，记为 $\hat{y}$，其本质也是给每个样本观测一个标签。区别在于，在数据预测中的分类问题中，变量有输入变量和输出变量之分，且分类标签 $\hat{y}$（如空气质量等级、顾客买或不买）的真实值是已知的。但数据聚类中的变量没有输入变量和输出变量之分，所有变量均被视为聚类变量参与分析，且聚类解 C 的真实值是未知的。

图 12.2　样本观测点在聚类变量空间中的分布和聚类结果

如果说数据分类是在带标签输出变量 *y* 参与下的有监督的机器学习算法，那么数据聚类就是无输出变量(无标签)参与下的无监督的机器学习算法。正因此，数据聚类有不同于数据分类的算法策略。

12.1.2　聚类算法概述

聚类分析作为探索式数据分析的重要手段，已广泛应用于机器学习、模式识别、图像分析、信息检索、生物信息学(Bioinformatics)等众多领域。目前，聚类算法(也称聚类模型)有上百种之多。不同算法对类的定义有所不同，聚类策略也各有千秋。本节仅从类的定义、聚类结果及聚类模型三个方面进行简单介绍。

1. 类的定义

类是指一组样本观测的集合，主要包括以下三种情况。

● 聚类变量空间中距离较近的各样本观测点，可形成一个小类，如图 12.2 第二列的两幅图所示。

● 聚类变量空间中样本观测点分布较为密集的区域，可视为一个小类，如图 12.2 第一列的两幅图所示。

● 来自某特定统计分布的一组样本观测点，可视为一个小类。

2．聚类结果

聚类结果主要包括以下两种情况。

● 确定性聚类和模糊聚类。如果任意两个小类的交集为空集，则一个样本观测点最多只确定性地属于一个小类，这种情况被称为确定性聚类(或硬聚类)。否则，一个样本观测点以不同概率水平属于所有的小类，这种情况被称为模糊聚类(或软聚类)。

● 层次聚类和非层次聚类。如果小类之间存在一个类是另一个类的子集的情况，则为层次聚类或系统聚类，否则为非层次聚类。

3．聚类模型

聚类模型主要包括以下几种情况。

(1)基于质心(Centroid)的聚类模型。

这类聚类模型从反复寻找小类的质心角度设计算法。这类算法以质心为核心，视聚类变量空间中距质心较近的多个样本观测点为一个小类。得到的聚类结果一般是确定性的且不具有层次关系。

(2)基于连通性(Connectivity)的聚类模型。

这类聚类模型从距离和连通性角度设计算法。这类算法视聚类变量空间中距离较近的多个样本观测点为一个小类，并基于连通性完成最终的聚类。得到的聚类结果一般是确定性的且具有层次关系。

(3)基于统计分布(Distribution)的聚类模型。

这类聚类模型从统计分布角度设计算法。这类算法视来自某特定统计分布的多个样本观测点为一个小类，认为一个小类是来自一个统计分布的随机样本。得到的聚类结果一般具有不确定性且不具有层次关系。

(4)基于密度(Density)的聚类模型。

这类聚类模型从密度的可达性角度设计算法。这类算法视聚类变量空间中样本观测点分布较为密集的区域为一个小类。以距离阈值定义密度可达性。得到的聚类结果一般是确定性的且不具有层次关系。适用于"自然小类"的形状复杂、不规则的情况。

(5)其他聚类模型。

其他聚类模型包括动态聚类模型、自组织映射(Self-Organizing Mapping，SOM)聚类模型、基于图的聚类模型(Graph-Based Models)等。除上述三种模型之外，有些聚类模型要求事先确定聚类数目 K，有些则不需要。

本章将重点讨论常用的基于质心的聚类模型、基于连通性的聚类模型和基于高斯分布的聚类模型。

12.1.3　聚类解的评价

数据聚类是无输出变量(无标签)参与下的无监督的机器学习算法，通常不能像数据预测建模那样，通过计算实际值与聚类解 C 之间的差异程度(如错判率等)评价聚类解的合理性，因为实际值是未知的。聚类解的评价策略通常包括两类：第一，内部度量法；第二，外部度量法。

1．内部度量法

内部度量法的核心出发点是合理的聚类解，应确保小类内部差异小且小类之间差异大。

这通常依赖于小类数目，也称聚类数目 K 的大小。对样本量为 N 的数据集，若聚类数目较大，极端情况下聚类数目 $K = N$，则每个样本观测自成一类。此时，类内部无差异，但类间差异不一定大，这意味着应将某些样本观测聚成若干小类，以减小聚类数目 K。若聚类数目较小，极端情况下聚类数目 $K = 1$，则所有样本观测聚成一个大类。此时，类间无差异，但类内部的差异可能很大，这意味着应将某些样本观测从大类中分离出去，单独聚成若干小类，增大聚类数目 K。因此，聚类解评价的核心是判断聚类数目是否合理。

判断聚类数目的合理性还有更深层的意义。事实上，尽管聚类分析本身的目的是发现数据中客观存在的"自然小类"，但后续可基于聚类模型对新的样本观测应归属的小类进行判定，从而将聚类分析推广到分类预测中。因此，从这个角度看，聚类模型也是一种特殊的分类模型。本书前面章节反复提及，分类模型需要兼顾预测精度和模型复杂度。对于聚类来说，模型复杂度取决于聚类数目 K，一般认为 K 越大，模型越复杂。不合理的聚类数目 K 一方面会导致预测精度低，另一方面会导致模型过拟合。

这里涉及的首要问题是如何度量小类内部和小类之间的差异性。常用的度量指标如下。

(1) 基于类内离差平方和、类间离差平方和的 F 值。

类内离差平方和、类间离差平方和的定义与 10.1.2 节中的组内离差平方和、组间离差平方和的定义相同。

首先，聚类变量 X_j 的总离差平方和定义为 $\mathrm{SSX}_j = \sum_{i=1}^{N}(X_{ij} - \bar{X}_j)^2$。其中，$\bar{X}_j$ 为 X_j 的总样本均值。若将样本观测聚成 K 类，则变量 X_j 的类内离差平方和定义为 $\mathrm{SSX}_{j(\mathrm{within})} = \sum_{k=1}^{K}\sum_{i=1}^{N_k}(X_{ij}^k - \bar{X}_j^k)^2$。其中，$N_k$、$\bar{X}_j^k$ 分别为第 k（ $k = 1,2,\cdots,K$ ）个小类的样本量和样本均值；X_{ij}^k 表示 X_j 在第 k 个小类中第 i 个样本观测上的取值。类内离差平方和是各个小类内部离差平方和的总和，度量了小类内部的总离差程度，该值越小越好。

变量 X_j 的类间离差平方和定义为 $\mathrm{SSX}_{j(\mathrm{between})} = \sum_{k=1}^{K}N_k(\bar{X}_j^k - \bar{X}_j)^2$。类间离差平方和是各个小类的样本均值与总样本均值的离差平方和之和，度量了小类间的总离散程度，该值越大越好。

其次，上述仅是单个变量 X_j 的各种离差平方和。聚类分析中聚类变量个数 p 应大于或等于 2，所以离差平方和应是 p 个变量离差平方和之和。于是，总离差平方和为

$$\mathrm{SST} = \sum_{j=1}^{p}\sum_{i=1}^{N}(X_{ij} - \bar{X}_j)^2 \tag{12.1}$$

类内离差平方和为

$$\mathrm{SSX}_{(\mathrm{within})} = \sum_{j=1}^{p}\sum_{k=1}^{K}\sum_{i=1}^{N_k}(X_{ij}^k - \bar{X}_j^k)^2 \tag{12.2}$$

类间离差平方和为

$$\mathrm{SSX}_{(\mathrm{between})} = \sum_{j=1}^{p}\sum_{k=1}^{K}N_k(\bar{X}_j^k - \bar{X}_j)^2 \tag{12.3}$$

进一步，可定义一个比值 F：$F = \text{SSX}_{(\text{between})} / \text{SSX}_{(\text{within})}$。显然，$F$ 值越大，表明聚类数目 K 越合理。此外，为消除样本量 N 和聚类数目 K 的大小对 F 值计算结果的影响，通常也将 F 值调整为 $F = \dfrac{\dfrac{\text{SSX}_{(\text{between})}}{K-1}}{\dfrac{\text{SSX}_{(\text{within})}}{N-K}}$，分子分母都是均方值（方差）。这就是将 10.1.2 节的 F 统计量简单拓展到多变量的情况。

（2）CH（Calinski-Harabaz）指数。

CH 指数与 F 值的思想类似，其优势在于将计算直接拓展到 p 维聚类变量空间中。

首先，度量小类内部的总差异性：

$$D^2_{(\text{within})} = \frac{1}{N-K}\sum_{k=1}^{K}\sum_{i=1}^{N_k}\left\| X_i^k - \bar{X}^k \right\|^2 \tag{12.4}$$

式中，$\left\| X_i^k - \bar{X}^k \right\|^2$ 表示第 k 个小类中第 i 个样本观测点 $X_i^k \in \mathbb{R}^p$ 到本小类中心点 $\bar{X}^k \in \mathbb{R}^p$ 距离的平方；$\dfrac{1}{N-K}$ 用于消除样本量 N 和聚类数目 K 的大小对计算结果的影响。由此可见，$D^2_{(\text{within})}$ 越小，表明小类内的总差异性越小。

其次，度量小类之间的总差异性：

$$D^2_{(\text{between})} = \frac{1}{K-1}\sum_{k=1}^{K}N_k\left\| \bar{X}^k - \bar{X} \right\|^2 \tag{12.5}$$

式中，$\left\| \bar{X}^k - \bar{X} \right\|^2$ 表示第 k 个小类的中心点 $\bar{X}^k$ 到全体数据的中心点 $\bar{X} \in \mathbb{R}^p$ 距离的平方；$\dfrac{1}{K-1}$ 用于消除聚类数目 K 的大小对计算结果的影响。由此可见，$D^2_{(\text{between})}$ 越大，表明小类间的总差异性越大。

最后，计算 CH 指数：

$$\text{CH} = \frac{D^2_{(\text{between})}}{D^2_{(\text{within})}} \tag{12.6}$$

CH 指数越大，表明聚类数目 K 越合理。

（3）轮廓（Silhouette）值。

轮廓值是一个常用的可直接度量聚类解合理性的指标。

首先，轮廓值是针对样本观测点 $X_0 \in \mathbb{R}^p$ 的。样本观测点 X_0 的轮廓值定义为

$$s(X_0) = \frac{b(X_0) - a(X_0)}{\max(a(X_0), b(X_0))} \tag{12.7}$$

式中，$a(X_0)$ 为样本观测点 X_0 在所属小类 k（聚类指派的小类）的总代价；$b(X_0)$ 为样本观测点 X_0 在其他小类（$-\kappa(k)$）的总代价的最小值。这里，总代价定义类似于 $\sum_{j=1}^{p}\sum_{i=1}^{N_k}(X_{ij}^k - X_{0j})^2$，即以 X_0 为中心点，计算类内其他样本观测点与中心点的离散程度。显然，若经聚类 X_0 被

指派到一个合理的小类 k 中，则 $a(\boldsymbol{X}_0)$ 应较小且 $b(\boldsymbol{X}_0)$ 会较大，$s(\boldsymbol{X}_0) \to 1$。若经聚类 $\boldsymbol{X}_0$ 被指派到一个不合理的小类 k 中，则 $a(\boldsymbol{X}_0)$ 应较大且 $b(\boldsymbol{X}_0)$ 会较小，$s(\boldsymbol{X}_0) \to -1$。因此，轮廓值 $s(\boldsymbol{X}_0)$ 越大、越接近 1，表明 $\boldsymbol{X}_0$ 的聚类解越合理；$s(\boldsymbol{X}_0)$ 越小、越接近 -1，表明 $\boldsymbol{X}_0$ 越可能被归入错误的小类。

其次，计算样本观测点全体的平均轮廓值：$\bar{s}(\boldsymbol{X}) = \dfrac{1}{N}\sum_{i=1}^{N} s(\boldsymbol{X}_i)$。平均轮廓值 $\bar{s}(\boldsymbol{X})$ 越大、越接近 1，表明整体上聚类解越合理；平均轮廓值 $\bar{s}(\boldsymbol{X})$ 越小、越接近 -1，表明整体上聚类解越不合理。

2．外部度量法

外部度量法的核心出发点是默认存在一个与聚类解 C 高度相关的外部变量 Z（不是聚类变量，不参与聚类）。假设某类市场细分中的 VIP 顾客通常是活跃型顾客等，在该默认前提下，可评估样本观测 $\boldsymbol{X}_i$（$i=1,2,\cdots,N$）的聚类解 C_i 与 Z_i 的一致程度，如可借用分类建模中的错判率等指标评估。一致程度越高，聚类解越合理。

在解决实际应用问题时，外部度量法并不常用。因为若能默认 C 与 Z 高度相关，就不必进行聚类分析，直接将 Z 作为小类标签即可，或者可基于聚类变量和 Z 建立分类模型，采用有监督的学习方式探索聚类变量和 Z 之间的关系。

外部度量法主要用于评价某个新开发的聚类算法的聚类性能，探索新算法给出的聚类解 C 能否达到预期的聚类目标 Z，因此多用于聚类算法的性能对比和新算法的研发场景。

12.1.4　聚类解的可视化

聚类解的可视化是指利用二维散点图直观展示小类内部样本观测点的分布，以及小类间的相对位置。聚类解的可视化在聚类变量 $p>3$ 的高维情况下是必要的，其不仅能够形象地刻画聚类解的情况，而且可作为直观评价聚类解的图形化手段。

将在高维聚类变量空间中的样本观测点展示到二维空间中的关键任务是降维。对此，可利用 11.1 节介绍的主成分分析等方法实现。例如，图 12.3 是对图 12.2 第二行第二列的聚类解在二维空间中的直观展示。

图 12.3 所示为采用主成分分析法提取 2 个主成分后绘制的基于主成分的散点图。不同颜色和形状表示不同的聚类解。由此可见，类内的样本观测点很集中，且类间的距离相对较大，表明聚类效果比较理想。

综上，聚类分析基于不同的类定义有不同的聚类算法。聚类解的评价是聚类分析的重要内容。聚类解的可视化能够更直观地展示聚类解，在聚类分析的实际应用中是不可或缺的。

以下将基于上述几方面，分别讨论基于质心的聚类模型、基于连通性的聚类模型和基于高斯分布的聚类模型。

图 12.3　聚类解的可视化

彩图 12.3

12.2　基于质心的聚类模型：K-均值聚类

K-均值聚类也称快速聚类，是机器学习中的经典聚类方法。K-均值聚类中小类的定义是聚类变量空间中距离较近的样本观测点为一个小类。算法以小类的质心为核心，视距小类的质心较近的样本观测点为一个小类，给出的聚类解是确定性的且不具有层次关系。同时，需要事先确定聚类数目 K。

因以距离作为聚类依据，所以样本观测点 X_i 和 X_j 之间的距离定义是关键。这与 5.1.1 节中的距离定义是一致的，此处不再赘述。但仍需要强调的是，距离是 K-均值聚类的基础，将直接影响最终聚类解。聚类前应努力消除影响距离"客观性"的因素。

例如，应消除数量级对距离计算结果的影响，努力避免聚类变量高相关性导致的距离"重心"偏颇。正如第 10 章开篇提及的，某健身中心收集了会员的身高、体重、腿长、臂长、臂围等指标数据，若基于这些数据进行会员身形的聚类，则由于身高、腿长和臂长等通常高度相关，在进行距离计算时会重复贡献"长度"，使得距离计算结果出现"重心"偏颇至"长度"的现象。因此，可通过恰当的变量筛选避免聚类变量间的高相关。

以下将重点讨论 K-均值聚类过程。

12.2.1　K-均值聚类基本过程

在距离定义下，K-均值聚类算法要求事先确定聚类数目 K，并采用分割方式实现聚类。

所谓分割，是指首先将聚类变量空间随意分割成 K 个区域，对应 K 个小类，并确定 K 个小类的中心位置，即质心；其次计算各个样本观测点与 K 个质心间的距离，将所有样本观测点指派到与之距离最近的小类中，形成初始聚类解。由于初始聚类解是在聚类变量空间随意分割的基础上产生的，无法确保给出的 K 个小类就是客观存在的"自然小类"，所以需要进行多次迭代。

在这样的设计思路下，K-均值聚类算法的具体过程如下。

第一步，确定聚类数目 K。

在 K-均值聚类中，应首先确定希望聚成多少类。确定聚类数目 K 并非易事，既要考虑最终的聚类效果，又要符合所研究问题的实际情况。聚类数目 K 太大或太小都将使聚类丧失实际意义。

第二步，确定 K 个小类的初始质心。

小类的质心是各个小类特征的典型代表。确定聚类数目 K 后，还应确定 K 个小类的初始质心。初始质心选择的合理性，将直接影响聚类算法收敛的速度。常用的初始质心的选择方法有以下几种。

- 经验选择法，即根据以往经验大致了解样本应聚成几类及小类的大致分布，只需要选择每个小类中具有代表性的样本观测点作为初始质心即可。
- 随机选择法，即随机选择 K 个样本观测点作为初始质心。
- 最大值法，即先选择所有样本观测点中相距最远的两个点作为初始质心；然后选择第三个样本观测点，它与已确定的初始质心间的距离比其余样本观测点与已确定的初始质心间的距离都大；最后按照同样的原则选择其他初始质心。

第三步，根据最近原则进行聚类。

依次计算每个样本观测点 X_i ($i=1,2,\cdots,N$) 到 K 个小类的初始质心的距离，并按照距 K 个小类的初始质心最近的原则，将所有样本观测点指派到距离最近的小类中，形成 K 个小类。

第四步，重新确定 K 个小类的质心。

重新计算 K 个小类的质心。质心的确定原则：依次计算各个小类中所有样本观测点在各个聚类变量 X_i ($i=1,2,\cdots,p$) 上的均值，并以均值点作为新的质心，完成一次迭代过程。

第五步，判断是否满足迭代终止条件。如果不满足，则返回第三步，不断反复上述过程，直到满足迭代终止条件为止。

迭代终止条件通常有两个：一是迭代次数，当目前的迭代次数等于指定的迭代次数时，终止聚类算法，二是小类质心偏移程度，当新确定的小类质心与上次迭代确定的小类质心的最大偏移量小于某个阈值 ε ($\varepsilon>0$) 时，终止聚类算法。上述两个条件中任意一个满足则结束算法。适当增加迭代次数或设置合理的阈值 ε，能够有效克服初始质心的随意性给聚类解带来的负面影响。

由此可见，K-均值聚类是一个反复迭代的过程。在聚类过程中，样本观测点的聚类解会不断调整，直到最终小类基本不变，聚类解达到稳定为止。图 12.4 所示为 K-均值聚类过程。

图 12.4　K-均值聚类过程

在图 12.4 中，首先指定聚成 $K=2$ 类，第一幅图中的红色点为初始质心。第一次迭代结束时，得到第二幅图中亮蓝点和深蓝点分属的两个小类。其次重新计算两个小类的质心，如第三幅图中的红色点所示，完成第一次迭代。对比发现第一次迭代后两个质心的位置均发生了较大偏移，可见初始质心是不合理的。

接下来进入第二次迭代，聚类解如第二行右图所示。其中圆圈圈住的两个点的颜色发生了变化，意味着它们的聚类解发生了变化。再次计算两个小类的质心，如第二行左图中的红色点所示，完成第二次迭代。同样，与第一次迭代对比，当前两个质心的位置也均发生了偏移，尽管偏移程度小于第一迭代，但第二次迭代也是必要的。按照这种思路，迭代会继续下去，质心的偏移程度会越来越小，直到满足迭代终止条件为止。如果迭代是充分的，那么迭代结束时的聚类解将不再随迭代的继续而变化。

需要说明的是，在 K-均值聚类过程中，K 个小类的初始质心选择具有随机性。大数据集下若迭代不充分，那么初始质心选择的随机性会对聚类解产生影响。为此通常的做法是多次"重启动"，即多次执行 K-均值聚类，并最终给出稳定的聚类解。

K-均值聚类过程本质上是一个优化求解过程。若将数据集中的 N 个样本观测记为 $(X_1, X_2, \cdots, X_N)$，K 个小类记为 $(S_1, S_2, \cdots, S_K)$，则 K-均值聚类的目的就是找到小类内离差平方和最小条件下的聚类解，即 $\underset{S_1, S_2, \cdots, S_K}{\arg \min} \sum_{k=1}^{K} \sum_{X \in S_k} \|X - u_k\|^2$，其中 u_k 是 S_k 类的质心，$\|X - u_k\|$ 表示样本观测点 X 与质心 u_k 间的距离。在预设的聚类数目 K 下，K-均值聚类算法无须再关注小类间的离散性。

12.2.2　基于 K-均值聚类的类别预测

K-均值聚类的核心是质心。基于迭代结束后的聚类解，可计算出各个小类最终的质心 $C^1, C^2, \cdots, C^K$。如图 12.2 第二行两幅图中的红色叉号。

对 p 维聚类变量空间中的任意新的样本观测点 $X_0 \in \mathbb{R}^p$，要预测其所属的小类，只需计算 X_0 与各个小类质心间的距离：$\|X_0 - C^j\|$，$j = 1, 2, \cdots, K$。X_0 的聚类解为与各个小类质心的距离最小的类：$C_0 = \underset{j}{\arg \min} \|X_0 - C^j\|$。

12.2.3　Python 模拟和启示：认识 K-均值聚类中的聚类数目 K

K-均值聚类中的难点是需要事先确定聚类数目 K。不同的 K 值将对应不同的聚类解。本节将基于模拟数据，一方面展示如何基于 Python 实现 K-均值聚类，另一方面展示确定 K 值的探索过程。

应首先导入 Python 的相关包或模块。为避免重复，这里将本章需要导入的包或模块一并列出如下，#后面给出了简短的功能说明。

```
1  #本章需导入:
2  import numpy as np
3  import pandas as pd
4  import matplotlib.pyplot as plt
5  from mpl_toolkits.mplot3d import Axes3D
6  import warnings
7  warnings.filterwarnings(action = 'ignore')
8  %matplotlib inline
9  plt.rcParams['font.sans-serif']=['SimHei']  #解决中文显示乱码问题
10 plt.rcParams['axes.unicode_minus']=False
11 from sklearn.datasets import make_blobs #数据集
12 from sklearn.feature_selection import f_classif #离相关过滤法特征选择
13 from sklearn import decomposition #特征提取
14 from itertools import cycle #Python迭代对象
15 from matplotlib.patches import Ellipse #绘制椭圆
16 from sklearn.cluster import KMeans, AgglomerativeClustering #聚类算法
17 from sklearn.metrics import silhouette_score, calinski_harabasz_score #聚类评价
18 import scipy.cluster.hierarchy as sch #聚类可视化
19 from sklearn.mixture import GaussianMixture #EM聚类
20 from scipy.stats.kde import gaussian_kde, multivariate_normal #关于高斯分布的计算
```

基本思路如下。

(1) 随机生成两个模拟数据集，数据集 1 包含 X_1、X_2 两个聚类变量，数据集 2 包含 X_1、X_2、X_3 三个聚类变量。

(2) 预设聚类数目 $K = 4$，采用 K-均值聚类法分别将数据集 1 和数据集 2 分成 4 类。

(3) 分别可视化两个数据集的聚类解，并直观评价 $K = 4$ 是否合理。

（4）对于直观判断比较模糊的情况，进一步计算聚类评价指标，并依此最终确定合理的聚类数目 K。

Python 代码（文件名为 chapter12-1.ipynb）如下。为便于阅读，我们将代码运行结果直接放置在相应代码行下方。以下将分段对 Python 代码进行说明。

1. 随机生成两个模拟数据集，完成上述（1）、（2）和（3）

行号	代码和说明	
1	N = 100	#指定样本量
2	X1, y1 = make_blobs(n_samples = N, centers = 4, n_features = 2,random_state = 0)	
	#随机生成包含两个聚类变量(n_feature = 2)和聚类标签变量 y1 的数据集 1，该数据集包括 4 个子类(centers = 4)	
3	X2, y2 = make_blobs(n_samples = N, centers = 4, n_features = 3,random_state = 123)	
	#随机生成包含三个聚类变量(n_feature = 3)和聚类标签变量 y2 的数据集 2，该数据集包括 4 个子类(centers = 4)	
…	……	#绘图准备，略去
6	ax.scatter(X1[:,0],X1[:,1],c = 'blue',s = 50)	#绘制数据集 1 的二维散点图
…	……	#设置图标题等，略去
11	ax.scatter(X2[:,0],X2[:,1],X2[:,2],c = 'blue')	#绘制数据集 2 的三维散点图
…	……	#设置图标题等，略去
16	KM = KMeans(n_clusters = 4, max_iter = 500)	#创建 K-均值聚类对象 KM
17	KM.fit(X1)	#对数据集 1 进行聚类
18	labels = np.unique(KM.labels_)	#获得聚类解标签
19	plt.subplot(223)	
20	markers = 'o*^+';colors = ['g', 'm', 'c', 'b']	#指定不同聚类解的绘图字符和颜色
21	for i,label in enumerate(labels):	#利用循环绘制各个小类的散点图
22	ax.scatter(X1[KM.labels_ == label,0],X1[KM.labels_ == label,1],label = "cluster %d"%label,marker = markers[i],s = 50,c = colors[i])	#以不同字符和颜色绘制各个小类的散点图
23	ax.scatter(KM.cluster_centers_[:,0],KM.cluster_centers_[:,1],marker = 'X',s = 60,c = 'r',label = "小类中心")	#将各个小类的质心添加到图上
…	……	#设置图标题等，略去
28	KM.fit(X2)	#对数据集 2 进行聚类
…	……	#可视化聚类解，略去

代码说明

（1）以上省略号部分在之前代码中重复出现过且不影响对原理的理解,故略去以节约篇幅。完整 Python 代码参见本书配套代码。

（2）第 2、3 行：利用 make_blobs 生成模拟数据，这里尽管各样本观测所属的小类是已知的且存储在 y1 和 y2 中，但由于聚类属于无监督的机器学习算法，因此应忽略 y1 和 y2。

（3）第 16 行：利用 KMeans 实现 K-均值聚类，其中 n_clusters=4 表示将数据聚成 4 类，即 $K = 4$；max_iter = 500 表示迭代次数等于 500 时结束迭代（默认值为 300）。

（4）第 18、23 行：.labels_ 中存储着聚类解，.cluster_centers_ 中存储着各个小类的质心。

所绘制的图形如图 12.2 所示。进一步，可基于主成分分析，在聚类变量中提取 2 个主成分并基于主成分绘制散点图，从而在二维空间中直观展示聚类解的情况（代码续前）。

行号	代码和说明	
41	pca = decomposition.PCA(n_components = 2)	#创建主成分分析对象 pca，指定提取 2 个主成分
42	y = pca.fit(X2).transform(X2)	#对数据集 2 进行主成分分析，并得到主成分

43	for i,label in enumerate(labels):	#利用循环绘制各个小类的散点图
44	plt.scatter(y[KM.labels_ == label,0], y[KM.labels_ == label,1], label = '小类%d'%label,marker = markers[i],c = colors[i])	
		#基于主成分绘制各个小类的散点图
45	n1,n2,n3,n4 = pd.Series(KM.labels_).value_counts()	#计算各个小类的成员数并分别将其保存到 n1,n2,n3,n4 中
…	……	#设置图标题等，略去
49	X0 = [[5,5,5]]	#指定新数据点 X0
50	print("X0 的预测类别为：%s"%KM.predict(X0))	#基于聚类模型预测 X0 所属的小类

X0的预测类别为：[3]

代码说明

（1）以上省略号部分在之前代码中重复出现过且不影响对原理的理解，故略去以节约篇幅。完整 Python 代码参见本书配套代码。

（2）第 43 至 45 行：基于主成分分析对聚类解进行可视化展示。当聚类变量个数 $p > 2$ 时，借助主成分分析可视化聚类解是一种简单且有效的方式。

所绘制的图形如图 12.3 所示。图 12.3 和图 12.2 右下图均表明，当将数据集 2 聚成 4 类时，各个小类内的点比较集中且小类相距较远，聚类效果比较理想，而数据集 1 的聚类效果稍差一些。

（3）第 50 行：基于聚类模型，利用.predict 预测 X0 所属的小类。

2. 计算聚类评价指标并依此最终确定合理的聚类数目 K，完成上述（4）

为进一步确定数据集 1 聚成几类比较合理，指定聚类数目 K 的取值范围为 2～7，并计算聚类评价指标以最终确定合理的 K 值（代码续前）。

行号	代码和说明	
1	K = [2,3,4,5,6,7]	#指定聚类数目的取值范围
2	markers = 'o*^+X<>'	#指定聚类解绘图的字符
3	Fvalue = [];silhouettescore = [];chscore = []	#存储聚类评价指标 F 值，轮廓值和 CH 指数
4	i = 0	#绘图需要的辅助变量
5	plt.figure(figsize = (15,15))	#指定图形大小
6	for k in K:	#利用循环实现不同 K 值下的 K-均值聚类
7	KM = KMeans(n_clusters = k, max_iter = 500)	#创建 K-均值聚类对象 KM，指定聚成 k 类
8	KM.fit(X1)	#对数据集 1 聚类
9	Fvalue.append(sum(f_classif(X1, KM.labels_)[0]))	#利用 f_classif 计算 F 值并保存
10	chscore.append(calinski_harabasz_score(X1,KM.labels_))	#计算 CH 指数并保存
11	silhouettescore.append(X1,KM.labels_)	#计算轮廓值并保存
12	labels = np.unique(KM.labels_)	#获得聚类解标签
13	plt.subplot(3,3,i+1)	#将绘图区域划分为 3 行 3 列 9 个单元，在当前单元画图
14	i+ = 1	
15	for j,label in enumerate(labels):	#利用循环绘制各个小类的散点图
16	plt.scatter(X1[KM.labels_ == label,0],X1[KM.labels_ == label,1],label = "cluster %d"%label,marker = markers[j],s = 50)	
…	……	#设置图标题等，略去
		#绘制聚类评价指标随聚类数目 K 变化的折线图，略去

代码说明

以上省略号部分在之前代码中重复出现过且不影响对原理的理解，故略去以节约篇幅。完整 Python 代码参见本书配套代码。所绘制的图形如图 12.5 所示。

图 12.5　不同聚类数目 K 下的聚类解

彩图 12.5

如图 12.5 中第一幅图所示，因聚成 2 类时类内差异较大，所以可考虑进一步聚成 3 类、4 类等。当从 4 类聚成 5 类或更多类时，类内差异是否显著减小，类间差异是否显著增大是需要关注的。正如 12.1.3 节所讨论的，增加聚类数目 K 意味着提高模型复杂度，但若没有显著减小类内差异和增大类间差异，则意味着预测精度没有明显提高，此时增加聚类数目 K 没有意义。为此，进一步观察聚类评价指标随聚类数目 K 变化的折线图，如图 12.6 所示。

图 12.6　聚类评价指标和聚类数目 K

图 12.6 表明，当聚类数目 $K=4$ 时，有两个评价指标值达到最大，因此将数据集 1 聚成 4 类是比较合理的。从另一个角度看，此时聚类数目 K 等于真实的聚类数目 4，且评价指标值也达到最大，说明它们是评价聚类效果的有效性指标。

12.3　基于连通性的聚类模型：系统聚类

系统聚类也称层次聚类，从距离和连通性角度设计算法。这类算法视聚类变量空间中距离较近的多个样本观测点为一个小类，并基于连通性完成最终的聚类。得到的聚类结果一般是确定性的且具有层次关系。

12.3.1　系统聚类的基本过程

系统聚类是先将各个样本观测点逐步合并成小类，再将小类逐步合并成中类乃至大类的过程。具体步骤如下。

第一步，每个样本观测点自成一类。

第二步，计算所有样本观测点彼此间的距离，并将其中距离最近的样本观测点聚成一个小类，得到 $N-1$ 个小类。

第三步，度量剩余样本观测点和小类间的距离，并将当前距离最近的样本观测点或小类再聚成一个类。

重复上述步骤，不断将所有样本观测点和小类聚成越来越大的类，直到所有样本观测点"凝聚"到一起，形成一个最大的类为止。对 N 个样本观测点，需要进行 $N-1$ 次聚类形成一个大类，如图 12.7 所示。

图 12.7　系统聚类过程示例

在图 12.7 中，开始阶段 a,b,c,d,e 这 5 个样本观测点各自为一类 {a},{b},{c},{d},{e}。第一步中 a,b 间的距离最近，首先被合并成一个小类 {a,b}；第二步中 d,e 被合并为一个小类 {d,e}；第三步中 c 被并入 {d,e} 小类形成 {c,d,e}；第四步中 {a,b} 小类与 {c,d,e} 小类合并，所有样本观测点成为一个大类。由此可见，小类（如 {a},{b}）是中类（如 {a,b}）的子类，中类（如 {d,e}）是大类（如 {c,d,e}）的子类，类之间具有从属或层次包含关系。此外，随聚类的进行，类内差异逐渐增大。

12.3.2　系统聚类中距离的连通性度量

系统聚类过程涉及以下两个方面的距离度量。

第一，样本观测点间距离的度量。度量方法同 K-均值聚类，此处不再赘述。

第二，样本观测点和小类间、小类和小类间距离的度量。

K-均值聚类中的距离度量方法不再适用于样本观测点与小类、小类与小类间距离的度量。此时，需要从连通性角度度量。

所谓连通性，也是指一种距离的定义，度量的是聚类变量空间中样本观测点连通一个小类或一个小类连通另一个小类所需的距离长度。主要有如下 4 种连通性度量方法。

（1）最近邻法。

在最近邻法中，样本观测点连通一个小类所需的距离长度是该点与小类中所有点距离中的最小值。

（2）最远距离法。

在最远距离法中，样本观测点连通一个小类所需的距离长度是该点与小类中所有点距离中的最大值。

（3）组间平均链锁法。

在组间平均链锁法中，样本观测点连通一个小类所需的距离长度是该点与小类中所有点距离的平均值。

（4）类内方差 ward 法。

在类内方差 ward 法中，样本观测点连通一个小类所需的距离长度是将该点合并到小类后的方差。

12.3.3 Python 模拟和启示：认识系统聚类中的聚类数目 K

从聚类过程看，系统聚类的优势在于可以给出聚类数目 $K = 1, 2, \cdots, N$ 时的所有聚类解，这为确定合理的聚类数目 K 提供了直接依据。以下基于模拟数据，通过 Python 编程，展示小数据集和大数据集下确定合理的聚类数目 K 的角度和方法。

1. 示例一：小数据集下的系统聚类

这里给出一个小数据集下的系统聚类示例，基本思路如下。

（1）随机生成一个样本量 $N = 110$ 的较小的模拟数据集，包含 X_1, X_2 两个聚类变量。

（2）绘制 X_1, X_2 的散点图，以直观展示数据集的内部结构特点。

（3）分别采用类内方差 ward 法、组间平均链锁法和最近邻法进行系统聚类。

（4）以树形图的形式可视化聚类解，确定合理的聚类数目 K，并得到最终的聚类解。

Python 代码(文件名为 chapter12-2-1.ipynb)如下。为便于阅读，我们将代码运行结果直接放置在相应代码行下方。以下将分段对 Python 代码进行说明。

行号	代码和说明
1	N = 10 　　　　　　　　　　　　　　　　　　　　　　　#指定样本量 N
2	centers = [[1, 1], [-1, -1], [1, -1]] 　　　　　　　　　#指定模拟数据中 3 个小类的质心
3	X, lables_true = make_blobs(n_samples = N, centers = 　centers, cluster_std = 0.6, random_state = 0)
	#随机生成样本量为 N、包含 2 个聚类变量 X 和 3 个小类(指定小类质心)的小数据集。小类内的标准差为 0.6。
4	fig = plt.figure(figsize = (16,4)) 　　　　　　　　　　#指定图形大小
5	plt.subplot(1,4,1) 　　　　　　　　　　#将绘图区域划分为 1 行 4 列 4 个单元并在第 1 个单元中画图
6	plt.plot(X[:,0], X[:,1],'r.') 　　　　　　　　　　　　#绘制小数据集的散点图
…	…… 　　　　　　　　　　　　　　　　　　#设置图标题等，略去
10	linkages = ['ward', 'average', 'single'] 　　　　　#指定 3 种连通性度量指标
11	for i,method in enumerate(linkages): 　　　　　#利用循环基于不同的连通性度量指标进行系统聚类
12	plt.subplot(1,4,i+2) 　　　　　#将绘图区域划分为 1 行 4 列 4 个单元并在第 i+2 个单元中画图
13	sch.dendrogram(sch.linkage(X, method = method)) 　#定义系统聚类对象 sch，对 X 进行聚类并绘制聚类解的树形图

```
14        if i == 0:                                    #在第 1 个系统聚类的树形图上添加三条横线
15            plt.axhline(y = 1.5,color = 'red', linestyle = '--',linewidth = 1)
16            plt.axhline(y = 2.5,color = 'red', linestyle = '--',linewidth = 1)
17            plt.axhline(y = 4.5,color = 'red', linestyle = '--',linewidth = 1)
18        plt.title('系统聚类(连通性度量:%s)' % method,fontsize = 14)          #设置图标题
```

代码说明

（1）以上省略号部分在之前代码中重复出现过且不影响对原理的理解，故略去以节约篇幅。完整 Python 代码参见本书配套代码。

（2）第 1 至 3 行：生成样本量 N = 10 的模拟数据集。该数据集中包含 3 个小类，各个小类的质心依次为 (1,1),(−1,−1),(1,−1)。后续将验证系统聚类是否可以将数据正确聚成 3 个小类。

（2）第 4 至 9 行：绘制小数据集的散点图，如图 12.8 第一幅图所示。

（3）第 10 行：指定系统聚类中的连通性度量指标，将依次采用类内方差 ward 法、组间平均链锁法和最近邻法进行系统聚类。

（4）第 11 行以后，利用 for 循环分别采用 3 种连通性度量指标对模拟数据进行系统聚类并绘制聚类树形图。

其中，第 13 行首先利用函数 linkage() 并指定连通性度量指标进行系统聚类。其次利用函数 dendrogram() 绘制聚类树形图；第 14 至 17 行在采用类内方差 ward 法绘制的树形图上添加确定聚类数目 K 的参考线。所绘制的图形如图 12.8 后三幅图所示。

图 12.8　系统聚类的树形图

彩图 12.8

在图 12.8 中，第一幅图展示了 10 个样本观测点在二维聚类变量空间中的分布，后三幅图分别为采用类内方差 ward 法、组间平均链锁法和最近邻法实施系统聚类的可视化结果，详尽地刻画了系统聚类过程中各样本观测点或小类的"凝聚"过程。图 12.8 后三幅图中的纵坐标为点和点间的距离或连通性度量结果，横坐标为样本观测点编号。图 12.8 后三幅图通过倒置的树形结构展示了全部聚类解，相同颜色表示同一个类。例如，在图 12.8 第二幅图中，样本观测点 3 和 5 首先聚成一个小类(3 和 5 间距离最小)，后续又和样本观测点 2 聚在一起形成一个中类。本例中不同连通性度量方法下的聚类解均相等。

树形图为确定合理的聚类数目 K 提供了直接依据。例如，在图 12.8 第二幅图中，$K \geqslant 4$（以最下方的虚线为标准，如聚成 4 类 $\{1,\{6,4,8\},\{9,0,7\},\{2,3,5\}\}$）显然是不合理的，因为类间差异过小（虚线位置过低）；$K \leqslant 2$（以最上方的虚线为标准，如聚成 2 类 $\{\{1,6,4,8\},\{9,0,7,2,3,5\}\}$）也不合理，因为类内差异过大（虚线位置过高）；$K = 3$（以中间的虚线为标准，如聚成 3 类 $\{\{1,6,4,8\},\{9,0,7\},\{2,3,5\}\}$）较为合理。于是，可利用 Python 提供的函数 AgglomerativeClustering() 将数据直接聚成指定的类（代码续前）。

行号	代码和说明	
1	AC = AgglomerativeClustering(linkage='ward',n_clusters =3)	#定义系统聚类对象 AC
2	AC.fit(X)	#对数据 X 进行聚类
3	AC.children_	#浏览聚类解

```
array([[ 3,  5],
       [ 4,  8],
       [ 0,  7],
       [ 9, 12],
       [ 2, 10],
       [ 6, 11],
       [ 1, 15],
       [13, 14],
       [16, 17]], dtype=int64)
```

代码说明

(1)第 1 行：利用函数 AgglomerativeClustering()并指定聚类数目 K 实现系统聚类。linkage='ward'表示采用类内方差 ward 法；n_clusters =3 表示将数据聚成 3 类。

(2)第 3 行：函数 AgglomerativeClustering()结果对象的.children_ 属性中存储着当前小类的两个成员信息，为 $N-1$ 行 2 列的 Pandas 数组，如[3,5],[9,12]等。当[]中的数字小于样本量 N 时，如[3,5]中的 3 和 5 均小于 10，数字为样本观测点的索引，即小类[3,5]的两个成员为样本观测点 3 和 5；当[]中的数字大于样本量 N 时，如[9,12]中的 12 大于 10，数字表示本小类的两个成员为[9,12 $-N$]，是样本观测点 9 和第 2(索引)步的聚类结果[0,7]，即本小类的两个成员为[9,[0,7]]。

2．示例二：大数据集下的系统聚类

这里给出一个大数据集下的系统聚类示例，基本思路如下。

(1)随机生成一个样本量 N = 3000 的较大的模拟数据集，包含 X_1,X_2 两个聚类变量。

(2)采用类内方差 ward 法，分别将数据聚成 15 类、10 类、5 类、3 类。

(3)可视化聚类解。

(4)利用碎石图确定合理的聚类数目 K。

Python 代码(文件名为 chapter12-2-2.ipynb)如下。为便于阅读，我们将代码运行结果直接放置在相应代码行下方。以下将分段对 Python 代码进行说明。

行号	代码和说明	
1	N = 3000	#指定样本量 N
2	centers = [[1, 1], [-1, -1], [1, -1]]	#指定模拟数据中 3 个小类的质心
3	X, lables_true = make_blobs(n_samples = N, centers = centers, cluster_std = 0.6,random_state = 0)	
	#随机生成样本量为 N、包含 2 个聚类变量 X 和 3 个小类(指定类质心)的大数据集。小类内的标准差为 0.6。	
4	fig = plt.figure(figsize = (16,4))	#指定图形大小
5	clusters = [15,10,5,3]	#指定聚类数目的取值范围
6	for i,K in enumerate(clusters):	#利用循环将数据聚成指定的类数
7	AC = AgglomerativeClustering(linkage = 'ward',n_clusters = K)	#定义系统聚类对象并将数据聚成 K 个小类
8	AC.fit(X)	#对 X 进行聚类
9	plt.subplot(1,4,i+1)	#将绘图区域划分为 1 行 4 列 4 个单元并在当前单元中画图
10	colors = cycle('bgrcmyk')	#指定各个小类绘图的颜色
11	for k, col in zip(range(K), colors):	#绘制各个小类的散点图
12	plt.plot(X[AC.labels_ == k, 0], X[AC.labels_ == k,1], col + '.')	

代码说明

（1）第 7 行：利用函数 AgglomerativeClustering()并指定聚类数目 K 实现系统聚类。

（2）第 10 行：因聚类数目较多，采用 Python 内置的迭代器在指定的颜色集中循环选择小类的颜色，即各个小类的颜色将循环使用字母 b、g、r、c、m、y、k 对应的颜色。所绘制的图形如图 12.9 所示。

图 12.9　不同聚类数目 K 下的聚类解

图 12.9 所示为通过系统聚类将样本量 $N=3000$ 的数据集聚成 15 类、10 类、5 类、3 类时的效果图。不同颜色的点属于不同的小类。由此可见，在大数据集聚类中，确定合理的聚类数目 K 是关键。当样本量较大时，通常可以利用碎石图辅助确定合理的聚类数目 K。

行号	代码和说明	
1	gData = list(sch.linkage(X, method = 'ward')[:,2])	#获得系统聚类过程中各个小类间的距离
2	gData.reverse()	#获得反转结果
3	fig = plt.figure(figsize = (6,4))	#指定图形大小
4	plt.scatter(gData ,range(1,N) ,c = 'r',s = 1)	#绘制类间距离和距离数目 K 的散点图
…	……	#设置图标题等，略去

代码说明

（1）以上省略号部分在之前代码中重复出现过且不影响对原理的理解，故略去以节约篇幅。完整 Python 代码参见本书配套代码。

（2）第 1 行：利用函数 linkage()得到所有聚类数目下的所有聚类解。聚类解的第 3 列存储着"凝聚"成 $K=1,2,\cdots,N-1$ 类时的类间距离，距离越小，"凝聚"在一起越合理。

（3）第 2 行：将第 1 行的距离结果反转成"凝聚"成 $K=N-1,N-2,\cdots,1$ 类时的类间距离，为绘制碎石图做准备。

（4）第 4 行以后绘制碎石图，横坐标为小类间距离，纵坐标为聚类数目 K。所绘制的图形如图 12.10 所示。

图 12.10 是聚类过程中小类间距离和聚类

图 12.10　碎石图

数目 K 的散点图。对于上述样本量为 $N=3000$ 的数据集需要 2999 次"凝聚"形成一个大类。当数据聚成 2999 个小类时，小类内的差异很小，如图 12.10 所示，小类间距离（横坐标）近似等于 0。后续当数据聚成 2998 个、2997 个、2996 个小类时，小类间距离均增加得很少，表现为图 12.10 中许多点连成一条由上至下的近似竖直的"线"。之后，当聚类数目 K 减少至图 12.10 中箭头所指位置时，若继续减少 K，小类间距离(差异性)增加幅度将变大。当 K 从 9 减少到 8、7、6 等时，小类间距离(差异性)显著增加，表现为图 12.10 中若干点连成一条由左至右的近似水平的"线"。图形整体上类似"陡峭山峰的断崖"和"山脚下的碎石路"，因此得名"碎石图"。

合理的聚类数目 K 应为碎石图中箭头所指"拐点"处的 K。原因是若后续再继续"凝聚"，小类间差异性就会过大，所以 K 不能再继续减少了。例如，在图 12.10 中，当 $K \leq 3$ 时横坐标变化很大，意味着继续"凝聚"将导致小类内距离大幅度增加，是不合理的。因此，本示例大致聚成 10 类是比较合理的。

应注意的是，由于系统聚类可以给出全部聚类解，所以大数据集下的系统聚类的计算成本很高。在实际应用中，通常可先基于随机抽取的小数据集，利用系统聚类进行"预聚类"。目的是了解数据的内在"自然结构"，确定合理的聚类数目 $K = K_{opt}$。后续在大规模数据集上聚类时，指定系统聚类仅给出 $K = K_{opt}$ 下的聚类解，以提高算法效率。

12.4　基于高斯分布的聚类模型：EM 聚类[*]

12.2 节和 12.3 节讨论的 K-均值聚类和系统聚类有一个共同特点，即适合进行小类形状大致为圆形或球形的聚类，如图 12.11 所示。

彩图 12.11

图 12.11　圆形和非圆形小类的 K-均值聚类

在图 12.11 中，左上图各颜色表示模拟数据集 1 中小类的真实类，各个小类大致呈圆形。右上图为 K-均值聚类解的情况，颜色相同的点属于同一小类。由此可见，聚类解与真实类完全吻合，聚类效果非常理想。左下图为模拟数据集 2 中小类的真实类分布，各个小类大致呈长轴较长的椭圆形。右下图为 K-均值聚类解的情况。显然聚类解与真实类差异明显，聚类效果不理想。由此可见，以距离作为聚类依据的聚类算法，通常适用于小类呈较为规则的圆形或球形的情况(有兴趣的读者可自行阅读本书配套代码 chapter12-4.ipynb)。当小类大致呈长轴较长的椭圆(椭球)形时应采用其他聚类算法，基于高斯分布的 EM 聚类就是一个理想选择。

12.4.1　出发点：有限混合分布

基于高斯分布的聚类模型，从统计分布的角度设计算法。这类算法的核心出发点是，如果样本数据存在"自然小类"，那么某小类中的样本观测一定来自一个高斯分布。换言之，一个"自然小类"是来自一个高斯分布的随机样本。于是，数据集全体即来自多个高斯分布的有限混合分布的随机样本。

这里首先以图 12.12 为例进行直观说明。

图 12.12　有限混合分布的散点图和分布曲面图　　　彩图 12.12

图 12.12 左图为样本量 $N=1500$ 的数据集在 X_1, X_2 二维聚类变量空间中的分布，直观上存在两个小类(不同颜色代表不同小类)。从基于统计分布的聚类角度看，两个小类分别来自两个高斯分布，且数据集为两个高斯分布的混合分布，如图 12.12 右图所示，其中的两个"峰"分别对应图 12.12 左图中的两个小类。

从理论角度探讨，一方面，若数据集是包含 K 个高斯分布的有限混合分布，则应将数据聚成 K 类。另一方面，若能将数据聚成 K 类且聚类数目合理，则数据应服从包含 K 个高斯分布的有限混合分布。其中，K 个高斯分布被称为混合分布的 K 个成分，通常待估的参数值不尽相同。设数据集包含 p 个聚类变量 $X_1, X_2, \cdots, X_p$，若其能聚成 K 个小类，则有如下有限混合分布的概率密度函数：

$$f(X_1, X_2, \cdots, X_p \mid \boldsymbol{\theta}) = \sum_{k=1}^{K} \lambda_k f_k(X_1, X_2, \cdots, X_p \mid \boldsymbol{\theta}_k) \tag{12.8}$$

式中，λ_k 为第 k 个成分的先验概率，满足 $\lambda_k \geqslant 0$，$\sum_{k=1}^{K} \lambda_k = 1$，一般可指定 $\lambda_k = \dfrac{N_k}{N}$，其中 N_k

为来自第 k 个成分的样本量；$f_k(X_1, X_2, \cdots, X_p \mid \boldsymbol{\theta}_k)$ 为第 k 个成分的高斯分布密度函数；$\boldsymbol{\theta}_k$ 为待估的分布参数，包括均值向量、方差向量、协方差矩阵。

基于上述观点，可从另一个视角重新审视图 12.11 第一列两幅图中的小类：它们都是来自各个成分(参数值不尽相同的高斯分布)的随机样本。第一幅图中各个小类呈圆形，可认为小类 $\boldsymbol{S}_k$ 均服从 $\mathrm{cov}(X_1^k, X_2^k) = 0$、$\mathrm{var}(X_1^k) = \mathrm{var}(X_2^k)$、$E(X_1^k) \neq E(X_2^k)$ 的高斯分布。第二幅图中各个小类呈长轴较长的椭圆形，可认为小类 $\boldsymbol{S}_k$ 均服从 $\mathrm{cov}(X_1^k, X_2^k) \neq 0$、$\mathrm{var}(X_1^k) \neq \mathrm{var}(X_2^k)$、$E(X_1^k) \neq E(X_2^k)$ 的高斯分布。X_1^k, X_2^k 分别表示小类 $\boldsymbol{S}_k$ 的 X_1, X_2。两个数据集的有限混合分布曲面图如图 12.13 所示(有兴趣的读者可自行阅读本书配套代码 chapter12-4.ipynb)。

图 12.13 两个数据集的有限混合分布曲面图

从这个角度看，可将圆形小类视为椭圆形小类的特殊情况，K-均值聚类是在默认小类呈圆形条件下进行的聚类。

12.4.2 EM 聚类算法

1. EM 聚类算法的基本思路

以有限混合分布为出发点，基于统计分布的聚类目标是找到各样本观测最可能属于的"自然小类"。将样本观测 $\boldsymbol{X}_i \ (i = 1, 2, \cdots, N)$ 的所属小类记为 $C_i \ (i = 1, 2, \cdots, N)$，$C_i = \{1, 2, \cdots, K\}$，找如果到了最有可能属于的小类，则意味着在已知各成分参数下，各样本观测取 C_i 时的联合概率最大，即 $\prod_{i=1}^{N} f(\boldsymbol{X}_i, C_i \mid \boldsymbol{\theta})$ 最大。因此，基于统计分布的聚类目标等价于在已知数据集 $\boldsymbol{X}$ 和假设小类 $\tilde{C}$ 下，找到在似然函数或对数似然函数取最大值时的成分参数值 $\hat{\boldsymbol{\theta}}$：

$$LL(\boldsymbol{\theta} \mid \boldsymbol{X}, \tilde{C}) = \sum_{k=1}^{K} \lambda_k \sum_{i=1}^{N} \log[f(\boldsymbol{X}_i, \tilde{C} \mid \boldsymbol{\theta}_k)] \tag{12.9}$$

式中，$LL(\cdot)$ 表示对数似然函数。该问题貌似是一个极大似然估计问题。

下面通过一个简单例子直观理解极大似然估计。例如，收集到 N 名顾客购买某软饮料意向的数据，希望利用样本数据对顾客有购买意向的概率进行估计。由于有购买意向的人数 y 服从参数为 θ (有购买意向的概率)的二项分布，似然函数为 $L(\theta \mid y, N) = C_N^y \theta^y (1-\theta)^{N-y}$，其中 y 为观测到有购买意向的人数，θ 为待估参数。现假设 θ 有且仅有 $\boldsymbol{\Theta} = \{0.2, 0.6\}$ 两个可能取值，样本量 $N = 5$，有购买意向的人数 $y = 4$。于是，分别计算在 $\theta = 0.2, \theta = 0.6$ 下观测到 $y = 4$ 的概率：

$$p(N=5, y=4 | \theta = 0.2) = C_5^4 0.2^4 (1-0.2)^{5-4} = 0.007$$

$$p(N=5, y=4 | \theta = 0.6|) = C_5^4 0.6^4 (1-0.6)^{5-4} = 0.259$$

显然，因 $0.259 > 0.007$，$\theta = 0.6$ 时的似然函数 $L(\theta | y, N) = C_N^y \theta^y (1-\theta)^{N-y}$ 达到最大值，所以 $\hat{\theta} = 0.6$，即顾客有购买意向概率的估计值为 0.6。为方便进行数学上的处理，通常将似然函数取自然对数，得到对数似然函数。求似然函数最大值的过程也就是求对数似然函数最大值的过程。

总之，极大似然估计是一种在已知总体概率密度函数 $f(\boldsymbol{X}_i, C_i | \boldsymbol{\theta})$ 和完整样本信息 $\boldsymbol{X}_i$、C_i 的基础上，求解概率密度函数中未知参数 $\boldsymbol{\theta}$ 估计值的方法。一般思路是，在概率密度函数的基础上，构造一个包含未知参数的似然函数，并求解似然函数取最大值时未知参数的值。从另一个角度看，在该原则下得到的参数估计值在其所决定的总体中将有最大的概率观测到当下的样本观测数据。因此，似然函数值实际是一种概率值，取值在 0 至 1 之间。

EM 聚类的难点在于不仅各成分参数 $\boldsymbol{\theta}$ 未知，需要估计，而且各样本观测 $\boldsymbol{X}_i$ 的所属小类标签 C_i 也未知，样本信息不完整，因此无法直接采用极大似然估计法。对此，将采用 EM 聚类算法。

EM 是 Expectation-Maximization（期望–最大化）的英文缩写。EM 聚类算法在潜变量（如聚类解 C）和分布函数参数（如成分参数 $\boldsymbol{\theta}$）均未知的条件下，通过多次迭代的方式最大化似然函数。

为有助于直观理解 EM 聚类算法在聚类中迭代计算的原理和意义，下面引用 Jake VanderPlas 的著作[①]中的相关图形进行说明。

图 12.14 形象地展示了 K-均值聚类的过程，该过程也是 EM 聚类算法核心思想的具体体现。

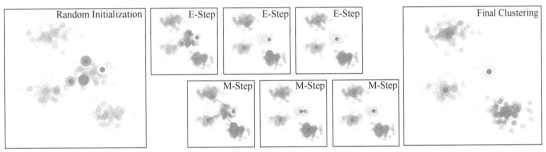

图 12.14　EM 聚类算法示意图

首先，K-均值聚类开始时需要指定将数据聚成 $K = 4$ 类并随机指定 4 个初始质心，如图 12.14 左侧大图中的 4 个圆环所示。其次，进行如下步骤的多次迭代。

彩图 12.14

第一步，根据距离最近原则，将所有样本观测指派到各自的小类中，如图 12.14 中间第一行第一幅图所示，相同颜色的点被归入同一小类，不同颜色代表不同小类。

第二步，重新计算各个小类的质心，小类质心发生偏移，完成一次迭代，如图 12.14 中间第二行第一幅图中的圆环和箭头所示。

反复执行第一步和第二步，如图 12.14 中间第一行和第二行的第二、第三幅图所示。直到满足迭代结束条件为止。最终的聚类解如图 12.14 右侧大图所示。相同颜色的点被归入同一小类，不同颜色代表不同小类。

---

① Jake VanderPlas 所著的 *Python Data Science Handbook Essential Tools for Working with Data* 中的图 5-112。

这里，第一步将样本观测点指派到当前"最应属于的期望"小类中，简称为 E(Expectation)步；第二步确定的小类质心是当前"最大可能性"的小类质心，简称为 M(Maximization)步。E 步和 M 步依次交替进行，直到迭代结束为止。这就是 EM 聚类算法的基本思想。

2. EM 聚类算法的理论表述

基于上述基本思想，EM 聚类算法的理论表述如下。有关于聚类解 C（小类标签）和各成分参数 $\boldsymbol{\theta}$ 的两个参数值集合 $C \in \boldsymbol{C} = \{1, 2, \cdots, K\}$，$\boldsymbol{\theta} \in \boldsymbol{\Theta} = \{\boldsymbol{\mu}^k, \boldsymbol{\Sigma}^k\}$，$k = 1, 2, \cdots, K$，$\boldsymbol{\mu}^k$、$\boldsymbol{\Sigma}^k$ 分别表示第 k 个小类的质心(均值向量)和聚类变量的协方差矩阵。在迭代开始时，先从集合 $\boldsymbol{\Theta}$ 中随机指定一个值(K-均值聚类中的初始质心)作为 $t = 0$ 时刻成分参数 $\boldsymbol{\theta}$ 的估计值，记作 $\boldsymbol{\theta}^{(t=0)} = \{\boldsymbol{\mu}^k(0), \boldsymbol{\Sigma}^k(0)\}$，$k = 1, 2, \cdots, K$。然后开始如下迭代。

第一步，在 $\boldsymbol{\theta}^{(t)}$ 基础上给出 t 时刻最应取得的小类标签 $C^{(t)} \in \boldsymbol{C}$。该步为 E 步。

具体来讲，高斯分布函数为

$$f(\boldsymbol{X}_i | \boldsymbol{\mu}^k, \boldsymbol{\Sigma}^k) = \frac{1}{\sqrt[p]{2\pi}\sqrt{|\boldsymbol{\Sigma}^k|}} \exp\left(-\frac{1}{2}(\boldsymbol{X}_i - \boldsymbol{\mu}^k)^{\mathrm{T}}(\boldsymbol{\Sigma}^k)^{-1}(\boldsymbol{X}_i - \boldsymbol{\mu}^k)\right) \tag{12.10}$$

式中，有 $X_1, X_1, \cdots, X_p$ 共 p 个聚类变量；$|\boldsymbol{\Sigma}^k|$ 为协方差矩阵的行列式。依据高斯分布函数计算样本观测 $\boldsymbol{X}_i$ 属于 $C_i^{(t)} = k$（$k = 1, 2, \cdots, K$）小类的概率：

$$P(C_i^{(t)} = k | \boldsymbol{X}_i) = \frac{f(\boldsymbol{X}_i | \boldsymbol{\mu}^k(t), \boldsymbol{\Sigma}^k(t))}{\sum_{j=1}^{K} f(\boldsymbol{X}_i | \boldsymbol{\mu}^j(t), \boldsymbol{\Sigma}^j(t))} \tag{12.11}$$

并将样本观测 $\boldsymbol{X}_i$ 重新指派到概率 P 最大的小类 $C_i^{(t)} = \underset{k}{\arg\max}\, P(C_i^{(t)} = k | \boldsymbol{X}_i)$ 中。

第二步，在 $C^{(t)}$ 基础上计算成分参数 $\boldsymbol{\theta}$，记作 $\boldsymbol{\theta}^{(t+1)}$。该步为 M 步。

具体来讲，基于当前的小类标签 $C^{(t)}$ 计算各成分(小类)参数：

$$\boldsymbol{\mu}^k(t+1) = \frac{\sum_{i=1}^{N} P(C_i^{(t)} = k | \boldsymbol{X}_i) \boldsymbol{X}_i}{\sum_{i=1}^{N} P(C_i^{(t)} = k | \boldsymbol{X}_i)} \tag{12.12}$$

$$\boldsymbol{\Sigma}^k(t+1) = \frac{P(C_i^{(t)} = k | \boldsymbol{X}_i) \sum_{i=1}^{N} \boldsymbol{X}_i^{\mathrm{T}} \boldsymbol{X}_i}{\sum_{i=1}^{N} P(C_i^{(t)} = k | \boldsymbol{X}_i)} \tag{12.13}$$

从统计角度看，由于数据集是一个随机样本，因此 M 步的实质是利用样本给出各个小类成分参数 $\boldsymbol{\theta}$ 的一个估计。有很多估计的方法，式(12.12)和式(12.13)是对 $\boldsymbol{\mu}^k$ 和 $\boldsymbol{\Sigma}^k$ 的极大似然估计。此外应注意，式(12.12)和式(12.13)的计算结果均是加权意义上的，权重为样本观测 $\boldsymbol{X}_i$ 属于 k 小类的概率：$P(C_i^{(t)} = k | \boldsymbol{X}_i)$。

重复上述 E 步和 M 步，直到聚类解 C 和成分参数 $\boldsymbol{\theta}$ 均收敛到某值为止。

对比 EM 聚类过程和 K-均值聚类过程发现，两者的不同在于，K-均值聚类依距离"硬性"指派样本观测点 $\boldsymbol{X}_i$ 到某个小类中，EM 聚类中 $\boldsymbol{X}_i$ 以不同的概率属于不同的小类，且最终依最大概率"软性"指派样本观测点 $\boldsymbol{X}_i$ 到某个小类中。从这个角度讲，EM 聚类算法是一种聚类的"软算法"，可以给出样本观测点 $\boldsymbol{X}_i$ 属于 k（$k = 1, 2, \cdots, K$）小类的概率；K-均值聚类是一种聚类的"硬算法"，只能给出确定性的聚类解。

3．EM 聚类算法的参数预设

通常为提高算法效率，可预设成分参数。例如，可假设各成分均有各自的协方差矩阵，或者各成分有"公共"(合并)的协方差矩阵，或者各成分的方差不等但协方差相等，等等。

12.4.3　Python 模拟和启示：认识 EM 聚类

本节将基于模拟数据，利用 Python 编程，一方面对 EM 聚类中的有限混合分布做进一步的直观说明，另一方面展示 EM 聚类的 Python 实现过程，基本思路如下。

(1)生成两组服从二元高斯分布的随机数，作为有限混合分布的两个成分，将其合并后作为来自有限混合分布的一个随机样本(数据集)。

(2)通过可视化展示数据集的分布特点。

(3)采用基于高斯分布的 EM 聚类对数据进行聚类，并可视化展示各个小类的分布特点。

Python 代码(文件名为 chapter12-4.ipynb)如下。为便于阅读，我们将代码运行结果直接放置在相应代码行下方。以下将分段对 Python 代码进行说明。

1．生成来自有限混合分布的随机模拟数据并进行可视化展示，完成以上(1)和(2)

行号	代码和说明
1	np.random.seed(123)　　　　　　　　　　#指定随机数种子使随机化结果可以重现
2	N1,N2 = 500,1000　　　　　　　　　　　#指定来自第 1 和第 2 成分的样本量 N1,N2
3	mu1,cov1,y1 = [0,0],[[10,3],[3,10]],np.array([0]*N1)
	#指定第 1 成分的参数：均值向量和协方差矩阵，以及所属的真实小类标签 0
4	set1 = multivariate_normal(mean = mu1, cov = cov1,size = N1)
	#从服从第 1 成分参数的高斯分布中随机抽取 N1 个样本观测作为 set1
5	mu2,cov2,y2 = [15,15],[[10,3],[3,10]],np.array([1]*N2)
	#指定第 2 成分的参数：均值向量和协方差矩阵，以及所属的真实小类标签 1
6	set2 = multivariate_normal(mean = mu2, cov = cov2,size = N2)
	#从服从第 2 成分参数的高斯分布中随机抽取 N2 个样本观测作为 set2
7	X = np.vstack([set1,set2]); y = np.append(y1,y2)
	#将 set1 和 set2 混合得到来自有限混合分布的数据集 X 和小类标签 y，样本量为 N = N1+N2
8	fig = plt.figure(figsize = (15,6))　　　　#指定图形大小
9	ax = plt.subplot(121)　　　　　　　#将绘图区域划分为 1 行 2 列 2 个单元并在第 1 个单元中绘图
10	ax.scatter(X[:,0],X[:,1],c = y)　　　　#以不同颜色绘制两个小类的散点图
…	#设置图标题等，略去

代码说明

(1)以上省略号部分在之前代码中重复出现过且不影响对原理的理解，故略去以节约篇幅。完整 Python 代码参见本书配套代码。

(2)第 3 行：指定第 1 成分参数，均值向量为 $\boldsymbol{\mu}_1 = (0,0)^{\mathrm{T}}$，两个聚类变量 X_1, X_2 的均值相等；协方差矩阵为 $\boldsymbol{\Sigma}_1 = \begin{pmatrix} 10 & 3 \\ 3 & 10 \end{pmatrix}$，两个聚类变量 X_1, X_2 的方差相等，协方差不等于 0 表示存在正的线性关系。

(3)第 5 行：指定第 2 成分参数，均值向量为 $\boldsymbol{\mu}_2 = (15,15)^{\mathrm{T}}$，两个聚类变量 X_1, X_2 的均值相等；协方差矩阵为 $\boldsymbol{\Sigma}_2 = \begin{pmatrix} 10 & 3 \\ 3 & 10 \end{pmatrix}$，两个聚类变量 X_1, X_2 的方差相等，协方差不等于 0

表示存在正的线性关系。

(4) 第 4、6 行：利用 SciPy 中的 multivariate_normal() 生成来自指定分布的一组随机数。

(5) 第 10 行：绘制散点图展示模拟数据的混合分布特点，如图 12.12 左图所示。该图形显示，数据大致包含两个小类。

进一步，绘制有限混合分布的概率密度图(代码续前)。

行号	代码和说明
14	X1,X2 = np.meshgrid(np.linspace(X[:,0].min(),X[:,0].max(),100), np.linspace(X[:,1].min(),X[:,1].max(),100))
	#为绘制有限混合分布的概率密度图准备数据
15	X0 = np.hstack((X1.reshape(len(X1)*len(X2),1),X2.reshape(len(X1)*len(X2),1)))
	#获得绘制有限混合分布的概率密度图的数据集 X0
16	kernel = gaussian_kde(X.T)　　　　　　　#基于高斯核函数估计 X 的分布密度，参数形状为 $p \times N = 2 \times 1500$
17	Z = kernel(X0.T).T　　　　　　　#基于高斯核函数估计 X0 的分布密度并转置以便于绘图
18	ax = fig.add_subplot(122, projection = '3d')　　#将绘图区域划分为 1 行 2 列 2 个单元并在第 2 个单元中绘制 3 维图
19	ax.plot_wireframe(X1,X2,Z.reshape(len(X1),len(X2)),linewidth = 0.5)　　　　#绘制 X 分布的网格图
20	ax.plot_surface(X1,X2,Z.reshape(len(X1),len(X2)),alpha = 0.3,rstride = 50, cstride = 50)　　#绘制 X 分布的表面图
…	#设置图标题等，略去

代码说明

(1) 以上省略号部分在之前代码中重复出现过且不影响对原理的理解,故略去以节约篇幅。完整 Python 代码参见本书配套代码。

(1) 第 14、15 行：为绘制有限混合分布的概率密度图准备数据。数据 X0 为两个聚类变量取值范围内的 10000 个样本观测点。

(2) 第 16、17 行：对 X 和 X0 进行基于高斯分布的核密度估计(详见 13.2.1 节)，得到 X0 中 10000 个样本观测点的核密度值保存在 Z 中。

(4) 第 19 行开始，绘制有限混合分布的概率密度图，包括网格图和表面图，如图 12.12 右图所示。该图形显示，数据由两个高斯分布混合而成，两个小类分别对应两个高斯分布成分。

2. 采用基于高斯分布的 EM 聚类对数据进行聚类并绘制各个小类的椭圆,完成以上(3)

行号	代码和说明
1	gmm = GaussianMixture(n_components = 2,covariance_type = 'full').fit(X)　　#定义 EM 聚类对象 gmm
2	labels = gmm.predict(X)　　　　　　　#对 X 进行基于 gmm 聚类的聚类解预测
3	fig = plt.figure(figsize = (8,6))　　　　　　　#指定图形大小
4	plt.scatter(X[:,0], X[:,1], c=labels, s=40)　　　　#绘制各个小类的散点图,可视化聚类解
5	w_factor = 0.2 / gmm.weights_.max()　　　　　#为绘制椭圆准备
6	for i in np.unique(labels):　　　　　　　#对每个小类进行以下处理
7	covar=gmm.covariances_[i]　　　　　#指定椭圆的角度和长短轴
8	pos=gmm.means_[i]　　　　　　　#指定椭圆的中心位置
9	draw_ellipse(pos, covar, alpha = gmm.weights_[i] * w_factor) #调用用户自定义函数
	……　　　　　　　#设置图标题等,略去
13	print("前五个样本观测属于的小类: \n{0}".format(gmm.predict(X)[:5]))
	前五个样本观测属于的小类:
	[1 1 1 1 1]
14	print("前五个样本观测分属于两类的概率: \n{0}".format(gmm.predict_proba(X)[:5].round(3)))
	前五个样本观测分属于两类的概率:
	[[0. 1.]
	[0. 1.]
	[0. 1.]
	[0.066 0.934]
	[0. 1.]]

代码说明

（1）第 1、2 行：利用函数 GaussianMixture（）实现基于高斯分布的 EM 聚类，指定聚成 2 类，且 2 个成分的协方差矩阵不相等（covariance_type='full'），得到聚类解。

（2）第 5 至 10 行：以椭圆直观刻画各个小类的大致形状。所绘制的图形如图 12.15 所示。

这里利用绘制椭圆的自定义函数绘制由 3 个小椭圆组成的小类椭圆，以刻画每个小类的大致形状。其中，各个小类椭圆的透明度取决于式（12.8）中的 λ_k，这里透明度等于 $0.2\lambda_k / \max(\lambda_k)$。椭圆的位置由均值向量决定，椭圆的角度和长短轴取决于协方差矩阵。

（4）第 13 行：利用 gmm.predict（X）得到每个样本观测 X_i 所属的小类。

（5）第 14 行：利用 gmm.predict_proba（X）计算每个样本观测 X_i 属于各个小类的概率，并输出前 5 个样本观测的概率值。例如，在输出结果中，第 4 个样本观测以 6.6% 的概率属于 0 小类，以 93.4% 的概率属于 1 小类，所以第 4 个样本观测的最终聚类解为 1 小类。

彩图 12.15

图 12.15　基于高斯分布估计两个小类的形状

以下给出以指定位置和协方差绘制椭圆的用户自定义函数的 Python 代码。

行号	代码和说明
1	def draw_ellipse（position, covariance, ax = None, **kwargs）：　　#定义用户自定义函数
2	ax = ax or plt.gca（）　　#得到当前的绘图对象或新创建绘图对象
3	if covariance.shape == (2, 2)：　　#如果协方差矩阵为 2×2 的方阵，这里指协方差不等于 0
4	U, s, Vt = np.linalg.svd（covariance）　　#对协方差矩阵进行奇异值分解
5	angle = np.degrees（np.arctan2（U[1, 0], U[0, 0]））　　#指定椭圆的角度
6	width, height = 2 * np.sqrt（s）　　#指定椭圆的长短轴
7	else：　　#如果协方差等于 0
8	angle = 0　　#指定椭圆的角度
9	width, height = 2 * np.sqrt（covariance）　　#指定椭圆的长短轴
10	for nsig in range（1, 4）：
11	ax.add_patch（Ellipse（position, nsig * width, nsig * height,angle, **kwargs））

代码说明

（1）第 1 行：定义用户自定义函数的函数名（draw_ellipse）和形式参数，主要包括椭圆的位置，以及由协方差矩阵决定的椭圆的角度和长短轴。

（2）第 4 至 7 行：指定协方差矩阵与椭圆的对应关系。

如果协方差矩阵为 2×2 的矩阵（除非聚类变量 X_1, X_2 的协方差等于 0，否则 Python 均以矩阵形式表示)，则对协方差矩阵进行奇异值分解。基于 U 成分计算反正切函数值并将其转换为度数，作为椭圆的角度。基于特征值计算椭圆的长短轴，分别为两个特征值的平方根。

(3) 第 8、9 行：如果协方差矩阵不是 2×2 的矩阵，即聚类变量 X_1, X_2 的协方差等于 0，则椭圆呈水平方向放置，椭圆的长短轴分别为两个聚类变量的标准差。

(4) 第 10、11 行：利用 for 循环和函数 Ellipse() 依次绘制并叠加 3 个小椭圆，最终得到各个小类的椭圆。

对图 12.11 中的两个数据集进行基于高斯分布的 EM 聚类，4 个小类的分布形状如图 12.16 所示(有兴趣的读者可自行阅读本书配套代码 chapter12-4.ipynb)。

图 12.16　基于高斯分布估计 4 个小类的形状

图 12.16 显示，基于高斯分布的 EM 聚类能够很好地解决非圆形小类的聚类问题。

12.5　聚类分析的 Python 应用实践：环境污染的区域特征分析

本节将从应用角度讨论聚类分析的实用价值。案例数据为某年我国各省/市/自治区的环境污染状况数据，包括生活污水排放量($x1$)、SO_2 排放量($x2$)、生活烟尘排放量($x3$)、工业固体废物排放量($x4$)，工业废气排放总量($x5$)、工业废水排放量($x6$)等。为对各省/市/自治区环境污染源进行对比，分别采用 K-均值聚类和系统聚类对各省/市/自治区的环境污染状况数据进行分组，一方面可通过对比两个聚类解进一步理解两种聚类算法的特点，另一方面可展示聚类分析的实际应用意义，基本思路如下。

(1) 采用系统聚类得到所有可能的聚类解。

(2) 基于系统聚类的树形图确定合理的聚类数目 K，得到其对应的系统聚类解和 K-均值聚类解，并进行对比分析。

(3) 通过描述性分析直观对比各类区域环境污染的不同特点。

Python 代码(文件名为 chapter12-3.ipynb)如下。以下将分段对 Python 代码进行说明。

1. 对数据进行聚类分析，完成以上(1)和(2)

行号	代码和说明	
1	data = pd.read_csv('环境污染数据.txt',header = 0)	#读入 txt 格式的案例数据，无标题行
2	X = data[['x1','x2','x3','x4','x5','x6']]	#指定聚类变量 X

| 3 | fig = plt.figure(figsize = (15,6)) | #指定图形大小 |

```
3    fig = plt.figure(figsize = (15,6))                                      #指定图形大小
4    sch.dendrogram(sch.linkage(X, method = 'ward'),leaf_font_size = 15,leaf_rotation = False)
                              #采用类内方差 ward 法对 X 进行系统聚类并绘制聚类解的树形图
5    plt.axhline(y = 120,color = 'red', linestyle = '-.',linewidth = 1,label = '聚类数目 K 的参考线') #绘制聚类数目参考线
...  ……                                            #设置图标题等，略去
```

代码说明

（1）以上省略号部分在之前代码中重复出现过且不影响对原理的理解，故略去以节约篇幅。完整 Python 代码参见本书配套代码。

（2）第 4、5 行：采用类内方差 ward 法对数据进行聚类，绘制聚类树形图，并在图中添加确定聚类数目 K 的参考线。所绘制的图形如图 12.17 第一行的图所示。该图形显示，聚成 4 类是比较合理的。

进一步分别得到 $K = 4$ 时系统聚类和 K-均值聚类的聚类解，并可视化聚类解。由于本示例中有 6 个聚类变量，不便于直观展示，因此采用主成分分析法提取 2 个主成分，通过绘制基于主成分的散点图展示聚类解的情况（代码续前）。

行号	代码和说明
9	def MyDraw(title,labels,i):　#定义可视化聚类解的用户自定义函数，参数依次为图标题、聚类解和绘图单元
10	pca = decomposition.PCA(n_components = 2)　#创建主成分分析对象 pca，指定提取 2 个主成分
11	pca.fit(X)　#对 X 进行主成分分析
12	y = pca.transform(X)　#获得 2 个主成分，为后续高维情况下聚类解的可视化做准备
13	markers = ['o','*','+','>']　#指定不同小类的绘图符号
14	ax = plt.subplot(1,2,i)　#将绘图区域划分为 1 行 2 列 2 个单位并在第 i 个单元中绘图
15	for k, m in zip(range(K),markers):　#利用循环绘制各个小类的散点图
16	ax.scatter(y[labels == k, 0], y[labels == k,1], marker = m,s = 80,label = '小类:'+str(k))　#以不同符号和颜色绘制各个小类的散点图
…	……　#设置图标题等，略去
21	fig = plt.figure(figsize = (15,6))
22	K = 4　#指定聚类数目 K
23	AC = AgglomerativeClustering(linkage = 'ward',n_clusters = K)　#创建类内方差 ward 法的系统聚类对象 AC，指定聚成 K 类
24	AC.fit(X)　#对 X 进行系统聚类
25	MyDraw('系统聚类解',AC.labels_,1)　#调用用户自定义函数可视化系统聚类解的情况
26	KM = KMeans(n_clusters = K)　#创建 K-均值聚类对象 KM，指定聚成 K 类
27	KM.fit(X)　#对 X 进行 K-均值聚类
28	MyDraw('K-均值聚类解',KM.labels_,2)　#调用用户自定义函数可视化 K-均值聚类解的情况

代码说明

以上省略号部分在之前代码中重复出现过且不影响对原理的理解，故略去以节约篇幅。完整 Python 代码参见本书配套代码。所绘制的图形如图 12.17 第二行的图所示。

图 12.17 第一行给出了对 31 个省/市/自治区（不包括香港、澳门、台湾）的环境污染状况数据进行系统聚类的所有聚类解，其中横坐标为省/市/自治区编号。图 12.17 第二行展示了分别利用系统聚类和 K-均值聚类将数据聚成 4 类的情况，是关于采用主成分分析法提取的 2 个主成分的散点图，相同颜色和形状表示同一小类。

通过观察发现，K-均值聚类与系统聚类的聚类解不完全一致，如图 12.17 中虚线圆圈圈住的 3、15、23 三个点（分别对应编号为 3、15 和 23 的省/市/自治区），这与两种算法的

原理差异有关。在图 12.17 第二行右图的 K-均值聚类中，3、15 两个点均与黄色五角星小类的质心更近，归入该小类，23 点自成一个小类。但在系统聚类中，当聚成 4 类时树形图显示，图 12.17 第二行左图的 3 点因与树形图中最左侧的小类({4,5,22,2,14})距离较远，归入该小类后的方差较大，故没能被归入该小类，而与 23 点并为一个小类。同理，图 12.17 第二行左图的 15 点远离小类{4,5,22,2,14}，被归入了最大的一个小类。

图 12.17　环境污染数据的聚类解

需要说明的是，这里我们只需关注两种聚类模型的聚类解所对应的样本观测集合是否一致，而不必考虑小类标签值是否相同。例如，第 3 小类对应的三角形位于图 12.17 第二行左图的中部，但在图 12.17 第二行右图中却在右下角位置。

2．通过描述性分析直观对比各类区域环境污染的不同特点，完成以上(3)

行号	代码和说明	
1	groupMean = X.iloc[:,:].groupby(AC.labels_).mean()	#计算各聚类变量在各个小类上的均值
2	plt.figure(figsize = (9,6))	#指定图形大小
3	labels=['生活污水','SO2','生活烟尘','工业固体废物','工业废气','工业废水']　#指定横坐标标签	
4	for i in np.arange(4):	#利用循环对每个小类进行如下绘图操作
5	plt.bar(range(0,6),groupMean.iloc[i],bottom=groupMean.iloc[0:i].sum(),label = ' 第 %d 类 (%d)'%(i,AC.labels_.tolist().count(i)), tick_label = labels)	#绘制聚类变量在各个小类上均值的堆积柱形图
…	……	#设置图标题等，略去

代码说明

(1)第 1 行：计算各聚类变量在各个小类上的均值。

⑵ 第 3 行以后，分别计算各个小类的成员个数，绘制各聚类变量在各个小类上均值的堆积柱形图，如图 12.18 所示。

图 12.18　各聚类变量在各个小类上均值的堆积柱形图

图 12.18 直观展现了 4 类区域环境污染源的结构特征。例如，第 0 类区域(包含 20 个省/市/自治区)的各类污染物排放均不高(蓝色区域)；第 1 类区域的 SO_2、生活烟尘和工业固体废物的排放量较高，生活污水和工业废水的排放量较低；第 2 类区域的工业固体废物排放量很少，工业固体废物排放量主要来自第 1 类区域；等等。读者可自行基于各省/市/自治区的聚类解，做进一步的细致分析。

本 章 总 结

本章重点讨论了几种常见的聚类算法。在给出聚类分析概述之后，首先讨论了基于质心的 K-均值聚类的基本原理，阐述了聚类数目 K 的确定方法，以及迭代的意义。其次对基于连通性的系统聚类原理进行了较为详尽的讲解，讲解过程中利用 Python 编程，在模拟数据的基础上直观展示了各种算法的特点。本章的应用实践，通过对各类区域环境污染特征的聚类和对比分析，展示了聚类分析的实际应用价值。12.4 节为本章的选讲内容，主要介绍了 EM 聚类算法在非球形聚类方面的优势。

本章相关函数列表

围绕本章学习，应重点掌握 Python 模块中的以下函数。函数的具体格式参见 Python 帮助。

一、K-均值聚类函数

KM= KMeans(n_clusters=, max_iter =)；KM.fit(X)。

二、系统聚类函数

sch.linkage (X, method=)；sch.dendrogram ()。

AC = AgglomerativeClustering (linkage=,n_clusters =)；AC.fit (X)。

三、基于高斯分布的 EM 聚类函数

gmm = GaussianMixture (n_components=,covariance_type=)；gmm.fit (X)。

本 章 习 题

1. 请简述 K-均值聚类的基本原理和聚类过程。

2. 你认为 K-均值聚类中迭代的意义是什么？

3. 请简述系统聚类过程，说明其算法优势，并说明碎石图对确定聚类数目 K 有怎样的作用。

4. 请说明为什么基于高斯分布的 EM 聚类可以解决非球形聚类问题。

5. Python 编程：基于购买行为数据对超市顾客进行市场细分。

有超市顾客购买行为的 RFM 数据集（数据文件名为 RFM 数据.txt），请利用各种聚类算法实现顾客群细分。请关注如下三个方面。

第一，顾客的 R、F、M 三个变量有怎样的分布特征。

第二，尝试将顾客分成 4 类，并分析各类顾客的购买行为特征。

第三，评价模型，分析聚成 4 类是否恰当。

揭示数据内在结构：特色聚类

本章重点讨论机器学习中应用较为广泛的特色聚类算法，主要包括基于密度的 DBSCAN 算法、Mean-Shift 聚类算法和 BIRCH 算法。这些算法在传统聚类思想的基础上，针对某个方面努力提升算法的聚类效果，优化聚类的计算效率，通过有效途径确定合理的聚类数目等。每个算法都有各自的优势和特色。本章将结合 Python 编程讨论特色聚类的特点，并会基于 Python 给出各种聚类算法的实现及应用实践示例。Mean-Shift 聚类为本章选讲内容。

13.1 基于密度的聚类：DBSCAN

基于密度的聚类，从密度可达性角度设计算法。这类算法视聚类变量空间中样本观测点分布较为密集的区域为一个小类。以距离(一般为欧氏距离)阈值定义密度可达性。得到的聚类解是确定性的，不具有层次关系。基于密度的聚类特别适用于"自然小类"的形状复杂、不规则的情况，这是第 12 章所讨论的聚类算法很难实现的。

DBSCAN(Density Based Spatial Clustering of Applications with Noise，基于密度的噪声应用空间聚类)算法是基于密度的聚类算法中的经典算法，其突出特色在于以下两点。

第一，利用小类的密度可达性(或称连通性)，可发现任意形状的小类。

第二，在聚类的同时可以发现数据中的噪声，即离群点。

可从以下两个方面理解 DBSCAN：第一，密度等相关概念的含义；第二，DBSCAN 的实现步骤。

13.1.1 DBSCAN 中的相关概念

与基于质心和连通性的聚类模型类似，DBSCAN 也将样本观测点视为聚类变量空间中的点。其特色在于，以任意样本观测点 O 的邻域半径范围内的邻居个数作为 O 所在区域的密度测度。其中，有两个重要参数：一是邻域半径 ε；二是邻域半径 ε 范围内包含样本观测点的最少个数，记为 minPts。基于这两个参数，DBSCAN 将样本观测点分成以下 4 类。

1. 核心点 P

若任意样本观测点 O 的邻域半径 ε 范围内的邻居个数不少于 minPts，则称样本观测点 O 为核心点，记作 P。

进一步，若样本观测点 O 的邻域半径 ε 范围内的邻居个数少于 minPts，且位于核心点 P 邻域半径 ε 的边缘线上，则称样本观测点 O 是核心点 P 的边缘点。

例如，在图 13.1 中，假设虚线圆为单位圆。若指定 $\varepsilon=1$、minPts $=6$，则 p_1 和 p_2 均为核心点 P。O_1 是 p_1 的边缘点(O_1 不是核心点)。

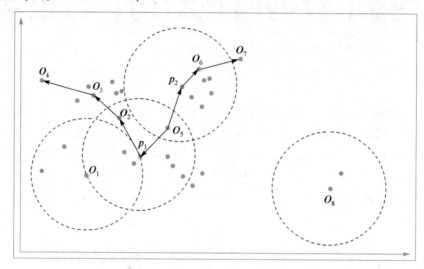

图 13.1 DBSCAN 中的各类点

2. 核心点 P 的直接密度可达点 Q

若任意样本观测点 Q 在核心点 P 的邻域半径 ε 范围内，则称样本观测点 Q 为核心点 P 的直接密度可达点，也称从 P 直接密度可达 Q。

例如，在图 13.1 中，当 $\varepsilon=1$、minPts $=6$ 时，O_5 是核心点 p_1 和 p_2 的直接密度可达点，O_3 既不是 p_1 的直接密度可达点，也不是 p_2 的直接密度可达点。

3. 核心点 P 的密度可达点 Q

若存在一系列样本观测点 $O_1, O_2, \cdots, O_n$，且 $O_{i+1}(i=1,2,\cdots,n-1)$ 是 O_i 的直接密度可达点，$O_1=P$，$O_n=Q$，则称 Q 是 P 的密度可达点，也称从 P 密度可达 Q。

由此可见，直接密度可达的传递性会导致密度可达。但这种关系不具有对称性，即 P 不一定是 Q 的密度可达点，因为 Q 不一定是核心点。

例如，在图 13.1 中，当 $\varepsilon=1$、minPts $=6$ 时，O_4 是 p_1 的密度可达点。原因是 p_1 与 O_4 间的多条连线距离均小于 ε，且路径上的 O_2 和 O_3 间均为核心点。因此，p_1 直接密度可达 O_2，O_2 直接密度可达 O_3，O_3 直接密度可达 O_4，即 p_1 密度可达 O_4。应注意的是，p_1 不是 O_4 的密度可达点，因为 O_4 不是核心点。

进一步，若存在任意样本观测点 O，同时从 O 密度可达 O_1 和 O_2，则称 O_1 和 O_2 是密度相连的，样本观测点 O 是一个"桥梁"点。

例如，在图 13.1 中，当 $\varepsilon=1$、minPts $=6$ 时，O_4 和 O_7 是密度相连的，O_5 就是"桥梁"

点之一。由此可见，尽管聚类变量空间中 O_4 和 O_7 相距较远，但它们之间存在"畅通的连接通道"，在基于密度的聚类中可聚成一个小类。

4．噪声点

除上述类型的点之外的其他样本观测点，均定义为噪声点。

例如，在图 13.1 中，当 $\varepsilon = 1$、minPts $= 6$ 时，O_8 是噪声点。由此可见，DBSCAN 的噪声点是指在邻域半径 ε 范围内没有足够的邻居，并且无法通过其他样本观测点实现直接密度可达或密度可达或密度相连的那些样本观测点。

13.1.2　DBSCAN 过程

设置邻域半径 ε 和邻域半径 ε 范围内包含的最少样本观测点个数 minPts。在参数已设定的条件下，DBSCAN 过程大致包括形成小类和合并小类两个阶段。

1．第一阶段：形成小类

从任意一个样本观测点 O_i 开始，在参数限定的条件下判断 O_i 是否为核心点。

情况一：O_i 是核心点。

若 O_i 是核心点，则首先标记该点为核心点；其次找到 O_i 的所有(如 m 个)直接密度可达点(包括边缘点)，并形成一个以 O_i 为"核心"的小类，记作 C_i。m 个直接密度可达点(尚无小类标签)和样本观测点 O_i 的小类标签均为 C_i。

情况二：O_i 不是核心点。

若 O_i 不是核心点，则 O_i 可能是其他核心点的直接密度可达点或密度可达点或噪声点。若 O_i 是直接密度可达点或密度可达点，则其一定会在后续的处理中被归到某个小类中，带有小类标签 C_j。若 O_i 是噪声点，则其不会被归到任何小类中，始终不带有小类标签。

后续，读取下一个没有小类标签的样本观测点 O_k，判断是否为核心点，并进行与以上相同的处理。该过程不断重复，直到所有样本观测点都被处理过为止。此时，除噪声点之外的其他样本观测点均带有小类标签。

2．第二阶段：合并小类

判断带有核心点标签的所有核心点之间是否存在密度可达和密度相连关系。若存在，则将相应的小类合并为一类，并修改相应样本观测点的小类标签。

综上所述，直接密度可达形成的小类是球形的。依据密度可达和密度相连，若干个球形小类后续会被"连接"在一起，从而形成任意形状的小类。这是 DBSCAN 的重要特征。此外，DBSCAN 能够发现噪声数据，即始终没有小类标签的样本观测点为噪声点。

13.1.3　Python 模拟和启示：认识 DBSCAN 的异形聚类特点

DBSCAN 的最大特点是能够发现任意形状的类。本节将基于一组模拟数据，利用 Python 编程实现 DBSCAN。

应首先导入 Python 的相关包或模块。为避免重复，这里将本章需要导入的包或模块一并列出如下，#后面给出了简短的功能说明。

```
1    #本章需导入：
2    import numpy as np
3    import pandas as pd
4    import matplotlib.pyplot as plt
5    from mpl_toolkits.mplot3d import Axes3D
6    from itertools import cycle
7    import warnings
8    warnings.filterwarnings(action = 'ignore')
9    %matplotlib inline
10   plt.rcParams['font.sans-serif']=['SimHei']   #解决中文显示乱码问题
11   plt.rcParams['axes.unicode_minus']=False
12   from scipy.stats.kde import gaussian_kde,multivariate_normal  #多元高斯分布的相关计算
13   from scipy.stats import norm  #正态分布的相关计算
14   from sklearn.datasets import make_moons  #生成模拟数据集
15   from sklearn import decomposition  #特征提取
16   from sklearn.cluster import DBSCAN,Birch,KMeans,estimate_bandwidth,MeanShift  #各种特色聚类
```

基本思路如下。

(1)读入一组具有异形聚类特点的数据并进行可视化展示。

(2)将邻域半径 ε 和邻域半径 ε 范围内包含的最少样本观测点个数 minPts 两个参数设置为不同的值，进行 DBSCAN。

(3)可视化不同参数下的聚类解的情况，直观对比参数对聚类的影响。

Python 代码(文件名为 chapter13-1.ipynb)如下。为便于阅读，我们将代码运行结果直接放置在相应代码行下方。

行号	代码和说明	
1	X = pd.read_csv('异形聚类数据.txt',header = 0)	#读入 txt 格式的数据文件
2	fig = plt.figure(figsize = (15,10))	#指定图形大小
3	plt.subplot(2,3,1)	#将绘图区域划分为 2 行 3 列 6 个单元，在第 1 个单元中绘图
4	plt.scatter(X['x1'],X['x2'])	#绘制数据的散点图
…	……	#设置图标题等，略去
8	colors = 'bgrcmyk'	#设置各个小类的绘图颜色
9	EPS = [0.2,0.5,0.2,0.5,0.2]	#设置邻域半径 ε 的取值范围
10	MinS = [200,80,100,300,30]	#设置最少样本观测点个数 minPts 的取值范围
11	Gid = 1	#当前画图单元
12	for eps,mins in zip(EPS,MinS):	#利用循环基于参数 ε 和 minPts 的不同取值进行聚类
13	DBS = DBSCAN(min_samples = mins,eps = eps)	#创建 DBSCAN 对象 DBS，两个参数分别为 ε 和 minPts
14	DBS.fit(X)	#对 X 进行聚类
15	labels = np.unique(DBS.labels_)	#得到聚类标签
16	Gid+ = 1	#指定当前画图单元
17	plt.subplot(2,3,Gid)	#将绘图区域划分为 2 行 3 列 6 个单元，在当前单元中绘图
18	for i,k in enumerate(labels):	#绘制各个小类的散点图
19	if k == -1:	#如果是噪声类(小类标签为-1)
20	c = 'darkorange'; m = '*'	#设置噪声类的绘图颜色和符号(深橙色五角星)
21	else:	
22	c = colors[i]; m = 'o'	#指定非噪声类的绘图颜色和符号
23	plt.scatter(X.iloc[DBS.labels_ == k,0],X.iloc[DBS.labels_ == k,1],c = c,s = 30,alpha = 0.8,marker = m)	
		#绘制各个小类的散点图
24	plt.title('DBSCAN 解\n(最少观测点 = %d,邻域半径 = %.2f)\n (%d 个核心点,%d 个噪声点,%d 个其他点)	
	'%(mins,eps,len(DBS.components_),sum(DBS.labels_ == -1),len(X)-len(DBS.components_)-sum(DBS.labels_ == -1)),	
	fontsize = 14)	#设置图标题
…	……	#设置坐标轴标题等，略去

（1）以上省略号部分在之前代码中重复出现过且不影响对原理的理解，故略去以节约篇幅。完整 Python 代码参见本书配套代码。

（2）第 4 行：绘制聚类数据的散点图，如图 13.2 第一行左图所示。

该图形显示，样本观测点在聚类变量 X_1, X_2 构成二维空间中呈不规则的带状分布。从点的连续性看，数据大致可聚成 5 个异形小类。

（3）第 12 行以后，分别基于 5 种不同参数值，即 $\varepsilon = 0.2$、minPts $= 200$，$\varepsilon = 0.5$、minPts $= 80$，$\varepsilon = 0.2$、minPts $= 100$，$\varepsilon = 0.5$、minPts $= 300$，$\varepsilon = 0.2$、minPts $= 30$，进行 DBSCAN。

（4）第 13 至 15 行：利用函数 DBSCAN() 实现指定参数的 DBSCAN，并获得聚类解。

（5）第 24 行：涉及核心点、噪声点和其他点（包括直接密度可达点和密度可达点）个数的计算。其中，.components_ 存储所有核心点的聚类变量值，可通过 len(DBS.components_) 得到核心点的个数；.labels_ 存储聚类解，-1 表示噪声类（或点），可通过 sum(DBS.labels_ ==-1) 计算噪声点的个数。

所绘制的图形如图 13.2 所示。

图 13.2　样本观测点的分布及不同参数下的 DBSCAN 解

图 13.2 大致显示了三种情况下的聚类效果：邻域半径 ε 较小，且邻域半径范围内的最少样本观测点个数 minPts 较多的情况（条件严苛）；邻域半径 ε 较大，且邻域半径范围内的最少样本观测点个数 minPts 较少（条件宽松）；适中参数设置的情况。

彩图 13.2

（1）邻域半径 ε 较小，且邻域半径范围内的最少样本观测点个数 minPts 较多的情况。

这里令 $\varepsilon=0.2$、$\mathrm{minPts}=200$。这种参数设置是较为严苛的，因为其确定核心点的条件要求较高。只有那些在很小邻域半径范围内有很多点的样本观测点 $\boldsymbol{O}_i$，才可能成为核心点 $\boldsymbol{P}$。若没有任何一个样本观测点满足核心点的要求，则无法聚类并给出小类标签(或者说每个样本观测点自成一个小类)。此时所有点均为噪声点，如图 13.2 第一行中图所示。这里黄色五角星代表噪声点。

(2)邻域半径 ε 较大，且邻域半径范围内的最少样本观测点个数 minPts 较少的情况。

这里令 $\varepsilon=0.5$、$\mathrm{minPts}=80$。这种参数设置是较为宽松的，因为其确定核心点的条件要求较低。通常可能有很多的样本观测点都能够满足在较大邻域半径范围内有较少点的要求，因此会有很多的核心点 $\boldsymbol{P}$。同时，正是因为条件要求较低，很多核心点之间存在直接密度可达或密度可达的关系，在聚类的第二阶段，可能所有小类合并成一个大类，如图 13.2 第一行右图所示。除了左上角存在一个黄色五角星的噪声点之外，其他点都有相同的颜色，即均属于同一类。

(3)适中参数设置的情况。

对上述第一种参数设置进行适当调整。一方面，保持邻域半径不变但降低对最低样本量的要求，如令 $\varepsilon=0.2$、$\mathrm{minPts}=100$，聚类解如图 13.2 第二行左图所示。此时数据聚为 2 个小类，但仍存在大量噪声点。对此，可进一步扩大邻域半径，同时适当提高对最低样本量的要求，以避免条件过于宽松，如令 $\varepsilon=0.5$、$\mathrm{minPts}=300$，聚类解如图 13.2 第二行中图所示。数据被聚成了 4 个小类，且每个小类均大致呈圆形。

为获得更好的聚类效果，令 $\varepsilon=0.2$、$\mathrm{minPts}=30$，聚类解如图 13.2 右图所示。数据被聚成 5 个小类，小类呈带状或倒 T 字形或圆形，形状不规则。此外，仍存在黄色五角星所示的噪声点。

综上，DBSCAN 可以实现异形聚类，且具有较高的参数敏感性，这与其算法设计思路密切相关。此外，DBSCAN 通常适用于有 12.1.3 节提及的外部度量指标的情况，旨在借助外部度量指标确定合理的参数，从而可进一步将聚类模型应用于对新数据集的小类预测。当存在不规则形状的小类时，基于 DBSCAN 的预测比直接建立基于聚类变量和外部度量指标的分类模型有更好的小类预测效果。

13.2　Mean-Shift 聚类[*]

Mean-Shift 聚类[①]是 Dorin Comaniciu 和 Peter Meer 于 2002 年提出的一种基于密度的聚类算法。Mean-Shift 聚类与 DBSCAN 的相同点在于，对小类的定义相同，即一个小类对应着样本观测点分布的一个高密度区域；不同点在于，Mean-Shift 聚类基于统计分布定义密度，即若 p 维聚类变量空间中的区域 $\boldsymbol{S}_k\subset\mathbb{R}^p$($k=1,2,\cdots,K$)对应一个小类(为一个高密度区域)，则意味着 $\boldsymbol{S}_k$ 区域中的样本观测点 $\boldsymbol{X}_i\in\boldsymbol{S}_k$($i=1,2,\cdots,N_k$)，在以区域中心点 $\boldsymbol{C}^{S_k}=(C_1^{S_k},C_2^{S_k},\cdots,C_p^{S_k})$ 为均值向量、指定广义方差的多元径向基核密度估计中，均有较大的核密度估计值。此外，Mean-Shift 聚类的另一个重要特色是无须事先确定聚类数目 K。Mean-Shift 聚类涉及很多内容，以下将从如下三个方面进行讨论。

① Comaniciu D，Meer P. Mean Shift: A robust approach toward feature space analysis. IEEE Transactions on Pattern Analysis and Machine Intelligence，2002，24(5): 603-619.

第一，什么是核密度估计。

第二，核密度估计在 Mean-Shift 聚类中的意义。

第三，Mean-Shift 聚类过程。

13.2.1　什么是核密度估计

核密度估计（Kernel Density Estimation）是一种仅从样本数据自身出发，估计其密度函数以准确刻画其统计分布特征的非参数统计方法。这里以单个变量的核密度估计为例进行讨论。

核密度估计的基本设计思想与绘制关于单个变量 X 的概率密度分布图有内在联系。图 13.3 所示为带核密度估计曲线的直方图，该直方图很好地展示了 X 的分布特征（有兴趣的读者可自行阅读本书配套代码 chapter13-2.ipynb）。

图 13.3　带核密度估计曲线的直方图

图 13.3 中的多个灰色矩形条（俗称"直方桶"）构成变量 X 的直方图。第 k 个"直方桶"记为 S_k，其中心点记为 C^{s_k}，且每个 S_k 的宽度相等（均等于 h）。横坐标为变量 X 的取值，纵坐标为概率密度。中心点 C^{s_k} 的概率密度定义为 $f(C^{s_k}) = \dfrac{N_k / N}{h}$，其中 N_k 为落入 S_k 的样本量，即频数，N 为总样本量，N_k / N 为频率。当 S_k 的宽度 h 相等时，各"直方桶"的概率密度之比 $\dfrac{N_k / N}{h}$ 等于频率之比 N_k / N，这也是直方图的纵坐标通常为频率的原因。上述计算过程可规范表述如下。

首先，定义一个非负的距离函数：

$$K\left(\left\|C^{s_k} - X_i\right\|\right) = \begin{cases} 1, & \left\|C^{s_k} - X_i\right\| \leqslant \dfrac{h}{2}, \ i = 1, 2, \cdots, N \\ 0, & \left\|C^{s_k} - X_i\right\| > \dfrac{h}{2}, \ i = 1, 2, \cdots, N \end{cases} \tag{13.1}$$

式中，$\left\|C^{s_k} - X_i\right\|$ 记为 d_{X_i}，为样本观测点 X_i 与 C^{s_k} 的距离，在式（13.1）中，若样本观测点 X_i 落入 S_k，即在 C^{s_k} 的附近，则距离函数等于 1；若 X_i 远离 C^{s_k}，则距离函数等于 0。这里，

距离函数 $K\left(\left\|\boldsymbol{C}^{s_k}-\boldsymbol{X}_i\right\|\right)$ 被称为核函数，h 被称为核宽。

其次，基于样本量为 N 的数据集，计算落入 $\boldsymbol{S}_k$ 的样本频率：$\dfrac{N_k}{N}=\dfrac{1}{N}\sum\limits_{i=1}^{N}K\left(\left\|\boldsymbol{C}^{s_k}-\boldsymbol{X}_i\right\|\right)$。最后，计算 $\boldsymbol{C}^{s_k}$ 处的概率密度：

$$\hat{f}_{h,K}(\boldsymbol{C}^{s_k})=\frac{N_k/N}{h}=\frac{1}{hN}\sum_{i=1}^{N}K\left(\left\|\boldsymbol{C}^{s_k}-\boldsymbol{X}_i\right\|\right)=\frac{1}{N}\sum_{i=1}^{N}K\left(\left\|\frac{\boldsymbol{C}^{s_k}-\boldsymbol{X}_i}{h}\right\|\right) \tag{13.2}$$

这就是点 $\boldsymbol{C}^{s_k}$ 处的核密度估计值。将所有 $\boldsymbol{C}^{s_k}$（$k=1,2,\cdots,K$）的核密度估计值连线并进行平滑处理，便可得到如图 13.3 中红色虚线所示的核密度估计曲线。

式 (13.2) 中核函数 $K\left(\left\|\dfrac{\boldsymbol{C}^{s_k}-\boldsymbol{X}_i}{h}\right\|\right)$ 等同于式 (13.1) 的定义，被称为均匀核函数。其特点是无论 $\boldsymbol{X}_i$ 与 $\boldsymbol{C}^{s_k}$ 的距离具体值是大还是小，只要满足 $d_{\boldsymbol{X}_i}=\left\|\boldsymbol{C}^{s_k}-\boldsymbol{X}_i\right\|\leqslant\dfrac{h}{2}$，核函数就等于 1，即以核函数值等于 1 的权重落入 $\boldsymbol{S}_k$。同样，只要满足 $d_{\boldsymbol{X}_i}=\left\|\boldsymbol{C}^{s_k}-\boldsymbol{X}_i\right\|>\dfrac{h}{2}$，核函数就等于 0，即以核函数值等于 0 的权重落入 $\boldsymbol{S}_k$。由此可见，均匀核函数忽略了 $d_{\boldsymbol{X}_i}$ 值大小的信息。

为充分利用 $d_{\boldsymbol{X}_i}$ 的计算结果更细致地描述样本观测点以怎样的权重落入 $\boldsymbol{S}_k$，通常可选择径向基核函数：

$$K\left(\left\|\boldsymbol{C}^{s_k}-\boldsymbol{X}_i\right\|\right)=\frac{1}{\sqrt{2\pi}h}\exp\left(-\frac{\|\boldsymbol{C}^{s_k}-\boldsymbol{X}_i\|^2}{2h^2}\right) \tag{13.3}$$

式中，h 为核宽。径向基核函数是 $d_{\boldsymbol{X}_i}^2$ 的非线性函数。$d_{\boldsymbol{X}_i}^2$ 越小，$K\left(\left\|\boldsymbol{C}^{s_k}-\boldsymbol{X}_i\right\|\right)$ 越大，权重越大；$d_{\boldsymbol{X}_i}^2$ 越大，$K\left(\left\|\boldsymbol{C}^{s_k}-\boldsymbol{X}_i\right\|\right)$ 越小，权重越小。于是，$\boldsymbol{C}^{s_k}$ 的核密度估计可表述为

$$\hat{f}_{h,K}(\boldsymbol{C}^{s_k})=\frac{c}{Nh}\sum_{i=1}^{N}K\left\|\frac{\boldsymbol{C}^{s_k}-\boldsymbol{X}_i}{h}\right\|^2 \tag{13.4}$$

式中，$K\left\|\dfrac{\boldsymbol{C}^{s_k}-\boldsymbol{X}_i}{h}\right\|^2=\exp\left(-\dfrac{1}{2}\left\|\dfrac{\boldsymbol{C}^{s_k}-\boldsymbol{X}_i}{h}\right\|^2\right)$；$c$ 为式 (13.3) 中的常数项。

总之，核密度估计曲线完全是"多点平滑"的结果，仅基于数据本身，并不对数据的理论分布做任何假定。此外，均匀核函数中的核宽 h 会影响核密度估计曲线的光滑程度，h 越小曲线越平滑，h 越大曲线越不平滑。径向基核函数中的核宽 h 同样会影响核函数值。较大 h，即分布的标准差较大情况下，其分布曲线呈"平峰"分布；较小 h 情况下，分布曲线呈"尖峰"分布。在给定 $d_{\boldsymbol{X}_i}^2$ 条件下减小 Δd^2 时，前者的核函数值变化小于后者。可采用不同的方法确定核宽 h。

有很多将单变量的核密度估计推广到多变量下的方法。这里仅给出 Mean-Shift 聚类中聚类变量空间 $\boldsymbol{S}_k\subset\mathbb{R}^p$ 的中心点 $\boldsymbol{C}^{s_k}$ 的核密度估计：

$$\hat{f}_{h,K}(\boldsymbol{C}^{s_k}) = \frac{c_k}{Nh^p} \sum_{i=1}^{N} K \left\| \frac{\boldsymbol{C}^{s_k} - \boldsymbol{X}_i}{h} \right\|^2 \tag{13.5}$$

式中，c_k 为常数项。

13.2.2　核密度估计在 Mean-Shift 聚类中的意义

利用核密度估计可以很方便地找到聚类变量空间中的高密度区域。式 (13.5) 中的 $\hat{f}_{h,K}(\boldsymbol{C}^{s_k})$ 越大，表明以 $\boldsymbol{C}^{s_k}$ 为中心点的 $\boldsymbol{S}_k$ 空间内聚集的样本观测点越多。显然，$\boldsymbol{C}^{s_k}$ 在 $\hat{f}_{h,K}(\boldsymbol{C}^{s_k})$ 上的导数等于 0，即 $\nabla \hat{f}_{h,K}(\boldsymbol{C}^{s_k}) = 0$ 处取最大值。

核密度估计在 Mean-Shift 聚类中的意义在于，Mean-Shift 聚类通过 $\nabla \hat{f}_{h,K}(\boldsymbol{C}^{s_k}) = 0$ 找到高密度区域的中心点 $\boldsymbol{C}^{s_k}$，即小类 $\boldsymbol{S}_k$ 的中心点 $\boldsymbol{C}^{S_k}$。

在 Mean-Shift 聚类初始阶段，任意样本观测点 $\boldsymbol{X}_i$ 都可作为初始的 $\boldsymbol{C}^{s_k}(t=0)$。为快速找到合理的 $\boldsymbol{C}^{S_k}$，需要计算核密度的梯估计 (Density Gradient Estimation)。对式 (13.5) 求导，得

$$\hat{\nabla} f_{h,K}(\boldsymbol{C}^{s_k}) = \nabla \hat{f}_{h,K}(\boldsymbol{C}^{s_k}) = \frac{2c_k}{Nh^{p+2}} \sum_{i=1}^{N} (\boldsymbol{C}^{s_k} - \boldsymbol{X}_i) K' \left\| \frac{\boldsymbol{C}^{s_k} - \boldsymbol{X}_i}{h} \right\|^2 \tag{13.6}$$

式中，$\boldsymbol{C}^{s_k}$ 为当前小类中心点 $\boldsymbol{C}^{s_k}(t)$。为便于后续讨论，设

$$g(\boldsymbol{X}) = -K'(\boldsymbol{X}) \tag{13.7}$$

并定义核函数 $G(\boldsymbol{X}) = c_g g\left(\|\boldsymbol{X}\|^2\right)$，其中 c_g 为常数项。将式 (13.7) 代入式 (13.6)，有

$$
\begin{aligned}
\hat{\nabla} f_{h,K}(\boldsymbol{C}^{s_k}) &= \frac{2c_k}{Nh^{p+2}} \sum_{i=1}^{N} (\boldsymbol{X}_i - \boldsymbol{C}^{s_k}) g\left(\left\| \frac{\boldsymbol{C}^{s_k} - \boldsymbol{X}_i}{h} \right\|^2\right) \\
&= \frac{2c_k}{Nh^{p+2}} \left[\sum_{i=1}^{N} g\left(\left\| \frac{\boldsymbol{C}^{s_k} - \boldsymbol{X}_i}{h} \right\|^2\right) \right] \left[\frac{\sum_{i=1}^{N} \boldsymbol{X}_i g\left(\left\| \frac{\boldsymbol{C}^{s_k} - \boldsymbol{X}_i}{h} \right\|^2\right)}{\sum_{i=1}^{N} g\left(\left\| \frac{\boldsymbol{C}^{s_k} - \boldsymbol{X}_i}{h} \right\|^2\right)} - \boldsymbol{C}^{s_k} \right]
\end{aligned}
\tag{13.8}
$$

式 (13.8) 中第一项，即

$$\hat{f}_{h,G}(\boldsymbol{C}^{s_k}) = \frac{c_g}{Nh^p} \left[\sum_{i=1}^{N} g\left(\left\| \frac{\boldsymbol{C}^{s_k} - \boldsymbol{X}_i}{h} \right\|^2\right) \right] \tag{13.9}$$

与采用 $G(\cdot)$ 核函数时 $\boldsymbol{C}^{s_k}$ 的核密度估计成正比；第二项，即

$$\boldsymbol{m}_{h,G}(\boldsymbol{C}^{s_k}) = \frac{\sum_{i=1}^{N} \boldsymbol{X}_i g\left(\left\| \frac{\boldsymbol{C}^{s_k} - \boldsymbol{X}_i}{h} \right\|^2\right)}{\sum_{i=1}^{N} g\left(\left\| \frac{\boldsymbol{C}^{s_k} - \boldsymbol{X}_i}{h} \right\|^2\right)} - \boldsymbol{C}^{s_k} \tag{13.10}$$

被称为均值偏移(Mean-Shift)，Mean-Shift 聚类也因此而得名。$\boldsymbol{m}_{h,G}(\boldsymbol{C}^{s_k})$ 是一个 p 维向量，

也被称为均值偏移向量，给出了每个维度上的偏移量。从这个角度看，$\dfrac{\sum\limits_{i=1}^{N} \boldsymbol{X}_i g\left(\left\|\dfrac{\boldsymbol{C}^{s_k}-\boldsymbol{X}_i}{h}\right\|^2\right)}{\sum\limits_{i=1}^{N} g\left(\left\|\dfrac{\boldsymbol{C}^{s_k}-\boldsymbol{X}_i}{h}\right\|^2\right)}$

就是 p 维聚类空间中的一个点，将成为 $t+1$ 时刻的小类中心点 $\boldsymbol{C}^{s_k}(t+1)$。

$t+1$ 时刻的小类中心点 $\boldsymbol{C}^{s_k}(t+1)$ 的位置坐标由 N 个样本观测点 $\boldsymbol{X}_i$（$i=1,2,\cdots,N$）的加

权平均值决定。事实上，可将 $\dfrac{g\left(\left\|\dfrac{\boldsymbol{C}^{s_k}-\boldsymbol{X}_i}{h}\right\|^2\right)}{\sum\limits_{i=1}^{N} g\left(\left\|\dfrac{\boldsymbol{C}^{s_k}-\boldsymbol{X}_i}{h}\right\|^2\right)}$ 视为样本观测点 $\boldsymbol{X}_i$ 的权重。距当前小类中

点 $\boldsymbol{C}^{s_k}(t)$ 越近的样本观测点，其核密度值 $g\left(\left\|\dfrac{\boldsymbol{C}^{s_k}-\boldsymbol{X}_i}{h}\right\|^2\right)$ 越大，权重越大。因此，小类中心

点 $\boldsymbol{C}^{s_k}(t+1)$ 是所有 $\boldsymbol{X}_i$（$i=1,2,\cdots,N$）的加权平均值对应的点。于是有

$$\hat{\nabla} f_{h,K}(\boldsymbol{C}^{s_k}) = \hat{f}_{h,G}(\boldsymbol{C}^{s_k}) \frac{2c_k}{c_g h^2} \boldsymbol{m}_{h,G}(\boldsymbol{C}^{s_k}) \tag{13.11}$$

以及

$$\boldsymbol{m}_{h,G}(\boldsymbol{C}^{s_k}) = \frac{1}{2} h^2 c \frac{\hat{\nabla} f_{h,K}(\boldsymbol{C}^{s_k})}{\hat{f}_{h,G}(\boldsymbol{C}^{s_k})} \tag{13.12}$$

式中，$c = \dfrac{c_g}{c_k}$。因此，均值偏移向量取决于当前小类中心点 $\boldsymbol{C}^{s_k}(t)$ 的核密度的梯估计(以 $K(\cdot)$ 为核函数)与核密度估计(以 $G(\cdot)$ 为核函数)之比，且总是向着当前密度增加最大的方向偏移。

当 $\boldsymbol{m}_{h,G}(\boldsymbol{C}^{s_k}) \approx \boldsymbol{0}$，即近似零梯度时，有 $\boldsymbol{m}_{h,G}(\boldsymbol{C}^{s_k}) = \boldsymbol{C}^{s_k}(t+1) - \boldsymbol{C}^{s_k}(t) = \boldsymbol{C}^{s_k}(t) - \boldsymbol{C}^{s_k}(t) = \boldsymbol{0}$[①]，表示找到了高密度区域的一个基本稳定的中心点 $\boldsymbol{C}^{s_k}(t)$。

13.2.3 Mean-Shift 聚类过程

Mean-Shift 聚类采用不断迭代的方式确定 K 个小类的中心点 $\boldsymbol{C}^{s_k}$。首先指定核宽 h，其次进行 N 次迭代。第 i 次迭代如下。

第一步，令样本观测点 $\boldsymbol{X}_i$ 作为小类初始中心点，即 $\boldsymbol{C}^{s_k}(0) = \boldsymbol{X}_i$，并进行如下迭代。对第 t 次迭代，首先，计算 $\boldsymbol{m}_{h,G}(\boldsymbol{C}^{s_k}) = \dfrac{1}{2} h^2 c \dfrac{\hat{\nabla} f_{h,K}(\boldsymbol{C}^{s_k}(t))}{\hat{f}_{h,G}(\boldsymbol{C}^{s_k}(t))}$。

---

① p 维零向量 $(0,0,\cdots,0)^{\mathrm{T}}$。

其次，若 $m_{h,G}(C^{s_k}) > \varepsilon$，$C^{s_k}(t+1) = \dfrac{\sum\limits_{i=1}^{N} X_i g\left(\left\|\dfrac{C^{s_k}(t) - X_i}{h}\right\|^2\right)}{\sum\limits_{i=1}^{N} g\left(\left\|\dfrac{C^{s_k}(t) - X_i}{h}\right\|^2\right)}$，将小类中心点移至 $C^{s_k}(t+1)$ 处。

重复这两步，直到 $m_{h,G}(C^{s_k}) \leqslant \varepsilon$ 迭代结束，确定了一个高密度区域的稳定的小类中心点 T。

第二步，判断本次小类中心点 T 是否与已有小类中心点 $C^{s_k}(j)$ 重合。若不重合，则得到一个新的小类中心点 $C^{s_k}(k) = T$。

经过上述 N 次迭代，将找到 K 个不重合的小类中心点 $C^{s_k}(k)$，$k = 1, 2, \cdots, K$。

可通过减少迭代次数的方式提高算法效率。例如，将样本数据分为 $M < N$ 个组后再迭代(小类初始中心点为组的中心点)，此时只需迭代 M 次。

当 K 个小类的中心点 C^{s_k} 确定后，样本观测点 X_i 所属的小类应为 $C_i = \arg\max\limits_{k}\left(\left\|X_i - C^{s_k}\right\|\right)$，即属于距 X_i 最近的小类中心点所在的小类。

需要说明的是，Mean-Shift 聚类无须事先确定聚类数目 K，但 K 与核宽 h 有关。通常核宽 h 越小，聚类数目 K 越大。

13.2.4 Python 模拟与启示：认识 Mean-Shift 聚类中的核宽

本节将基于模拟数据，通过 Python 编程实现 Mean-Shift 聚类，一方面展示 Mean-Shift 聚类的 Python 实现方法，另一方面讨论核宽对聚类解的影响，基本思路如下。

(1) 随机生成模拟数据，并进行可视化展示，直观展示数据中的小类。

(2) 基于不同的核宽参数，对数据进行 Mean-Shift 聚类。

(3) 可视化不同核宽下的聚类解，直观对比核宽对聚类解的影响。

Python 代码(文件名为 chapter13-3.ipynb)如下。

行号	代码和说明	
1	X, y = make_moons(300, noise = 0.05, random_state = 0)	
		#生成包含两个聚类变量、分布形如两个月牙、分别对应两个小类(小类标签为 y)的数据集
2	plt.scatter(X[:, 0], X[:, 1], c = y)	#用不同颜色绘制两个小类的散点图
3	fig = plt.figure(figsize = (18,10))	#指定图形大小
4	bandwidths = np.linspace(0.2,1.2,6)	#设置核宽的取值范围：从 0.2 至 1.2 均匀取 6 个值
5	colors = cycle('bgrcmyk')	#指定各个小类的绘图颜色
6	i = 0	#用于辅助绘图过程
7	for bandwidth in bandwidths:	#利用循环实现不同核宽下的 Mean-Shift 聚类
8	MS = MeanShift(bandwidth = bandwidth)	#创建 Mean-Shift 对象 MS，设参数 bandwidth 为指定的核宽
9	MS.fit(X)	#对 X 进行聚类
10	cluster_centers = MS.cluster_centers_	#得到各个小类的中心点
11	labels = np.unique(MS.labels_)	#得到小类标签
12	n_clusters_ = len(labels)	#得到小类数目
13	i+ = 1	#当前绘图单元

14	plt.subplot(2,3,i)	#将绘图区域划分为 2 行 3 列 6 个单元并在当前单元中绘图
15	for k, col in zip(range(n_clusters_), colors):	#分别绘制各个小类的散点图
16	Cluster_center = cluster_centers[k]	#得到第 k 个小类的中心点
17	plt.plot(X[MS.labels_ == k, 0], X[MS.labels_ == k, 1], col + '.')	#以不同颜色绘图
18	plt.plot(cluster_center[0], cluster_center[1], 'o', markerfacecolor = col,markeredgecolor = 'k', markersize = 14)	
	#在图中添加小类中心点	
19	plt.title('估计的聚类数目：%d\n(核宽:%.2f)' % (n_clusters_,bandwidth),fontsize = 14)	
	#设置图标题，显示小类数目及相应的核宽	

代码说明

（1）第 1、2 行：生成包含两个聚类变量（ X_1, X_2 ）、样本量 $N = 300$ 、分布大致呈月牙形的模拟数据。绘制模拟数据的散点图，如图 13.4 所示。

图 13.4 显示，数据集包含 2 个小类，相同颜色的点属于同一小类。

（4）第 7 行开始，利用可 for 循环在不同核宽 h 下进行 Mean-Shift 聚类，并视化聚类结果。

可利用 MeanShift()函数实现 Mean-Shift 聚类，并得到聚类解。.cluster_centers_和.labels_中存储着各个小类的中心点位置及每个样本观测点的聚类解。所绘制的图形如图 13.5 所示。

图 13.4 模拟数据的分布形态

彩图 13.5

图 13.5 不同核宽下的 Mean-Shift 聚类解

图 13.5 中的大圆圈为各个小类的中心点。图形显示，当核宽 h 较小时，聚类数目 K 较大。聚类数目 K 随核宽 h 增大而减小。在图 13.5 第一行左图中，核宽 $h = 0.2$ ，聚成 17 类。在图 13.5 第二行右图中，核宽 $h = 1.2$ ，聚成 1 类。由此可见，尽管 Mean-Shift 聚类算法无

须事先确定聚类数目 K，但核宽 h 的设置是比较重要的。确定核宽 h 有许多策略。从聚类角度看，可依据 12.1.3 节讨论的聚类解的评价指标找到 CH 指数或轮廓值最大时的核宽 h，这里不再展开讨论。

13.3　BIRCH

BIRCH（Balanced Iterative Reducing and Clustering using Hierarchies，基于层次结构的平衡迭代聚类）[1]是一种适用于超大数据集的在线动态聚类算法。

13.3.1　BIRCH 的特点

借鉴 K-均值聚类和系统聚类中距离的度量，BIRCH 仍采用欧氏距离、组间平均链锁法及类内方差 ward 法等，度量样本观测之间、样本观测与小类之间的距离，并依距离最近原则将样本观测点指派到相应的小类中。BIRCH 算法的特色在于以下两点。

第一，有效解决了计算资源，尤其是内存空间有限条件下的高维大数据集的聚类问题。

当样本量非常大时，系统聚类过程中要计算的距离矩阵会极为庞大，很可能超出内存容量。因此，尽管聚类算法本身有充分的合理性，但却很可能因计算资源的限制而无法付诸实践。

第二，能够实现在线数据的动态聚类。

系统聚类方法要求数据事先存在于数据集中。对于大量的在线数据来讲，它们是随时间推移而不断动态生成并加入数据集的，不可能事先静置在数据集中。因此，系统聚类不可能实现对在线动态数据的聚类。BIRCH 算法每次只随机读入一个样本观测数据，并根据距离判断该样本观测应自成一类，还是应合并到已有的某个小类中。这个过程将反复进行，直到读入所有的数据，每个样本观测都有其所属的小类为止。在样本观测的小类指派过程中无须扫描所有样本观测数据，即不要求所有数据已事先存在。这不但提高了算法效率，还有效解决了动态聚类问题。这样的聚类算法也被称为增量聚类（Incremental Clustering）算法。

13.3.2　BIRCH 算法中的聚类特征树

BIRCH 算法解决大数据集聚类问题的主要策略是引入了基于聚类特征（Clustering Feature，CF）的聚类特征树（CF 树）。

1. 聚类特征树

聚类特征树是关于聚类特征的一棵倒置的树，用于直观展示聚类过程和聚类解，如图 13.6 所示。下面对聚类特征树结构简要进行说明。

首先，尽管从外观上看图 13.6 所示的树形结构与图 12.8 所示的系统聚类的树形结构类似，但图 13.6 中每个叶节点（A1,A2,B1,B2,C1,C2）均代表一个子类，而非系统聚类树中的一个样本观测。在图 13.6 中，数据集被聚成 6 个小类。

---

① 1996 年 Zhang、Ramakrishnan 和 Livny 在论文 "BIRCH: An Efficient Data Clustering Method for Very LargeDatabase" 中提出的聚类算法。

图 13.6　聚类特征树示意图(一)

其次，具有同一个父节点的若干小类可合并成一个中类，以树的中间节点(A,B,C)表示。A1,A2 为兄弟节点，有共同的父节点 A，是 A 的子类；B1,B2 为兄弟节点，有共同的父节点 B，是 B 的子类；等等。若干中类还可继续合并成更大的中类(这里略去了)，直到根节点所有数据形成一个大类。

最后，聚类特征树的本质是以树形式实现对数据集的高度压缩表示，体现为每个节点中存储的并不是属于该小类(或中类或大类)的样本观测的全部信息，而是相应小类的聚类特征。

2. 聚类特征

第 k 个小类(树节点)的聚类特征一般由 3 组数值组成：第一，节点 k 的样本量 N_k；第二，p 维数值向量，存储着节点 k 的 p 个聚类变量的线性和；第三，p 维数值向量，存储着节点 k 的 p 个聚类变量的平方和。聚类特征表示为

$$\mathrm{CF}_k = \left(N_k, \left(\sum_{i=1}^{N_k} X_{i1}, \sum_{i=1}^{N_k} X_{i2}, \cdots, \sum_{i=1}^{N_k} X_{ip} \right), \left(\sum_{i=1}^{N_k} X_{i1}^2, \sum_{i=1}^{N_k} X_{i2}^2, \cdots, \sum_{i=1}^{N_k} X_{ip}^2 \right) \right) \tag{13.13}$$

$$= (N_k, \mathrm{LS}_k, \mathrm{SS}_k)$$

例如，在图 13.6 中，叶节点 A1 中包含 5 个样本观测 $\{(X_1=3, X_2=4), (X_1=2, X_2=6), (X_1=4, X_2=5), (X_1=4, X_2=7), (X_1=3, X_2=8)\}$，聚类变量 X_1 的线性和为 16，X_2 的线性和为 30。聚类变量 X_1 的平方和为 54，X_2 的平方和为 190。因此，$\mathrm{CF}_k = (5, (16,30), (54,190))$。

进一步，对多个不相交的小类 k 和小类 j，聚类特征具有可加性，即

$$\mathrm{CF}_k + \mathrm{CF}_j = \left(N_k + N_j, \left(\sum_{i=1}^{N_k} X_{i1} + \sum_{i=1}^{N_j} X_{i1}, \sum_{i=1}^{N_k} X_{i2} + \sum_{i=1}^{N_j} X_{i2}, \cdots, \sum_{i=1}^{N_k} X_{ip} + \sum_{i=1}^{N_j} X_{ip} \right), \right.$$

$$\left(\sum_{i=1}^{N_k}X_{i1}^2+\sum_{i=1}^{N_j}X_{i1}^2,\sum_{i=1}^{N_k}X_{i2}^2+\sum_{i=1}^{N_j}X_{i2}^2,\cdots,\sum_{i=1}^{N_k}X_{ip}^2+\sum_{i=1}^{N_j}X_{ip}^2\right)\right)=(N_k+N_j,\mathrm{LS}_k+\mathrm{LS}_j,\mathrm{SS}_k+\mathrm{SS}_j) \quad (13.14)$$

这种可加性意味着可基于子节点 k,j 的聚类特征直接计算得到其父节点的聚类特征。

引入聚类特征的原因：一方面，只需根据聚类特征，便可方便地得到诸如小类质心、小类内样本观测点的离散程度等信息。例如，第 k 个小类的质心为 $\left(\dfrac{\sum_{i=1}^{N_k}X_{i1}}{N_k},\dfrac{\sum_{i=1}^{N_k}X_{i2}}{N_k},\cdots,\dfrac{\sum_{i=1}^{N_k}X_{ip}}{N_k}\right)$。

第 k 个 小类在各维度上的方差为 $\left(\dfrac{\sum_{i=1}^{N_k}X_{i1}^2}{N_k}-\left(\dfrac{\sum_{i=1}^{N_k}X_{i1}}{N_k}\right)^2\right),\left(\dfrac{\sum_{i=1}^{N_k}X_{i2}^2}{N_k}-\left(\dfrac{\sum_{i=1}^{N_k}X_{i2}}{N_k}\right)^2\right),\cdots,$

$\left(\dfrac{\sum_{i=1}^{N_k}X_{ip}^2}{N_k}-\left(\dfrac{\sum_{i=1}^{N_k}X_{ip}}{N_k}\right)^2\right)$。另一方面，只需依据聚类特征，便可方便地计算出样本观测点 $\boldsymbol{X}_i$ 与小类(如 A,A1)间的距离(或类内离差平方)并快速完成小类的指派。

BIRCH 算法中基于聚类特征的聚类特征树是实现大数据集在线动态聚类的基础。

3. 决定聚类特征树规模的参数

聚类特征树的规模，即树的层数和叶节点的个数等，取决于两个参数：分支因子 B 和阈值 T。这两个参数是后续进行 BIRCH 的两个非常关键的参数，可根据图 13.7 直观理解。

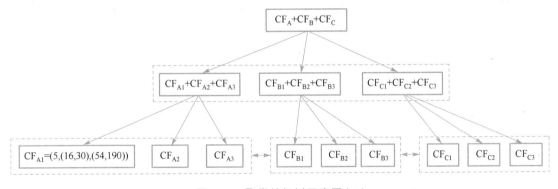

图 13.7　聚类特征树示意图(二)

图 13.7 是对图 13.6 的细化。其中，每个节点中均存储着相应小类的聚类特征。例如，图 13.7 中第三层左侧叶节点存储 $\mathrm{CF}_{A1}=(5,(16,30),(54,190))$，第二层左侧中间节点存储其子节点的聚类特征 $\mathrm{CF}_{A1}+\mathrm{CF}_{A2}+\mathrm{CF}_{A3}$，等等。

进一步，图 13.7 中的实线框代表节点(包括中间节点和叶节点)，对应一个小类的聚类特征。虚线框表示节点空间，节点空间中仅能容纳指定个数的节点。若将单个虚线框比作计算机中的一个数组，则实线框对应数组中的一个数组单元。通常数组大小(数组单元个数)是需要预先定义的，数组单元个数不能大于预设值。此外，额外需要内存单元(这里为指针单元)存储各类间的从属关系，如图 13.7 中树的上下层关系、叶节点的左右邻居关系等。

因每个节点和指针均对应一个数据存储单元，所以从计算机内存角度看，聚类特征树的规模，即树的层数、中间节点的个数、叶节点的个数及表示类间从属关系的指针个数等，均与设定的可用内存容量 P 有直接关系。具体来讲，将涉及以下两个重要参数。

(1) 非叶节点的子类个数。

每个非叶节点包含的子类个数不应大于指定的参数：分枝因子(Branching Factor) B（可对应到前述的数组单元个数上）。

首先，根节点包含的子类个数不应大于 B，如图 13.7 中第二层中间节点空间包含的实线框个数不大于 B（这里 $B=3$）；其次，每个中间节点包含的子类个数均不大于 B，如图 13.7 中第三层每个节点空间中包含的实线框个数均不大于 B（这里 $B=3$）。BIRCH 算法规定，若某个非叶节点的子类成员个数大于 B，则需要将其"一分为二"以减少子类个数（详见后文）。

总之，在 BIRCH 算法中称 B 为分支因子。显然，较大的分支因子 B 意味着允许存在较多的小类；较小的分支因子 B 意味着不能将数据聚成较多的小类，此时聚类特征树的层数较多。分支因子 B 的大小取决于内存容量的限制。

(2) 叶节点允许的最大"半径"。

通常将叶节点中两两样本观测点间距离的平均值定义为叶节点的"半径"，它是判断样本观测点 X_i 能否并入叶节点（小类）的依据：X_i 并入后叶节点的"半径"不应大于一个指定的阈值 T。原因是，若此时叶节点的"半径"大于阈值 T，则意味着样本观测点的并入将导致叶节点（小类）内的差异性过大，并入是不恰当的。显然，指定的阈值 T 越小，小类内的差异性越小，聚类数目 K 会越大；指定的阈值 T 越大，小类内的差异性越大，聚类数目 K 会越小。应在聚类数目 K 和小类内的差异性之间取得平衡。

综上，聚类特征树的各个节点并不直接存储数据本身，仅存储聚类特征，因而对存储空间的要求远远小于存储原始数据集的情况。聚类特征实现了对数据的高度压缩存储，旨在确保有限内存下大数据集聚类的可实施性及计算的高效性。尽管 BIRCH 算法中的内存容量 P 是一个客观存在的可调参数，决定着分支因子 B 且间接影响阈值 T，但从操作性上讲，通常会直接设定分支因子 B 和阈值 T。

分支因子 B 和阈值 T 具有内在联系。若阈值 T 较小，则聚类数目 K 较大，当聚类数目 K 大于分支因子 B 时，会导致聚类特征树结构的调整并会对聚类解产生影响。若阈值 T 较大，则聚类数目 K 较小，但会出现小类内的差异性过大的问题。

13.3.3 BIRCH 的基本思路

1. BIRCH 的核心步骤

BIRCH 算法提出者 Zhang 等在文献[1]中指出，BIRCH 过程包含四大阶段。这里仅讨论其中的核心步骤。在给定分支因子 B 和阈值 T 的前提下，BIRCH 算法采用随机逐个抽取和处理样本观测数据的方式建立聚类特征树。

首先，初始化聚类特征树。随机从数据集中抽取若干个（小于 B）样本观测点作为各子

---

① Zhang T，Ramakrishnan R，Livny M. BIRCH: An Efficient Data Clustering Method for Very Large Databases. ACM SIGMOD Record，1999，25(2)：103-114.

类的初始中心点。其次，依次对每个样本观测点 X_i 进行如下判断处理。

第一步，沿"最近路径"[①]找到与样本观测点 X_i 距离最近的叶节点，记为 C_{min}。

第二步，判断样本观测点 X_i 并入 C_{min} 后叶节点的半径 d 是否仍小于阈值 T。

（1）当 $d < T$ 时，样本观测点 X_i 被"吸入" C_{min}，如图 13.8 所示。

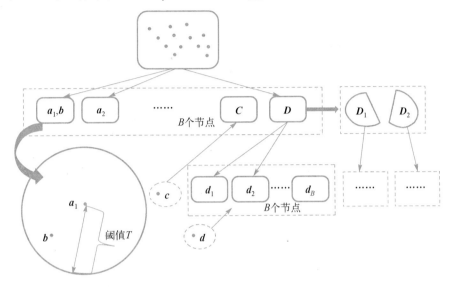

图 13.8　BIRCH 过程示意图

在图 13.8 中，样本观测点 b 与 a_1 的距离最近，且 b 因进入 a_1 所在小类后小类"半径" d 小于阈值 T 而被 a_1 "吸入"；样本观测点 c 与 a_1 的距离最近，但 c 因进入 a_1 所在小类后小类"半径" d 大于阈值 T 而不能被 a_1 "吸入"。

（2）当 $d > T$ 时，样本观测点 X_i 不能被"吸入" C_{min}，此时需要判断样本观测点 X_i 可否自成一类，"开辟"出一个新的叶节点。

若 C_{min} 所在的节点空间中的节点个数小于 B，即 C_{min} 的兄弟节点个数小于 B，其父节点包含的子类个数小于 B，则样本观测点 X_i 可以自成一类，成为 C_{min} 的兄弟节点。节点空间中的子类个数增加 1，其父节点包含的子类个数增加 1。例如，在图 13.8 中，第二层中间节点空间中的节点个数仍小于 B，样本观测点 c 自成一类。

若 C_{min} 的兄弟节点个数已等于 B，即其父节点包含的子类个数已等于 B，则需要暂时先将样本观测点 X_i 并入 C_{min} 的父节点，然后将 C_{min} 的父节点一分为二"分裂"成两个子节点。例如，在图 13.8 中，样本观测点 d 距 d_1 最近，但 $d > T$。同时 d_1 的父节点 D 已包含 $d_1, d_2, \cdots, d_B$ 个子类。此时，需要暂时先将 d 并入 D，然后将 D 一分为二"分裂"成两个半圆所示两个小类 D_1, D_2。

"分裂"时以相距最远的两个样本观测点为类质心，根据距离最近原则，分配 C_{min} 的父节点中的各样本观测点到两个新的叶节点中，如图 13.8 中两个小类 D_1, D_2 下的叶节点，特征树的层数增加。

第三步，重新计算每个节点的聚类特征 CF，为处理下一个样本观测点 X_j 做好准备。

[①] 从根节点开始逐层找到最近的中间节点直到叶节点。

重复上述步骤，依次对每个样本观测点进行一次且仅一次的判断处理。其间聚类数目将不断增加，聚类特征树也将愈发"茂盛"。

2. BIRCH 的在线动态聚类特点

由 BIRCH 过程可知，一方面，BIRCH 不再依赖数据集已处理过的数据，仅基于聚类特征树，就可将样本观测点 X_i 归到相应的小类中。与 K-均值聚类和系统聚类相比，BIRCH 尤其适用于大数据集的聚类。

另一方面，对于新的样本观测点 X_0，BIRCH 沿聚类特征树的"最近路径"总可以找到距 X_0 最近的叶节点并将其归入相应的小类或使其自成一类。BIRCH 可快速完成对在线新数据的动态聚类，无须像 K-均值聚类和系统聚类那样，每次必须基于所有数据重新计算质心和距离矩阵，因此非常适用于对大数据集进行动态的在线数据聚类。

在在线动态聚类过程中，BIRCH 始终不对聚类特征树做任何更新，旨在快速得到新数据的聚类解。但在大量新出现的在线数据积累到一定程度后，为确保后续在线动态聚类解的准确性，需要适时再次进行基于全数据集的聚类，更新聚类特征树，调整聚类解，旨在校正新数据动态变化对聚类解的影响。这个过程的计算成本相对较高，但如果说在线动态聚类是一个"实时的线上"过程，那么更新聚类特征树就是一个"非实时的离线"过程，在实际应用中有充足时间进行离线更新。

至此，关于 BIRCH 的讨论告一段落。需要补充说明的是，一般认为 BIRCH 适用于样本观测点在聚类变量空间分布不均匀、稠密和稀疏区域共存情况下的聚类。BIRCH 可从聚类角度进行噪声数据的识别。基本观点是，聚类中不应忽略有些小类的样本观测点分布较为稠密、有些小类的样本观测点分布较为稀疏的现象。分布于稠密区域的样本观测点为一个小类，将对聚类解产生影响。而分布于稀疏区域的样本观测点应视为离群点，其不对聚类解产生影响。BIRCH 称包含较多样本观测点的叶节点为大叶节点，对应着一个点分布的稠密区域；称包含较少样本观测点的叶节点为小叶节点，对应着一个点分布的稀疏区域。当小叶节点的样本量与大叶节点的样本量之比小于 $\varepsilon\,(\varepsilon>0)$ 时，BIRCH 将视小叶节点中的样本观测点为离群点。

13.3.4　Python 模拟和启示：认识 BIRCH 的特点

本节将基于模拟数据，采用 Python 编程实现 BIRCH，一方面展示 BIRCH 的 Python 实现方法，另一方面希望学生通过直观观察加深对 BIRCH 原理的理解，基本思路如下。

(1)随机生成一组来自由两个二元高斯分布组成的混合分布的随机数，绘制散点图以可视化数据分布的特点。

(2)将分支因子 B 和阈值 T 设置为多组不同值并对数据进行聚类。

(3)可视化多组聚类解的情况，直观展示分支因子 B 和阈值 T 对聚类解的影响。

(4)模拟新数据加入原数据集的过程，并利用聚类模型对新数据进行在线动态聚类。

(5)对加入新数据的数据集进行离线更新。

Python 代码(文件名为 chapter13-4.ipynb)如下。以下将分段对 Python 代码进行说明。

1. 随机生成模拟数据，对其进行 BIRCH 并可视化聚类解，完成以上(1)至(3)

行号	代码和说明	
1	np.random.seed(12345)	#设置随机数种子以重现随机化结果
2	N1,N2 = 1000,1000	#指定两个数据集的样本量 N1,N2

3	mu1,cov1,y1 = [0,0],[[1,0],[0,2]],np.array([0]*N1)	#指定数据集 1 所来自的总体 1 的分布参数和类别
4	set1 = multivariate_normal(mean = mu1, cov = cov1, size = N1)	#生成来自总体 1 的数据集 set1
5	mu2,cov2,y2 = [10,10],[[1,0.9],[0.9,1]],np.array([1]*N2)	#指定数据集 2 所来自的总体 2 的分布参数和类别
6	set2 = multivariate_normal(mean = mu2, cov = cov2, size = N2)	#生成来自总体 2 的数据集 set2
7	X = np.vstack([set1,set2]);y = np.append(y1,y2)	#得到 set1 和 set2 的混合数据集 X 及类别标签 y
8	fig = plt.figure(figsize = (15,20))	#指定图形大小
9	ax = plt.subplot(421)	#将绘图区域划分为 4 行 2 列 8 个单元并在第 1 个单元中画图
10	ax.scatter(X[:,0],X[:,1],s = 40,c = y)	#以不同颜色绘制各个小类的散点图
…	……	#设置图标题等，略去
14	B = [50,100,100];T = [0.5,1,1.5];colors = cycle('bgrcmyk');i = 1	#设置分支因子 B 和阈值 T，指定各个小类的绘图颜色
15	for b,tau in zip(B,T):	#利用循环进行不同参数下的 BIRCH
16	Bi = Birch(n_clusters = None,threshold = tau,branching_factor = b)	
	#创建 BIRCH 对象 Bi，指定参数 threshold 为阈值 T，参数 branching_factor 为分支因子 B	
17	Bi.fit(X)	#对 X 进行聚类
18	labels = np.unique(Bi.labels_)	#获得聚类标签
19	i+ = 1	#当前绘图单元
20	ax = plt.subplot(4,2,i)	#将绘图区域划分为 4 行 2 列 8 个单元并在当前单元中画图
21	for color,k in zip(colors,labels):	#以不同颜色绘制各个小类的散点图
22	ax.scatter(X[Bi.labels_ == k,0],X[Bi.labels_ == k,1],c = color,s = 30,alpha = 0.5)	
…	……	#设置图标题等，略去

代码说明

（1）以上省略号部分在之前代码中重复出现过且不影响对原理的理解，故略去以节约篇幅。完整 Python 代码参见本书配套代码。

（2）第 2 行：指定两个数据集的样本量均为 1000。

（2）第 3、4 行：指定一组随机数据集所来自的分布。两个聚类变量 X_1,X_2 的均值向量 $\boldsymbol{\mu} = (0,0)^{\mathrm{T}}$，协方差矩阵 $\boldsymbol{\Sigma} = \begin{pmatrix} 1 & 0 \\ 0 & 2 \end{pmatrix}$，$X_1,X_2$ 的协方差等于 0，没有线性关系。生成来自二元高斯分布（指定分布参数）的随机数。

（3）第 5、6 行：指定另一组随机数据所来自的分布。两个聚类变量 X_1,X_2 的均值向量 $\boldsymbol{\mu} = (10,10)^{\mathrm{T}}$，协方差矩阵 $\boldsymbol{\Sigma} = \begin{pmatrix} 1 & 0.9 \\ 0.9 & 1 \end{pmatrix}$，$X_1,X_2$ 的协方差等于 0.9，具有线性相关性。生成来自二元高斯分布（指定分布参数）的随机数。

（4）第 7 行：合并上述两组随机数据，包括聚类变量 X_1,X_2 及小类标签变量 y。

（5）第 10 行开始，绘制模拟数据的散点图，如图 13.9 左上图所示。

（6）第 14 行：分别指定 BIRCH 中的分支因子 B 和叶节点允许的最大"半径" T 的不同取值。

（2）第 15 行开始，利用 for 循环实现 3 种不同参数下的 BIRCH：$B = 50$、$T = 0.5$，$B = 100$、$T = 1$，$B = 100$、$T = 1.5$。

可利用函数 Birch() 实现 BIRCH，指定分支因子 B 和阈值 T。n_clusters=None 表示不指定聚类数目，直接给出聚类特征树的聚类解（叶节点）。聚类解的可视化图形如图 13.9 所示。

图 13.9　数据和 BIRCH 聚类解

彩图 13.9

图 13.9 左上图为样本量 $N = 2000$ 的数据集在二维聚类变量 X_1, X_2 构成的空间中的分布情况。其中不同颜色代表不同小类。图 13.9 右上图为 $B = 50$、$T = 0.5$ 时的 BIRCH 聚类解，可见小类很多，即聚类特征树有很多叶节点，表明 T 的值设置得偏小，需要尝试适当增大参数值。图 13.9 左下图和右下图分别为 $B = 100$、$T = 1$ 及 $B = 100$、$T = 1.5$ 时的 BIRCH 聚类解，可见随着参数值的增大，聚类特征树的叶节点个数明显减少。最终采用 $B = 100$、$T = 1.5$ 时的聚类解，数据被聚成 6 个小类。

2. 模拟新数据加入原数据集的过程，利用聚类模型对新数据进行在线动态聚类，并对加入新数据的数据集进行离线更新，完成以上(4)和(5)

行号	代码和说明
1	np.random.seed(12345)　　　　　　　　　　　#设置随机数种子以重现随机化结果
2	mu3,cov3,N3 = [7,7],[[1,0.9],[0.9,1]],10;NewX = multivariate_normal(mean = mu3, cov = cov3, size = N3) 　　　　　#指定新数据所来自的总体 3 的分布参数，并随机抽取 N3 个样本观测作为新数据 NewX
3	mu4,cov4,N4 = [10,0],[[1,0],[0,1]],10;NewX = np.vstack((NewX,multivariate_normal(mean = mu4, cov = cov4, size = N4)))　　　　　#指定新数据所来自的总体 4 的分布参数，并随机抽取 N4 个样本观测合并到 NewX 中
4	fig = plt.figure(figsize = (20,6));ax = plt.subplot(131)　　　#绘图准备
5	ax.scatter(X[:,0],X[:,1],s = 40,c = y);ax.scatter(NewX[:,0],NewX[:,1],marker = '*',s = 50) 　　　　　#将新数据添加到原数据的散点图中
…	……　　　　　　　　　　　#设置图标题等，略去

9	ylabel = Bi.fit_predict(X)	#基于 B = 100、T = 1.5 的 BIRCH 模型给出原数据 X 的小类标签
10	labels = np.unique(Bi.labels_)	#获得小类标签
11	colors = 'bgrmyck';ax = plt.subplot(132)	#绘图准备
12	for color,k in zip(colors,labels):	#绘制 X 中各个小类的散点图
13	ax.scatter(X[Bi.labels_ == k,0],X[Bi.labels_ == k,1],c = color,s = 30,alpha = 0.5)	
14	Bi.partial_fit(NewX) #基于 B = 100、T = 1.5 的 BIRCH 模型给出 NewX 的小类标签（NewX 不影响聚类模型）	
15	for i,k in enumerate(Bi.labels_):	#绘制 NewX 中各个小类的散点图
16	ax.plot(NewX[Bi.labels_ == k,0],NewX[Bi.labels_ == k,1],'*', markerfacecolor = colors[k],markeredgecolor = 'k', markersize = 10)	
...	......	#设置图标题等，略去
20	D = np.vstack((X,NewX))	#将原数据 X 和新数据 NewX 合并
21	Bi.fit(D)	#更新聚类模型（模拟离线更新）
22	ax = plt.subplot(133)	
23	for color,k in zip(colors,labels):	#可视化基于更新模型的聚类解
24	ax.scatter(D[Bi.labels_ == k,0],D[Bi.labels_ == k,1],c = color,s = 30,alpha = 0.5) #绘制各个小类的散点图	
...	......	#设置图标题等，略去

代码说明

（1）以上省略号部分在之前代码中重复出现过且不影响对原理的理解，故略去以节约篇幅。完整 Python 代码参见本书配套代码。

（2）第 2、3 行：指定共新增 20 个新数据，其分别来自两个二元高斯分布，分布参数分别为均值向量 $\boldsymbol{\mu} = (7,7)^T$，协方差矩阵 $\boldsymbol{\Sigma} = \begin{pmatrix} 1 & 0.9 \\ 0.9 & 1 \end{pmatrix}$，以及均值向量 $\boldsymbol{\mu} = (10,0)^T$，协方差矩阵 $\boldsymbol{\Sigma} = \begin{pmatrix} 1 & 0 \\ 0 & 1 \end{pmatrix}$。

（3）第 5 行开始，绘制原模拟数据的散点图，将新增数据添加到散点图中。所绘制的图形如图 13.10 左图所示。新增的 20 个样本观测数据用五角星表示。

（4）第 14 行：利用 BIRCH 对象的 partial_fit() 方法对新数据进行动态聚类。

（5）第 20 行以后，模拟 BIRCH 聚类解的离线更新过程，并可视化更新结果，如图 13.10 右图所示。

图 13.10 左图展示了在图 13.9 中新增 20 个样本观测数据（五角星）后的分布情况。其中不同颜色仍代表不同小类。图 13.10 中图给出了基于 $B = 100$、$T = 1.5$ 的 BIRCH 动态聚类解。由此可见，新增的 20 个样本观测点分别被归入红色小类、蓝色小类和黄绿色小类。

在在线动态聚类过程中，BIRCH 始终不对聚类特征树做任何更新，但在大量新出现的在线数据积累到一定程度后，为确保后续在线动态聚类解的准确性，需要适时再次进行基于全数据集的聚类，更新聚类特征树，调整聚类解，如图 13.10 右图所示。该图形显示，新增的 20 个样本观测点仍然分别被归入红色小类、蓝色小类和黄绿色小类。

图 13.10　BIRCH 聚类解

彩图 13.10

13.4　特色聚类的 Python 应用实践：批发商的市场细分

本节基于特色聚类分析研究批发商的市场细分问题，旨在说明特色聚类算法的应用意义。

13.4.1　数据说明

本节研究的数据来自 UCI 的 Wholesale 数据集，该数据集记录了荷兰商品批发市场中 440 个批发商某年各类商品的年批发销售额情况。其中，商品类别包括生鲜(Fresh)、奶制品(Milk)、杂货类(Grocery)、冷冻食品(Frozen)、洗涤用品和纸类(Detergents_paper)、熟食类(Delicatessen)。这些批发商分处在 3 个不同的区域(Region)，并且其销售渠道(Channel)主要包括餐饮(包括酒店、餐厅和咖啡店等)和零售店两类。

现采用 Mean-Shift 聚类和 BIRCH 对批发商进行市场细分。一方面，由于各类批发商的一个主要特征是销售渠道不同，因此拟以销售渠道作为市场细分的评价依据[1]，对比两种算法的不同特点。另一方面，对两种算法的执行效率进行对比。

数据集中的部分数据情况如下：

	Channel	Region	Fresh	Milk	Grocery	Frozen	Detergents_Paper	Delicatessen
0	2	3	12669	9656	7561	214	2674	1338
1	2	3	7057	9810	9568	1762	3293	1776
2	2	3	6353	8808	7684	2405	3516	7844
3	1	3	13265	1196	4221	6404	507	1788
4	2	3	22615	5410	7198	3915	1777	5185
...	...	...	...	...	...	...	...	...
435	1	3	29703	12051	16027	13135	182	2204
436	1	3	39228	1431	764	4510	93	2346
437	2	3	14531	15488	30243	437	14841	1867
438	1	3	10290	1981	2232	1038	168	2125
439	1	3	2787	1698	2510	65	477	52

440 rows × 8 columns

[1] Baudry J P，Cardoso M，Celeux G，et al. Enhancing the selection of a model-based clustering with external qualitative variables. Advances in Data Analysis and Classification，2015，9：177-196.

数据集中共有 440 个样本观测和 8 个变量。

13.4.2　Python 实现

基本分析思路如下。

（1）大致了解数据的内在基本结构，为此对 8 个变量通过主成分分析提取 2 个主成分，并绘制基于 2 个主成分的散点图，以便在二维空间中直观展示批发商的销售渠道和区域分布特点。

（2）分布采用 Mean-Shift 聚类算法和 BIRCH 算法对批发商数据进行聚类。

（3）可视化两种聚类算法的聚类解，直观对比两种算法的异同，并对两种算法的运行效率进行对比。

Python 代码（文件名为 chapter13-5.ipynb）如下。为便于阅读，我们将代码运行结果直接放置在相应代码行下方。以下将分段对 Python 代码进行说明。

1.　在二维空间中直观展示批发商的销售渠道和区域分布特点，完成以上（1）

行号	代码和说明
1	logX = data.iloc[:,range(2,8)].apply(lambda x:np.log(x))　#为便于分析，对各类商品的销售额进行对数变换
2	pca = decomposition.PCA(n_components = 2)　#创建主成分分析对象 pca，指定提取 2 个主成分
3	pca.fit(logX)　#对变换后的数据提取 2 个主成分
4	print('主成分系数:%s'%pca.components_)
	主成分系数:[[0.17371704 -0.394463　 -0.45436364　0.17219603 -0.74551495 -0.1494356]
	[-0.68513571 -0.16239926 -0.06937908 -0.487691　 -0.04191162 -0.50970874]]
5	Xtmp = pca.fit_transform(logX)　#获得 2 个主成分
6	fig,axes = plt.subplots(nrows = 1,ncols = 2,figsize = (18,6))　#将绘图区域划分为 1 行 2 列 2 个单元并指定图形大小
7	channels = np.unique(data['Channel']);regions = np.unique(data['Region'])　#获得销售渠道和区域的类别值
8	markers = ['+','*','.'];colors = ['r','g','b','y']　#指定绘图符号和颜色
9	for channel in channels:　#利用循环绘制每个销售渠道主成分的散点图
10	axes[0].plot(Xtmp[data['Channel'] == channel,0],Xtmp[data['Channel'] == channel,1],colors[channel-1]+markers[channel-1], label = '渠道'+str(channel))　#以不同颜色和符号绘制各销售渠道主成分的散点图
…	……　#设置图标题等，略去
15	for region in regions:　#利用循环绘制每个区域主成分的散点图
16	axes[1].plot(Xtmp[data['Region'] == region,0],Xtmp[data['Region'] == region,1],colors[region-1]+markers[region-1], label = '区域'+str(region))　#以不同颜色和符号绘制各区域主成分的散点图
…	……　#设置图标题等，略去

代码说明

（1）以上省略号部分在之前代码中重复出现过且不影响对原理的理解，故略去以节约篇幅。完整 Python 代码参见本书配套代码。

（2）第 1 行：Mean-Shift 聚类算法通常采用具有对称性的径向基核函数，因此首先对数据进行对数变换以更好地满足算法要求。

（3）第 2 至 5 行：对数据进行主成分分析，提取 2 个主成分并输出主成分系数。结果表明，第 1 主成分主要受杂货类、洗涤用品和纸类销售额的影响，生鲜、熟食类销售额是影响第 2 主成分的重要因素。

所绘制的图形如图 13.11 所示。

图 13.11 左图显示，批发商在销售渠道上具有明显的聚集性。通过渠道 1 销售的批发商在杂货类、洗涤用品和纸类上的销售额大多高于通过渠道 2 销售的批发商。生鲜、熟食类销售额在两个销售渠道上未表现出差异。图 13.11 右图显示，各类商品的销售额在区域分布上没有明显不同。

图 13.11 案例的主成分散点图

彩图 13.11

2. 采用 Mean_Shift 聚类算法和 BIRCH 算法分布对数据进行聚类，完成以上（2）和（3）

接下来采用 Mean_Shift 聚类算法和 BIRCH 算法对数据进行聚类，聚焦并对比两种算法的运行效率（代码续前）。

行号	代码和说明
1	import time #为记录运行时间导入 time 模块，该模块用于统计函数的 CPU 运行时间
2	start1 = time.clock() #记录运行起始时间
3	MS = MeanShift(bandwidth = 2) #创建 Mean-Shift 聚类对象 MS，指定核宽为 2
4	MS.fit(logX) #对变换后的数据进行聚类
5	end1 = time.clock() #记录运行结束时间
6	labels1 = np.unique(MS.labels_) #获得 Mean-Shift 聚类解标签
7	start2 = time.clock() #记录运行起始时间
8	Bi = Birch() #创建 BIRCH 对象 Bi，参数用默认值
9	Bi.fit(logX) #对变换后的数据进行聚类
10	end2 = time.clock() #记录运行结束时间
11	labels2 = np.unique(Bi.labels_) #获得 BIRCH 聚灰类标签
12	fig,axes = plt.subplots(nrows = 1,ncols = 2,figsize = (18,6)) #绘图准备
13	markers = ['*','+',',','<','>','v','s'];colors = ['g','r','b','y','c','m','k'] #指定不同小类的绘图符号和颜色
14	for k, col,m in zip(range(len(labels1)), colors,markers): #可视化 Mean-Shift 聚类解
15	axes[0].scatter(Xtmp[MS.labels_ == k, 0], Xtmp[MS.labels_ == k,1],c = col,marker = m)
16	axes[0].set_title('Mean-Shift 聚类解(运行时间:%.3f秒)'%(end1-start1),fontsize = 14) #计算运行时间并显示在图标题中
...	…… #设置坐标轴标题等，略去
19	for k, col,m in zip(range(len(labels2)), colors,markers): #可视化 BIRCH 聚类解

```
20        axes[1].scatter(Xtmp[Bi.labels_ == k, 0], Xtmp[Bi.labels_ == k,1],c = col,marker = m)
21        axes[1].set_title('BIRCH 解 (运行时间:%.3f 秒)'%(end2-start2),fontsize = 14) #计算运行时间并显示在图标题中
...        ......                                                              #设置坐标轴标题等，略去
```

代码说明

以上省略号部分在之前代码中重复出现过且不影响对原理的理解，故略去以节约篇幅。完整 Python 代码参见本书配套代码。两种聚类算法的聚类解的可视化展示如图 13.12 所示。

图 13.12　两种聚类算法的聚类解的可视化展示

图 13.12 左图显示，Mean-Shift 聚类算法将数据聚成了多个小类，两个类成员较多的小类表现出与图 13.12 右图类似的情况，即在杂货类、洗涤用品和纸类上的销售额较高及较低的批发商分别构成两个小类。Mean-Shift 聚类还进一步依生鲜、熟食类销售额的高低，对批发商进行了更细致的市场细分。因小类数目较多，所以可考虑适当增大核宽。图 13.12 右图显示，BIRCH 算法给出了 3 个小类。整体上仍基于杂货类、洗涤用品和纸类销售额的高低进行市场细分，同时对杂货类、洗涤用品和纸类销售额较低的批发商，又根据生鲜、熟食类销售额的高低进一步进行小类划分。相较而言，BIRCH 算法的运行效率更理想。

本 章 总 结

本章重点讨论了几种常见的特色聚类算法。首先，讨论了基于密度的 DBSCAN 算法，突出了其异形聚类和参数敏感性的特点。其次，讨论了 BIRCH 算法，展示了其动态聚类的特色。在讨论过程中利用 Python 编程，在模拟数据的基础上直观展示了各种算法的特点。本章的 Python 应用实践中聚焦采用聚类算法对批发商进行市场细分，展示了特色聚类算法的实际应用价值。13.2 节是本章的选讲内容。

本章相关函数列表

围绕本章学习，应重点掌握 Python 模块中的以下函数。函数的具体格式参见 Python 帮助。

一、DBSCAN 函数

DBS=DBSCAN(min_samples=,eps=)；DBS.fit(X)。

二、Mean-Shift 聚类函数

MS = MeanShift(bandwidth=)；MS.fit(X)。

三、BIRCH 函数

Bi=Birch(n_clusters=,threshold=,branching_factor=)；Bi.fit(X)。
Bi.fit_predict(X)；Bi.partial_fit(NewX)。

本 章 习 题

1. 请说明 DBSCAN 中有几种类型的点，并说明为什么 DBSCAN 可以实现异形聚类。
2. 简述 Mean-Shift 聚类的基本思路。
3. 请说明为什么 BIRCH 可以实现数据的动态聚类，且具有较高的计算效率。
4. Python 编程：广告受众群的市场细分。

有关于广告受众群点击浏览各类广告的行为数据(数据来源：https://algo.qq.com/，2021 腾讯广告算法大赛)，包括三个数据集(用户.csv，广告.csv，浏览记录.csv)，分别记录了广告受众群的人口学特征、广告类型及广告浏览情况等，如以下三张表所示。

	A	B	C
1	user_id	age	gender
2	1	4	1
3	2	10	1
4	3	7	2
5	4	5	1
6	5	4	1
7	6	6	1
8	7	6	2
9	8	5	1
10	9	5	1
11	10	9	2
12	11	8	2

	A	B	C	D	E	F
1	creative_id	ad_id	product_id	product_c	advertiser_id	industry
2	1	1	\N		381	78
3	4	4	\N		108	202
4	7	7	\N		148	297
5	8	8	\N	5	713	213
6	9	9	\N	5	695	213
7	10	10	\N	5	100	73
8	13	13	\N	5	765	6
9	16	16	\N	5	623	1
10	20	20	34647	5	312	267
11	21	21	\N	5	108	202

	A	B	C	D
1	time	user_id	creative_id	click_times
2	9	30920	567330	1
3	65	30920	3072255	1
4	56	30920	2361327	1
5	6	309204	325532	1
6	59	309204	2746730	1
7	12	309204	726402	1
8	79	309204	2851451	1
9	32	309204	1569716	1
10	5	309204	71956	1
11	8	309204	322354	1
12	8	309204	118351	1

(1) 用户.csv 表中：user_id 为用户 id；age 为用户年龄分组，取值范围为[1,10]；gender 为用户性别，取值范围为[1,2]。

(2) 广告.csv 表中：creative_id 为广告素材 id；ad_id 为该素材所归属的广告的 id(每个广告可能包含多个可展示的素材)；product_id 为该广告所宣传的产品 id；product_category 为该广告所宣传的产品的类别 id；advertiser_id 为广告主 id；industry 为广告主所属行业 id。

(3) 浏览记录.csv 表中：time 为天粒度的时间，取整数值，取值范围为[1,91]；user_id 为用户 id；creative_id 为用户点击的广告素材 id；click_times 为当天该用户点击该广告素材的次数。

请采用聚类分析方法，依据广告受众群的年龄、浏览时间和浏览次数等进行广告受众群的市场细分。自行确定评价指标(如行业等)，并分析不同人群的广告偏好倾向，以及不同广告的受众群特征等。